● 中国水利教育协会
● 高等学校水利类专业教学指导委员会 共同组织编审
● 中国水利水电出版社

江苏高校品牌专业建设工程资助项目（PPZY2015A043）

高等学校水利学科专业规范核心课程教材·水利水电工程
全国水利行业“十三五”规划教材
“十二五”江苏省高等学校重点教材（编号：2014-1-130）

# 水资源规划及利用

## （第二版）

主 编 河 海 大 学 顾圣平
清 华 大 学 田富强
合肥工业大学 徐得潜
主 审 西安理工大学 沈 冰

中国水利水电出版社
www.waterpub.com.cn
·北京·

## 内 容 提 要

本书系统地介绍了水资源规划及利用的基本理论和分析计算方法，内容包括：水资源及其综合利用的基本概念，水资源评价，水资源供需平衡分析与配置，综合利用水库及兴利调节计算，防洪减灾规划，水能利用及水电站主要特征参数选择，河流综合利用规划及水库群水利水能计算，水库调度与水资源管理，以及水资源系统分析的基本知识。

本书主要是作为水利水电工程专业“水资源规划及利用”课程的教材，也可作为其他有关专业相关课程的教学参考书，还可供水资源规划、利用、管理、保护等领域的相关专业技术人员参考。

图书在版编目（CIP）数据

水资源规划及利用 / 顾圣平，田富强，徐得潜主编. -- 2版. -- 北京 : 中国水利水电出版社，2016.6(2024.7重印).
高等学校水利学科专业规范核心课程教材. 水利水电工程 全国水利行业“十三五“规划教材. “十二五”江苏省高等学校重点教材
ISBN 978-7-5170-4597-7

Ⅰ. ①水… Ⅱ. ①顾… ②田… ③徐… Ⅲ. ①水资源管理－高等学校－教材②水资源利用－高等学校－教材 Ⅳ. ①TV213

中国版本图书馆CIP数据核字(2016)第188395号

| | |
|---|---|
| 书　　名 | 高等学校水利学科专业规范核心课程教材・水利水电工程<br>全国水利行业“十三五”规划教材<br>“十二五”江苏省高等学校重点教材<br>**水资源规划及利用（第二版）**<br>SHUIZIYUAN GUIHUA JI LIYONG |
| 作　　者 | 主编　河海大学 顾圣平　清华大学 田富强　合肥工业大学 徐得潜<br>主审　西安理工大学 沈冰 |
| 出版发行 | 中国水利水电出版社<br>（北京市海淀区玉渊潭南路1号D座　100038）<br>网址：www.waterpub.com.cn<br>E-mail：sales@mwr.gov.cn<br>电话：(010) 68545888（营销中心） |
| 经　　售 | 北京科水图书销售有限公司<br>电话：(010) 68545874、63202643<br>全国各地新华书店和相关出版物销售网点 |
| 排　　版 | 中国水利水电出版社微机排版中心 |
| 印　　刷 | 天津嘉恒印务有限公司 |
| 规　　格 | 184mm×260mm　16开本　23印张　546千字 |
| 版　　次 | 2009年2月第1版第1次印刷<br>2016年6月第2版　2024年7月第5次印刷 |
| 印　　数 | 14001—17000册 |
| 定　　价 | **63.00**元 |

# 高等学校水利学科专业规范核心课程教材

## 编 审 委 员 会

# 水利水电工程专业教材编审分委员会

# 前言

本教材是水利水电工程专业（简称水工专业）规范核心课程“水资源规划及利用”的教材。该课程原名称为“水利水能规划”，为适应新时期水利水电建设及整个国民经济和社会发展对水工专业人才培养的需要，高等学校水利学科教学指导委员会同意将“水利水能规划”课程调整为“水资源规划及利用”，并将该课程列为该专业的核心课程，相应地，其教学内容也应在原来的基础上进行适当的调整和拓展。为满足实际教学需要，经高等学校水利学科教学指导委员会2006年在南京召开的教材建设咨询会议推荐，我们承担了本教材编写任务，其第一版于2009年出版。

本教材（第一版）自2009年出版发行以来，使用面广，需求量大，并得到相关高校及广大读者的好评。2013年，本教材荣获第一届全国高等学校水利类专业优秀教材奖，并入选全国水利行业规划教材，2014年入选“十二五”江苏省高等学校重点教材建设项目，2015年又荣获徐芝纶教材奖。

近年来，特别是《中共中央 国务院关于加快水利改革发展的决定》和《国务院关于实行最严格水资源管理制度的意见》发布以来，我国水利行业呈现出进一步健康、快速发展的态势，水资源规划及利用学科领域提出了一些新的理念和要求。本次教材修订，在保持本教材（第一版）原有特色的基础上，注意体现近年来相关学科领域的新理念，吸取新近出版或修订再版的相关技术标准的新规定，并且尽可能更新或补充了有关资料，也改正了原教材中存在的一些不当之处。此外，还对个别章节的内容及结构进行适当调整，进而使教材内容系统性和专业适应性更趋完善。

本教材由河海大学顾圣平、清华大学田富强、合肥工业大学徐得潜主编，西安理工大学沈冰主审。全书共分为9章，其中，第1、6、7、8章由顾圣平编写，第 2、3 章由田富强编写，第 4、5、9 章由徐得潜编写。全书由顾圣平负责统稿。

对于教材中可能存在的疏漏和不足之处，敬请读者批评指正，并提出改进意见。

**编者**

2016 年 5 月

# 第一版总前言

随着我国水利事业与高等教育事业的快速发展以及教育教学改革的不断深入，水利高等教育也得到很大的发展与提高。与1999年相比，水利学科专业的办学点增加了将近1倍，每年的招生人数增加了将近两倍。通过专业目录调整与面向新世纪的教育教学改革，在水利学科专业的适应面有很大拓宽的同时，水利学科专业的建设也面临着新形势与新任务。

在教育部高等教育司的领导与组织下，从2003年到2005年，各学科教学指导委员会开展了本学科专业发展战略研究与制定专业规范的工作。在水利部人教司的支持下，水利学科教学指导委员会也组织课题组于2005年底完成了相关的研究工作，制定了水文与水资源工程，水利水电工程，港口、航道与海岸工程以及农业水利工程4个专业规范。这些专业规范较好地总结与体现了近些年来水利学科专业教育教学改革的成果，并能较好地适用不同地区、不同类型高校举办水利学科专业的共性需求与个性特色。为了便于各水利学科专业点参照专业规范组织教学，经水利学科教学指导委员会与中国水利水电出版社共同策划，决定组织编写出版"高等学校水利学科专业规范核心课程教材"。

核心课程是指该课程所包括的专业教育知识单元和知识点，是本专业的每个学生都必须学习、掌握的，或在一组课程中必须选择几门课程学习、掌握的，因而，核心课程教材质量对于保证水利学科各专业的教学质量具有重要的意义。为此，我们不仅提出了坚持"质量第一"的原则，还通过专业教学组讨论、提出，专家咨询组审议、遴选，相关院、系认定等步骤，对核心课程教材选题及其主编、主审和教材编写大纲进行了严格把关。为了把本套教材组织好、编著好、出版好、使用好，我们还成立了水利学科专业规范核心课程教材编审委员会以及各专业教材编审分委员会，对教材编纂与使用的全过程进行组织、把关和监督。充分依靠各学科专家发挥咨询、评审、决策等作用。

本套教材第一批共规划52种，其中水文及水资源工程专业17种，水利水电工程专业17种，农业水利工程专业18种，计划在2009年年底之前全部出齐。尽管已有许多人为本套教材作出了许多努力，付出了许多心血，但是，由于专业规范还在修订完善之中，参照专业规范组织教学还需要通过实践不断总结提高，加之在新形势下如何组织好教材建设还缺乏经验，因此，这套教材一定会有各种不足与缺点，恳请使用这套教材的师生提出宝贵意见。本套教材还将出版配套的立体化教材，以利于教、便于学，更希望师生们对此提出建议。

高等学校水利学科教学指导委员会

中国水利水电出版社

2008年4月

# 第一版前言

为了适应新时期水利水电建设及整个国民经济和社会发展形势对水利水电工程专业人才培养的需要，高等学校水利学科教学指导委员会同意将该专业原来设置的“水利水能规划”课程调整为“水资源规划及利用”，并将“水资源规划及利用”列为该专业的核心课程，相应地，教学内容也应在原来的基础上进行适当的调整和拓展。本教材就是为了满足该课程教学的实际需要而编写的。本教材的主要内容包括：水资源及其综合利用的基本概念，水资源评价，水资源供需平衡分析，综合利用水库及兴利调节计算，防洪减灾规划，水能利用及水电站主要特征参数选择，河流综合利用规划及水库群水利水能计算，水资源管理与保护及水库调度，以及水资源系统分析的基本知识。其中，有些是原课程“水利水能规划”传统的教学内容，有些则是结合学科发展趋势和最新科研成果而拓展的内容，旨在拓宽学生的专业知识面，改善在本领域的知识结构，增强适应能力。

经高等学校水利学科教学指导委员会 2006 年在南京召开的教材建设咨询会议推荐，本教材由河海大学顾圣平、清华大学田富强、合肥工业大学徐得潜主编。全书共分为 9 章，其中，第 1、6、7、8 章由顾圣平编写，第 2、3 章由田富强编写，第 4、5、9 章由徐得潜编写。全书由顾圣平负责统稿。

教材编写完成之际，编者特别感谢周之豪、沈曾源、施熙灿、李惕先 4 位教授。他们合编的《水利水能规划》（第一版，1986 年；第二版，1997 年）长期以来一直作为水利水电工程专业的水利水能规划课程教材，受到使用单位的一致好评，并先后获得水利部和电力工业部的奖励。另外，惠士博、雷志栋等编写的《水资源利用与保护》讲义，在清华大学水利水电工程系本科生教学中得到了多年应用，效果良好。本教材中不少内容就是以上述教材为基础，根据新的课程教学要求，吸取现行有关规程规范的规定，尽量更新和补充有关资料，并结合编者的教学心得编写而成的。此外，编者还参阅了大量的其他参考文献，谨向这些参考文献的作者一并致谢。

本教材由西安理工大学沈冰教授主审。沈教授对教材送审稿进行了认真审阅，提出了许多好的意见和建议，这对提高教材质量帮助很大，编者向沈教授致以衷心的感谢。

本教材的编写大纲由高等学校水利学科教学指导委员会审定，清华大学胡和平教授以及许多领导、同行专家和编辑同志对本教材的编写、出版给予了热情的关心和支持，编者一并表示诚挚的谢意。

对于教材中的疏漏和不足之处，敬请读者批评，并提出改进意见。

**编者**

2008年10月

# 目录

# 第1章 绪　　论

## 1.1 水资源的涵义和特点

水是生命之源、生产之要、生态之基。自从人们认识到水是一种具有多种用途的宝贵资源起，就认真考虑水资源的正确涵义。然而在很长时期内，人们对水资源的涵义有着不同的见解。直到1977年联合国召开水会议后，联合国教科文组织（United Nations Educational，Scientific and Cultural Organization，UNESCO）和世界气象组织（The World Meteorological Organization，WMO）在共同制定的《水资源评价活动——国家评价手册》中，明确提出了水资源的涵义："水资源是指可资利用或有可能被利用的水源，这种水源应当有足够的数量和可用的质量，并在某一地点为满足某种用途而得以利用。"这一涵义为联合国经社理事会（United Nations Economic and Social Council，ECOSOC）所采纳。

作为一种自然资源，水资源具有不同于其他矿物资源的特点。在人们所进行的有关水资源供需关系的分析研究中，水资源主要是指不断通过蒸发、降水、径流的形式参与全球水循环平衡活动的、人类可以控制和开发利用的动态水源。这就是说，水资源是一种可以更新补充、可供永续开发利用的资源。同时，水资源既是人类生活和生产活动不可或缺的物质条件，也是整个生态系统的重要组成要素。因此，水资源既是一种经济资源，也是一种环境资源。

关于水资源的特点，择要列举以下几点。

1. 流动性

水资源是一种流动性很强的自然资源。这是因为所有的水都是流动的，不仅如此，自然界中的大气水、地表水、地下水等各种形态的水体在水文循环的过程中还可以相互转化。因此，水资源难以按地区或城乡的界限硬性分割，而应当按流域、自然单元进行开发、利用和管理。

2. 可再生性

地球上存在着复杂的、大体以年为周期的水循环，当年水资源的耗用或流逝，又可为来年的大气降水所补给，形成了资源消耗和补给间的循环性，使得水资源不同于矿产资源，而成为一种具有可再生性和可供永续开发利用的资源。所以，在对水资源量、水能资源量进行计算和分析评价时，尤其是在和其他不具有可再生性、不能永续使用的资源进行比较时，不能只看到一年内的数量，更要注意其可以不断得到恢复和更新的资源量。同时，也应指出，水资源的可再生性并不意味着它是一种取之不尽、用之不竭的资源。实际上，就一定区域、一定时段（年）而言，年降水量虽有或大或小的变化，但总是一个有限值，这就决定了区域年水资源量的有限性。总而言之，无限的水循环和有限的大气降水补给，规定了区域水资源量的可再生性和有限性。水资源的超量开发消耗，或动用区域地表、地下水的静态储量，必然造成超量部分难于恢复，甚至不可恢复，从而破坏自然生态环境的平衡。因此，就多年均衡意义而言，水资源的平均年耗用量不得超过区域的多年平均资源量。

3. 多用途性

水资源是具有多种用途的自然资源。水量、水能、水体各有用途。人们对水的利用十分广泛，包括生活用水、生产用水和生态用水等三大类，具体的用水部门有：①居民生活用水；②农业（包括林、牧、副业）生产用水；③工业生产用水；④水力发电用水；⑤船、筏水运用水；⑥水产养殖用水；⑦生态环境用水（包括娱乐、景观用水）等。在开发利用水资源的活动中，必须坚持综合利用原则，充分发挥水资源的综合效益。

4. 公共性

许多部门都需要利用水，这就使水资源具有了公共性。也就是说，水资源应为社会所有，共同合理使用。《中华人民共和国水法》明确规定，水资源属于国家所有。任何单位和个人引水、截（蓄）水、排水，不得损害公共利益和他人合法权益。

5. 利与害的两重性

水资源的利、害两重性主要表现为：一方面，水作为重要的自然资源可用于灌溉、发电、供水、航运、养殖、旅游及净化水环境等各个方面，给人类带来各种利益；另一方面，由于水资源时间变化上的不均匀性，当水量集中得过快、过多时，不仅不便于利用，还会形成洪涝灾害，甚至给人类带来严重灾难；到了枯水季节，又可能出现水量锐减，满足不了各方面需水要求的情形，甚至对经济社会发展造成严重影响。水资源的利、害两重性不仅与水资源的数量及其时空分布特性有关，还与水资源的质量有关。当水体受到严重污染时，水质低劣的水体可能造成各方面的经济损失，甚至给人类健康以及整个生态环境造成严重危害。人类在开发利用水资源的过程中，一定要用其利、避其害，同时，要十分重视并切实做好水资源保护。“除水害、兴水利”一直是水利工作者的光荣使命。

## 1.2　水利建设及水资源综合利用

“水利”是人类在充分掌握水的客观变化规律的前提下，采用各种工程措施和非工程措施，以及经济、行政、法制等手段，对自然界水循环过程中的水进行控制、调节、治导、利用、管理和保护的各项工作的总称。其目的是避免或尽可能减轻水旱灾害，供给人类生活和生产活动必需的符合一定水质标准的水和可以直接利用或转换成电力后利用的动力，以及提供其他服务，以适应经济社会发展和改善生态环境的需要。因此，水利建设包括的范围是很广的，应该也包括水电建设。鉴于水电建设有其特别的重要意义，故常并列称为水利水电建设。有的工具书中将“利用工程所在地的水土资源开展的养殖业、种植业、旅游业等的开发建设”也包括在水利建设中。这样，水利建设的涵义就更广泛了。

由于降水量在年内和年际分布的不均匀性，特别是雨水较丰年份经常出现暴雨和淫雨，以致某些地区或河段在短期内汇集了过多的径流不能迅速排出而形成洪涝灾害。所以，自古以来，除水害就成为水利事业中的首要任务。又由于水资源的多用途性，人们在除水害的同时，往往会为了不同的目的去兴建各种水利工程，以求充分利用水资源。于是，除水害兴水利就构成整个水利事业，包括防洪、治涝、水力发电、灌溉、航运、给水、渔业和水利环境保护等。水利工程就是根据上述某一项或某几项的需要而兴建的。

防洪治涝历来是水利部门最重要的任务之一。就防洪而言，其主要任务是按照规定的防洪标准，因地制宜地采用恰当的工程措施和非工程措施，以削减洪峰流量，或者加大河床的过水能力，保证安全度汛。而治涝的主要任务则是尽量阻止易涝地区以外的山洪、坡水等向本区汇集，并防御外河、外湖洪水倒灌；健全排水系统，使之能及时排除设计暴雨范围内的雨水，并及时降低地下水位，保证治涝区的生产和居民生活的正常进行。

水力发电是对天然水能资源进行开发利用的水利部门，水电站是为利用水能生产电能而兴建的工程设施，其工作原理是先将天然状态下水体中分散消耗的水能集中起来，并尽量减少其无益消耗，然后，引取集中了水能的水流去转动水轮发电机组，在机组转动的过程中，将水能转变为电能。这里，发生变化的只是水能，而水流本身并没有消耗，仍能为下游用水部门利用。

用合理的人工灌溉来补充雨水之不足，是保证农业稳产最重要的措施之一。灌溉的主要任务就是在旱季雨水稀少时，或在干旱缺水地区，用人工措施向田间补充农作物生长必需的水分。灌溉用水具有较强的季节性。灌溉用水中，经由作物蒸腾、棵间蒸发、渠系水面蒸发和浸润损失等途径消耗掉不能回归到地表水体和地下含水层的水量称为灌溉耗水量；灌溉用水的另一部分则将回归到地表水体和地下含水层，而灌溉回归水的水质可能由于田间施用的化肥、农药而发生变化，甚至形成面源污染，这是需要注意的一个问题。

内河航运是指利用天然河流、湖泊、水库或运河等陆地内的水域进行船、筏浮运，它既是交通运输事业的一个重要组成部分，又是水利事业的一个重要部门。内河航运只利用内河水道中水体的浮载能力，并不消耗水量。但是，利用河、湖航运，需要一条连续而通畅的航道。

在对水资源进行开发利用时，对供水要求，必须优先考虑，即使水资源量不足，也一定要保证优先满足供水。这是因为居民生活用水决不允许长时间中断，而工业用水若匮缺超过一定限度，也将使国民经济遭到严重损失。供水对水质要求也较高，尤其是生活用水及某些工业用水（如食品、医药、纺织印染及产品纯度较高的化学工业等）。在选择水源时，应对水质进行仔细的检验。供水虽属耗水部门，但很大一部分用过的水会成为生活污水和工业废水排出。废水与污水必须经净化处理后，才允许排入天然水域，以免污染环境引起公害。

一般说来，修建水库可以形成良好的深水养鱼场所，发展水产养殖。但是拦河筑坝往往会妨碍洄游性的鱼类繁殖。所以，在开发利用水资源时，一定要考虑渔业的特殊要求，为了便于捕捞，在蓄水前应做好库底清理工作，特别要清除树木、墙垣等障碍物。要防止水库的污染，并保证在枯水期水库里留有必需的最小水深和水库面积，以利鱼类生长。还应特别注意河湖的水质和最小水深。

水利环境保护是自然环境保护的重要组成部分，也是整个水利事业的一个重要领域。其范畴大体上包括防治水域污染、生态保护及与水利有关的自然资源合理利用和保护等。防治水域污染的关键在于废水、污水的净化处理和生产技术的革新，使有害物质尽量不侵入天然水域。水利水电工程建设常会涉及到生态平衡、改善环境和自然资源的合理利用与保护问题，这类问题面广而复杂，性质各不相同，应坚持“在开发中保护，在保护中开发”的原则，并具体分析研究，采取合理措施，实现水利水电建设事业与生态环境保护事业的共同发展。

上述情况表明，水利部门中，有的是除水害，有的是兴水利；而不同的兴利部门，对水资源的利用方式及特点又各不相同。这就有可能也有必要使同一河流或同一地区的水资源，同时满足几个部门的需要，并且将除水害和兴水利结合起来统筹解决。这种开发水资源的方式，称为水资源的综合利用。通常，在水利建设中，将为某一单独水利部门服务的水利工程，称为单目标水利工程，如防洪工程、灌溉工程、水电工程等；将同时为多个水利部门服务，同时实现多项水利功能的工程，称为综合利用水利工程。为使宝贵的水资源得到比较充分的利用，以较少的代价取得较大的综合效益，应当对水资源实行综合利用。现代的水利工程，大多采取综合利用开发方式。

然而，由于人们认识上的局限性、片面性，以及囿于局部利益等原因，国内外一些水利工程，尽管具备水资源综合利用的有利条件，却仍然在这方面存在某种缺陷。例如，有些拦河闸坝忽视了过船、过鱼的需要；有些水电站的水库没有兼顾灌溉或上、下游地区的防洪要求，等等。在以往的水资源开发利用及水利建设实践中，环境保护与生态平衡也常常被人们所忽视。修建大中型水利工程常常要集中大量人力、资金、设备，并耗用大量建筑材料；工程本身常需占用大片土地，特别是水库常造成大面积的淹没；此外，水利工程是人们改造自然的一种重要手段，必然对河流的水文情势产生较大的影响，等等。通过长期的水利实践，人们逐步认识到，在对水资源进行开发利用时，必须十分重视并妥善解决这些问题，否则，就会给国民经济和社会发展及生态环境带来巨大损失和影响。

另一方面，由于河流自然条件的千变万化，各地区需水的内容和要求也差异很大，于是，在水资源开发利用过程中，各水利部门之间不可避免地会存在一定的矛盾。例如，上中游灌溉和工业供水等的大量耗水，可能造成下游灌溉和发电用水不够。许多水库常可提供良好的航道条件，但多沙河流上的水库上游末端却可能由于大量泥沙的淤积，形成新的浅滩，而对上游航运带来不利影响。疏浚河道有利于防洪、航运等，但降低了河水位，可能不利于自流灌溉引水；若筑堰抬高水位引水灌溉，又可能不利于泄洪、排涝。利用水电站的水库滞洪，有时汛期要求腾空水库，以备拦洪，削减下泄流量，但却降低了水电站的水头，使所发电能减少。为了发电、灌溉等的需要而拦河筑坝，常会阻碍船、筏、鱼通行，等等。可见，不但兴利、除害之间可能存在矛盾，各兴利部门之间也常存在矛盾。在这些矛盾中，有些是可以协调的，这时，应统筹兼顾、“先用后耗”，力争“一水多用、一库多利”。例如，对于发电与灌溉争水的矛盾，有时（灌区位置较低时）可以先取水发电，发过电的尾水再用来灌溉。又如，对于水库上游末端新生的浅滩妨碍航运的问题，有时可以通过疏浚航道或者洪水期降低水库水位，借水力冲沙等方法解决。再如，对于拦河闸坝妨碍船、筏、鱼通行的矛盾，可以通过修建船闸、筏道、鱼梯来解决，等等。当各部门的矛盾无法完全协调时，就不得不分清主次、合理安排，保证主要部门、适当兼顾次要部门。例如，若水电站水库不足以负担防洪任务，就应当通过采取其他防洪措施去满足防洪要求；反之，若当地防洪比发电更重要，而又没有更好代替办法，则也可以在汛期降低库水位，以备蓄洪或滞洪，宁愿汛期少发电。再如，蓄水式水电站虽然能提高水能利用率，并使出力过程更好地符合用电户要求，但若筑坝建库造成的淹没损失太大，则可采用径流式，等等。

应当指出，水资源综合利用不仅是一种开发水资源的方式，也是水利建设必须坚持的一项重要原则。《中华人民共和国水法》明确规定，开发、利用水资源，应当坚持兴利与除害相结合，兼顾上下游、左右岸和有关地区之间的利益，充分发挥水资源的综合效益，并服从防洪的总体安排。而为了将水资源综合利用的原则落到实处，首先必须从当地的客观自然条件和用水部门的实际需要出发，抓住主要矛盾，从经济、社会、环境的综合效益最大的角度来考虑，因时因地制宜地来制定水资源综合利用规划。切忌凭主观愿望盲目决定，尤其不应只顾局部利益而使整个国民经济及社会发展遭受不应有的损失。

## 1.3　我国的水资源和水能资源

水资源大体上包括江河、湖泊、井泉以及高山积雪、冰川等可供长期利用的水源；河川水流、沿海潮汐等所蕴藏的天然水能；江河、湖泊、海港等可供发展水运事业的天然航道以及可用来发展水产养殖事业的天然水域等。其中，天然水能又专门称为水能资源，它是一种重要的可再生洁净能源。

我国幅员辽阔，河湖众多，流域面积在 100$km^2$ 以上的河流有 5 万多条，河流总长度约有 42 万多 km；天然湖泊中，面积在 1 $km^2$ 以上的有 2759 个，总面积约 9.1 万 $km^2$。我国水资源总量比较丰富，根据上世纪 80 年代完成的全国水资源调查评价的结果，我国多年平均年水资源总量为 28124 亿 $m^3$，其中河川径流量 27115 亿 $m^3$，见表 1.1。在全世界范围内，我国的水资源总量仅次于巴西、俄罗斯、加拿大、美国及印度尼西亚等 5 国，居世界第 6 位。

**表 1.1**　　**全国水资源量及分布情况表**

| 分区名称 | 计算面积 /$km^2$ | 降水资源 /亿 $m^3$ | 地表水资源 /亿 $m^3$ | 地下水资源 /亿 $m^3$ | 水资源总量 /亿 $m^3$ |
|---|---|---|---|---|---|
| 东北诸河 | 1248500 | 6377 | 1653 | 625 | 1928 |
| 海河、滦河流域 | 318200 | 1781 | 288 | 265 | 421 |
| 淮河和山东半岛 | 329200 | 2830 | 741 | 393 | 961 |
| 黄河流域 | 794700 | 3691 | 661 | 406 | 744 |
| 长江流域 | 1808500 | 19360 | 9513 | 2464 | 9613 |
| 华南诸河 | 580600 | 8967 | 4685 | 1116 | 4708 |
| 东南诸河 | 239800 | 4216 | 2557 | 613 | 2592 |
| 西南诸河 | 851400 | 9346 | 5853 | 1544 | 5853 |
| 内陆诸河① | 3374400 | 5321 | 1164 | 862 | 1304 |
| 全国 | 9545300 | 61889 | 27115 | 8288 | 28124 |

①　内陆诸河区包括额尔齐斯河。

据统计，我国可通航的内河水道总里程达16万km，还有2万多km长的海岸线，并有许多优良的不冻海湾可供建设海港。

此外，我国河湖可供淡水水产养殖的水面面积约有7万$km^2$，沿海还有大面积的海岸水产养殖场可供利用。

我国的水能资源极其丰富，居世界首位已是公认的事实。按多年平均流量估算的河川水能资源理论蕴藏量约6.94亿kW，年电量60829亿kW·h。由于技术、经济及环境等因素的制约，可能开发利用的水能资源仅是其总蕴藏量中的一部分。根据普查资料，我国可能开发的装机容量0.5MW以上的水电站近11700座，总装机容量可达4.02亿kW，年发电量17534亿kW·h。此外，我国的海洋水能资源也很丰富，仅潮汐资源一项，初步估算有1.1亿kW。

应该指出，我国水资源总量虽较丰富，但从人均、亩均占有量来看，是不容乐观的。按目前人口统计，全国人均占有水资源量尚不到2200$m^3$，仅为世界平均水平的1/4，居世界第120位左右。若按耕地亩均水资源占有量计算，约相当于世界平均数的2/3。由于季风气候的影响，我国水资源还具有时空分布不均匀和变率大的特点。在空间分布上，从全国范围来说，南方水多，北方水少，且其地区分布与人口、耕地的分布不相适应。南方水资源总量约占全国的4/5，人口占全国的3/5，耕地只占全国的2/5；北方水资源总量只占全国的1/5，耕地却占全国的3/5，人口占全国的2/5。我国水资源在时程分配上不均匀的特点，主要表现为河川径流的年际变化大和年内分配不均。在年际变化上，长江以南的中等河流最大与最小年径流的比值在5以下，北方河流多在10以上，且一般河川径流量的逐年变化还存在明显的丰平枯水年交替出现及连续数年为丰水段或枯水段的现象；在年内分配上，全国的总体趋势是，河川径流量年内分配集中的程度自东向西、自南向北逐渐增高。一年内短期集中的径流往往造成洪水。正因如此，我国大多数河流都会出现夏汛或伏汛。华南及东北地区的河流春季会出现桃汛或春汛。受台风影响，东南沿海、海南岛及台湾东部河流会出现秋汛。北方地区大多数河流春季径流量少。正是由于我国水资源在时空分布上所具有的上述特点，造成了一些地方或某一时间内水资源富余，而另一些地方或另一些时间内水资源贫乏，并使我国成为洪、涝、旱灾频发的国家。因此，防治水旱灾害，一直是我国水利部门和水利工作者十分重视的问题。

我国水能资源的地区分布也极不均衡。按地区划分，集中在西部地区，京广铁路以西占全国的90%以上，其中西南地区为最多，占全国的70%；其次为中南及西北地区，分别约占10%及13%左右。按流域划分，以举世闻名的长江为最多，其水能资源理论蕴藏量占全国的40%。长江流域上游干支流及整个西部地区的大批水电工程已成为国家“西电东送”的战略电源。

## 1.4 我国水资源开发利用的成就和展望

我国是一个历史悠久的文明古国，也是对水资源开发利用最早的国家之一。我国古代劳动人民在长期的生活、生产实践活动中，逐步积累了大量兴水利、除水害的宝贵经验，陆续兴建了不少举世闻名的水利工程。

四川岷江上的都江堰是我国古代劳动人民为利用水资源灌溉农田而修建的伟大工程。公元前256—前251年，秦朝蜀郡太守李冰在带领民众修建都江堰时，总结我国古代灌溉设施的经验，充分利用天然地理环境，采取百丈堤、都江鱼嘴、内金刚堤及外金刚堤、飞沙堰、宝瓶口、人字堤等各建筑物互相配合的工程布置方式，使整个工程巧妙地完成引水、泄洪和排沙的任务。都江堰灌溉引水渠首设在今都江堰市，用无坝引水型式引岷江水灌溉成都平原及其附近丘陵地区的300万亩农田，使川西地区在工程建成后没有再发生过洪水与旱灾。此外，由于实行了严格的岁修制度，使其后各朝代均能整修利用，至今仍发挥着巨大的灌溉效益。

关中的郑国渠——近代陕西泾惠渠的前身，是由秦始皇元年（公元前246年）水工郑国主持修建，历经十多年建成的大型引泾灌溉工程。干渠西起泾阳，引泾水向东，下游入洛水，全长300余里，灌溉面积号称4万顷。郑国渠的建成，大大改善了关中地区的农业生产条件，同时，由于泾水含有大量肥沃的淤泥，经过灌溉，盐碱地得到了改良，使耕地产量提高到每亩一钟（六石四斗）。因此，郑国渠的建成，对于当时关中地区的农业发展，起了十分重要的作用，进而也直接支持了秦国统一六国的战争。西汉太始二年（公元95年），赵中大夫白公建议增建新渠，引泾水东行，至栎阳（今临潼县东北），注于渭水，名白渠。干渠长200里，灌溉面积4500顷。此后，秦代郑国渠和汉代白渠合称郑白渠。经过历朝历代的整修和改建，郑白渠在促进我国农业发展方面一直发挥着重要作用。但是，由于引水困难，至清末，其灌溉面积减少到仅2万余亩。直到1932年泾惠渠初步建成，引泾灌溉又重新得到恢复和进一步发展。

纵贯南北的大运河（亦称京杭运河）始建于公元前486年，吴王夫差时修建了规模较大的人工运河邗沟，沟通了长江与淮河两大流域。587年，隋炀帝下令将经使用600年已经报废的邗沟加以修复，使淮河与长江仍能通航。605年起，隋炀帝继续下令开凿一条贯通南北的大运河，相继开凿了通济渠、永济渠和江南运河，至612年，由永济渠、通济渠、邗沟、江南运河4部分组成的纵贯南北的大运河全部修通，沟通了海河、黄河、淮河、长江和钱塘江等5个水系，全长约1780km，为世界上修建最早和最长的人工运河。其中，天津至北京段原是溯潞河至通州，在元代修建通惠河后，南北大运河才能直达北京。直到今天，京杭运河仍被用作南北交通运输的重要通道。现在，又被用作南水北调的东线总干渠，将在我国经济社会发展中发挥更大的作用。

沟通湘江与漓江的灵渠（亦称兴安运河）也是距今2000余年前的秦朝利用水资源发展航运的一个伟大工程。公元前219年，秦灭六国后，欲再进兵岭南，为解决山地军粮运输困难，在今广西兴安县境内修建了灵渠，接通了湘、漓二江，使长江、珠江水系的航道得到沟通，解决了军粮运输问题，为当时国家的统一起到了重要作用。其后相当长的历史时期中，灵渠作为两广与中原地区的航运交通干线，一直保持到清末京广与湘桂两铁路的建成通车。新中国成立后，灵渠的交通作用虽已消失，但仍被利用作为灌溉渠道，兼为城市给水及工业用水的输水道。

在水能资源的利用方面，早在2000～3000年前，我国古代劳动人民已开始将水力利用在农业生产和加工方面，出现了利用水力进行舂米、磨面等粮食加工活动的水碓、水磨和提水灌溉的筒车等古老的水力机械。

但是，几千年的封建制度极大地阻滞了我国水利科技事业的发展。步入近代，当世界上许多国家大规模发展水利时，我国却沦为半殖民地半封建社会，外受帝国主义列强的侵略，内有反动腐败的封建统治和军阀混战，水利事业长期停滞不前。直到20世纪30年代，才有了一些近代的水利工程。至1949年新中国成立前夕，全国仅有大型水库6座、中型水库17座（其中还有两座是经50年代续建完成的）；灌溉面积仅1600万$hm^2$，且保证程度不高。全国江河堤防和沿海海塘总长只有4.2万km，且残破不堪，防洪标准很低。在水能利用方面，水电设施更少。1912年，我国修建了第一座水电站——云南省石龙坝水电站，装机容量500kW。到1949年，全国的水电装机容量仅16.3万kW。

新中国成立以后，党和政府十分重视水利水电建设，积极开展防治水旱灾害和开发利用水资源的工作，先后有计划地开始综合治理黄河、淮河、海河等灾害较多的水系，对水资源较丰富的长江、珠江等流域分期进行综合开发。60多年来，我国围绕防洪、供水、灌溉、水力发电等，大力实施除水害兴水利，开展了大规模的水利建设，取得了显著成就。截至2014年年底，全国累计建成江河堤防长达28.44万km，保护人口5.86亿人，保护耕地4279万$hm^2$。累计建成流量为$5m^3/s$及以上的水闸98686座，其中大型水闸875座。在全部已建水闸中，分洪闸7993座，排（退）水闸17581座，挡潮闸5831座，引水闸11124座，节制闸56157座。累计建成各类水库97735座，所有水库总库容8394亿$m^3$，其中，大型水库697座，总库容6617亿$m^3$，占全部总库容的78.8%；中型水库3799座，总库容1075亿$m^3$，占全部总库容的12.8%。累计建成日取水大于等于$20m^3$的供水机电井或内径大于200mm的灌溉机电井共469.1万眼。累计建成各类装机流量$1m^3/s$或装机功率50kW以上的泵站90982处，其中，大型泵站366处。全国耕地灌溉面积6454万$hm^2$，占全国耕地面积的53.8%。设计灌溉面积大于2000亩的灌区共22448处，耕地灌溉面积3397.5万$hm^2$。全国节水灌溉工程面积2901.9万$hm^2$，其中，喷灌、微灌面积784.3万$hm^2$，低压管灌面积827.1万$hm^2$。

在水资源开发利用方面，目前，全国蓄水工程、引水工程、提水工程等各类水利工程的年供水能力超过7000亿$m^3$。2014年，全国总供水量6095亿$m^3$，其中，地表水源占80.8%，地下水源占18.3%，其他水源占0.9%。全年总用水量6095亿$m^3$，其中居民生活用水占12.6%，生产用水占85.7%，生态与环境用水占1.7%。在生产用水中，农业占63.5%，工业占22.2%。

在水能资源开发利用方面，至2014年年底，全国水力发电装机容量已超过30183万kW，年发电量10661亿kW·h。其中，农村水电站47073座，装机容量7322万kW，年发电量2281亿kW·h，分别占全国水电总装机容量和年发电量的24.3%和21.4%。

此外，我国在水土保持方面的工作也成效显著，截至2014年年底，全国水土流失综合治理面积达111.61万$km^2$，累计封禁治理保有面积达79万$km^2$，建成生态清洁型小流域340个。

总之，就全国而言，经过60多年的努力，我国已逐步形成大、中、小、微相结合的水利工程体系，在抗御水旱灾害和综合利用水资源、保障经济社会安全、促进工农业生产持续稳定发展、保护水土资源和改善生态环境等方面发挥了重要作用。但是，也应该看到，随着经济社会发展和人口增加，以及自然条件的变化，我国在水资源领域还面临着严峻的挑战，主要表现在以下几个方面。

(1) 洪涝灾害仍然是我国发生最为频繁、灾害损失最重、死亡人数最多的自然灾害之一。由于水资源时间变化上的不均匀性，当水量集中得过快、过多时，不仅不便于利用，还会形成洪涝灾害。据统计，近 20 多年来，洪涝灾害导致的直接经济损失约占同期 GDP 的 1.5%。随着全球气候变化和极端天气事件的增多，加剧了水资源的时空分布不均匀性，局地暴雨洪水呈多发、频发、重发趋势，流域性大洪水以及较大洪涝灾害损失的发生几率也在增大，而我国防洪体系中还存在许多薄弱环节，中小河流防洪标准低，小型水库和大中型水闸病险率高，山洪灾害防御能力弱，一些城市排涝能力严重不足，主要易涝地区农田排涝能力和沿海地区防御风暴潮能力偏低，蓄滞洪区建设与管理问题突出，难以及时有效运用。随着经济社会的快速发展和社会财富的大幅增长，一旦发生大的洪涝灾害，对经济社会发展将造成极大的冲击。

(2) 水资源供需矛盾突出仍然是可持续发展的主要瓶颈。据统计，现阶段全国正常年份缺水 500 多亿 $m^3$，有 2/3 的城市存在不同程度的缺水情形，华北地区水资源短缺问题尤为突出。由于缺水，近年全国农田年均受旱面积达 2 亿 $hm^2$ 以上，导致每年国内生产总值减少约 2.65%。随着工业化、城镇化和农业现代化的加快推进，我国的水资源需求仍将在较长的一段时期内持续增长，特别是工业和城镇用水需求将增长较快。同时，由于比较容易开发利用的水源大部分已被开发利用，开发新水源的难度将越来越大，开发的成本也越来越高，加之水利工程对移民安置以及对生态环境影响的处理等问题愈加困难，致使供水工程建设受到越来越多的制约，这就使得我国一些地区较长时期内仍将面临水资源供给能力相对不足的问题。此外，用水部门存在的用水方式粗放、效率不高、浪费严重等问题，将进一步加剧水资源供需矛盾；而许多城市存在的供水水源单一，缺乏应急备用水源，应对特殊干旱或供水突发事件能力弱等问题，使得城市供水面临潜在的安全风险。基于以上原因，在今后一段时期内，水资源对我国经济社会发展的约束将更加凸显。

(3) 一些地区对水资源不合理的开发利用，以及缺乏对水资源的有效保护，导致水生态环境恶化，对国家生态安全造成威胁。一方面，工业、第三产业和居民生活等用水部门产生的大量废污水排放，以及农业生产中化肥和农药的大量使用，导致一些河流的入河污染物量远远超出河流纳污能力，造成了水体严重污染和水质劣化，不仅加剧了可用水资源的短缺，而且恶化了水生态环境，甚至直接威胁人民健康，影响社会的稳定和发展；另一方面，经济社会用水挤占河湖生态环境用水情况比较普遍，部分河流的开发利用已接近甚至超出水环境承载能力，导致河流断流、湖泊干涸、湿地萎缩、绿洲退化，河湖生态功能明显下降，生物多样性受到影响。此外，一些地区长期的地下水超采，引发了较为严重的地面沉降、海水入侵等环境地质问题。

(4) 水土流失仍然是当前面临的重大生态环境问题。我国众多的山地、丘陵，因季风型暴雨，极易造成水土流失。因暴雨引发的泥石流、滑坡等突发性地质灾害问题也很突出。此外，对水土资源不合理的开发利用，加剧了水土流失。第一次全国水利普查结果显示，我国水土流失面积 295 万 $km^2$，约占国土总面积的 30%。严重的水土流失，导致土地退化、沙化和生态恶化，造成河道、湖泊泥沙淤积，加剧了江河下游地区的洪涝灾害。

针对我国水资源面临的严峻形势，2011 年中央 1 号文件《中共中央　国务院关于加快水利改革发展的决定》明确要求把水利作为国家基础设施建设的优先领域，把严格水资源管理作为加快转变经济发展方式的战略举措，实行最严格水资源管理制度。2012年1月，国务院发布《关于实行最严格水资源管理制度的意见》，对实行最严格水资源管理制度进行了全面部署和具体安排。当前和今后一段时期内，必须根据我国经济社会发展对水资源开发、利用、治理、节约、配置、保护等方面提出的新要求，以党中央、国务院的文件精神为指引，做好对水资源的全面规划、统筹兼顾、标本兼治、综合治理，加快水利发展，实现水资源可持续利用，为全面建设小康社会提供有力的水利支撑和保障。

（1）在防洪减灾方面，在继续加强大江大河大湖治理的同时，加快推进防洪重点薄弱环节建设，不断完善防洪减灾体系。要进一步完善江河防洪工程体系，特别是重点加强防洪体系中的薄弱环节的建设。同时，高度重视防洪非工程措施建设，加强防洪调度与管理，充分发挥水利工程的作用，科学合理地运用行蓄洪区和分洪河道，形成河道、湖泊、水利枢纽、蓄滞洪区“四位一体”，拦、分、蓄、滞、排功能协调的综合防洪减灾体系，实现对洪水的科学有效防控，并使洪水资源得到合理利用，实现“人水和谐”的理念。

（2）在水资源配置和保障方面，要继续加强水资源配置工程建设，完善水资源调配体系，进一步提高水资源调配能力。同时，必须以建设节水型社会为根本，建立和实施用水总量控制和定额管理相结合的管理制度，确立水资源开发利用控制红线和用水效率控制红线，在保障经济社会发展合理用水的同时，将经济社会系统对水资源和水生态系统的影响控制在可承载范围之内。要在统筹常规水源和抗旱水源建设的同时，通过社会制度的建设来解决干旱缺水问题，提高应对特大干旱、连续干旱和突发性供水安全事件的能力。要加快建立健全节水市场激励机制、政府监管机制和投入保障机制，把节约用水贯穿于经济社会发展和群众生活生产全过程，从而使水资源利用效率得到进一步提高，生态环境得到进一步改善，可持续发展能力得到进一步增强，推动整个社会走上生产发展、生活富裕、生态良好的文明发展道路。

（3）在水污染防治和水资源保护方面，要建立和实施水功能区限制纳污制度，加快治理水污染。要按照《中华人民共和国水法》规定，履行相关审批程序，明确水功能区限制纳污红线，建立一整套水功能区限制纳污的管理制度，严格监督管理，使入河湖排污总量控制在水环境承载能力范围之内，确保水资源能够满足使用的功能和要求。对于现状入河污染物总量已突破水功能区纳污能力的地区，要特别加强水污染治理，下大力气削减污染物排放量，严格限制新增取水和入河排污口。依法划定生活饮用水水源地保护区，严格限制保护区内的各项开发活动，严禁一切排污行为，确保城乡居民饮用水安全。积极推进清洁生产、污水处理和污水资源化。恢复和改善水功能，保护水资源。

（4）在水土保持和生态修复方面，要按照“预防为主、保护优先”的方针，对重要的生态保护区、水源涵养区、江河源头和山洪地质灾害易发区，严格控制开发建设活动；在容易发生水土流失的其他区域开办生产建设项目，要全面落实水土保持“三同时”制度；对已经形成严重水土流失的地区，要进一步实施小流域综合治理，从源头上控制水土流失。在人口密度小、降雨条件适宜、水土流失比较轻微的地区，要加强封育保护，充分发挥大自然的自我修复能力，促进大范围的生态恢复和改善。对生态脆弱或生态严重破坏的河流，因地制宜、分区实施、分类指导，采取节水、防污、调水等措施予以修复。要有计划地进行湿地补水，保护湿地生态系统，促进人与自然和谐相处。

此外，要进一步加强农村水利基础设施建设，完善灌、排工程体系，提高农业供水保证率，大力推广节水灌溉，提高灌溉用水利用系数，提高灌溉效益。要继续加快农村饮水安全工程建设，有条件的地方应积极推进集中式供水，能与城镇供水管网相连的，实行城乡一体化供水，提高供水保证率，尽快让广大农村居民喝上干净水、放心水。要进一步加强内河航道整治和航运设施建设，积极发展航运事业，在重视做好河流生态保护的前提下，充分发挥长江等“黄金水道”的运输潜力，为经济社会发展服务。要继续大力发展水电，提高我国水能资源开发利用率，进一步改善电力能源结构，促进经济社会可持续发展；在开发水电的同时，要特别注意防治水害，充分发挥水资源的综合利用效益，为供水、航运和农、林、牧、渔业的发展服务；要十分注意解决水利水电工程建设所引起的生态环境、移民安置等方面的问题，实现水利水电事业的健康持续发展。

为了实现以上几个方面的任务，必须高度重视规划工作，科学制定水资源规划和水利发展规划，统筹协调水利与经济、社会、环境之间的关系。在此基础上，进一步加大投入，加快水利基础设施建设，同时，要进一步深化改革，强化水资源管理和水利工程管理，不断增强水旱灾害综合防御能力、水资源合理配置和高效利用能力、水土资源保护和河湖健康保障能力以及水利社会管理和公共服务能力，为经济社会可持续发展提供有力保障，真正实现从传统水利向现代水利、可持续发展水利的转变。

## 1.5　本课程的任务和主要内容

“水资源规划及利用”是水利水电工程专业的重要专业课。它的任务是让学生在掌握工程水文知识的基础上，学习水资源规划及利用的基本理论和基本知识，初步掌握有关的分析计算方法，以使学生毕业后，经过一段生产实际的锻炼，能从事这方面的技术工作和管理工作。

本课程主要是研究有关水资源规划及利用的基本理论和方法问题，涉及水资源开发、利用、治理、节约、配置、保护等诸多方面，主要内容包括：水资源及其综合利用的基本概念，水资源评价，水资源供需平衡分析与配置，综合利用水库及兴利调节计算，防洪减灾规划，水能利用及水电站主要特征参数选择，河流综合利用规划及水库群水利水能计算，水库调度与水资源管理，以及水资源系统分析的基本知识等。

应该指出，随着经济、社会的不断发展，水资源规划及利用工作需要考虑的因素愈来愈复杂。按照科学发展观的要求，必须坚持水资源可持续利用的原则。在具体制定规划方案时，不仅要考虑水资源对经济社会发展的支撑作用，更要重视水利水电工程建设对生态环境产生的影响；不仅要将地表水资源与地下水资源的开发问题统一考虑，而且要协调水资源的开发、利用、治理、节约、配置、保护等方面的关系；不仅要考虑工程措施，还要重视非工程措施。水资源规划及利用领域的这些趋势和特点，对水利水电工程专业的人才培养提出了更高的要求，而作为该专业的重要专业课，本课程的内容也必将得到进一步丰富和发展。

# 第2章 水资源评价

## 2.1 概 述

### 2.1.1 水资源评价及水资源评价工作进展

关于水资源评价，联合国教科文组织（UNESCO）和世界气象组织（WMO）推荐的定义为："水资源评价是指对水的来源、数量范围、可依赖程度及水的质量等方面的确定。这种评价不限于对已列入水文整编目录中的可供水资源量，还根据社会经济和环境的考虑对水的各方面进行评价"。2006年出版的《中国水利百科全书》进一步明确提出，"水资源评价是对某一地区或流域水资源的数量、质量、时空分布特征、开发利用条件、开发利用现状和供需发展趋势作出的分析估价。它是合理开发利用和保护管理水资源的基础工作，为水利规划提供依据"。

从上述定义中可以看出，水资源评价的主要任务是科学分析区域或流域水资源的特点，准确把握其在数量、质量等方面的特性，展望水资源开发利用前景，合理开发利用和保护水资源，达到以水资源可持续利用支撑经济社会可持续发展的目标。

水资源评价是在经济社会用水量持续增长、水资源开发利用程度不断提高、供需矛盾和水污染日益突出、生态环境不断退化的背景下发展起来的，其工作内容各国不尽相同，并都随着时代的前进而不断充实。

早期的水资源评价活动始于19世纪，一般仅局限于水文观测资料的系统整理。美国从1840年开始对俄亥俄河、密西西比河进行了水量统计，并在20世纪初编写了《纽约州水资源》《科罗拉多州水资源》《联邦东部地下水》等水文书籍。苏联在1930年开始编制《国家水资源编目》，对天然条件下地表水数量和化学成分的观测资料进行整理，同时编制了《国家水册》。我国于1922年开始刊布《长江水文年报》，并于1930年设立了湘鄂湖江水文总站和岳阳水文分站。1949年以后，全国水文站网和气象站网的建设得到了大大加强，水文气象资料的整编工作也受到了高度重视。1963年出版了《中国水文图集》，对天然条件下降水、河川径流、腾发、水质、侵蚀、泥沙等水文要素进行了统计分析，编制了各类等值线图和分区图表等，为我国水资源的规划和利用提供了各类水文资料。

20世纪60年代以来，随着经济的迅速发展和人口的急剧增加，水资源利用程度不断提高，水资源供需矛盾日趋突出，加强对水资源的管理和保护已刻不容缓。联合国于1977年在阿根廷马尔德普拉塔召开的世界水会议通过了马尔德普拉塔行动计划（Mar del Plata Plan of Action）和10项决议，指出"没有对水资源的综合评价，就谈不上对水资源的合理规划与管理"，认为对国家范围内的水资源进行评价是国家的责任，建议各国政府对为各种目的供水而进行的水资源开发与管理活动建立评估机制，以事先估计可供水的数量和质量，并号召各国进行一次专门的国家水平的水资源评价活动，同时进行评价的技术培训和建立相关机构。以马尔德普拉塔行动计划和决议为标志，各国的水资源评价工作进入了一个新的阶段，专门的国家水平的水资源评价活动在世界许多国家开展起来。

美国国会于1965年通过了水资源规划法案，并成立了水资源理事会，开展了全美国第一次水资源评价工作，并于1968年完成了评价报告。报告对美国水资源的现状和发展进行了研究分析，比较了水资源的供需情况，并评价了水资源的专门问题，讨论了缺水地区的情况和问题，划分了美国主要的水资源分区，并提出到2020年全美国需水展望，即进行了约半个世纪的需水预测。1978年美国进行了第二次全国范围的水资源评价活动，把用水分为河道内用水和河道外用水，重新分析了各类用水的现状和发展前景，可供水量和用水要求成为评价的中心，并对水资源开发管理中的一些关键问题，如地表水供水不足、地下水超采、水源污染、洪水灾害、侵蚀和泥沙、清淤和清淤物的堆置、排水和湿洼地、海湾和河口沿岸水质恶化等进行了重点研究，提出了可能的解决途径。

苏联自1960年开始对《国家水册》进行第二次修订，将其重新划分为3卷：①《水文知识卷》，包括整编过的水文站网全部定点观测资料和野外勘察调查资料；②《主要水文特征值卷》，包括全部观测期内各站各类水文资料（包括河、湖水位、流量、冰情和热量变化、输沙及含沙量以及水化学资料等）的统计特征值如均值、变差系数和偏态系数等；③《地表水资源卷》，包括水文图集、不同地理区水文要素情势，以及为水资源工程所需的有关水文要素计算方法的图表和说明等。同时，开始建立《国家水册》的统一自动化信息系统，包括3个相互关联的子系统，即水文原始观测资料的收集、管理和初步整编的子系统，水文观测资料的存储、整编、检索、样本抽取和按不同要求整理资料的子系统，以及向各类用户提供相应水文资料和情报信息的子系统，大大提高了水文资料为生产建设服务的效率。

日本在1983年完成了21世纪用水预测工作，在1984年完成了日本水资源及其开发、保护和利用的现状评价，包括对天然水资源的估算、用水要求、水资源开发利用及有关水的价格、缺水状况和对策等。日本基于对水资源情况的调查和了解，以及基于其社会经济发展的具体情况，进行水资源规划的制定。日本的水资源规划分为水资源开发基本规划和全国综合水资源规划两种。水资源开发基本规划是指为确保区域上由于经济发展和都市人口增加而产生的用水需求而在指定水系上制定的水资源综合开发和合理利用的基本规划。全国综合水资源规划是指在全国范围上对长期水供给进行预测，对水资源开发、保护和利用等相关事项的规定，以及为达到未来长期的稳定水供给而提出的政策指针。日本迄今为止已经制定了3个全国综合水资源规划：1978年制定的以1985年和1990年水供求为目标的《长期水需求供给规划》；1987年制定的以2000年为目标年度的《全国综合水资源规划》；以及1999年6月制定的以2010—2015年为目标年度的《新全国综合水资源规划》。《新全国综合水资源规划》以"确立健全的水循环系统"为基本目标，包括以下3个内容：构筑可持续发展的水系统，水环境的确保和整备，以及水文化的恢复和培养。在规划的实施上强调各地区子规划的重要性，强调研究开发技术的推进以及国际合作的重要性。该规划重新估计了需水量，评价了安全供水的保障率，重点研究了全国14个区域的都市用水安全性。

我国于1980年开展了第一次全国水资源调查评价和水资源利用的调查分析和评价工

作。与水有关的部门如水利电力部、地质矿产部、交通部水运部门等均分别独立地开展工作，提出了相应部门的评价结果，如水利电力部门提出的《中国水资源评价》和《中国水资源利用》，地质矿产部提出的《中国地下水资源评价》，交通部提出的《中国水运资源评价》。在此基础上，国务院于1985年批准建立了全国水资源协调小组，由各有关部门参加。经过两年的努力，协调小组于1987年提出了国家级的水资源评价成果《中国水资源概况和展望》，内容包括中国水资源量的概况及其特点，水质和泥沙概况，水能、水运、水产资源概况，水资源利用概况及存在问题，水资源开发利用展望及供需分析，城乡供水、农田水利、内河航运、水能利用、水产养殖、防洪、水土保持和水源污染、水资源开发与管理方面的政策性建议等。此外，20世纪80年代以来，我国各流域、各省乃至地区、县一级均开展了不同程度的水资源评价工作，水资源评价及其合理利用成为中国水利建设中的重要研究课题，越来越为人们所重视。

我国于2002—2006年开展的全国水资源综合规划是第二次全国范围内的水资源评价工作，包括水资源调查评价、水资源开发利用情况调查评价、需水预测、节约用水、水资源保护、供水预测、水资源配置、总体布局与实施方案、规划实施效果评价等内容。此次综合规划的目的是在进一步查清我国水资源及其开发利用现状、分析和评价水资源承载能力的基础上，根据经济社会可持续发展和生态环境保护对水资源的要求，提出水资源合理开发、优化配置、高效利用、有效保护和综合治理的总体布局及实施方案，促进我国人口、资源、环境和经济的协调发展，以水资源的可持续利用支持经济社会的可持续发展。

适时开展水资源评价已成为人们的共识，在我国已通过《中华人民共和国水法》上升为国家意志。《中华人民共和国水法》明确规定为查明水资源状况，必须进行水资源评价。同时，为统一技术标准，保证成果质量，水利部于1999年编制并实施了《水资源评价导则》，在总结全国第一次水资源调查评价以来实践的基础上，明确规定水资源评价内容包括水资源数量评价、水资源质量评价、水资源利用评价及综合评价，并对水资源评价的内容和精度、分区原则、资料收集及评价方法等作了较为详细的说明，适用于全国及区域水资源评价和专项工作中的水资源评价。

### 2.1.2 水资源评价的内容

水资源评价的内容随着时代前进而不断丰富，从早期的统计天然情况下的水资源量及其分布特征开始，增加为水资源工程规划设计提供所需的水文特征值计算及参数分析；从单一的地表水资源或地下水资源到地表水、地下水资源的综合评价；从水资源的数量评价到水资源的数量与质量统一评价。为了满足经济发展的规划要求，水资源评价中又增加了水资源供需平衡分析和水资源保护的内容。随着水资源开发利用程度的提高，水资源开发利用所引起的环境影响评价已成为人们所关注的新问题。总之，水资源评价是进行水资源规划的前期工作，水资源规划中所涉及的问题在评价中要尽可能考虑，只不过水资源评价较之水资源规划可行性研究更具有普查和宏观分析意义。

根据《中国水利百科全书》的定义和《水资源评价导则》的规定，以及我国水资源评价工作的实践，全面的水资源评价应包括以下内容。

1. 水资源评价的背景与基础

水资源评价的背景与基础主要是指水资源评价区的自然概况、社会经济现状、水利工程及水资源利用现状以及水资源系统等。

气候、地形地貌、水文地质、植被土壤及河湖等自然因素是水资源形成、赋存和转化的条件。在水资源评价时应收集已有的自然条件资料，针对水资源评价的要求进行科学的描述。

人口和工农业生产等社会经济状况决定了对水的需求，是进行水资源供需分析时计算需求量的基础资料。

水资源评价的主要目的在于预测和评价未来经济社会发展条件下水资源供需的变化和发展、水资源供需的协调与矛盾。现状水利工程和水资源利用是未来水资源利用的条件，也是水资源评价工作的起点。

绘制一个流域或区域的水资源系统概念图有助于水分转化和水量平衡的分析（图 2.1）。水资源系统概念图综合反映了评价区与周围区域的水量、评价区内“四水”（大气水、地表水、土壤水和地下水）之间、评价区内供水和需求之间的关系。对一具体的水资源评价分区，水资源系统的内容应根据分区的情况如地表水中河流、湖泊、水库的组成、工农业用水组成等加以充实并在系统图中表达出来。

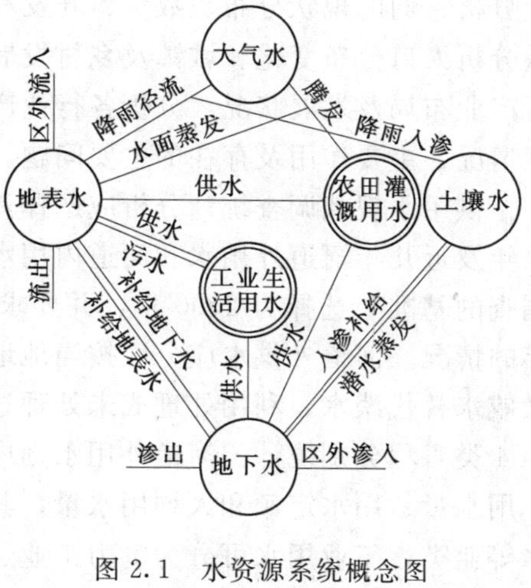

图 2.1 水资源系统概念图

2. 水资源数量评价

对评价区内的地表水资源、地下水资源及总水资源进行估算和评价，是水资源评价的基础部分，也称为基础水资源评价。

地表水包括河流、湖泊及水库等水体。地表水资源量通常用地表水体的动态水量即河川径流量来表示。评价时应对地表水数量及其年内和多年的变化特征进行分析，对地表水的可供水量进行估算。

地下水资源评价应分析评价区的地下水补给、赋存及开采利用条件，估算地下水的各项补给量和排泄消耗量。在地表水和地下水相互转化明显的地区，如岩溶区、山前平原区等，应把地表水和地下水作为统一系统进行评价。

由于地表水资源量（河川径流量）中包括一部分地下水的排泄量，而地下水的补给量中又有一部分来源于地表水体的入渗。因此，对于一个计算分区不能简单地将地表水资源量和地下水资源量直接相加作为水资源总量，而应扣去地表水资源和地下水资源相互转化的重复量。

3. 水资源质量评价

为了合理利用水资源，满足工农业生产和人民生活的需要。以及满足维护和改善生态环境的需要，不仅要评价水资源的数量，还必须评价其质量，即根据用水要求和水的物理、化学和生物性质对水体的质量作出评价。评价水质要进行水体的水质监测和污染源的调查，根据国家规定的标准，选择必要的评价指标和参数，分水体、分河段对水质的优劣及其分级作出分析评价。

根据《水资源评价导则》的规定，我国水资源质量评价主要应包括对河流泥沙、天然水化学特征及水资源污染状况等情况的调查和评价。

4. 水资源开发利用及其影响评价

水资源开发利用及其影响评价包括 5 部分内容：社会经济及供水基础设施现状调查分析、供用水现状调查统计分析、现状供用水效率分析、现状供用水存在问题分析和水资源开发利用现状对环境的影响分析。

社会经济及供水基础设施现状调查分析主要包括除水以外的主要自然资源开发利用状况分析、社会发展状况分析、经济发展状况分析和供水基础设施情况分析。其中除水以外的主要自然资源指可用于农牧的土地，可开采利用的矿产，可利用的草场、林区等，主要应分析它们的现状分布、数量、开发利用状况、程度及存在的主要问题。社会发展主要着重分析人口分布变化、城镇及乡村发展情况。经济发展分工农业和城乡两个方面，着重分析产业布局及发展状况，分析各行业产值、产量情况。供水基础设施应分类分析它们的现状情况、主要作用及存在的主要问题。

供用水现状调查统计分析应选择具备资料条件的最近 1 年作为基准年，调查统计分析该年及近几年河道外用水和河道内用水情况。以 2002 年开始的全国水资源综合规划为例，调查的基准年选择为 2000 年，并要求另外调查 1980 年、1985 年、1990 年、1995 年等 4 年的情况。河道外供水应分区按当地地表水、地下水、过境水、外流域调水、利用海水或微咸水替代淡水、利用处理或未处理过的废污水等多种来源，以及按蓄、引、提、机电井等 4 类工程分别统计。河道外用水则应分区按农业、工业、生活 3 大类用水户分别统计各年用水量、用水定额和人均用水量，其中，农业用水可分为农田灌溉和林、牧、副、渔用水等亚类；工业用水可分为电力工业、一般工业、乡镇工业等亚类；生活用水可分为城镇生活（居民生活和公共用水）、农村生活（人、畜用水）等亚类。分区统计的各项供水量和用水量均为包括输水损失在内的毛用水量。河道内用水指水力发电、航运、放木、冲沙、防凌和维持生态环境等方面的用水。河道内用水一般并不耗水，但要求一定的流量、水量和水位。

现状供用水效率分析应根据典型调查资料或分区水量平衡法，分析各项供用水的消耗系数和回归系数，估算耗水量、排污量和灌溉回归量，对供用水有效利用率作出评价。具体来说，应对万元工业产值用水定额和重复利用率、城镇生活用水定额、农业节水措施的发展情况及其节水量、城镇工业废水量、生活污水量及废污水处理和回用情况进行分析，评价节水潜力或发展趋势。

现状供用水存在问题分析应以经修正后的基准年社会经济指标和现有工程条件为依据，按流域自上而下、先支流后干流分区进行供需平衡计算，对当地地表水、地下水开发利用程度，开发潜力，供水不足所造成的影响，河道外用水和河道内用水之间的矛盾，以及水资源开发、利用、保护、管理方面影响供用水的主要问题等进行分析评价。

水资源开发利用现状对环境的影响主要分析以下水环境问题：水体污染，河道退化、断流，湖泊、水库萎缩，次生盐碱化和沼泽化，地面沉降、岩溶塌陷、海咸水入侵和沙漠化等。

5. 水资源综合评价

水资源综合评价是在水资源数量、质量和开发利用现状评价以及对环境影响评价的基础上，遵循生态良性循环、资源永续利用、经济可持续发展的原则，对水资源时空分布特征、利用状况与社会经济发展的协调程度所作的综合评价，主要包括水资源供需发展趋势分析、评价区水资源条件综合分析和分区水资源与社会经济协调程度分析等3方面的内容。

将评价区划分为若干计算分区，摸清水资源利用现状和存在问题，进行不同水平年、不同保证率或水资源调节计算期的需水和可供水量的预测和水资源供需平衡计算，分析水资源的余缺程度，进而研究分析评价区社会和经济发展中水的供需关系是水资源评价的重要内容。

水资源条件综合分析是对评价区水资源状况及开发利用程度的总括性评价，应从不同方面、不同角度进行全面综合和类比，并进行定性和定量的整体描述。

分区水资源与社会经济协调程度分析包括建立评价指标体系、进行分区分类排序等内容。评价指标应能反映分区水资源对社会经济可持续发展的影响程度、水资源问题的类型及解决水资源问题的难易程度。另外，应对所选指标进行筛选和关联分析，确定重要程度，并在确定评价指标体系后，采用适当的理论和方法，建立数学模型对评价分区水资源与社会经济协调发展情况进行综合评判。

水资源不足在我国普遍存在，只是严重程度有所不同，不少地区水资源已成为经济和社会发展的重要制约因素。在水资源综合评价的基础上，应提出解决当地水资源问题的对策或决策，包括可行的开源节流措施或方案，对开源的可能性和规模、节流的措施和潜力应予以科学的分析和评价。同时，对评价区内因水资源开发利用可能发生的负效应特别是对生态环境的影响进行分析和预测。进行正负效应的比较分析，从而提出避免和减少负效应的对策，供决策者参考。

### 2.1.3 水资源评价分区

1. 水资源评价分区要求

水资源评价可以是全国、流域（一般跨省）、省、地区以及县一级的。评价区范围大，水资源组成及相互转化、水资源供需关系都较复杂；评价区范围小，对评价工作的深度及评价结果的精度要求高。因此，无论哪一级的水资源评价，一般都要将评价区分区，这有利于区分各水资源要素在地区间的差异、揭示各地区水资源供需的特点和矛盾，有利于资料的收集、分析以及成果的校核验证，此外划分成较小分区使问题和关系得以简化，方便评价工作开展。评价区范围较大时尚需在划分为一级分区的基础上，再划分为若干二级分区，二级分区内又进行三级分区的划分。国家、流域及省级的水资源评价常进行三级分区。地县一级水资源评价常常进行一级分区便可满足评价工作的要求。最后一级分区是水资源评价中的计算单元。水资源评价分区一般考虑以下原则：

（1）根据水资源组成特点和有利于水资源量的估算，尽量按流域水系划分，保持大江大河干支流的完整性，对自然条件有显著差异的干流和较大支流可分段划区，自然条件相同的小河可适当合并。根据地下水补给和排泄的特点，山区和平原区应加以区分。

（2）同一区内自然地理因素、水资源特点、水资源开发利用条件和水利建设发展方向基本相同或相似。已有及规划中拟定的同一供水系统划在同一区内。兼顾水文站的控制范围以方便进行水资源量的计算和供需平衡分析。

(3) 应充分考虑水资源供需特点，将水资源供需矛盾相对突出的地区予以分区。一般情况下城市用水矛盾突出，城市及城区和主要农业用水区应分开。

(4) 尽可能保持行政区划的完整，不仅有利于资料的收集和整理，而且与水资源开发利用和管理相结合。

(5) 分区的大小和分区的级数要根据工作需要、评价工作量大小，同时也要考虑现有资料的条件。

(6) 各种级别的水资源评价分区原则上应统一。下一级别的分区应与上一级别的分区相一致，例如地区级水资源评价分区时应参照省级水资源评价的分区。

2. 中国水资源评价分区

根据 2002 年开始的全国水资源综合规划的规定，全国统一的水资源分区设定到三级分区，三级以下分区由流域机构会同各省（自治区、直辖市）根据工作需要编制。其中，全国水资源一级区按流域水系划分为 10 个，即以松花江、辽河、海河、黄河、淮河、长江、东南诸河、珠江、西南诸河和西北诸河等江河为主体，并入其邻近单独入海或出境的河流各成一个一级区；一级区以下划分二级区，按基本保持河流水系完整性的原则，全国共划分 80 个二级区；在二级分区的基础上，考虑流域分区与行政区划相结合的原则，全国共划分 214 个三级区；除个别情况外，水资源分区套行政区划形成的单元为计算分区，计算分区是各项规划资料成果的统计单元，全国共划分计算单元 1055 个。各水资源分区和计算分区边界考虑了水系边界、行政边界、河流控制节点等因素综合确定。中国水资源分区（一级和二级）见表 2.1，水资源一级区和行政区划对照关系见表 2.2。

**表 2.1　　中国水资源评价分区（引自《全国水资源综合规划分区说明》）**

| 一级分区（流域片） | | 二级分区（流域） | | 一级分区（流域片） | | 二级分区（流域） | |
|---|---|---|---|---|---|---|---|
| 编号 | 名称 | 编号 | 名称 | 编号 | 名称 | 编号 | 名称 |
| A000000 | 松花江 | A010000 | 额尔古纳河 | C000000 | 海河 | C010000 | 滦河及冀东沿海 |
| | | A020000 | 嫩江 | | | C020000 | 海河北系 |
| | | A030000 | 第二松花江 | | | C030000 | 海河南系 |
| | | A040000 | 松花江（三岔口以下） | | | C040100 | 徒骇马颊河 |
| | | A050000 | 黑龙江干流 | D000000 | 黄河 | D010000 | 龙羊峡以上 |
| | | A060000 | 乌苏里江 | | | D020000 | 龙羊峡至兰州 |
| | | A070000 | 绥芬河 | | | D030000 | 兰州至河口镇 |
| | | A080000 | 图们江 | | | D040000 | 河口镇至龙门 |
| B000000 | 辽河 | B010000 | 西辽河 | | | D050000 | 龙门至三门峡 |
| | | B020000 | 东辽河 | | | D060000 | 三门峡至花园口 |
| | | B030000 | 辽河干流 | | | D070000 | 花园口以下 |
| | | B040000 | 浑太河 | | | D080000 | 内流区 |
| | | B050000 | 鸭绿江 | E000000 | 淮河 | E010000 | 淮河上游（王家坝以上） |
| | | B060000 | 东北沿黄渤海诸河 | | | E020000 | 淮河中游(王家坝至洪泽湖出口) |

续表

| 一级分区（流域片）编号 | 一级分区（流域片）名称 | 二级分区（流域）编号 | 二级分区（流域）名称 |
|---|---|---|---|
| E000000 | 淮河 | E030000 | 淮河下游（洪泽湖出口以下） |
| | | E040000 | 沂沭泗河 |
| | | E050000 | 山东半岛沿海诸河 |
| F000000 | 长江 | F010000 | 金沙江石鼓以上 |
| | | F020000 | 金沙江石鼓以下 |
| | | F030000 | 岷沱江 |
| | | F040000 | 嘉陵江 |
| | | F050000 | 乌江 |
| | | F060000 | 宜宾至宜昌 |
| | | F070000 | 洞庭湖水系 |
| | | F080000 | 汉江 |
| | | F090000 | 鄱阳湖水系 |
| | | F100000 | 宜昌至湖口 |
| | | F110000 | 湖口以下干流 |
| | | F120000 | 太湖水系 |
| G000000 | 东南诸河 | G010000 | 钱塘江 |
| | | G020000 | 浙东诸河 |
| | | G030000 | 浙南诸河 |
| | | G040000 | 闽东诸河 |
| | | G050000 | 闽江 |
| | | G060000 | 闽南诸河 |
| | | G070000 | 台澎金马诸河 |
| H000000 | 珠江 | H010000 | 南北盘江 |
| | | H020000 | 红柳江 |
| | | H030000 | 郁江 |
| | | H040000 | 西江 |
| H000000 | 珠江 | H050000 | 北江 |
| | | H060000 | 东江 |
| | | H070000 | 珠江三角洲 |
| | | H080000 | 韩江及粤东诸河 |
| | | H090000 | 粤西桂南沿海诸河 |
| | | H100000 | 海南岛及南海各岛诸河 |
| J000000 | 西南诸河 | J010000 | 红河 |
| | | J020000 | 澜沧江 |
| | | J030000 | 怒江及伊洛瓦底江 |
| | | J040000 | 雅鲁藏布江 |
| | | J050000 | 藏南诸河 |
| | | J060000 | 藏西诸河 |
| K000000 | 西北诸河 | K010000 | 内蒙古内陆河 |
| | | K020000 | 河西内陆河 |
| | | K030000 | 青海湖水系 |
| | | K040000 | 柴达木盆地 |
| | | K050000 | 吐哈盆地小河 |
| | | K060000 | 阿尔泰山南麓诸河 |
| | | K070000 | 中亚西亚内陆河区 |
| | | K080000 | 古尔班通古特荒漠区 |
| | | K090000 | 天山北麓诸河 |
| | | K100000 | 塔里木河源 |
| | | K110000 | 昆仑山北麓小河 |
| | | K120000 | 塔里木河干流 |
| | | K130000 | 塔里木盆地荒漠区 |
| | | K140000 | 羌塘高原内陆区 |

**注** 1. 松花江区包括松花江流域及额尔古纳河、黑龙江干流、乌苏里江、图们江、绥芬河等国际河流中国境内部分。

2. 分区名称中出现“以上”或“以下”，统一定义“以上”为包含，“以下”为不包含。如“尼尔基以上”为包含尼尔基。下同。

3. 辽河区包括辽河流域、辽宁沿海诸河以及鸭绿江中国境内部分。

4. 淮河区包括淮河流域及山东半岛沿海诸河。

5. 珠江区包括珠江流域、华南沿海诸河、海南岛及南海诸岛。

6. 西北诸河区包括塔里木河等西北内陆河及额尔齐斯河、伊犁河等国际河流中国境内部分。

**表 2.2** 全国水资源一级区与行政区划对照汇总表 单位：$km^2$

| 省区 | 一级区所属省级行政区计算面积 | | | | | | | | | | |
|---|---|---|---|---|---|---|---|---|---|---|---|
| | 合计 | 松花江 | 辽河 | 海河 | 黄河 | 淮河 | 长江 | 东南诸河 | 珠江 | 西南 | 西北 |
| 北京 | 16800 | | | 16800 | | | | | | | |
| 天津 | 11920 | | | 11920 | | | | | | | |
| 河北 | 187693 | | 4413 | 171624 | | | | | | | 11656 |
| 山西 | 156271 | | | 59133 | 97138 | | | | | | |
| 内蒙古 | 1161398 | 324712 | 138407 | 12576 | 150962 | | | | | | 534741 |
| 辽宁 | 145748 | 541 | 143497 | 1710 | | | | | | | |
| 吉林 | 187400 | 156564 | 30836 | | | | | | | | |
| 黑龙江 | 454817 | 454817 | | | | | | | | | |
| 上海 | 6340 | | | | | | 6340 | | | | |
| 江苏 | 101940 | | | | | 63455 | 38485 | | | | |
| 浙江 | 103756 | | | | | | 12606 | 91150 | | | |
| 安徽 | 139476 | | | | | 66626 | 66410 | 6440 | | | |
| 福建 | 124025 | | | | | | 1050 | 110885 | 12090 | | |
| 江西 | 166948 | | | | | | 163143 | 97 | 3708 | | |
| 山东 | 156675 | | | 30942 | 13633 | 112100 | | | | | |
| 河南 | 165501 | | | 15300 | 36164 | 86428 | 27609 | | | | |
| 湖北 | 185945 | | | | | 1400 | 184545 | | | | |
| 湖南 | 211829 | | | | | | 206712 | | 5117 | | |
| 广东 | 177579 | | | | | | 339 | | 177240 | | |
| 广西 | 236661 | | | | | | 8399 | | 226504 | 1758 | |
| 海南 | 34154 | | | | | | | | 34154 | | |
| 重庆 | 82401 | | | | | | 82401 | | | | |
| 四川 | 484252 | | | | 16960 | | 467292 | | | | |
| 贵州 | 176168 | | | | | | 115748 | | 60420 | | |
| 云南 | 383217 | | | | | | 109527 | | 58611 | 215079 | |
| 西藏 | 1202370 | | | | | | 22933 | | | 585766 | 593671 |
| 陕西 | 205603 | | | | 133301 | | 72302 | | | | |
| 甘肃 | 397527 | | | | 143240 | | 38484 | | | | 215803 |
| 青海 | 714409 | | | | 152250 | | 158392 | | | 36998 | 366769 |
| 宁夏 | 51799 | | | | 51392 | | | | | | 407 |
| 新疆 | 1647041 | | | | | | | | | 4500 | 1642541 |
| 香港 | 1092 | | | | | | | | 1092 | | |
| 澳门 | 24 | | | | | | | | 24 | | |
| 台湾 | 36000 | | | | | | | 36000 | | | |
| 合计 | 9514779 | 936634 | 317153 | 320005 | 795040 | 330009 | 1782717 | 244572 | 578960 | 844101 | 3365588 |

地下水的补给、径流情势受地形地貌、地质构造及水文地质条件的制约，其资源量的评价按照水文地质单元进行，然后归并到各水资源分区和行政分区。在具体评价时，首先要按地形地貌划分出平原区和山丘区，为Ⅰ级类型区；再根据地形地貌特征及地下水类型将平原区划分为一般平原区、内陆盆地平原区、山间平原区（包括山间盆地平原区、山间河谷平原区和黄土高原台塬区）和沙漠区，按不同岩性将山丘区划分为一般山丘区和岩溶山区，为Ⅱ级类型区；对Ⅱ级类型区再按水文地质条件、地下水埋深、包气带岩性特征及厚度划分为若干Ⅲ级类型区，即均衡计算区，见表 2.3。全国不同类型平原及所在流域见表 2.4。

**表 2.3　　地下水资源评价类型区名称及划分依据一览表**

<table>
<tr><th colspan="2">Ⅰ级类型区</th><th colspan="2">Ⅱ级类型区</th><th colspan="2">Ⅲ级类型区</th></tr>
<tr><th>划分依据</th><th>名称</th><th>划分依据</th><th>名称</th><th>划分依据</th><th>名称</th></tr>
<tr><td rowspan="9">区域地形地貌特征</td><td rowspan="7">平原区</td><td rowspan="9">次级地形地貌特征、含水层岩性及地下水类型</td><td rowspan="2">一般平原区</td><td rowspan="9">水文地质条件、地下水埋深、包气带岩性特征及厚度</td><td>均衡计算区</td></tr>
<tr><td>…<br>…<br>…</td></tr>
<tr><td rowspan="2">内陆盆地平原区</td><td>均衡计算区</td></tr>
<tr><td>…<br>…<br>…<br>…</td></tr>
<tr><td rowspan="2">山间平原区（包括山间盆地平原区、山间河谷平原区和黄土高原台塬区）</td><td>均衡计算区</td></tr>
<tr><td>…<br>…<br>…</td></tr>
<tr><td>沙漠区</td><td></td></tr>
<tr><td rowspan="2">山丘区</td><td>一般山丘区</td><td rowspan="2">均衡计算区<br>…</td></tr>
<tr><td>岩溶山区</td></tr>
</table>

### 2.1.4　水平年、典型年和系列法

#### 2.1.4.1　水平年

水资源评价的最终目的是为了分析和预测评价区域现状和今后的水资源供需状况，其研究目标应与区域的国民经济和社会发展计划与规划的总目标相协调。一般情况下应研究如下 4 个阶段的水资源供需情况，也即所谓 4 个水平年。

（1）基准年：为现状情况，又称现状水平年，是指进行水资源评价工作的现状情况，以某一年为标准。现状情况是水资源评价的基础，需进行全面深入的调查研究，力求准确地反映实际情况。

（2）近期水平年：为近期情况，一般为基准年以后的 5～10 年。近期情况下的水资源供需平衡分析是与区域的经济和社会发展的年度和五年计划相适应，并为其提供依据的，因此要求有一定的精度。对需求量的发展要作合理性的论证，对供水量要以工程规划为依据，供需分析时应进行平衡的调整。

表 2.4　全国不同类型平原及其所在流域（引自《中国水资源评价》）

| 平原类型 | 流域片名称 | 平原名称 |
|---|---|---|
| 一般平原区 | 黑龙江流域片 | 松嫩-三江平原，呼伦贝尔高原 |
| | 辽河流域片 | 辽河平原、辽宁沿海平原 |
| | 海滦河、黄河、淮河流域片 | 黄淮海平原 |
| | 黄河流域片 | 河套平原、关中平原、鄂尔多斯高原 |
| | 长江流域片 | 成都平原、汉中平原、南阳盆地平原、汉江平原、洞庭湖平原、鄱阳湖平原、太湖平原、长江中游干流平原、长江下游干流平原 |
| | 浙闽台诸河片 | 浙闽台沿海诸河口平原 |
| | 珠江流域片 | 珠江三角洲、韩江三角洲、榕江、练江三角洲、雷州半岛平原、琼北台地 |
| | 额尔齐斯河 | 额尔齐斯平原 |
| 沙漠区 | 黄河流域片 | 库布其沙漠、毛乌素沙漠 |
| | 内陆河流域片 | 腾格里沙漠、巴丹吉林沙漠、浑善达克沙漠、塔克拉玛干沙漠、古尔班通古特沙漠 |
| 内陆闭合盆地平原区 | 内陆河流域片 | 伊犁河谷平原及塔城盆地平原、准噶尔盆地平原、塔里木盆地平原、柴达木盆地平原、青海湖平原、茶卡-沙珠玉平原、阿拉善高原、河西走廊、张北高地、内蒙古高原 |
| 山间盆地平原区、山间河谷平原区 | 黄河流域片 | 太原盆地平原、临汾盆地平原、运城盆地平原、伊洛河河谷平原 |
| | 海滦河流域片 | 张宣-蔚怀盆地平原、大同盆地平原、忻县盆地平原、长治盆地平原 |
| 黄土高原台塬阶地区 | 黄河流域片 | 山西峨嵋台塬、甘肃董志塬 |

（3）中期水平年：为远景情况，一般为基准年以后的 15～20 年。远景情况下的水资源评价是为区域远景发展规划服务的，以揭示远景可能利用的水资源及问题为主，提出解决本区域水资源问题的对策。限于条件，远景情况下水资源评价的精度要差一些，供需分析时也可不作调整平衡。

（4）远期水平年：一般为基准年以后的 30～50 年。由于随着时间的推移，人们对自然条件下水资源状况的认识将不断深化，科学技术水平将不断进步，供需情况也会发生变化。因此，远期水平年的水资源评价精度将会更差一些，故仅侧重于区域水资源承载能力的宏观分析。

进行水资源评价时究竟取几个水平年分析，要根据水资源评价的任务和所具备的条件来决定，但一般都应有现状和近期两个水平年。我国 20 世纪 80 年代初期进行水资源评价时，大多取 1980 年为基准年，1990 年近期水平年，2000 年中期水平年；2002 年开始的全国水资源综合规划，取 2000 年基准年，2010 年为近期水平年，2020 年为中期水平年，2030 年为远期水平年。

#### 2.1.4.2　典型年

水资源评价要分析未来一段时期或各水平年的水资源量及可供水量。地表水资源、地下水资源都是由降水产生的，降水不仅有年内分配，而且年际也是变化的，因此各年的河川径流量和地下水补给量也是不同的。区域需水量随着经济和社会的发展，一般都是逐年增加的。需水量中农业灌溉用水往往占有很大比重，但是一定灌溉面积上所需灌溉水量是和各年的降雨量有关的。因此，无论水资源量、供水量和需水量在未来都是动态变化的。未来降水的变化具有随机的特点，目前尚不能进行准确的预测，而水资源供需平衡总是要根据一定的雨情和水情来分析计算。为了处理这一问题，目前有两种方法，即系列法和典型年法。

典型年法又称代表年法，就是首先根据对已有水文气象资料进行频率分析的成果，确定平水年和枯水年等不同典型年的雨情和水情，然后在此基础上对各水平年的水资源供需进行分析。我国规定，平水年保证率 $P=50\%$，枯水年保证率 $P=75\%$，特枯水年保证率 $P=90\%$（或 95%）。北方缺水地区一般要分析 $P=50\%$ 和 $P=75\%$ 两种典型年的供需情况，仅在有要求分析特枯水年份的对策时，才对 $P=90\%$（或 95%）的典型年进行分析。南方湿润地区一般要分析 $P=50\%$、$P=75\%$ 和 $P=90\%$（或 95%）3 种典型年情况，若水资源较为充足，也可不进行 $P=50\%$ 平水年的供需分析。

典型年的选择要合理确定年总水量和年内分配，使其确有平水年、枯水年及特枯水年的代表性。具体做法是：首先根据测站实测资料进行年总水量的频率分析，确定各保证率典型年的总水量，然后进行年内水量分配。年内水量分配最简单的方法是选择一与指定保证率年总水量最接近的实际年份为该保证率的典型年。为了克服可能产生的偶然性，也可选出几个与指定保证率年总水量相近的实际年份，从中选出对水资源供需平衡最不利的年份作为该保证率的典型年。

在典型年选择时，当评价区范围较大时可能会遇到同一年各分区的频率不同的问题，此时应考虑到流域上、中、下游或各分区的协调，并从整个评价区的供需特点分析，找出相对较好的代表年。另一可能遇到的问题是降雨和径流的频率不同。要根据实际情况分析确定典型年。例如西北内陆地区，降雨量稀少，农业灌溉是主要需水部门且主要取自河水，因此应根据径流系列选择典型年。对于供水主要靠河川径流、而且有较强的水库调蓄能力的情况，也应按径流系列选择典型年。对于以农田灌溉为主，河川径流供水相对较少且调节能力差的区域，应按降雨系列选择典型年。

根据起讫时间不同，典型年又有日历年、水文年和水利年之分。日历年是自 1 月 1 日至 12 月 31 日，水文年是从一年汛初至翌年汛初，水利年是按农作物灌溉期末划分起讫时间的（如每年 10 月 1 日至次年 9 月 30 日）。选择典型年时，日历年和水利年可能差别不大，但日历年和水文年可能有较大差别。从统计而言，选日历年为好；从供水而言，特别是以年调节水库为主要供水水源时，以水文年为好；从农业用水而言，以水利年为好。因此，从供需平衡分析角度出发，一般以选水利年或水文年为好。

采用典型年法只需对各典型年进行水资源供需计算，因而具有计算简单、工作量少的优点，也避免了在一些地区缺少长系列资料的困难。此外，还具有保证率的概念，故以往多为水资源评价所采用。但是，由于水资源的供需都是一个动态变化过程，地下水和大型水库具有多年调节作用，按典型年法分析各水平年在各种保证率下的供需情况，往往并不具有所指定的保证率含义。例如，以 1990 年为基准年，2000 年为一个水平年。2000 年是否缺水不仅取决于2000年的来水，而且还决定于1990—2000年的来水和需水。如果1990—2000年正好是丰水年，需水量增加又不多，即便2000年是枯水年，由于多年调节作用，该年用水也会得到保证。反之，自1990—2000年正好是枯水年，到2000年水库蓄水很少，地下水已严重超采，2000年即使是平水年甚至丰水年，其供水也会相当紧张。由于典型年法所存在的上述问题，因而在水资源供需平衡计算中倾向于采用系列法。

#### 2.1.4.3 系列法

系列法，又称为水资源供需平衡动态模拟法，是指未来的水资源供需分析是根据所选的水文气象系列逐年逐时段计算的。系列法较好地反映了未来时期内水资源量、供水量和需水量的动态变化特点，考虑了水资源多年调节、以丰补枯的作用，是比较合理的评价分析方法。系列法可采用以下3种方法之一。

1. 一次历史系列法

根据已有的观测资料，选择一较长且有代表性的水文气象系列作为计算系列，认为在未来时期内该系列重复出现。计算系列的选择应考虑以下原则：

（1）计算系列应有足够的长度。例如，2000年为基准年，2010年、2020年和2030年为3个水平年，则计算系列最少应有30年。新中国成立初期建立了较为完善的水文气象站网，因此，选择50年的计算系列在多数地区是有条件的。

（2）计算系列的均值（年径流量、年降水量）能代表长系列的均值，两者相差应控制在5%以内。例如，第一次全国水资源评价时，选取1956—1979年共24年系列作为计算系列，与长系列相比，其均值平均略偏小5%。2002年开始的全国水资源综合规划，选取1956—2000年共45年系列作为计算系列，大大改善了与长系列均值的关系。

（3）所选计算系列的年径流量和年降水量应有明显的各年丰枯变化，其变差系数等统计特征值也应与长系列的相接近。如2010年、2020年和2030年为3个水平年，计算系列为1956—2000年共45年，则认为自2000年开始，出现1956—1986年的水文气象系列。于是，自基准年开始，逐年逐时段（月或旬）进行水资源量、供水量、需水量及供需平衡的分析计算，至最后一个水平年。计算可得到各年以及各时段的地表水资源量，地下水补给量，地表水供水量，地下水开采量及总供水量，各部门需水量及总需水量，供需余缺量，以及地下水位埋深等。根据计算结果，可以对评价的分析期（2000—2030年）内的多年平均水资源量，总供水量和总需水量，多年平均的供需余缺水量及供水保证程度或保证率进行分析，也可对各水平年的供水量和需水量进行分析。但是，一次历史系列法对于某一水平年，其供水量和需水量等只有一个结果，没有保证率的概念。

2. 历史系列循回组合法

一次历史系列法尽管多年的均值具有代表性，但其过程并不具代表性。未来的丰枯过程是不可预测的。为了克服一次历史系列法的不足，可采取历史系列循回组合法。即以1956—2000年为一个系列，以1957—2000年、1956年为另一系列，再以1958—2000年、1956年、1957年为一系列，余类推，最多可有45个计算系列。对每一个系列都进行类同一次历史系列法的计算，也即对未来可能出现的丰枯组合情况都进行水资源的供需平衡分析计算。为了减少计算工作量，对历史系列不一定依次循回，可以每隔1年或2年、或3年循回组合，但必须包括有各种代表性的丰枯过程。

若循回组合 $N$ 次，就有 $N$ 个计算系列，也就有 $N$ 组多年供需计算结果。对于整个分析期如 2000—2030 年的总结果，$N$ 个计算系列间不会有太大的差别，但对于某一水平年的供水量、需水量、供需余缺水量等就将有 $N$ 个结果，它表示出在未来水文气象过程不可预测情况下可能出现的平均、最大、最小情况，也可对一水平年的有关结果进行频率分析。

3. 随机系列模拟法

由于水文气象现象本身具有随机性，因此未来的水文气象系列也可用随机模拟的方法生成。随机生成是以对已有历史系列随机变化特点的分析为基础的，因此随机系列多年的统计特征值应和历史系列相近，其特点是过程是随机形成的，没有人为的因素。

随机系列生成首先需对年降水及年径流的历史资料进行分析，按照随机生成方法产生出年降水量的有序随机系列。各年的年降水量的年内分配可取历史系列中与此年降水量相当年份的各月分配比例。

如果产生一个随机系列，水资源供需计算及分析同一次历史系列法。为了对一水平年的可能出现的各种水资源供需情况进行分析，就需要产生多个随机系列。

系列法，尤其是历史系列循回组合法和随机系列模拟法的计算工作量较之典型年法大为增加，人工计算几乎是不可能的，必须由计算机来完成。

## 2.2 地表水资源计算与评价

### 2.2.1 降水、径流与蒸发

#### 2.2.1.1 流域或区域的总水量平衡

降水、径流和蒸发是一个流域或区域水量平衡的主要分项，常称为水文 3 要素。在一个流域的总水量平衡中，降水量 $P$ 为流域水量的收入项，流域出口的河川径流量 $R$、总蒸发量 $E$ 和地下潜流量 $R_G$ 为流域水量的支出项，收入与支出项的差值为流域内地表水、土壤水和地下水的蓄变量 $\Delta W_S$ 和工业、生活的净耗水量 $\Delta W_I$。如果忽略蓄变量 $\Delta W_S$ 和净耗水量 $\Delta W_I$，则流域总的水量平衡方程为

$$P=R+E+R_G \tag{2.1}$$

对一较大流域，相对 $P$、$R$ 而言，$R_G$ 较小，故式（2.1）可以简化为

$$P=R+E \tag{2.2}$$

以往常根据多年实测的降水量 $P$ 和径流量 $R$，按式（2.2）估算流域的总蒸发量或称陆面蒸发量 $E$。但是，随着水资源开发利用程度的提高，以往对陆面蒸发的估算需予以修正。例如，在经济发达地区，净耗水量 $\Delta W_I$ 将不可忽略。在十分缺水地区，多年来超采地下水，蓄变量 $\Delta W_S$（负值）也将具有可观的数量。对一个区域而言，式（2.1）和式（2.2）中的 $R$ 应是流出与流入本区域的径流量之差。我国西北内陆河流域的盆地，降水量十分稀少，作物生长依赖于引河水灌溉，随着农业生产的发展，河川径流量大量被引用，因而农业区的陆面蒸发量将随之增加。

降水、径流和蒸发不仅是总水量平衡中的主要收支项，也是计算地表水资源和地下水资源的依据。因此，在水资源评价中应对降水量、径流量和蒸发量的区域分布及动态变化

特点进行分析。

**2.2.1.2** 降水

收集整理评价区内以及周围邻近地区的气象站及雨量站逐月或逐旬的观测资料，对其动态变化和区域分布进行分析评价。

1. 降水量的动态变化

降水量的动态变化包括年降水量的年际变化和年内各月或季节的降水量分配。年降水量多年变化应分析连续丰水年和连续枯水年发生的特点和周期。年降水量的年际变化程度常用年降水量的变差系数 $C_v$ 值或年降水量的极值比 $K_a$（最大年降水量与最小年降水量的比值）来表示。从全国范围看，在兰州、秦岭一线和长江中游以南地区，$C_v$ 值一般在 0.25 以下，$K_a$ 值也较小，一般为 2～3，其中长江干流以南和西南诸河的东部地区（包括雅鲁藏布江）是全国降雨量 $C_v$ 值最小的地带，一般在 0.25～0.35 以下；淮河流域及华北地区，黄河流域大部分地区年降水量的 $C_v$ 值一般在 0.25～0.35 之间，$K_a$ 值为 4～6，其中太行山以东的京广线两侧及黄河中游河套灌区一带 $C_v$ 值较大，可达 0.4 以上；东北地区年降水量的 $C_v$ 值有从东部的 0.20 向西部 0.25～0.30 增大的趋势，$K_a$ 值一般为 3～4；广大西北地区，除天山、阿尔泰山、祁连山等地的年降水量变差系数较小外，大部分地区的 $C_v$ 值在 0.40 以上，$K_a$ 值可超过 8，干旱盆地的 $C_v$ 值可达 0.70 以上。一般规律是，年降水量愈少的地区，它的多年变化愈大。

降水量的年内分配一般应整理分析 $P=25\%$、$P=50\%$、$P=75\%$ 和 $P=90\%$（或 95%）各典型年及多年平均的各月降水量占年总降水量的百分数。有时还需分析多年平均的和各典型年的汛期及非汛期的降水量占全年降水量的比例。

2. 降水量的区域变化

当评价区域的范围较大时，多年平均的年降水量会有明显的区域变化。根据各站实测的多年平均降水量，可绘制区域的平均年降水量等值线图，以此表示年降水量的空间分布。在每一分区内选一代表性测站，各代表测站的多年平均年降水量值也可表示出区域内的降水量变化。从全国范围看，可根据降水量的多少划分为五个不同类型的地带：

（1）十分湿润带。相当于年降水量 1600mm 以上的地区。主要包括浙江、福建、台湾、广东的大部和广西的东部、云南西南部和西藏东南部，以及江西、湖南山地、四川西部山地。

（2）湿润带。相当于年降水量 1600～800mm 的地区。包括沂沭河下游，淮河两岸至秦岭以南、长江中下游地区，云南、贵州、广西和四川的大部分地区。

（3）半湿润带。相当于年降水量 800～400mm 的地区。包括华北平原，东北、山西和陕西的大部，甘肃、青海的东南部，新疆西部、北部山区，四川西北和西藏东部。

（4）半干旱带。相当于年降水量 400～200mm 的地区。包括东北西部，内蒙古、宁夏、甘肃大部，青海、新疆部分山地和西藏部分地区。

（5）干旱带。相当于年降水量 200mm 以下的地区。包括内蒙古、宁夏、甘肃北部，青海的柴达木盆地，新疆塔里木盆地、准噶尔盆地及藏北高原大部分地区。

全国按省、自治区和直辖市计的年降水量见表 2.5，按水资源一级区统计的年降水量见表 2.6。

**表 2.5　全国各省、自治区、直辖市 1956—2000 年平均年降水量**

| 行政区 | 多年平均年降水深/mm | 多年平均年降水量/亿 m³ | 占全国比例/% | 不同频率年降水深/mm | | | |
|---|---|---|---|---|---|---|---|
| | | | | 20% | 50% | 75% | 95% |
| 全国 | 649.9 | 61786 | 100 | 664.2 | 642.2 | 625.2 | 600.9 |
| 北京 | 584.7 | 98 | 0.16 | 706.2 | 572.2 | 477.8 | 361.6 |
| 天津 | 574.9 | 69 | 0.11 | 700.0 | 561.2 | 464.0 | 346.1 |
| 河北 | 531.7 | 998 | 1.62 | 618.9 | 524.2 | 456.2 | 370.1 |
| 山西 | 507.6 | 793 | 1.28 | 582.6 | 502.0 | 443.1 | 367.7 |
| 内蒙古 | 282.4 | 3267 | 5.29 | 312.7 | 280.9 | 256.9 | 224.9 |
| 辽宁 | 678.1 | 987 | 1.60 | 772.6 | 671.4 | 596.9 | 500.8 |
| 吉林 | 610.7 | 1145 | 1.85 | 676.1 | 607.4 | 555.5 | 486.4 |
| 黑龙江 | 533.5 | 2426 | 3.92 | 590.6 | 530.5 | 485.2 | 424.9 |
| 上海 | 1094.0 | 69 | 0.11 | 1255.5 | 1081.8 | 955.0 | 792.3 |
| 江苏 | 994.5 | 1014 | 1.64 | 1133.2 | 984.7 | 875.5 | 734.5 |
| 浙江 | 1604.1 | 1664 | 2.69 | 1788.7 | 1593.8 | 1447.4 | 1254.2 |
| 安徽 | 1173.0 | 1636 | 2.65 | 1326.9 | 1162.9 | 1041.3 | 883.3 |
| 福建 | 1676.5 | 2079 | 3.36 | 1843.7 | 1669.8 | 1537.7 | 1360.6 |
| 江西 | 1638.3 | 2735 | 4.43 | 1826.9 | 1627.8 | 1478.2 | 1281.0 |
| 山东 | 679.1 | 1064 | 1.72 | 790.5 | 669.6 | 582.7 | 472.7 |
| 河南 | 774.8 | 1283 | 2.08 | 895.6 | 765.1 | 670.6 | 550.2 |
| 湖北 | 1179.9 | 2194 | 3.55 | 1315.7 | 1172.3 | 1064.6 | 922.5 |
| 湖南 | 1450.0 | 3072 | 4.97 | 1570.3 | 1445.6 | 1349.9 | 1219.4 |
| 广东 | 1770.5 | 3144 | 5.09 | 1988.3 | 1757.2 | 1584.6 | 1358.9 |
| 广西 | 1537.0 | 3637 | 5.89 | 1689.3 | 1530.0 | 1409.0 | 1246.7 |
| 海南 | 1750.0 | 597 | 0.97 | 1993.9 | 1732.7 | 1540.6 | 1292.4 |
| 重庆 | 1184.1 | 976 | 1.58 | 1301.5 | 1178.7 | 1085.5 | 960.5 |
| 四川 | 978.8 | 4740 | 7.67 | 1036.1 | 977.2 | 932.0 | 868.6 |
| 贵州 | 1178.6 | 2076 | 3.36 | 1276.5 | 1175.1 | 1097.3 | 991.2 |
| 云南 | 1278.8 | 4900 | 7.93 | 1364.1 | 1276.1 | 1208.6 | 1114.9 |
| 西藏 | 571.8 | 6876 | 11.13 | 633.1 | 568.7 | 520.1 | 455.4 |
| 陕西 | 650.9 | 1338 | 2.17 | 731.0 | 646.0 | 582.6 | 499.6 |
| 甘肃 | 302.4 | 1202 | 1.95 | 334.8 | 300.7 | 275.0 | 240.8 |
| 青海 | 292.2 | 2088 | 3.38 | 316.5 | 291.3 | 272.0 | 245.7 |
| 宁夏 | 285.2 | 148 | 0.24 | 340.7 | 279.8 | 236.6 | 182.8 |
| 新疆 | 154.6 | 2541 | 4.11 | 181.1 | 152.2 | 131.5 | 105.4 |
| 台湾 | 2515.0 | 905 | 1.46 | | | | |
| 香港 | 2193.3 | 24.2 | 0.04 | | | | |
| 澳门 | 2031.4 | 0.55 | 0.00 | | | | |

表 2.6　　全国水资源一级区 1956—2000 年平均年降水量

| 水资源一级区 | 多年平均 | | | 不同频率年降水量/亿 $m^3$ | | | |
|---|---|---|---|---|---|---|---|
| | 降水深/mm | 降水量/亿 $m^3$ | 占全国/% | 20% | 50% | 75% | 95% |
| 松花江区 | 504.8 | 4719 | 7.6 | 5149 | 4701 | 4360 | 3898 |
| 辽河区 | 545.2 | 1713 | 2.8 | 1937 | 1698 | 1520 | 1290 |
| 海河区 | 534.8 | 1712 | 2.8 | 1978 | 1690 | 1481 | 1215 |
| 黄河区 | 447.1 | 3555 | 5.7 | 3953 | 3533 | 3217 | 2799 |
| 淮河区 | 838.5 | 2767 | 4.5 | 3153 | 2740 | 2436 | 2044 |
| 长江区 | 1086.6 | 19370 | 31.3 | 20504 | 19338 | 18443 | 17190 |
| 其中太湖流域 | 1177.3 | 434 | 0.7 | 490 | 431 | 387 | 329 |
| 东南诸河区 | 1787.4 | 4372 | 7.1 | 3835 | 3445 | 3151 | 2759 |
| 珠江区 | 1549.7 | 8972 | 14.5 | 9763 | 8914 | 8267 | 7391 |
| 西南诸河区 | 1088.2 | 9186 | 14.9 | 9874 | 9163 | 8617 | 7866 |
| 西北诸河区 | 161.2 | 5421 | 8.8 | 5910 | 5387 | 5002 | 4502 |
| 北方地区 | 328.3 | 19886 | 32.2 | 21213 | 19845 | 18795 | 17337 |
| 南方地区 | 1214.4 | 41900 | 67.8 | 42689 | 40927 | 39575 | 37650 |
| 全国 | 649.9 | 61786 | 100 | 62898 | 60815 | 59203 | 56900 |

注　不同频率年降水量未包含台湾省和香港、澳门特别行政区。

3. 分区年降水总量

分区年降水总量可以由年降水量等值线图计算得出，年降水量的单位为毫米，年降水总量的单位为立方米。如果每个分区有一代表测站，分区年降水总量可以由代表站的年降水量乘以分区面积得到。整个评价区的年降水总量即各分区的年降水总量之和。

**2.2.1.3**　径流

收集整理评价区域内各河川径流测站的水文资料，分析和评价年径流的区域分布、年径流的多年变化和季节变化。径流有区外入流和本区径流，应分别进行计算和分析。

1. 年径流的区域分布

根据各测站资料的计算，可绘出区域内的径流深等值线图。径流深的分布受降水、地形及地质等条件的综合影响，既有地带性的变化，也有局部变化。

从全国范围看，年径流深分布的总趋势是由东南向西北递减。可按径流深将全国划分为五个带，即：丰水带，年径流深在 800mm 以上，相当于降水的十分湿润带；多水带，年径流深在 200～800mm 之间，相当于年降水的湿润带；过渡带，年径流深在 50～200mm 之间，相当于年降水的半湿润带；少水带，年径流深在 10～50mm 之间，相当于年降水的半干旱带；干涸带，年径流小于 10mm，不少地区基本不产流，相当于降水的干旱带。

年径流分布也有非地带性的变化。地形对径流有明显的影响，在山地丘陵区，高大山体成为水汽输送屏障，迎风坡水汽受阻抬升，且凝云致雨，一般形成径流高值区；背风坡和平原地区则形成相对低值区。在山区，在一定高程范围内降水及径流系数都随高程的增加而增加，故对一些高程较大的山区，径流深具有随高程增加而增加的垂直变化规律。下垫面对径流形成也有很大影响，如降水量同样在500～600mm之间，黄土高原的径流系数仅0.05～0.08，北方土石山区为0.15～0.20，有些山区可高达0.3～0.4。岩溶发育的石灰岩山区，由于大量漏水或从邻近流域得到大量补给，年径流深有时会呈现出异常现象。

总之，要对年径流的区域分布进行成因的合理性解释，以使年径流分析的成果建立在可靠的基础上。

2. 径流的动态变化

年径流的多年变化一般用年径流的变差系数 $C_v$ 值来表示。年径流的多年变化主要取决于年降水的多年变化，还受到径流补给类型及流域内地貌、地质等条件的影响。如以降水补给为主的河流 $C_v$ 值大，冰川补给比重大和降水融雪混合补给的河流 $C_v$ 值小，地下水补给的河流 $C_v$ 值最小。我国年径流变差系数 $C_v$ 值的地区分布大体是：江淮丘陵和秦岭一线以南年径流 $C_v$ 值在0.50以下；淮河流域大部分在0.60～0.80之间；华北平原可超过1.0，个别河流可达1.30以上，是我国年径流变差系数最大的地区；东北地区山地年径流的 $C_v$ 值一般在0.50以下，松辽平原、三江平原较大，在0.80以上；黄河流域除甘肃北部、宁夏和内蒙古的 $C_v$ 值较大外，一般均在0.60以下，上游更小；内陆河流域，山区 $C_v$ 值为0.20～0.50，盆地为0.60～0.80，内蒙古高原西部一般大于1.0，最大可达1.20以上。

径流的年际变化有丰枯交替的特点，需要特别注意的是连续丰枯的情况。黄河陕县站曾出现1922—1932年连续11年的枯水期。海河近80年来连旱连丰的出现更为频繁，永定河官厅站在1926—1933年出现连续8年的偏旱。因此。在评价分析径流多年变化时除了变差系数的大小和区域分布外，也应对系列的代表性、丰枯周期进行必要的探讨，这对水资源的合理利用及连续枯水时的对策研究具有重要意义。

**2.2.1.4** 蒸发

流域的总蒸发量包括地表蒸发、作物蒸腾以及水体的水面蒸发，其中前两者往往难以准确区分，合称为腾发。目前，流域总蒸发量还不能有效测量，可按前述式（2.1）或式（2.2）进行估算。水面蒸发量反映了当地的大气蒸发能力，也是计算地下潜水蒸发的主要依据。因此，在水资源评价时主要是根据各测站资料对评价区的水面蒸发量等进行分析。

1. 水面蒸发的观测及换算

我国采用的蒸发皿型号主要有 $E_{601}$ 型蒸发器，80cm口径套盆式蒸发器（简称 $\Phi80$，目前已较少使用）和20cm口径蒸发皿（简称 $\Phi20$）。由于边界效应，同样气象条件下蒸发皿口径愈小，其蒸发量愈大。因此，将蒸发器测得的水面蒸发量换算为大水体的水面蒸发量时，应乘以小于1的折算系数，一般认为 $E_{601}$ 型蒸发器所测得的年水面蒸发量接近大水体的蒸发量。同时，国内已有观测大水体蒸发量的测站极少，依据极少站观测资料将各种蒸发皿的蒸发观测资料换算为大水体的水面蒸发量会有较大误差。因此，目前倾向于以 $E_{601}$ 的蒸发量近似地代表大水体的蒸发量，并将其他类型蒸发皿的蒸发量一律折算为 $E_{601}$ 的蒸发量。我国年蒸发折算系数总趋势是南方及沿海地区大，北方及西北地区小；湿润地区大，干旱地区小。在进行评价时，折算系数应尽量利用不同型号蒸发器的对比观测资料求得，并经过区域综合分析后选定。

2. 水面蒸发量的地区分布和动态变化

水面蒸发量的地区分布主要受气温、湿度等大气因素的综合影响。当评价区域范围较大时，应根据各站换算后的水面蒸发资料绘出年水面蒸发量的等值线图，以表示出水面蒸发的地区分布。

从全国范围看，年蒸发量在800mm以下的区域为低值区，主要分区在东北和我国中部，包括湖南、湖北西部、贵州、云南北部、四川大部、甘肃、青海东南部和陕西南部山地等。年蒸发量在1200mm以上的地区为高值区，主要有西北高原、盆地高值区，青藏高原高值区，华北、东北平原高值区，南部沿海高值区和云南高值区等。年蒸发量在800～1200mm的地区为中间地带。实测最小水面蒸发量为430mm，发生在东北的额尔古纳右旗的太平川站，最大为2664mm，发生在新疆淖毛湖站。

评价时应对水面蒸发量的多年变化进行分析。由于影响水面蒸发的气象因素年际变化不大，年水面蒸发量的年际变化相对较小，全国范围内年蒸发量$C_v$值在0.08～0.15范围内，一般北方大于南方。同样，评价时还应对多年平均的、各典型年的水面蒸发量的年内分配进行计算和分析。

3. 干旱指数

在水资源评价时常进行干旱指数的分析。干旱指数$\gamma$定义为年水面蒸发量（以$E_{601}$近似）与年降水量$P$的比值，即

$$\gamma=\frac{E_0}{P} \tag{2.3}$$

干旱指数表示了地区的湿润和干旱程度。当蒸发能力超过降水量，即$\gamma>1.0$时，说明该地区偏于干旱，蒸发能力超过年降水量愈多，$\gamma$愈大，干旱程度就愈严重；反之，$\gamma<1.0$，说明该地区湿润。当评价范围较大时，应绘出干旱指数的等值线或分区图。

我国干旱指数在地区上变化范围很大，最低值小于0.5，最大值可达100以上。气候的干湿程度与水平衡诸要素关系密切，干旱指数的地带性变化与年降水量、年径流深及年径流系数的地带性分布大体对应。

#### 2.2.1.5 资料的可靠性、代表性和一致性分析

1. 资料的审查和可靠性分析

水文分析成果的精度首先取决于原始资料的可靠程度，因此，对搜集来的降雨、径流和蒸发等资料首先要进行审查和可靠性分析，并将重点放在资料质量较差的年份以及观测手段和测验控制条件等有变动的年份。进行可靠性分析的方法可采用水文资料整编过程中对观测值和特征统计资料进行合理性检查的方法。

在降水资料可靠性分析中，应特别注意由于夏秋暴雨的局部性导致的相邻两站降水量的差别，以及山区降水量地区分布的复杂性，在发现相邻站降水量同步性差时要进一步分析测站位置、地形等因素的影响，并设法校正。

2. 系列一致性分析

应用数理统计法进行水文气象资料分析的一个重要前提是资料系列应具有一致性。对

年径流系列来说，就是要求组成该系列的流量资料，都是在同样的气候条件、下垫面条件和同一测流断面上获得的，其中气候条件变化极为缓慢，一般可以不予考虑，但随着全球气候变暖趋势加剧，气候条件变化带来的资料系列不一致也逐渐引起了人们的重视。20世纪80年代以来，随着我国经济建设的飞速发展，人类活动也愈加频繁和剧烈，如砍伐森林，实施水土保持措施，修建水库、堰闸、拦河坝水利工程等，改变了流域的下垫面条件，从而改变了天然径流的形成规律，是影响资料系列一致性的主要因素，需要重点进行考虑，下面以某水文站1956—2000年实测年径流系列为例说明一致性分析的方法和步骤。

(1) 进行单站还原计算，点绘面平均年降水量与实测年径流深的相关图，如果20世纪80—90年代的点据明显偏离于20世纪50—60年代的点据，则说明下垫面条件变化对径流影响较大，需要对年径流系列进行修正。从图2.2中可知，在同量级降水条件下，20世纪50—60年代大多数点据位于右边，而80—90年代大多数点据位于左边，表明年径流量呈衰减态势。

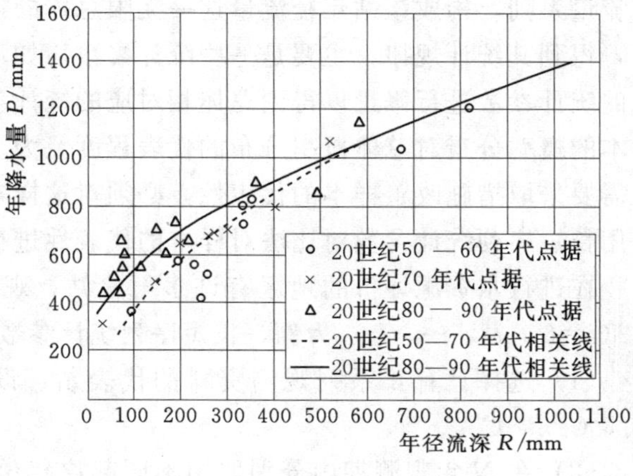


图 2.2 某水文站 $P$-$R$ 相关图

(2) 将45年系列划分为1956—1979年和1980—2000年两个年段，分别通过点群中心绘制其年降水—径流关系曲线，两条曲线之间的横坐标距离即为年径流衰减值，如图2.2所示。

(3) 选定一个年降水量值，从图中两条曲线上可查出两个年径流深值 $R_1$ 和 $R_2$，用下列公式计算年径流衰减率和修正系数：

$$\alpha=(R_1-R_2)/R_1\times 100\% \tag{2.4}$$

$$\beta=R_2/R_1 \tag{2.5}$$

式中：$\alpha$ 为年径流衰减率；$\beta$ 为年径流修正系数；$R_1$ 为代表20世纪50—70年代下垫面条件的产流深；$R_2$ 为代表20世纪80—90年代下垫面条件的产流深。

根据查算的不同年降水量的 $\alpha$ 值和 $\beta$ 值，可以绘制 $P$-$\beta$ 关系曲线，如图2.3所示，作为修正1956—1979年实测年径流系列的依据。

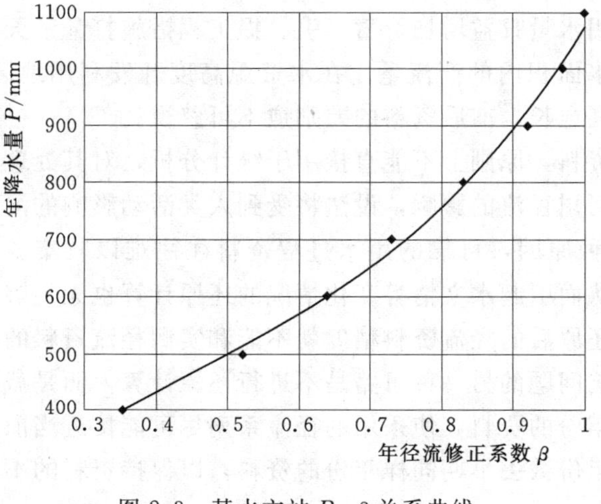


图 2.3 某水文站 $P$-$\beta$ 关系曲线

(4) 根据需要修正年份的降水量，从 $P$-$\beta$ 关系曲线上查得修正系数，乘以该年修正前的实测年径流量，即可求得修正后的天然年径流量。

（5）在年降水-径流关系图中，如果20世纪80—90年代相关线位于20世纪50—70年代相关线右侧，则表明年径流呈增加态势。在这种情况下，仍可以用前述公式计算$\alpha$值和$\beta$值，但$\alpha$为负值，$\beta$值大于1.0。

3. 系列代表性分析

现行的水文分析多采用数理统计方法，即首先选定某一资料系列，如某站$n$年实测年径流量系列，构成该站年径流量这一无限总体的一个样本；然后，对这个样本进行统计分析，得到其统计规律，主要是一些统计参数，如均值、变差系数和偏差系数；之后，对样本的统计参数进行修正以得到总体相对应的统计参数。这里存在着样本的代表性问题，即样本的概率分布对总体概率分布的代表程度。为了正确评价分析计算的成果，或者决定是否需要采取措施改善样本的代表性，必须对这样本的代表性作比较深入的分析。目前，多采用长短序列统计参数对比法对样本的代表性进行评价。

在进行水资源评价的地区有许多雨量站，观测的起讫年份参差不一，以年降雨系列$P_t$（$t=t_1$，$t_2$，…，$t_n$）为例，长短序列统计参数对比法的主要步骤如下：

（1）选择具有长系列观测资料的代表站，设有$N$年观测值序列，计算其统计参数$P_N$，$C_{v,N}$，$C_{s,N}$。

（2）在$N$年观测期内分别取用不同起讫年份的观测值，得到许多不同长度、不同起讫年份的短序列，计算它们的统计参数$P_{N_i}$、$C_{v,N_i}$、$C_{s,N_i}$（$i$为短序列样本序号）。

（3）对比分析长序列和短序列的统计参数，确定代表性较好的某种观测期的短序列及其统计参数的偏差情况。

（4）以具有较好代表性的短序列为准，通过相关分析，间接判定本地区其他站同步系列的代表性。

### 2.2.2 人类活动对径流的影响及还原计算

#### 2.2.2.1 人类活动对径流的影响

在忽略“温室效应”对降水确切影响的前提下，人类活动对河川径流量的影响，主要表现在两个方面：①因工农业生产、基础设施建设和生态环境建设改变了流域的下垫面条件，使产流量发生变化；②由于各部门用水量日益增加，蓄、引、提工程措施打乱了天然汇流系统，水文测站已不能完全控制集水面积内的产流量。在水资源高度开发利用地区，实测径流系列资料前后失去一致性，系列愈长，前后资料的差别愈不可忽视。

受到人类活动影响的河川径流实测资料，原则上不能直接用于统计分析，对其处理有两种思路。一种思路是消去人类活动对河川径流的影响，设法将受到人类活动影响的河川径流还原为天然的河川径流。但由于种种原因，可靠的用水过程资料往往难以收集。同时，由于人为因素改变流域下垫面条件从而引起水文情势变化情况的还原计算也无足够的把握。因此，当还原量的比重较大时，还原后的径流资料精度就不能和实测径流资料的精度相当。所以，解决人类活动对径流影响问题的另一种思路是不进行还原计算，而是截短使用资料系列的长度，即去掉距今较远年份的资料，使采用的径流系列尽可能接近当前实际情况。当新资料继续增加时，按增加年份截去早期同样年份的资料，以保持资料的不断“更新”。

在第一次全国水资源评价工作中，对于受水利工程和用水影响较大的水文测站进行了资料的还原计算，而忽略了下垫面变化对径流的影响，但由于资料系列较短、人类活动影响程度相对较小，经过还原计算后的系列尚有较好的一致性，但系列代表性较差。

1980 年以来，我国经济高速发展，人类活动对下垫面条件的改变日益明显，对水文循环的影响已不能忽略。如果采用较长的年径流系列，即使将实测系列还原成天然系列，仍难以做到系列具有较好的一致性，且计算成果也不能反映近期下垫面条件下的产流量。针对这种情况，2002 年开始的全国水资源综合规划对年径流系列进行了如下处理：

(1) 采用 1956—2000 年共 45 年的径流系列作为地表水资源量分析计算的基本依据。

(2) 对选用水文站实测径流进行还原计算，将实测年径流系列还原为天然年径流系列。

(3) 对还原后的 1956—2000 年天然年径流系列进行一致性分析，若系列一致性不好，应在分析原因的基础上对 1956—1979 年天然年径流系列进行修正，既改善了 45 年系列的一致性，又使计算成果能反映近期下垫面条件下的地表水资源量。

**2.2.2.2** 实测径流还原计算方法

1. 分项还原计算法

考虑工农业及生活用水、水库蓄水及跨流域引水等对径流的影响，还原计算时段内天然年径流量的计算公式为

$$W_{天然}=W_{实测}+W_{农灌}+W_{工业}+W_{城镇生活}\pm W_{引水}\pm W_{分洪}\pm W_{库蓄} \tag{2.6}$$

式中：$W_{天然}$为还原后的天然径流量；$W_{实测}$为水文站实测径流量；$W_{农灌}$为农业灌溉耗损量；$W_{工业}$为工业用水耗损量；$W_{城镇生活}$为城镇生活用水耗损量；$W_{引水}$为跨流域或跨区间引水量，引出为正，引入为负；$W_{分洪}$为河道分洪决口水量，分出为正，分入为负；$W_{库蓄}$为大中型水库蓄水变量，增加为正，减少为负。

农业灌溉耗损量是指农田、林果、草场引水灌溉过程中，因蒸发消耗和渗漏损失而不能回归到河流的水量。灌溉耗损量大，是还原计算的重点项目，应结合水资源开发利用调查工作，查清渠道引水口、退水口的位置和灌区分布范围，收集渠道引水量、退水量、灌溉制度、实灌面积、实灌定额、渠系有效利用系数、灌溉回归系数等资料，根据资料条件采用不同方法进行估算，提出年还原量和年还原过程。从概念上讲，农灌还原水量为渠首取水量与回归（入河）水量之差，在有渠道测流资料时，可由下式计算：

$$W_{农灌}=W_{引}-W_{退}-r(1-\eta)W_{引}-\beta_{田}(\eta W_{引}-W_{退}) \tag{2.7}$$

式中：$W_{引}$为渠道引水量；$W_{退}$为渠道退水量；$\eta$为渠系有效利用系数；$r$为渠系渗漏回归系数；$\beta_{田}$为田间回归系数。

当无渠道测流资料时，由下式估算：

$$W_{农灌}=M(1-\beta_{田})A \tag{2.8}$$

式中：$A$为灌溉面积；$M$为田间净灌溉定额。

缺乏回归系数资料时，可将净灌溉水量近似作为还原水量。

工业用水和城镇生活用水的耗损量包括用户消耗水量和输排水损失量，为取水量与入河废污水量之差。可按照 3 种情况估算：

(1) 取水口、输水渠及排水口在测流断面以上，还原量为净耗水量与渠道水面蒸发、

浸润蒸发量之和。

(2) 取水口、输水渠在测流断面上游，排水口在下游时，还原量为渠道引水量减去渠道回归量。

(3) 取水口在测流断面上游，输水渠及排水口均在下游，还原水量为渠道引水量。

在无实测资料时，需通过调查推求用水量，根据引水口和排水口位置估算还原水量。此外还可以根据工矿企业和生活区的水平衡测试、废污水排放量监测和典型调查等有关资料，分析确定耗损率，乘以地表水取水量推求耗损水量。工业和城镇生活的耗损水量较小且年内变化不大，可按年计算还原水量，然后平均分配到各月。

跨流域引水量一般应根据实测流量资料逐年逐月进行统计，引出水量全部作为正值还原水量，引入水量只将利用后的回归水量作为负值还原水量。在计算跨流域引水的还原水量时，应考虑引水渠沿途的水量损失，例如，引出流域的还原水量为渠首引水量减去本流域内渠段的回归水量。跨区间引水量是指引水口在测站断面以上、用水区在断面以下的情况，应将渠首引水量全部作为正值还原水量。

河道分洪决口水量在个别大水年份发生，可根据上、下游站和分洪口门的实测流量资料，蓄滞洪区水位、水位容积曲线及洪水调查等资料，用水量平衡法进行估算。

2. 降雨径流相关法

首先建立不受人类活动影响或影响较小时期的年降水量 $P$ 和年径流量 $R$ 的关系，点绘降雨径流关系 $P-R$ 图。根据人类活动影响明显期的年降水量，由 $P-R$ 关系图中查出径流量，认为该值接近于天然情况下的径流量。有些情况下，径流量的改变并不是由于引蓄地表水引起的。例加，北方一些地区 20 世纪 70 年代以来大量开采地下水，地下水位下降，同样的降雨量产流量减少，甚至发生 100mm 以上的降雨也不产流。反之，有些地方大量引用地表水（客水），地下水位急剧抬高，致使产流量加大。这种情况下的径流还原，常采用降雨径流相关法。降雨径流相关法也可用于分项还原计算法的径流还原结果的合理性检验。

### 2.2.3　地表水资源的估算

地表水体包括河流水、湖泊水、冰川水和沼泽水，地表水资源量通常用地表水的动态水量即河川径流量表示。

1. 实测资料直接计算法

若计算区内各河流的进口和出口均有控制测站，可由出口断面与进口断面的年径流量之差，再加上区间的还原水量，得出计算区的地表水年径流量系列。

2. 代表站面积比例法

若计算区的面积为 $F_c$，针对计算区选一代表测站，其控制面积为 $F_s$，应与计算区面积相接近。根据代表站的年径流系列 $W_s$，按面积比例估算计算区的年径流系列 $W_c$，即

$$W_c = \frac{F_c}{F_s} W_s \tag{2.9}$$

若计算区较大，计算区内可选两个或多个代表站，则可将计算区按代表站及其控制范围划分为几个子区，每子区按上述方法计算，各子区年径流系列之和即为计算区的年径流系列。

当代表站控制面积与计算区面积有较大差异且代表性不甚良好，除考虑面积的缩放外，还可考虑对降水量进行修正，以提高精度。设 $P_c$ 和 $P_s$ 分别为计算区和代表站控制区的年降水量，则

$$W_c=\frac{P_cF_c}{P_sF_s}W_s \tag{2.10}$$

3. 代表站水量比例法

如果水文测站稀少，所选代表站的控制面积和计算区面积相差较大，用面积比缩放误差较大，此时可用水量比法，计算公式如下：

$$W_c=\frac{\overline{R_c}}{\overline{R_s}}W_s \tag{2.11}$$

式中：$\overline{R_s}$、$\overline{R_c}$分别为代表站和计算区的年径流深均值，可由平均年径流深等值线图求得。

4. 径流深等值线法

根据评价区域内各水文站实测资料绘制历年年径流深等值线图，从图上量算各分区的年径流量，得出各分区的年径流系列。

本方法也可用于评价区内水文测站稀少的情况，只要根据评价区及更大范围内水文站实测资料能绘出包括评价区在内的径流深等值线图。当评价区较小，又无水文站实测资料时可用评价区所在流域或地方（省）所整编的年径流深等值线图。

5. 降水径流关系法

若计算区内无水文站，或水文站控制该区面积很小，此时可借助于邻近流域的降水径流关系，根据计算区的历年降水量推算相应的年径流量。如果计算区内降水资料短缺，则可根据相似流域的年径流系列，用面积比或水量比对计算区的年径流系列进行估算。

除上述几种方法外，在缺测资料地区还有用区域水量平衡法、水热平衡法、年径流统计参数图法等估算评价区的年径流系列或多年平均年径流量。无论采用何种方法，对评价区及其分区的地表水资源估算成果的可靠性应进行检验和评述。

## 2.3 地下水资源计算与评价

### 2.3.1 地下水资源特点与评价方法

#### 2.3.1.1 地下水

自然界的水循环中，地表以下的水存储和运移在土壤及岩石的孔隙和裂隙中。当土壤孔隙没有被水充满且与大气连通，土壤中水分处于非饱和状态，称该土壤区域为非饱和带或包气带，称其中的水为土壤水。当水充满了土壤的全部孔隙（含有少许不连通的充气孔隙），土壤中的水分处于饱和状态，该土壤区域称为饱和带或饱水带，其中的水为饱和土壤水，即一般所指的地下水。

地下水又可分为深层承压水和浅层潜水，如图 2.4 所示。深层承压水源远流长，补给不易，所开采的水主要为弹性释放水及越层补给水，水量一般不大。因此，深层承压水只能酌情开采，作为后备水源。浅层地下水和降水及地表径流联系密切，补给容易，开采方便。逐年可得以补给的浅层地下水，是地下水资源评价的主要对象。

在地下水赋存条件较好的缺水地区，地下水资源成为重要的水源，其主要特点如下：

(1) 地下水的补给来源主要是降水，地下水不断开采和消耗，同时又经常得以补给和恢复。

(2) 地下水与地表水联系密切、相互转化，在水资源供需中组成统一的系统。

(3) 地下水储存于土壤中，本身形成一地下水库，具有以丰补歉的多年调节作用。

(4) 地下水的补给和消耗与地下水位动态有关，地下水位动态又受到地下水开采利用的影响。因此，地下水补给量不完全由自然条件决定，和水资源的开发利用也有很大关系。

(5) 地下水开采利用方式为井的提取，在平原地区可在面上大体均匀布井，就地开采，就地利用。

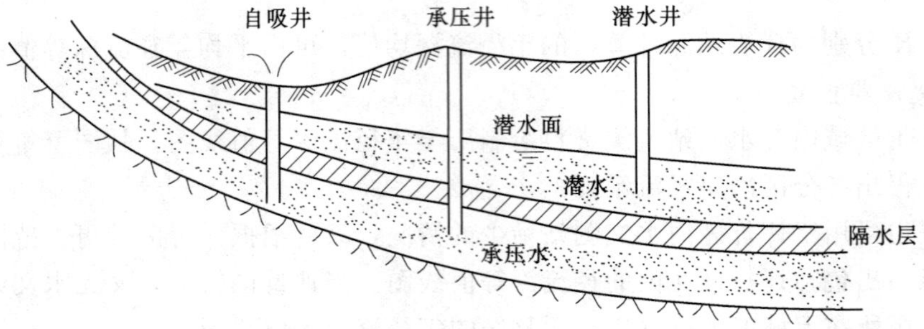


图 2.4 承压地下水与潜水示意图

浅层地下水根据其地下水位（潜水位）的埋深（地表以下深度），可区分为浅埋和深埋两种类型。地下水位埋深较浅时，降雨形成的土壤水分入渗将在较短时间内穿过非饱和带到达地下水面，形成对地下水的补给；降雨间歇期间发生的腾发，其土壤蒸发锋面亦缓慢下移，最终也将到达地下水面，从而开始潜水的消耗，即通常所说的潜水蒸发。非饱和带与饱和带的水分存在着双向交换，地下水补给与潜水蒸发交替出现，是地下水位浅埋时的基本特征。由气候、土壤及灌溉等因素决定了土壤蒸发锋面可能下达的最大深度，当地下水位埋深超过这一深度时，属于地下水位深埋类型。地下水位深埋时，只存在降水及灌溉等对地下水的补给，而不发生潜水蒸发。

**2.3.1.2** 地下水均衡

根据水量平衡原理，地下水均衡的表达式为

$$GW_{补}-GW_{耗}=\Delta GW \tag{2.12}$$

式中：$GW_{补}$ 为地下水的补给量；$GW_{耗}$ 为地下水的排泄消耗量；$\Delta GW$ 为地下水的蓄变量。

浅层地下水的总补给量 $GW_{补}$，包括了大气水（降水）、地表水（河渠及灌溉、湖库蓄水等）对地下水的补给，也包括了地下水之间的补给（如地下水的侧向补给和越层补给）。浅层地下水的总排泄消耗量 $GW_{耗}$，包括了向大气水（潜水蒸发形成地表腾发）、地表水（渗入排水河渠等）及向地下水（侧向排出及越流）的排泄与消耗，地下水开发利用时，地下水的排泄消耗量还包括有地下水的开采量。

天然情况下，多年时期内地下水的蓄变量 $\Delta GW=0$。因为，如果 $GW_{补}>GW_{耗}$，则 $\Delta GW>0$，潜水位上升。当潜水位达一定值后，随着潜水位的抬高，潜水蒸发量加大，总

消耗量 $GW_{耗}$ 随之增加，直至 $GW_{耗}=GW_{补}$。在人工利用情况下，若利用得当，包括开采量在内的总消耗量与总补给量相等，此时采补相当，多年内地下水均衡；若开采量失控，$GW_{耗}>GW_{补}$，由于超采，地下水位逐年下降，从而产生不良后果。

#### 2.3.1.3　地下水资源的评价方法

地下水资源评价有局部（集中开采）、地区和区域的评价，以下主要介绍的是区域的地下水资源评价。

1. 四大储量法

四大储量即地下水的静储量、动储量、调节储量和开采储量。静储量 $GW_1$ 即天然条件下，最低地下水位以下含水层中所储存的水量（指可由重力或弹性释放排出的水量），计算公式为

$$GW_1=\mu HF \tag{2.13}$$

式中：$\mu$ 为含水层的给水度，即地下水位下降单位深度所排出的水量（以深度计）；$H$ 为最低水位以下含水层的厚度；$F$ 为计算区面积。

动储量 $GW_2$ 指天然条件下的地下径流量，估算公式为

$$GW_2=KIAT \tag{2.14}$$

式中：$K$ 为渗透系数；$I$ 为地下水的水力坡度；$A$ 为地下水的过水断面面积；$T$ 为时间。

调节储量 $GW_3$ 是指天然条件下，地下水最高水位与最低水位之间含水层所蓄存的水量，按下式计算：

$$GW_3=\mu\Delta HF \tag{2.15}$$

式中：$\Delta H$ 为地下水位变幅，调节储量一般按年计。

开采储量 $GW_4$ 是指一定条件下，由抽水井可以抽取的水量，其计算公式为

$$GW_4=nqS \tag{2.16}$$

式中：$n$ 为计算区内的开采井数；$q$ 为单井每单位降深的出水量；$S$ 为设计的抽水降深。

四大储量各自在一个方面表示了地下水动态的特征，但不能反映出地下的补给与排泄，目前在水资源评价中已很少采用。

2. 数理统计法

数理统计法是一种应用概率统计原理来处理观测试验数据的方法，采用这种方法只需要所分析因素间具有物理成因关系，无需建立严格的成因公式。例如，人们可以根据长期的观测及统计资料，建立区域地下水开采量与地下水位下降值之间的相关关系。如果这种相关关系是密切的，则可根据所设计的地下水位合理下降值来估算地下水的可开采量。数理统计法的计算相对简单，但所建立的相关关系只适用于观测试验时期的条件。在条件不变情况下进行内插是可以的，但外延时的可靠性无法保证。本方法在评价中也已较少使用。

3. 数学物理方法

数学物理方法是根据地下水运动和变化的物理机制，建立较为严格的数学物理方程，用解析的、半解析的和数值方法求解地下水的运动。如果不考虑非饱和带的土壤水分运动，二维条件下浅层地下水运动的基本方程为

$$a\left(\frac{\partial^2 h}{\partial x^2}+\frac{\partial^2 h}{\partial y^2}\right)+\frac{\varepsilon}{\mu}=\frac{\partial h}{\partial t} \tag{2.17}$$

其中
$$a=K\frac{\overline{h}}{\mu} \tag{2.18}$$
式中：$h$ 为一定基准面上的地下水位高程；$x$、$y$ 为直角坐标系的坐标值；$t$ 为时间；$\varepsilon$ 为垂直补给（取正值）或消耗（取负值）强度；$\mu$ 为给水度；$a$ 为压力传导系数；$K$ 为渗透系数；$\overline{h}$为 $t$ 时的平均地下水位高程。

垂直补给（如降雨入渗补给等）及垂直消耗（如潜水蒸发与开采等）在求解方程式（2.17）时是已知的。根据给定的初始和边界条件，求解得出区域的地下水位分布与变化 $h(x, y, t)$。由于求解域、参数及条件等的复杂性，解析求解困难，多用有限差分或有限单元法数值求解。根据水位求解结果，对水量作出评价。

数学物理方法本身是严密的。但是，由于区域水文地质条件的非均质与非单一性，目前人们尚难于对区域内各项参数的分布进行准确估值，计算条件的确定也有一定的难度。此外，计算工作量也很大。因此，数学物理方法多在范围不大、条件单一、观测与试验资料积累较多的局部集中开采地区采用。另外，对地下水动态采用电模拟、水力模拟等物理模拟方法，也是以往使用过的一些数学物理方法。

4. 水文概念模型法

地下水评价也可采用水分转化模型或称水文概念模型的方法。这种方法具有物理成因基础，符合水量平衡原理，但不具体分析地下水的运动，如水文分析中采用的斯坦福流域水文模型、新安江模型等。这些模型都在一定程上反映了大气水、土壤水、地表水和地下水的转化关系。在一定气象等条件下，可通过逐时段的计算分析，对地表产流、地下水的补给、消耗及地下水位动态等进行模拟与估算。

5. 水均衡法

对区域地下水资源评价最常用的是水均衡法。水均衡法只以地下水为分析对象，和地下水有联系的四水转化关系均反映在地下水的补给和消耗上，其基本方程如下：
$$\Delta GW=\mu\Delta H \tag{2.19}$$
式中：$\Delta GW$ 为单位面积的地下水蓄变量；$\Delta H$ 为地下水位变幅；$\mu$ 为给水度。

对多年平均的以年计的各项补给量、各项排泄消耗量进行估算后，便可得到地下水位的平均年变幅 $\Delta H$。也可对各典型年进行均衡计算，较为深入的是对多年或各典型年进行逐时段的均衡计算。在水均衡计算所得补给量、消耗量及地下水位动态的基础上，对地下水资源进行评价。

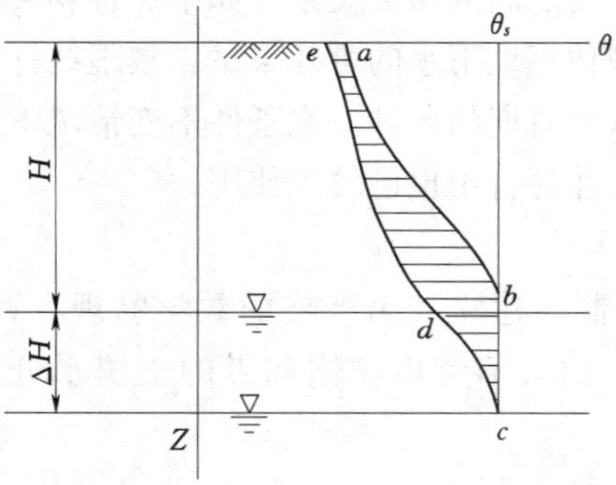

图 2.5　地下水位下降土壤释水示意图

水均衡法概念明确，计算简单、使用方便，是水资源评价中常用的方法，以下重点介绍水均衡法。

### 2.3.2　主要水均衡参数

在地下水均衡计算时，各补给量和消耗量计算需要用到不同的参数，这些参数称为水均衡参数。

1. 给水度

如图 2.5 所示，地下水位埋深为 $H$ 时，其含水率分布为曲线 $abc$，当地下水位下降 $\Delta H$ 时，相当长时间后稳定的含水率分布如图中的曲线 $edc$。因此，地下水位下降 $\Delta H$，单位面积土壤所释放的水量 $W$ 为图中 $abcde$ 阴影面积。土壤释水有一过程，单位面积所释放的水量 $W_t$ 是随时间增加的，最终的总排水量为 $W_\infty$。若地下水位下降前及下降后的含水率剖面 $abc$、$edc$ 为稳定含水率剖面，即土壤水分处于平衡状态，水分运动通量为零，则定义地下水位下降单位深度所排出的最大水层厚度为完全给水度 $\mu_\infty$，即

$$\mu_\infty = \lim_{\Delta H \to 0}(W_\infty/\Delta H) \quad (2.20)$$

同时，定义历时给水度如下：

$$\mu_t = \lim_{\Delta H \to 0}(W_t/\Delta H) \quad (2.21)$$

土壤稳定含水率剖面可以由土壤的基本物理特性-土壤水分特征曲线（土壤含水率和土壤水吸力的关系曲线）来确定，而不同的土壤水分特征曲线反映了不同的土壤质地。因此，完全给水度 $\mu_\infty$ 的大小取决于土壤的质地。一般而言，砂性土的给水度大，黏性土的给水度小。但是，对一种质地的土壤，给水度不是一常数，而是与地下水的埋深有关。给水度随地下水位埋深的增加而加大（图 2.6），但当埋深 $H$ 达到一定程度后，实用中给水度也可视为常数。

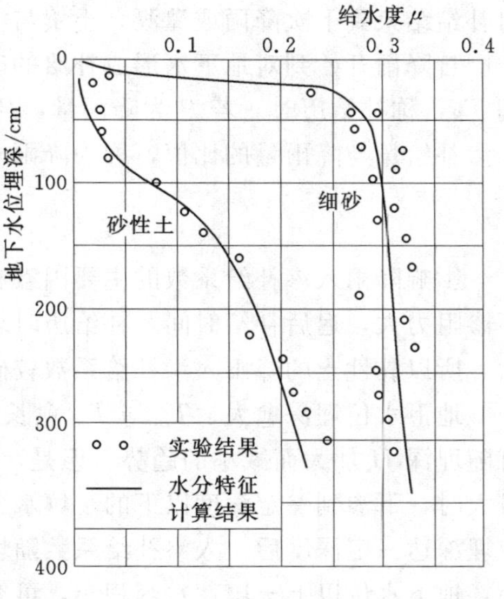


图 2.6 给水度与地下水位埋深关系示意图

当地下水位埋深较浅时，由于降雨及灌溉间隔出现，地下水位下降后土壤水分在远未完全疏干前便转为入渗，因而所疏干的水量将大大小于最大可能疏干的水量 $W_\infty$。所以，实际发生的给水度 $\mu$ 将较完全给水度为小。表 2.7 为生产中采用的各种土壤（岩性）的给水度 $\mu$ 值。

我国北方不少地区因超采地下水位逐年下降，呈地下水位深埋类型。此时，地下水位下降后，一方面由于常年入渗，其疏干后的含水率剖面较稳定含水率剖面相对为湿；另一方面表层土壤的蒸发入渗交替，对下层土壤影响相对为小，即土壤水可经历较长的疏干过程。所以，地下水位深埋时的给水度 $\mu$ 介于完全给水度和浅埋时生产中所采用的给水度之间。

**表 2.7　　　　各种岩性的给水度值（引自《中国水资源评价》）**

| 岩　性 | 给　水　度 | 岩　性 | 给　水　度 |
|---|---|---|---|
| 黏土 | 0.02～0.035 | 粉细砂 | 0.07～0.10 |
| 亚黏土 | 0.03～0.045 | 细砂 | 0.08～0.11 |
| 亚砂土 | 0.035～0.06 | 中细砂 | 0.085～0.12 |
| 黄土 | 0.025～0.05 | 中砂 | 0.09～0.13 |
| 黄土状亚黏土 | 0.02～0.05 | 中粗砂 | 0.10～0.15 |
| 黄土状亚砂土 | 0.03～0.06 | 粗砂 | 0.11～0.15 |
| 粉砂 | 0.06～0.08 | 砂卵砾石 | 0.13～0.20 |

2. 降雨入渗补给系数

降雨入渗补给过程可分为 4 个阶段：①降雨入渗阶段，从降雨开始到降雨停止，水分自表土向下入渗，但未达地下水面，土壤中水分自上而下呈入渗-蒸发状态；②雨后入渗阶段，自雨停到开始补给地下水，表土已开始蒸发，土壤中水分呈蒸发-入渗-蒸发状态；③补给阶段，自对地下水补给开始至补给结束，土壤水分呈蒸发-入渗状态；④蒸发阶段，自补给结束到下次降雨或灌溉，土壤与潜水均为蒸发状态。

自降雨开始到对地下水形成补给的时间 $T_L$，称为迟后补给时间，补给开始至结束时间 $T_R$，称补给历时。若 $P$ 为降雨量，$P_r$ 为入渗补给量，即降雨入渗对地下水的补给量。入渗补给量与降雨量的比值，称为降雨入渗补给系数，即

$$\alpha=\frac{P_r}{P} \tag{2.22}$$

影响降雨入渗补给系数的主要因素有土质、地下水位埋深及降雨本身等。土质愈黏，下渗阻力大，迟后补给时间及补给历时均愈长，因而雨后土壤水分消耗于腾发的总量便愈大，所以黏性土的降雨入渗补给系数较砂性土的一般为小。

地下水位埋深愈大、$T_L$ 与 $T_R$ 愈长，雨后腾发消耗总量愈大，故降雨入渗补给系数有随埋深 $H$ 加大而减小的趋势。但是，田间试验观测和理论分析表明，在地下水位埋深较大时，下渗到一定深度以下的土壤水分一般不能为表层土壤的腾发所利用，故当地下水位埋深达一定深度后，入渗补给系数随埋深加大而趋于稳定。另一方面，若地下水位埋深小，地下水位以上土壤蓄水容积小，可容纳的降雨入渗补给量随之也小，所以在一定埋深范围内，入渗补给系数随埋深的减小而变小，埋深为零，入渗补给系数为零。

由于受土壤蓄水容积及土壤入渗能力的限制，降雨入渗补给系数还和降雨量大小及强度有关。当降雨量和降雨强度大到一定程度后，随着降雨量和降雨强度的增加，入渗补给系数减小。对于一次降雨的入渗补给系数，还和前期降雨量有关。

3. 潜水蒸发系数

潜水蒸发是在大气蒸发作用下，因地表蒸发和作物吸水而引起的潜水消耗。潜水蒸发由液态水分在非饱和土壤中水分向上运移和水汽从土面及作物冠层向大气散发两个过程组成。

影响潜水蒸发量的因素有大气蒸发能力、地下水位埋深、土壤质地及植被覆盖状况等。对一定土壤和覆盖的情况，潜水蒸发强度的经验公式如下：

$$E=E_0\left(1-\frac{H}{H_{\max}}\right)^n \tag{2.23}$$

$$E=E_0\mathrm{e}^{-aH} \tag{2.24}$$

式中：$E_0$ 为水面蒸发强度；$H$ 为地下水位埋深；$H_{\max}$ 为极限埋深，即认为当埋深 $H>H_{\max}$ 时，潜水蒸发强度为零；$n$、$a$ 分别为由土壤质地和植被情况决定的经验参数，其中 $n$ 的取值一般为 1～3。

潜水蒸发系数 $C$ 定义为潜水蒸发强度 $E$ 与同期水面蒸发强度 $E_0$ 的比值，即

$$C=\frac{E}{E_0} \tag{2.25}$$

在一定的地下水位埋深下，根据式（2.23）可知潜水蒸发强度随水面蒸发强度的加大

而呈线性增大。对于水面蒸发强度较大、埋深较深的情况，$E$ 与 $E_0$ 呈直线增加的关系和实际情况不符。从图 2.7 可知，仅在埋深 $H$ 较小时 $E$ 与 $E_0$ 之间的直线关系才近似成立。对任一给定的埋深 $H$，随 $E_0$ 的增加，$E$ 趋于一极限值 $E_{max}$，称为该埋深下的潜水极限蒸发强度。根据半理论半经验分析，可导出潜水蒸发强度的另一经验公式：

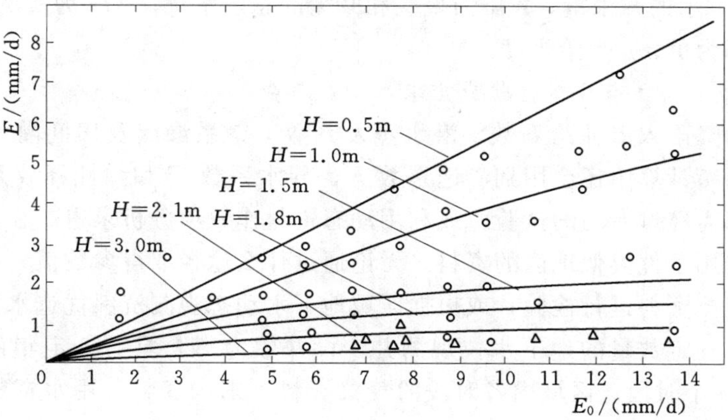


图 2.7 砂壤土的 $E-H-E_0$ 关系（取自内蒙古水利科学研究院 1979—1981 年河套沙壕渠潜水蒸发观测资料）

$$E=E_{max}\left(1-e^{-\eta\frac{E_0}{E_{max}}}\right) \tag{2.26}$$

式中：$\eta$ 为经验系数，是 $E_0\to 0$ 时 $E-E_0$ 曲线的斜率，可由类似图 2.7 的实测资料拟合得出。

4. 渠系渗漏与灌溉入渗补给系数

渠系渗漏补给系数 $m$ 为渠系渗漏补给地下水量 $W_{渠补}$ 与渠首引水量 $W_{渠引}$ 的比值，即

$$m=\frac{W_{渠补}}{W_{渠引}} \tag{2.27}$$

渠系进入田间的水量与渠首引水量之比，称为渠系有效利用系数，以 $\eta$ 表示，和渠道衬砌形式、渠床土质等有关，常由渠道实际测流或入渗试验资料确定。渠系渗漏水量可表示为

$$W_{渠渗}=(1-\eta)W_{渠引} \tag{2.28}$$

渠系渗漏水量中，有一部分消耗于湿润土壤和浸润带的蒸发。渠系渗漏补给系数与渠系有效利用系数的关系可表示为

$$m=\gamma(1-\eta) \tag{2.29}$$

式中：$\gamma$ 为修正系数，是渠系修漏补给量 $W_{渠补}$ 与渠道渗漏量 $W_{渠渗}$ 的比值，取值范围为 0.35～0.85，和渠道输水时间长短及土质有关。

灌溉入渗补给系数 $\beta$ 定义为田间灌水入渗补给地下水的水量 $W_{补}$ 与灌溉水量 $W_{灌}$ 的比值：

$$\beta=\frac{W_{补}}{W_{灌}} \tag{2.30}$$

$\beta$ 的大小和土质、地下水位埋深及灌水定额有关，可由田间试验资料或灌水后的地下

水位动态观测资料分析确定。例如，在潜水蒸发可以忽略的地区，在无降水的灌溉时段内，$\beta$可由下式确定：

$$\beta=\frac{W_{采}+\mu\Delta H}{W_{灌}} \tag{2.31}$$

式中：$W_{采}$为地下水的开采量；$W_{灌}$ 为渠灌和井灌的总灌水量；$\Delta H$ 为实测地下水位变幅，上升为正，下降为负；$\mu$ 为给水度。

5. 由区域地下水动态资料检验或推求水均衡参数

除给水度、降雨入渗补给系数、潜水蒸发系数、渠系渗漏及田间灌溉入渗补给系数外，在地下水均衡计算中还会用到渗透系数 $K$、导水系数 $T$ 和弹性释放系数 $S$ 等。所有的水均衡参数都需经过专门的试验，或利用动态资料作单项分析求得。在无实测或试验资料地区，可以选用条件类似地区的资料。无论通过什么途径取得参数值，一般均应利用区域地下水动态观测资料进行检验，或根据区域地下水动态观测资料优选水均衡参数。

若区域内有一定数量的地下水位观测井，设井数为 $N$，具有一定年份的动态观测资料，可划分为 $M$ 个时段。区域内各时段的气象资料、来水资料、用水资料等较为完备可靠，则可用于检验或优选参数。

在地下水补给与消耗的各项中，对于所占比重很少的项，相应的水均衡参数可根据经验选定。对水均衡计算结果有较大影响的参数，则可按经验确定一取值范围。当给定一组参数后，由初始地下水位开始，逐时段进行水均衡计算，可得出各时段末的地下水位。极小化地下水位计算值和实测值的方差可进行参数的优选，方差计算公式为

$$SS=\sum_{i=1}^{M}\sum_{j=1}^{N}(h_{测,ij}-h_{计,ij})^2 \tag{2.32}$$

式中：$h_{计,ij}$、$h_{测,ij}$分别为第 $j$ 井第 $i$ 时段的计算水位和实测水位。

### 2.3.3　平原区地下水资源量计算

#### 2.3.3.1　平原区的各项补给量

平原区水资源评价中，应较准确估算各项补给量，并进行总补给量和总消耗量的平衡检验。

1. 降水入渗补给量

降水入渗补给量 $WR_P$ 是指由降水产生的入渗补给地下水量，采用下式计算：

$$WR_P=\alpha PF \tag{2.33}$$

式中：$\alpha$ 为降水入渗补给系数；$P$ 为降水量；$F$ 为计算面积。

如果计算区内水稻种植面积较大，则采用下式计算降雨和灌溉的入渗补给量：

$$WR_1=f_c TF_1 \tag{2.34}$$

式中：$f_c$ 为稻田的稳渗率；$T$ 为水稻生长期；$F_1$ 为水稻田计算面积。

2. 山前侧渗补给量

山前侧渗补给量 $WR_l$，指山丘地下水以地下径流形式补给平原区浅层地下水的水量。沿山前补给边界切割剖面，剖面方向应与地下水流向相垂直，设剖面的长度为 $L$，潜水面至浅层地下水底板的深度为 $H$，根据剖面土壤特性或由试验资料求得的渗透系数 $K$，根据观测井监测或地下水等水位线量得的地下水水力坡降为 $I$。应用达西定律，计算时段 $T$

内的山前侧渗量按下式估算：

$$WR_l = KIHLT \tag{2.35}$$

3. 河道渗漏补给量

河道渗漏补给量 $WR_r$ 可以由河道水文站测流结果估算。河道上下游两测站计算期的实测水量分别为 $W_A$ 和 $W_B$，测站间的河段长为 $L'$，两站间河段内水面蒸发量与两侧浸润带蒸发量之和占 $W_A-W_B$ 的比值为 $\lambda$，则长为 $L$ 的河道渗漏补给量为

$$WR_r = (W_A - W_B)(1-\lambda)\frac{L}{L'} \tag{2.36}$$

河道渗漏补给量也可用剖面法估算，单侧渗漏补给量的计算公式同式（2.35）。水力坡度 $I$ 需由垂直河道布置的观测排井实测分析得出。此外，也可根据河道和潜水位关系按地下水动力学有关方法估算。

4. 水库、湖泊及闸坝等蓄水渗漏补给量

水库、湖泊及闸坝等地表水体蓄水位高于周边地下水位时，对地下水产生入渗补给。入渗补给量 $WR_s$ 可根据观测资料，用达西定律按式（2.35）估算，或用水量平衡方法估算。

5. 渠系渗漏及田间灌溉入渗补给量

（1）渠系渗漏补给量。渠系渗漏补给量的估算与河道的估算大体相同，可以采用地下水动力学有关方法，但更多的是根据渠系渗漏量来估算。渠道渗漏损失可以通过渠道测流资料估算，也可采用经验公式估算。例如，在自由渗流情况下，每公里渠长的输水损失流量 $Q_\Delta$ 可表示为

$$Q_\Delta = 10AQ_n^{1-m} \tag{2.37}$$

式中：$Q_n$ 为渠道净流量；$A$ 为土壤透水系数，变化于 0.7～3.4 之间，黏性土取小值，砂性土取大值；$m$ 为土壤透水指数，取决于渠床土壤质地，一般为 0.3～0.5，黏性土取小值，砂性土取大值。

在有地下水顶托影响时，每公里渠长输水损失流量 $Q'_\Delta$，可根据对 $Q_\Delta$ 的修正得出

$$Q'_\Delta = rQ_\Delta \tag{2.38}$$

式中：修正系数 $r$ 变化于 0.28～0.91 之间，流量大，地下水位浅时取小值。

已有 $Q_\Delta$ 或 $Q'_\Delta$，则可对渠系的输水渗漏量进行估算。

当有渠系有效利用系数 $\eta$ 的资料时，由式（2.27）、式（2.28），渠系渗漏补给量 $WR_c$ 为

$$WR_c = mW_{渠引} = \gamma(1-\eta)W_{渠引} \tag{2.39}$$

对于经常过水的大型渠道，垂直渠道布置观测排井，应用水位资料用剖面法估算渗漏补给量，计算公式同式（2.35）。

（2）田间灌溉入渗补给量。灌水后，入渗到土壤中水分一部分为作物所利用，一部分入渗补给地下水，即田间灌溉入渗补给。渠灌的田间灌溉入渗补给量包括田间渠道的渗漏补给量，井灌的田间灌溉入渗补给量包括井灌渠道输水渗漏补给量。田间灌溉入渗补给量 $WR_f$ 按下式估算：

$$WR_f = \beta W_f \tag{2.40}$$

式中：$\beta$ 为田间灌溉入渗补给系数，对于井灌又称回归补给系数；$W_f$ 为对于渠灌为田间灌溉水量，对于井灌为井的开采量。由于渠灌较井灌的灌水定额大，故渠灌的 $\beta$ 值一般也较井灌的大。

6. 越流补给量

越流补给量 $WR_g$，是深层地下水通过弱透水层对浅层地下水的补给量。设深层承压水和浅层潜水的水头差为 $\Delta h$，且 $\Delta h>0$，其间弱透水层的厚度为 $D$，弱透水层的渗透系数为 $K_D$。按达西定律，越流补给量 $WR_g$ 为

$$WR_g = K_D \frac{\Delta h}{D} FT \tag{2.41}$$

式中：$T$ 为计算时段；$F$ 为计算面积。

**2.3.3.2 平原区的各项排泄消耗量**

1. 潜水蒸发量

潜水蒸发消耗量 $WC_e$ 按下式估算：

$$WC_e = CE_0 TF \tag{2.42}$$

式中：$F$ 为计算区面积；$T$ 为计算时段；$E_0$ 为计算时段内平均水面蒸发强度；$C$ 为潜水蒸发系数。

2. 侧向流出量

侧向流出量 $WC_l$，是以地下潜流形式流出评价区的地下水量，估算方法同山前侧渗补给量。

3. 河道排泄量

当地下水位高于河道水位时，地下水补给河道，所消耗的水量称河道排泄量 $WC_r$，估算方法同河道渗漏补给量。

4. 越流排泄量

当浅层地下水的水头高于深层承压水的水头时，浅层地下水通过弱透水层向深层地下水补给，形成浅层地下水的逆流排泄量 $WC_g$，其计算方法同越流补给量。

5. 地下水开采量

地下水实际开采量 $WC_m$，是水资源开发利用程度较高地区的主要消耗项，在无开采计量记录地区，多采用用水调查统计和分析的成果。

**2.3.3.3 平原区的地下水资源量**

按上述分项计算补给量和排泄消耗量后，可得出总补给量 $WR$ 和总消耗量 $WC$，即

$$WR = WR_P + WR_l + WR_r + WR_c + WR_f + WR_g + WR_s$$

$$WC = WC_e + WC_l + WC_r + WC_g + WC_m \tag{2.43}$$

根据地下水补给量和总排泄消耗量计算结果，进行补排平衡分析检验。平均的年总补给量 $WR$ 和年总消耗量 $WC$ 应相等，若两者相差较大，应分析原因并对有关项进行修正。

总补给量中的河道渗漏补给 $WR_l$，水库等蓄水渗漏补给 $WR_s$，渠系渗漏补给 $WR_c$ 与渠灌的田间入渗补给等之和，称为地表水体渗漏补给量。

地下水平均年总补给量中扣除井灌平均年回归补给量，即为地下水的平均年资源量。

### 2.3.4　山丘区地下水资源计算

封闭的山丘区流域的地下水主要来源于降水补给，以裂隙水、孔隙水或岩溶水存在。由于地下蓄水能力有限，加以河床切割，地下水终又排泄于河道、或以泉水溢出。同样，山丘区地下水的总补给量与总排泄消耗量相等。由于补给量难于计算，山丘区地下水资源评价重点估算各排泄消耗项，并以总排泄消耗量作为地下水资源量。

1. 河川基流量

河川基流量是山丘区地下水的主要排泄量。枯季的河水，完全由地下水补给，河流的流量全部为基流量。汛期的河水包括两部分，大部分是降水产生的地表径流的汇入，少部分是地下水补给的基流量。计算河川基流量，就是要对水文站实测的流量过程进行基流的分割。基流分割所选水文站的控制流域应闭合，在地貌、植被与水文地质条件方面有代表性，其河川径流应不受调蓄作用强的水库运行的影响。根据测站实测的日流量过程线，进行基流切割。枯季河川径流全部作为基流，主要是对洪水过程线进行基流切割。

洪水过程的基流切割，现已有不少方法，常用的是直线斜割法。直线斜割法是自洪峰的起涨点 $A$ 至径流的退水段转折点（又称拐点）$C$，以直线相连，如图 2.8（a）所示，直线以下即为河川基流。一般情况下，起涨点 $A$ 的确定是比较直接的，拐点 $C$ 的确定可采用消退系数比较法。

径流的消退过程一般符合指数衰减规律，退水曲线方程可表示为

$$Q_t = Q_0 e^{-jt} \tag{2.44}$$

式中：$Q_0$ 为退水期起算点的流量（$t=0$）；$Q_t$ 为 $t$ 时刻的流量；$j$ 为消退系数。

上式表明 $\lg Q_t - t$ 呈线性关系。由于地表径流消退受流域地表与河道槽蓄的影响，而地下径流消退反映了地下的调蓄作用，两种情况下其消退系数应不相同。因此，点绘退水曲线 $BCD$ 的 $\lg Q_t - t$，如图 2.8（b）所示，则呈现斜率不同的两条直线，斜率大的为地表径流，斜率小的为地下径流，两直线交点即为拐点 $C$。

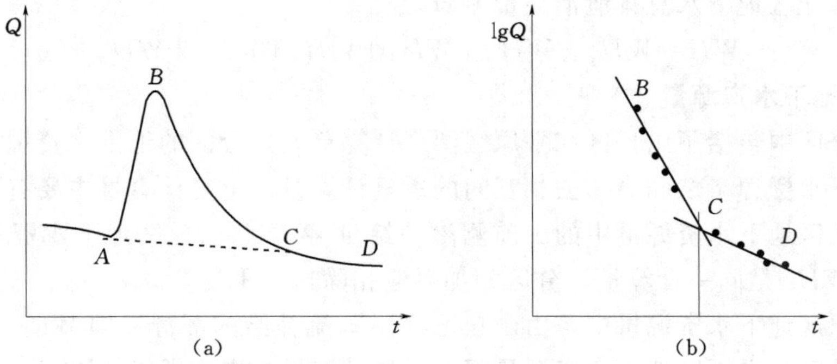


图 2.8　基流的直线斜割法示意图

岩溶山区，特别是大面积连续分布的岩溶山区，地下水的补给、径流和排泄条件受岩溶发育影响很大。由于溶洞与溶洞、溶洞与地表水体之间互相串通，造成地下径流复杂，地下水与地表水转化频繁，对河川基流的切割更为复杂。对含水层调蓄周期长，岩溶水量比较稳定的地区，用河川基流分割法可推求整个岩溶山区的地下水资源量。对含水层调蓄周期短，降雨形成的岩溶水很快通过地下暗河排入地表河道的岩溶山区，用分割基流法仅

求得岩溶水中经过岩溶调蓄的慢速流动部分，而未经岩溶调蓄的快速流动部分，由于与河川径流中地表径流水流性质相似，没有分割为基流，不作为地下水资源。

根据水文站的基流切割，可得到通过测站各年及多年平均的年基流量，按其控制面积平均可得出基流模数（单位面积上的基流深）。由基流模数和计算区面积可推算计算区的基流量 $WH_g$。

2. 河床潜流量

出山口处河流的河床有松散沉积发育时，松散沉积物中的地下径流称为河床潜流。河床潜流量未被水文站测到，即没有包括在河川径流量或基流量内。在需估算河床潜流量处，垂直河床设一断面，测得松散沉积层潜流的过水断面 $A$，同时在断面上下游布置观测井，测得地下潜流的水力坡降 $I$，则按达西定律，计算期 $T$ 内河床潜流量的总水量 $WH_p$ 为

$$WH_p = KIAT \tag{2.45}$$

式中：$K$ 为松散沉积层的渗透系数。

3. 山前侧向流出量

山前侧向流出量 $WH_l$，是指山丘区地下水通过裂隙、断层或溶洞以地下径流形式直接补给下游平原区的水量，计算方法与平原区山前侧渗补给量的计算相同。

4. 未计入河川径流的山前泉水出露量

山丘区地下水，以地下径流形式流动，在山丘区与平原区交界处出露地表，形成泉水。有些泉水，通过地表汇入河道，包括在下游河道水文站实测径流中。有些泉水，不泄入河道，当地自行消耗，这部分泉水的总和 $WH_s$ 需通过典型调查和统计估算得到。

5. 潜水蒸发量和地下水实际开采净消耗量

对山丘区中面积较小的河谷阶地，进行潜水蒸发量 $WH_e$ 和地下水实际开采净消耗水量 $WH_m$ 的估算，方法同平原区。

综上，山丘区地下水总排泄消耗量 $WH$ 为

$$WH = WH_g + WH_p + WH_l + WH_s + WH_e + WH_m \tag{2.46}$$

### 2.3.5　分区地下水资源量

若一个分区中包括了山丘区和平原区两个计算单元，分区的地下水资源应是山丘区和平原区的地下水资源量之和，扣去相互间的重复计算量。重复计算量主要有下列两方面：

(1) 平原区地下水资源量中的山前侧渗补给量 $WR_l$ 和山丘区地下水资源量中的山前侧向流出量 $WH_l$ 是同一计算量，分区相加时应扣除这一重复量。

(2) 平原区地下水资源量中，由山丘区河川基流补给的部分，即 $WR_r$ 中基流补给的部分，是山丘区与平原区地下水资源量间的重复计算量，亦应予以扣除。

## 2.4　水质评价

水质泛指水体的物理、化学和生物学的特征和性质，受自然因素和人类活动的双重影响。水质对水的用途和利用价值有决定性影响，优质的淡水可作为人类生活饮用水、工业生产用水和农业灌溉用水，含有对人体有益的微量元素的优质淡水可用来生产矿泉水等，

大面积的水质变坏将影响到水资源的供给，加剧水资源的短缺。符合要求的水质和充足的水量是进行水资源开发利用的两个必要前提，缺一不可。《水资源评价导则》规定，我国水资源评价工作要做到“水量和水质并重”，包括河流泥沙、天然水化学特征及水资源污染状况调查评价等项内容。其一般步骤为：①收集、整理和分析水质监测的数据及有关资料；②根据评价目标，确定水质评价要素和参数；③选定评价方法，建立水质评价的模式；④确定评价准则；⑤提出评价结论；⑥绘制水质图。

### 2.4.1 河流水质

1. 河流泥沙

天然河川径流中或多或少地含有泥沙，但当泥沙含量高到一定程度时就会对河流自身及其生态系统产生负面影响，并危及到水资源利用和水利工程的正常运行，譬如水库和渠道的淤积，水库下游河道的冲刷及河势的变化，水工建筑及金属构件的磨损、水轮机叶片的磨蚀等。我国北方部分地区尤其是黄土高原区水土流失严重，相应河流的含沙量之高举世闻名。根据对监测资料的统计，无定河川口站年平均含沙量为135kg/m$^3$，泾河张家山站为156kg/m$^3$，黄河一些站在洪水期的最大含沙量则高达1000～1500kg/m$^3$，而埃及的尼罗河泥沙含量只有1.39kg/m$^3$，巴西的亚马孙河则仅为0.072kg/m$^3$。

河流泥沙可分为推移质及悬移质两类，其来源主要是土壤侵蚀和河岸冲蚀崩塌。河流泥沙测验在较大的水文站上进行，并和流量建立关系，以求得逐日、月、年的输沙量资料，但多数测站只能测到悬沙资料，仅有少数水文站开展推移质的测验。泥沙的统计指标一般包括：多年平均含沙量，多年平均年、月输沙量及输沙模数，以及含沙量和输沙量的历年最大、最小值等，并可绘成悬移质含沙量地区分布图、分区地面侵蚀模数图等。在泥沙分析中还有两个重要指标：①河流泥沙的颗粒组成，即各种粒径泥沙的比例；②同一河流上不同地点的泥沙输移比，即流域面上的侵蚀量与不同地点河流断面处输沙量的比例。

与河川径流的季节和年际变化类似，河流泥沙也呈季节变化和年际变化。以暴雨洪水为主的地区，汛期形成的洪水中由于地表受到暴雨冲刷而含沙量加大，枯季时河水含沙量则大大减小。一般而言，输沙量在一年内的集中程度比径流更为严重，输沙量的年际变化幅度也大于径流。

我国《水资源评价导则》规定，河流泥沙分析计算内容应包括河流输沙量、含沙量及其时程分配和地区分布，并应满足以下要求：

(1) 资料系列较长的河流泥沙站，均可选为河流输沙量与含沙量分析的选用站，并应采用与径流同步的泥沙资料系列，缺测和不足的资料应予以插补延长。

(2) 选用站以上引出或引入水量和分洪、决口水量中挟带的河流泥沙，以及选用站以上蓄水工程中淤积的河流泥沙，均应在选用站实测资料中进行修正。

(3) 计算中小集水面积选用站的多年平均年输沙模数，绘制评价区的多年平均年输沙模数分区图，并用主要河流控制站的多年平均年输沙量实测值与输沙模数图量算值核对。

(4) 对主要站不同典型年的河流输沙量、含沙量的年内分配地区分布特征进行分析。

2. 河流水化学特征

水是一种很好的溶剂，在与岩石和土壤接触的过程富集了岩石中的某些成分。到目前为止，已从天然水中找到元素周期表上106种化学元素中的60余种元素，它们以离子、溶解气体、生物原生质、有机物质和微量元素的形式存在于各种水体中。

由于地表径流形成地区及水体所处的地理位置、地质构造、岩性、地形及水文气象等因子的不同，不同河流、甚至同一河流的不同河段，水的化学成分也不相同。河水的离子成分来自于河水的矿化，决定于河流所经地区的地质情况，特别是地下水所流经地区的地质情况。因此，进入河流的水量及其化学成分发生变化时，河水化学成分及离子间的比例关系也会发生变化。

在不同补给水源的河流中，冰川融化和高山融雪补给的河流，其河水矿化度相对较小。以降雨形成的地面径流补给为主的河流，其河水矿化度与当地气候条件关系密切：如果在降雨之前长期干旱，则不但大气中盐分随雨而降，降雨所形成的地表径流所含离子数也增多，河水矿化度相应提高。以地下水补给为主的河流，由于地下水长期与岩石、土壤发生反应，矿化度一般要比地表水高，并携带多种微量元素，通过含微量元素矿层的深层地下水和热泉水所含的微量元素更丰富。

河水的化学成分随季节而变化。秋冬季节，地表径流量比重下降而地下水补给量比重增加时，河水矿化度也增加，氧和氮的含量则随气温的降低而增加。同时由于水生植物减少，硝酸盐离子、亚硝酸盐离子和钙离子数量增加。春夏季节，雨水是河水的主要补给源，河水矿化度较小，但携带的泥沙增加。同时由于水生植物茂盛，使硝酸盐、亚硝酸盐、铵离子含量减少。

河水中化学成分、矿化度及离子比例在地区上的变化，取决于几种补给水源的比例和流域内岩石和土壤的性质。如果流域内为岩溶性地区，土壤中可溶性盐多或为盐渍地区，则河水矿化度往往较高。凡是大河沿岸都是工农业较发达地区，这些地区城市工业废水和生活污水及灌溉回归水的排入量都较大，这些也将引起河水化学成分的变化。即使在同一河流的不同河段上，河水化学成分也会有差异。一般一条大河河水化学成分总的变化规律是离河源头越远，含盐量、含硼量和钠离子、氯离子的比例升高得越明显，钙离子和重碳酸根的比例降低得越明显，镁离子和硫酸根离子的比例则基本保持不变。

根据我国《水资源评价导则》的规定，天然水化学特征分析内容应包括天然水化学类型及地区分布，天然水化学成分的年内、年际变化，河流离子径流量（包括入海、出境、入境离子径流量），河流离子径流模数及地区分布，并应符合以下要求：

（1）天然水化学特征分析参数一般选用 pH 值、矿化度、总硬度、钾、钠、钙、镁、硫酸盐、硝酸盐、碳酸盐、氯化物等，有条件地区可根据本地区的水质及水文地质特征增加必要的参数。

（2）凡具有长系列观测资料的地表天然水化学监测站和基本地下水化学监测井，可作为选用站，缺测和不足的资料应予以补测。

（3）地表水、地下水应分别进行天然水化学特征分析。

### 2.4.2　水体的污染及其危害

关于水体污染有几种不同的观念：①认为水体受到人类活动影响后改变了它的“自然”状况，也就是说，进入水体的某种物质超过了水体的本底含量；②认为某种污染物质进入水体后，使水体质量变劣，导致了水体的质量恶化；③认为人类活动造成了进入水体的物质超过了水体的自净能力，导致水体的质量恶化。第一种看法是从绝对意义上来理解

水体污染。但是，人类的活动已经大大改变了自然环境，已难以找到“自然”状况的水。因此，更多的人认为，进入水体污染物数量超过了水体自净能力，水质变劣，影响到水体用途才算是水体污染。

污染物在进入水体后，产生一系列物理、化学和生物反应过程，例如弥散、沉淀、氧化、还原和生物降解作用等，污染物在这些过程中或是被去除，或是减弱其危害作用，受污染的水体因而在一定的条件下具有逐渐恢复其原有水质状态的能力，这就是水体的自净能力。合理利用水体的自净能力，减少水污染控制费用，是水资源保护规划中应当考虑的一个重要原则。

#### 2.4.2.1 水体污染物质的主要来源

引起天然水体污染的物质称作污染物质，向水体排放污染物的场所、设备和装置等（通常也包括污染物进入水体的途径）称作水体污染源。按造成水体污染的原因可分为自然污染和人为污染两种类型。自然污染是由自然因素造成的，如特殊的地质条件或火山喷发使得某地区的某些化学元素大量富集，或者天然植物在腐烂过程中产生某些毒素，这些物质进入天然水体使得水中盐分、微量元素或放射性物质偏高造成水质恶化。人为污染是指人类在生产活动和生活活动中直接或间接地把物质和能量排入水体而引起的污染，如矿山的开采，工业生产过程排放的废水废渣，农业生产中喷洒大量的农药及施用化肥，动力工业和其他行业高温冷却水的排放，城镇居民的生活污水等都可以引起水体的污染。在当前，水体污染主要是人为污染造成的。

#### 2.4.2.2 水中的主要污染物及其危害

水体中污染物质种类繁多，其分类方法也很多。如从卫生学角度出发，可划分为化学性污染物、物理性污染物和生物性污染物；如从化学角度出发，可划分为无机有毒物、无机有害物、有机有毒物、有机有害物和致病微生物等。按照国家已经颁布的“生活饮用水卫生标准”“地表水环境质量标准”“渔业水质标准”“农田灌溉水质标准”和“工业废水最高允许排放浓度”等均提到的主要污染物质，归类分述如下。

1. 需氧污染物及其危害

需氧污染物包括碳水化合物、蛋白质、油脂、氨基酸、脂肪酸和酯类等有机物。这类物质可被水体中的微生物最终分解为简单的无机物，即二氧化碳和水，而在分解过程中要消耗水中的大量溶解氧。由于在正常大气压和温度下水中溶解氧的浓度十分有限，所以水体中有机物质过多必然造成水中溶解氧缺乏，从而影响水中鱼类及其他水生生物的正常生活。

由于水体中需氧污染物的组成比较复杂，现有的技术条件难以分别测定各类有机物的含量，又因为需氧有机物的主要危害是消耗水体中的溶解氧，所以在实际工作中一般采用下列指标来表示水中需氧有机物的含量：

(1) 生（物）化（学）需氧量（Bio-chemical Oxygen Demand，BOD）。它表示水中有机污染物经微生物分解所需的氧量（以 mg/L 为单位），生化需氧量愈高，表示水中需氧的有机污染物质愈多。

有机污染物经微生物分解的过程，一般可以分为两个阶段：①有机物被转化为二氧化碳、水和氨；②氨进一步被转化为亚硝酸盐和硝酸盐。在第一阶段，有机物已被转换为氨等无机物，虽然在第二阶段反应中仍在耗氧，但对环境卫生的影响已经比较小。所以，水体中生化需氧量通常只指第一阶段有机物生物化学氧化所需的氧量。因为微生物的活动与温度及时间有直接关系，为了使测定的BOD数值有可比性，一般以20℃作为测定的标准温度，这时，一般水体中有机物需要20天左右才能基本完成第一阶段的氧化分解过程。也就是说，要测定第一阶段的生化需氧量至少需要20天时间。在20℃条件下，测定时间为20天所测定的生化需氧量以$BOD_{20}$表示。但这在实际工作中仍嫌时间过长，一般都以5天作为测定生化需氧量的标准时间，简称5日生化需氧量，以$BOD_5$表示。据试验研究表明，一般有机物质的$BOD_5$约为第一阶段生化需氧量的70%～80%。

(2) 化学需氧量（Chemical Oxygen Demand，COD）。它表示用化学氧化剂氧化水中的有机污染物所消耗的氧量，测定方法主要有高锰酸钾法和重铬酸钾法。高锰酸钾法采用高锰酸钾的酸性溶液（0.01N）为氧化剂，加入水样，煮沸10min，或者将水样放在沸水浴中煮30min然后将高锰酸钾消耗量折算为每升水样耗氧的毫克数，该方法适用于较清洁的水样。重铬酸钾法是以重铬酸钾强酸溶液（0.25N）为氧化剂，以硫酸银为催化剂，加入水样，使之回流2h，然后将重铬酸钾的消耗量折算为每升水样耗氧量的毫克数，该方法的氧化程度比高锰酸钾法高，适用于污染严重的水。两种方法所使用的都是强氧化剂，不仅能氧化水中有机物，还能氧化水中其他还原性无机物，因而不能准确反应微生物氧化的那一部分有机物量。在研究污染物时，以采用生化需氧量作为有机污染物的指标较为合适，但在条件不具备或水质限制不能做生化需氧量测定时，可用化学需氧量替代。一般来说，化学需氧量和生化需氧量之间存在以下关系：重铬酸钾法COD$>BOD_{20}>BOD_5>$高锰酸钾法COD。

(3) 总有机碳（TOC）和总需氧量（TOD）。总有机碳包括水体中所有的有机污染物的含碳量，是评价水体中需氧有机污染物的一个综合指标，其测定方法是在特殊的燃烧器中，以铂为催化剂，在900℃高温条件下，使待测定的水样汽化燃烧然后测定气体中二氧化碳的含量，从而确定水样中的碳元素总量，在此总量中减去碳酸盐等无机碳元素含量，便可得到总有机碳TOC值（单位以ppm表示）。总需氧量则表示有机物完全氧化所需要的氧量。有机污染物中除含有碳外，尚含有氢、氮、硫等元素，当有机污染物全部为氧化时，碳被氧化为二氧化碳，氢、氮及硫则被氧化为水、一氧化氮、二氧化硫等。TOD的测定方法与TOC类似。

2. 植物营养物及其危害

在自然条件下，由于降水对大气的淋洗及径流对地表物质的淋溶和冲刷，虽然总会有一定量的营养物质（氮、磷等）汇入水体，但其数量是很少的。天然水体中过量的营养物质主要来自水体周围的农田施肥、农业废弃物、生活污水及某些工业废水的输入，这些都是人为因素造成的。

水体中营养物质含量的增加可导致水生生物的大量繁殖，主要是各类藻类的大量繁殖，成为水体中的优势种群，使鱼类的生活空间变小，并大量消耗水中的溶解氧，能在一定时间内使水体处于严重的缺氧状态从而严重影响到鱼类生存。由于占优势的浮游植物的颜色不同，使水面呈现不同的颜色，这种现象发生在江河湖泊中称作“水华”，发生在海洋中则称作“红潮”。藻类死亡后，会沉入水底，在厌氧条件下被厌氧微生物分解，不断释放出硫化氢等有害气体，使水质不断恶化。这种现象称为水体的富营养化。

3. 水体重金属污染及其危害

重金属一般指密度大于5g/cm$^3$、在周期表中原子序数大于20的金属元素。从环境污染方面考虑实际上主要是指汞、镉、铅、铬以及类金属砷等生物毒性显著的重元素，也指具有一定毒性的一般重金属如锌、铜、钴、镍、锡等。

水体中重金属的来源主要有两个方面：①重金属是构成地壳的分布极为广泛的物质，通过岩石风化、火山喷发、大气降尘、水流冲刷和生物摄取等过程，使得重金属元素在自然环境中的迁移循环中遍布于土壤、大气、水体及生物体中，因此，重金属在各自然环境中均存在着本底值；②重金属作为有色金属在人类的生产和生活方面应用广泛，存在着各种各样的重金属污染，如化石燃料的燃烧、采矿和冶炼及重金属工业企业的废水、废气和废渣的排放等。

重金属与其他污染物不同，在水体中不能被微生物降解，只能发生形态间的相互转化及分散和富集过程。这些过程统称为重金属的迁移，其主要与沉淀、吸附、氧化还原及络合和螯合作用相关。重金属对于生物和人体的毒性危害主要表现如下：

(1) 天然水中只要有微量重金属便可产生毒性效应，一般重金属产生毒性的范围大约在1～10mg/L之间，毒性较强的汞、镉等产生毒性的浓度范围在0.001～0.01mg/L。

(2) 微生物不能降解重金属，甚至可转换成毒性更强的化合物。如无机汞经微生物作用可转化为甲基汞，其毒性变得更强。

(3) 生物体对重金属的摄取可以经过食物链的生物放大作用，逐级在较高级的生物体内成千万倍地富集起来，然后通过食物进入人类的某些器官中积蓄起来造成慢性中毒。

4. 水体油类物质污染及其危害

随着石油工业、航运（内河及海洋）事业及近海石油开采业的发展，油类物质对水域（尤其是海洋）的污染愈来愈严重。据估计每年约有几百万至一千万吨的石油从不同途径排入海洋，包括海上石油运输、工业含油废水、海底石油开采和大气石油沉降烃等。

石油污染会破坏生物正常的生活环境，造成生物机能障碍。主要表现如下：

(1) 油膜的形成阻碍了海水的蒸发，影响大气和海洋水的热交换，改变海洋面反射率，减少进入海洋表面的日光辐射，使海洋表面温度有所下降，并阻隔了大气和水体之间的气体交换，减弱太阳辐射进入水体，直接影响水体绿色植物的光合作用，减少水体氧气的来源。

(2) 分散油和乳化油对一切水生生物都是致命性的。它们破坏海洋浮游植物体内的叶绿素，阻滞细胞分裂而使之大量死亡，从而破坏海洋生态系统的平衡。

5. 水体的热污染及其危害

热污染是指人类活动中产生的一种过剩能量排入水体，使水体升温而影响到水生系统结构的变化，造成水质恶化的一种污染。水体热污染主要来源于工业冷却水，其中以动力工业为主，其次为冶金、化工、石油、造纸和机械工业。水体热污染可导致水环境发生一系列物理、化学及生物学的变化：

(1) 水温升高导致溶解氧含量降低，并使微生物的分解能力增加，生化耗氧量亦增加，加速溶解氧的消耗，从而造成水体缺氧，影响鱼类及其他水生生物的生存。

(2) 水温升高加快水体中化学反应的速度，水中有毒物质、重金属离子也可以因水温升高而增大其毒性。

(3) 水的热污染可导致水生生物群落和种群结构的剧烈变化，有的消失，有的发展，从而导致生态系统的结构失衡。

(4) 水温升高会使某些鱼类的正常生活受到影响，水温变化幅度过大，将导致某些鱼类的死亡，并严重影响鱼卵的孵化。

6. 水体的农药污染及其危害

农药是防治农业病虫害和控制杂草的化学药品，也是控制某些疾病的病媒昆虫（如蚊蝇等）的重要药剂。但农药也是一种化学性环境污染物，它的使用对大气、土壤和水体都会造成污染。对大气的污染主要来自农药的喷撒，喷撒到大气中的农药微粒，在气体作用下可飘移到数里远的地方。喷洒在植物表面或土壤的农药，在气体作用下也可飞扬到空中，造成大气污染。对土壤的污染主要是直接向土壤表面或植物表面喷洒农药造成的。对水体的污染主要来自以下几个方面：生产农药的工厂直接向水体排放含农药的废水及含有农药的生活污水；悬浮于大气中的农药微粒，经雨水溶解和洗涤最后又降落入水体；广大农业区、林业区由于地表径流和农业排水将农药带入水体，这是水体农药污染的一个主要来源。

大量科学资料证明，农药在水体中污染，可造成鱼类、水鸟大批死亡，对人类的健康也存在严重的潜在威胁，如有机氯农药通过食物链进入人体和动物体内，能在肝、肾、心脏等组织中蓄积，从而构成对人体健康的威胁。蓄积的残留农药也能通过母乳排出，或转入卵蛋等组织，影响子代。

由于水体污染的广泛性和危害的严重性，我国《水资源评价导则》规定，进行水资源评价时必须开展水资源污染状况的调查与评价，包括污染源调查与评价，地表水资源质量现状评价，地表水污染负荷总量控制分析，地下水资源质量现状评价，水资源质量变化趋势分析及预测，水资源污染危害及经济损失分析，不同质量的可供水量估算及适用性分析。

### 2.4.3 水质标准

由于社会经济各部门对水的利用目的不同，水参与人们生产生活的方式各异，因此，不同部门对水质要求也不一致，关于水的质量标准也不尽相同。如饮用水主要考虑对人体健康是否有害；农田用水及水产养殖不仅要求保证其产量，也必须保证其质量；工业用水对水质要求差异很大，取决于用水目的、过程和工艺及环节，有的符合一般水质标准即可，有的则要求经过特殊处理才能使用。为保证供水质量，有必要根据不同部门对水质的要求制定相应的标准，对水体各种成分尤其是有害成分的含量给出一定的界限，从而可以根据水的物理、化学和生物学特性的检测分析结果进行水质的评价。

不同的水体和不同的使用目的，其水质评价标准也不同，在水质评价时首先要确定适用的国家或行业标准，然后根据需要开展观测和试验，并在对观测和试验结果分析的基础上提出水质评价的结论。表 2.8 给出了我国《地表水环境质量标准》（GB 3838—2002）中基本项目的标准限值，该标准依据地表水水域环境功能和保护目标，按功能高低将评价对象划分为 5 类：

(1) Ⅰ类：主要适用于源头水，国家自然保护区。

(2) Ⅱ类：主要适用于集中式生活饮用水地表水源地一级保护区、珍稀水生生物栖息地、鱼虾类产卵场、仔稚幼鱼的索饵场等。

(3) Ⅲ类：主要适用于集中式生活饮用水地表水源地二级保护区、鱼虾类越冬场、洄游通道、水产养殖区等渔业水域及游泳区。

(4) Ⅳ类：主要适用于一般工业用水区及人体非直接接触的娱乐用水区。

(5) Ⅴ类：主要适用于农业用水区及一般景观要求水域。

对应地表水上述5类水域功能，将地表水环境质量标准基本项目标准值分为5类，不同功能类别分别执行相应类别的标准值。水域功能类别高的标准值严于水域功能类别低的标准值。

**表 2.8　地表水环境质量标准基本项目标准限值**　单位：mg/L

| 序号 | 项目＼分类 | Ⅰ | Ⅱ | Ⅲ | Ⅳ | Ⅴ |
|---|---|---|---|---|---|---|
| 1 | 水温/℃ | 人为造成的环境变化应限制在：<br>夏季周平均最大温升≤1<br>冬季周平均最大温降≤2 | | | | |
| 2 | pH值（无量纲） | 6～9 | | | | |
| 3 | 溶解氧，≥ | 饱和率90%<br>（或7.5） | 6 | 5 | 3 | 2 |
| 4 | 高锰酸盐指数，≤ | 2 | 4 | 6 | 10 | 15 |
| 5 | 化学需氧量（COD），≤ | 15 | 15 | 20 | 30 | 40 |
| 6 | 五日生化需氧量（$BOD_5$），≤ | 3 | 3 | 4 | 6 | 10 |
| 7 | 氨氮（$NH_3-N$），≤ | 0.15 | 0.5 | 1.0 | 1.5 | 2.0 |
| 8 | 总磷（以P计），≤ | 0.02<br>（湖、库0.01） | 0.1<br>（湖、库0.025） | 0.2<br>（湖、库0.05） | 0.3<br>（湖、库0.1） | 0.4<br>（湖、库0.2） |
| 9 | 总氮（湖、库、以N计），≤ | 0.2 | 0.5 | 1.0 | 1.5 | 2.0 |
| 10 | 铜，≤ | 0.01 | 1.0 | 1.0 | 1.0 | 1.0 |
| 11 | 锌，≤ | 0.05 | 1.0 | 1.0 | 2.0 | 2.0 |
| 12 | 氟化物（以$F^-$计），≤ | 1.0 | 1.0 | 1.0 | 1.5 | 1.5 |
| 13 | 硒，≤ | 0.01 | 0.01 | 0.01 | 0.02 | 0.02 |
| 14 | 砷，≤ | 0.05 | 0.05 | 0.05 | 0.1 | 0.1 |
| 15 | 汞，≤ | 0.00005 | 0.00005 | 0.0001 | 0.001 | 0.001 |
| 16 | 镉，≤ | 0.001 | 0.005 | 0.005 | 0.005 | 0.01 |
| 17 | 铬（六价），≤ | 0.01 | 0.05 | 0.05 | 0.05 | 0.1 |
| 18 | 铅，≤ | 0.01 | 0.01 | 0.05 | 0.05 | 0.1 |
| 19 | 氰化物，≤ | 0.005 | 0.05 | 0.2 | 0.2 | 0.2 |
| 20 | 挥发酚，≤ | 0.002 | 0.002 | 0.005 | 0.01 | 0.1 |
| 21 | 石油类，≤ | 0.05 | 0.05 | 0.05 | 0.5 | 1.0 |
| 22 | 阴离子表面活性剂，≤ | 0.2 | 0.2 | 0.2 | 0.3 | 0.3 |
| 23 | 硫化物，≤ | 0.05 | 0.1 | 0.2 | 0.5 | 1.0 |
| 24 | 粪大肠菌群/(个/L)，≤ | 200 | 2000 | 10000 | 20000 | 40000 |

### 2.4.4　水质评价方法

不同用水目的均有相应的水质评价标准，从而规范了不同水质的使用范围。只有对水体质量做出有效评判，才能为防治水体污染及水资源合理利用与保护提供科学依据。水质的评价方法可分为监测指数评价法和生物评价法两种，两种方法各有特点，可根据具体情况选用。

#### 2.4.4.1　监测指数法

该方法利用表征水体水质的物理、化学参数的相对污染程度值，通过统计数学处理，得到一个较简单的数值（一般为无量纲数），用以表征水体污染程度，包括单因子评价指数法和综合评价指数法两类。单因子评价指数法是对各类指标分别进行分析评价，如把河流各监测断面测得的历年或不同时段单项参数分别计算其平均值，并对照水质标准以得到各单参数的评价成果。这种评价方法比较直观，对了解评价对象的特点十分有用，但不能给出对评价对象的总体评价。为回答总体评价问题，需通过对评价对象的综合评价求得，常见的综合评价指数方法有：多因子评价指数法、内梅罗水质指数法和模糊数学评价法等。

1. 单因子评价指数法

该方法中可采用的单因子参数较多，表 2.9 中的各个项目均可作为评价因子。由于用于评价的各水质参数对人体健康和水环境的影响程度不同，直接用浓度水平不能很好地反映污染程度。为了表示某种污染物对水环境质量产生的等效影响程度，常用单项污染指数 $I_i$ 来表示。$I_i$ 值一般用该污染物在水中实测浓度与其在水环境标准中的允许浓度（评价标准）$C_i$ 进行比较，可分为以下 3 种情况来计算：

（1）当污染物的危害程度随其浓度的增加而增加时

$$I_i = C_i / C_{si} \tag{2.47}$$

式中：$C_i$ 为某污染物实测浓度；$C_{si}$ 为某污染物评价标准；$I_i$ 为单项污染指数。

单项污染指数是一个无量纲数，表示某种污染物在环境中超过评价标准的程度，也称为超标倍数。

（2）当污染物危害程度随其浓度增加而减少时（如溶解氧）

$$I_i = (C_{i\max} - C_i)/(C_{i\max} - C_{si}) \tag{2.48}$$

式中：$C_{i\max}$ 为某污染物浓度在水中的最大值，如溶解氧即为该条件下的饱和浓度。

（3）对具有最低和最高允许限度的污染物（如 pH 值）

$$I_i = \frac{C_i - \overline{C_{si}}}{C_{si}(\max \text{ or } \min) - \overline{C_{si}}} \tag{2.49}$$

式中：$\overline{C_{si}}$ 为容许限度的平均值，可采用最大容许值和最小容许值的算术平均值。

上式分母中 $C_{si}$ 取最大容许值或最小容许值以选取离实测值最近为标准。如 pH 值容许范围为 6～9，实测值为 10，则

$$\overline{C_{si}} = \frac{6+9}{2} = 7.5$$

$$I_i = \frac{10-7.5}{9-7.5} = 1.7 \tag{2.50}$$

单项污染指数 $I_i$ 是相对于水环境的评价标准而定的，在评价标准变化时，尽管污染物在环境中的实际浓度没有变化，但 $I_i$ 值仍会变化，故在作单项污染指数的横向比较时，要注意它们是否具有相同的评价标准。确定评价标准的主要根据是城市或评价区的功能，同时还受到政治、历史、自然条件和经济发展等条件的约束。通过一个城市和一个地区的环境规划确定环境质量评价标准是较为理想的方法，也可以选择现行的各类环境标准中的某一标准作为评价标准，如表 2.8 所示的地表水环境质量标准。

2. 多因子评价指数法

污染水体中大多含有多种污染物质，仅用单因子参数进行水质评价不够全面也不便于进行水域间的对比。因此，有必要采用多项因子参数，并应用数学模型，综合为一个概括性的指数以综合表征水体污染程度。水质评价参数的选择尚无统一看法，在实践中一般认为应掌握以下原则。

(1) 根据评价水体的用途进行选择。如饮用水，评价参数偏重于卫生学指标及某些重金属指标；对于湖泊水体则应考虑氮、磷等营养素及叶绿素等反映富营养化的指标；对于旅游水体则偏重于水色、嗅等物理性指标。

(2) 根据水质调查和污染源评价所掌握的水中主要污染物种类，作为水质评价参数。

(3) 视监测技术和监测条件而定。

水质评价指数的确定方法可分为以下 3 种：

(1) 平均叠加法：该法是首先计算所选定评价参数的单项污染指数 $I_i$，然后进行算术平均得到综合评价指标 $I$，即

$$I = \frac{1}{n}\sum_{i=1}^{n} I_i \tag{2.51}$$

式中：$I$ 为综合污染指数；$n$ 为参与评价的参数的数目。

(2) 加权平均法。考虑到评价的各个因子对水环境质量的影响可能不同，该方法考虑了各种因子的影响权重，计算公式如下：

$$I = \frac{1}{n}\sum_{i=1}^{n} W_i I_i \tag{2.52}$$

式中：$W_i$ 为对应于第 $i$ 个因子的权重系数。

(3) 内梅罗指数法。内梅罗于 1974 年提出了一种计算河流水质综合污染指数的方法，既考虑了影响水质的一般指标，还考虑了对水质污染最严重的指标，其计算公式为

$$I = \sqrt{\frac{I_{i\max}^2 + I_{\mathrm{ave}}^2}{2}} \tag{2.53}$$

式中：$I_{i\max}$ 为参与评价的最大单因子指数；$I_{\mathrm{ave}}$ 为参与评价的单因子指数的均值。

内梅罗水质指数实际上也是一种加权的计算形式，既考虑了主要的污染因素，又避免了确定权系数的主观因素，是目前应用较多的一种多因子环境质量指数。

用指数法评价可以判断环境质量是否满足评价标准。一般地说，$I<1$ 说明环境质量状况优于评价标准；$I>1$ 说明环境质量达不到评价标准的要求；$I=1$ 则说明环境质量处于临界状态。

3. 模糊数学评价法

模糊数学于 20 世纪 80 年代初开始应用于环境系统分析和评价，目前已广泛地应用于

水质评价工作中。该方法首先对各单项参数进行评价，同时考虑各项参数在总体中的地位，配以适当的权重，然后引用模糊矩阵复合运算方法，经过推理运算，最后得到综合评价结果。与其他方法相比，模糊数学评价法具有如下优点：

（1）可对各项参数进行评价，实际上该方法也是在多因子条件下判别水环境质量的归属问题。

（2）可考虑各项参数在总体污染中的作用差异而给予不同的权重。

（3）采用了隶属度的概念，用隶属函数描述水质分级界线，注意到了实际界限的模糊性，可以使评价结果更接近于客观。

#### 2.4.4.2　生物学水质评价法

生物是反映环境质量优劣的一个综合指标，它与环境构成统一的整体。每一种生物、每一生物群要求一定的生活环境，环境一旦发生变化，生物种类、数量、生物群的组合及结构均随之发生变化。譬如，在水体强污染带，水中生物以污染细菌和底栖动物占优势；沿着水流方向，水质逐渐变好，生物种群随之发生变化，污水细菌和底栖动物逐渐减少，藻类、鱼类以及其他清水动物随之增加。所以，水中生物状况能较全面地反映水质及其变化情况和趋势。

1. 指示生物法

指示生物是指在一定水质条件下，对水环境质量变化反应敏感的水生生物。故可利用指示生物来作为评价水质好坏的依据。指示生物法可利用单一指示生物或指示生物群来反映水质污染程度。在单一指示生物法中，反映水体严重污染的指示生物有颤蚓类、毛蠓、细长摇蚊幼虫、绿色裸藻、静裸藻、小颤藻等。如颤蚓类在溶解氧饱和度为 15%的水体中，仍能正常生活，所以成为受有机污染十分严重水体的优势种。美国学者提出以单位面积颤蚓的数量作为评价水体污染的指标，颤蚓数量愈多，表示水体污染愈严重。指示水体中度污染的生物有居栉水虱、瓶螺、被甲栅藻、环绿藻、脆弱刚毛藻等，它们对低溶解氧也有较好的耐受能力，会在中度有机物污染的水体中大量出现。而指示清洁水体的生物如纹石蚕、扁蜉和蜻蜓的稚虫及田螺、肘状针杆藻、簇生竹枝藻等，它们只能在溶解氧很高、未受污染的水体中大量存在。

指示生物群法是根据被有机物污染河流在稀释自净过程中，会从上游至下游形成一连续污染带，在每一个污染带中由于污染程度不同会出现各种特有的指示生物群及不同的理化特征，据此将水质分为 4 个污染带。

利用指示生物可以对水污染程度作出综合判断，但由于生物种类和数量的分布并不单纯地决定于污染，其他条件如地理、气候以及河流的底质、流速和水深等因素也影响生物的存在和分布。此外，指示生物对环境因素的改变有一定的忍耐和适应范围，单凭有无指示生物来判断污染程度，有时也不太可靠。

2. 生物指数法

生物指数法是依据水体污染影响水生生物群落结构的原理，用数学形式表示群落结构变化状况，从而指示水体质量。现有的生物指数计算方法较多，这里介绍其中的贝克生物指数法。

采用水中大型无脊椎动物种类数作为评价水污染生物指数。由于水生生物对水体中有机污染物有一定的耐受能力，可将大型底栖无脊椎动物分为两类，一类是对有机污染缺乏耐受能力，另一类是对有机污染有中等耐受能力，其数量分别以 $A$ 和 $B$ 来表示，则生物指数可按下式计算：

$$BI=2A+B \tag{2.54}$$

根据 $BI$ 计算值，按下列等级来判别水质污染程度：

$BI=0$，水体严重污染；$BI=1\sim6$，水体中等污染；$BI=6\sim10$，水体轻度污染；$BI>10$，水体清洁。

总的来说，由于水环境具有以下特征：系统中污染物质之间存在着复杂关系，对环境质量的影响程度不一；水质标准难以统一；对水体质量的综合评判有一定模糊性。因此，从不同角度和目的出发的各种方法之间差异很大。一个好的水质评价方法应满足以下 3 个基本要求：

（1）准确性。评价结果的水质类别要符合国家水质控制标准的要求，如某水体中已经有项目浓度超过Ⅱ类（饮用水源地）标准限值，而评价结果判别该水体为Ⅱ类水质（符合水源地水质要求）则是不合适的（将会给人群健康带来威胁）。

（2）可比性。在准确判断水体水质类别的基础上，对属于同一类别的不同水体，要能够进行优劣比较。

（3）实用性。即方法应该简单、方便，便于推广和使用。

以此 3 个要求来衡量，上面介绍的各种水质评价方法目前均不能完全满足，但是每种方法本身都具有一定的科学性，在一定范围和情况下可以满足实际使用要求，因此在水质评价过程中需要根据实际情况选用最合适的方法。

## 2.5　水资源开发利用情况调查评价

### 2.5.1　经济社会资料调查统计

收集统计与用水密切关联的经济社会指标，是分析现状用水水平和预测未来需水的基础，其指标主要有人口、工农业产值、灌溉面积、牲畜头数、国内生产总值（GDP）、耕地面积、粮食产量等。应结合用水项目分类，进一步对有关指标划分为与用水项目分类相对应的细目。不同部门数据相差较大时，应先分析其原因，再决定取舍；一般情况下，除灌溉面积采用水利部门统计数据外，其他数据应以统计部门为准。

人口分别按城镇人口和乡村人口（也称农村人口）统计，并要统计非农业人口。统计年鉴上城镇人口和乡村人口的划分有 3 种口径。第 1 种口径按行政建制划分，城镇人口是指市辖区和县辖镇的全部人口，乡村人口是指县辖乡人口。第 2 种口径按常住人口划分，城市人口是指设区的市所辖区人口和不设区的市所辖街道人口，镇人口是指不设区的市所辖镇和县辖镇的居民委员会人口，乡村人口是除上述人口以外的全部人口。第 3 种口径是按照国家统计局 1999 年发布的《关于统计上划分城乡的规定（试行）》进行划分。统计年鉴的城镇人口数据，1952—1980 年为第 1 种口径数据，1982—1999 年为第 2 种口径数据，2000 年人口普查数据是第 3 种口径，在水资源评价时需注意保持不同年份统计口径的一致性。

工业分别按总产值和增加值统计，并将火电（包括核电）工业单独列出。水力发电属河道内用水，应将其从工业产值中扣除。国内生产总值、工业总产值和工业增加值按当年价和折算到基准年的可比价两种价格统计。工业总产值是指工业企业在一定时期内生产的以货币形式表现的总产出，反映工业生产的总规模和总水平。统计时以工业企业作为一个整体，企业内部不允许重复计算。但在企业之间、行业之间、地区之间存在着重复计算。工业增加值是指工业企业在一定时期内以货币表现的工业生产活动的最终成果，等于总产出减去中间投入后的余额，反映了工业行业对国内生产总值的贡献。

耕地是指能够种植农作物、经常进行耕作的田地，包括熟地、当年新开荒地、连续撂荒未满三年的耕地和当年休闲地（轮歇地）。以种植农作物为主并附带种植桑树、茶树、果树和其他林木的土地及沿海、沿湖地区已围垦利用的"海涂""湖田"等也包括在内，但不包括专业性的桑园、茶园、果木苗圃、林地、芦苇地、天然草原等。水田是指筑有田埂（坎），可以经常蓄水、用来种植水稻或莲藕、席草等水生作物的耕地。因天旱暂时没有蓄水而改种旱地作物的，或实行水田和旱地作物轮作的，仍按水田统计。灌溉面积分为农田灌溉面积和林牧渔用水面积，农田灌溉面积进一步细分为水田、水浇地和菜田面积（含花卉等）；林牧渔用水面积分为林果地灌溉面积、草场灌溉面积和鱼塘补水面积。农田灌溉面积按有效灌溉和实际灌溉分别统计。农田有效灌溉面积是指具有一定的水源，地块比较平整，灌溉工程或设备已经配套，在一般年景下当年能够进行正常灌溉的耕地面积。农田实灌面积是指当年实际灌水一次以上（包括一次）的耕地面积，在同一亩耕地上无论灌水几次，都按一亩统计。临时抗旱点种的面积不计入农田灌溉面积。

### 2.5.2 供、用水情况调查统计

#### 2.5.2.1 供水基础设施调查统计

调查统计基准年的地表水源、地下水源和其他水源等 3 类供水工程的数量和供水能力，以反映供水基础设施的现状情况。供水能力是指现状条件下相应供水保证率的可供水量，与来水状况、工程条件、需水特性和运行调度方式有关。除了对水利部门所属的水源工程进行统计外，对其他部门所属的水源工程及工矿企业的自备水源工程均需进行统计。

1. 地表水源工程

地表水源工程分为蓄水工程、引水工程、提水工程和调水工程，应按供水系统分别统计，要避免重复计算。蓄水工程指水库和塘坝（不包括专为引水、提水工程修建的调节水库），按大、中、小型水库和塘坝分别统计。引水工程指从河道、湖泊等地表水体自流引水的工程（不包括从蓄水、提水工程中引水的工程），按大、中、小型规模分别统计。提水工程指利用扬水泵站从河道、湖泊等地表水体提水的工程（不包括从蓄水、引水工程中提水的工程），按大、中、小型规模分别统计。调水工程指水资源一级区或独立流域之间的跨流域调水工程，蓄、引、提工程中均不包括调水工程的配套工程。蓄、引、提工程规模按下述标准划分：

（1）水库工程按总库容划分。大型：库容≥1.0 亿 $m^3$；中型：1.0 亿 $m^3$＞库容≥0.1 亿 $m^3$；小型：0.1 亿 $m^3$＞库容≥0.001 亿 $m^3$。

（2）引、提水工程按取水能力划分。大型为取水能力≥30$m^3/s$，中型为 30$m^3/s$＞取水能力≥10$m^3/s$，小型为取水能力＜10$m^3/s$。

(3) 塘坝指蓄水量不足10万$m^3$的蓄水工程，不包括鱼池、藕塘及非灌溉用的涝池或坑塘。

2. 地下水源工程

地下水源工程指利用地下水的水井工程，按浅层地下水和深层承压水分别统计。浅层地下水指与当地降水、地表水体有直接补排关系的潜水和与潜水有紧密水力联系的弱承压水。

3. 其他水源工程

其他水源工程包括集雨工程、污水处理再利用和海水利用等供水工程。集雨工程指用人工收集储存屋顶、场院、道路等场所产生径流的微型蓄水工程，包括水窖、水柜等。污水处理再利用工程指城市污水集中处理厂处理后的污水回用设施，要统计其座数、污水处理能力和再利用量。海水利用包括海水直接利用和海水淡化，其中直接利用指直接利用海水作为工业冷却水及城市环卫用水等。

**2.5.2.2** 供水量调查统计

供水量指各种水源工程为用户提供的包括输水损失在内的毛供水量，按受水区统计。对于跨流域跨省区的长距离调水工程，以省（自治区、直辖市）收水口作为毛供水量的计量点，水源至收水口之间的输水损失单独统计。其他跨区供水工程的供水量从水源地计量，其区外输水损失应单独核算。在受水区内，按取水水源分为地表水源供水量、地下水源供水量和其他水源供水量3种类型统计，并分析供水总量、地表水源供水量、地下水源供水量、其他水源供水量及供水组成随时间的变化趋势。

地表水源供水量按蓄、引、提、调4种形式统计。为避免重复统计，①从水库、塘坝中引水或提水的，均属蓄水工程供水量；②从河道或湖泊中自流引水的，无论有闸或无闸，均属引水工程供水量；③利用扬水站从河道或湖泊中直接取水的，属提水工程供水量；④跨流域调水是指水资源一级区或独立流域之间的跨流域调配水量，不包括在蓄、引、提水量中。地表水源供水量应以实测引水量或提水量作为统计依据，无实测水量资料时可根据灌溉面积、工业产值、实际毛取水定额等资料进行估算。地下水源供水量指水井工程的开采量，按浅层淡水、深层承压水和微咸水分别统计。浅层淡水指矿化度≤2g/L的潜水和弱承压水，坎儿井的供水量计入浅层淡水开采量中。混合开采井的供水量，各地可根据实际情况按比例划分为浅层淡水和深层承压水，并作说明。微咸水指矿化度为2～3g/L的浅层水。城市地下水源供水量包括自来水厂的开采量和工矿企业自备井的开采量。缺乏计量资料的农灌井开采量，可根据配套机电井数和调查确定的单井出水量（或单井灌溉面积、单井耗电量等资料）估算开采量，但应进行平衡分析校验。其他水源供水量包括污水处理再利用、集雨工程、海水淡化的供水量。对利用未经处理的污水和海水的直接利用量也需调查统计，但要求单列，不计入总供水量中。

**2.5.2.3** 用水量调查统计

用水量指分配给用户的包括输水损失在内的毛用水量。按用户特性分为农业用水、工业用水和生活用水3大类，并按城（镇）乡分别进行统计，并分析用水总量、农业用水量、工业用水量、生活用水量及用水组成随时间的变化趋势。

1. 农业用水量

农业用水包括农田灌溉和林牧渔业用水。农田灌溉是用水大户，应考虑灌溉定额的差别按水田、水浇地（旱田）和菜田分别统计。林牧渔业用水按林果地灌溉（含果树、苗圃、经济林等）、草场灌溉（含人工草场和饲料基地等）和鱼塘补水分别统计。

2. 工业用水量

工业用水量按用水量（新鲜水量）计，不包括企业内部的重复利用水量。各工业行业的万元产值用水量差别很大，而各年统计年鉴中对工业产值的统计口径不断变化，应将工业划分为火（核）电工业和一般工业进行用水量统计，并将城镇工业用水单列。在调查统计中，对于有用水计量设备的工矿企业，以实测水量作为统计依据，没有计量资料的可根据产值和实际毛取水定额估算用水量。

3. 生活用水量

生活用水按城镇生活用水和农村生活用水分别统计，应与城镇人口和农村人口相对应。城镇生活用水由居民用水、公共用水（含服务业、商饮业、货运邮电业及建筑业等用水）和环境用水（含绿化用水与河湖补水）组成。农村生活用水除居民生活用水外，还包括牲畜用水在内。未经处理的污水和海水直接利用量需另行统计并要求单列，但不计入总用水量中。

### 2.5.3 供、用、耗、排水情况分析评价

#### 2.5.3.1 用水消耗量分析估算

用水消耗量（简称耗水量）是指毛用水量在输水、用水过程中，通过蒸腾蒸发、土壤吸收、产品带走、居民和牲畜饮用等多种途径消耗掉而不能回归到地表水体或地下含水层的水量。农田灌溉耗水量包括作物蒸腾、棵间蒸散发、渠系水面蒸发和浸润损失等水量，一般可通过灌区水量平衡分析方法推求。对于资料条件差的地区，可用实灌亩次乘以次灌水净定额近似作为耗水量。水田与水浇地、渠灌与井灌的耗水率差别较大，应分别计算耗水量。工业耗水量包括输水损失和生产过程中的蒸发损失量、产品带走的水量、厂区生活耗水量等。一般情况可用工业用水量减去废污水排放量求得。废污水排放量可以在工业区排污口直接测定，也可根据工厂水平衡测试资料推求。直流式冷却火电厂的耗水率较小，应单列计算。生活耗水量包括输水损失以及居民家庭和公共用水消耗的水量。城镇生活耗水量的计算方法与工业基本相同，即由用水量减去污水排放量求得。农村住宅一般没有给排水设施，用水定额低，耗水率较高（可近似认为农村生活用水量基本是耗水量）；对于有给排水设施的农村，应采用典型调查确定耗水率的办法估算耗水量。其他用户耗水量可根据实际情况和资料条件采用不同方法估算。如果树、苗圃、草场的耗水量可根据实灌面积和净灌溉定额估算；城市水域和鱼塘补水可根据水面面积和水面蒸发损失量（水面蒸发量与降水量之差）估算耗水量。

#### 2.5.3.2 供、用、耗、排水成果合理性检查

供水量和用水量从供、用水两个方面反映水资源开发利用情况，两者可以互相校验。某一年度各分区的总供水量与总用水量应平衡，若不平衡，则要分析其原因并对有关数据进行必要的修正。供水与用水量平衡校验中要注意供用水的统计断面与口径相一致。

将历年供水量进行序列比较，分析变化趋势，分析与来水丰枯、蓄水变量、当年降水

及新增供水等实际情况是否吻合。将历年用水量进行纵向比较，分析其变化趋势是否与人口、工业产值、灌溉面积的增长、降水情况及节水措施等情况大致相符。根据用水量和经济社会指标计算各年用水定额，并进行合理性分析，一般供水充分、水价低廉地区的用水定额较高。

资料条件较好的城市可对供水系统的用水量、耗水量与废污水排放量进行平衡分析，检查城市用、耗、排成果的合理性。另外，可以开展区域水量平衡分析，检查当地产水量、消耗水量和出入境水量计算成果的合理性。为消除或减少区内蓄水量计算误差或土壤含水量年际变化的影响，资料条件好的分区也可进行最近10年平均的水量平衡分析。水量平衡方程式如下：

$$W_{当地产}+W_{入境}+W_{深层}+W_{调入}=W_{用耗}+W_{非用耗}+W_{出境}+W_{调出}\pm\Delta V \tag{2.55}$$

式中：$W_{当地产}$为区内降水形成的产水量（水资源总量）；$W_{入境}$为上游流入区内的地表、地下水量；$W_{深层}$为区内深层承压水开采量；$W_{调入}$、$W_{调出}$为跨区调入、调出水量；$W_{用耗}$为区内用水消耗量；$W_{非用耗}$为区内非用水消耗量，包括河湖库的蒸发损失、排水蒸发损失和潜水蒸发；$W_{出境}$为区内流入下游的地表、地下水量；$\Delta V$为区内湖库和浅层地下水的蓄水变量，蓄水增加为正，蓄水减少为负。上式等号左边各项水量的之和为总收入，右边各项水量之和为总支出，若两者相差较大，则应分析其原因并对主要分量进行调整。

### 2.5.4 水资源开发利用评价

#### 2.5.4.1 用水水平及效率分析

在经济社会资料收集整理和用水调查统计的基础上，对各水资源分区的综合用水指标、农业用水指标、工业用水指标和生活用水指标进行分析计算，评价其用水水平和用水效率及其变化情况。

1. 综合用水指标

综合用水指标包括人均用水量和单位GDP用水量。GDP采用基准年可比价，有条件的流域、省（自治区、直辖市）还可以计算城市人均工业用水量、农村人均农业用水量等，并分析城市人均工业产值与人均工业用水量的相关关系，可根据高用水工业比重、供水情况（紧张与否）、节水情况进行综合分析。

2. 农业用水指标

农业用水指标按农田灌溉、林果地灌溉、草场灌溉和鱼塘补水分别计算，统一用亩均用水量表示。对农田灌溉指标进一步细分为水田、水浇地和菜田（按实灌面积计算）。资料条件好的情况可以分析主要作物的用水指标。由于作物生长期降水直接影响农业需水量，可建立年降水（或有效降水）与农田综合定额相关关系，灌溉期降水（或有效降水）与某农作物灌溉定额相关关系等，并进行地域性的综合。

3. 工业用水指标

工业用水指标按火电工业和一般工业分别计算。火（核）电工业用水指标以单位装机容量用水量表示；一般工业用水指标以单位工业总产值用水量或单位工业增加值的用水量表示，产值采用基准年可比价。另外，可以分析主要行业用水的重复利用率、万元产值用水量和单位产品用水量。重复利用率为重复用水量（包括二次以上用水和循环用水量）在包括循环用水量在内的总用水量中所占百分比，用下列公式表示：

$$\eta=(Q_{重复}/Q_{总})\times100\% \tag{2.56}$$

或

$$\eta=(1-Q_{补}/Q_{总})\times100\% \tag{2.57}$$

式中：$\eta$ 为工业用水重复利用率；$Q_{重复}$ 为重复利用水量；$Q_{总}$ 为总用水量（新鲜水量与重复利用水量之和）；$Q_{补}$ 为补充水量（即新鲜水量）。

4. 生活用水指标

生活用水指标包括城镇生活和农村生活用水指标。城镇生活用水指标按城镇居民和公共设施分别计算，统一以人均日用水量表示。农村生活用水指标分别按农村居民和牲畜计算，居民用水指标以人均日用水量表示，牲畜用水指标以头均日用水量表示，并按大、小牲畜分别统计。城镇生活用水指标可按城市规模、卫生设施情况、用水习惯、用水管理情况（如有无按户计量、水价及计价方式等）等进行综合分析。

分析各地区综合用水指标和主要单项用水指标的变化趋势，结合 GDP、农业产值和工业产值的增长速度，分析总用水量、农业用水和工业用水的弹性系数。各种弹性系数计算公式如下：

$$总用水弹性系数=总用水量年增长率/GDP年增长率 \tag{2.58}$$

$$农业用水弹性系数=农业用水年增长率/农业产值年增长率 \tag{2.59}$$

$$工业用水弹性系数=工业用水年增长率/工业产值年增长率 \tag{2.60}$$

调查分析不同类型城市（可按大、中、小城市分类挑选）基准年的用水管理和水价情况，并计算城市综合水价。用户可按居民生活、工业、服务业等进行分类，综合水价以各类用户的用水量为权重，用加权平均法计算。

调查分析不同类型（水库灌区、引水灌区、提水灌区、井灌区等）典型灌区基准年的净灌溉定额、综合毛灌溉定额、灌溉水利用系数和水价。水价按粮食作物和经济作物分别统计，灌区综合水价以粮食作物和经济作物的用水量为权重进行计算。可以研究水价与用水定额（或单位产出用水量）的关系，以及单方水生产粮食量的地域差异等。

**2.5.4.2**　水资源开发利用程度分析

选择基准年以前的一个计算时段，以独立流域或一级支流为单元，对地表水资源开发率、平原区浅层地下水开采率和水资源利用消耗率进行分析计算，以反映近期条件下水资源开发利用程度。在开发利用程度分析中所采用的地表水资源量、平原区地下水资源量、水资源总量、地表水供水量、浅层地下水开采量、用水消耗量等基本数据，都应计算所选时段的平均值。

地表水资源开发率指地表水源供水量占地表水资源量的百分比。为了真实反映评价流域内自产地表水的控制利用情况，在供水量计算中要消除跨流域调水的影响，调出水量应计入本流域总供水量中，调入水量则应扣除。平原区浅层地下水开采率指浅层地下水开采量占地下水资源量的百分比。水资源利用消耗率指用水消耗量占水资源总量的百分比。为了真实反映评价流域内自产水量的利用消耗情况，在计算用水消耗量时应考虑跨流域调水和深层承压水开采对区域用水消耗的影响。从评价流域调出水量而不能回归本区的应全部作为本流域的用水消耗量，区内用水消耗量应扣除由外流域调入水量和深层承压水开采量所形成的用水消耗量。

#### 2.5.4.3 河道内用水调查分析

河道内用水分为生产用水和生态环境用水两类，前者指水力发电、渔业和航运用水等，后者包括冲沙、防凌、冲淤保港、稀释净化、保护河湖湿地等用水以及维持生态环境所需的最小径流量和入海水量。

我国南方水系水资源丰富，开发利用率不高，河道用水问题矛盾尚不突出，但有的河流已经显现，应重点研究。我国北方水资源紧缺，许多河道断流，且已丧失河道基本功能，对于这些河流和河段除进行河道内用水调查分析外，同时要研究恢复部分河道功能的需水量。

在收集已有的河道内用水调查研究成果的基础上，确定重点研究河段，结合必要的野外调查工作，分析确定主要河流及其控制节点的河道内用水量。同一河道内各项用水可以重复利用，应分析重点河段各主要用水项的月水量分配过程，取外包线作为该河段的河道内各项用水综合要求。

### 2.5.5 水资源开发利用的环境影响评价

#### 2.5.5.1 供水水质调查分析

根据地表水取水口、地下水开采井的水质监测资料及其供水量，分析统计供给生活、工业、农业不同水质类别的供水量。其中农村生活供水和除大型灌区外的其他农业供水可按“符合”或“不符合”两项水质要求进行统计。

地表水供水量的水质按《地面水环境质量标准》（GB 3838—2002）评价；地下水供水量的水质按国家《地下水质量标准》（GB/T 14848—93）评价，评价方法及指标参考2.4。原则上，供水水质按取水口水质统计，若缺乏取水口的水质监测资料，有条件的地区可以进行必要的补测，也可以按相应水功能区的水质类别替代；农村生活及小型灌区等分布较广的取水水质，可按水资源调查评价中相应地区的水质类别代替。

#### 2.5.5.2 废污水排放量调查分析

废污水排放量是工业企业废水排放量和城镇生活污水排放量的总称，其中火电厂直流式冷却水排放量应单列。应对废污水排放量进行全面的调查统计，并根据工业、城镇生活用水量减去耗水量所推求的排放量，与调查结果进行对比分析，检验用水量、用水消耗量与废污水排放量的合理性。

需调查统计：①工业企业废水排放量、达标排放量、废水处理量以及主要污染物排放量；②城市（建制市）建成区废污水排放、处理及回用情况，并分析人均废污水排放量、单位产值废水排放量、单位产值各主要污染物排放量、废污水处理率、回用率等指标；③面污染源状况，主要是化肥（需折算为有效成分，以氮、磷计量）和农药（需要折算为有效成分，以有机氯、有机磷计量）施用量，以及禽畜养殖场$COD_{Cr}$和氨氮排放量；④入河（湖库）排污口、支流口的废污水排放量以及主要污染物的排放量。

排入河流、湖泊、水库等地表水体的废污水量（简称入河废污水量）为废污水排放量扣除废污水输送过程中的损失量，可由入河（湖库）排污口污水流量观测资料求得，或根据典型调查得到的入河系数（入河废污水量占废污水排放量的比值）进行估算。

#### 2.5.5.3 与水相关的生态环境问题调查评价

调查评价内容包括地表水不合理开发利用、地下水超采、水体污染等造成的与水相关的生态环境问题。应针对评价区发生的主要生态环境问题，从形成原因、地域分布、危害程度及发展趋势等方面进行调查分析；对近年来为改善生态环境所采取的地下水限采、城市河湖整治、湿地补水以及山区退耕还林还草等措施，使生态环境状况明显改善的，也相应进行调查分析。

1. 地表水不合理开发利用

地表水不合理开发利用造成的生态环境问题包括河道断流（干涸）、湖泊与湿地萎缩、河流下游天然林草枯萎、次生盐渍化等。对河道断流（干涸）要调查统计断流（干涸）天数和河长；对湖泊萎缩要调查统计水面面积和蓄水的减少数量；对次生盐渍化要调查统计产生的面积以及变化趋势。

2. 地下水超采

地下水超采造成的生态环境问题包括形成地下水降落漏斗、造成地面沉降、地面塌陷、地裂缝、海水入侵、咸水入侵、天然林草枯萎和土地沙化等。对地下水漏斗要调查统计漏斗面积、中心水位埋深、下降速率及累计超采量；对地面沉降要调查统计沉降面积、最大降深及沉降速率；对海水、咸水入侵要调查统计入侵面积、入侵层位及入侵速度；对土地沙化要调查统计沙化面积和扩展速度。

3. 水体污染

在地表水、地下水水质评价的基础上，调查分析地表水与地下水污染对生态环境的影响，估算主要水源地水质恶化所造成供水量的衰减情况。

## 2.6　水资源综合评价

### 2.6.1　区域总水资源概念及水资源总量计算

地表水、土壤水和地下水是陆地上普遍存在的 3 种水体，降水是其主要补给来源。自然条件下四水之间的转化关系，可以用区域水循环概念模型表示，如图 2.9 所示。

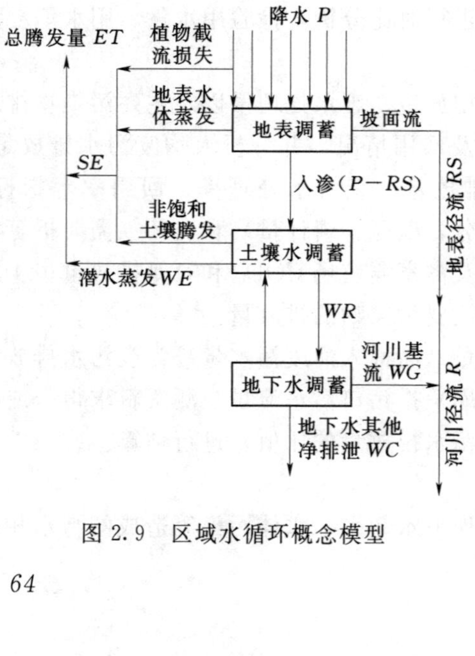


图 2.9　区域水循环概念模型

在一区域内，将地表水、土壤水和地下水作为一个整体，忽略多年时期内土壤水及地下水的蓄变量，总水量平衡方程为

$$P=R+ET+WC \tag{2.61}$$

式中：$P$ 为降水量；$R$ 为河川径流量；$ET$ 为总腾发量；$WC$ 为除潜水蒸发、基流排泄以外的地下水净排泄消耗量。以非饱和带的土壤水作为对象，相应的水量平衡方程可写为

$$P-RS=WR+ET-WE \tag{2.62}$$

式中：$RS$ 为地表径流量；$WR$ 为地下水补给量；$WE$ 为潜水蒸发量。

总腾发量分可分为两部分，一部分为土壤、作物和水面直接利用消耗，包括叶面截留、地

表水体蒸发和地表腾发，以 $SE$ 表示，另一部分为潜水蒸发量，即

$$ET=SE+WE \tag{2.63}$$

将式（2.63）代入式（2.62），得

$$P-RS=WR+SE \tag{2.64}$$

上式表明入渗到土壤中的水分，转化为对地下水的补给和作物等的直接利用与消耗。

对于地下水，其水量平衡方程为

$$WR=WE+WC+WG \tag{2.65}$$

式中：$WG$ 为地下水对河川的补给，即河川基流量。

定义降水扣去作物、土壤及水面直接利用和消耗后的全部水量为总水资源量 $W$，即

$$W=P-SE \tag{2.66}$$

应用式（2.64），式（2.66）可改写为

$$W=RS+WR \tag{2.67}$$

此式表明，总水资源量为地表径流量与地下水的补给量之和，将式（2.65）代入式（2.67），得

$$W=RS+WE+WC+WG \tag{2.68}$$

由于 $RS+WG=R$，为河川径流量，所以

$$W=R+WE+WC \tag{2.69}$$

式（2.66）～式（2.69）是4个表达水资源总量的公式，在式（2.67）中河川基流量归于地下水补给量，在式（2.69）中则是将基流量归于河川径流中，采用其中之一计算，都可以避免水资源量的重复计算。

受实际情况和资料限制，目前水资源评价中还没有用式（2.66）～式（2.69）直接计算总水资源量，而是分别对地表水和地下水进行评价。在水量评价中，如前述是将河川径流量 $R$ 作为地表水资源，把地下水的补给量 $WR$（或消耗量）作为地下水资源。由于河川径流量中包括了一部分地下水的排泄量，地下水补给量中又有一部分来源于地表水体的入渗，两者间有重复计算量。因此，水资源总量应是地表水资源量与地下水资源量之和，减去互相转化的重复量 $D$，即

$$W=R+WR-D \tag{2.70}$$

以下分别就不同类型的评价区，说明总水资源量的计算方法。

1. 单一山丘区

对于单一山丘区，地表水和地下水资源计算中的重复量为河川基流量，有

$$W=R+WR-WG \tag{2.71}$$

评价时，地下水补给量 $WR$ 是用地下水总排泄量代替的。

2. 单一平原区

单一平原区的地表水资源量为当地平原河川径流量，地下水资源量为包括降雨入渗补给，当地地表水体的入渗补给及区外来水补给的总补给量（扣去井灌回归补给）。重复计算量有：

（1）地表水体的入渗补给量 $WR_{rs}$：包括河渠渗漏补给、渠灌田间入渗补给、湖库闸

蓄水的渗漏补给等。

(2) 平原河道排泄的降雨入渗补给量 $R_{gp}$：河道基流 $R_g$ 由地下水补给，如果地下水补给量主要是降水入渗补给，则 $R_{gp}$ 与用分割基流法所得河道基流 $R_g$ 近似。如果地下水补给量中其他补给成分占比重较大时，由河川基流 $R_g$ 中严格区分出 $R_{gp}$ 是困难的，只能用近似方法。例如，按降水入渗补给量 $WR_p$ 与总补给量 $WR$ 的比值修正，即

$$R_{gp}=\frac{WR_p}{WR}R_g \tag{2.72}$$

单一平原区的水资源总量为

$$W=R+WR-(WR_{rs}+R_{gp}) \tag{2.73}$$

3. 山丘-平原混合区

山丘（上游）-平原（下游）混合区的水资源评价，往往分别对山丘区和平原区，计算出各自地表水资源量和地下水资源量。

首先扣去山丘区与平原区地下水资源量的重复计算量，即山前侧流量和山丘区基流对平原区地下水补给量，从而得到全区的地下水资源总量。

全区的地表水资源总量、地下水资源总量中扣除重复计算量后，得出全区的水资源总量。重复计算量有：

(1) 山丘区河川基流量。

(2) 平原区降水形成的河川基流量。

(3) 平原区地表水体的渗漏补给量。

### 2.6.2　水资源现状供需平衡及趋势分析

在水资源开发利用现状调查分析的基础上，可选取不同的水平年对水资源供需发展趋势进行分析，不同水平年的选取应与国民经济和社会发展五年计划及远景规划目标协调一致，并以现状供用水水平和不同水平年经济、社会、环境发展目标以及可能的开发利用方案为依据，分析不同水平年水资源供需发展趋势及其可能产生的各种问题，其中包括河道外用水和河道内用水的平衡协调问题。

水资源现状供需平衡及趋势分析主要包括用水增长预测和可能增加的供水能力预估，其中用水增长的预测方法通常有趋势外延法和参照国民经济和社会发展的长远预计目标进行估计两种途径。前一种是在已经出现的用水增长趋势基础上进行外延，特别应注意最近几年的增长速度。这种方法比较简便易行，适用于经济增长比较稳定，不受政策性变化影响的情况。后一种途径是以人口的增长及城市和农村人口比例的变化、国民经济的增长速度进行用水量预估，并参照可能的政策性措施分项进行的方法。在用水增长预测中，人口的增长是一些国家中最主要的因素。由于人口的增长，必须保持粮食等民用农产品的人均占有数量不能降低，或仍保持必要的提高，则需投入农业的用水量就必须予以适当保证。同样，在保持国民收入必要增长的前提下，也必须保证为提高工业产值所需的用水供应。但人口增长速度在一定程度上又受到国家计划生育政策的影响。

用水预测是基于各行各业的需水预计的要求。在供需平衡分析中，必须对各行各业提出的需水预计要求进行分析，使其能建立在节约用水、合理用水的基础上。在用水预测中，考虑节水措施是必要的，但节水措施是需要一定的投入才能实现的。此外，用水的增

长是否会按预期的设想实现，还决定于在这个预测期内各种工程供水能力增加的可能性，这又是受经济发展情况所制约的。因此，对未来水资源供需关系的展望需要在可能的经济发展条件下，不断调整供水能力的增加与用水需求增长间的关系后，才能最后确定。对于有些地区，如果水资源已成为经济发展的制约因素，则有必要进一步采取特殊措施，包括调整经济发展速度，以求得水的供求关系的平衡。

### 2.6.3 水资源评价指标体系

水资源评价结果，以一系列的定量指标加以表示，称为评价指标体系，由此可对评价区的水资源及水资源供需的特点进行分析、评估和比较。

#### 2.6.3.1 水资源评价成果的主要指标

1. 基本社会经济指标（以现状某年为准）

（1）土地。

（2）人口、人口密度。

（3）耕地、耕地率（耕地面积与土地面积比）。

（4）灌溉面积，耕地灌溉率（灌溉面积与耕地面积比）。

（5）农业产值、工业产值、总产值、人均产值。

（6）粮食总产、人均粮食产量。

2. 水资源量评价指标

（1）地表水资源量，径流模数，地表水可利用量。

（2）地下水资源量、地下水资源模数、地下水可开采量、开采模数。

（3）重复计算量。

（4）总水资源量，人均水资源量、亩均（以耕地计）水资源量。

#### 2.6.3.2 现状水资源利用指标

（1）总供水量，包括蓄水工程、引水工程、提水工程，地下水开采等的供水量。

（2）总用水量，包括城市生活、工业、农业、农村人畜饮用其他各项用水量。

（3）水资源利用率，人均用水量。

#### 2.6.3.3 现状、近期、中期、远期水资源供需分析指标——典型年法

对现状、近期、中期、远期各水平年，分别对 $P=50\%$、$P=75\%$ 及 $P=90\%$（或 $P=95\%$）的典型年提出：

（1）可供水量（可列地表水和地下水）。

（2）需水量（可分项列出，并给出用水指标）。

（3）余缺水量。

（4）水资源利用率、人均用水量。

#### 2.6.3.4 规划期水资源供需分析指标——系列法

对规划期列出多年平均的可供水量、需水量、余缺水量、地下水蓄变量（以埋深计），水资源利用率、人均用水量等；以年计的需水量保证率。

对各水平年分别列出可供水量。需水量、余缺水量、水资源利用率、人均用水量等。若采用多系列（确定性的或随机的）对一水平年可列出不同频率（或保证率）的上述各项指标，以及不同频率的地下水位埋深，或相应的数学期望值。

### 2.6.4　水资源供需综合评价指标及综合评价

#### 2.6.4.1　综合评价指标体系

为了从不同方面综合评价各地区水资源供需情况，研究解决措施和对策，《中国水资源利用》中对全国302个三级分区，计算了下列10项指标：

(1) 耕地率。

(2) 耕地灌溉率。

(3) 人口密度。

(4) 工业产值模数，工业总产值与土地面积之比。

(5) 需水量模数，现状计算需水量与土地面积之比。

(6) 供水量模数，现状 $P=75\%$ 供水量与土地面积之比。

(7) 人均供水量，现状 $P=75\%$ 供水量与总人口数之比。

(8) 水资源利用率，现状 $P=75\%$ 供水量与总水资源量之比。

(9) 现状缺水率，现状水平年 $P=75\%$ 的缺水量与需水量之比。

(10) 远景缺水率，远景水平年 $P=75\%$ 的缺水量与需水量之比。

#### 2.6.4.2　综合评分

通过综合评分，分析评价区是否缺水。对上述10项指标，按其变化幅度分为六级，每级给定一评分值作为评分标准。

根据评分标准，对评价区进行综合评分。综合评分值按下式计算：

$$J^* = \sum_{i=1}^{10} a_i J_i \tag{2.74}$$

式中：$J^*$ 为综合评分值；$J_i$ 为第 $i$ 项指标的评分；$a_i$ 为第 $i$ 项指标的权重。《中国水资源利用》中取用的权重是，耕地率、耕地灌溉率、人口密度、工业产值模数、现状缺水率，$a=0.5$；需水量模数，远景缺水率，$a=1.0$；水资源利用率、供水量模数，人均供水量，$a=1.5$。

经综合评分后，当 $J^*>10$ 为缺水区，$5\leqslant J^*\leqslant 10$ 为基本平衡区，$3\leqslant J^*<5$ 为平衡区 $J^*<3$ 为余水区。

#### 2.6.4.3　分类分析

1. 根据缺水率及其变化

缺水率大于10%的地区，可认为是缺水地区。从现状到远景的缺水率变化趋势分析，缺水率增加的地区，缺水矛盾趋于严重，而缺水率减少地区，缺水矛盾有所缓和，在一定程度上可认为不缺水。如果现状需水指标水平定的过高，或未考虑新建水源工程已开始兴建即将生效，虽然现状缺水率高，也不列为缺水区。

2. 根据人均供需水量对比

首先根据自然及社会经济条件，拟定出各地区人均需求量范围。如全国山地、高原及北方丘陵，一般在200～400m$^3$/人；北方平原、盆地及南方丘陵区一般在300～600m$^3$/人；南方平原及东北三江平原在500～800m$^3$/人；而西北干旱地区，没有水就没有绿洲，人均需水量最大，达2000m$^3$/人以上。如果实际人均供水量小于人均需水量的下限时，则认为该地区缺水。

3. 根据水资源利用率

一般说来，当水资源利用率已超过50%，用水比较紧张，水资源继续开发利用比较困难的地区，绝大部分应属于缺水类型。某些开发条件较差的地区，其水资源利用率已大于25%的，还可能存在缺水现象。

# 第3章　水资源供需平衡分析与配置

水资源的合理开发利用需要科学的水资源规划。水资源规划的前提和基础是对水资源数量、质量和开发利用及影响的准确评价，而规划的核心内容是水资源的供需平衡分析与配置方案制定。

## 3.1　水资源规划概述

水资源规划的历史可以追溯到公元前3500年，从那时起在古埃及就有了以防洪为目标的水资源规划活动。现代意义上的水资源规划活动则始于20世纪30年代，当时美国由于人口增长和经济发展，对水资源需求增长较快，组织开展了水资源需求预测、地表水与地下水源联合调度、水处理及工程实施的经济效益评价等活动。随着水资源涉及的面越来越广，问题的复杂性也越来越大，从20世纪60—70年代起，水资源规划进入了系统分析时代，以水资源系统分析为基础的现代水资源规划理论与方法开始形成，并不断融入经济学的理论和方法。随着可持续发展观念的深入人心，环境保护与生态平衡也逐步纳入水资源规划的工作范围。

### 3.1.1　水资源规划的目标和原则

从人类有目的、有计划地防洪抗旱以及流域治理等水资源开发利用活动开始，广泛意义下的水资源规划就不断进行着。现代意义下的水资源规划是水利规划的重要组成部分，主要是在流域或区域水利综合规划中进行水资源多种服务功能的协调，根据国民经济和社会发展总体部署，按照自然和经济规律，确定水资源可持续利用的目标和方向、任务和重点、模式和步骤、对策和措施，统筹水资源的开发、利用、治理、配置、节约和保护，规范水事行为，促进水资源的可持续利用和生态环境的保护。

我国2002年水资源综合规划技术大纲提出，水资源综合规划的目标是："为我国水资源可持续利用和管理提供规划基础，要在进一步查清我国水资源及其开发利用现状、分析和评价水资源承载能力的基础上，根据经济社会可持续发展和生态环境保护对水资源的要求，提出水资源合理开发、优化配置、高效利用、有效保护和综合治理的总体布局及实施方案，促进我国人口、资源、环境和经济的协调发展，以水资源可持续利用支持经济社会可持续发展。"

水资源规划的目标包括整治和兴利两类。整治的目标包括对河道、湖泊、水库、渠道、滩涂、湿地等天然和人工水体的淤积、萎缩和退化等问题的治理，进行生态保护和重建，制定污水排放控制标准和生态保护标准；兴利的目标包括通过修建各种水利工程，调节水资源的时空分布，推进水资源充分利用，满足日益增长的社会经济用水需求。上述目标在具体实施中，往往可以归结为获得经济效益，调整地区收入，促进充分就业，推动和支持经济增长，保护自然环境和恢复生态等。

由于水资源服务功能的多目标性，水资源规划的目标也往往具有多目标性，并且随着水资源规划必须考虑的范围越来越大，涉及的系统越来越复杂，水资源规划的多目标性就越来越突出。因此，如何综合利用水资源，协调各种目标之间的矛盾，满足不同利益部门，包括自然生态环境对水的需求，是现代水资源规划最基本的内容。

水资源规划应遵循以下原则：

(1) 全面规划。制定规划应根据经济社会发展需要和水资源开发利用现状，对水资源的开发、利用、治理、配置、节约、保护、管理等作出总体安排。要坚持开源节流治污并重，除害兴利结合，妥善处理上下游、左右岸、干支流、城市与农村、流域与区域、开发与保护、建设与管理、近期与远期等关系。

(2) 协调发展。水资源开发利用要与经济社会发展的目标、规模、水平和速度相适应。经济社会发展要与水资源承载能力相适应，城市发展、生产力布局、产业结构调整以及生态环境建设要充分考虑水资源条件。

(3) 可持续利用。统筹协调生活、生产和生态环境用水，合理配置地表水与地下水、当地水与外流域调水、水利工程供水与多种其他水源供水。强化水资源的节约与保护，在保护中开发，在开发中保护。

(4) 因地制宜。根据各地水资源状况和经济社会发展条件，确定适合本地实际的水资源开发利用与保护模式及对策，提出各类用水的优先次序，明确水资源开发、利用、治理、配置、节约和保护的重点。

(5) 依法治水。规划要适应我国社会主义市场经济体制的要求，发挥政府宏观调控和市场机制的作用，认真研究水资源管理的体制、机制、法制问题。制定有关水资源管理的法规、政策与制度，规范和调节水事活动。

(6) 科学治水。应用先进的科学技术，提高规划的科技含量和创新能力。要运用现代化的技术手段、技术方法和规划思想，科学配置水资源，缓解面临的主要水资源问题，应用先进的信息技术和手段，科学管理水资源。

(7) 与其他规划相协调。水资源规划往往包括综合规划和各项专业规划，为保障规划工作有序进行，要协调好这两种规划的关系，突出综合规划的全面性、系统性和综合性，专业规划应当服从综合规划并与综合规划成果相衔接，并要协调好全国规划与流域规划、流域规划与区域规划之间的关系，还要做好与其他部门规划的有机衔接，要以水法和整个社会经济发展规划等国家计划和相关规划为基本依据，与国民经济和社会发展总体部署、生产力布局以及国土整治、生态环境建设、防洪减灾、城市总体规划等相关规划有机衔接。

### 3.1.2 水资源规划的步骤

水资源规划既是一个系统分析过程，也是一个宏观决策过程。按照翁文斌等在《现代水资源规划》中的论述，这些内容在逻辑上可分为7个阶段。

#### 3.1.2.1 问题剖析阶段

这个阶段包括对流域的野外勘察、水文、地质等基本资料的收集，以及针对提出的问题，确定目标和计算方法的初步设想，其具体内容有：

1. 社会调查

规划工作一开始，就必须征询各级政府和各公众团体的意见，以了解和确定规划工作必须涉及的问题和范围，了解社会要求，探索解决问题的途径，并向政府有关单位、专业机构和民间团体调查和搜集有关的规划资料。然后把调查和搜集的原始资料进行整编加工，形成技术概念与参数，用来指导规划方案的拟定。资料整编的目的有两个：①便于按社会、经济和环境等问题进行分类，为制定、评价规划方案做准备；②便于揭示各技术参数之间的依存关系，以便分项列出规划要求。

2. 界定规划地区范围

规划工作的研究范围应根据规划问题与规划目标所必须涉及的地理范围来确定。有时，提出研究的规划问题本身或其影响已超出原来规定的研究范围，这时就有必要将研究范围扩大；有时，研究范围也可能比原来规定的小，这时可适当缩小研究范围，但缩小研究范围不应影响主要规划问题，并且必须保证不得由于研究范围的缩小而略去任何可能的解决方案。规划工作所要研究的地区范围以及确定的规划问题与规划目标，应按地理位置划分，标示在示意图上。

3. 明确资源利用方向

规划人员对社会提出的各项要求，必须逐一进行分析研究，以弄清这些要求能否通过水土资源的合理利用予以满足。规划人员还必须研究没有提出的各种“传统”要求。因此，对资源利用问题，规划人员除应通过资料分析研究外，还必须与各级政府部门和各社会团体反复进行磋商，使规划问题更明确、更集中。这一步工作是确定规划问题和规划目标的关键，也是各级政府部门、各社会团体与专业规划人员的意见能否取得一致的关键。

4. 分析资源潜力

在研究范围及资源利用方向确定之后，就可着手提出一份能满足近期与远期需要的资源供应能力或资源潜力清单。该项工作就是要有选择地编制规划地区水土资源质量和特性明细表，并弄清这些资源是否能在今后加以利用。资源明细表应包括环境、经济和社会等方面的基础背景或现状的数据和资料，例如水文气象资料，土质和土地利用的分类资料(分区图)，经济、文化和习俗资料，现有和规划设想的用水要求资料等。在分析资源潜力时，对规划管辖范围内的投资与预算能力应加以考虑。

5. 远景趋势预估

在制定远景规划时，为了能很好地反映社会、环境和经济条件的变化，在整个规划分析期内，对水资源问题所产生的影响，应选定若干年份进行预估分析。分析中，应考虑几种远景规划条件，以检查各水资源规划方案与不同的远景水资源需要是否相适应；要预测规划分析期内可能出现的环境问题和环境要求；必须事先考虑规划地区特有的环境问题。当根据原有的或专为规划研究而编制的基本资料预测远景时，应当考虑所有重要因素之间的相互关系。

6. 选定规划目标

规划目标一般是指资源利用要求，而不是指满足这些要求的具体生产水平。它是国家和地方为了促进国家和地方的经济发展或提高环境质量，而就某一规划地区提出的特定问题及其解决途径。水资源规划的目标内容一般可概括为 3 类：

(1) 经济发展目标，它是寻求通过投资来增加国家和地方的财政收入，以获取最大净效益。只要在对环境质量无重大不利影响时，经济发展目标通常可用使效益超过费用的总额为最大，以获得最大的纯经济利润来确定。

(2) 环境质量目标，它是通过管理、保护、保存、创造、恢复或改善某一自然、文化、资源与生态系统质量的各种措施，来提高国家总的环境质量。衡量环境质量目前还没有统一的指标和方法，主要依靠规划人员与其他有关人员的分析和判断能力确定。

(3) 社会目标，它指与上述目标无直接关系的一些要求，比如法律、政策、社会和文化条件等，当这些问题可能对规划起重要作用时，也应列入规划目标，以满足社会稳定的要求。

**3.1.2.2** 规划或管理模型制定阶段

这一阶段主要任务是对水资源的各种功能及供需要求进行初步排队，确定约束条件，确定目标和建立规划或管理模型的阶段。

**3.1.2.3** 方案筛选与优化阶段

该阶段的任务是在模型建立后，根据输入对各种可行方案进行演算，并提出优化规划和管理策略，可以划分出下述3个具体步骤如下。

1. 确定可能的规划措施

拟定规划比较方案，一般应从编制规划措施入手。这些规划措施应满足前面所确定的各项规划要求。为了使规划措施不受传统习惯的影响，在规划方案拟定的过程中，要集思广益，减少对某些规划方案的偏见。

2. 规划措施的分类组合

在选取了可满足各项规划任务要求的措施后，应将这些措施加以组合，形成各种不同的规划方案。值得注意的是无规划状况也应按一种规划方案对待，即将现有的水资源利用状况和计划沿用到“最可能的远景时期”，作为方案实施效果比选的基础。

3. 编制规划方案

在编制规划方案时，一般应提出3种类型的方案：①满足经济发展目标的规划方案；②满足环境质量目标的规划方案；③既考虑国家经济发展目标，又考虑环境质量目标的混合方案。编制规划方案的数量视具体的规划任务而定。但在编制规划方案时，必须充分考虑或利用其他机构所编制的规划，以减少规划的工作量。

**3.1.2.4** 影响评价阶段

影响评价是对规划方案实施以后预期可能产生的各种经济、社会、环境影响进行鉴别、描述和衡量，为以后规划方案的综合评价打下基础。它是相对于“无规划状况”而言。影响评价的内容如下：

1. 鉴别影响源

为了进行影响评价，必须注意弄清各有关影响源，特别是关于各规划方案及其各项规划措施在投入产出方面的影响源。各个比较方案的规划措施及其投入产出情况，都要与“无规划状况”进行比较，以确定实施以后会发生什么变化。

2. 估量影响大小

这项工作就是对已鉴别出的各种变化进行定量或定性的描述。一般先要进行的估量是

"无规划状况"与"有规划状况"之间预期会出现的变化，然后估量不同"有规划状况"方案间预期产生的变化。这种方案间差别就是规划方案的影响，它将为规划评价工作打下基础。

3. 说明影响范围

产生各种重要影响的地点、时间和历时都应逐一加以确定。区域性影响，应从研究地区到全国范围都加以说明。影响发生的时间应结合规划实施的情况进行说明。

#### 3.1.2.5　规划方案评价阶段

规划方案评价是确认规划和实施规划前的最后一步。这一阶段首先要确定各比较方案实施后相对"无规划状况"而言有利与不利的影响，在从相对有利的规划方案中根据制定的目标找出最佳方案。规划方案评价主要包括下述 4 项内容。

1. 目标满足程度评价

根据规划开始时制定的规划目标，对每一非劣方案进行目标改善性判断。由于水资源规划的多目标性，期望某一方案在实现所有目标方面都达到最优是不现实的。因此，首先要对各方案产生的各种单项效益标准化，并对有利的和不利的程度做出估量，然后加以综合判断。各规划方案的净效益由该方案对所有规划目标的满足情况综合确定。综合评价时，应区分"潜在效益"（可能达到的效益）与"实际效益"，这些效益在规划方案的反复筛选和逼近的过程中，可能使某些"潜在效益"变成"实际效益"或变成无效益。

2. 效益指标评价

对各规划方案的所有重要影响都应进行评价，以便确定各方案在促进国家经济发展，改善环境质量，加速地区发展与提高社会福利方面所起到的作用。比较分析应包括对各规划方案的货币指标、其他定量指标和定性资料的分析对比。分析对比应逐个方案进行，并将分析结果加以汇总，以便清楚地反映出入选方案与其他方案之间的利弊。

3. 合理性检验

规划作为宏观决策的一种，必须接受决策合理性检验。虽然实践才是检验真理的唯一标准，但对宏观决策而言，必须有一定标准可对决策方案的正确性进行预评估，这个标准一般包括方案的可接受性、可靠性、完备性、有效性、经济性、适应性、可调性、可逆程度和应变能力等。

4. 确定规划方案

通过分析比较，一些通过上述评价检验的方案即可作为规划的预备方案，予以进一步研究。在规划方案的经济效益与环境质量矛盾的评价与取舍中，可以采用最大最小原则，即将那些纯效益最大的方案列为经济发展规划的待选方案，将能够改善生态环境或对环境危害最小的方案列为环境质量规划的待选方案，将这些待选方案提供给决策者们反复对比，经协商后选定。如果没有一个方案能够满足提高环境质量目标时，选用一个对环境质量危害最小的方案是相对明智的。

#### 3.1.2.6　工程实施阶段

本阶段的任务是根据方案决策及工程的优化开发程序，进行水资源工程的建设阶段或管理工程的实施阶段。

#### 3.1.2.7 运行、反馈与调整阶段

工程建成后，按照系统分析所提供的优化调度运行方案，进行实时调度运行。这一阶段也就是产生各种功能（效益）的阶段。

### 3.1.3 水资源规划的内容

水资源规划是一个系统工程，涉及水资源的自然属性、经济社会发展对水资源的需求和影响，需统筹水资源的开发、利用、治理、配置、节约和保护，规范水事行为，促进水资源可持续利用和生态环境保护。具体而言，水资源规划的任务和内容包括水资源调查评价、水资源开发利用情况调查评价、需水预测、节约用水、水资源保护、供水预测、水资源配置、总体布局与实施方案、规划实施效果评价等项内容，如图 3.1 所示。

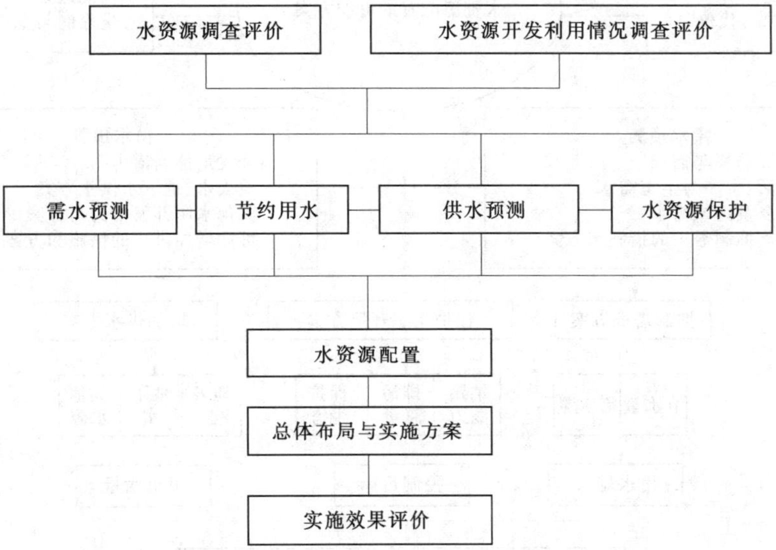


图 3.1 水资源规划总体内容示意图

水资源规划的各个环节及各部分工作是一个有机组合的整体，相互之间动态反馈，需综合协调，其相互关系如图 3.2 所示。

1. 水资源及其开发利用情况调查评价

通过水资源及其开发利用情况的调查评价，可为其他部分工作提供水资源数量、质量和可利用量的基础成果；提供对现状用水方式、水平、程度、效率等方面的评价成果；提供现状水资源问题的定性与定量识别和评价结果；为需水预测、节约用水、水资源保护、供水预测、水资源配置等部分的工作提供分析成果。

2. 节约用水和水资源保护

要在上述两部分工作的基础上，提出节约用水和水资源保护的有关技术经济和环境影响因素分析结果，为需水预测、供水预测和水资源配置提供可行的比选方案。同时，在吸纳水资源配置部分工作成果反馈的基础上，提出推荐的节水及水资源保护方案。

3. 需水预测和供水预测

供需水预测工作要以上述四部分工作为基础，为水资源配置提供需水、供水、排水、污染物排放等方面的预测成果，以及合理抑制需求、有效增加供水、积极保护生态环境措

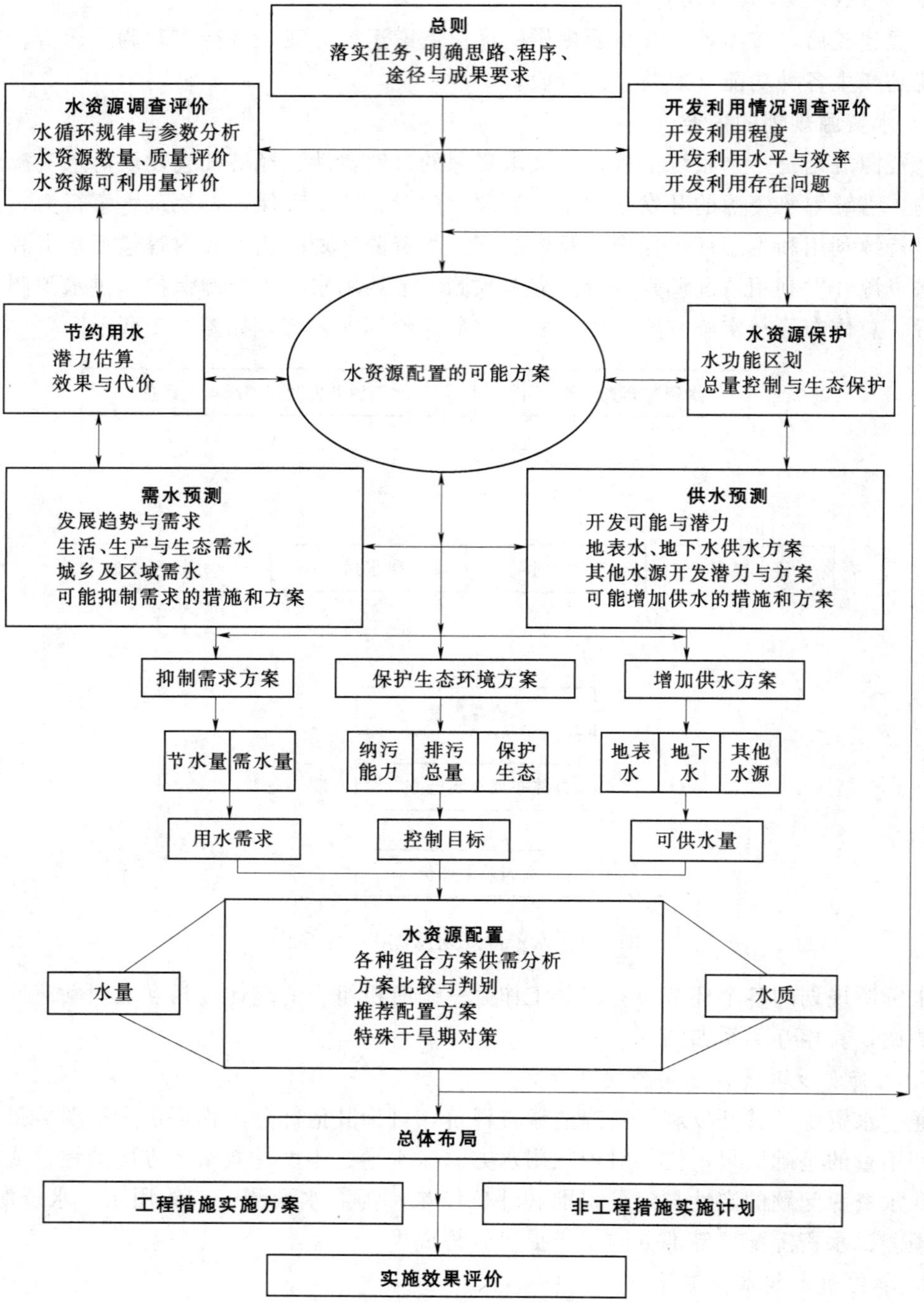


图 3.2　水资源规划各部分内容间相互关系示意图

施的可能组合方案及其相应的技术经济指标，为水资源配置提供优化选择的条件；预测工作与以上各部分工作相协调，结合水资源配置工作经过往复与迭代，形成动态的规划过程，以寻求经济、社会、环境效益相协调的水资源合理配置方案。

4. 水资源配置

应在进行供需分析多方案比较的基础上，通过经济、技术和生态环境分析论证与比选，确定合理配置方案。水资源配置以统筹考虑流域水量和水质的供需分析为基础，将流域水循环和水资源利用的供、用、耗、排水过程紧密联系，按照公平、高效和可持续利用的原则进行。水资源配置在接收上述各部分工作成果输入的同时，也为上述各部分工作提供中间和最终成果的反馈，以便相互迭代，取得优化的水资源配置格局；同时为总体布局、水资源工程和非工程措施的选择及其实施确定方向和提出要求。水资源配置思路如图3.3所示。

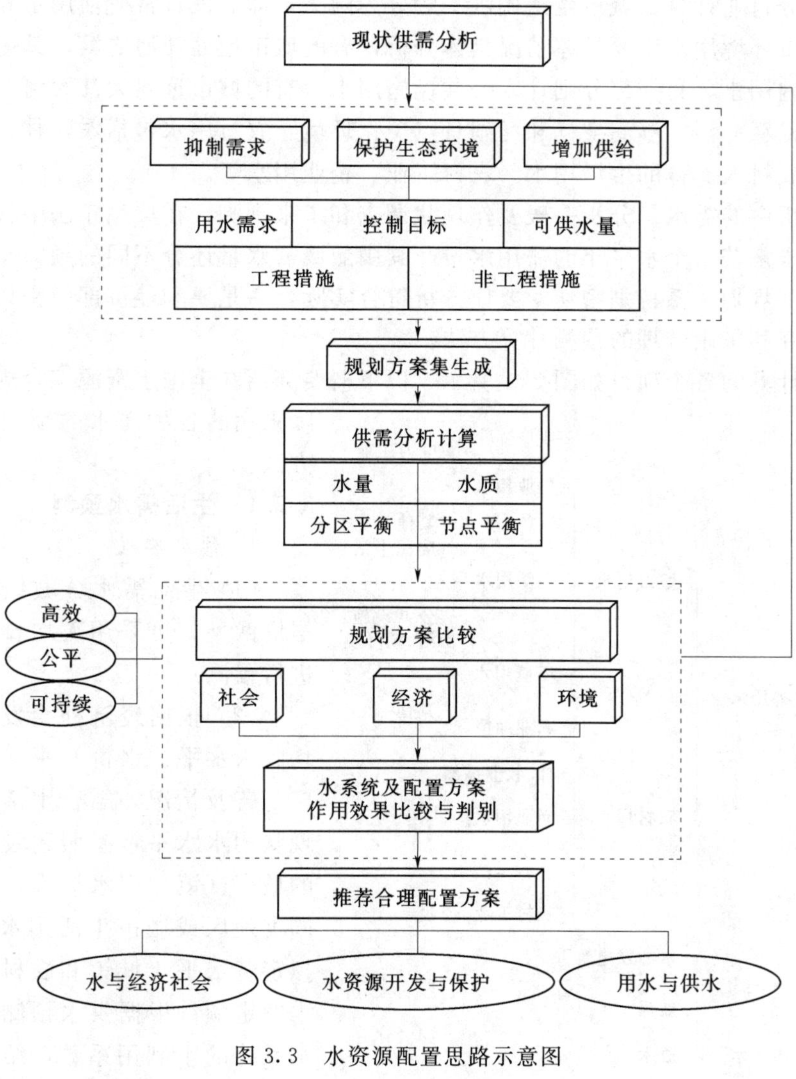


图3.3 水资源配置思路示意图

5. 总体布局与实施方案

要根据水资源条件和合理配置结果，提出对调整经济布局和产业结构的建议，提出水资源调配体系的总体格局，制定合理抑制需求、有效增加供水、积极保护生态环境的综合措施及其实施方案，并对实施效果进行检验。

## 3.2 需 水 预 测

需水量可分为河道内用水和河道外用水两大类。河道内用水包括水力发电、航运、放木、冲淤、环境、旅游等，河道内用水一般并不耗水，但要求有一定的流量、水量和水位，其需水应按一水多用原则进行组合计算。河道外用水包括城市用水和农村用水。城市用水又分工业用水、生活用水和环境用水。由于不同的工业部门用水量相差很大，所以工业用水还要分行业计算；城市生活用水一般分为两类，即居民日常生活用水和公共设施用水；至于城市环境用水则要具体情况具体分析，有的城市地处江河之滨，其一部分环境用水计入河道内用水，另一部分则计入公共设施用水，有的城市远离大江大河，需要有一定的水量用于稀释冲污、湿润空气和河湖景点美化环境。农村用水包括农、林、牧、副、渔业的用水，农村人、畜的生活用水，农村工业、企业用水等。

供需分析中的需水量分析一般要作现状调查和未来预测，在典型年法中就是要计算分析现状年和未来若干个水平年的需用水量，其中灌溉需水量还分不同的频率年。需水量分析和经济发展规划关系特别密切，要使分析符合实际，一是要和经济部门密切配合，二是多作调查研究和采用合理的预测计算方法。

需水量计算的各个项目如图 3.4 所示，以下概要介绍在全国水资源综合规划工作中实际采用的各种需水的预测要求和计算方法。

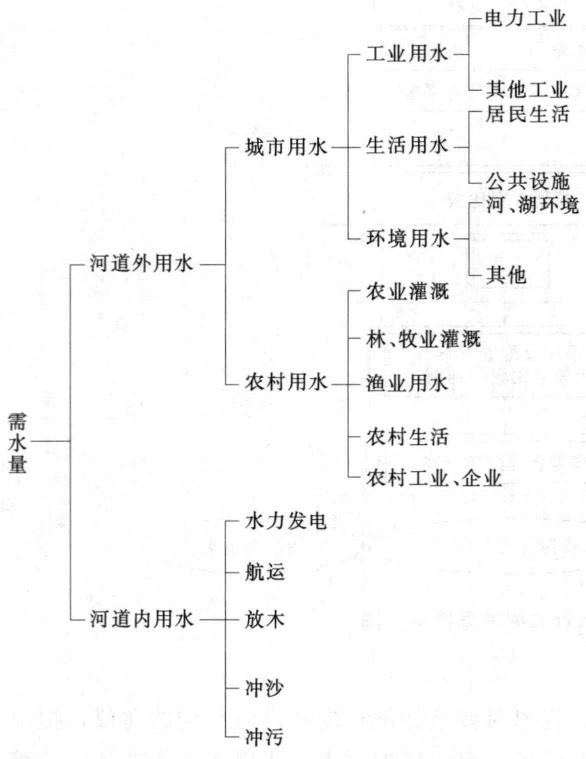


图 3.4　需水量计算项目汇总

### 3.2.1　生活需水预测

1. 预测要求

(1) 生活需水分城镇居民和农村居民两类，可采用人均日用水量方法进行预测。

(2) 根据经济社会发展水平、人均收入水平、水价水平、节水器具推广与普及情况，结合生活用水习惯和现状用水水平，参照建设部门已制定的城市（镇）用水标准，参考国内外同类地区或城市生活用水定额，分别拟定各水平年城镇和农村居民生活用水净定额；根据供水预测成果以及供水系统的水利用系数，结合人口预测成果，进行生活净需水量和毛需水量的预测。并分基本方案和强化节水方案制定用水定额。

(3) 城镇和农村生活需水量年内

相对比较均匀，按年内月平均需水量确定其年内需水过程。对于年内用水量变幅较大的地区可通过典型调查和用水量分析，确定生活需水月分配系数，进而确定生活需水的年内需水过程。

2. 计算方法

$$NW1_i=365E_1P_i, RW1_i=NW1_i/\eta_1 \quad (3.1)$$

式中：$NW1_i$ 为规划水平年的城镇或农村生活净需水量；$RW1_i$ 为规划水平年的城镇或农村生活毛需水量；$P_i$ 为城镇或农村用水人口；$E_1$ 为城镇或农村生活用水净定额，以人均日用水量计；$\eta_1$ 为生活供水利用系数，由供水规划与节水规划方案确定。

### 3.2.2 农业需水预测

农业需水包括农田灌溉和林牧渔业需水。

#### 3.2.2.1 农田灌溉需水

1. 预测要求

(1) 对于井灌区、渠灌区和井渠结合灌区，根据节约用水的有关成果，分别确定各自的渠系及灌溉水利用系数，并分别计算其净灌溉需水量和毛灌溉需水量。农田净灌溉定额根据作物需水量考虑田间灌溉损失计算，毛灌溉需水量根据计算的农田净灌溉定额和比较选定的灌溉水利用系数进行预测。并分基本方案和强化节水方案制定渠系水利用系数。

(2) 农田灌溉定额，选择具有代表性的农作物的灌溉定额，结合农作物播种面积预测成果或复种指数加以综合确定。有关部门或研究单位大量的灌溉试验所取得的有关成果，作为确定灌溉定额的基本依据。对于资料条件比较好的地区，采用彭曼公式计算农作物蒸腾蒸发量、扣除有效降雨并考虑田间灌溉损失后的方法计算而得。

(3) 有条件的地区可采用降雨长系列计算方法设计灌溉定额，若采用典型年方法，则应分别提出降雨频率为50%、75%和95%的灌溉定额。灌溉定额可分为充分灌溉和非充分灌溉两种类型。对于水资源比较丰富的地区，一般采用充分灌溉定额；而对于水资源比较紧缺的地区，一般可采用非充分灌溉定额。预测农田灌溉定额应充分考虑田间节水措施以及科技进步的影响。

2. 计算方法

$$NW2_i=E_2A1_i, RW2_i=NW2_i/\eta_2 \quad (3.2)$$

式中：$NW2_i$ 为规划水平年的水田或水浇地的灌溉净需水量；$RW2_i$ 为规划水平年的水田或水浇地灌溉的毛需水量；$A1_i$ 为水田或水浇地灌溉面积；$E_2$ 为某一频率的农田灌溉定额，以田间亩均灌溉水量计；$\eta_2$ 为灌溉水利用系数，由节约用水规划成果确定。

#### 3.2.2.2 林牧渔业需水

1. 预测要求

(1) 包括林果地灌溉、草场灌溉、牲畜用水和鱼塘补水等4类。

(2) 林牧渔业需水量中的灌溉（补水）需水量部分，受降雨条件影响较大，有条件的或用水量较大的要分别提出降雨频率为50%、75%和95%情况下的预测成果，其总量不大或不同年份变化不大时可用平均值代替。

(3) 根据当地试验资料或现状典型调查，分别确定林果地和草场灌溉的净灌溉定额；根据灌溉水源及灌溉方式，分别确定灌溉水利用系数；结合林果地与草场发展面积预测指标，进行林地和草场灌溉净需水量和毛需水量预测。鱼塘补水量为维持鱼塘一定水面面积和相应水深所需要补充的水量，采用亩均补水定额方法计算，亩均补水定额可根据鱼塘渗漏量及水面蒸发量与降水量的差值加以确定。牲畜用水定额由节水规划确定。

2. 计算方法

$$\left.\begin{aligned}NW3_i&=E_3A2_i+E_4A3_i+E_5A4_i+365E_6S1_i+365E_7S2_i\\RW3_i&=NW3_i/\eta_3\end{aligned}\right\}\tag{3.3}$$

式中：$NW3_i$ 为规划水平年的林牧渔业净需水量；$RW3_i$ 为规划水平年的林牧渔业毛需水量；$A2_i$、$A3_i$、$A4_i$ 分别为某一频率的林果地、草场、鱼塘灌溉（或补水）面积；$S1_i$、$S2_i$ 分别为大、小牲畜头数；$E_3$、$E_4$、$E_5$ 分别为林果地、草场、鱼塘灌溉（或补水）净定额；$E_6$、$E_7$ 分别为大、小牲畜用水定额；$\eta_3$ 为林牧渔业水利用系数，由供水规划与节水规划方案确定。

#### 3.2.2.3　农业需水量月分配系数

1. 预测要求

农业需水具有季节性特点，为了反映农业需水量的年内分配过程，要求提出各分区农业需水量的月分配系数。

2. 分析方法

现状年可通过典型调查确定，在各个地级市分别选取一个农村自然村调查分析农业需水量月分配系数。各规划水平年可根据种植结构及灌溉制度推算。

### 3.2.3　工业需水预测

1. 预测要求

（1）分高用水工业、一般工业和火（核）电工业 3 类。

（2）高用水工业和一般工业需水采用万元增加值用水量法进行预测，高用水工业需水预测参照国家经贸委编制的工业节水方案的有关成果。火（核）电工业分循环式和直流式两种用水类型，采用发电量单位（亿 kW·h）用水量法进行需水预测，并以单位装机容量（万 kW）用水量法进行复核。

（3）省和本省各地区已制定的工业用水定额标准，可作为工业用水定额预测的基本依据。远期工业用水定额的确定，参考目前经济比较发达、用水水平比较先进国家或地区现有的工业用水定额水平结合本地发展条件确定。

（4）工业用水定额预测方法包括：重复利用率法、趋势法、规划定额法和多因子综合法等，以重复利用率法为基本预测方法。

（5）在进行工业用水定额预测时，要充分考虑各种影响因素对用水定额的影响。这些影响因素主要有：行业生产性质及产品结构；用水水平、节水程度；企业生产规模；生产工艺、生产设备及技术水平；用水管理与水价水平；自然因素与取水（供水）条件。并分基本方案和强化节水方案制定用水定额。

（6）工业用水年内分配相对均匀，仅对年内用水变幅较大的地区，通过典型调查进行用水过程分析，计算工业需水量月分配系数，确定工业用水的年内需水过程。

2. 预测方法

$$\left.\begin{aligned}NW4_i&=E_8V1_i+E_9V2_i+E_{10}C1_i+E_{11}C2_i\\RW4_i&=(E_8V1_i+E_9V2_i)/\eta_4+(E_{10}C1_i+E_{11}C2_i)/\eta_5\end{aligned}\right\}\tag{3.4}$$

式中：$NW4_i$ 为规划水平年的工业净需水量；$RW4_i$ 为规划水平年的工业毛需水量；$V1_i$、$V2_i$ 分别为高用水工业、一般用水工业的总产值；$C1_i$、$C2_i$ 分别火（核）电循环、直流发电的发电量；$E_8$、$E_9$ 分别为高用水工业、一般用水工业的用水定额，即万元增加值用水量；$E_{10}$、$E_{11}$分别为火（核）电循环、直流发电的用水定额，即亿 kW·h 发电量需水量；$\eta_4$、$\eta_5$ 分别为非电力、火（核）电力工业水利用系数，由供水规划和节约用水规划确定。

### 3.2.4 建筑业和第三产业需水预测

1. 预测要求

(1) 建筑业需水预测以单位建筑面积用水量法为主，以建筑业万元增加值用水量法进行复核。

(2) 第三产业需水可采用万元增加值用水量法进行预测，根据这些产业发展规划成果，结合用水现状分析，预测各规划水平年的净需水定额和水利用系数，进行净需水量和毛需水量的预测。并分基本方案和强化节水方案制定用水定额。

(3) 建筑业和第三产业用水量年内分配比较均匀，仅对年内用水量变幅较大的地区，通过典型调查进行用水量分析，计算需水月分配系数，确定用水量的年内需水过程。

2. 预测方法

$$\left.\begin{aligned}NW5_i&=E_{12}A5_i\\NW6_i&=E_{13}V3_i+E_{14}V4_i\\RW5_i&=NW5_i/\eta_6\\RW6_i&=NW6_i/\eta_7\end{aligned}\right\}\tag{3.5}$$

式中：$NW5_i$、$NW6_i$ 分别为规划水平年的建筑业、第三产业净需水量；$RW5_i$、$RW6_i$ 为规划水平年的建筑业、第三产业毛需水量；$A5_i$ 为建筑面积；$V3_i$、$V4_i$ 分别为商业饮食业、服务业的总产值；$E_{12}$ 为建筑业用水定额，即单位建筑面积用水量；$E_{13}$、$E_{14}$ 分别为商业饮食业、服务业的用水定额，即万元增加值用水量；$\eta_6$ 为建筑业及第三产业水利用系数，由供水规划和节约用水规划确定。

### 3.2.5 需水量预测统计

(1) 根据各用水户需水量的预测成果，对城镇和农村需水量可以采用“直接预测”和“间接预测”两种预测方式进行预测。汇总出各计算分区内的城镇需水量和农村需水量预测成果。

(2) 城镇需水量主要包括：城镇居民生活用水量、城镇范围内的菜田、苗圃等农业用水、城镇范围内工业、建筑业以及第三产业生产用水量、城镇范围内的生态环境用水量等。农村需水量主要包括：农村居民生活用水量、农业（种植业和林牧渔业）用水量、农村工业、建筑业和第三产业生产用水量，以及农村地区生态环境用水量等。

(3)“直接预测”方式是把计算分区分为城镇和农村两类计算单元，分别进行计算单元内城镇和农村需水量预测（包括城镇和农村各类发展指标预测、用水指标及需水量的预测）。“间接预测”方式是在计算分区需水量预测成果基础上，按城镇和农村两类口径进行需水量分配；参照现状用水量的城乡分布比例，结合工业化和城镇化发展情况，对城镇和农村均有的工业、建筑业和第三产业的需水量按人均定额或其他方法处理并进行城乡分配。

### 3.2.6　生态环境需水

1. 目标与准则

生态环境用水是指为生态环境修复与建设或维持现状生态环境质量不至于下降所需要的最小需水量。生态环境需水预测以《生态环境建设规划纲要》为指导，根据本区域生态环境所面临的主要问题，拟定生态环境保护与建设目标，确定生态环境需水预测的基本原则，明确生态环境需水的主要内容及其要求。

2. 预测要求

（1）按照修复和美化生态环境的要求，并按河道内和河道外两类生态环境需水口径分别进行预测。根据各分区、各流域水系不同情况，分别计算河道内和河道外生态环境需水量。

（2）河道内生态环境用水一般分为维持河道基本功能和河口生态环境用水。河道外生态环境用水一般分为湖泊湿地生态环境与建设用水、城市景观用水等。需水定额由供水规划和节约用水规划确定。

3. 预测方法

不同的生态环境需水项计算方法不同。河道内生态环境用水由多年平均最小生态基流量、压咸流量、多年平均汛期输沙流量等确定；城镇绿化用水、防护林草用水等以植被需水为主体的生态环境需水量，采用灌溉定额的预测方法；湿地、湖泊、城镇河湖补水等，以规划水面面积的水面蒸发水量为其生态环境需水量；其他生态环境需水，结合各分区、各河流的实际情况采用相应的计算方法。

$$\left.\begin{aligned} NW7_i &= E_{15}A6_i \\ RW7_i &= NW7_i/\eta_7 \end{aligned}\right\} \tag{3.6}$$

式中：$NW7_i$ 为规划水平年生态环境净需水量（绿化需水量或河湖补水量或环境卫生需水量或水土保持需水量或防护林草需水量等）；$RW7_i$ 为规划水平年生态环境毛需水量（绿化或河湖补水或环境卫生）；$A6_i$ 为生态环境规划目标（绿化面积或河湖补水面积或环境卫生面积或水土保持面积或防护林草面积等）；$E_{15}$为生态环境需水定额（绿化需水定额或河湖补水定额或环境卫生需水定额或水土保持需水定额或防护林草需水定额等），即单位面积用水量；$\eta_7$ 为生态环境水利用系数，由供水规划和节约用水规划确定。

### 3.2.7　河道内其他需水预测

河道内其他用水包括航运、水电、渔业、旅游等，这些用水一般来讲不消耗水量，但因其对水位、流量等有一定的要求，因此，为了做好河道内控制节点的水量平衡，亦对此类用水量进行估算。

此类河道内用水根据其各自的要求，按照各自的特点，参照有关计算方法分别估算，并计算控制节点的月外包需水量。

河道内其他需水量与河道内生态环境需水对比，取得最大月外包过程，在水资源合理配置研究中参与节点水量与水质平衡。

### 3.2.8　需水预测汇总与成果合理性分析

根据生活、生产、生态的需水量预测成果，分单元区进行河道外需水量预测成果汇总，并区分城镇、农村需水，建制市城市需水预测成果单列。

1. 河道外需水量的城乡分布

河道外需水量，一般均要参与水资源的供需平衡分析。应按城镇和农村两大供水系统（口径）进行需水量的汇总。

2. 河道内需水量汇总

根据河道内生态环境需水和河道内其他生产需水的对比分析，取得月外包过程线，在水资源配置研究中参与节点水量平衡。

3. 城市需水量汇总

根据建制市城市需水预测成果，进行城市需水量汇总。

为了保证预测成果具有现实合理性，要求对经济社会发展指标、用水定额以及需水量进行合理性分析。合理性分析主要为各类指标发展趋势（增长速度、结构和人均量变化等）和国内外其他地区的指标比较，以及经济社会发展指标与水资源条件之间、需水量与供水能力之间等关系协调性分析等。为此，可通过建立评价指标体系对需水预测结果进行合理性分析。

## 3.3 供 水 预 测

### 3.3.1 概述

供水预测是在对现有供水设施的工程布局、供水能力、运行状况，以及水资源开发程度与存在问题等综合调查分析的基础上，进行水资源开发利用前景和潜力分析。水资源开发利用要统筹安排河道内、河道外用水以及生活、生产、生态环境用水，其潜力是指通过对现有工程的加固配套和更新改造、新建工程的投入运行和非工程措施的实施后，分别以地表和地下水可供水量以及其他水源可能的供水型式，与现状条件相比所能提高的供水能力。

供水预测中的供水能力是指依据系统来水条件、工程状况、需水要求及相应的运用调度方式和规则，评价区域内所有供水工程组成的供水系统所能提供给不同用户的不同保证率的水量。在供水能力基础上可以估算可供水量，要充分考虑技术经济因素、水质状况、对生态环境的影响以及开发不同水源的有利和不利条件，预测不同水资源开发利用模式下可能的供水量，并进行技术经济比较，拟定水资源开发利用方案。同时，要分析各水平年利用当地水资源的可供水量及其耗水量，通过对区域当地水资源耗用量的分析计算，以水资源可利用量为控制上限，检验当地水资源开发潜力及可供水量预测成果的合理性，一个区域当地水资源的耗水量不应超过区域水资源可利用总量。

供水预测要充分吸收和利用有关专业规划以及流域、区域规划（如全国及各地的地下水开发利用规划、污水治理再利用规划、雨水集蓄利用规划、海水利用规划，以及各流域规划与区域水资源综合规划等）的成果，并根据情况变化对成果做适当调整。

### 3.3.2 地表水的可供水量

#### 3.3.2.1 地表水供水系统及可供水量

地表水供水系统是由蓄水工程、引水工程和提水工程等组成的取水、输水及配水系统。地表水供水系统可提供的水量称为可供水量。影响可供水量主要有下列 3 方面因素：

（1）来水条件。不同年份的来水总量及其时空分布对可供水量有明显影响。同时，水质和泥沙含量对用水及可供水量也有影响。

（2）用水条件。计算可供水量时要考虑需水要求，弃水和不能为用户使用的水量不能包含在可供水量中。不同年份的用水特性、节约用水情况在变化，计算的可供水量也是变化的。

（3）工程条件。由工程条件决定了供水系统的供水能力。

上述来水、用水和工程条件都是可变的，故采用系列法时应逐年计算可供水量，采用典型年法对所定的各水平年均需进行可供水量的计算分析。

#### 3.3.2.2 单项工程的可供水量计算

1. 蓄水工程的可供水量

对于具有多年调节及年调节作用的大、中型水库及部分重点小（1）型水库，根据各时段（月）的入库水量、需水量、调节（兴利）库容，按系列调算法或典型年调算法，逐时段计算出系列各年各时段的供水量或不同水平年各时段的供水量。

当水库数目较多，而且资料不足，难以逐一进行径流调节计算时，先通过一些资料齐全、系列较长的水库进行调节计算，分析来水量、调节库容及供水量等的关系，然后将这种关系用于资料不全的水库，估算其可供水量。例如，采用水量利用系数法。水库的调蓄库容与上游多年平均年径流量之比 $\beta$ 称为库容系数。$\beta$ 愈大，水库调蓄作用愈强。一般说 $\beta>0.3$ 时可视为年调节水库。水库的年供水量 $W_{供}$ 和多年平均来水量 $\overline{W}$ 比，称为水量利用系数：

$$\alpha=\frac{W_{供}}{\overline{W}} \tag{3.7}$$

显然，水量利用系数 $\alpha$ 一般随库容系数 $\beta$ 的增加而加大。丰水年，需求量少，水量利用程度相对低，故 $\alpha$ 随年来水量频率 $P$ 的减小而减少。故可根据已有资料的不同调节性能的水库，逐年计算水量利用系数 $\alpha$，点绘以 $P$ 为参数的 $\alpha-\beta$ 关系曲线。利用该曲线，便可根据缺少资料水库的 $\beta$ 值估算不同典型年的水库供水量。

对于小型蓄水工程，如小型水库、塘堰及河道建闸蓄水等，往往每年蓄水多次。对此，可多用复蓄指数法来估算供水量：

$$W_{供}=KV \tag{3.8}$$

复蓄指数 $K$ 应通过典型工程的分类实际调查分析而确定。不同类型的小型蓄水工程，不同的年来水频率，复蓄指数有所区别。小型蓄水工程的供水量估算，也可采用水量利用系数法。水量利用系数 $\alpha$ 也是根据典型工程分类调查得到。

2. 引水工程的可供水量

引水工程的可供水量取决于河道来水情况、河道内需水量、取水渠首的引水能力及需水量。大中型引水工程的可供水量计算可分为 3 个步骤。

（1）确定河道的可引流量。如图 3.5 所示，$Q(t)$ 为河道取水口处的逐日流量过程线。$Q_0$ 为下游河道要求的流量，$Q_{设}$ 为取决于渠道过水能力的取水设计流量。

若 $t_a$—$t_b$ 时段内，因含沙量过大，不宜自河道取水，除 $t_a$—$t_b$ 时段以外，$Q(t)-Q_0$ 即为河道可引流量。

(2) 计算渠道可引流量及水量。若按日计算，除 $t_a \sim t_b$ 时段外，渠道可引流量 $Q_{可引}$ 为

$$Q_{可引}=\begin{cases} Q(t)-Q_0, & Q(t)-Q_0<Q_{设} \\ Q_{设}, & Q(t)-Q_0 \geqslant Q_{设} \end{cases} \tag{3.9}$$

根据每日可引流量，可计算引水工程每日及每月可引水量 $W$。

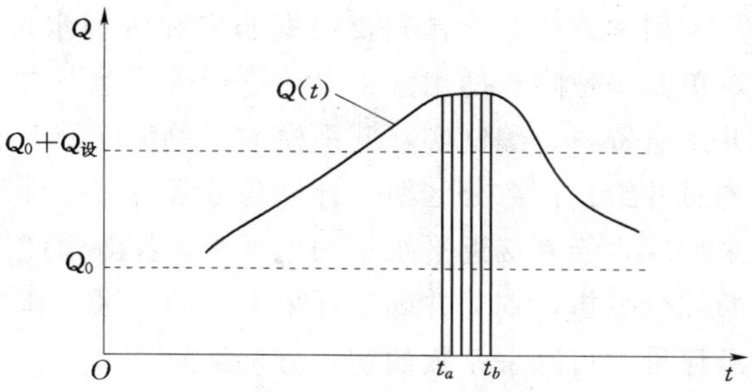

图 3.5 河道可供水示意图

(3) 确定引水工程可供水量。设 $M$ 为所要求的需水量，则引水工程的可供水量 $W_{可供}$ 为

$$W_{可供}=\begin{cases} M, & W \geqslant M \\ W, & W<M \end{cases} \tag{3.10}$$

对于小型引水工程，由于流量资料等的缺乏，不能按上述方法来计算可供水量。此时，可估计需水量 $M$ 满足的程度来粗略地确定供水量，即需水量 $M$ 乘以供水系数 $\eta$：

$$W_{可供}=\eta M \tag{3.11}$$

供水系数 $\eta$ 可通过典型工程调查分析得出。例如，当来水频率 $P=50\%$时，$\eta=1.0$；$P=75\%$时，$\eta=0.8$；$P=95\%$时，$\eta=0.7$。若已知年来水量 $W$，也可用水量利用系数法，即式 (3.7) 估算供水量，水量利用系数当然也需根据典型调查确定。

3. 提水工程可供水量

提水工程的可供水量，同样需要由水源、用水和提水设备能力 3 方面考虑。当自河道提水时，可供水量的分析同引水工程，但应考虑设备的维护、检修时间。若自湖泊、大江河取水，由于水量丰富，其供水量按设备提水能力及开机时间估算即可。

### 3.3.3 地下水可开采量

地下水资源量，即浅层地下水的总补给量中，有一部分不可避免地消耗于自然的水平排泄和潜水蒸发。有些地区的地下水，因矿化度较高，也不能被利用。地下水可开采量是指在经济合理、技术可能和不造成地下水位持续下降、水质恶化及其他不良影响条件下可供开采的地下水量。地下水可开采量是地下水资源利用的一项重要数据，区域地下水可开采量可由以下几种方法分析确定。

1. 实际开采量调查法

对于浅层地下水开发利用程度高，开发利用合理，即地下水位动态处于相对稳定的地区，若有较为准确的地下水开采量调查统计资料，可采用本方法。如平水年的年初、年末浅层地下水水位基本相等，则该年浅层地下水的实际开采量可近似为多年平均浅层地下水的可开采量。

2. 开采系数法

本方法适用于水文地质基础资料好，对浅层地下水有一定开发利用水平，并积累了较长系列开采量调查统计与水位动态观测资料的地区。可开采系数 $P$ 为多年平均开采量与多年平均现状条件总补给量的比值。若已知可开采系数，则可由总补给量推算可开采量，可开采系数一般小于 1。

采用本方法时，首先要根据非饱和带和水位变动带土壤的质地，含水层的厚度及组成，单井单位降深的出水量等，进行浅层地下水的开采条件分区；根据相当于平水年的实际开采量资料，编制实际开采模数（单位面积上的开采量）分区图，编制现状条件下多年平均总补给量模数分区图；计算各分区现状条件下多年平均的实际开采系数，由此确定出开采程度；绘制接近平水年的地下水埋深等值线图及水位年际变幅等值线图。根据以上资料的综合分析，划分并确定开采系数的分区。作为示例，表 3.1 给出了海滦河流域地下水资源评价时可开采系数的初步分析结果。

**表 3.1　　海滦河流域片地下水可开采系数（引自《中国水资源评价》）**

| 分区 | 含水层岩性 | 含水层厚度 /m | 单井单位出水量 / [$m^3$/(h·m)] | 实际开采程度 | 可开采系数 |
|---|---|---|---|---|---|
| 山前冲洪积平原全淡水区 | 卵砾石、粗砂 | 30～70，局部>70 | >30 | 很高，部分地区超采 | 0.94～1.00 |
| | 卵砾石、中砂 | 20～50 | 10～30 | 较高 | 0.90～1.00 |
| | 中、细砂 | 10～50 | 5～10 | 较高 | 0.85～0.90 |
| | 中、细砂 | <10 | 1～5 | 较低 | 0.80～0.85 |
| 冲洪积扇前缘淡水零星分布区 | 粉砂、裂隙黏土 | 10 左右 | <1 | 局部开采 | 0.60 |
| 中部湖积、冲击平原区 | 粉细砂 | >30 | 5～10 | 较高 | 0.75～0.80 |
| 咸淡水间杂分布区 | 粉细砂 | 10～30 | 2.5～5 | 局部较高 | 0.65～0.75 |
| | 粉细砂 | 10～20 | 1～2.5 | 较低 | 0.60～0.65 |
| | 粉细砂 | < 10 | < 1 | 很低 | 0.60 |

3. 多年调节计算法

多年调节计算法是在多年的调节时期内，逐时段进行地下水的均衡计算，从而得出调节期内的地下水位动态变化过程。根据采补平衡，也即调节期始末的地下水位相近的原则，确定地下水的可开采量。

为简单计，对于平原区只考虑降水入渗补给，潜水蒸发消耗和开采量。任一时段 $t_i$—$t_{i+1}$ 的地下水均衡方程为

$$h_{i+1}=h_i+\frac{1}{\mu}[\alpha P_i-CE_{0i}-(1-\beta)W_i] \tag{3.12}$$

式中：$h_i$、$h_{i+1}$分别为 $t_i$ 和 $t_{i+1}$ 时刻的地下水位埋深；$P_i$，$E_{0i}$、$W_i$ 分别为时段内的降水量、水面蒸发量和地下水开采量；$\alpha$、$C$、$\beta$ 分别为有关的水均衡参数。

进行地下水多年调节计算，首先要确定一多年调节期，长度为 20～30 年，具备有较好代表性和明显丰枯周期的气象水文资料；其次，认为该系列在未来重现，并可将枯水期安排在调节期前，丰水期在后；然后，在调节期内以年或月为计算时段，按时段整理水文气象资料，并收集、整理和分析所需的各项水均衡参数。

计算时，给定一起调地下水埋深 $h_0$，可以是现状值，也可以是任一合理的给定值。

对所取的开采量 $W_A$，逐时段按式（3.12）进行水均衡计算，求得时段末的地下水位埋深 $h_{i+1}$，由于水均衡参数 $\alpha$ 和 $C$ 与埋深有关，应根据时段内的平均埋深（$h_{i+1}+h_i$）/2 取值。由于 $h_{i+1}$ 事先未知，故每一时段是一试算过程。由第一个时段，依次计算到调节期最后一个时段，得到地下水位动态过程及调节期末的地下水埋深 $h'$。

如果调节期末的地下水位埋深大于起调值，即 $h'>h_0$，表明所定开采量偏大，地下水位因超采不能恢复。此时需减小年开采量为 $W_B$，重新计算，直至满足 $h'=h_0$，此时的开采量 $W_B$ 即为地下水的可开采量 $W$。

降雨入渗补给量及潜水蒸发量等，均和地下水位埋深有关，因而地下水的可开采量也会有所变化。因此，可以设定几个起调水位方案，分别计算出地下水的年可开采量，由各方案比较，得到地下水的合理埋深。

### 3.3.4 其他水源开发利用

其他水源开发利用主要指参与水资源供需分析的雨水集蓄利用、微咸水利用、污水处理再利用、海水利用和深层承压水利用等。

1. 雨水集蓄利用

雨水集蓄利用主要指收集储存屋顶、场院、道路等场所的降雨或径流的微型蓄水工程，包括水窖、水池、水柜、水塘等。通过调查、分析现有集雨工程的供水量以及对当地河川径流的影响，提出各地区不同水平年集雨工程的可供水量。

2. 微咸水利用

（1）微咸水（矿化度 2～3g/L）一般可补充农业灌溉用水，某些地区矿化度超过 3g/L 的咸水也可与淡水混合利用。在北方一些平原地区，微咸水的分布较广，可利用的数量也较大，微咸水的合理开发利用对缓解某些地区水资源紧缺状况有一定的作用。

（2）通过对微咸水的分布及其可利用地域范围和需求的调查分析，综合评价微咸水的开发利用潜力，提出各地区不同水平年微咸水的可利用量。

3. 污水处理再利用

（1）城市污水经集中处理后，在满足一定水质要求的情况下，可用于农田灌溉及生态环境。对缺水较严重城市，污水处理再利用对象可扩及水质要求不高的工业冷却用水，以及改善生态环境和市政用水，如城市绿化、冲洗马路、河湖补水等。

（2）污水处理再利用于农田灌溉，要通过调查，分析再利用水量的需求、时间要求和使用范围，落实再利用水的数量和用途。在供水预测中，不能将未经处理、未达到水质要求的污水量计入可供水量中。

（3）对污水处理再利用需要新建的供水管路和管网设施实行分质供水的，或者需要建设深度处理或特殊污水处理厂的，以满足特殊用户对水质的目标要求，要计算分析再利用供水管路、厂房及有关配套设施的投资。

（4）估算污水处理后的入河排污水量，分析对改善河道水质的作用。

（5）调查分析污水处理再利用现状及存在的问题，落实用户对再利用的需求，制定各规划水平年再利用的不同方案。

4. 海水利用

海水利用包括海水淡化和海水直接利用两种方式。

（1）对沿海城市海水利用现状情况进行调查。海水淡化和海水直接利用要分别统计，其中海水直接利用量要求折算成淡水替代量。

（2）分析海水利用的潜力，除要摸清海水利用的现状、具备的条件和各种技术经济指标外，还要了解国内外海水利用的进展和动态，并估计未来科技进步的作用和影响，根据需求和具备的条件分析不同地区、不同时期海水利用的前景，提出规划水平年海水利用的不同方案。

5. 深层承压水利用

深层承压水利用应详细分析其分布、补给和循环规律，做出深层承压水的可开发利用潜力的综合评价。在严格控制不超过其可开采数量和范围的基础上，提出各规划水平年深层承压水的可供水量计算成果。

### 3.3.5　供水预测与供水方案

供水预测以现状水资源开发利用状况为基础，以当地水资源开发利用潜力分析为控制条件，通过技术经济综合比较，先制定出多组开发利用方案并进行可供水量预测，提供水资源供需分析与合理配置选用，然后根据计算反馈的缺水程度、缺水类型，以及对合理抑制需求、增加有效供水、保护生态环境的不同要求，调整修改供水方案，再供新一轮水资源供需分析与水资源配置选用，如此，经过多次反复的平衡分析，以水资源配置最终选定的供水方案作为推荐方案。

可供水量包括地表水可供水量、浅层地下水可供水量、其他水源可供水量。其中地表水可供水量中包含蓄水工程供水量、引水工程供水量、提水工程供水量以及外流域调入的水量。在向外流域调出水量的地区（跨流域调水的供水区）不统计调出的水量，相应其地表水可供水量中不包括这部分调出的水量。其他水源可供水量包括深层承压水可供水量、微咸水可供水量、雨水集蓄工程可供水量、污水处理再利用量、海水利用量（包括折算成淡水的海水直接利用量和海水淡化量）。地表水可供水量除分析长系列的供水量外，还需分析不同水平年（如 $P=50\%$、$P=75\%$、$P=95\%$ 3 种保证率）的可供水量，浅层地下水资源可供水量一般只需多年平均值。

供水预测根据各计算分区内供水工程的情况、大型及重要水源工程的分布，确定供水节点并绘制节点网络图。各主要供水节点原则上要求采用水文长系列调算和系统优化调节计算的方法计算可供水量。供水范围跨计算分区的应将其不同水平年、不同保证率的可供水量按一定的比例分解到相应计算分区内。计算分区内小型供水工程（包括地下水开发工程），以及其他水源工程可采用常规方法预测不同保证率可供水量。将计算分区内同一水平年、同一保证率的各项供水量相加，即得出计算分区的可供水量。可供水量中不应包括超采地下水、超过分水指标或水质超标等不合格水的量。

为满足不同水源与用户对水量和水质的要求，除对可供水量进行预测外，还要对供水水质状况进行分析与预测。地表水域应根据水功能区划，以水资源三级区为单元，对各类功能区可能达到的水质指标进行分析，重点分析饮用水源地的水质要求及达标状况。规划水平年要按照水功能区水质目标的要求，安排不同水质要求用户的供水。规划供水工程要对供水用户的水质要求及保障措施进行分析研究，不满足要求者，其供水量不能列入供水方案中。地下水供水水质状况分析亦应进行类似分析，不满足要求者，其供水量不能列入供水方案中。

通过上述各单项供水工程或措施的分析，可以得出各单项规划供水工程及加固配套和更新改造工程的投资（供水分摊部分）和效益（主要指增加的供水量）以及新增单方供水的投资和新增供水的成本等经济技术指标。在此基础上，还需进一步分析不同类型、不同项目工程多种可能组合情况下的总投资与总效益，以及综合的各项经济技术指标。一般情况下可采用各单项工程与措施的投资及效益相加的方法计算总投资、总效益，计算相应的综合的经济技术指标，并进行各计算分区经济技术指标的分析。重要的及情况比较复杂的工程与措施，应对其各项综合经济技术指标进行专门的分析研究。供水范围跨计算分区的工程项目，应根据确定的原则，按一定的比例，将工程的效益和投资分摊到有关的计算分区。

以现状工程的供水能力（即不增加新工程和新供水措施）与各水平年正常增长的需水要求（即不考虑新增节水措施），组成不同水平年的一组方案，称为“零方案”。以现状工程组成的供水系统与规划水平年的来水条件和正常增长的需水要求，进行调节计算，得出各水平年、不同保证率“零方案”的可供水量。这是与其他供水方案进行比较分析的基础，也是进行水资源一次供需平衡分析的供水输入条件。

根据对各地水资源开发利用模式和水资源开发利用潜力的分析，对应各水平年不同需水方案的需水要求，确定不同水平年的供水目标，以及为达到预期的供水目标，所要采取的各种增加供水、保护水质和提高供水保证程度的措施（包括工程措施和非工程措施），分析采取这些措施及多种措施组合情况下的效果与投入以及水资源生产效率、新增单方供水投资、新增供水成本等经济技术指标；分析对水资源可持续利用可能带来的有利和不利影响，并综合考虑工程布局和总体安排等因素，最终拟定不同水平年的供水方案集，供水资源供需分析和水资源配置选用。

将拟定的各规划水平年的多种供水方案与相应水平年供水“零方案”进行比较，对各种方案的作用、效果及投入进行综合分析与评价，并提出各计算分区、不同水平年、不同保证率的可供水量成果以及与“零方案”比较增加的供水量和相应的投资等指标，供水资源供需分析和水资源配置选用。

## 3.4 水资源供需平衡分析

### 3.4.1 概述

水资源供需平衡分析，是指在一定的行政、经济区或流域范围内不同时期的可供水量和需水量的供求关系分析。它以水的供求现状、国民经济和社会发展计划与国土整治规划为依据，以江河流域规划和水资源综合评价为基础，测算今后不同时期的可供水量和用水需水量，制定供需协调、综合平衡的水资源长期供求计划和水资源开源节流的总体规划。

水资源供需平衡分析的目的如下：

(1) 通过可供水量和需水量的分析，弄清水资源总量的供需状况。

(2) 通过不同时期不同部门的供需平衡分析，了解水资源余缺的时空分布。

(3) 进行开源节流的总体规划，明确水资源综合开发利用保护的主要目标和方向。

总的来说，水资源供需平衡分析是制定社会经济发展计划时进行资源匹配的必备资料，也是水行政主管部门进行水源工程和节水工程建设、执行取水许可制度加强水资源管理的重要依据，对于在水资源的开发利用保护方面做到“未雨绸缪”，以保证水的长期稳定供给，促进经济发展和社会稳定，具有重要意义。

**3.4.1.1** 水资源供需平衡分析的原则

水资源供需平衡分析涉及社会、经济、环境生态等方面，需遵循以下原则。

1. 近期和远期相结合

水资源的供需关系，不仅与自然条件密切相关，而且受人类活动的影响，即和经济社会发展阶段有关。同一地区，在经济不发达阶段，水资源往往供大于求；随着经济的不断发展，特别是城市经济的发展，水资源的供需矛盾逐渐突出，有的城市在供水不足时不得不采取应急措施和修建应急工程；经济发展到一定程度后，水资源的需求量渐趋稳定甚至下降，水资源供需关系也达到某种均衡阶段。这些说明，水资源的供需必须有中长期的规划，要做到未雨绸缪，不能临渴掘井。供需平衡分析时一般分为现状、近期、中期和远期几个阶段，既把现阶段的供需情况调查清楚，又要充分分析未来的供需变化，把近期和远期结合起来。

2. 流域和区域相结合

水资源具有按流域分布的规律，而用水部门又有明显的地区分布特点，经济或行政区域和河流流域往往是不一致的。因此，在进行水资源供需平衡分析时，要认真考虑这些因素，划好分区，把小区和大区，区域和流域结合起来。20 世纪 80 年代以来，我国在全国范围内按流域和行政区域都做过水资源评价，在进行具体的水资源供需分析时，要和水资源评价合理衔接。在牵涉到上、下游分水和跨地区跨流域调水时，更要注意大、小区域的结合。

3. 综合利用和保护相结合

水资源是具有多种用途的资源，其开发利用应做到综合利用。在供需分析中，对有条件的地方供水系统应多种水源联合调度，用水系统考虑各部门交叉或重复使用，排水系统注意各用水部门的排水特点和排污、排洪要求。水资源又是一种易污染的流动资源，在发挥最大经济效益而开发利用水资源的同时，应十分重视水资源的保护。例如地下水的开采要做到采补平衡，不应盲目超采；作为人民生活用水的水源地就不宜开发水上旅游点和航运；在布置工业区时，对其排放的有毒有害物质，应作妥善处理，以免污染水源等。

**3.4.1.2** 水资源供需平衡分析的方法

水资源供需平衡分析可按不同的标准进行分类，如按照分析方法的不同可以分为常规方法和系统分析法；按水情、雨情资料选取方法的不同可分为典型年法和系列法；按水文资料性质不同则可分为确定性资料分析法和随机分析法。以下主要介绍两种方法：典型年法和水资源系统动态模拟，其中，前一种属常规方法，后一种属系统分析法，也是系列法的一种。

但不管采用什么方法，要使所做的供需分析具有较好的科学性和实用价值，其所采用的基础数据质量是至关重要的。例如所用系列，有关参数和指标是否合理，都直接影响供需分析的质量。由于种种原因，水资源供需平衡分析很难一次完成便准确无误，往往需要根据情况的变化，过 5 年或 10 年以后，进行重新分析。

### 3.4.2 水资源供需平衡分析的典型年法

水资源的供需平衡分析，从分析范围划分，可分为区域和流域的供需分析。区域往往是一个行政区域，如县、市、省，也可以是某个经济区，如京津唐地区、华北平原地区。流域则是某水系的流域范围。这两种范围也是互相交叉的，如一个较小的行政区，一般只是某流域的一部分，而大的区域则可能分属几个流域，至于大江大河的全流域必然包括多个省市。供需分析的内容和工作深度，随着其目的任务和工作基础不同会有差别，但大多数的供需分析都要做现状分析和今后不同发展阶段（水平年）的供需分析，工作过程中还会有一次平衡，二次平衡以及高指标、低指标方案的平衡分析。对于供需分析的典型年法，其平衡分析的方法比较简单，就是分阶段和时段，对可供水量和需水量进行对比分析，供水量大于需水量为有余水，反之，则缺水。虽然最后汇总结果都要反映出全区域范围水的供需余缺，但要注意每个部门每个时段的余缺情况，否则真实的供需矛盾会被掩盖。另外对余水和缺水的原因也要作细致的分析，是属于水资源丰富的还是短缺的，是开发利用不当还是利用率太低，都要作具体分析。特别是当供需不平衡时，对解决缺水的途径，要进一步分析论证并做出规划方案。

1. 现状供需分析

（1）调查统计现阶段年份各水源的实际供水量和各部门的实际用水量。许多水源工程，如水库工程，引水工程和自来水厂的水源工程，都有供水过程记录，可以收集整理。但有许多分散的水源工程，如农村的机井和各单位的自备井等，往往没有用水记录或记录不全，需作典型调查和分析，对实际用水项，一般城市各用水户多数有数据，但农村各用水户往往实测数据很少，也要作出典型调查和分析。另外，该年的水文、气象和国民经济资料也要进行收集整理。

（2）进行水量平衡校核。利用该年份区域入、出境水文站的径流资料，地下水位观测资料，以及降雨量等资料，进行水量平衡校核，分析验证现状年供需分析各项指标和参数的合理性。

（3）现状供需状况及分析。对现状年的实际供、用水情况和现阶段不同频率来水情况下的供需平衡状况列表进行分析，见表 3.2 和表 3.3。对现状年要标明是哪一年，当年降雨量、相应频率都要说明。

**表 3.2　现状年（××××年）实际供、用水量**

| 年份 | | 年降雨量 | | 频率/% | | |
|---|---|---|---|---|---|---|
| 实际供水量 | | | 实际用水量 | | | 平衡状况 |
| 地面水 | 地下水 | 合计 | 城市 | 农村 | 合计 | |
| | | | | | | |

**表 3.3　现阶段水资源供需状况**

| 可供水量 | | | | | | 需水量 | | | | | | 平衡情况 | |
|---|---|---|---|---|---|---|---|---|---|---|---|---|---|
| P=50% | | | P=75% | | | P=50% | | | P=75% | | | P=50% | P=75% |
| 地面 | 地下 | 合计 | 地面 | 地下 | 合计 | 城市 | 农村 | 合计 | 城市 | 农村 | 合计 | | |
| | | | | | | | | | | | | | |

上列表中的项目仅为示例，使用中可根据实际需要增加或减少项目。例如有地面水库的可列出专项，用水项目也可进一步按工业、农业、生活等项，平衡情况一栏，对实际年份可从地下水位和水库储水变化等分析其平衡状况；现阶段各频率年则从可供水量和需水量对比，得出平衡情况。

最后，对现状供需情况应作出分析。现阶段供需平衡如何，如果是缺水其原因何在，现阶段用水水平如何等作出分析，且应尽量用一些数字指标来说明。例如本区水资源利用率、生活用水人均指标、工业万元产值取水用指标、重复利用率、农业灌溉定额、水利用系数等。

（4）典型年法中供水保证率的概念。在供水规划中，按照供水对象的不同，应规定不同的供水保证率，例如居民生活供水保证率 $P=95\%$以上，工业用水 $P=90\%$或 95%，农业用水 $P=50\%$或 75%等。供水保证率的概念，是指多年供水过程中，供水得到保证的年数占总年数的百分数，常用下式计算：

$$P=\frac{m}{n+1}\times 100\% \tag{3.13}$$

式中：$P$ 为供水保证率；$m$ 为保证正常供水的年数；$n$ 为供水总年数。

这里对保证正常供水的涵义应该明确，通常按用户性质，能满足其需水量的 90%～98%，计作正常供水。对供水总年数，通常指统计分析中的样本容量（总数），如所取降雨系列的总年数或系列法供需分析的总年数。

根据上述供水保证率的概念，我们又可以得出两种计算供水保证率的方法，一种称为“纵向”，一种称为“横向”。所谓纵向，就是上面所说的今后多年供水过程中有保证年数占总供水年数的百分数，今后多年，是一个计算系列，在这个系列中，不管哪一个年份，只要有保证的年数足够，就可以达到所需保证率。所谓横向，就是规定某一个年份，例如 2000 年这个水平年，这一年的来水可以是各种各样，现在把某系列各年的来水都放到 2000 年去进行供需分析，计算其有保证的年数占系列总年数的百分数，即为 2000 年这一年的供水遇到所用系列的来水时，其供水保证率为 $P$。

有了上述概念，再来看水资源供需平衡分析中典型年法的供水保证率应如何理解和计算。从表面来看，典型年法只进行了个别水平年的供需计算，不能广义地说出供水保证率。但所用典型年，其来水是选择了不同的频率，这样其供需分析也有保证率的概念。$P=50\%$的来水就是指年来水总量不小于那一年（$P=50\%$）的年数占统计样本总年数的 50%。既然来水总量等于那一年的能保证，则大于那一年的一般也应该能保证（当然还有来水的时间分配问题），所以，典型年法中，若 $P=50\%$的年份，供需恰能平衡，则其供水保证率为 $P=50\%$；对于 $P=95\%$的年份，供需分析得出不平衡，还缺水，说明其供水保证率不足 95%。但这样太笼统，对生活、工业、农业供水应区别对待，这时仍可对生活、工业供水保证供给（要有供水系统保证），所缺水量为农业等部门的缺水，再分析其缺水程度及影响，作出评价。所以，典型年法中，不要因为 $P=95\%$的年份不平衡，就笼统地说生活、工业供水保证率不够，也不要按 $P=95\%$的年份去规划全区的供水水源，对一个区域来说，按此规划的水源，必须是大多数年份供大于需，造成浪费。

以往的典型年法供需分析中，都规定生活用水保证率 $P=95\%$，工业用水 $P=90\%$，

农业用水 $P=50\%$等，但供需分析时，往往在 $P=50\%$年份就供需不平衡。这时若对各部门缺水多少，以及要达到规定的保证率需要采取什么措施不去进一步分析，或者在分析解决缺水措施时要求 $P=90\%$年份总供需水量平衡，都是不合理的。所以，采用典型年法进行供需分析时，其供水保证率的表达方式，可表示为，对 $P=50\%$来水年份，生活、工业、农业供水是否有保证，若没有保证，则分别表示出其满足程度和缺水数量，在对策措施中也应分别表示；对其他频率的来水年份依次类推进行分析。

2. 不同发展阶段（水平年）的供需分析

（1）在分析今后不同发展阶段的可供水量时要注意其上游用水的变化，如今后 10 年，上游新建水库或河道引水工程，则其来水量减少，必然造成可供水量的减少。另外，计算今后的可供水量要和今后的水源工程规划结合起来。

（2）在需水量分析中，因为都是预测，要和社会经济发展规划配合，做出切合实际的需求预测。

（3）在供需分析不平衡的情况下，要反馈分析实现平衡的措施、方案和计划。

（4）供需平衡分析列表和现状年分析类似。

### 3.4.3 水资源系统的动态模拟分析

#### 3.4.3.1 水资源系统

水资源就其本身属性而言是一个大系统。例如一个流域范围的水资源系统，就由上、中、下游各子系统组成，而各子系统又可分为干、支流分系统，各分系统、子系统之间，以及大系统和子系统，子系统与分系统之间，都有相互联系，所以，整个水资源系统是一个综合的整体。

从水资源开发利用来说，也是一个大系统。一个区域的供水水源有不同的来水、储水系统，如地面水库和地下水库等。有本区产水和区外来水或调水，而且彼此互相联系，互相影响。用水系统由生活、工业、农业、环境等用水部门组成，组成用水系统的输、配水系统又是既相对独立又相互联系的系统，因为一个水源可以是一种单一用户，也可以是多种用户，这样，就有多用户协调供水的问题，在用水系统中还关系到重复利用和污水处理等问题，在水资源开发利用中还有一个排水系统，这也是必不可少的，一般都有点、线、面组成的排水系统。所以，水资源开发利用系统由供水、用水、排水 3 个子系统组成，其内部结构和相互关系，可由如图 3.6 所示框图表示。

#### 3.4.3.2 水资源系统供需平衡的动态模拟分析

1. 动态模拟分析的优点

水资源供需平衡问题有以下特点：

（1）水资源供需平衡问题可以看成由许多子系统组成的大系统，各子系统又可看成低一层次的分系统组成，根据实际情况还可继续划分小系统，这样关系清楚，便于分析。

（2）系统之间存在着相互关联、依赖和制约的关系。

（3）系统有一个或多个服务目的或目标。

（4）系统是可以控制（设计和管理）的。控制的任务是为目标服务，控制的原则是统筹兼顾，全面规划，协调发展。

既然水资源供需平衡问题具有以上特点，就应该用系统的思想和系统分析的方法来进

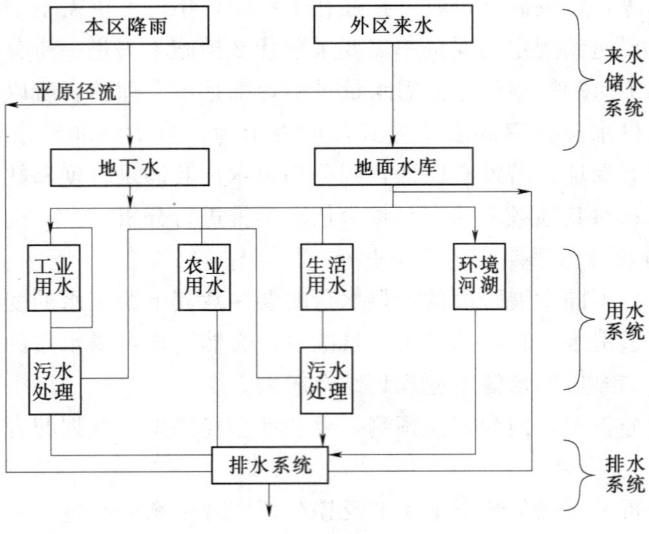


图 3.6 区域水资源系统组成

行这一工作，才能使供需平衡分析更加符合实际以指导实践。和典型年法相比，其优点如下：

(1) 它是长系列逐个时段分析的，比典型年法只分析个别代表年更具有代表性。

(2) 它是动态的，不管来水还是用水的动态都可逐时段得到反映，例如地面水库的用水调度，地下水位随时间的动态。而在典型年法中，由于其典型年隔断了该年前后的时间联系，上述动态就很难反映。

(3) 它是采用系统分析方法中的模拟模型方法，该方法的仿真性好，可以按不同调度方案运行模型，便于了解不同时间不同地区的供需状况和采取对策措施的效果，这是典型年法不可比的。

(4) 它可以计算出明确的各部门的供水保证率，不管是“纵向”的还是“横向”的。

所以，这种方法又叫长系列动态模拟的方法，从名称上就反映了其特点和优点。

*2. 动态模拟分析方法*

系统的数学模型是系统分析的关键。系统分析中根据变量所起的作用不同，可将模型分为最基本的两大类，即模拟模型和优化模型，求解模型的方法也有两大类，即模拟和优化。

动态模拟模型方法的基本思路是：将某一区域的水资源系统，根据其物理原理，规划方案运行策略建立一个整体模拟模型，运行这一模型（计算），分析解释该模型的输出，得出水资源供需平衡结果和规划方案。因为水资源供需平衡分析是分析现状和今后的供需情况，所以动态模拟方法的实质就是用计算机做实验，建立模型和应用模型做模拟试验，以实现了解未来情况得出有用成果的一套方法。

动态模拟模型方法之所以能在水资源供需平衡分析中得到广泛应用，是由于水资源系统本身比较复杂，有许多非线性关系和约束条件在优化模型中无法解决，而在模拟模型中就比较好处理。模拟模型是因果型的，有仿真性能，比较容易说清问题。但模拟并不直接回答规划中的优劣问题，而是给出必要的信息，不像优化模型能直接给出最优解。为了使模拟给出的信息接近最优解提供决策者选用，往往在模拟中规划好运行方案，或整体采用模拟模型，而局部采用优化模型，如区域水资源供需分析中的地面水库就可以采用优化模型进行水库的优化调度，这种两类方法结合使用的情况也是常有的。

**3.4.3.3**　模拟模型的建立、运行和检验

1. 模型的建立

建立模型是模拟的关键。建立模型要把实际问题简化成一个物理模型，再按照一定的物理定律建立数学模型来描述变量间的数学关系。以一个水库的调度为例，其物理模型如图 3.7（a）所示，是一个有进、出口的水池；在系统分析的结点图中可简化为如图 3.7（b）所示的一个水库结点；在计算机框图中就表示成如图 3.7（c）所示的水库调度模块。

水库调度各变量间的数学关系可用下面的水量平衡方程式表示：

$$W_t = W_{t-1} + WQ_t - WI_t - WA_t - WEQ_t \tag{3.14}$$

式中：$W_t$、$W_{t-1}$ 分别为时段末、初的水库蓄水量；$WI_t$、$WA_t$ 分别为时段内水库给工业、农业的供水量；$WEQ_t$ 为时段内水库的蒸发、渗漏损失；$WQ_t$ 为时段内入库水量。

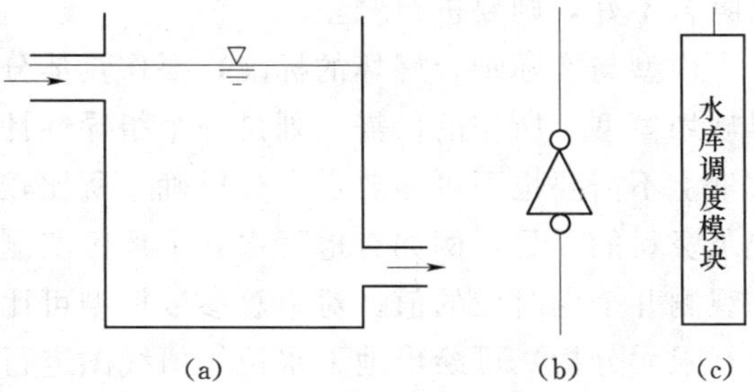


图 3.7　水库调度模型示意图

（a）水库的物理模型；（b）水库结点；（c）水库调度模块

要运行这个水库调度模型，还要库容-水位关系曲线、水库的工程参数和运行规则等，且要把它放到整个水资源系统中去。

通过上面的例子，可以看出模拟模型中大多数都有如下几个组成部分：

（1）输入、输出。模拟模型接受一组输入，按照代表系统特性的规律把输入转化为输出，所以，模拟模型一定有输入和输出这两个部分。输入有 3 种：①水文资料，水文资料可以是历史系列，也可是人工生成的随机系列；②经济资料；③参数，如工程参数等。模拟运算的最后成果为模型的输出，它反映出系统对输入激励的响应。如水资源供需平衡中各时段的供需数量，余缺情况和各需水部门的供水保证率，地下水位变化及各种经济指标等。输出的形式可多种多样，可以是表，也可以是图，还可以输出各种计算结果的统计资料。

（2）物理定律（自然规律）和社会规律。物理定律是系统物理变量间数学实验关系的依据，其表达方式可以是各种方程式、不等式、表格等，如前述水库水量平衡方程式就是一例。在系统中还包括许多非物理定律的关系即社会规律，如设备成本等经济变量，水资源的地区矛盾，以及风俗习惯等，这些社会因素都在系统模型中得到描述。

（3）运行规则。任何一个可控制系统，都必须给定这些控制应遵循的规则，并包括到模型中去，如地面水库、地下水库的调度规律，供水、用水的原则，水资源的开发秩序等。

通过上述例子的归纳，可以了解到建立模型的步骤和内容。对于一个水资源供需分析复杂的大系统，首先要把复杂的大系统分解成许多简单的小系统，分别建立模型，然后又

把它们有机地组织起来并处理好与周边的关系，形成完整的大系统。

2. 模型的运行和检验

模拟是一种试图重现或预演某一系统的运营情况的技术，水资源供需平衡分析的动态模拟就是重现现阶段水资源供需状况和预演今后一段时期水资源供需状况的模拟技术。既然要重现和预演系统的运营情况，就要运行这一模型，就是进行计算。要运行模型，就要使模型接受输入和制定各种运行方案来控制模型的运行。但是，按设计方案正式运行模型之前。必须对模型进行检验，下面分别介绍模型的检验和运行方案的设计。

(1) 模型检验。所建模型是否正确和符合实际，要经过检验。检验的方法一般是输入系统的已有历史资料，运行模型，输出结果，看模型的性能与系统实际记录是否吻合，若能吻合或吻合较好，则说明所建模型正确，使用该模型得出的结果是可靠的。若和实际资料吻合不好，则要进行修正。

模型与实际吻合好坏的标准，要作具体分析。因为水资源供需平衡分析动态模拟模型属规划模型，所作的供需计划是一个指导性计划，再加上水资源供需方面的复杂性，所以数量上不需要也不可能要求十分精确。所比较的项目也要选择既能反映系统特性又有完整记录资料的项目，例如有地下水开采地区实测的地下水位进行比较，比较时不要拘泥于个别观测井个别时段的值。对集总参数模型可比较各分区的平均值；对分布式模型（如地下水有限元分析）可绘出地下水位等值线图进行比较。又如地面径流水文站的实测水量和流量也是可利用的实际资料，可对整个区域的来、用水进行水量平衡校核。

在模型检验中还有一种情况需要说明，就是模型检验和反求参数的区别。在系统模型中要用到许多参数，如水文和水文地质参数，其中有的是实测的或试验求得的，有的则是参考类似地区或从文献中凭经验选取的，有的则是什么资料都没有。这样，要取得齐全而正确的参数，往往采用反求参数的方法取得。有一种反求参数方法叫间接法，就是对模型实行正运算，先假定参数，算出的结果和实测结果比较，与实测资料吻合就说明所用（假设的）参数正确。这种方法和模型检验非常相似，但不能混为一谈。它们之间的区别在于：求参过程中参数可以调整，而模型检验则不能再改动参数。处理的方法一般可用某一年的实测资料进行反求参数，而用其余的几年资料进行检验。

在模型检验中，比较结果和实际不符时，就要修正模型。这时要仔细分析，如果出现模型对输入没有响应，如地下水模型的地下水位在不同开采条件下没有变化，说明模型不能反映系统的特性，应分析模型建立是否正确，边界条件是否处理得当，有时要重新建立模型。如果模型对输入有所响应，就是离实测值偏离太多，这时要检查输入量是否有误，另外对实际值也要分析，因为有的实际值也不是实测的。

(2) 模型运行方案的设计。模拟的方法从某种意义上讲是一种试算法，它不能直接给出所研究问题的最优解，只能提供信息，而决策者需要的是最优决策，希望在模拟中尽量接近最优解，同时，决策者还希望有不同方案的信息，如高、低指标方案，不同开源节流方案等。所以，就要进行运行方案的设计，做到尽量接近最优解，能为决策者提供较多的信息，而计算工作量又比较小。

在运行方案设计中，首先要考虑运行所用水文系列，就历史系列来说，可用一次历史系列，也可用历史资料循环系列等。其次，要考虑开源工程的不同方案和开发次序。例如，是扩大地下水源还是地面水源；是开发本区水资源还是区外水资源；不同阶段水源工程的规模等，都要根据专题研究报告进行运行方案设计。再者就是不同节流方案，不同经济发展速度和用水指标的选择。在方案设计中不是方案越多越好，而是要根据需要和可能，主观和客观等条件，排除一些明显不合理的方案，选择一些合理可行的方案进行计算，得出有用的数据供使用。选定了方案，就要制定实现这些方案的规则和在模型中的控制指令。

#### 3.4.3.4 成果综合

水资源供需平衡分析动态模拟，只是一种分析方法，把计算结果加以分析整理就叫成果综合。

1. 现状供需分析

现状年的供需分析，和典型年法一样，都是用实际供水资料和用水资料进行平衡计算的，可用列表表示。由于模拟输出的信息较多，对现状供需状况可作较详细的分析，例如各分区的情况，年内各时段的情况，以及各部门用水情况等。

2. 不同发展时期的供需分析

由于动态模拟分析计算的结果是采用的系列长度一样的逐年结果，宏观决策者不一定需要逐年的详细资料，搞发展计划的希望越详细越好。所以，要根据模拟计算结果，把水资源供需平衡整理成能满足不同需要的成果。

结合现状分析，按现有的供水设施和本地水资源，进行一次今后不同时期的供需模拟计算，通常叫第一次供需平衡分析。通过这次平衡，可以暴露矛盾，发现问题，便于进一步深入分析。

经过第一次平衡以后，可制定不同方案，进行第二次供需平衡。对不同的方案，一般都要分析如下几方面的内容：

（1）今后若干个阶段（水平年）的可供水量和需水量的平衡情况。

（2）一个系列逐年的水资源供需平衡情况及各种动态。

（3）开源、节流措施的方案规划和数量分析。

（4）各部门的用水保证率及其他评价指标。

## 3.5 水资源配置

### 3.5.1 概述

水资源配置是指在流域或特定的区域范围内，遵循高效、公平和可持续的原则，通过各种工程与非工程措施，考虑市场经济的规律和资源配置准则，通过合理抑制需求、有效增加供水、积极保护生态环境等手段和措施，对多种可利用的水源在区域间和各用水部门间进行的调配。

水资源配置应将流域水资源循环系统与人工用水的供、用、耗、排水过程相适应并互相联系为一个整体，通过对区域之间、用水目标之间、用水部门之间进行水量和水环境容量的合理调配，实现水资源开发利用、流域和区域经济社会发展与生态环境保护的协调，促进水资源的高效利用，提高水资源的承载能力，缓解水资源供需矛盾，遏制生态环境恶化的趋势，支持经济社会的可持续发展。

水资源配置以水资源供需分析为手段，在现状供需分析和对各种合理抑制需求、有效增加供水、积极保护生态环境的可能措施进行组合及分析的基础上，对各种可行的水资源配置方案进行生成、评价和比选，提出推荐方案。水资源配置的主要内容包括基准年供需分析、方案生成、规划水平年供需分析、方案比选和评价、特殊干旱期应急对策制定等。

水资源供需分析在流域和省级行政区范围内以计算分区进行，对城镇和农村须单独划分，并对建制市城市单独进行计算。现状年的城市范围为城市建成区，规划水平年的城市范围为城市规划区。流域与行政区的方案和成果应相互协调，提出统一的供需分析结果和推荐方案，然后再进行汇总、分析和平衡。

水资源供需分析计算一般采用长系列月调节计算方法，以反映流域或区域的水资源供需的特点和规律。主要水利工程、控制节点、计算分区的月流量系列应根据水资源调查评价和供水预测部分的结果进行分析计算。无资料或资料缺乏的区域，可采用不同来水频率的典型年法。

水资源配置在多次供需反馈并协调平衡的基础上，一般进行 2～3 次水资源供需分析。一次供需分析是考虑人口的自然增长、经济的发展、城市化程度和人民生活水平的提高，按供水预测的“零方案”，即在现状水资源开发利用格局和发挥现有供水工程潜力的情况下，进行水资源供需分析。若一次供需分析有缺口，则在此基础上进行二次供需分析，即考虑强化节水、污水处理再利用、挖潜配套以及合理提高水价、调整产业结构、合理抑制需求和保护生态环境等措施进行水资源供需分析。若二次供需分析仍有较大缺口，应进一步加大调整经济布局和产业结构及节水的力度，具有跨流域调水可能的，应考虑实施跨流域调水，并进行三次供需分析。实际操作按流域或区域具体情况确定。水资源供需分析时，除考虑各水资源分区的水量平衡外，还应考虑流域控制节点的水量平衡。

水资源配置工作应充分考虑水资源保护的要求，对水功能区或控制节点的纳污能力与污染物入河控制量进行分析。对入河污染物量和水资源量进行区域与时间的调配。此外，在进行分区与节点的水量平衡时，应考虑水质因素，即供需分析中的供水应满足不同用水户的水质要求。对不满足水质要求的水量不应计算在供水之中。

水资源配置应对各种不同组合方案或某一确定方案的水资源需求、投资、综合管理措施（如水价、结构调整）等因素的变化进行风险和不确定性分析。在对各种工程与非工程等措施所组成的供需分析方案集进行技术、经济、社会、环境等指标比较的基础上，对各项措施的投资规模及其组成进行分析，提出推荐方案。推荐方案应考虑市场经济对资源配置的基础性作用，如提高水价对需水的抑制作用，产业结构调整及其对需水的影响等，按照水资源承载能力和水环境容量的要求，最终应实现水资源供需的基本平衡。

对干旱和半干旱地区及重点城市，在分析其水文情势和水资源配置推荐方案的基础上，应制定遇连续干旱年或特殊干旱年的水资源调配方案和应急预案。

### 3.5.2 基准年供需分析

基准年供需分析的目的是摸清水资源开发利用在现状条件下存在的主要问题，分析水资源供需结构、利用效率和工程布局的合理性，提出水资源供需分析中的供水满足程度、余缺水量、缺水程度、缺水性质、缺水原因及其影响、水环境状况等指标。缺水程度可用缺水率（指缺水量与需水量的比值，用百分比表示，以反映供水不足时缺水的严重程度）表示。通过分析计算分区内挖潜增供、治污、节水和外调水边际成本的关系，明确缺水性质（资源性、工程性和污染性缺水）和缺水原因，确定解决缺水措施的顺序，为水资源配置方案生成提供基础信息。例如，当计算分区内的挖潜增供边际成本、治污边际成本、节水边际成本三者之一或均小于外调水边际成本时，其供需缺口应首先通过节水治污和内部挖潜来解决。

基准年供需分析是在现状年的基础上，扣除现状供水中不合理开发的水量部分（如地下水超采量、未处理污水直接利用量和不符合水质要求的供水量以及超过分水指标的引水量等），并按不同频率的来水和需水进行供需分析。所以，基准年供需分析不等同于简单描述已发生的供需现状，其最主要的特征是现状供水中不合理的部分要扣除以及对应不同频率计算来水和需水。基准年不同频率的需水过程可以根据现状年的社会经济发展状况和工农业生产规模，采用现状相应于不同降雨频率的需水定额加以计算确定。

计算分区的来水系列主要采用近期下垫面条件下的河川径流还原和一致性修正后的系列；无长系列的计算分区，其所选择的丰、平、枯典型年来水过程应具有代表性。按现有水利工程格局和水资源调配方式分析统计计算分区供水能力，包括地表水（含外流域调水）、地下水及其他水源（如污水处理再利用、微咸水、海水等）等不同水源各项工程措施的供水能力。供需分析中的需水量及其分类可采用水资源开发利用情况调查评价和需水预测的成果。

### 3.5.3 方案生成

1. 方案可行域

根据不同水平年的需水预测、节约用水、水资源保护以及供水预测等的结果，以供水预测的“零方案”和需水预测的基本方案相结合作为方案集的下限；以供水预测的高方案和需水预测的强化节水方案相结合作为方案集的上限。方案集上、下限之间为方案集的可行域。

2. 方案设置

在方案集可行域内，针对不同流域或区域存在的供需矛盾等问题，如工程性缺水、资源性缺水和污染性缺水等，结合现实可能的投资状况，以方案集的下限为基础，逐渐加大投入，逐次增加边际成本最小的供水与节水措施，提出具有代表性、方向性的方案，并进行初步筛选，形成水资源供需分析计算方案集。方案的设置应依据流域或区域的社会、经济、生态、环境等方面的具体情况有针对性地选取增大供水、加强节水等各种措施组合。如对于资源性缺水地区可以偏重于采用加大节水以及扩大其他水源利用量的措施，提高用水效率；对于水资源丰沛的工程性缺水地区，可侧重加大供水投入；对于因水质较差而引起的污染性缺水，可侧重加大污水处理再利用的措施和节水措施。可以考虑各种可能获得的不同投资水平，在每种投资水平下根据不同侧重点的措施组合得到不同方案，但对加大各种供水、节水和治污力度时所得方案的投资需求应与可能的投入大致相等。

3. 方案调整

在供需分析和方案比选过程中，应根据实际情况对原设置的方案进行合理的调整，并在此基础上继续进行相应的供需分析计算，通过反馈最终得到较为合理的推荐方案。方案调整时，应依据计算结果将明显存在较多缺陷的方案予以淘汰；对存在某些不合理因素的方案可给予一定的有针对性的修改。对修改后的新方案再进行供需分析计算，若结果仍有明显不合理之处，则再通过反馈调整计算。

### 3.5.4　规划水平年供需分析

水资源供需分析是水资源配置工作的重要内容。它按计算分区为单元进行计算，以流域或区域水量平衡为基本原理，对流域或区域内水资源的供、用、耗、排水等进行长系列调算或典型年分析，得出不同水平年各流域（区域）的相关指标。供需分析计算一般应采用 2～3 次供需分析的方法。

分析流域或区域内计算分区或控制节点的水资源供、用、耗、排水之间的相互联系，并概化出水资源系统网络图（图 2.1），系统网络图要反映出各计算分区间的水力联系，是水资源供需分析的第一步工作。水资源系统网络图要反映影响供需分析中各个主要因素的内在联系，它是构建供需分析计算的基础。对于一个较大的系统（如一级流域、省级区），要考虑系统内区域之间的差异。供需分析中，各项需水量、地表水资源量、地下水资源量，供、用、耗、排水量和污水处理再利用、微咸水、海水利用等要按计算分区统计列出，并提供流域（区域）主要控制节点的相应成果；跨流域调水要明确供水范围及可供水量。

根据系统网络图按照流域或区域水资源供需调配原则，采用水资源系统分析原理，选择合适的供需计算方法，进行不同方案的水资源供需分析。一般可以分为常规计算和模型计算方法。模型可分为模拟模型和数学规划模型，模拟模型具有直观易懂、仿真性强等优点，尤其适合构建输入—输出式的系统响应结构；数学规划模型一般为优化模型。采用模型计算的，应利用已有资料对模型进行率定。

原则上供需分析应采用长系列调节计算，并给出各分区、控制节点、蓄水工程的供需分析计算月系列成果，以及按不同来水保证率和供水保证率各分区的供需分析成果。以此为基础，提出供水组成、水资源利用程度、污水处理再利用、水资源地区分配、缺水量、弃水量等成果，以及发电、航运、冲沙、生态环境、入海等河道内用水量结果。长系列计算可得到长系列成果，还可以得到不同来水保证率下的典型年供需分析成果。

如采用典型年法按来水保证率进行供需分析，也可给出各分区和总控制出口按不同来水保证率的供需分析计算成果。按典型年法进行水资源供需分析计算时，应设置蓄水工程年初、年末的蓄水量参数；参数设置的合理与否关系到供需分析计算结果的合理性。对年调节水库的始、末库容建议设置为兴利库容的 1/2；对多年（设调节周期为 $n$ 年）调节水库，不能将多年调节库容完全用于某一个典型年，不同典型年可使用相应分配份额的多年调节库容量。各流域或区域应根据具体情况恰当处理。

在进行供需分析时，要注意水量水质的统一配置。根据各河段地表水水功能区的目标，生活取水只能是Ⅲ类及其以上水质的水；工业取水只能是Ⅳ类及其以上水质的水；农业灌溉取水只能是Ⅴ类及其以上水质的水；生态用水根据特定用途，取水最低等级为Ⅴ类。此外，对劣Ⅴ类水要作出专门的统计分析和说明。地下水供水也应按相应的水质目标要求。

水资源供需分析是方案比选和评价的基础，方案的逐步生成须结合供需分析进行。供需分析成果中的各项指标应能够反映各规划水平年不同方案的水资源供需状况、水资源开发利用程度及结构、与水相关的生态环境状况、供水有效性及风险、各类人均、亩均指标以及相应的投资规模等。

### 3.5.5 方案比选与推荐方案评价

方案比选应根据方案经济比较结果及社会、环境等因素综合确定。对比选的配置方案及其主要措施要进行技术经济分析。对供需分析计算所得到的方案进行分析比较，选出优化的方案作为推荐方案。

在完成多方案水资源供需分析的基础上，提出各方案的相应投入及预期效果，分析存在的主要问题，对拟定的方案集进行方案比选，提出推荐方案。对选择的推荐方案再进行必要的修改完善和详细模拟，确定多种水源在区域间和用水部门之间的调配，提出分区的水资源开发、利用、治理、节约和保护的重点、方向及其合理的组合等。

评价方案要从水资源所具有的自然、社会、经济和生态等属性出发，分析对区域经济发展的各方面影响，采用完善的指标体系对其进行评价。评价体系应当建立在区域发展、经济发展、工程建设与调度管理 3 个层次有机结合的基础上，全面衡量推荐方案实施后对区域经济社会系统、生态环境系统和水资源调配系统的影响。

在区域发展层次上，应考察发展进程中的人与自然的关系。还应兼顾除害与兴利、当前与长远、局部与全局，权衡经济社会发展与生态环境保护目标之间的利益和冲突，反映出方案实施后对区域和流域经济社会可持续发展及生态环境保护的作用与效果。

在经济层次上，应给出方案实施后水资源需求与供给的具体结果，评价社会经济发展与水资源承载能力之间的适应程度。对于需求方面，评价指标应能反映预期的生产力布局、产业结构调整、分行业节水水平、水资源利用效率。对于供给方面，应给出各种水源利用程度（包括地下水联合利用）和相应的投资。在整体上能反映出水资源开发利用对区域发展的综合保障功能。

在工程建设与调度管理层次上，应评价方案对水资源的时空分布的改变和水环境质量改善；分析在发展进程中开发与保护，节流、治污与开源，需要与可能之间的动态平衡关系和协调程度。

方案评价的指标应具有一定的代表性、独立性和灵敏度，能够反映不同方案之间的差别。各地可根据当地的特点制定评价指标。方案评价应根据高效、公平和可持续的原则，从技术、经济、环境和社会等方面进行，提出推荐方案在合理抑制需求、有效增加供水和保护生态环境方面的评价结果。对所推荐的方案按合理配置评价指标进行计算和分析。

### 3.5.6 特殊干旱期应急对策

1. 特殊干旱期缺水情势分析

根据历史资料分析研究区域内出现来水保证率大于 99%特大干旱年或连续枯水年的次数、成因和旱灾特征。缺少特殊干旱期历史资料的地区，应根据水文资料及相似地区出现特殊干旱期的历史资料对特大干旱年和连续干旱年进行模拟并估计缺水情势。

2. 特枯水年和连续枯水年段的衡量标准

根据当地的历史干旱分析和现实的防旱抗旱情况，从气象、水文、水资源、农业等多方面着手，以雨情、水情、土壤墒情、水库蓄水、实际发生的干旱年和干旱年段的相关信息作为指标，选择其中一个或多个指标进行组合，作为特枯水年和连续枯水年段的衡量标准。但由于各地水资源条件和工程条件不同，许多地区干旱和缺水不一定存在必然的联系，下列是可供参考使用的标准，在实际工作中需根据实际情况选用。

(1) 降水：年降水量小于多年平均（正常年）值 50%为特枯水年；或年降水量连续两年或两年以上的平均值小于多年平均（正常年）值 30%为连续枯水年段。

(2) 径流：主要水库年来水小于多年平均（正常年）值 50%以上为特枯水年；或主要水库来水连续两年或两年以上平均值小于多年平均值 35%的为连续枯水年段。

(3) 水库蓄水：主要水库汛末蓄水量小于正常年蓄水量 30%的为特枯水年；或主要水库汛末蓄水量连续两年或两年以上小于正常年蓄水量 50%的为连续枯水年段。

(4) 墒情指数：参考当年的土壤墒情对农作物减产的影响程度，作为衡量特枯水年和连续枯水年段的辅助手段。

3. 特殊干旱年基本要素分析

(1) 供水量：分析干旱引起的供水水源减少情况，以及紧急情况下可动用的水量和增供的水量，确定特殊干旱期的应急供水水量。

(2) 用水量：通过对研究区域各用水户的分析，合理确定特殊干旱期的基本用水水量及供水政策。

(3) 缺水情势：着重分析特殊干旱期内不能满足用水要求的范围和人口及缺水时间。

4. 应急对策

缓解特殊干旱期缺水的对策应包括工程和非工程应急措施。制定防御特殊干旱预防性措施和应急对策。

(1) 预防性措施。

1) 干旱的监测和预报：建立和完善干旱的监测和预报系统，及时掌握水资源供需状况，提高预测干旱灾害的能力。

2) 建立抗旱指挥系统，加强防旱、抗旱指挥的组织和应变能力。

3) 战略性资源储备：通过分析特殊干旱期的灾害情况及当地水资源特点，研究确定设置战略性水资源储备的可能性及其数量。

(2) 应急对策预案。制定不同特殊干旱期和不同干旱等级的应急对策预案，是合理利用有限的供水量，确保居民和重要部门、重要地区用水，尽量减少总体损失的一项重要工作，也是对社会、经济、生态和环境会产生较大影响的措施。在制定预案时，应优先保证人民生活用水，兼顾关系国计民生的重要工矿企业用水以及对人类生存环境起决定性影响的生态环境用水等。应根据当地实际情况确定应急用水的优先次序和相应的对策。

1) 制定跨省级区的水量分配方案和旱情紧急情况下的水量调度预案，经批准后执行。

2) 研究制定重要的供水水库在特殊干旱期的应急供水调度预案。如以水库供水可靠性最大、供水破坏恢复能力最强（指从供水破坏状态恢复到正常供水状态的历时最短）和时段最大缺水量最小等为目标的水库干旱期运行调度策略研制。

3) 研究实施跨流域或区域间临时调水的可能性。

4) 根据地下水资源情况，研究适当加大地下水开采的可能性及开采数量。

5) 降低用水标准，包括农业作物布局与结构的调整，减少农业供水。

6）配水计划调整，如原来农业用清水的，在有条件时改用城市废污水。

7）价格杠杆，通过临时性超标准用水的惩罚性收费以减少用水。

8）用水优先次序调整，优先保证生活及城市的基本用水。

9）供水方式调整，必要时定时定量供水，或以集中供水替代分散供水。

10）向受灾区提供紧急援助措施，如居民生活用水采用水车送水等。

作为特枯水年和枯水年段的应急措施，属于短期和临时性的措施，必然会对正常的社会、经济、生活次序有所影响。因此，对于采取措施所引起的社会、经济、生态、环境的影响应进行必要的定量或定性的分析与评估。

# 第4章 综合利用水库

综合利用水库是根据国家社会经济发展要求，为实现水资源综合利用而兴建的水利工程。通过水库蓄水、泄水，进行径流调节，解决来水量及其时间分配过程与兴利、防洪要求的矛盾。为防洪目的进行的径流调节称为洪水调节，为兴利目的进行的径流调节则称为兴利调节。本章讨论兴利调节，第5章讨论洪水调节。

## 4.1 水库特性

水库是径流调节的工具，在讨论水库兴利调节原理和计算方法之前，需了解水库有关特性。

### 4.1.1 水库面积特性和容积特性

根据水库所在位置和形成条件，水库通常分为山谷水库、平原水库和地下水库3类。山谷水库多是利用拦河坝横断河谷，拦截河川径流，抬高水位形成。平原水库则为利用天然湖泊、洼淀、河道，通过修筑围堤和控制闸等建筑物形成的水库。地下水库是由地下储水层中的孔隙、裂隙和天然的溶洞或通过修建地下截水墙拦截地下水形成的水库。通常用水库面积特性和容积特性定量表示山谷水库和平原水库的形体特征。

1. 水库面积特性

水库面积特性是水库水位与面积的关系曲线。库区内某一水位高程的等高线和坝轴线所包围的面积，即为该水位的水库水面面积。根据1/50000～1/5000比例尺的地形图，用求积仪法、方格法、图解法或光电扫描等方法，求出不同水库水位的水库水面面积，绘出水库面积特性曲线（图4.1）。

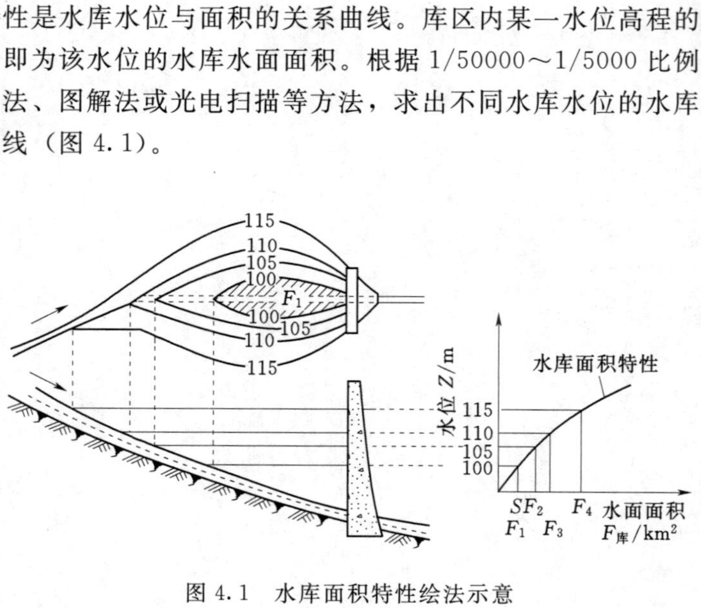


图4.1 水库面积特性绘法示意

水库面积特性曲线取决于水库河谷平面形状。显然，平原水库面积特性曲线比较平缓，表明增加坝高将迅速扩大淹没面积和加大水面蒸发，所以平原地区一般不宜建高坝。

2. 水库容积特性

水库容积特性是水库水位与容积的关系曲线，可直接由水库面积特性曲线推算绘制。两相邻等高线间的水层容积 $\Delta V$，可按简化式（4.1）或较精确式（4.2）计算。

$$\Delta V=\frac{\Delta Z}{2}(F_1+F_2) \tag{4.1}$$

$$\Delta V=\frac{\Delta Z}{3}(F_1+\sqrt{F_1F_2}+F_2) \tag{4.2}$$

式中：$F_1$、$F_2$ 分别为相邻等高线各自包括的水库水面面积（图 4.2）；$\Delta Z$ 为相邻等高线的高程差。

从库底 $Z_0$ 逐层向上累加，就可求出每一水位 $Z$ 的水库容积 $V=\sum\limits_{Z_0}^{Z}\Delta V$，从而绘出水库容积特性曲线（图 4.2）。

以上假定库中流速为零，水库水面是水平的，故称上述计算所得库容为静库容。当入库水流有一定流速时，库中水面由坝址起沿程上溯呈回水曲线，越靠上游水面越上翘，直至进库端与天然水面相交为止。因此，每一坝前水位所对应的实际库容包括静库容和静库容以上的楔型库容（图 4.3），称为动库容。动库容的大小不仅取决于坝前水位，还与入库流量、出库流量直接有关。以入库流量为参数的坝前水位与相应动库容的关系曲线，为动库容曲线（图 5.10）。一般情况下，按静库容进行径流调节计算，精度已能满足要求。当需详细研究水库淹没、浸没等问题和梯级水库衔接情况时，应计及回水影响。

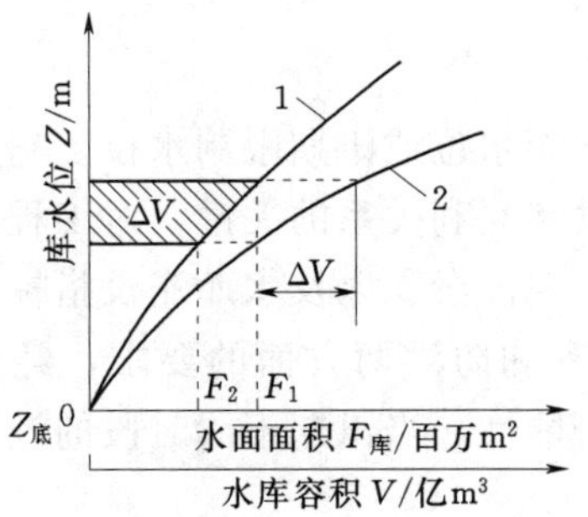


图 4.2 水库面积特性和容积特性

1—水库面积特性；2—水库容积特性

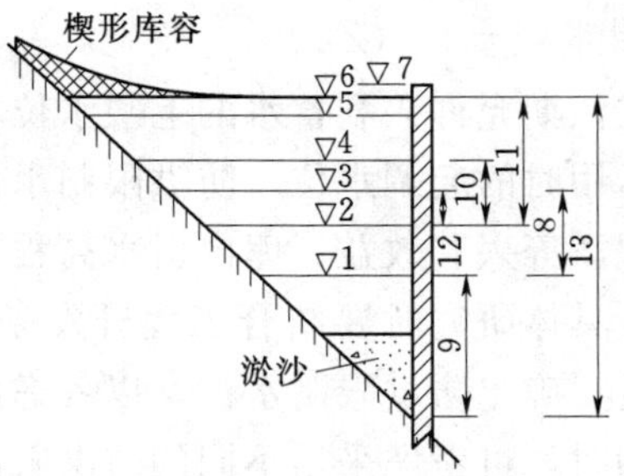


图 4.3 水库特征水位和特征库容示意

1—死水位；2—防洪限制水位；3—正常蓄水位；4—防洪高水位；5—设计洪水位；6—校核洪水位；7—坝顶高程；8—兴利库容；9—死库容；10—防洪库容；11—调洪库容；12—重叠库容；13—总库容

平原型水库洪水调节计算，可以只考虑静库容进行计算。对于特别重要的大型水库，当库尾比较开阔，动库容较大时，应按动库容进行计算。对于多沙河流，应按相应设计水平年和最终稳定情况下的淤积量，修正库容特性曲线。

### 4.1.2　水库的特征水位和特征库容

水库工程为完成不同任务，在不同时期和各种水文情况下，需控制达到或允许消落的各种库水位，称为特征水位。相应于特征水位以下或两特征水位之间的水库容积，称为特征库容。确定特征水位和特征库容是水利水电工程规划设计的主要任务之一，具体方法将在第 6 章讨论，这里仅介绍各种特征水位和特征库容的概念。图 4.3 为水库各种特征水位和特征库容的示意图。

1. 死水位（$Z_{死}$）和死库容（$V_{死}$）

在正常运用情况下，允许水库消落的最低水位称为死水位，死水位以下的水库容积称为死库容或垫底库容。死库容一般用于容纳水库泥沙、抬高坝前水位和库内水深。在正常运用中，死库容不参加径流调节，也不放空，只有遇到特殊枯水年份或发生特殊情况（如排洪、检修和战备需要等）时，才考虑泄放其中的蓄水，此时水库的运行水位允许比设计死水位还低一些，称为极限死水位。设计死水位与极限死水位之间的库容可称为备用库容。

2. 正常蓄水位（$Z_{正}$）和兴利库容（$V_{兴}$）

水库在正常运用情况下，为满足设计兴利要求而在开始供水时应蓄到的高水位，称为正常蓄水位、正常高水位、兴利水位或设计蓄水位。它决定水库的规模、效益和调节方式，在很大程度上决定水工建筑物的尺寸、型式和水库淹没损失，是水库最重要的一项特征水位。泄洪建筑物无闸门控制时，它与泄洪堰顶高程齐平；泄洪建筑物有闸门控制时，则是闸门关闭时允许长期维持的最高蓄水位。

正常蓄水位与死水位之间的库容，称为兴利库容，用以调节径流，提高水库的供水量或水电站的出力，故又称调节库容。正常蓄水位与死水位之间的高差，称为水库消落深度或工作深度。

3. 防洪限制水位（$Z_{限}$）

水库在汛期允许兴利蓄水的上限水位，称为防洪限制水位或汛期限制水位。它是水库汛期防洪运用时的起调水位。防洪限制水位是协调防洪和兴利关系的关键，对工程防洪效益、发电灌溉等兴利效益、库内引水高程、通航水深、泥沙淤积以及水库淹没指标等均有直接影响，具体研究时要结合工程开发条件，根据兴利和防洪两方面的要求，经全面分析、比较后，确定防洪限制水位，以考虑两者结合的可能性。当汛期不同时段的洪水特性有明显差别时，可考虑采用不同的防洪限制水位。

4. 防洪高水位（$Z_{防}$）、防洪库容（$V_{防}$）和重叠库容（$V_{重}$）

当遇下游防护对象的设计洪水时，水库为控制下泄流量而拦蓄洪水，在坝前达到的最高水位称为防洪高水位。只有当水库承担下游防洪任务时，才需要确定这一水位。此水位可采用相应下游防洪标准的各种典型洪水，按拟定的防洪调度方式，自防洪限制水位开始进行水库调洪计算求得。

防洪高水位与防洪限制水位之间的库容，称为防洪库容，用以拦蓄洪水，满足下游防洪要求。当汛期各时段防洪限制水位不同时，这一库容指其中最低的防洪限制水位至防洪高水位之间的水库容积。

正常蓄水位至防洪限制水位之间的水库容积，称为结合库容、共用库容或重叠库容。

此库容在汛期腾空作为防洪库容或调洪库容的一部分，汛末充蓄，作为兴利库容的一部分，以增加供水期的保证供水量或水电站的保证出力。在水库设计中，根据水库及水文特性，有防洪库容和兴利库容完全重叠、部分重叠、不重叠（防洪限制水位与正常蓄水位处于同一高程）3 种形式。在我国南方河流上修建的水库，多采用前两种形式，以达到防洪和兴利的最佳结合。如图 4.3 所示为部分重叠的情况。

5. 设计洪水位（$Z_{设}$）和拦洪库容（$V_{拦}$）

水库遇大坝设计洪水时，在坝前达到的最高水位称为设计洪水位。它是水库在正常运用情况下允许达到的最高洪水位，也是挡水建筑物稳定计算的主要依据之一。可采用相应大坝设计标准的各种典型洪水，按拟定的调洪方式，进行调洪计算求得。

设计洪水位与防洪限制水位之间的库容称为拦洪库容。

6. 校核洪水位（$Z_{校}$）和调洪库容（$V_{调}$）

水库遇大坝校核洪水时，在坝前达到的最高水位称为校核洪水位。它是水库在非常运用情况下，短期内允许达到的最高洪水位，是确定坝顶高程及校核大坝安全的主要依据。可采用相应大坝校核标准的各种典型洪水，按拟定的调洪方式，进行调洪计算求得。

校核洪水位与防洪限制水位之间的库容称为调洪库容，用以拦蓄洪水，确保大坝安全。当汛期各时段防洪限制水位不同时，这一库容指其中最低的防洪限制水位至校核洪水位之间的水库库容。

7. 总库容（$V_{总}$）和有效库容（$V_{效}$）

校核洪水位以下的库容称为总库容。按总库容大小，可划分水库工程的工程等别（表 4.1），确定工程安全标准。

校核洪水位与死水位之间的库容，称为有效库容。

**表 4.1** **水 库 工 程 等 别**

| 工程等别 | Ⅰ | Ⅱ | Ⅲ | Ⅳ | Ⅴ |
|---|---|---|---|---|---|
| 工程规模 | 大（1）型 | 大（2）型 | 中型 | 小（1）型 | 小（2）型 |
| 水库总库容/亿 $m^3$ | ≥10 | 1.0～10 | 0.10～1.0 | 0.01～0.10 | 0.001～0.01 |

### 4.1.3 水库水量损失

水库蓄水后，改变了河流的天然状态和库内外水力关系，引起额外的水量损失。水库水量损失包括蒸发损失、渗漏损失和结冰等其他损失。

1. 蒸发损失

水库建成后，库区原有陆地变成了水面，原来的陆面蒸发也就变成了水面蒸发，由此而增加的蒸发量构成水库蒸发损失。各计算时段（月、年）的蒸发损失 $W_Z$ 为

$$W_Z=(E_S-E_L)(F_K-f) \tag{4.3}$$

式中 $E_S$ 为计算时段内库区水面蒸发深度，m；$E_L$ 为计算时段内库区陆面蒸发深度，m；$F_K$ 为计算时段内平均水库水面面积，$m^2$；$f$ 为原天然河道水面面积，$m^2$。

水面蒸发的计算方法大致有 4 类：①经验公式法，系根据气象台站或小水池的蒸发观测资料，定出与各时期气象要素间的相关公式求得；②水量平衡法，系根据水体水量平衡要素间的关系推算；③热量平衡法，系根据各时期太阳辐射量来推算；④由紊流混合和交

换理论导出的蒸发计算公式推算。我国多采用方法①，即以库区及其附近地区蒸发器皿观测的蒸发深度（面积加权平均值），乘以某一经验折算系数（与蒸发皿的面积、材料、安装方式及地区气候因素等有关，一般为 0.65～0.80）求得。

陆面蒸发尚无成熟的计算方法。目前常采用多年平均降雨和多年平均径流之差，作为陆面蒸发的估算值，或从当地水文手册中的陆面蒸发量等值线图上直接查得。

蒸发与饱和水汽压差、风速、辐射及温度、气压、水质等有关，按月计算蒸发量较合理。当水库水面面积变化不大，或蒸发损失占年水量比重很小时，可计算年蒸发损失并平均分配给各月份。为留有余地，年调节水库采用最大年蒸发量，年内分配按多年平均情况考虑。多年调节水库采用多年平均年蒸发量。

水库蒸发损失在地区间差别很大。在湿润地区植物茂密处建库，由于陆面蒸发可能大于水面蒸发，两相抵消后，水库蒸发损失可能为负值。而在干旱地区建库，伴随坝高增加，水面扩大将引起蒸发损失的大幅度增加，有可能并不增加水库的有效供水量。

2. 渗漏损失

水库蓄水后，水位抬高，水压增大，渗水面积加大，地下水情况也将发生变化，从而产生渗漏损失。渗漏损失可分 3 类：①通过坝身及水工建筑物止水不严实处（包括闸门、水轮机、通航建筑物）的渗漏损失；②通过坝基及绕坝两翼的渗漏损失；③由库底、库边流向较低渗水层的渗漏损失。近代修建的挡水建筑物，均采取了较可靠的防渗措施，在水利计算中通常只考虑第③类损失，根据水文地质条件，参照相似地区已建成水库的实测资料推算，或按每年水库的平均蓄水面积渗漏损失的水层计，或按水库年（或月）平均蓄水量的百分数计，其经验估算公式为

$$W_{年渗}=k_1\overline{F_{库}} \tag{4.4}$$

或

$$W_{渗}=k_2W_{蓄} \tag{4.5}$$

式中：$W_{年渗}$为水库年渗漏损失，$m^3$；$\overline{F_{库}}$为水库年平均蓄水面积，$m^2$；$W_{渗}$为计算时段水库渗漏损失，$m^3$；$W_{蓄}$为计算时段水库蓄水量，$m^3$；$k_1$、$k_2$为经验系数，可参阅表 4.2。

**表 4.2　渗漏计算经验数值表**

| 水文地质条件 | 经验系数 | |
|---|---|---|
| | $k_1$/m | $k_2$/% |
| 地质优良（库床无透水层） | 0～0.5 | 0～1.0 |
| 地质中等 | 0.5～1.0 | 1.0～1.5 |
| 地质较差 | 1.0～2.0 | 1.5～3.0 |

在水库运行的前几年，渗漏损失往往较大。水库运行若干年后，由于库床淤积、岩层裂隙逐渐被填塞等原因，渗漏损失会有所减小。在渗漏严重的地区，如喀斯特溶洞发育的石灰岩地区，应做专门研究，例如可采用人工放淤措施来减少库床渗漏损失。

3. 其他损失

水库水量损失除上述主要两种外，还可能有其他形式的损失。一种是结冰损失。严寒地区的水库在冬季形成冰盖，其中部分冰层将因水库供水期间库水位的消落而滞留在岸边，当年不能利用，引起水库蓄水量的临时损失。这项损失一般不大，可按结冰期库水位

变动范围内库面积之差乘以 0.9 倍的平均结冰厚度估算。多年调节水库仅在连续枯水年末才放空，所以在枯水年组最后一年的结冰损失，才是真正的损失。

另一种是水工建筑物操作所损失的水量。例如，鱼道操作、木材流放、船闸过船都要损失一定的水量。水库初蓄时所产生的损失水量，或是当为数不大，或只是一次性损失时，在一般的调节计算中，可以不予考虑。

### 4.1.4 水库淤积

1. 水库淤积及其形态

河水中挟带的泥沙在库区内沉积，称水库淤积。挟沙水流进入库内后，随着过水断面逐渐扩大，流速和挟沙能力沿程递减，泥沙由粗到细地沿程沉积于库底。水库淤积形态取决于进库水沙条件、水库运行方式及水库地形。纵向淤积形态分为 3 类：

(1) 三角洲淤积，比较广泛地出现在相对库容较大，来沙组成较粗，水库蓄水位变幅较小，库区地形开阔（如湖泊型水库）的水库中，如官厅水库［图 4.4 (a)］和刘家峡水库。其淤积区可分为三角洲尾部段、顶坡段、前坡段、异重流过渡段和坝前淤积段。

(2) 带状淤积，多出现在少沙河流上水位变幅不大的河道型水库，如丰满水库［图 4.4 (b)］。其淤积区可分为变动回水区、常年回水区行水段和常年回水区静水段。

(3) 锥体淤积，常出现在多沙河流上修建的小型水库，如陕西省黑松林水库和甘肃省巴家嘴水库［图 4.4 (c)］。多沙河流上的大型水库，在一定的条件下也会出现锥体淤积形态，如三门峡水库。这种淤积形态的主要特点是坝前淤积多，泥沙很快发展到坝前，形成锥体淤积，与上述大型水库先在上游淤积，然后向坝前推进发展的淤积形式完全不同。

上述为 3 种基本的纵向淤积形态。有些水库的淤积介于这 3 种基本形态之间，形成复杂淤积形态，在研究水库淤积的现象和规律时，应具体情况具体分析。

横向淤积形态可分为全断面淤积、主槽淤积及沿湿周均匀淤积 3 类。

2. 淤积对水库的影响

泥沙淤积对水库的运用会产生许多负面影响：水库淤积（特别是三角洲淤积）侵占调节库容，逐步减少综合利用效益；水库回水末端的淤积上延，将增加淹没和浸没损失，威胁上游重要城镇、工矿和交通设施的安全；坝前堆淤将增加作用于水工建筑物的泥沙压力，有碍于船闸和取水口正常运行，使进入水电站的水流中含沙量增加，加剧对水工建筑物和水轮机的磨损，影响建筑物和设备的效率和寿命；随着泥沙淤积，某些有害物质沉淀，将造成水污染，并影响水生生物的生长；库区泥沙淤积还会引起下游河道冲刷、变形，影响航道和港口，水位下降使取水困难，影响建筑物安全，并增大水轮机吸水高度，不利于水电站的可靠运行。这些问题都需妥善解决。

3. 水库淤积计算

在水库工程的规划设计中，为预测水库泥沙淤积量、淤积分布、淤积物组成和它们沿时程的变化及水库寿命而进行的分析计算，称水库淤积计算。计算的任务是分析水库淤积对防洪、发电、航运、引水及淹没等的影响，并为研究水库运行方式、确定泄洪排沙设施规模提供依据。计算所需基本资料有：①水文泥沙资料，包括入库流量、悬移质和推移质输沙量及颗粒级配、床沙级配及河道糙率；②库区纵、横断面或地形图，库容曲线；③水库调度运用资料，包括不同时期的坝前水位及出库流量过程；④工程资料，如水工建筑物布置，泄流排沙设施型式、尺寸及泄流曲线。计算的基本方程为：水流连续方程、动量方程和泥沙连续方程。

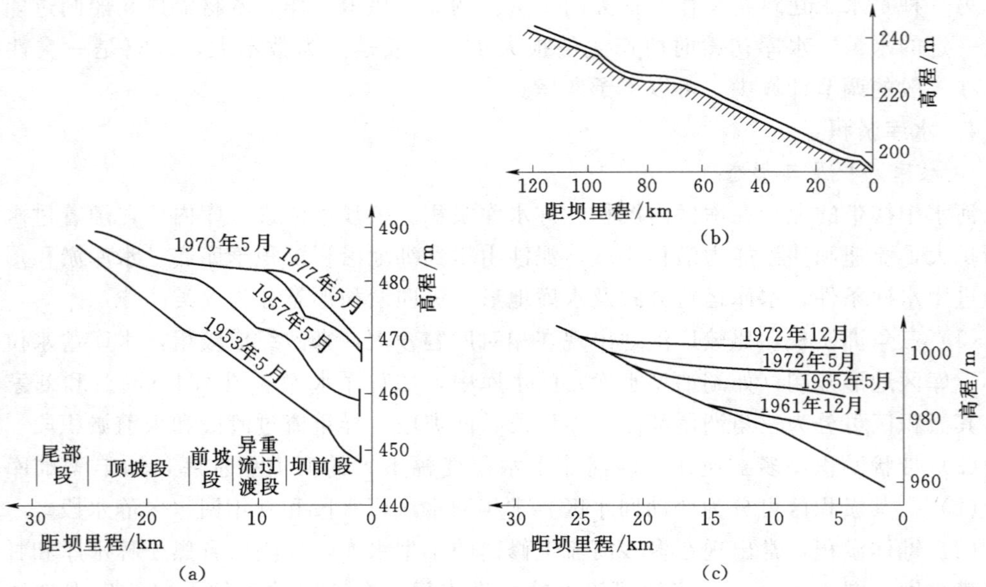


图 4.4　水库淤积形态示意图

(a) 官厅水库淤积纵剖面；(b) 丰满水库淤积纵剖面；(c) 巴家嘴水库淤积纵剖面

水库淤积计算方法有有限差分法、三角洲法、极限状态法、拦沙效率及面积减少法、经验曲线法和库容淤损法等。在规划设计阶段较常用的是经验估算法-库容淤损法，计算步骤如下：

(1) 根据调节库容 $V_{调}$ (m$^3$) 和平均年入库水量$\overline{W_{年}}$ (m$^3$) 计算年内拦在水库内的泥沙占该年入库泥沙的百分数，即拦沙率 $\beta_{拦沙}$：

$$\beta_{拦沙}=\frac{V_{调}/\overline{W_{年}}}{0.012+0.0102V_{调}/\overline{W_{年}}}(\%) \tag{4.6}$$

为考虑淤积对水库调节能力的影响，采用平均兴利库容 $(V_{调}+V_{调终})/2$ 作为 $V_{调}$，其中 $V_{调终}$ 为要求水库保留的最终调节库容；$V_{调}/\overline{W_{年}}$ 以百分数（%）表示。

按照水库淤积的平衡趋向性规律，运用初期，拦沙率较高，排沙较少。随着库容逐渐淤损，拦沙率将逐年减少，排沙增加。影响水库拦沙率的因素很多，据国内外数十座水库实测资料分析，以调节库容与平均年入库水量之比对拦沙率的影响较为明显。统计资料表明：当 $V_{调}/\overline{W_{年}}$ 达 0.5 以上时，拦沙率接近 100%，几乎全部泥沙都淤积在库里。这是因为 $V_{调}/\overline{W_{年}}$ 比值高表示水库有较大的相对库容，调节程度高，汛期弃水少，拦沙率自然就高。

除水库调节程度对拦沙率起主要作用外，其他如泥沙颗粒粗细（粗沙情况拦沙率高）、泄流建筑物型式（表面泄洪比底孔泄洪时拦沙率高）及水库运用方式等因素也有影响。式(4.6) 为根据仅考虑调节程度影响的上述数十座水库的统计资料，计及其他影响因素的中等情况，给出平均的中值拦沙率的近似计算公式。

（2）计算水库每年因淤积而损失的库容占原有库容的百分数，即库容平均淤损率 $\alpha_{淤损}$，采用多年平均情况：

$$\overline{\alpha_{淤损}}=\frac{W_{淤}}{V_{调}}\times 100\%=\beta_{拦沙}\frac{\overline{W_{沙}}}{V_{调}}\times 100\% \tag{4.7}$$

式中：$W_{淤}$ 为平均年淤积量，$m^3$；$\overline{W_{沙}}$ 为平均年入库泥沙量，$m^3$。

当入库水、沙量资料不全，特别是中小型水库的规划，可用下式粗略计算 $\alpha_{淤损}$：

$$\alpha_{淤损}=0.0002M_{蚀}^{0.95}\left(\frac{V_{调}}{F}\right)^{-0.8}(\%) \tag{4.8}$$

式中：$M_{蚀}$ 为流域平均侵蚀模数，$t/(km^2 \cdot a)$；$F$ 为流域面积，$m^2$。

（3）计算平均年淤积量 $\overline{W_{淤}}$。

$$\overline{W_{淤}}=\alpha_{淤损}V_{调}(m^3) \tag{4.9}$$

（4）根据预期的库容淤积程度，确定淤积掉的库容占原有库容的百分数，即水库淤积系数 $k$，计算水库淤积年限 $T$。

$$T=\frac{kV_{调}}{\alpha_{淤损}V_{调}}=\frac{k}{\alpha_{淤损}}(a) \tag{4.10}$$

4. 减少淤积的措施

通常采用以下 3 方面的措施，防治水库泥沙的淤积：

（1）上游拦截，就地处理。在水库上游采取拦沙措施，减少入库泥沙，是防止和减少水库泥沙淤积的最根本的方法。具体措施有：做好水土保持工作、在来沙较多的支流上修建拦沙坝库、修建旁引水库等。

（2）水库排沙，保持库容。即将进入水库的泥沙尽可能多地排走，并将前期淤积下来的泥沙尽可能多地冲走。具体措施有：水库采取蓄清排浑的运用方式，在汛期降低水位运用，使大部分来沙淤积在死库容内，或排出库外；当水库不可能大量弃水时，可考虑异重流排沙；对某些允许泄空的水库，可以在年中的特定时间内或经过数年之后间歇性地泄空水库以集中排沙。

（3）清除淤沙，恢复库容。对干旱缺水的地区，为确保水量而不容许利用水力排沙，或对没有底孔设施的水库，不能采用水力排沙时，可以采用挖泥船、吸泥泵等挖泥机械，清除水库淤积的泥沙，也可用横向冲蚀方法清除水库淤积的泥沙。

在减少水库淤积的同时，还应采取“引洪淤灌，用洪用沙”等积极措施，改良土壤，扩大耕地面积，增加肥力，变沙害为沙利。

### 4.1.5 水库的淹没和浸没

修建水库，特别是高坝、大型水库，可调节径流，获得较大的兴利和防洪综合效益，但往往也会引起淹没和浸没问题。水库蓄水后，将会淹没土地、森林、城镇、交通、电力和通信设施及文物古迹，甚至城市建筑物等，产生淹没损失。由于库周地下水位抬高，水库附近树木死亡，旱田作物受涝，耕地盐碱化，形成局部沼泽，增加矿井积水，使原有建筑物塌陷等，产生浸没损失。同时，还会恶化卫生条件，孳生疟蚊，引起库周塌岸，毁坏农田和居民点，减少水库容积。

正常蓄水位以下库区为经常淹没区，影响所及均需改线、搬迁。正常蓄水位以上一定标准的洪水回水和风浪、冰塞壅水等淹没的地区为临时淹没区，根据具体情况采取迁移或防护措施。对于特大洪水时才出现的淹没区，要考虑其土地合理利用问题。在多沙河流上确定回水淹没范围，要考虑一定年限的泥沙淤积对抬高回水水位，特别是回水末端水位的影响。在水面开阔、顺程较长的淹没区和容易发生冰塞壅水的水域，要在正常蓄水位以上适当考虑风浪爬高和冰塞壅水对回水的影响。

淹没区、浸没影响区和库周影响区（水库蓄水后失去生产、生活条件，需采取措施的库边及孤岛上的居民点）里所有迁移对象都应按规定标准给予补偿，此补偿加上各种资源损失，统称淹没损失，计入水库总投资。水库淹没损失是一项重要的技术经济指标。在人口稠密地区，淹没损失往往很大，有时达工程总投资的40%～50%，关系到迁移地区和安置地区社会经济的调整，而且还会产生生态环境等方面的问题。移民安置具有很强的政策性，是水利建设中一项重大的技术经济和社会工作。因此，淹没和浸没问题常常成为限制水库规模的主要因素之一。对于巨型和大型水库，可根据社会经济发展的需要，有计划地分期抬高蓄水位，以减少近期淹没损失和迁移方面的困难。

水利工程移民属于非自愿移民，实行开发性移民方针，使农村移民安置、乡村城镇和各种专业项目迁建改建，与资源开发、环境保护与治理、社会经济发展紧密结合。各项迁移工作要正确处理国家、地方、集体和个人之间的关系，充分利用当地资源，因地制宜地广开生产门路。可采取就近安置或远迁安置、成建制集中安置和按户分散安置等不同的安置方式。农村移民以农为主，可适度发展乡镇企业和第二、第三产业，开拓较宽的就业门路。城镇居民原则上随城镇迁建安置。城镇迁建规划可照顾其近期发展。城乡移民安置后的生产和生活条件要达到或超过原有水平，并为移民和当地经济可持续发展创造条件。在少数民族地区，要尊重其风俗习惯。

## 4.2 水库的兴利调节

### 4.2.1 兴利调节的分类

除了只能按天然径流供水的无调节水利水电工程外，凡具有调节库容者，均能进行一定程度的兴利调节。对具有调节库容的水利水电工程，其兴利调节可按调节周期、水库任务、水库供水设计保证率和水库供水方式等进行分类。

1. 按调节周期分类

调节周期是指水库的兴利库容从库空，到蓄满，又回到放空的完整的蓄放过程。

（1）日调节。日调节的调节周期为一昼夜，即利用水库兴利库容将一天内变化不大的来水，按用水部门的日内需水过程进行调节。如水电站的发电用水随负荷的变化而变化，而河川径流在一昼夜里基本上是均匀的（汛期除外），在一天中的用电低谷时，来水大于用水，将多余水量蓄存在水库中，供用电高峰来水小于用水时使用（图4.5）。当水电站水库具有枯水日来水量的20%～25%的兴利库容时，一般就可进行日调节。抽水蓄能电站一般为日调节。

（2）周调节。周调节的调节周期为一周，即将一周内变化不大的来水，按用水部门一周内的需水过程进行调节。仍以水力发电为例，枯水期河川径流在一周内变化不大，而电力负荷在工作日和休息日有明显差别，休息日发电用水少，可将其多余水量存入水库，在工作日高负荷时发电（图4.6）。周调节比日调节需稍大的兴利库容，故也可进行日调节。

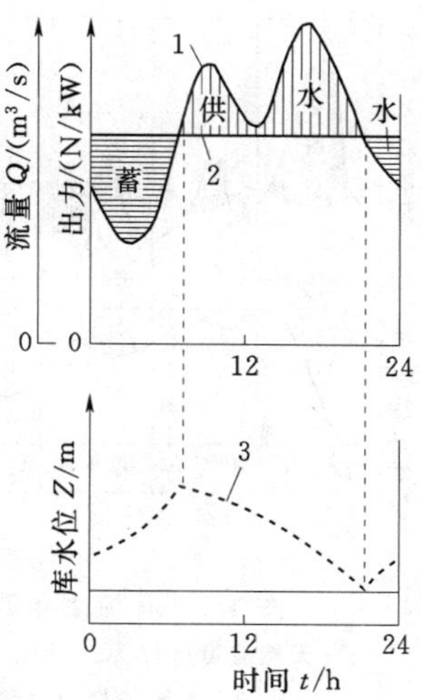


图 4.5 径流日调节
1—用水流量；2—天然日平均流量；
3—水位变化过程线

（3）年调节。年内河川径流变化很大，丰水期和枯水期的来水量相差悬殊。径流年调节的任务是按照用水部门的年内的需水过程，将一年中丰水期的多余水量蓄存起来，以提高枯水期的供水量，调节周期在一年以内（图4.7）。根据调节程度又可分为不完全年调节（季调节）和完全年调节。水库仅能存蓄丰水期部分多余水量的径流调节为不完全年调节，此种情况要发生弃水。能将年内全部来水量按用水要求重新分配而不发生弃水的径流调节则为完全年调节。完全年调节和不完全年调节的概念是相对的，它取决于库容的大小和来水量的多少。例如对同一水库而言，可能在一般年份能进行完全年调节，但遇丰水年则很可能发生弃水，只能进行不完全年调节。

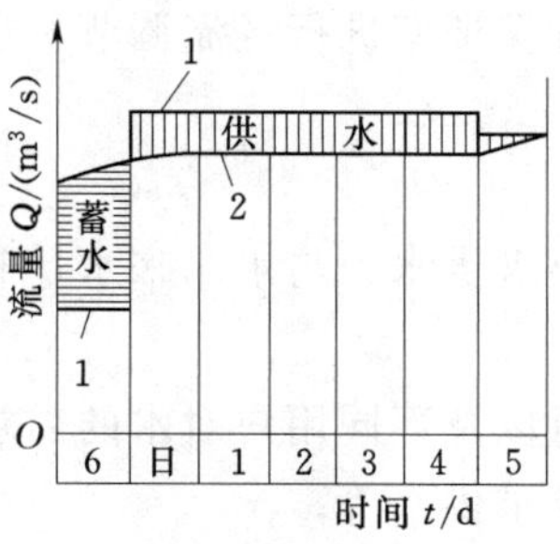


图 4.6 径流周调节
1—用水流量；2—天然流量

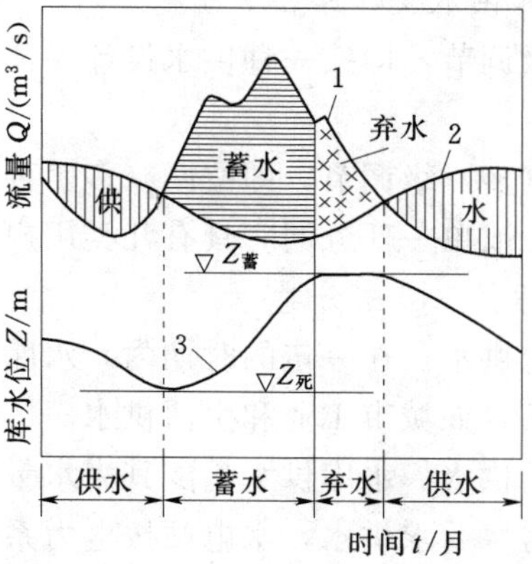


图 4.7 径流年调节
1—天然流量过程；2—用水流量过程；
3—库水位变化过程

通常用库容系数 $\beta=V_{兴}/W_{年}$ 表示水库兴利调节能力。当 $\beta=8\%\sim30\%$ 时，一般可进行年调节。当天然径流年内分配较均匀时，来水过程和用水过程差别不大，$\beta=2\%\sim8\%$ 时，即可进行年调节。年调节水库一般可同时进行周调节和日调节。

（4）多年调节。径流多年调节的任务是利用水库兴利库容将丰水年多余水量蓄存起来，用以提高枯水年的供水量。这时，水库兴利库容一般要经过若干个丰水年才能蓄满，然后将蓄水量在若干个枯水年份里用完，其调节周期超过1年（图4.8）。

根据经验，当年水量变差系数 $C_v$ 值较小，年内水量分配较均匀时，$\beta>30\%$ 就可进行多年调节，否则，需要有更大的兴利库容才能进行多年调节。多年调节水库一般可同时进

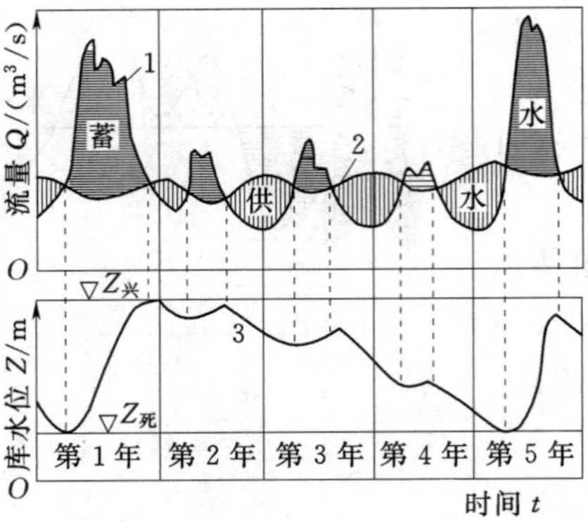


图 4.8　径流多年调节
1—天然流量过程；2—用水流量过程
3—库水位变化过程

行年调节、周调节和日调节。

调节周期长的水库通常可同时进行较短周期的径流调节。但对于具有长引水建筑物系统的水利水电工程，如水力发电的混合开发方式，由坝形成的水库往往仅进行长期调节，而在引水建筑物尾部附近另选合适地址，修建专用日调节池，以便更好地满足日调节要求，并可减少引水建筑物断面尺寸，降低造价。

对于水力发电，通常把具有一定的兴利库容，有能力调节天然日径流量的水电站，称为蓄水式电站。而把无调节和仅能进行日调节的水电站（其日电能受控于天然径流），称为径流式电站。

2. 按水库任务分类

(1) 单一任务径流调节，如灌溉径流调节、城市供水径流调节、水力发电径流调节等。

(2) 综合利用径流调节，即具有两种以上任务的径流调节。目前以此类径流调节为主。

3. 按水库供水设计保证率分类

(1) 一级调节，即按一种供水设计保证率进行径流调节，通常多见于单一任务的水库径流调节。

(2) 两（多）级调节，即按两（多）种供水设计保证率进行径流调节，通常多见于综合利用水库，或单一任务同时具有几类用户的水库。

4. 按水库供水方式分类

(1) 固定供水。在一定的时期内，水库按固定要求供水，与水库来水量和蓄水量关系不是十分密切，如城市工业和生活供水。

(2) 变动供水。水库供水量随其来水量和蓄水量以及不同用户对水的需求而变化，如灌溉按农田需水要求供水，水电站按电力系统负荷要求供水等。

5. 其他分类

(1) 反调节。下游水库按照用水部门的需水过程，对上游水库泄流的再调节。

(2) 单一水库补偿调节。水库与水库下游区间来水互相补偿，以满足有关部门用水要求的调节。

(3) 水库群补偿调节。水库间互相进行水文补偿、库容补偿、电力补偿，共同满足水利、电力系统要求的调节。

(4) 跨流域调水调节，多水流域将富余水量引向缺水流域的水量调节。

### 4.2.2　设计保证率

1. 工作保证率和设计保证率的含义

水利水电等用水部门的正常工作的保证程度，称工作保证率。工作保证率有 3 种计算形式。第 1 种是按照正常工作相对年数计算的年保证率，是指多年期间正常工作年数占运行总年数的百分比，即

$$P=\frac{\text{正常工作年数}}{\text{运行总年数}}\times 100\%=\frac{\text{运行总年数}-\text{工作遭破坏年数}}{\text{运行总年数}}\times 100\% \tag{4.11}$$

显然，年保证率指标不能很好地反映实际情况，因不论破坏程度和历时，凡不能维持正常工作的年份，均计入破坏年数。

第 2 种是按照正常工作相对历时计算的历时保证率，是指多年期间正常工作历时（日、旬或月）占总历时的百分比，即

$$P'=\frac{\text{正常工作历时(日、旬或月)}}{\text{运行总历时(日、旬或月)}}\times 100\% \tag{4.12}$$

$P$ 与 $P'$ 之间的关系为

$$P=[1-(1-P')/m]\times 100\% \tag{4.13}$$

式中：$m$ 为破坏年份的破坏历时与破坏年份总历时之比，可近似等于枯水年供水期与全年时间的比值。

第 3 种是按保证正常用水的数量计算的保证率。

实际工作中，应根据用水特性、水库调节性能及设计要求等因素确定工作保证率的计算形式。蓄水式水电站、农业灌溉用水等，一般用年保证率；径流式水电站、航运用水和其他不进行调节的用水部门，其工作多按日计算，故多采用历时保证率。

在枯水年来水较少，必须适当减少用水部门供水时，要通过挖掘潜力，或采取其他补救措施，尽量保证用水部门的效益。例如，在来水较少的年份，水电站正常工作遭到破坏，此时可通过动用电力系统内的空闲容量来维持系统的正常工作。这说明电力系统工作保证率与系统内某水电站工作保证率不是一回事，前者大于等于后者。

工作保证率选的过高，则意味着要修建规模较大的水利工程，以保证特枯年份兴利部门的正常供水，此时，水利工程的投资较大，在技术上可能也有困难，但兴利部门因缺水而产生的损失小。工作保证率选的偏低，水利工程的投资小一些，但在特枯年份难以保证兴利部门的正常供水，兴利部门因缺水而产生的损失就大一些。显然这两种情况都与经济技术因素有直接关系，并涉及国民经济其他有关部门及社会环境等方面的影响。因此，要为拟建的水利水电工程选定一个合理的工作保证率，称设计保证率，它是水利水电工程规划设计的重要依据。

2. 设计保证率的选择

水利水电工程设计保证率的选择是一个复杂的技术经济问题，设计保证率选的太低，正常工作遭受破坏的几率加大，破坏所带来的国民经济损失及其他不良后果加重；相反，设计保证率选的过高，虽可减轻破坏带来的损失，但工程投资及其他费用将增加，甚至抵消了工程的一部分效益。所以，设计保证率应通过技术经济计算，并考虑生态环境、社会等因素，综合分析确定。由于破坏损失及其他后果涉及许多因素，比较复杂，难以全部用货币定量计算，在水利水电工程规划设计中，根据设计规范推荐的数据，经综合分析后确定设计保证率。

（1）水电站设计保证率。水电站设计保证率的取值关系到供电可靠性、水能资源利用程度及电站造价，与水电站规模、系统中电源结构、用户组成、负荷特性及可能采取的弥补不足出力的措施等因素有关。水电站规模越大，系统中水电所占比重越大，系统中重要

用户越多，正常工作遭到破坏时的损失越严重，常用较高的保证率；反之，保证率可以定得低一些。大、中型水电站设计保证率见表 4.3。装机容量小于 25MW 的小型水电站，设计保证率一般采用 65%～90%。以灌溉为主的农村小水电站的设计保证率，常与灌溉设计保证率相同。

**表 4.3　　水电站设计保证率**

| 系统中水电站容量比重/% | ＜25 | 25～50 | ＞50 |
|---|---|---|---|
| 水电站设计保证率/% | 80～90 | 90～95 | 95～98 |

同一电力系统中，规模和作用相近的联合运行的几座水电站，可作为单一水电站选择统一的保证率。

(2) 灌溉设计保证率。灌溉设计保证率是指灌溉用水量的保证程度。根据灌区水、土资源情况，作物组成，气象与水文条件，水库调节性能，国家对当地农业生产的要求，以及地区工程建设和经济条件等因素分析确定。

一般说来，南方水资源丰富地区的灌溉设计保证率比北方高；大型工程的比中、小型工程的高；自流灌溉的比提水灌溉的高；远期规划工程比近期工程的高。设计时可根据具体条件，参照表 4.4 选取。有条件的地区可酌情提高灌溉设计保证率。南方小型灌区的灌溉工程也可按抗旱天数进行设计：单季稻区可用 30～50 天，双季稻区可用 50～70 天。经济发达地区，可按上述标准提高 10～20 天。

**表 4.4　　灌溉设计保证率**

| 灌水方法 | 地　　区 | 农作物种类 | 年设计保证率/% |
|---|---|---|---|
| 地面灌溉 | 缺水地区或水资源紧缺地区 | 以旱作物为主 | 50～75 |
| | | 以水稻为主 | 70～80 |
| | 半干旱、半湿润地区或水资源不稳定地区 | 以旱作物为主 | 70～80 |
| | | 以水稻为主 | 75～85 |
| | 湿润地区或水资源丰富地区 | 以旱作物为主 | 75～85 |
| | | 以水稻为主 | 80～95 |
| 喷灌、微灌 | 各类地区 | 各类作物 | 85～95 |

注　1. 作物经济价值较高的地区，宜选用表中较大值；作物经济价值不高的地区，可选用表中较小值。
2. 引洪淤灌系统的灌溉设计保证率可取 30%～50%。

对于灌溉设计标准以外的大旱年份，应本着挖掘潜力、节约用水原则，提出灌溉用水要求。

(3) 供水设计保证率。工业生产及城市生活供水若遭受破坏将直接影响人民生活并造成经济损失，故采用较高的设计保证率，一般按年保证率取值的范围为 95%～99%。大城市和重要工矿区取较高值。对于由两个以上水源供水的城市或工矿企业，在确定可靠性时，应保证任一水源停水时，其余水源除应满足消防和生产事故用水外，还要保证 70%的生活用水。

(4) 通航设计保证率。通航设计保证率一般指最低通航水位（水深）的保证程度，以计算时期内通航获得满足的历时百分率表示。最低通航水位是确定枯水期航道标准水深的起算水位。

通航设计保证率，一般根据航道等级结合其他因素综合分析比较并征求有关部门意见，报请审批部门确定，设计时可参照表4.5选取。

过木河流上的水利水电工程设计，应根据具体条件通过综合分析比较并征求有关部门意见，报请审批部门确定过木的设计标准和设计保证率。

**表4.5　　通航设计保证率**

| 航道等级 | 历时设计保证率/% | 航道等级 | 历时设计保证率/% |
|---|---|---|---|
| 一～二级 | ≥98 | 五～六级 | 90～95 |
| 三～四级 | 95～98 | | |

综合利用水库的设计保证率应按下述方式考虑：①用式（4.13）将历时保证率换算成年保证率；②各用水部门设计保证率往往不同，一般以其中主要部门的设计保证率为准，进行径流调节计算；③设计保证率高于主要部门的用水部门，其需水应当保证；设计保证率较低的用水部门，其用水量可适当缩减。此外，还要对年水量频率与各用水部门设计保证率相应的年份，分别进行校核计算，取稍偏于安全方面的结果。必要时，可根据任务主次关系，适当调整各部门的用水要求或设计保证率。

### 4.2.3 设计代表期

在水利水电工程规划设计中，要进行多方案的大量的水利水能计算。根据长系列水文资料进行计算，可获得较精确的结果，但工作量大，有时也缺乏长系列水文资料。在实际工作中可采用简化方法，从水文资料中选择若干典型年份或典型多年径流系列作为设计代表期进行计算，其成果精度一般能满足规划设计要求。

1. 设计代表年

在水利水电工程规划设计中，常选择有代表性的枯水年、中水年（也称平水年）和丰水年作为设计典型年，分别称为设计枯水年、设计中水年和设计丰水年。以设计枯水年的效益计算成果代表恰好满足设计保证率要求的工程兴利情况；设计中水年代表中等来水条件下的平均兴利情况；设计丰水年则代表多水条件下的兴利情况。根据 $P_{设}$（设计保证率）、50%及 $1-P_{设}$ 3种频率，在年水量频率曲线上分别确定设计枯水年、设计中水年和设计丰水年的年水量。至于水量年内分配，设计枯水年采用不利的年内分配；设计中水年、设计丰水年可分别采用多年平均和来水较丰年份平均的年内分配。尽量选择有实测资料及年代较近的年份。

各设计代表年的年径流资料整编以调节年度（水文年度）为准，即以丰水期水库开始蓄水统计到次年再度蓄水为止。径流式水电站的设计代表年的径流资料，要给出日平均流量过程线，也可直接绘制天然来水日平均流量频率曲线，供设计使用。

对于年调节水电站，满足设计保证率要求的关键是设计枯水年的供水期，可按供水期水量选定设计枯水年。因此，可根据水文资料和用水要求，划分各年一致的供水期，计算各年供水期天然水量并绘出供水期水量的频率曲线，由设计保证率在曲线上查出相应供水期的水量及年份。

需要指出，由于径流年内分配不稳定，实际上各年供水期起讫时间并不一致，采取统一的时间不够恰当。因此，可根据初定的调节库容，用式（4.17）试算求出逐年供水期的调节流量，绘制调节流量频率曲线，然后按设计保证率定出调节流量保证值及相应年份，选出设计枯水年。这种按调节流量选定设计枯水年的方法综合考虑了来水和水库调节的影响，比较合理，但工作量较大。

2. 设计多年径流系列

多年调节水库的调节周期长达若干年，应选择包括多年的径流系列进行水利水能计算。设计多年径流系列是从长系列资料中选出的有代表性的短系列。

（1）设计枯水系列。对于多年调节，由于水文资料的限制，难以获得较多的完整调节周期，不能用枯水系列频率分析法选出设计枯水系列。通常采用扣除允许破坏年数的方法加以确定，即先用下式计算设计保证率条件下正常工作允许破坏的年数 $T_{破}$：

$$T_{破}=n-P_{设}(n+1) \tag{4.14}$$

式中：$n$ 表示水文系列总年数。

然后，在实测资料中选出最严重的连续枯水年组，并从该年组最后一年起逆时序扣除允许破坏年数，余下的即为所选的设计枯水系列。还应注意以下两点：①用设计枯水系列调节计算结果对其他枯水年组进行校核，如另有正常工作遭破坏的年份，则要从 $T_{破}$ 中扣除，得到新的允许破坏年数，并用它重新确定设计枯系列；②如破坏年份供水量和电站出力不能满足最低要求，则水库应在允许破坏年份前预留部分蓄水量。

（2）设计中水系列。为探求水库运用的多年平均状况，一般取 10～15 年作为代表期，称设计中水系列，选择时要求：①该系列至少要有一个以上完整的调节周期；②该系列年径流均值应等于或接近于多年平均值；③该系列应包括枯水年、中水年和丰水年，它们的比例关系与长系列大体相当，使设计中水系列的年径流变差系数与长系列的相近。

当电力系统中有若干水电站联合运行进行补偿调节时，最好按长系列进行计算，或以补偿水电站为主，选出统一的设计代表系列。

应该指出，实际工作中，可根据具体设计条件和对计算精度的要求，确定采用设计代表期或长系列进行计算。在具备长系列水文资料的条件下，应尽量按长系列进行计算，以提高计算精度，使计算结果更符合实际情况。

### 4.2.4　兴利调节计算原理及方法

水库的兴利调节是指利用水库重新分配天然径流，以达到满足各兴利部门用水需要的目的。兴利调节计算是水利计算的主要组成部分。单一水库兴利调节计算的任务，是在已知河川径流过程及用水要求的条件下，对研究时期的各个计算时段内水库的水量供需平衡进行计算，求出供水量、水电站出力、水库水位、蓄水量、弃水量及损失水量等水利水能要素的时间过程以及调节流量、兴利库容和设计保证率 3 者间的关系，作为确定工程规模、效益和运行方式的依据。对于具有水文、水力、水利及电力联系的水库群，径流调节计算还包括研究河流上下游及跨流域之间的水量平衡，提出水文补偿、库容补偿和电力补偿的合理调度方式。

按照对原始径流资料描述和处理方式的差异，兴利调节计算方法可分为 3 类：

（1）时历法。该方法以实测径流资料为基础，按历时顺序逐时段进行水库水量蓄泄平衡的径流调节计算，并给出调节流量、水库蓄水量等计算结果。

（2）概率法。该方法根据径流的统计特性，应用概率方法，对年内、年际入库径流的不均匀性进行调节计算，成果以调节流量、蓄水量、弃水量、不足水量等的概率分布或保证率曲线的形式给出，主要适用于多年调节计算。

（3）随机模拟法。是一种应用随机过程和时间序列理论与时历法相结合的径流调节计算方法。先根据历史径流资料和径流过程的物理特性，建立径流系列的随机模型，并据以模拟出足够长的径流系列，再用时历法计算。随机模拟法不能改善历史径流系列的统计特性，但可给出与历史径流在统计特性上基本一致的足够长的系列，以反映径流系列各种可能的丰、枯组合情况。可见，随机模拟法兼有时历法与概率法的特点，而对于径流系列模型的选择、识别、参数估计、检验、适用性分析以及调节后径流系列的统计检验等，需进行大量的计算工作，其中某些环节还有待于进一步研究。

径流调节计算的基本依据是水量平衡方程。计算时段的水库水量平衡方程为

$$W_{末}=W_{初}+W_{入}-W_{出} \tag{4.15}$$

式中：$W_{末}$为计算时段末水库蓄水量；$W_{初}$为计算时段初水库蓄水量；$W_{入}$为计算时段入库水量；$W_{出}$为计算时段出库水量，包括各部门的用水量、水库弃水量及水量损失等。

采用的计算时段长短取决于调节周期及径流和用水随时间的变化程度。日调节水库一般以小时为计算时段。年或多年调节水库，一般在枯水期以月、丰水期以旬为计算时段。

根据式（4.15），计算时段水库蓄水量变化值为

$$\Delta V=\Delta W=W_{入}-W_{出}=W_{末}-W_{初} \tag{4.16}$$

具体计算时，时段初水库蓄水量和来水量是已知的，而水库出库水量与各部门用水及计算时段中水库水位有关。因此，每时段都要考虑水库调度原则反复试算，根据水量平衡方程确定时段内水库出库水量及计算时段末的水库蓄水量。然后，再以本时段末水库蓄水量作为下一时段初水库蓄水量，顺序推算，最终求得水库各种水利要素的时间过程或概率分布。水库兴利调节计算的课题如下：

（1）根据用水要求，确定兴利库容。

（2）根据兴利库容，确定设计保证率条件下的供水水平（调节流量）。

（3）根据兴利库容和水库操作方案，求水库运用过程。

上述课题的实质是找出天然来水、各部门在设计保证率条件下的用水和兴利库容三者之间的关系。下面具体讨论水库兴利调节计算的时历法和概率法。

## 4.3　兴利调节计算的时历法

兴利调节计算的时历法根据采用方法的不同，分为图解法和列表法。这两种方法的计算原理相同，都是以水量平衡为原则，即通过天然来水量和兴利部门用水（可计入水量损失）之间的对比求得供需平衡。图解法利用水量差积曲线特性，用于以下兴利调节计算：①根据用水要求确定年调节水库或多年调节水库的兴利库容；②根据年调节水库或多年调

节水库的兴利库容确定调节流量；③根据水库兴利库容和操作方案推求水库运用过程。一般来说，图解法多用于固定供水方式和多方案比较时的兴利调节计算。与图解法相比，列表法易于编程采用计算机计算。因此，这里介绍时历列表法。对图解法感兴趣的读者，可阅读相关书籍。

### 4.3.1　根据用水过程确定水库兴利库容

根据用水过程确定水库兴利库容是水库规划设计的重要内容。由于用水要求已知，根据天然径流资料（入库水量）可定出水库补充放水的起止时间。逐时段进行水量平衡求出不足水量，累加水库供水期各时段的不足水量，并扣除其中局部时段的回蓄水量，就可求出该入库径流情况下为满足给定用水要求所需的兴利库容。对于一定的用水要求，不同的天然径流，其兴利库容也不同。

按照对径流资料的不同取舍，水库兴利调节时历法可分为长系列法和代表年（期）法。当年调节水库有 20～30 年、多年调节水库有 30～50 年实测径流资料时，可用长系列法逐年计算所需的兴利库容，然后按由小到大顺序排列，计算绘制兴利库容频率曲线，再根据设计保证率在该频率曲线上定出要求的兴利库容。实测径流资料不长时，可用代表期法计算所需兴利库容。该方法是以设计代表期的径流代替长系列径流进行调节计算的简化方法，其精度取决于所选代表期的代表性好坏，而具体计算方法同长系列法。

下面以年调节水库为例，说明根据用水过程确定兴利库容的时历列表法中的代表年法，计算时段为 1 个月。

1. 不计水量损失的年调节计算

某坝址处的多年平均年径流量为 $1104.6\times10^6m^3$，多年平均流量为 $35m^3/s$。设计枯水年的天然来水过程及各部门综合用水过程见表 4.6。径流资料按调节年度给出，本例调节年度系由当年 7 月初到次年的 6 月末。根据天然来水量与各部门综合用水量之间的大小关系，可确定丰水期为 7 月、8 月、9 月 3 个月，枯水期为当年的 10 月到次年的 6 月。

从供水期第 1 个月份（10 月）开始，逐月计算供水期的不足水量，其值等于月用水量减去该月来水量，填入第（7）列。对供水期各月的不足水量进行累加，可求出供水期总不足水量为 $152.29\times10^6m^3$，显然，水库必须在丰水期存蓄 $152.29\times10^6m^3$ 水量才能补足供水期天然来水之不足，因此水库兴利库容应为 $152.29\times10^6m^3$。由于计算是针对设计枯水年进行的，因此所求兴利库容使各部门用水得到满足的程度是与设计保证率一致的。

**表 4.6　　　　水库年调节时历列表法（未计水库水量损失）**

| 时段/月 | | 天然来水 | | 各部门综合用水 | | 多余或不足水量 | | 弃水 | | 时段末兴利库容蓄水量 $/10^6m^3$ | 出库总流量 $/(m^3/s)$ |
|---|---|---|---|---|---|---|---|---|---|---|---|
| | | 流量 $/(m^3/s)$ | 水量 $/10^6m^3$ | 流量 $/(m^3/s)$ | 水量 $/10^6m^3$ | 多余 $/10^6m^3$ | 不足 $/10^6m^3$ | 水量 $/10^6m^3$ | 流量 $/(m^3/s)$ | | |
| (1) | | (2) | (3) | (4) | (5) | (6) | (7) | (8) | (9) | (10) | (11) |
| 丰水期 | 7 | 50.5 | 132.82 | 30.0 | 78.90 | 53.92 | | 0 | 0 | 53.92 | 30.0 |
| | 8 | 100.5 | 264.32 | 30.0 | 78.90 | 185.42 | | 87.05 | 33.1 | 152.29 | 63.1 |
| | 9 | 25.0 | 65.75 | 25.0* | 65.75 | | | | | 152.29 | 25.0 |

续表

| 时段/月 | | 天然来水 | | 各部门综合用水 | | 多余或不足水量 | | 弃水 | | 时段末兴利库容蓄水量 | 出库总流量 |
|---|---|---|---|---|---|---|---|---|---|---|---|
| | | 流量/($m^3/s$) | 水量/$10^6m^3$ | 流量/($m^3/s$) | 水量/$10^6m^3$ | 多余/$10^6m^3$ | 不足/$10^6m^3$ | 水量/$10^6m^3$ | 流量/($m^3/s$) | /$10^6m^3$ | /($m^3/s$) |
| (1) | | (2) | (3) | (4) | (5) | (6) | (7) | (8) | (9) | (10) | (11) |
| 枯水期 | 10 | 9.0 | 23.67 | 9.5 | 24.99 | | 1.32 | | | 150.97 | 9.5 |
| | 11 | 7.5 | 19.73 | 9.5 | 24.99 | | 5.26 | | | 145.71 | 9.5 |
| | 12 | 4.0 | 10.52 | 9.5 | 24.99 | | 14.47 | | | 131.24 | 9.5 |
| | 1 | 2.6 | 6.84 | 9.5 | 24.99 | | 18.15 | | | 113.09 | 9.5 |
| | 2 | 1.0 | 2.63 | 9.5 | 24.99 | | 22.36 | | | 90.73 | 9.5 |
| | 3 | 10.0 | 26.30 | 15.0 | 39.45 | | 13.15 | | | 77.58 | 15.0 |
| | 4 | 8.0 | 21.04 | 15.0 | 39.45 | | 18.41 | | | 59.17 | 15.0 |
| | 5 | 4.5 | 11.84 | 15.0 | 39.45 | | 27.61 | | | 31.56 | 15.0 |
| | 6 | 3.0 | 7.89 | 15.0 | 39.45 | | 31.56 | | | 0 | 15.0 |
| 合计 | | 225.6 | 593.35 | 192.5 | 506.3 | 239.34 | 152.29 | 87.05 | | | |
| 平均 | | 18.8 | | 16.0 | | | | | | | |

**注** 1. $\sum(3)-\sum(5)=\sum(8)$，$\sum(6)-\sum(7)=\sum(8)$，均可用以校核计算。

2. 9月份原计划要求用水流量为 $20m^3/s$，由于库满，可按天然来水运行，提高水量利用率。

在7月初丰水期开始时，兴利库容为空。逐月将多余的水量（等于月来水量减去月用水量）全部存入水库直至兴利库容蓄满发生弃水为止。水库蓄满后，若还有多余的来水量，则发生弃水。计算情况见第（6）、（8）、（9）列。

第（10）列为各时段末兴利库容蓄水情况，7月开始蓄水，8月份蓄满并有弃水，9月份保持蓄满，10月份进入枯水期开始供水，水库水位逐月下降，6月末供水期结束，兴利库容放空。水库蓄水变化过程如图4.9所示。

第（11）列为各时段出库总流量，等于时段各部门综合用水流量与弃水流量之和，可用于确定下游水位。

图4.9绘出了水库蓄水年变化过程，图中标明水库死库容为 $50\times10^6m^3$，兴利库容 $152.29\times10^6m^3$。库容系数为 $\beta=V_{兴}/\overline{W}_{年}$ $152.29\times10^6/1104.60\times10^6\approx13.8\%$。

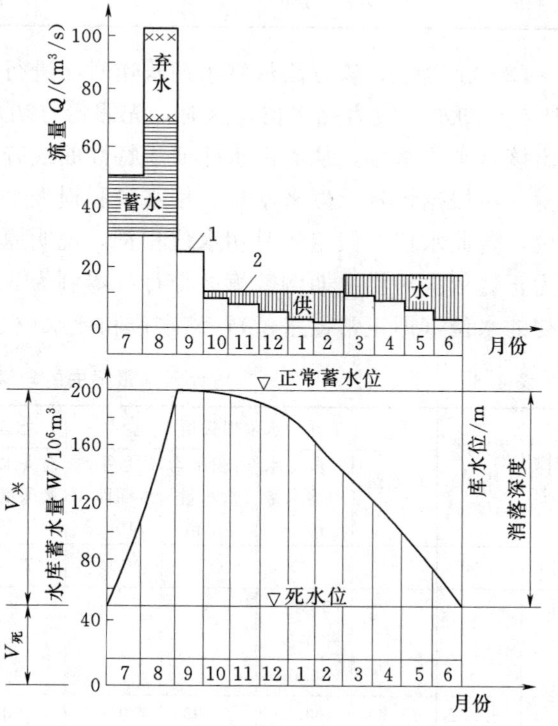


图4.9 某水库径流年调节过程

1—设计枯水年来水过程；2—综合用水过程

2. 考虑水量损失的年调节计算

上述算例的各月损失水深见表4.7。其中蒸发损失是根据当地水面蒸发资料和多年平均陆面蒸发等值线图求得，渗漏损失由库区水文地质调查报告提供。

现分别用逐次逼近法、试算法和简化法考虑年调节水库的水量损失，计算其兴利库容。

(1) 逐次逼近法。由于各月蒸发、渗漏损失与当月库水面面积有关，先暂不计入水量损失，进行调节计算，求出各月水库平均蓄水量并确定平均水面面积，用各月水量损失深度乘以相应的平均水面面积，得出各月损失水量，见表4.8第(5)至第(8)列。将各月损失水量计入相应月份兴利用水量，得出月毛用水量[第(9)列]。再根据天然来水、毛用水量，用表4.6相同的方法，进行调节计算，累计整个供水期不足水量，求出所需兴利库容为168.20×$10^6$ $m^3$，比不计水量损失情况增加15.91×$10^6$ $m^3$，此增值恰等于供水期总水量损失。表4.8第(12)列为各月末水库蓄水量。应该指出，表4.8仍有近似性，这是由于计算水量损失时采用了不计水量损失时的水面面积值，为提高计算精度，可在第一次计算的基础上，按上述方法再算一次。

**表4.7　　某水库蒸发和渗漏损失深度**　　单位：mm

| 月份 | 1 | 2 | 3 | 4 | 5 | 6 | 7 | 8 | 9 | 10 | 11 | 12 | 全年 |
|---|---|---|---|---|---|---|---|---|---|---|---|---|---|
| 蒸发损失 | 15 | 30 | 80 | 110 | 150 | 150 | 130 | 115 | 90 | 75 | 35 | 20 | 1000 |
| 渗漏损失 | 60 | 60 | 60 | 60 | 60 | 60 | 60 | 60 | 60 | 60 | 60 | 60 | 720 |
| 总损失 | 75 | 90 | 140 | 170 | 210 | 210 | 190 | 175 | 150 | 135 | 95 | 80 | 1720 |

(2) 试算法。该方法从供水期末逆时序进行逐月试算。年调节水库供水期末(本例为6月末)的水位应为死水位，这时，先假定月初水位，根据月末死水位及假定的月初水位算出该月平均水位，从而由水库面积特性曲线查出相应的平均水面面积，进而计算月损失水量。再根据该月天然来水量、用水量和损失水量，计算6月初水库应有蓄水量及其相应水位，若此水位与假定的月初水位相符，说明原假定是正确的，否则重新假定，试算到相符为止。依次对供水期倒数第2个月(本例为5月)进行试算。逐月类推，就可求出供水期初的水位(即正常蓄水位)，该水位和死水位之间的库容即为所求的兴利库容。

**表4.8　　计入水量损失的年调节列表计算**

| 时段/月 | | 天然来水量/$10^6m^3$ | 未计入水量损失情况 | | | | 水量损失 | | 计入水量损失情况 | | | | |
|---|---|---|---|---|---|---|---|---|---|---|---|---|---|
| | | | 用水量/$10^6m^3$ | 时段末水库蓄水量/$10^6m^3$ | 时段平均蓄水量/$10^6m^3$ | 时段平均水面面积/$10^6m^2$ | 损失水量深度/m | 水量损失值/$10^6m^3$ | 毛用水量/$10^6m^3$ | 多余用水量/$10^6m^3$ | 不足水量/$10^6m^3$ | 时段末水库蓄水量/$10^6m^3$ | 弃水量/$10^6m^3$ |
| (1) | | (2) | (3) | (4) | (5) | (6) | (7) | (8) | (9) | (10) | (11) | (12) | (13) |
| 丰水期 | | | | (时段初死库容) 50.00 | | | | | | | | (时段初死库容) 50.00 | |
| | 7 | 132.82 | 78.90 | 103.92 | 76.96 | 9.6 | 0.190 | 1.824 | 80.72 | 52.10 | | 102.10 | 0 |
| | 8 | 264.32 | 78.90 | 202.29 | 153.10 | 15.2 | 0.175 | 2.660 | 81.56 | 182.76 | | 218.20 | 66.66 |
| | 9 | 65.75 | 63.11* | 202.29 | 202.29 | 17.6 | 0.150 | 2.640 | 65.75 | | | 218.20 | |

续表

| 时段/月 | | 天然来水量 /$10^6m^3$ | 未计入水量损失情况 | | | | 水量损失 | | 计入水量损失情况 | | | | |
|---|---|---|---|---|---|---|---|---|---|---|---|---|---|
| | | | 用水量 /$10^6m^3$ | 时段末水库蓄水量 /$10^6m^3$ | 时段平均蓄水量 /$10^6m^3$ | 时段平均水面面积 /$10^6m^2$ | 损失水量深度 /m | 水量损失值 /$10^6m^3$ | 毛用水量 /$10^6m^3$ | 多余用水量 /$10^6m^3$ | 不足水量 /$10^6m^3$ | 时段末水库蓄水量 /$10^6m^3$ | 弃水量 /$10^6m^3$ |
| (1) | | (2) | (3) | (4) | (5) | (6) | (7) | (8) | (9) | (10) | (11) | (12) | (13) |
| 枯水期 | 10 | 23.67 | 24.99 | 200.97 | 201.63 | 17.00 | 0.135 | 2.295 | 27.29 | | 3.62 | 214.58 | |
| | 11 | 19.73 | 24.99 | 195.71 | 198.34 | 16.40 | 0.095 | 1.558 | 26.55 | | 6.82 | 207.76 | |
| | 12 | 10.52 | 24.99 | 181.24 | 188.48 | 16.20 | 0.080 | 1.296 | 26.29 | | 15.77 | 191.99 | |
| | 1 | 6.84 | 24.99 | 163.09 | 172.66 | 16.00 | 0.075 | 1.200 | 26.19 | | 19.35 | 172.64 | |
| | 2 | 2.63 | 24.99 | 140.73 | 151.91 | 15.15 | 0.090 | 1.363 | 26.35 | | 23.72 | 148.92 | |
| | 3 | 26.3 | 39.45 | 127.58 | 134.15 | 14.24 | 0.140 | 1.994 | 41.44 | | 15.14 | 133.78 | |
| | 4 | 21.04 | 39.45 | 109.17 | 118.38 | 13.00 | 0.170 | 2.210 | 41.66 | | 20.62 | 113.16 | |
| | 5 | 11.84 | 39.45 | 81.56 | 95.36 | 11.00 | 0.210 | 2.310 | 41.76 | | 29.92 | 83.24 | |
| | 6 | 7.89 | 39.45 | 50.00 | 65.78 | 8.00 | 0.210 | 1.680 | 41.13 | | 33.24 | 50.00（死库容） | |
| 合计 | | 593.35 | 503.66 | | | | | 23.03 | 526.69 | 234.86 | 168.20 | | 66.66 |

**注**　1. $\Sigma(2)-[\Sigma(3)+\Sigma(8)]=\Sigma(2)-\Sigma(9)=\Sigma(13)$，$\Sigma(10)-\Sigma(11)=\Sigma(13)$，可用于校核计算。

2. 兴利库容 8 月份蓄满，9 月份可按天然流量运行，但有水量损失，故月用水量为 $63.11\times10^6m^3$。

（3）简化法。对中小型水库，可用下述方法考虑水量损失：首先不计水量损失算出兴利库容，将该库容的一半加上死库容，作为水库全年平均蓄水量，从水库特性曲线上查出相应的全年平均水位及平均水面面积，据此算出年损失水量，并平均分配在 12 个月份。不计损失时的兴利库容加上供水期总损失水量，即为考虑水量损失后的兴利库容近似值。本例全年平均蓄水量为 $(50+152.29/2)\times10^6m^3=126.20\times10^6m^3$，平均水面面积为 $13.7\times10^6m^2$（图 4.10），年损失水量为 $1720\times13.7\times10^6/1000=23.6\times10^6(m^3)$，供水期损失水量为 $23.6\times10^6\times9/12=17.7\times10^6(m^3)$。因此，计入水量损失后所需兴利库容为 $(152.29+17.70)\times10^6m^3=169.99\times10^6m^3$。

上述计算表明，简化法结果较大，其原因是：①逐次逼近法仅为一次计算，结果偏小；②在简化计算中年损失水量按年内均匀分配考虑，使结果偏大，因为供水期大多数时间气温低于丰水期，水面面积也小于丰水期，所以水量损失小于丰水期。

通过以上算例，可归纳以下几点：

（1）径流来水过程与用水过程差别愈大，则所需兴利库容愈大。

（2）在一次充蓄条件下，累计整个供水期不足水量和损失水量之和，即得兴利库容。任意改变供水期各月用水量，只要整个供水期水量不变，其累计不足水量是不会改变的，所求兴利库容也将保持不变，但各月的蓄水量会有所变动。因此，为简化计算，可用供水期平均用水量代替各月实际用水量，即假定整个供水期为均匀供水，这种径流调节计算称为等流量调节。

（3）通常将设计枯水年调节流量（多年调节时为设计枯水系列调节流量）与多年平均

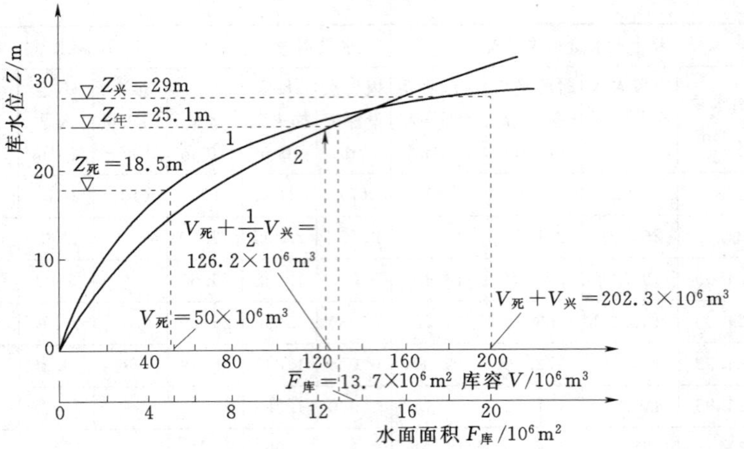


图 4.10　水库面积特性和容积特性

1—水库容积特性；2—水库面积特性

流量的比值称为调节系数 $\alpha$，用以度量径流调节的程度。上述算例中，$\alpha=Q_{调}/\overline{Q}=(5\times 24.99+4\times 39.45)\times 10^6/(9\times 2.63\times 10^6)/35.0=11.9/35=0.34$。

(4) 以上算例，水库在调节年度内是一次蓄水（7 月至 9 月）、一次供水（10 月至次年 6 月）的情况。有时水库在 1 年内会有两次或两次以上的蓄供过程，如图 4.11 所示。图 4.11 (a) 表示运用过程中各次水库供水量均小于前期蓄水，即 $W_{供1}<W_{蓄1}$，$W_{供2}<W_{蓄2}$，每次供水前水库均能单独存蓄所需水量，故两次（或多次）供水量中较大者即为所需兴利库容。图 4.11 (b) 中第 2 次供水量大于前面的蓄水量，即 $W_{供2}>W_{蓄2}$。这时，为了满足兴利要求，应在水库中为第 2 次供水预留水量 $W_{供2}-W_{蓄2}$，故 $V_{兴}=W_{供1}+(W_{供2}-W_{蓄2})(m^3)$。

两次蓄、供水的列表计算方法同前，但要注意 $W_{蓄2}$ 只是供水期中的局部回蓄水量，故供水期是图中 $a$ 到 $b$ 的全部时间［图 4.11 (b)］。

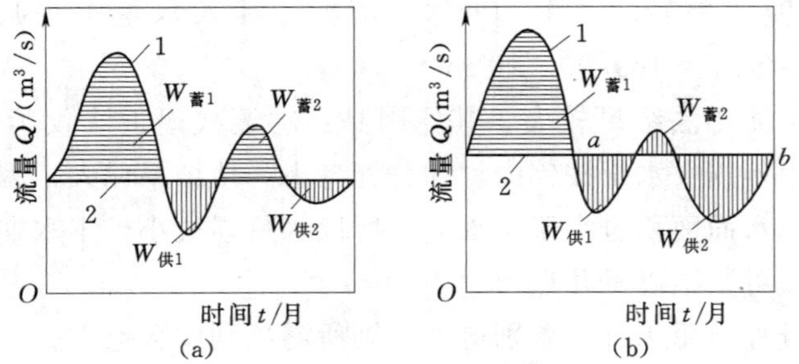


图 4.11　水库两次运用示意图

1—天然来水过程；2—用水过程

(5) 兴利部门全年用水量小于设计枯水年来水量时，枯水期不足水量可由径流年调节解决。当全年用水量大于设计枯水年来水量时，仅靠径流年内分配是不可能满足要求的，必须借助于丰水年水量，即需进行径流多年调节才能解决问题。

上述年调节水库时历列表法，同样适用于周期更长的多年调节和周期短的周（日）调节。

多年调节水库调节周期长达若干年，且不是常数，即使有较长的水文资料，其周期循环数仍然不多，难以保证计算精度。一般认为，只是在具有 30～50 年以上水文资料时才有可能应用长系列法，否则用代表期（设计枯水系列）法进行径流调节时历列表计算。

对于周期短的周（日）调节，其计算时段按日（小时）计。当采用代表期法时，则针对设计枯水周（日）进行径流调节时历列表计算。

### 4.3.2 根据兴利库容确定调节流量

在水库规划设计中，通常要进行兴利库容的多方案比较。此时，要根据兴利库容值，推求供水期能获得的调节流量，以计算每个方案的效益，为方案比较提供依据；对于选定方案，则需要进一步进行较为精确的计算，以求出最终效益指标。

这时，由于调节流量未知，不能直接确定蓄水期和供水期，只能先假定若干调节流量方案，对每个方案采用上述方法求出各自需要的兴利库容，然后绘成 $Q_{调}$ - $V_{兴}$ 曲线。再根据给定的兴利库容 $V_{兴0}$，即可在 $Q_{调}$ - $V_{兴}$ 曲线上查出所求的调节流量 $Q_{调0}$（图 4.12）。

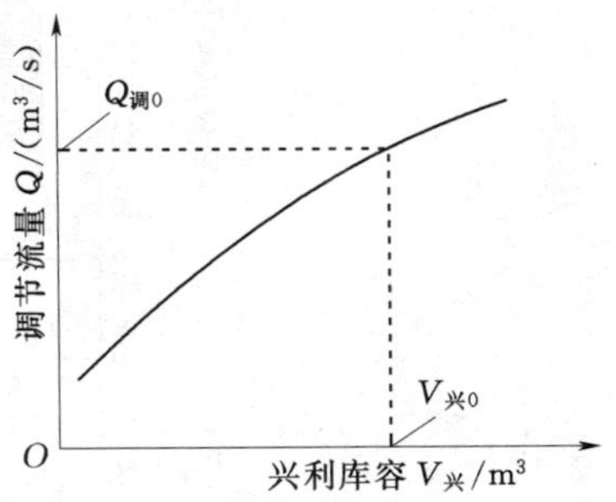

图 4.12 调节流量与兴利库容关系曲线

对于年调节水库，也可用下式计算：

$$Q_{调}=(W_{设供}-W_{供损}+V_{兴})/T_{供} \tag{4.17}$$

式中：$W_{设供}$ 为设计枯水年供水期来水总量，$m^3$；$W_{供损}$ 为设计枯水年供水期水量损失，$m^3$；$T_{供}$ 为设计枯水年供水期历时，s。

应用式（4.17）时要注意以下两个问题：

（1）水库调节性能问题。首先应判别水库是否为年调节，因只有年调节水库的 $V_{兴}$ 才是当年蓄满且存水全部用于该调节年度的供水期内。

通常可根据库容系数 $\beta$ 判别水库的调节性能，当 $\beta=8\%\sim30\%$ 时，可初定为年调节水库，$\beta\geqslant30\%$ 即可进行多年调节。以对设计枯水年按等流量进行完全年调节所需兴利库容 $V_{完}$ 为界限，可准确判别水库是否为年调节。当实际库容大于 $V_{完}$ 时，水库为多年调节，否则为年调节。令各月用水量均等于设计枯水年平均月来水量，对设计枯水年进行时历列表计算，可求出 $V_{完}$ 值。也可直接用下式计算：

$$V_{完}=\overline{Q}_{设用}T_{枯}-W_{设枯} \tag{4.18}$$

式中：$\overline{Q}_{设用}$ 为设计枯水年月平均用水流量，等于平均天然流量，$m^3/s$；$W_{设枯}$ 为设计枯水年枯水期来水总量，$m^3/s$；$T_{枯}$ 为设计枯水年枯水期历时，s。

（2）划定蓄、供水期的问题。应用式（4.18）计算供水期调节流量时，需根据天然来水量与用水量之间的大小关系，正确划分蓄、供水期。供水期是指天然来水量小于用水量，需由水库放水补充的时期。水库在调节年度内一次充蓄、一次供水的情况下，供水期开始时刻是天然流量开始小于用水量（调节流量）之时，而终止时刻则为天然流量开始大于用水量（调节流量）之时。可见，供水期长短是相对的，取决于天然来水量与调节流量之间的大小关系，调节流量愈大，要求供水的时间愈长。在式（4.17）中，$Q_{调}$ 和 $T_{供}$ 均未知，需试算。先假定 $T_{供}$，用式（4.17）求出 $Q_{调}$ 后进行核对，如不正确则重新假定 $T_{供}$ 后再算。

**【例 4.1】** 某拟建水库坝址处多年平均流量为 $\overline{Q}=22.5\text{m}^3/\text{s}$，多年平均年水量 $\overline{W}_{年}=710.1\times10^6\text{m}^3$，按设计保证率 $P_{设}=90\%$ 选定的设计枯水年流量过程线如图 4.13 所示。初定兴利库容 $V_{兴}=120\times10^6\text{m}^3$，试计算调节流量和调节系数。

**解：**（1）判定水库调节性能。水库库容系数 $\beta=120\times10^6/(710.1\times10^6)\approx0.17$，初定为年调节水库。

进一步分析设计枯水年进行完全年调节的情况，以确定完全年调节所需兴利库容。计算步骤如下：

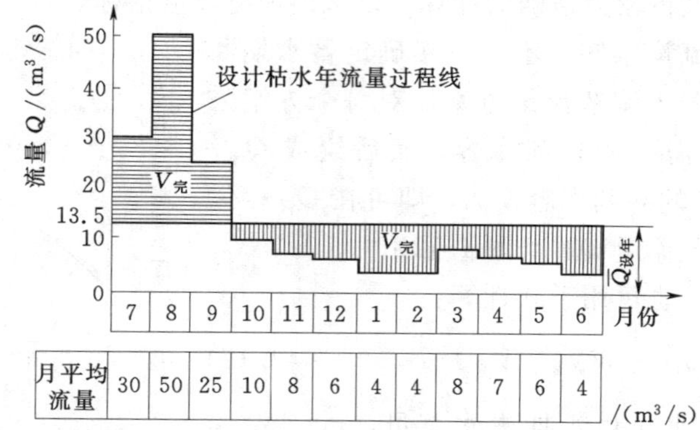


图 4.13　某水库设计枯水年完全年调节

1）计算设计枯水年平均流量和年水量。

$$\overline{Q}_{设年}=162/12=13.5(\text{m}^3/\text{s})$$

$$W_{设年}=13.5\times12\times2.63\times10^6=426.1\times10^6(\text{m}^3)$$

2）定出设计枯水年枯水期。进行完全年调节时，调节流量为 $\overline{Q}_{设年}$。由图 4.13 可见，其丰、枯水期十分明显，当年 10 月到次年 6 月为枯水期，$T_{枯}=9\times2.63\times10^6=23.67\times10^6(\text{s})$。

3）计算设计枯水年枯水期总水量。$W_{设枯}=57\times2.63\times10^6=149.91\times10^6(\text{m}^3)$

4）计算设计枯水年进行完全年调节所需兴利库容 $V_{完}$。由式（4.18）得：

$$V_{完}=(13.5\times23.67-149.9)\times10^6=169.6\times10^6(\text{m}^3)$$

已知兴利库容小于 $V_{完}$，所以该水库为年调节水库。

（2）按已知兴利库容确定调节流量（不计水量损失）。该调节流量一定比 $\overline{Q}_{设年}$ 小，先假定 1 月到次年 6 月为供水期，由（4.17）得

$$Q_{调}=(120\times10^6+47\times2.63\times10^6)/(8\times2.63\times10^6)\approx11.6(\text{m}^3/\text{s})$$

由于计算得到的 $Q_{调}$ 大于 10 月份天然流量，故 10 月份也应包含在供水期之内，即实

际供水期应为 9 个月。按此供水期再进行计算，得

$$Q_{调}=(120\times10^{6}+57\times2.63\times10^{6})/(9\times2.63\times10^{6})\approx11.4(m^{3}/s)$$

计算得的 $Q_{调}$ 小于 9 月份天然流量，说明供水期按 9 个月计算是正确的。

该水库所能获得的调节流量为 11.4$m^3/s$，调节系数为

$$\alpha=Q_{调}/\overline{Q}=11.4/22.5=0.51$$

### 4.3.3 根据既定兴利库容和水库操作方案推求水库运用过程

推求水库运用过程的主要内容是，确定水库水位、下泄量和弃水等的时历过程，并进而计算、核定其工作保证率。在库容已定条件下，水库运用过程与其操作方式有关，水库操作方式可分为定流量和定出力两种类型。

(1) 定流量操作。定流量操作的特点是各时段调节流量为已知值，当各时段调节流量相等时，称等流量操作。

对于灌溉、给水和航运等部门的供水，水库多根据需水过程按定流量操作。在初步计算时也可简化为等流量操作。这时，可分时段直接进行水量平衡，推求水库运用过程［表 4.6 第（9）、（10）、（11）栏，表 4.8 第（12）、（13）栏及图 4.9］。显然，对于给定的兴利库容和操作方案，入库径流不同，水库运用过程亦不同。以年调节水库为例，若供水期由正常蓄水位开始推算，当遇特枯年份，库水位很快消落到死水位，后一段时间只能靠天然径流供水，用水部门的正常工作将遭到破坏。而且，在这种年份的丰水期，兴利库容也可能蓄不满，则供水期缺水情况就更加严重。相反，在丰水年份，供水期水位不必降到死水位便能保证兴利部门的正常用水，在丰水期则水库可能提前蓄满并有弃水。显然，针对长水文系列进行径流调节计算，即可统计得出水库正常工作的保证程度。对于设计代表期（日、年、多年系列）进行定流量操作计算，便得出具有相应特定含义的水库运用过程。

(2) 定出力操作。为满足用电要求，水电站调节水量要与负荷变化相适应，这时，水库按定出力操作。

定出力操作可分为顺时序法和逆时序法两种方式。顺时序法是供水期以 $V_{兴}$ 满蓄为起算点，蓄水期以 $V_{兴}$ 放空为起算点，分别顺时序算到各自的期末。其计算结果表明水电站按定出力运行水库在各种来水情况下的蓄、放水过程。类似于定流量操作，针对长水文系列进行定出力顺时序计算，可统计得出水电站正常工作的保证程度。逆时序法是供水期以期末 $V_{兴}$ 放空为起算点，蓄水期以期末 $V_{兴}$ 蓄满为起算点，分别逆时序计算到各自的期初。其计算结果表明水电站按定出力运行且保证 $V_{兴}$ 在供水期末正好放空、蓄水期末正好蓄满，各种来水年份各时段水库必须具有的蓄水量。

由于水电站出力取决于流量和水头，而流量和水头彼此又有影响，所以常采用逐次逼近的试算方法进行定出力调节。表 4.9 为顺时序一个时段的试算例子。

如上所述，计算总是从水库某一特定蓄水情况（库满或库空）开始，即第（11）栏起算数据为确定值。表中第（4）栏指水电站按第（2）栏定出力运行时应引用的流量，与水头有关，先假定为 40$m^3/s$，依次进行时段水量平衡，求出水库蓄水量的变化值并定出时段上游平均库水位 $\overline{Z}_{上}$。根据假设的发电流量并计及时段内通过其他途径泄往下游的流

**表 4.9　　定出力操作水库调节计算（顺时序法）**

| 时间/月 | | (1) | 某月 | | |
|---|---|---|---|---|---|
| 水电站平均出力 $N/10^3$kW | | (2) | 15 | | |
| 月平均天然流量 $\overline{Q}_{天}/(m^3/s)$ | | (3) | 30 | | |
| 水电站引用流量 $Q_{电}/(m^3/s)$ | | (4) | 40 | 37.5 | |
| 其他部门用水流量$/(m^3/s)$ | | (5) | 0 | 0 | |
| 水库水量损失 $\sum Q_{损}/(m^3/s)$ | | (6) | 0 | 0 | |
| 水库存入或放出的流量 $\Delta Q/(m^3/s)$ | 多余流量 | (7) | | | |
| | 不足流量 | (8) | 10 | 7.5 | |
| 水库存入或放出的水量 $\Delta W/10^6 m^3$ | 多余水量 | (9) | | | |
| | 不足水量 | (10) | 26.3 | 19.7 | |
| 时段初水库蓄水量 $W_{初}/10^6 m^3$ | | (11) | 126.0 | 126.0 | 106.3 |
| 时段末水库蓄水量 $W_{末}/10^6 m^3$ | | (12) | 99.7 | 106.3 | |
| 弃水量 $W_{弃}/10^6 m^3$ | | (13) | 0 | 0 | |
| 时段初上游水位 $Z_{初}$/m | | (14) | 201 | 201 | 199.4 |
| 时段末上游水位 $Z_{末}$/m | | (15) | 199 | 199.4 | |
| 上游平均水位 $\overline{Z}_{上}$/m | | (16) | 200 | 200.2 | |
| 下游平均水位 $\overline{Z}_{下}$/m | | (17) | 150.0 | 149.9 | |
| 平均水头 $\overline{H}$/m | | (18) | 50.0 | 50.3 | |
| 校核出力值 $N'/10^3$kW | | (19) | 16.0 | 15.09 | |

注　1. 已知正常蓄水位为 201.0m，相应的库容为 $126\times10^6 m^3$。
　　2. 出力计算公式 $N=AQ_{电}\overline{H}=8.0Q_{电}\overline{H}$。

量，查出同时段下游平均水位 $\overline{Z}_{下}$。同时段上、下游平均水位差即为该时段水电站的平均水头 $\overline{H}$。将第（4）栏的假设流量值和第（18）栏的平均水头值代入公式 $N'=AQ_{电}\overline{H}$，取出力系数 $A$ 为 8.0，求得出力值并填入（19）栏。比较（2）栏的 $N$ 值和（19）栏的 $N'$ 值，若两者相等，表示假设的 $Q_{电}$ 无误，否则另行假定重算，直至 $N'$ 和 $N$ 相符为止。本算例第 1 次计算的 $N'=16.0\times10^3$kW，与要求出力 $N=15.0\times10^3$kW 不符。考虑到流量变化幅度不大时，一个时段的水库上、下游水位变化也不大，故平均水头 $\overline{H}$ 可近似假定不变。这样，第 2 次可假设 $Q_{电}=40\times15/16=37.5m^3/s$，计算结果为 $N'=15.09\times10^3$kW，与要求值很接近，该时段试算结束。算完一个时段后继续下个时段的试算，直至期末。在计算过程中，上时段末水库蓄水量就是下个时段初的水库蓄水量。

根据列表计算结果，可绘制水库蓄水量或库水位［表 4.9 中第（12）栏或（15）栏］过程线、兴利用水［表 4.9 中第（4）、（5）栏］过程线和弃水流量［表 4.9 第（13）栏］过程线等。

定出力逆时序计算仍可按表 4.9 格式进行。这时，由于起算点控制条件不同，供水期初库水位不一定是正常蓄水位，蓄水期初兴利库容也不一定正好放空。针对若干典型天然径流过程进行定出力逆时序操作，绘出水库蓄水量（或库水位）变化曲线组，它是制作水库调度图的重要依据之一。

以上详细地讨论了水库兴利调节计算时历列表法。可将时历法的特点和适用情况归纳为以下几点：①概念直观、方法简便；②计算结果直接提供水库各种调节要素（如供水量、蓄水量、库水位、弃水量、损失水量等）的全部过程；③要求具备较长和有一定代表性的径流系列及其他如水库特性资料；④列表法又可分为长系列法和代表期法，其中长系列法适用于对计算精度要求较高的情况；⑤适用于用水量随来水情况、水库工作特性及用户要求而变化的调节计算，特别是水能计算、水库灌溉调节计算以及综合利用水库调节计算，对于这类复杂情况的计算，采用时历列表法尤为方便。

## 4.4　兴利调节计算的数理统计法

规划设计水库时进行的径流调节计算具有预报工程未来工作情况的性质，调节计算结果一般用 $V_{兴}$、$Q_{调}$、$P_{设}$ 三者的关系表示。采用时历法进行计算，概念清晰，方法简便。但当径流系列较短时，多年调节水库的蓄放循环周期少，代表性差，影响计算成果的可靠性。尤其对于相对库容大、调节周期很长的多年调节水库，时历法径流调节结果的精度难以满足要求。这时，多采用概率法。概率法总的可归纳为直接求总调节库容法和分别求年与多年调节库容法这两类方法。

### 4.4.1　分别求年与多年调节库容法

当年用水量超过设计枯水年年水量时，一般即需进行多年调节。这时，水库既要调整径流的年际分配，又要调节径流的年内不均，相应地，可将多年调节水库兴利库容划分为两部分：用于调整年际径流的多年库容 $V_{多}$ 和用于调节年内径流的年库容 $V_{年}$，即

$$V_{兴}=V_{多}+V_{年} \tag{4.19}$$

图 4.14 形象地表示出多年调节兴利库容的划分情况，图中用虚曲线、实折线分别表示是、否考虑径流年内不均的天然水量差积曲线。由图可见，当不需对天然来水年内不均匀性进行调节时，多年库容 $V_{多}$ 即可保证供给规定的调节流量 $Q_{调}$，否则，需另增年库容 $V_{年}$。

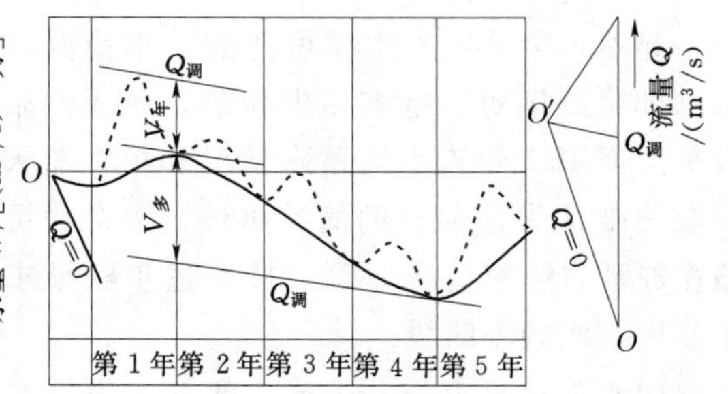


图 4.14　多年库容和年库容的划分

从上述概念出发，水库多年调节计算概率法常采用分别求多年库容 $V_{多}$ 和年库容 $V_{年}$ 的方法。多年库容用概率法计算，年库容用时历法计算，将两部分库容相加即可求得总的兴利库容。这类方法中 $V_{年}$ 的保证率概念不明确，两部分库容硬性相加在理论上也不够严格，但比较简单，可应用径流多年调节线解图直接求 $V_{多}$（先利用图 4.20 求出

$\beta_多$，再根据 $\beta_多=V_多/\overline{W}_年$ 求 $V_多$)，应用较广。

**4.4.1.1**　确定多年库容

采用概率法求多年库容时，其基本假定是年径流量具有典型的概率分布而且是平稳的，相邻年份的年径流相互独立。在多年库容和调节流量固定的条件下，应用概率法推求其对应的工作保证率的步骤为：

1. 绘制天然年水量模数频率曲线

年水量模数 $K$ 即年水量与多年平均年水量之比值，又称模比系数，即 $K=W_年/\overline{W}_年$，可根据实测径流资料或统计参数绘制年水量模数频率曲线（图 4.15)。

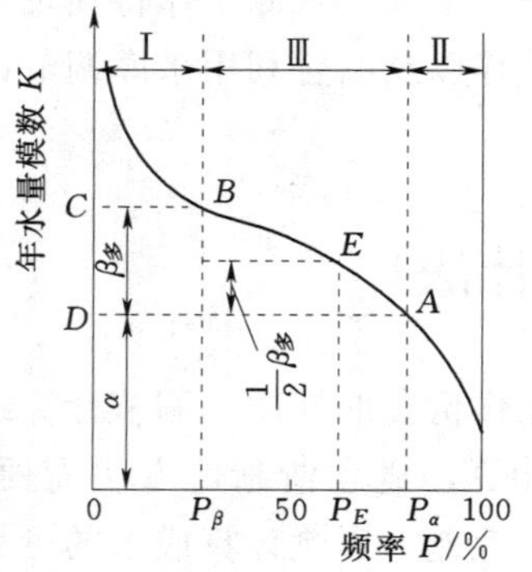


图 4.15　年水量模数频率曲线

2. 推求第 1 年末水库蓄水频率曲线

假设由库空起调，在年水量模数频率曲线上作水平线 $AD$，使其与横轴间相距调节系数 $\alpha$（调节流量与多年平均流量的比值，即 $\alpha=Q_调/\overline{Q}$)。再在 $AD$ 线上方作水平线 $BC$，两线相距库容系数 $\beta_多$（多年库容与多年平均年水量的比值，即 $\beta_多=V_多/\overline{W}_年$)。这样，就把年水量模数频率曲线划分成为 3 个部分（图 4.15)：

第Ⅰ部分为 $B$ 点以上的丰水年份，其 $K>\alpha+\beta_多$，即除 $\alpha$ 得到保证且蓄满 $\beta_多$ 外，尚有余水，$B$ 点频率 $P_\beta$ 为第 1 年末 $\beta_多$ 能被蓄满的频率。

第Ⅱ部分为 $A$ 点以下的枯水年份，其 $K<\alpha$，$\alpha$ 得不到满足，相应横坐标宽度 $(100-P_\alpha)\%$ 即正常工作遭受破坏的频率。

第Ⅲ部分为介于 $A$、$B$ 两点之间的年份，其 $\alpha+\beta_多>K>\alpha$，即除保证供水外尚有部分余水蓄进水库。例如，图中 $E$ 点频率 $P_E$ 即第 1 年末多年库容能充蓄一半的频率，等等。而 $AB$ 段相应横坐标宽度 $(P_\alpha-P_\beta)\%$ 是第 1 年末多年库容各种蓄水情况的频率。

综上所述，$K-P$ 线中的 $ABCD$ 部分为第 1 年末多年库容蓄水频率曲线，把这部分单独绘成图 4.16。

3. 推求第 2 年末水库蓄水频率曲线

显然，第 2 年末水库可能的蓄水情况与第 1 年末（即第 2 年初）蓄水多少和第 2 年天然来水情况有关。而第 1 年末水库蓄水情况和第 2 年天然来水情况均被认为是独立的简单事件，因此，可根据全概率原理（频率组合原理）按下述步骤推求第 2 年末水库蓄水频率曲线：

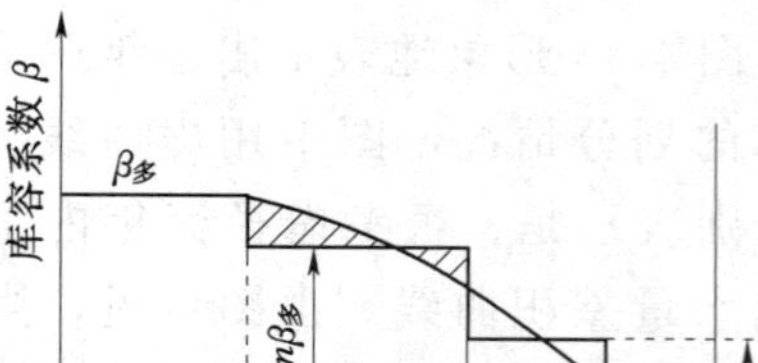


图 4.16　第 1 年末水库蓄水频率曲线

(1) 为计算方便，把第 1 年末水库蓄水频率曲线划分为阶梯形。分阶梯时，注意使分阶梯的横、竖线与曲线形成的面积尽可能地相近（图 4.16 中的上、下阴影面积和两空白面积)。根据经验，当 $\beta_多$ 较小时，分 2～3 个阶梯即可；当 $\beta_多$ 较大时，宜多分几个阶梯。如图 4.16 所示，第 1 年末（即第 2 年初）蓄水频率曲线被阶梯线分为 4 部分，即：①横坐标宽度 $(100-P_\alpha)\%$ 为库空的频率；②阶梯宽度 $(P_\alpha-P_\gamma)\%$ 表示多年库容蓄水量为 $n'\beta_多$ 的频率；

③阶梯宽度 $(P_\gamma - P_\beta)\%$表示蓄水量为 $n\beta_{多}$的频率；④阶梯宽度 $P_\beta\%$表示多年库容蓄满的频率。这 4 部分表示第 2 年初水库蓄水的 4 种可能情况。

（2）根据频率相乘原理，将 $K-P$ 线按图 4.16 划分的各阶梯宽度成比例地缩小横坐标，绘成图 4.17（a）的形式。因为第 2 年初蓄是一个事件（其频率如图 4.16 各阶梯宽度所示），第 2 年可能遇到的天然来水情况是第 2 个事件（其频率由 $K-P$ 线表示），此两事件互相独立，两者同时发生的频率即两者各自频率的乘积。这就是将 $K-P$ 线横坐标分别乘上各阶梯宽度，形成如图 4.17（a）所示图解方法的依据。由它定出第 2 年不同初蓄条件下可能得到的各种终蓄的频率。

（3）如图 4.17（a）所示，在离横轴 $\alpha$ 及 $(\alpha+\beta_{多})$ 处各划一条水平线。该两直线间包含了第 2 年年初水库不同初蓄条件下，第 2 年年末的蓄水频率曲线。每一种初蓄情况下的第 2 年年末蓄水频率曲线称为部分终蓄曲线，它们都是不相容的组合事件，根据频率相加原理，第 2 年年末水库终蓄出现的总频率应是各种组合事件各自频率之和。因此，将各部分终蓄曲线上终蓄相同的部分频率相加，即得终蓄曲线。如图 4.17 所示，第 2 年年末终蓄为 $\beta_{多}/2$ 的频率为

$$P_{0.5\beta_{多}} = P_{ab} + P_{cd} + P_{ef} + P_{gh}$$

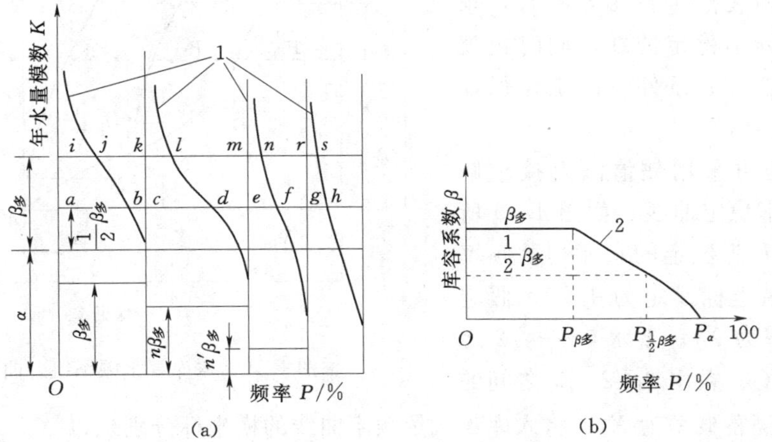


图 4.17　用频率组合图解法求水库终蓄频率曲线
1—$K-P$ 线；2—第二年末水库蓄水频率曲线

而终蓄为 $\beta_{多}$的频率则为

$$P_{\beta_{多}} = P_{ij} + P_{kl} + P_{mn} + P_{rs}$$

采用相同方法，可求出其他终蓄的频率，从而绘出第 2 年年末的水库蓄水频率曲线，如图 4.17（b）所示。

4. 推求水库蓄水频率稳定曲线

第 2 年水库终蓄曲线也就是第 3 年初蓄曲线，按上述同样方法可求出第 3 年、第 4 年等的年末蓄水频率曲线。运算多年并将各年终蓄曲线画在同一张图上。随着计算年数的增加，两相邻年份蓄水频率曲线逐渐接近，趋于重合，最后的曲线即为所求的水库蓄水频率

稳定曲线（图 4.18 中的粗线）。可见，该蓄水频率稳定曲线是考虑了 1 年、2 年等所有可能组合情况求出来的。

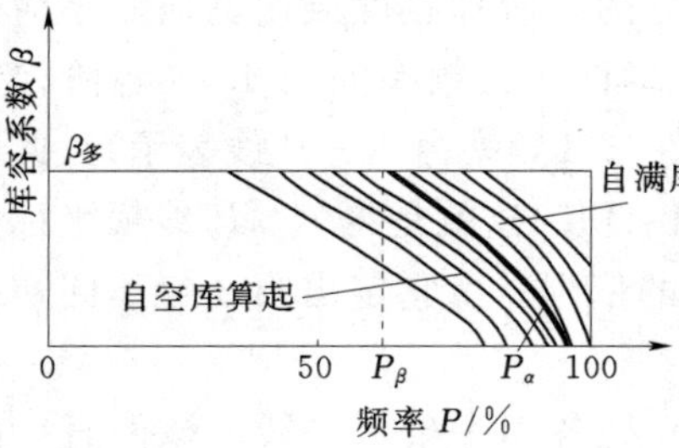


图 4.18　水库蓄水频率稳定曲线

5. 确定水库工作保证率及其他状态的频率

显然，水库蓄水频率稳定曲线与横轴的交点就是已知 $\beta_{多}$ 和 $\alpha$ 条件下的水库工作保证率 $P_\alpha$(%)；$(100-P_\alpha)$%标志正常工作遭到破坏的频率；图 4.18 中 $P_\beta$ 即为保证供水前提下多年库容能够蓄满的频率；而 $(P_\alpha-P_\beta)$%则为多年库容各种蓄水情况的频率。

前面曾假设第 1 年初蓄为零（即以库空为起算点），实际上它并不是必要条件。不论第 1 年初蓄是多少，经过多年运算之后，最终的蓄水频率曲线的稳定情况都是相同的。图 4.18 同时给出了第 1 年初蓄为库空和满蓄两种条件下，推求蓄水频率稳定曲线的趋势示意，可供比较。

以上通过图解分析的方式，说明径流多年调节概率法的步骤，具体计算时常采用列表法进行多年推算，求出水库蓄水频率稳定曲线，同时也就确定了既定 $\beta_{多}$、$\alpha$ 条件下的工作保证率 $P_\alpha$(%)。

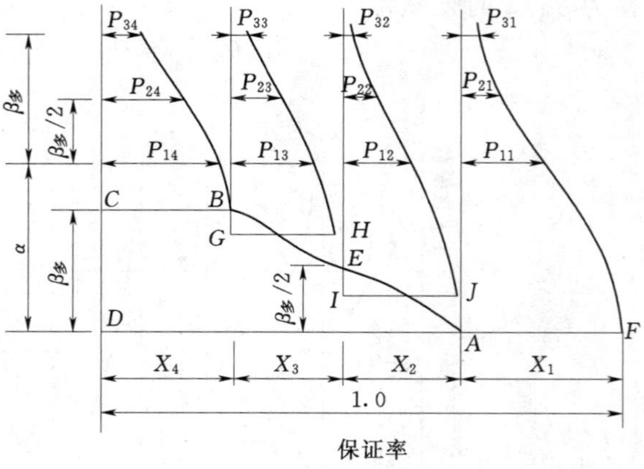


图 4.19　水库蓄水频率组合曲线

此外，也可采用数值法直接求解水库蓄水频率稳定曲线。如图 4.19 所示，$FADCBE$ 为任定的水库初蓄频率曲线，$E$ 点纵坐标设定为 $\beta_{多}/2$。假定水库放空概率为 $X_1$；蓄水 $0\sim\beta_{多}/2$ 之间的概率为 $X_2$；蓄水 $\beta_{多}/2\sim\beta_{多}$ 之间的概率为 $X_3$；满蓄概率为 $X_4$。将入库年水量频率曲线的横坐标分别乘以 $X_1$、$X_2$、$X_3$、$X_4$ 后叠加在 $AF$、$IJ$、$GH$、$CB$ 等阶梯上。根据全概率原理和蓄水频率稳定曲线特征，由图 4.19 可建立求解蓄水频率曲线的线性代数方程组：

$$\left.\begin{aligned}P_{11}X_1+P_{12}X_2+P_{13}X_3+P_{14}X_4&=1-X_1\\P_{21}X_1+P_{22}X_2+P_{23}X_3+P_{24}X_4&=1-X_1-X_2\\P_{31}X_1+P_{32}X_2+P_{33}X_3+P_{34}X_4&=1-X_1-X_2-X_3\\X_1+X_2+X_3+X_4&=1\end{aligned}\right\}\tag{4.20}$$

采用迭代法求解，可得水库各种蓄水保证率（稳定值）为：$P(\beta_{多})=X_4$；$P(\beta_{多}/2)=X_3+X_4$；$P(0)=X_2+X_3+X_4=1-X_1$。显然，水库放空的保证率 $P(0)$ 也就是水库正常供水保证率 $P_\alpha$。

线性代数方程组的未知数（即阶梯数）究竟取多少，要依据初蓄频率曲线变化情况和计算精度要求确定。

由于水库多年调节计算概率的运算工作相当繁杂，许多国家以年水量理论频率曲线为基础，研制出各种用于多年调节计算的线解图。其中，常用的水库入流概率分布有：皮尔逊Ⅲ型（Pearson Ⅲ）分布、正态分布、对数正态分布、韦布尔（Weibull）分布等，有的在入流中还考虑了相邻年径流系列的不同相关系数 $\gamma$。当入流参数已知时，只要给定 $\beta_{多}$、$\alpha$、$P$ 中的任意两个值，应用线解图能迅速查出待定的未知值。

1939 年苏联 Я·Ф·普列什科夫根据 C·H·克里茨基和 M·Φ·明凯里提出的概率法制作的多年调节计算线解图，应用很广。该图的入流为皮尔逊Ⅲ型分布（$C_s=2C_v$），相邻年径流相互独立，工作保证率包括 75%、80%、85%、90%、95%、97%等 6 种情况（图 4.20）。当 $C_s\neq 2C_v$ 时，应用该线解图之前，先要对水文参数作如下换算

$$C_v'=C_v/(1-a_0) \tag{4.21}$$

$$a'=(\alpha-a_0)/(1-a_0) \tag{4.22}$$

式中：$a_0=(m-2)/m$，而 $m=C_s/C_v$。根据 $C_v'$ 和 $a'$ 在普氏线解图上查出 $\beta_{多}'$，再按下式求 $\beta_{多}$。

$$\beta_{多}=(1-a_0)\beta_{多}' \tag{4.23}$$

**【例 4.2】** 某多年调节水库，设计保证率 $P_{设}=90\%$，河流多年平均流量 $\overline{Q}=40\text{m}^3/\text{s}$，平均年水量 $\overline{W}_{年}=480$（$\text{m}^3/\text{s}$）·月，年水量的 $C_v=0.5$，而 $C_s=2C_v$。试求 $\alpha$ 与 $\beta_{多}$ 的关系。

**解：** 采用查线解图的方法求得多年库容与调节流量的关系见表 4.10。

**表 4.10　　$Q_{调}$ 与 $V_{多}$ 关系计算表（$P_{多}=90\%$）**

| 调节系数 $\alpha$ | 调节流量 $Q_{调}$ /($\text{m}^3$/s) | 多年库容系数 $\beta_{多}$ | 多年库容 $V_{多}$ | |
|---|---|---|---|---|
| | | | ($\text{m}^3$/s)·月 | $10^6\text{m}^3$ |
| (1) | (2) | (3) | (4) | (5) |
| 0.65 | 26 | 0.27 | 129.6 | 340.8 |
| 0.70 | 28 | 0.37 | 177.6 | 467.1 |
| 0.75 | 30 | 0.50 | 240.0 | 631.2 |
| 0.80 | 32 | 0.65 | 312.0 | 820.6 |
| 0.85 | 34 | 0.89 | 427.2 | 1123.5 |
| 0.90 | 36 | 1.25 | 600.0 | 1578.0 |

关于径流多年调节线解图，我国许多学者还进行过有效的工作。例如，对入流取皮尔逊Ⅲ型分布，$C_s=2C_v$，相邻年径流相关系数 $\gamma$ 取 0.1、0.2、0.3、0.4、0.5、0.6，以及 $C_s=1.5C_v$，$C_s=4C_v$，$\gamma$ 取 0.3，应用随机模拟法作出 2000 年的年径流系列，并分别对 $P$

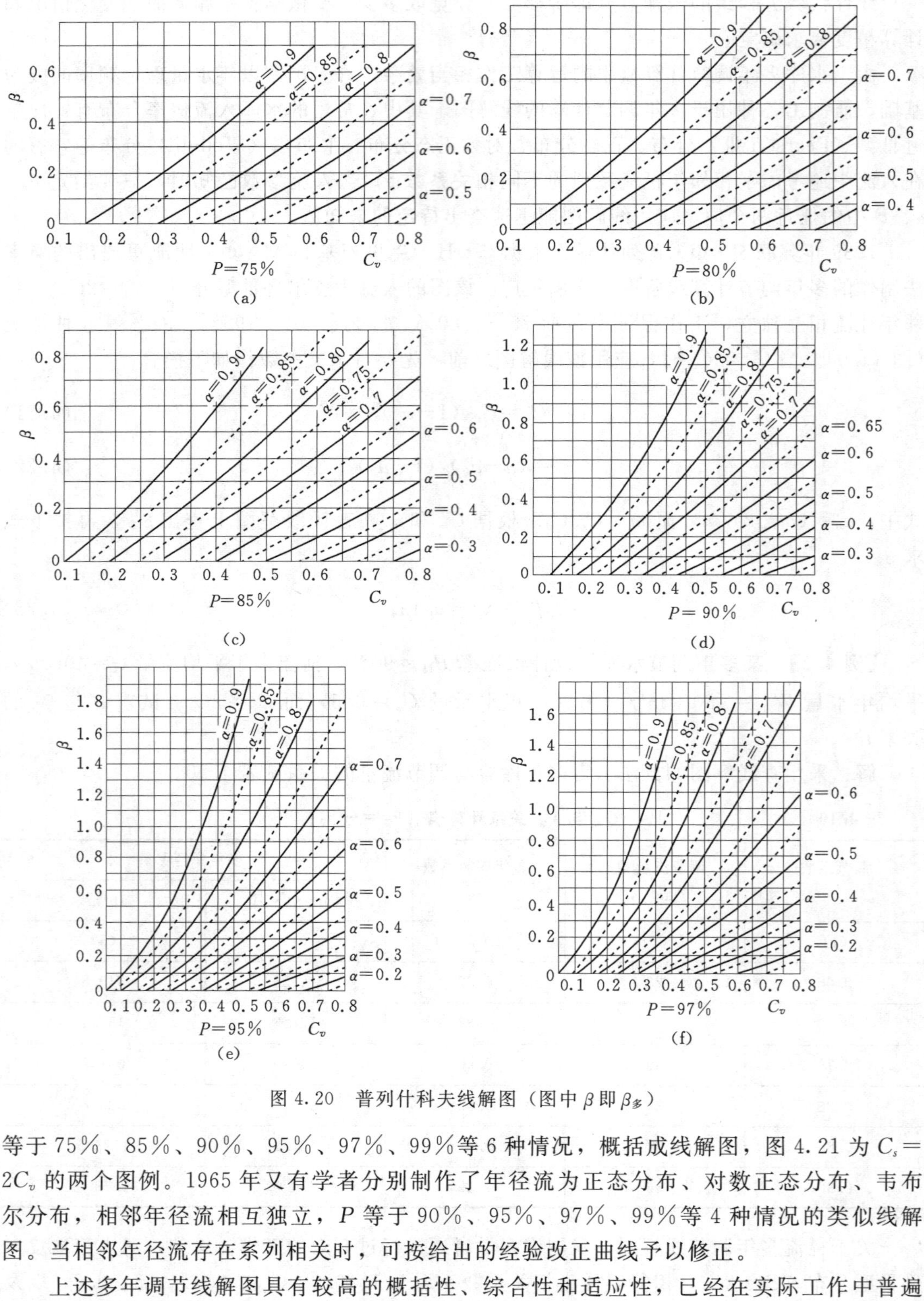


图 4.20　普列什科夫线解图（图中 $\beta$ 即 $\beta_{多}$）

等于 75%、85%、90%、95%、97%、99%等 6 种情况，概括成线解图，图 4.21 为 $C_s=2C_v$ 的两个图例。1965 年又有学者分别制作了年径流为正态分布、对数正态分布、韦布尔分布，相邻年径流相互独立，$P$ 等于 90%、95%、97%、99%等 4 种情况的类似线解图。当相邻年径流存在系列相关时，可按给出的经验改正曲线予以修正。

上述多年调节线解图具有较高的概括性、综合性和适应性，已经在实际工作中普遍应用。

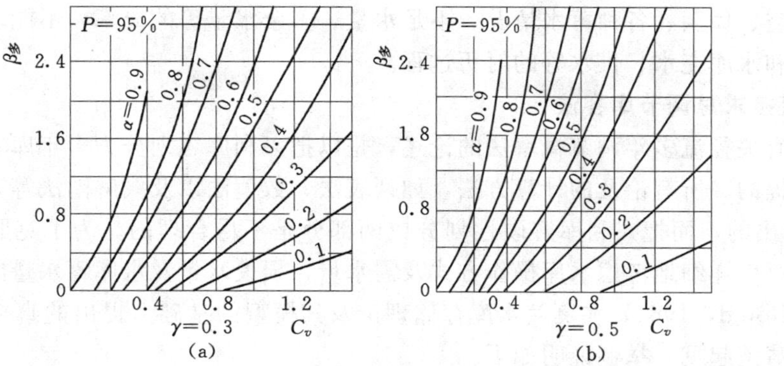


图 4.21　随机模拟生成系列的径流多年调节线解图

#### 4.4.1.2　年库容的决定

天然径流年内分配不同于年际径流变化的随机特性，年内径流是按丰水期、枯水期相继出现，并互有一定联系的。所以从一个年循环中取出若干个流量值，不能认为它们是偶然的。正是由于天然径流年内分配的规律性，所以允许用某些典型年份进行年调节计算。多年调节水库年库容的概念和年调节兴利库容是一致的，所以可用确定年调节兴利库容的时历法，确定多年调节水库年库容。

年库容应为枯水期用水量与枯水期来水量之差，表示为

$$\beta_{年}=\alpha T_{枯}/12-K_{枯} \tag{4.24}$$

式中：$T_{枯}$ 为枯水期月数；$K_{枯}$ 为枯水期水量模数。

公式很简单，关键问题是要合理地定出 $K_{估}$ 值。各种年份的 $K_{枯}$ 值是不相同的，代入公式就将得出不同的结果。在工程设计中一般作如下考虑：由于年库容决定于设计枯水系列的前一年（图 4.14），该年来水量必然大于或等于 $\alpha$，年水量小于 $\alpha$ 的年份应包括在多年调节的枯水系列里，不能用来计算年库容。此外，一般说来，年水量大者枯水期水量也较大，为保险起见，采用年水量等于或十分接近 $\alpha$ 的年份的 $K_{枯}$ 值，作为计算值。

当年水量接近 $\alpha$ 的年份不止一个时，常采用年内分配接近于多年平均情况的年份作为计算年，取其 $K_{枯}$ 值代入式（4.24）进行计算，或者应用水量差积曲线进行图解。

实际上，紧邻设计枯水系列不一定正好遇上年水量等于用水量的年份。故在工程设计中的另一种考虑是：取多年平均枯水期水量 $\overline{K_{枯}}$ 乘以 $\alpha$ 值作为枯水期水量模数的计算值，即 $K_{枯}=\alpha\overline{K_{枯}}$。这时，式（4.24）变为

$$\beta_{年}=\alpha T_{枯}/12-\alpha\overline{K_{枯}}=\alpha[(T_{枯}/12)-\overline{K_{枯}}] \tag{4.25}$$

上述公式均适用于丰、枯水分期较明显而稳定的河流。此外，还可采用其他形式的计算公式或用绘制年库容频率曲线的方法决定年库容。

以上径流多年调节计算概率法的特点和适用情况可归纳为以下几点：①概率法仅需有年径流的概率分布或频率（保证率）曲线便可进行计算，可用于资料短缺地区；②能考虑径流的各种可能组合情况，对于长周期的多年调节来讲，概率法计算结果比时历法计算结果更符合实际；③可用于供水量与来水量具有统计相关的调节计算，如灌溉变动供水调节计算；④计算方法比较繁杂，但其中数值法可通过计算机求解，速度快、精度高，可解决较复杂的径流多年调节课题，此外，已作出的许多有关线解图，应用很方便；⑤概率法求

得的是库空、库满、各种蓄水情况、不足水量、多余水量等的概率，不能求出它们发生的具体时间和水库充水、供水等的时历过程。

### 4.4.2 直接求总调节库容法

以上有关径流多年调节概率法的论述，是以把兴利库容划分为多年库容和年库容两个部分为前提的。所有论及的计算方法，如列表法、数值法以及线解图法等，都是针对多年库容 $\beta_{多}$ 给出的，而把兴利库容硬性划分成两部分是不尽合理的。为了克服这一缺陷，并在计算中可以详细地考虑水库操作方式及需水量，损失水量及水库蓄水量的变化，可采用高尔德（Gould，1961）在莫兰水库存储理论及其模型的基础上提出的直接求总库容的概率法。为清楚起见，举例说明如下。

设有 $N$ 年实测径流资料见表 4.11，表中只列出了 5 年作为例子。总有效库容为 600($m^3/s$)·月，各月需水流量均为 100$m^3/s$。试求水库供水保证率。

计算步骤如下：

1. 划分水库蓄水状态

把水库库容划分成 $k$ 种状态，其中第 0 种状态为库空，而第 $k-1$ 种状态为库满。在空库与满库之间，把总库容 $V$ 划分成相等的 $k-2$ 份，每份的库容增量为

$$\Delta V=V/(k-2) \tag{4.26}$$

水库状态：0，1，2，3，…，$k-1$。水库蓄水量：0，0～$\Delta V$，$\Delta V$～$2\Delta V$，$2\Delta V$～$3\Delta V$，…，$(V-\Delta V)$～$V$，$V$。

**表 4.11　　实测流量资料　　单位：$m^3/s$**

| 年份＼月份 | 3 | 4 | 5 | 6 | 7 | 8 | 9 | 10 | 11 | 12 | 1 | 2 |
|---|---|---|---|---|---|---|---|---|---|---|---|---|
| 1950 | 160 | 210 | 260 | 400 | 250 | 120 | 100 | 70 | 30 | 20 | 50 | 80 |
| 1951 | 150 | 130 | 200 | 150 | 100 | 80 | 70 | 50 | 30 | 10 | 50 | 100 |
| 1952 | 200 | 300 | 500 | 400 | 150 | 90 | 60 | 30 | 40 | 40 | 20 | 30 |
| 1953 | 50 | 60 | 120 | 200 | 150 | 160 | 70 | 40 | 30 | 50 | 40 | 60 |
| 1954 | 180 | 100 | 150 | 200 | 140 | 130 | 120 | 100 | 90 | 80 | 70 | 60 |

状态划分得越多，即 $k$ 越大，精度越高，但要求计算机内存和计算量也越大。可根据 $C_v$ 选定 $k$ 值（表 4.12）。

**表 4.12　　$k$ 值选定**

| $C_v$ | $<0.5$ | $0.5\leqslant C_v<1.0$ | $1.0\leqslant C_v<1.5$ | $\geqslant1.5$ |
|---|---|---|---|---|
| $k$ | 10 | 20 | 30 | 40 |

作为算例，仅取 $k=4$，故 $\Delta V=600/(4-2)=300$($m^3/s$)·月。水库状态为 0、1、2、3，水库相应的蓄水量为 0（库空）、0～300($m^3/s$)·月［平均蓄水量为 150($m^3/s$)·月］、300～600($m^3/s$)·月［平均蓄水量为 450($m^3/s$)·月］、600($m^3/s$)·月（库满）。

2. 求水库状态转移概率矩阵

对每年初水库蓄水量的 4 种状态，分别研究实测资料中各年的水库工作情况。先研究

年初水库处于状态 0 时的情况，用前述时历列表法、图解法等进行调节计算，可求得各年末水库蓄水量及水库正常供水破坏情况，结果见表 4.13。

**表 4.13　　年初与年末水库状态**

| 年份 | 年初水库状态 | | 年末水库状态 | | 供水破坏月数 |
|---|---|---|---|---|---|
| | 蓄水量 /[($m^3$/s)·月] | 状态 | 蓄水量 /[($m^3$/s)·月] | 状态 | |
| 1950 | 0 | 0 | 350 | 2 | |
| 1951 | 0 | 0 | 0 | 0 | 2 |
| 1952 | 0 | 0 | 210 | 1 | |
| 1953 | 0 | 0 | 0 | 0 | 4 |
| 1954 | 0 | 0 | 220 | 1 | |

年初为库空时，若遇 1950 年来水过程，年末水库蓄水量将为 350 [($m^3$/s)·月]，处于状态 2，称此为状态转移，用状态转移矩阵来表示。显然，每列之总年数一定与实测资料的年数 $N$ 相等，本例 $N=5$。将表 4.13 中年末水库每种状态出现的年数除以 $N$ 即得转移概率。由表 4.13 可见，年初水库处于状态 0，到年末水库处于状态 0、1、2、3 的概率依次为 0.4、0.4、0.2、0。

同样可求出年初水库处于状态 1、状态 2 及状态 3 时之状态转移概率，见表 4.14。

表 4.14 所示的状态转移矩阵，取决于来水特性、需水要求、水量损失及水库操作方式等，但对每年来说，该矩阵固定不变。

3. 求供水破坏机率与水库初始状态的关系

在用径流调节方法计算水库状态转移的同时，可以求得正常供水破坏情况（表 4.13）。例如当年初水库状态为 0 时，5 年中破坏 2 年，即破坏概率为 0.4（破坏概率按年计），或 5 年中破坏 6 个月，即破坏概率为 6 /(5×12)（破坏概率按月计），供水破坏概率只与水库年初状态有关。

**表 4.14　　状态转移概率**

| 时段末状态 \ 时段初状态 | 0<br>0($m^3$/s)·月 | 1<br>150($m^3$/s)·月 | 2<br>450($m^3$/s)·月 | 3<br>600($m^3$/s)·月 |
|---|---|---|---|---|
| 0 | 0.4 | 0.2 | 0.0 | 0.0 |
| 1 | 0.4 | 0.4 | 0.6 | 0.6 |
| 2 | 0.2 | 0.4 | 0.4 | 0.4 |
| 3 | 0.0 | 0.0 | 0.0 | 0.0 |
| 合计 | 1.0 | 1.0 | 1.0 | 1.0 |

同理，可计算出时段初水库状态为 1、2、3 的破坏概率，结果见表 4.15。

**表 4.15　　破坏概率与年初水库状态的关系**

| 时段初水库状态 | 0 | 1 | 2 | 3 |
|---|---|---|---|---|
| 破坏概率（按年计） | 0.4 | 0.2 | 0 | 0 |
| 破坏概率（按月计） | 0.1 | 0.017 | 0 | 0 |

4. 计算水库稳定状态概率

开始计算时，可以先任意假定第 1 年年初水库的状态，例如从状态 0 开始，进行概率演算，即由状态转移概率矩阵与年初库水位状态概率作矩阵乘积可计算第 1 年年末水库状态概率。第 1 年年末水库状态概率即为第 2 年年初的状态概率，用同样的方法计算第 2 年年末水库状态概率。依次类推，可求得第 3 年、第 4 年、…、年末的水库状态概率，计算到第 9 年年末水库状态概率达到稳定的状态概率。其计算结果如下：

$$\begin{bmatrix}0.4&0.2&0&0\\0.4&0.4&0.6&0.6\\0.2&0.4&0.4&0.4\\0&0&0&0\end{bmatrix}\begin{bmatrix}1.0\\0\\0\\0\end{bmatrix}=\begin{bmatrix}0.4\\0.4\\0.2\\0\end{bmatrix}\rightarrow\begin{bmatrix}0.24\\0.44\\0.32\\0\end{bmatrix}\rightarrow\cdots\rightarrow\begin{bmatrix}0.1582\\0.4736\\0.3682\\0\end{bmatrix}\rightarrow\begin{bmatrix}0.1580\\0.4736\\0.3684\\0\end{bmatrix}$$

转移矩阵　第 1 年年初　第 2 年年初　第 3 年年初　第 8 年年初　第 9 年年初

状态概率

（假定）

求解稳定状态的方法除了上述逐年计算外，还有转移概率矩阵逐次平方法和解联立方程组法。后者也称为概率演算法，其要点是：因为对于稳定状态有

$$\begin{bmatrix}0.4&0.2&0&0\\0.4&0.4&0.6&0.6\\0.2&0.4&0.4&0.4\\0&0&0&0\end{bmatrix}\begin{bmatrix}P_0\\P_1\\P_2\\P_3\end{bmatrix}=\begin{bmatrix}P_0\\P_1\\P_2\\P_3\end{bmatrix}\tag{4.27}$$

故

$$\left.\begin{aligned}0.4P_0+0.2P_1&=P_0\\0.4P_0+0.4P_1+0.6P_2+0.6P_3&=P_1\\0.2P_0+0.4P_1+0.4P_2+0.4P_3&=P_2\\0&=P_3\end{aligned}\right\}\tag{4.28}$$

因为这 4 个方程式是不独立的，要求解此 4 个未知数，还需增加一个条件：

$$P_0+P_1+P_2+P_3=1.0\tag{4.29}$$

解得　$P_0=0.1579$，$P_1=0.4736$，$P_2=0.3685$，$P_3=0$，与前一方法结果相同。

5. 计算水库供水保证率

由于水库供水破坏的概率只与年初水库所处状态有关，而稳定的水库状态概率代表水库正常运行时，年末（初）水库蓄水情况，故只要前面计算步骤中 3、4 两步结果相乘即得正常供水遭受破坏的概率。如表 4.16 所示，水库供水破坏概率为 0.158（按年计）。同理可得按月计的破坏概率为 0.0239。

本方法的优点是：①不必把总库容划分为年和多年库容；②可以计入需水量、损失水量随时间和水库蓄水量的变化及可考虑水库操作方式；③计算的起讫时刻可以任意选择，不一定要按水文年度，这对于丰、枯期不明显或不稳定的河流带来很大方便。本法的缺点是：①计算工作量大；②只适用于年径流间是相互独立的。

**表 4.16　　水库供水破坏概率（按年计）**

| 状态 | 稳定状态概率 | 破坏概率 | 乘积 |
|---|---|---|---|
| 0 | 0.1579 | 0.4 | 0.063 |
| 1 | 0.4736 | 0.2 | 0.095 |
| 2 | 0.3685 | 0 | 0 |
| 3 | 0 | 0 | 0 |
| 合计 | 1.000 | | 0.158 |

# 第5章 防洪减灾规划

## 5.1 洪涝灾害与防洪减灾

### 5.1.1 洪涝灾害

洪涝灾害是洪灾和涝灾的总称，已成为主要的自然灾害之一。洪灾一般是指因河湖水泛滥或海水侵袭淹没城市和农村所引起的灾害，来势猛，破坏性强；涝灾指的是因降雨使土地过湿造成农作物生长不良而减产的现象，或因雨后地面排泄不畅而产生大面积积水使社会财产受损，来势较缓，一般只影响农作物或对城镇交通、生产和生活产生短期影响。涝灾有明涝和渍涝之分，前者指地面积水现象，可在农村或城市出现；后者指地面积水不明显而耕作层土壤过湿的现象，一般出现在农村。由于洪灾和涝灾往往同时发生，有时也难以区分，因此，洪、涝灾害又统称为洪水灾害，或简称为水灾。

#### 5.1.1.1 洪涝灾害成因

1. 洪灾

洪水是暴雨、急骤冰雪溶化、风暴潮和水库溃坝等自然或自然-人为因素引起的江河湖泊水量增加、水位上涨或海水侵袭淹没部分陆地的现象。我国幅员辽阔，各地气候、地形、地貌等特性复杂多样，影响洪水形成过程的人类经济社会活动情况也不一样，因而形成多种类型的洪水。按洪水成因分类，我国的洪水可分为暴雨洪水、风暴潮、融冰融雪型洪水和冰凌型洪水等类型。在我国，暴雨洪水发生最为频繁，影响范围最广，危害也最为严重，而风暴潮洪水发生在近海地区，融雪洪水主要出现在西北部高寒山区，冰凌型洪水则发生在东北、西北和华北地区。

洪水致灾是一系列自然因素和社会因素综合作用的结果。自然因素是产生洪水和形成洪灾的主导因素；而洪水灾害的不断加重却是人口增多和社会经济发展的结果。因此研究洪灾成因，应在关注自然因素作用的同时，着重分析人类活动对洪水成灾规律和防洪安全的影响，以便反思经验教训，寻求对策方法，为从根本上制止和减轻洪水灾害而努力。人类活动的影响主要表现在以下几个方面：①植被破坏，水土流失加剧，入河泥沙增多；②围湖造田，与河争地，河湖泄蓄洪能力降低；③防洪工程标准低，病险多，抗洪能力弱；④非工程防洪措施不完善，难以适应防洪减灾的要求；⑤蓄滞洪区安全建设不能满足需要，运用难度大。

2. 涝灾

排水地区的涝灾成因主要是来水过多、排水不良和人类活动的影响与管理不善。

过多的来水主要来自以下几方面：①当地暴雨形成的径流；②以地面径流的形式流入本地区的外来水，如从邻近高地流入的地面径流，由承泄区（江、河、湖、海）倒灌入侵的外来水；③以地下径流的形式流入本地区的外来水，如来自地区周边的渗透水和承压地下水等；④灌区灌溉多余水量以及盐碱土冲洗水量等。这些不同形式、不同数量的涝水源，都可导致不同性质、不同程度的涝灾。

排水不良的原因有排水区外部原因和排水区内部原因：

（1）排水区外部原因。主要有：承泄区水位（外水位）高于排水区内的渍涝水位（内水位）；承泄区水位虽然低于内水位，但水位差较小；排水口断面狭窄或堵塞等；排水闸宽度和排水泵站装机容量不足。

（2）排水区内部原因。主要有：排水地区的地势低洼、地形过于平坦或比较复杂；土壤/地面透水性差；排水系统不配套或排水沟渠排水能力不足或工程老化；有些地区由于利用排水沟渠蓄水灌溉，造成沟渠堵塞，以致降低和失去排水作用；田间排水沟的沟深和间距没有达到规定的标准；地区内部缺乏必要的渍涝河湖面积等。

人类活动的影响与管理方面的问题。人类活动的影响主要有：过度围垦直接占用了河流行洪滞蓄空间，减少了滞涝水面；湖泊、水塘、洼地等调蓄水面的减少，加大了涝灾发生次数及造成的损失；城市化的结果使地面硬化、地表径流增大。管理方面的问题有缺乏合理的排水规划、排水体制不科学、排水系统管理和调度不善等，这些都在不同程度上限制了排水工程作用的发挥，造成地区排水不良。

#### 5.1.1.2 洪涝灾害损失

洪涝灾害所造成的损失可分为经济损失和非经济损失。经济损失是指洪水淹没造成的可用货币计量的各类损失，故又称有形损失，主要包括工业、农业、交通、邮电、商业、粮油物资、居民房屋、家庭财产以及各种其他损失等。非经济损失是指洪水引起的难以用货币计量的损失，故又称为无形损失，如生态环境的恶化，文物古迹的破坏，灾民伤亡与精神痛苦，灾区疾病流行及其对民众健康的影响，正常生活工作秩序与环境破坏造成的社会混乱，由于房屋财产损失而使人们的日常生活水平骤然下降，以及洪灾对国家的政治稳定和国际声誉的不利影响等。

洪涝灾害产生的不利影响主要如下：

（1）洪水灾害对经济发展的影响。洪水一旦成灾，将对地区和国家的经济发展造成巨大破坏和消极影响，严重威胁着人类社会经济的可持续发展。长江流域近百年来发生特大洪灾的年份就有1860年、1870年、1931年、1935年、1954年、1998年，每次都对国家的经济发展造成严重影响。2003年淮河大洪水造成了沿淮3省洪涝受灾面积385万$hm^2$，受灾人口3728万人，因水灾死亡29人，直接经济损失285亿元。

（2）对自然生态环境造成严重危害。洪泛区内的居民住所、自然景观、文物古迹等遭到毁坏；暴雨洪水引起水土流失，使植被遭到破坏，土地贫瘠，入河泥沙增加，湖泊萎缩失调，河流功能退化，洪水不能正常排泄；洪水的淹没与冲击，还会威胁到各种动、植物的生存；等等。

（3）对社会生活产生多方面的影响。其中最主要的是人口死亡、灾民流离、疫病蔓延与流行等问题。1954年长江特大洪水死亡3万余人；1975年河南特大洪水死亡2.6万余人。1994年我国南、北方同遭大水，灾情较重的辽宁等8省（自治区），受灾人口达1.39亿人。1954年，荆江分洪区分洪后，死于各种流行疾病的人口达1350人/$km^2$。可见，水灾发生以后所造成瘟疫的暴发和蔓延，给社会带来的冲击和影响，有可能超过水灾本身。

(4) 对国家事务产生影响。严重的洪水灾害的发生，将花费国家大量人力、物力、财力和精力，打乱和延误国民经济的发展计划，严重时甚至影响到国家的声誉，给国家政治生活带来巨大影响。

(5) 内涝导致城镇人员伤亡、财产损失、交通秩序混乱和农作物减产。2008—2010年间，全国有62%的城市发生过不同程度的内涝，其中内涝灾害超过3次以上的城市有137个，在发生过内涝的城市中，有57个城市的最大积水时间超过12h。2008年8月25日，一场局部雨量超出百年一遇标准的强雷暴雨袭击上海市，最高小时降雨量超过117mm，造成中心城区150多条马路积水，1.1万多户居民家庭进水，公路、地铁和机场交通延误。

### 5.1.2 防洪减灾

防洪减灾是根据洪水规律及洪灾特点，研究并采取各种对策和措施，以防止或减轻洪涝灾害，保障社会经济发展的水利工作。其工作内容主要有防洪治涝规划、防洪治涝建设、防洪治涝工程的管理与运用、防汛、防凌、洪水调度、灾后恢复重建等。防洪减灾措施包括工程措施和非工程措施。

#### 5.1.2.1 防洪减灾措施

防洪减灾工程按建设目标可分为防洪工程和治涝工程，在工程体系构成及管理与运用方面两者具有一定的关联性。

1. 防洪工程

防洪工程措施是指按照规定的防洪标准，为控制和抵御洪水以减免洪水灾害损失而修建的各种工程，主要有以下几种。

(1) 水土保持。这是一种针对高原及山丘区水土流失现象而采取的根本治山治水措施，对减少洪灾很有帮助。水土流失是因大规模植被受到破坏而形成的一种自然环境被破坏现象。为此，要与当地农田基本建设相结合，综合治理并合理开发水、土资源；广泛利用荒山、荒坡、荒滩植树种草，封山育林，甚至退田还林；改进农牧生产技术，合理放牧、修筑梯田、采用免耕或少耕技术；大量修建谷坊、塘坝、小型水库等工程。这些措施有利于截留雨水，减少山洪，增加枯水径流，保持地面土壤防止冲刷，减少下游河床淤积，不但有利于防洪，还能增加山区灌溉水源，改善下游通航条件等。

(2) 筑堤防洪与防汛抢险。筑堤是平原地区为了扩大洪水河床以加大泄洪能力，并防护两岸免受洪灾的有效措施，但这种措施必须与防洪抢险相结合，即在每年汛前加固堤防，消除隐患；洪峰来临时监视水情，及时堵漏、护岸，或突击加高培厚堤防；汛后修复险工，堵塞决口等。除堤防工程要防汛外，水库、闸坝等也要防汛，以防止意外事故发生，有时，为了防止特大暴雨酿成溃坝巨灾，还须增建非常溢洪道。

(3) 疏浚与整治河道。这一措施的目的是拓宽和疏浚河槽、裁弯取直、消除阻碍水流的障碍物等，以使洪水河床平顺通畅，从而加大泄洪能力，疏浚是用人力、机械和炸药来进行作业，整治则要修建整治建筑物来影响水流的流态。两者常互相配合使用。内河航道工程也要疏浚和整治，但目的是为了改善枯水航道，而防洪却是为了提高洪水河床的过水能力。因此，它们的工程布置与要求不同，但在一定程度上可以相互配合。

(4) 分洪、滞洪与蓄洪。分洪、滞洪与蓄洪3种措施的目的都是为了减少某一河段的洪峰流量，使其控制在河床安全泄量以下。分洪是在过水能力不足的河段上游适当地点修建分洪闸，开挖分洪水道（又称减河），将超过本河段安全泄量的那部分洪水引走。分洪水道有时可兼作航运或灌溉的渠道。滞洪是利用水库、湖泊、洼地等，暂时滞留一部分洪水，以削减洪峰量。待洪峰一过，再腾空滞洪容积迎接下次洪峰。蓄洪则是蓄留一部分或全部洪水水量，待枯水期供给兴利部门使用。5.4 将介绍水库调洪，包括滞洪与蓄洪两方面。蓄洪或滞洪的水库，可以结合兴利需要，成为综合利用水库。

以上各种防洪工程措施，常因地制宜地兼施并用，互相配合。往往要全流域统一规划，蓄泄兼筹，综合治理，还要尽量兼顾兴利需要。在选择防洪措施方案以及决定工程主要参数时，都应进行必要的水利计算，并在此基础上对不同方案进行分析比较，切忌草率从事。

2. 治涝工程

治涝工程措施是指按照规定的治涝标准，为控制涝水以减免涝水灾害损失而修建的各种工程。根据排水区的不同，治涝工程分为农区治涝工程和城市治涝工程。

农区治涝工程是指收集田间排出的水并将其输送到承泄区，以及排出农业区的弃水，以达到排除地面水和降低地下水位目的的排水设施，一般由排水区内的排水沟系和蓄水设施（如湖泊、河沟、坑塘等）、排水区外的承泄区以及排水枢纽（如排水闸、抽排站等）3大部分组成。排水沟系一般分为干、支、斗、农4级固定沟道，并可根据灌区面积、灌区地形、流域防洪排涝规划等方面，适当调整固定排水沟级数。农沟及其以下的沟道属于田间排水系统，其作用为聚集排水地段土壤内或地面上多余的水，向输水沟渠输送。干、支、斗3级排水沟属于输水系统，其作用为将田间排水系统所排出的水量输送至承泄区。承纳排水量的承泄区一般有江河、湖泊、海洋等水域。我国各地区排水系统的不同组成形式如图5.1所示。

城市治涝工程是指排除市区因暴雨径流造成的涝水的排水设施，包括雨水排水系统和承泄区。其中，雨水排水系统由建筑内部雨水排水系统、路面雨水汇集系统、街坊小区和市政雨水管道系统、撇洪沟、泵站和污水处理厂等组成，承泄区一般多为天然湖泊、河网、洼地，但也有人工修建的承泄区。如城市排水体制采用分流制，雨水可直接排入承泄区，但初期雨水往往需要经处理后排入承泄区。傍山建筑区或城市，应在城市或建筑区外围有坡面径流入流处，修建撇洪沟或截流沟，就高就近顺畅排入承泄区，不让山洪进入市区。

城市治涝工程与农区治涝工程在以下方面有较大区别：①城市排水面积小，汇流时间短，以洪峰流量确定其规模；②城建部门与水利部门在暴雨样本选样上采用不同的取样方法，使城市雨水系统设计重现期与农区治涝工程设计重现期有较大差别；③城市土地宝贵，交通系统复杂，一般都是地下管道（隧道）排水系统，日常管理比较复杂；④城市同一雨水系统中因排水区地形和重要程度的不同，可采取不同的排水标准，如小区雨水排水标准低于市政标准，农区排水一般采用同一排水标准；⑤城市排水系统一般沿街道布置，与其他市政管道系统要协调布局。

防洪减灾非工程措施是指通过行政、法律、经济等非工程手段，以减少洪涝灾害损失的措施。大致包括以下方面：防洪治涝区的科学规划与管理，公民防洪、防灾教育，防洪

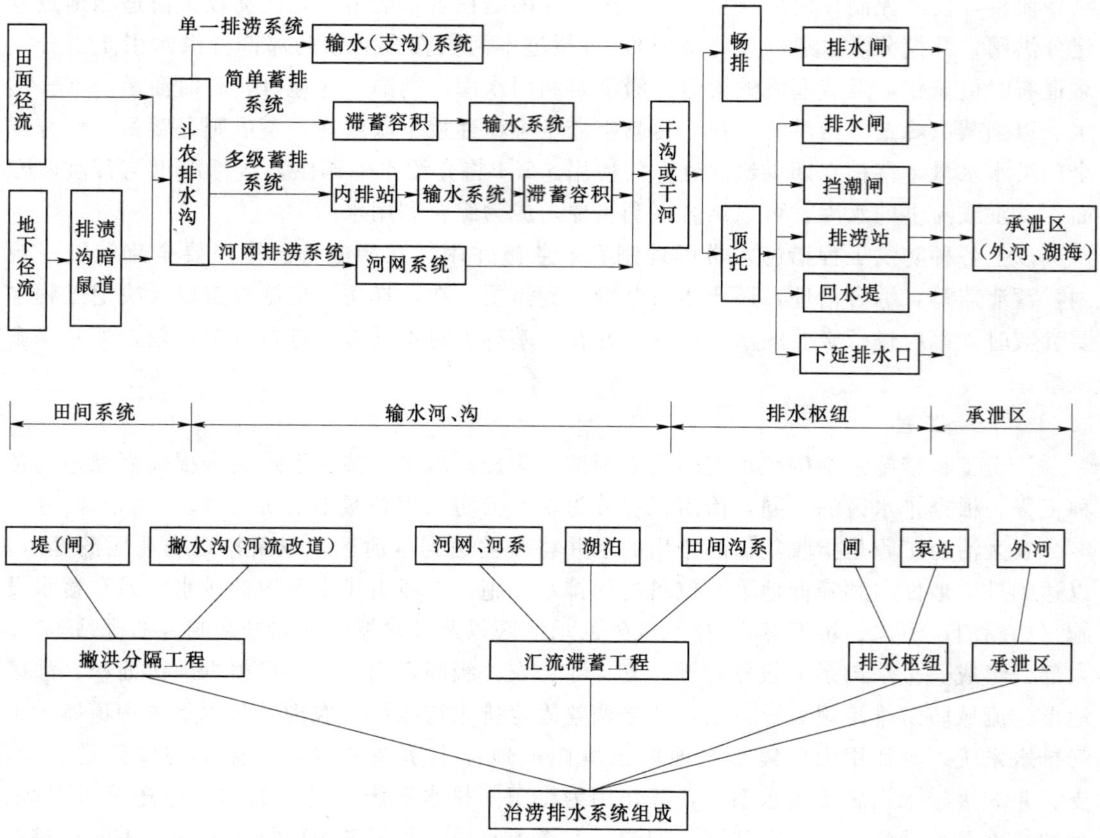


图 5.1 农区治涝工程系统组成

法律、法规建设，防洪排涝预案，水情测报与洪水预报、警报和防汛通信，蓄洪及分洪工程合理调度，雨洪利用，洪水风险管理，推行洪水保险，征收防洪基金，超标准洪水防御措施，防汛抢险，善后救灾与灾后重建等。

防洪减灾工程措施与防洪减灾非工程措施的目的都是防洪减灾。两者的区别在于：防洪减灾工程措施是以修建工程的手段，达到控制洪水、减少洪涝灾害的作用，多属于工程技术问题；而防洪减灾非工程措施主要考虑洪涝灾害程度和风险程度，根据保护对象的重要程度不同，实行不同程度的保护。因此，采用法令、行政、经济、技术等手段和通过国家、地方和集体、个人之间的合作，预先安排，以减少洪涝灾害损失，属于规划管理问题。可见，防洪减灾工程措施和防洪减灾非工程措施的作用不同，不能相互替代。在防洪减灾工作中，应同时重视防洪减灾工程措施和防洪减灾非工程措施的建设，把这两种措施有机地结合起来，取长补短，科学配置和联合运用，形成完整的防洪减灾系统。

**5.1.2.2** 防洪减灾规划

防洪减灾规划分防洪规划和治涝规划。

1. 防洪规划

防洪规划是为防治某一流域、河段或者区域的洪水灾害而制定的总体安排。根据流域或河段的自然特性、流域或区域综合规划对社会经济可持续发展的总体安排，研究提出规划的目标、原则、防洪工程措施的总体部署和防洪非工程措施规划等内容。规划类型一般有流域防洪规划、河段防洪规划和区域防洪规划。防洪规划应当服从所在流域、区域的综合规划；区域或河段的防洪规划应当服从所在流域的防洪规划。

防洪规划的目标是根据河流的洪水特性、历史洪水灾害，规划范围内国民经济有关部门和社会各方面对防洪的要求，以及国家或地区经济、技术等条件，考虑需要与可能，研究制定保护对象在规划水平年应达到的防洪标准和减少洪水灾害损失的能力，包括尽可能地防止毁灭性灾害的应急措施。

防洪规划的制定应遵循确保重点、兼顾一般，遵循局部与整体、需要与可能、近期与远景、工程措施与非工程措施、防洪与治涝、防洪与水资源综合利用相结合的原则。在具体方案研究中，还要充分考虑洪涝规律和上下游、左右岸的要求，正确处理蓄与泄、一般与特殊的关系，并注意与国土规划和土地利用规划相协调。

(1) 局部与整体。防洪规划应从全局出发，上下游、左右岸统筹兼顾，合理安排洪水。为了保全大局和重点保护对象的防洪安全，必要时要做局部牺牲。重点保护对象一般指洪水可能造成重大经济损失、毁灭性灾害的地区，如重要城市、工矿企业、交通干线、文物古迹或大面积农田等。

(2) 近期与远景。根据各地区或部门对防洪的要求及国家和地方的财力，分别轻重缓急，采取分阶段有计划地逐步提高不同保护对象的防洪标准和抗灾能力。近期实施方案要与远景计划相适应，一般应优先解决重点保护对象的防洪要求和一般地区防御常遇洪水灾害的要求。

(3) 工程措施与非工程措施。工程措施一般耗资很大，并需占用大片土地；非工程措施可用较少投资，减轻洪灾损失，是防洪减灾体系的重要组成部分。在防洪规划中要研究二者的结合，重视非工程措施的安排和建设。

(4) 防洪与治涝。因降水集中，积水区排水系统不健全，或因外河外湖洪水顶托倒灌，使盆地、平原或沿江沿湖洼地积水过多、或地下水位过高，妨碍了农作物的正常生长，以致减产或失收，或者使工矿区、城市淹水而妨碍正常生产和人民正常生活，这就形成涝灾。治涝的任务是：尽量阻止易涝地区以外的山洪、坡水等向本区汇集，并防御外河、外湖洪水倒灌；健全排水系统，使能及时排除设计暴雨范围内的雨水，并及时降低地下水位。治涝的工程措施主要有：修筑围堤和堵支联圩、开渠撇洪及整修排水系统。在采用这些治涝措施时，应考虑与防洪结合的可能性。对有些河湖滩地，在枯水季节或干旱年份，可以耕种一季农作物，但不宜筑围堤防护，以免妨碍防洪。若已筑有围堤，应按统一规划，从大局出发，“拆堤还摊”“废田还湖”。

(5) 防洪与水资源综合利用。水资源时空分布不均，在水资源较为紧缺的地区，河流的开发与治理要做到兴利与除害统筹兼顾，把防洪与水资源综合利用有机地结合起来。规划中既要采取必要的工程措施，提高保护区的防洪标准，同时也要满足水资源的综合利用要求。要蓄泄兼筹，处理好蓄与泄的关系。山丘区一般以蓄为主，修建山谷水库、水土保持工程，拦蓄洪水，削减水沙洪峰；平原区一般以泄为主，并辅以分蓄洪措施，合理安排洪水出路。

防洪规划的主要内容是针对具体的防护对象，完成以下工作：

(1) 调查研究。收集、分析、整理流域与保护区的自然地理、地形、工程地质、水文气象及洪水等资料；了解历史洪水灾害的成因与损失、现有防洪措施与防洪标准、社会经济现状与今后发展规划；广泛收集各方面对防洪的要求。

(2) 确定防洪标准。依据规划范围内自然地理和社会经济等因素将其划分为若干防洪保护区，根据各防洪保护区防护对象的重要性、洪灾损失情况及可能采取的防洪措施，进行技术经济比较，并按照国家颁布的防洪标准，合理选用。

(3) 选择防洪体系。根据流域的自然地理特点和现有防洪体系，综合考虑各部门的防洪要求，研究各种防洪工程在整个防洪体系中的作用及合理布置方式，并结合研究各项非工程措施，初拟防洪调度方式，提出若干方案。在相同条件下，计算各方案的防洪效益、费用、施工年限等，通过综合比较分析，确定最优防洪系统。

(4) 环境影响和防洪效益评价。防洪工程以减轻洪水灾害、改善人类生存环境为主要目的，它本身是一项环境保护工程。但是，防洪工程的实施也会带来一些副作用，如牺牲局部保全局，工程施工中的"三废排放"、移民安置等，故需进行环境影响评价。在评价过程中，应注意调查环境敏感因子，尽量减少对环境的负面影响。防洪效益是指防洪系统实施后，所能减轻的直接与间接洪灾损失，包括经济效益、社会效益和生态环境效益。防洪经济效益可用年平均效益作为一项评价指标，用频率法或长系列洪水资料逐年计算法推求。由于年平均效益不能全面反映防洪措施的实际效用，因此，必须对典型特大洪水年进行计算分析。为了考虑防洪效益的不确定因素，应作敏感性分析，并根据防洪对象的具体情况，按预测的平均经济增长率，估算计算期内各年的效益，以反映国民经济增长对洪灾损失的影响。对不能用货币表示的社会效益、生态环境效益，应进行定性分析。

(5) 编制规划报告。规划报告一般包括综合说明、流域自然地理概况、社会经济概况、水文气象与洪水特性分析、历史洪灾损失、防洪工程措施与非工程措施现状、规划比较方案与选定方案的防洪作用、工程投资、施工、移民安迁计划以及规划图表等。

*2. 治涝规划*

治涝规划是以科学发展观为指导，牢固树立生态文明建设的理念，统筹协调涝区治理与经济社会发展和生态环境保护的关系，合理安排治涝工程布局和非工程措施，通过对雨洪涝区的治理，形成布局合理、功能完备、高效运行、管理先进的现代化涝区治理工程体系，为改善农业生产条件，保障国家粮食安全，促进经济社会发展、国民经济增长、生态环境改善和居民生活水平提高等提供有力支撑。根据治理区的不同，治涝规划主要分为农区治涝规划和城市治涝规划。

农区治涝规划是针对治理区排水存在的问题，根据地区农业发展规划和流域防洪规划，排除农田中多余的地面水、控制地下水水位和防治盐碱化所采取的技术措施的总体安排，主要包括治涝分区及设计标准，排水沟系和蓄水设施、承泄区以及排水枢纽总体布置方案及设计规模。农区治涝规划应遵循以下原则：

(1) 在地区农业发展规划、流域防洪规划、治理区自然社会经济条件、水土资源利用现状的基础上，查明治理区内的灾害情况和排水不良的原因，根据农业可持续发展、环境保护和洪、旱、涝、渍、盐碱综合治理的要求，确定治涝任务和治涝标准。

(2) 应采用洪涝分治、统筹规划，分片排涝、等高截流，因地制宜、排蓄结合，力争自排、辅以抽排，排灌兼顾、综合治理等措施，使治涝工程的建设和运用达到经济合理。

(3) 治涝规划应满足航运、养殖、防治血吸虫病等要求，并与灌溉渠系、道路、土地利用等规划相协调。

(4) 按照不同类型治理区的特点进行具体规划时，应符合下列要求：

1) 平原地区应充分考虑地形坡向、土壤和水文地质等特点规划排涝和调控地下水位的排水系统。在涝碱共存地区，可采用沟、井、闸、泵站等工程措施，有条件的地方还可以采用种稻洗盐和滞涝等措施；在涝渍共存地区，可采用沟网、河网和排涝泵站等措施。

2) 干旱盐碱区应根据当地自然条件下和盐分组成及含量等情况，同时进行灌溉与排水规划，采取冲洗改良技术和有效调控地下水位的排水措施，并结合灌溉、农业与生物等措施，改良盐碱地。

3) 沿江滨湖圩垸区应根据自然条件和内、外河水文等情况，采取联圩并垸、修站建闸和挡洪滞涝等工程措施，在确保圩垸区防洪安全的基础上，按照内外水分开、灌排渠沟分设、高低田分排、水旱作物分植等原则，以及有效控制内河水位和地下水位的要求，制定洪、涝、渍兼治的排水规划。

4) 滨海感潮区应根据自然特点和潮汐规律等情况，充分利用潮间自排的条件，采取防洪挡潮、整治河道、修建闸站和蓄洪滞涝等工程措施。

5) 山丘冲垅区应根据山势地形、水土温度、坡面径流和地下径流等情况，采取冲顶建塘、环山撇洪、山脚截流、田间排水和田内泉水导排等措施，同时应与水土保持、山丘区综合开发和治理规划紧密结合。梯田区应视里坎部位的渍害情况，采取适宜的截流排水措施。

6) 对已建灌区内发生次生盐渍化或次生渍害的地区，应以水盐平衡或水量平衡为依据，制定以调控地下水位为主的排水规划和必要的监测规划。

7) 分蓄（滞）洪区应根据其使用概率、土地利用和耕作计划，以及分蓄（滞）洪后生产恢复等要求，选用适宜的和易于修复的工程措施。

8) 制定农区治涝规划时，应对出现超设计标准的降雨提出减灾措施和对策，并进行论证。

城市治涝规划是针对流域开发治理中存在的问题，根据城市经济社会现状和发展规划，并结合当前市政与水利建设的要求，研究确定治涝分区及设计标准，制定排涝渠系、调蓄区、排涝泵站和总体布置方案，提出排涝工程体系的设计和发展方案，确定排涝渠系的主要尺寸、调蓄区面积、排水闸规模、排涝泵站的设计流量、设计扬程和装机容量等，以实现城市治涝达标和环境保护的目标。城市治涝规划应遵循以下原则：

(1) 在城市总体规划和城市防洪规划的基础上进行治涝规划，根据城市的自然条件、社会经济、涝灾成因、治理现状和市政建设发展要求，统筹规划，洪涝兼治，截、排、蓄综合治理。

(2) 根据城市地形地貌、水系特点及承泄条件，结合已有排涝河道和蓄滞涝区等治涝工程布局及行政区划，确定排涝分区与分区治理。

(3) 充分利用现有河道、沟渠等将涝水排入承泄区，充分利用现有湖泊、洼地滞蓄涝水。

(4) 充分利用城市的自排条件，并据此进行排涝工程布置；自排条件受限制时，可设置排涝泵站机排。

(5) 排涝河道出口受承泄区水位顶托时，宜在其出口处设置挡洪闸。

(6) 缺水城市应注意保护和合理利用雨水资源，以发挥工程的综合效益。

(7) 根据不同类型城市的特点进行治涝规划时，应满足下列要求。

1) 沿河城市的内涝一般是因河道洪水使水位抬高，城区降雨产生的涝水无法排入河道或来不及排除而引起，或两者兼有。承泄区为行洪河道，水位变化较快。内涝的治理，一般在涝区内设置排涝沟渠、河道，沿河防洪堤上设置排涝涵洞或支河口门自排，低洼地区可设置排涝泵站抽排；有河道洪水倒灌情况的城市，一般应在排涝河道口或排涝涵洞口设置挡洪闸，并可设置排涝泵站抽排。

2) 滨海城市的内涝一般是因地势低洼，受高潮位顶托，城区降雨产生的涝水无法排除或来不及排除而引起，或两者兼有。承泄区为海域或感潮河道，承泄区的水位呈周期性变化。内涝的治理，高潮位时有自排条件的地区，可在海塘（或防汛墙）上设置排涝涵洞或支河口门自排；高潮位时不能自排或有潮水倒灌情况的地区，一般应适当多设排水出口和蓄涝容积，以利于低潮时自流抢排，排水出口宜设置挡潮闸，并可根据需要设置排涝泵站抽排；地势低洼又有较大河流穿越的城市，在河道入海口有建闸条件的，可与防潮工程布局结合经技术经济比较在河口建挡潮闸或泵闸。

3) 丘陵城市一般主城区主要分布在山前平原上，而城郊区为山丘林园或景观古迹等。也有城市是平原、丘陵相间分布的。为了减轻平原区的排涝压力，在山丘区有条件的宜设置水库、塘坝等调蓄水体，沿山丘周围开辟撇洪沟、渠，直接将山丘区雨水高水高排出涝区。

治涝规划的主要内容是针对具体的治涝对象，完成以下工作：

(1) 调查研究。收集、分析与整理涝区气象、水文、地形、地质、社会经济及其他有关资料；了解历年涝灾的成因与损失、治涝工程现状与设计标准及存在问题、社会经济现状及今后发展规划；广泛征求各方面对治涝的要求。

(2) 确定设计标准。治涝标准应根据城市排涝区、乡村排涝区和城乡混合排涝区等各种类型的防护对象对排涝的不同要求分别确定，其中城乡混合排涝区的治涝标准应根据其具体情况，综合分析，合理确定。

(3) 治涝总体布局。按照因地制宜、分区治理、统筹兼顾、蓄排结合、防洪安全、除涝适度的原则，研究治涝工程总体布局，并从经济、社会、环境等多方面进行方案比选，提出区域除涝安全保障方案和工程体系。

(4) 工程规划。选择排水承泄区，布置排水系统，包括截流沟、滞涝区、排水闸、排水泵站以及各级排水沟、排水管渠等，依据水利和市政相关规范，通过水文水利计算确定它们的规模。

(5) 非工程措施规划。根据涝区实际情况和存在问题，有针对性地提出非工程措施规划，主要包括低洼地人口外迁、农作物种植结构调整、退耕还湖、退耕还林，以及提出涝区在预警预报、指挥系统建设、法规制度建设、宣传等方面的内容。

(6) 环境影响评价。进行环境现状调查分析、规划协调性分析和环境影响预测分析与评价，提出环境保护对策措施，给出评价结论。

(7) 规划实施意见和效果评价。根据治涝工程建设现状和不同时期经济社会发展水平，按照区别轻重缓急、突出重点、统筹兼顾的原则，合理安排规划项目实施顺序，对近期建设工程进行投资估算，并提出资金筹措方案。以宏观分析为主，采用定量和定性相结合的方法，分析治涝建设的效果，治涝工程对宏观经济布局以及促进经济社会可持续发展的作用与效益，对规划实施的经济效益、社会效益、生态效益进行综合评价。

(8) 编制规划报告。报告内容一般包括综合说明、区域概况、治涝工程现状及存在问题、规划指导思想和目标、规划范围及涝区治理区划、治涝总体布局、工程规划、非工程措施规划、环境影响评价、管理规划和保障措施、规划实施意见及效果评价和规划图表等。

#### 5.1.2.3 防洪减灾的调度运行

防洪减灾调度运行主要是指防洪调度运行。防洪调度是运用已有防洪工程设施和防洪非工程措施，有计划地控制调节洪水的工作，其基本任务是，根据国家的有关法规政策、流域防洪规划和洪水调度方案，力争最有效地发挥防洪系统的作用，实时安排和处理超额洪水，尽可能减轻洪水灾害。对综合利用的防洪工程或防洪体系，防洪调度需要结合考虑发挥综合效益的要求。在多沙河流，防洪调度还要考虑防淤、冲沙和排沙要求。防洪调度通常以流域或水系为单元进行，条件允许时，可以跨流域或水系进行洪水调度。江河防洪调度主要是运用各类防洪工程措施，科学地拦滞、排泄、分蓄洪水，并合理安排工程防守措施，在非常情况下采用应急处理措施。

防洪调度方案主要包括原则要求、基础资料、防御方案、实施措施等内容。在编制时，应遵循以下原则：

(1) 确保防洪工程自身安全。这是发挥防洪工程作用的前提，也是为了防止出现工程失事，造成更大的灾害。

(2) 正确处理防洪与兴利的矛盾。兴利必须服从防洪。在保证防洪安全的前提下，要尽可能考虑兴利及库区、分洪区的工农业生产建设要求。

(3) 正确处理一般与重点、局部与全局的关系。遇到特大洪水，需要破垸行洪或启用分蓄洪区时，要以牺牲局部利益为代价，确保重要地区的防洪安全和全局的利益。

(4) 应密切结合防洪工程现状和当地社会经济情况，具有科学性、实用性和可操作性。

防洪系统运行调度方案一般是针对正常情况而编制的，但在实际运用中却可能遇到一些异常情况。如水、雨情预报失误，闸门启闭出现故障，工程意外出险，分蓄洪区群众不能按时撤离，等等。因此，在洪水调度过程中，在不违背事先编制的防洪调度预案的前提下，对随时可能发生的不测事件能随机应变，采取适当的措施，以确保防洪系统的安全运行。

为了实现防洪系统的合理运行，充分发挥其防洪效益，应当运用系统分析方法，选择整体最优的洪水调度方案。如利用水库群的优化调度，科学有效地调控洪水；利用河道与堤防所形成的过流能力，最大限度地排泄洪水；运用各类蓄滞洪区分（蓄、行、滞）洪水等。通过对各项防洪工程措施的科学调度，实现对流域洪水最为合理的蓄、泄、滞、分，并结合防洪非工程措施，以使洪灾损失为最小。

## 5.2 防洪规划

### 5.2.1 防洪标准

防洪标准是各种防洪保护对象或水利工程本身要求达到的防御洪水的标准。通常以频率法计算的某一重现期的设计洪水为防洪标准，或以某一实际洪水（或将其适当放大）作为防洪标准。在实际发生的洪水小于防洪标准的洪水时，通过合理运用防洪工程，应能保证防护对象或水利工程本身的防洪安全。

当水库不承担下游防洪任务时，按水库工程水工建筑物防洪标准，选定合适的设计洪水和校核洪水的流量过程线，作为水库调洪计算的原始资料。

防护对象的防洪标准应以防御的洪水或潮水的重现期表示。对特别重要的防护对象，可采用可能最大洪水表示。可能最大洪水是指河流断面可能发生的最大洪水，由最恶劣的气象和水文条件组合形成，是永久性水工建筑物非常运用情况下最高标准的洪水，可用水文气象法或数理统计法估算。根据防护对象的不同需要，其防洪标准可采用设计一级或设计、校核两级。各类防护对象的防洪标准应根据经济、政治、社会、环境等因素对防洪安全的要求，统筹协调局部与整体、近期与长远及上下游、左右岸、干支流的关系，通过综合分析论证确定。有条件时，宜进行不同防洪标准所可能减免的洪灾经济损失与所需的防洪费用的对比分析。表5.1～表5.3为城市、乡村和工矿企业的防洪标准。

遭受洪灾或失事后损失巨大、影响十分严重的防护对象，可提高防洪标准。遭受洪灾或失事后损失及影响均较小或使用期限较短及临时性的防护对象，可降低防洪标准。防洪标准一时难以达到者，可报请主管部门批准后，分期实施、逐步达到。

**表5.1　城市防护区的防护等级和防洪标准**

| 防护等级 | 重要性 | 常住人口/万人 | 当量经济规模/万人 | 防洪标准（重现期/年） |
|---|---|---|---|---|
| Ⅰ | 特别重要 | ≥150 | ≥300 | ≥200 |
| Ⅱ | 重要 | <150，≥50 | <300，≥100 | 200～100 |
| Ⅲ | 比较重要 | <50，≥20 | <100，≥40 | 100～50 |
| Ⅳ | 一般 | <20 | <40 | 50～20 |

注　当量经济规模为城市防护区人均GDP指数与人口的乘积，人均GDP指数为城市防护区人均GDP与同期全国人均GDP的比值。

**表5.2　乡村防护区的防护等级和防洪标准**

| 等级 | 人口/万人 | 耕地面积/万亩 | 防洪标准（重现期/年） |
|---|---|---|---|
| Ⅰ | ≥150 | ≥300 | 100～50 |
| Ⅱ | <150，≥50 | <300，≥100 | 50～30 |
| Ⅲ | <50，≥20 | <100，≥30 | 30～20 |
| Ⅳ | <20 | <30 | 20～10 |

表 5.3 工矿企业的防护等级和防洪标准

| 等级 | 工矿企业规模 | 防洪标准（重现期/年） |
|---|---|---|
| Ⅰ | 特大型 | 200～100 |
| Ⅱ | 大型 | 100～50 |
| Ⅲ | 中型 | 50～20 |
| Ⅳ | 小型 | 20～10 |

注 各类工矿企业的规模按国家现行规定划分。

### 5.2.2 河道整治规划

河道整治规划是根据河道演变规律和兴利除害要求，为治理、改造河道所进行的水利工程规划。河道在挟移泥沙的水流作用下，常处于变化状态；在流域治理开发过程中，某些工程的实施也常改变河道的水文情势，并影响其上下游、左右岸。因此，必须针对存在的问题，采取不同的措施，如实施控导工程、河道裁弯工程、河道展宽工程、疏浚河道等，对河道进行整治，以适应防洪、航运、供水、排水等国民经济各部门的要求。河道整治规划通常要在流域规划的基础上进行，并成为流域治理工作的一部分。

河道整治规划一般包括洪水、中水、枯水 3 种不同的整治方案。洪水整治的目的是为了防御洪水泛滥，确保沿河人民生命财产安全；枯水整治则主要是保障通航和引水；中水整治对稳定河床，控制河势具有决定性意义。

河道整治规划可以从以下 4 个方面进行分类：

(1) 按河道自然条件，分为山区河道整治规划、平原河道整治规划和河口整治规划。

1) 山区河道的两岸多为基岩，河床多由基岩或粗沙、卵石组成，河床坡度陡、流速大、水位涨落快，但河床变形强度较小。山区河道整治规划的主要目标是航运、工农业取水等，规划中应根据要求对渠化、治导等工程措施做出全面安排。

2) 平原河道两岸多为冲积土壤。由于河道水沙作用和河岸土质的差异，形成顺直、蜿蜒、分叉和游荡等 4 种基本河型。平原河道整治规划的主要目标是防洪、航运、工农业取水和城市建设等，规划要根据不同河型和整治目标提出工程措施。顺直型河道的整治原则是，将边滩稳定下来，使其不向下游移动，从而达到稳定整个河段的目的。对蜿蜒型河道，要力求通过整治使其成为微弯河道；对过度弯曲的河段，可考虑实施人工裁弯；对分叉型河道可考虑堵汊并流，将其整治成单一微弯河道，或使其形成稳定的汊道河段；对游荡型河道可护滩定弯，以弯导流，稳定河槽，控制流势。

3) 河口段受径流和潮流的共同影响，河床演变复杂。整治的主要目标是防洪、航运、工农业取水和滩地利用等。规划可研究采用固滩护岸、堵汊并流、疏浚导流等工程措施。

(2) 按水利枢纽对河道的影响，分为库区河段整治规划、坝区河段整治规划和坝下游河段整治规划。

1) 库区河段整治规划主要是研究水库回水变动区的整治。水库回水变动区具有天然河道和水库的两重特性。汛期受回水影响的河段发生累积性泥沙淤积，使原河床边界对水流的控制作用减弱，局部河段河势发生变化，河道向单一、规顺、微弯方向发展，航道、港口码头和取水口的条件将有所改善；某些港口码头和取水口可能因泥沙淤积而受到影响。规划中可以采取修建整治建筑物、疏浚等工程措施。

2）坝区河段整治规划是配合水利枢纽工程设计，研究枢纽上下游局部河段的整治措施，控制枢纽上游近坝段的河势，保证泄水建筑物、电站的正常运行和通航建筑物引航道的畅通，充分发挥水利枢纽的防洪、航运和发电等效益。这项规划对于具有综合利用效益的径流式枢纽或航运枢纽尤为重要。

3）坝下游河段整治规划研究针对建坝引起的下游河道变化所采取的整治措施。由于建坝后水沙条件的改变，坝下游河道一般发生冲刷，水位下降，河势也有变化，对下游河段的防洪、航运、工农业取水、港口码头建设都可能带来影响。规划中要对上述变化作出预测，并提出整治措施。

（3）按整治程序，分为河势控制规划和局部河段整治规划。对于整治工程量大，或情况比较复杂的河道，特别是大江大河，整治工程只能分阶段实施。河势控制规划是通过分析河段的演变过程，研究促成和稳定有利河势的工程措施。通常采用护岸工程，辅以其他措施。局部河段整治规划是在有利河势基本稳定的基础上，研究对局部河段进一步整治的方案，以满足防洪、航运、工农业取水以及港口码头建设的要求。

（4）按各部门的要求，分为航道整治规划、桥渡河段整治规划、取水口河段整治规划、堤防护岸工程规划等。这些以某一部门要求为主的河道整治规划，也需兼顾其他部门的要求，最大限度地发挥工程的综合效益。

河道整治规划须遵循以下基本原则：①全面规划、综合利用，统筹考虑各方面要求，妥善处理上下游、左右岸、各地区、各部门之间的关系，明确重点，兼顾一般，以达到综合利用水资源的目的；②因势利导、因地制宜，具体分析本河段的特性及其演变规律，预测其发展趋势，并总结本河段已往整治的经验教训，提出适合本河段的整治工程措施；③远近结合、分期实施，在规划中需包括整治的远景目标和近期要求，分清轻重缓急，有计划地实施。

河道整治规划的主要内容如下：

（1）河道基本特性及演变趋势分析。对河道自然地理概况，来水、来沙特性，河岸土质、河床形态、历史演变、近期演变等特点和规律进行分析，并预测河道演变趋势。对拟建水利枢纽的河道上下游，采用实测资料分析、数学模型计算、实体模型试验相结合的方法，定量估计可能引起的变化。

（2）河道两岸社会经济、生态环境情况调查分析。了解、分析沿岸城镇、工农业生产、堤防、航运等建设现状和发展规划。

（3）河道整治现状调查及问题分析。通过对已建整治工程现状的调查，探讨其实施过程、工程效果与主要的经验教训。

（4）河道整治任务与整治措施的确定。根据各方面提出的要求，结合河道特点，确定本河段整治的基本任务，并拟定整治的主要工程措施。

（5）整治工程的经济效益和社会效益、环境效益分析。分析整治后可能减少的淹没损失，论证防洪经济效益；从整治后增加的航道和港口水深、改善航运水流条件、增加单位功率的拖载量、缩短船舶运输周期、提高航行安全保证率等方面，论证航运经济效益；分析对取水、城市建设等方面的效益。

(6) 规划实施程序的安排。治河工程是动态工程，具有很强的时机性。应在分析治河有利时机的基础上，对整个实施程序作出轮廓安排，以减少整治难度，节约投资。

在河道整治规划设计中，需要确定以下内容：

(1) 设计流量和设计水位。整治洪水河槽的设计流量，需根据保护地区的重要性，选取相当其防洪标准的洪水流量，其相应的水位即为设计水位；整治中水河槽的设计流量可采用造床流量或平滩流量，简称整治流量，其相应的水位即为设计水位；整治枯水河槽的设计水位可根据通航等级或其他整治要求，采用不同保证率的最低水位，其相应的流量即设计流量。

(2) 整治线。河道整治后在设计流量下的平面轮廓线，称河道整治线或治导线。平原河道整治线分洪水河槽整治线、中水河槽整治线和枯水河槽整治线，其中对河势起控制作用的是中水河槽整治线。洪水河槽整治线即两岸堤防的平面轮廓线。堤线与主河槽岸线之间需根据宣泄设计洪水和防止堤岸冲刷的需要留足滩地宽度。

中水河槽整治线一般为曲率适度的连续曲线，曲线之间以适当长度的直线连接。对不能形成单一河槽的游荡型、分叉型河道，其主流线也应为曲率适度的连续曲线。中水河槽整治线的弯曲半径和曲线间直线段的长度，可参照邻近的优良河段确定。一般最小弯曲半径为河道直线段平滩河宽的4～9倍，曲线段间直线段长度为该段平滩河宽的1～3倍，通航河道还要考虑通航要求。在中水河槽整治线的基础上，根据航道和取水建筑物的要求，利用稳定的深槽、边滩或江心洲，设计枯水河槽整治线。为保持航道稳定，要求整治后枯水河槽的流向与中、洪水河槽的交角不大。枯水河槽的弯曲半径和曲线段间直线段的长度，可参照邻近的优良河段选定，其数值一般小于中水河槽整治线。

(3) 河槽断面。主要是确定中水河槽和枯水河槽的横断面尺寸。中水河槽的断面可参考邻近的优良河段断面，也可假定河段整治前后的流量和输沙能力不变，联立求解河相关系式、流速公式及水流连续方程，得出断面设计水深和河宽计算公式，即

$$H=\left(\frac{Qn}{\xi^2 J^{1/2}}\right)^{3/11} \tag{5.1}$$

$$B=H^2\xi^2 \tag{5.2}$$

式中：$\xi$为河相系数，可选用邻近优良河段的统计值；$B$、$H$分别为断面宽度和平均水深，m；$Q$为平滩流量，$m^3/s$；$n$、$J$分别为整治后河槽的综合糙率和比降。

枯水河槽的断面可参照以上方法确定。山区河道整治的平面形式与平原河道相同。河槽断面可参考邻近的优良河段确定，并满足粗沙、卵石推移质输沙平衡要求。

### 5.2.3 堤防规划

堤防是沿河流、湖泊、海洋或行洪区、分洪区、水库库区的周边修筑的挡水建筑物，是世界上最早广泛采用的防洪工程。筑堤的目的是防御洪水泛滥，保护居民和国民经济建设；使同等流量的水深加大，流速增大，有利于输水输沙；修堤围垦或造陆，可扩大人类生产、生活空间；抵御风浪及抗御海潮。

堤防按其所在位置不同，可以分为河堤、湖堤、海堤、围堤和水库堤防5种。因各自工作条件不同，故其规划设计要求也有所差别。这里主要介绍河堤规划。

河堤位于河道两岸，用于保护两岸城镇和农村不受洪水侵犯。因河水涨落相对较快，高水位持续历时一般不长，堤内浸润线往往难以发展到最高洪水位的位置，故其断面尺寸相对较小。

根据河堤所在位置和重要性，可分为干堤、支堤和民堤。干堤修建在大江、大河的两岸，保护重要城镇、大型企业和大片农田，故设计标准较高，由国家或地方专设机构管理。支堤沿支流两岸修建，防洪标准一般低于同流域的干堤，要根据堤防重要程度而定。如汉水是长江的支流，但汉水下游的堤防保护着大片重点农业区，故其防洪标准比一般支堤为高，并被列为确保堤段。重要支流堤防多由流域部门负责修建，一般支堤则由地方修建、管理。民堤是在河道内行洪区、湖区修建的土堤，又称民埝。民堤一般保护范围小，其特点是民修民防，防洪能力较低。

堤防工程防护对象的防洪标准，应根据现行国家标准《防洪标准》（GB 50201—2014）确定。堤防工程的防洪标准，应根据防护区内防洪标准较高的防护对象的防洪标准确定。堤防工程的级别，应符合表5.4的规定。

遭受洪灾或失事后损失巨大，影响十分严重的堤防工程，其级别可适当提高；遭受洪灾或失事后损失及影响较小或使用期限较短的临时堤防工程，其级别可适当降低。

**表5.4　　堤防工程的级别**

| 防洪标准（重现期/年） | ≥100 | 50～100 | 30～50 | 20～30 | 10～20 |
|---|---|---|---|---|---|
| 堤防级别 | 1 | 2 | 3 | 4 | 5 |

堤防工程上的闸、涵、泵站等建筑物及其他构筑物的设计防洪标准，不应低于堤防工程的防洪标准，并应留有适当的安全裕度。

在进行新建或改建堤防规划时，须遵守如下原则：

（1）结合水库、分蓄洪工程等其他防洪工程措施，进行堤防规划，以形成合理的防洪工程体系。城市堤防规划应服从城市总体规划，并考虑交通、环保、景观及亲水休闲等因素。

（2）妥善处理上下游、左右岸、各地区、各部门之间的关系。根据河流、河段及其防护对象的不同，选定不同的防洪标准、堤防等级、堤型和堤身断面，并远近结合、分期分段实施。

（3）当堤防遭遇超标准特大洪水时应有对策措施，以保证主要堤防重要堤段不发生改道性决口。

（4）就地取材，便于施工，节省投资。

堤线布置应根据防洪规划，地形、地质条件，河流或海岸线变迁，结合现有及拟建建筑物的位置、施工条件、已有工程状况以及征地拆迁、文物保护、行政区划等因素，经过技术经济比较后综合分析确定。堤线布置应遵循下列原则：

（1）河堤的堤线应与河势流向相适应，并与大洪水的主流线大致平行。一个河段两岸堤防的间距或一岸高地一岸堤防之间的距离应大致相等，不宜突然放大或缩小。

（2）堤线应力求平顺，各堤段平缓连接，不得采用折线或急弯。

(3) 堤防工程应尽可能利用现有堤防和有利地形，修筑在土质较好、比较稳定的滩岸上，留有适当宽度的滩地，尽可能避开软弱地基、深水地带、古河道、强透水地基。

(4) 堤线应布置在占压耕地、拆迁房屋等建筑物少的地带，避开文物遗址，利于防汛抢险和工程管理。

根据选定的堤防保护区的防洪标准及其相应的设计洪水流量，可以进行堤防间距和堤顶高程的设计。

堤距和堤顶高程是紧密相关的。同一设计洪水流量下，若两岸堤距窄，则放弃的土地面积小，但洪水位高，堤身高，工程量大，投资多，汛期防守难度大；若两岸堤距宽，则洪水位低，堤身矮，工程量小，投资少，汛期防守任务轻，但放弃的土地面积大。因此，河堤堤距应根据河道的地形、地质条件，水文泥沙特性，河床演变特点，冲淤变化规律，不同堤距的技术经济指标，综合权衡有关自然因素和社会因素后分析确定。在确定河堤堤距时，还应根据社会经济发展的要求，现有水文资料系列的局限性，滩区长期的滞洪、淤积作用及生态环境保护等，留有余地。对新建河堤的堤距应根据流域防洪规划分河段确定，上下游、左右岸应统筹兼顾。

堤防工程的型式应按照因地制宜、就地取材的原则，根据堤段所在的地理位置、重要程度、堤基地质、筑堤材料、水流及风浪特性、施工条件、运用与管理要求、环境景观、工程造价等诸多因素，在技术经济比较的基础上综合确定。根据筑堤材料，可以选择土堤、石堤、混凝土或钢筋混凝土防洪墙，或以不同材料填筑的非均质堤等；根据堤身断面型式，可以选择斜坡式堤、直墙式堤或直斜复合式堤等；根据防渗体设计，可以选择均质土堤、斜墙式或心墙式土堤等。同一堤线的各堤段，也可以根据具体条件采用不同的堤型。但在堤型变换处应做好连接处理，必要时应设过渡段。

### 5.2.4 分洪、滞洪及蓄洪垦殖规划

江河防洪工程只能防御根据防洪标准推求的设计洪水。对于可能出现的超标准洪水，除可以利用上游水库拦蓄一部分外，还得依靠平原地区蓄滞洪区就地蓄存一部分。因此，蓄滞洪区是我国河流防洪体系的重要组成部分。

蓄滞洪区是指河道周边辟为临时蓄存洪水的湖泊、洼地或扩大行洪、泄洪的区域，其作用是调蓄洪量，削减河道洪峰流量，降低河道洪水位，确保重点防护区安全。蓄滞洪区又可细分为分洪区、蓄洪区、行洪区、滞洪区。分洪是指把河道的部分超额洪水经分洪道直接分流入海、入湖，或进入其他河流，或绕过防洪保护区在其下游返回原河道。分洪区是指利用河道两侧的低洼圩垸，或利用附近的湖泊、洼地加修围堤而形成的用来分蓄洪水的区域。分洪区的全部工程措施称为分洪工程，一般包括进洪设施、分洪道、分（蓄）洪区及其安全避洪设施，以及排洪设施等。蓄洪是指将进洪设施分泄的洪水直接或经分洪道进入湖泊或洼地围成的区域蓄存起来，起蓄洪或滞洪作用。这样的区域称为蓄洪区。在河流、湖泊涨水期，蓄洪区只蓄不泄，通过蓄洪起到降低河流、湖泊水位的作用。在河流、湖泊水位回落后再将蓄洪区的水量泄放出去。行洪是指汛期在筑有堤防的河流或河段，洪水在两堤之间的安全宣泄。行洪区是指河道两侧或河岸之间用以宣泄洪水的区域。河道包括河槽和滩地两部分。在一些江河行洪区内仍有居民从事农业生产活动，有些还有群众居住。如黄河下游滩区，淮河干流堤、河之间的滩地，大洪水时是行洪区，而小洪水时仍可

垦殖。滞洪是指为短期阻滞或延缓洪水行进速度而采取的措施，其目的是与主河道洪峰错开。这样的区域称为滞洪区。如荆江洪水，经四口分流入洞庭湖后，又从城陵矶以下流回长江，洞庭湖就起着滞洪作用。

我国蓄滞洪区地处江河中、下游，大多数是在湖泊、洼地基础上建设形成，具有蓄洪垦殖双重目的，防洪、生产需兼顾，蓄滞洪区人口稠密、土地肥沃、经济发展较快，区内居民安全与生产的矛盾突出。主要存在以下问题：①工程设施相对简陋，管理粗放，防洪标准不高；②区内人口增长快、密度大；③随着经济社会的发展，区内财富逐年增加，分洪损失愈来愈大，而补偿机制不健全；④区内安全建设缓慢，安全设施容量有限；⑤工程建设不完善，排水设施不配套。为正确解决上述问题，正常发挥工程作用，保证社会稳定，必须高度重视蓄洪工程的规划与建设。

蓄滞洪工程的规划和建设内容包括：蓄滞洪区的规划、水工建筑物的布置、区内安全建设以及防洪非工程措施等。防洪非工程措施问题将在5.5节讨论，这里介绍前3个内容。

1. 蓄滞洪区规划

蓄滞洪区规划主要包括蓄滞洪区的位置选择、分洪量及分洪水深的确定。蓄滞洪区的位置选择原则如下：

(1) 尽可能地邻近防护区，以利于分洪时能迅速降低重点河段的洪水位，最有效地发挥其防洪效益。

(2) 尽量利用地势低洼的湖泊、洼地。因为湖泊、洼地本来就是洪水的天然调蓄场所，其蓄洪容积大、淹没损失小、修建围堤工程量小。

(3) 因地制宜地确定其进、泄洪口门位置，最好具备建闸条件。

(4) 该地区人口密度相对较小，群众在分洪时迁安相对容易。

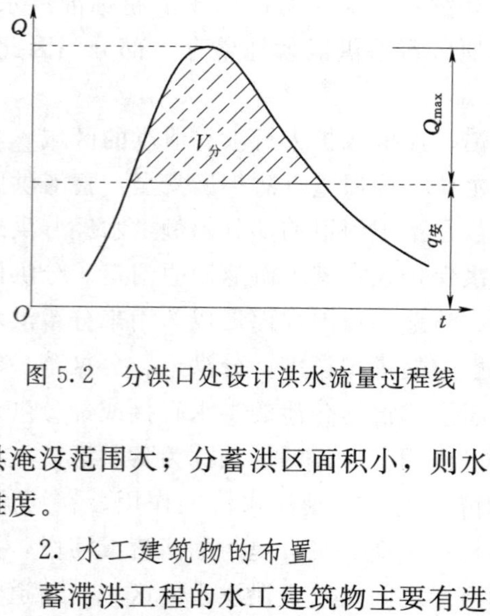


图5.2 分洪口处设计洪水流量过程线

分洪量及分洪水深的确定方法为：根据拟定的防洪标准，由防洪控制点的防洪设计洪水进行洪水演进计算，求出分洪口处的河道设计洪水过程，其中超过分洪口下游河道安全泄量 $q_安$ 的部分，称为超额洪量，如图5.2所示。图中阴影面积即为理想情况下所需要的设计分洪量 $V_分$，设计最大分洪流量为 $Q_{max}$。求得分洪总量后，可再按分蓄洪区范围和区内地形，求得平均分洪水深和最大分洪水深。区内水深取决于所围成的分蓄洪区的面积大小。分蓄洪区面积大，则水深小，分洪淹没范围大；分蓄洪区面积小，则水深大，不利于及时退水，并将增加安全设施的建设难度。

2. 水工建筑物的布置

蓄滞洪工程的水工建筑物主要有进洪设施、分洪道、排洪设施及围堤工程等项目。根据以下原则确定这些水工建筑物的规模。

(1) 进洪设施。设于河道的一侧，用以分泄河道洪水进入分洪道或分（蓄）洪区，其规模应根据最大分洪流量确定。进洪设施可分为3种：①有控制的进洪设施，即在拟定的分洪口门处兴建进洪闸，当河道流量大于河道安全泄量时，按计划开闸分洪，分洪流量可由进洪闸控制；②半控制的进洪设施，即在进洪口门处修建溢流坝或滚水坝，以其顶面高程控制分洪，当河道水位超过堰顶高程即自然分洪，分洪流量随洪水涨落而增减；③无控制的进洪设施，包括临时破口分洪，即在计划分洪口门处修建一段自溃堤，为控制分洪流量，防止口门过量扩大，应预先做好裹头和护底工程。进洪设施的位置一般设在被保护地区的上游附近，以取得较好的分洪效果。具体位置应根据地形、地质、河流流势、泥沙等条件，进行技术经济分析后合理选定。进洪建筑物一般宜尽可能设在河势稳定的河道凹岸，使分洪水流顺畅。

(2) 分洪道。承泄进洪设施分泄的洪水，通常利用天然河道或低洼地带，在两侧筑堤形成。分洪道的线路以地形、地质、洪水特性和社会经济情况等因素为选择依据，并以洪水分析演算成果确定分洪道断面尺寸及两岸堤距和堤岸高程。

(3) 排洪设施。主要在分洪时尽快排泄进入分（蓄）洪区内的洪水，使区内群众能恢复生产、重建家园。其规模应以分洪量和退水时限要求，以及退水对承泄河道的防洪影响等因素确定。排洪设施通常是建泄洪闸，闸的位置应选在蓄滞洪区的下部高程最低处，以便能泄空渍水。闸的规模主要取决于需要排空蓄水时间的长短及错峰要求。对于运用机会小的蓄滞洪区，也可采取破围堤排洪的方式。

(4) 围堤工程。其围堤的设计洪水位，应根据其保护地区的河道堤防的设计洪水位，按照位置的相对关系，考虑可能的洪水组合偏安全加以拟定。

3. 蓄滞洪区的安全建设

蓄滞洪区的安全建设关系到广大群众的生命财产安全和社会安定，并影响到蓄滞洪区的正常运用。内容包括：①避洪警报设施，其作用是使蓄滞洪区内的群众能及时知道分洪信息，以便在洪水淹及之前有计划、有组织地采取避洪措施或安全撤离；②就地避水设施，包括安全区、安全台、避水楼等，在经济水平较高的地方，居民在修建房屋和公共设施时，可以考虑建成能适应分洪要求的楼房和临时避水设施；③撤退转移设施，是指在分洪前夕，蓄滞洪区内大量群众转移到临时安置区，所需要的撤退道路、交通运输工具等设施；④紧急抢救设施，为防止意外事件的发生，必须事先做好各种紧急抢救设施与措施的准备；⑤从蓄滞洪区的长治久安考虑，还可以参照“移民建镇”的思路，解决分洪与群众生命财产安全的矛盾。

由于蓄滞洪区的运用涉及区内群众的生产、生活和生命财产安全，因此，必须做好蓄滞洪区的调度运用工作。蓄滞洪区的调度运用方式，根据其规划任务和控制条件的不同，主要有以下三种：

(1) 蓄洪调度运用。为了确保下游重要防护河段的防洪安全，需将上游来水超出下游河道安全泄量的部分水量，引进蓄滞洪区暂时蓄存起来，待洪峰过后或汛后再泄出。在调度运用中，既要把握好下游河道的泄流不得超过其安全泄量，又要根据河道上游来水合理确定分洪流量和进洪总量，尽量减少蓄滞洪区的淹没损失。这一般需要选好控制代表站，做好洪水预报，推算河道洪水传播过程。在运用这种调度方式时，应注意当河道洪峰流量小于下游安全泄量时，应停止进洪，以保留相当的蓄洪库容，防备再次发生洪峰。

（2）滞洪调度运用。在河道两侧蓄洪条件有限时，可以利用滞洪区过水，延缓洪水传播时间，使分入滞洪区的洪水缓缓下泄，使其与主河槽洪峰错开后归入原河道。有的分蓄洪区在蓄水运用后，因上游河道后期来水不减，而采取“上吞下吐”的调度运用，起到滞洪效果。

（3）就地蓄洪降低水位运用。当河流、湖泊水位持续上涨，将超过保证水位，威胁堤防安全时，有计划地开启河流、湖泊周边的蓄洪区，容纳一部分洪水，可以降低当地水位。这种情况称为就地蓄洪降低水位运用方式。

蓄洪垦殖也是一种防洪措施，既利于防洪又兼顾耕作与养殖，但与围湖造田不同。围湖造田主要目的是增加耕地，大小洪水一律挡住，有利于生产，但有损于防洪。蓄洪垦殖的目的是滞蓄洪水，即在保证按计划滞洪的条件下，充分利用河内滩地及与江湖沟通起天然调洪作用的湖泊内滨湖滩地发展农业生产。蓄洪垦殖区一般是在湖泊、洼地的周边修筑围堤（建闸），形成的封闭或半封闭的区域。生活在区内的人们，水进则退，水退则进。中、小洪水年份，内湖水位较低，周边地区用于垦殖；在大洪水年份，弃耕蓄洪。如长江中、下游的所谓“控湖调洪”式分蓄洪区。蓄洪垦殖工程是江河中、下游平原区以分蓄洪为主的综合利用工程。从防洪方面讲，这项工程属于分洪工程的范畴，故又常称为分蓄洪工程。如长江的分蓄洪区，大多数是原来的蓄洪垦殖工程。因此，蓄洪垦殖符合防洪与兴利相结合的原则，可以比较合理地解决我国长期以来由于人类与水争地所产生的防洪和兴利之间的矛盾。

蓄洪垦殖规划应遵循以下原则：

（1）湖滨滩地和河内滩地的围垦应符合利用一切可能利用的土地进行农业生产的原则。但是，湖滨滩地原是汛期降低洪水流量所需要的蓄洪地点，而河内滩地则是汛期增加泄洪能力的行洪断面。占用了这些滩地，就必须考虑到它们原来在防洪上所起的作用。因此，在整个流域内关于蓄洪垦殖的布置、垦殖面积的限制，垦区内洪水调蓄方式以及垦区本身的治涝和灌溉计划等，都必须和流域综合利用规划相结合，特别是和流域的防洪规划一起考虑，统筹安排。

（2）蓄洪垦殖所担负的防洪任务，要在堤防允许的安全泄量范围内，和分洪、滞洪等措施统一考虑。

（3）有关蓄洪垦殖区蓄洪标准的选定，即圩垸堤顶高程的确定，应根据水文特性进行不同方案比较，采用经济上最合理的方案。但必须注意到蓄洪垦殖是一种过渡性的措施，不宜选用过小的洪水频率作为垦殖区的蓄洪标准，而应允许垦区比较经常地用于蓄洪。

（4）对湖滨滩地的利用，应留有余地，不宜占用太多的滩地，以致过分减少原来的蓄洪容积，影响防洪。

（5）对河内滩地的利用，必须考虑其所在位置的河道形势及堤防情况等来决定垦殖的面积。同样应留有余地，不宜过分占用，因为圩垸淹没后的行洪情况，总是比自然滩地的泄洪能力降低很多。

（6）规划蓄洪垦殖时，一般是设法将湖滨高程较低的滩地增辟为新垦殖区，但同时也要订出对原有的圩垸进行改建规划，如重新调整圩垸界线及增加涵闸等控制设备与排水设置等。

### 5.2.5 水土保持规划

水土流失是指在水力、重力、风力等外营力作用下，水土资源和土地生产力的破坏和损失，包括土地表层侵蚀和水土损失。水土流失可分为水力侵蚀、重力侵蚀和风力侵蚀3种类型。产生水土流失的原因有地貌、气候、土壤、植被等自然因素和导致地表土壤加速破坏和移动的不合理的生产建设活动，以及其他人为因素。水土流失除了会使土地生产力下降甚至丧失、生态环境恶化，对生产、生活和经济发展造成极大的危害，还会淤积河道、湖泊和水库，严重削弱河道泄洪能力和湖泊、水库调洪能力，对防洪产生不利影响。因此必须合理制定水土保持规划，对水土流失进行综合治理，以期改善和根治水土流失。

水土保持规划是预防和治理水土流失，保护、改良和合理利用水土资源的专业规划。根据规划的层次与任务，水土保持规划可分为以下两种类型：

(1) 大面积的总体规划，以流域或其主要的一级支流，或以省、地区为单元，面积从几千平方公里到几十万平方公里。主要任务是：在综合考察和水土保持区划的基础上，结合不同类型区的资源、社会经济情况和水土流失特点，提出水土资源保护和开发利用方向、主要措施、宏观布局，以及预防保护和治理的重点地区与重点开发项目，明确开展预防保护和治理的基本步骤、进度和所需劳力、经费、物资等指标，论证规划的可行性，预测可能获得的水土保持效益。

(2) 中小面积的实施规划。对二级支流及小流域或以县、乡、村为单元，面积从几平方公里到几千平方公里。主要任务是：根据大面积总体规划，结合当地的实际情况，确定农、林、牧业生产用地的比例和位置及各项水土保持措施的配置，并明确技术要求；安排各项措施的实施程序、进度和所需劳力、经费和物资，预测可能取得的水土保持效益。

水土保持规划的制定应遵循以下基本原则：

(1) 实事求是，一切从实际出发。按照当地的自然规律和社会经济规律，确定生产方向、预防保护和治理措施、实施进度、技术经济指标等。

(2) 因地制宜，区别对待。大面积的总体规划，地区分布较广，条件差异较大，需根据水土保持区划中所分的类型区，分别研究，确定不同的土地利用方向、预防保护和治理措施布局，采取不同的技术经济指标。中小面积的实施规划，在大面积总体规划指导下，根据小流域的上、中、下游等不同部位、不同情况区别对待。

(3) 统筹兼顾、协调平衡。各地区、各部门之间要协调平衡，分工合作，结合水利建设，保护、改良与利用水土资源，发挥经济效益、生态效益和社会效益。

(4) 坡沟兼治、综合治理，以小流域为单元，从分水岭到坡脚，从沟头到沟口，根据不同的水土流失部位，采用不同的林草措施与工程措施，构成一个综合完整的防护体系，从根本上防治水土流失。

水土保持规划的主要内容如下：

(1) 研究土地利用方向，确定农、林、牧业等用地的比例，提出当地大农业生产优化结构和土地利用优化模式。

(2) 研究预防保护和治理措施布局，确定综合治理措施的优化配置。在合理调整土地利用结构的基础上，根据当地特点，合理布设坡面的梯田、林草措施和沟道治理工程及其他水土保持措施。

(3) 研究各项预防保护和治理措施的分期实施步骤。中、小面积的实施规划应有分年进度计划，大面积的总体规划应提出近期、中期和远景规划。两级规划都应研究实施中如何起步；工程与林草措施、治坡与治沟如何配合与协调；如何处理好农林牧各业互相争地的矛盾、当前利益与长远利益的矛盾、统一规划与按户承包治理的矛盾等。

(4) 确定规划中的3项主要技术经济指标：①进度指标，确定规划中不同时段内每年新增的各项治理措施的工作量和每个时段末累计完成措施的工作量；②投入指标，按进度和工作量计算每个时段或每年需要投入的劳力、经费和物资；③效益指标，主要计算水土保持的经济效益、生态效益与社会效益。对经济效益要分别计算直接效益与间接效益；生态效益着重分析计算蓄水保土、消洪减沙、改变小气候和改良土壤的作用。社会效益要计算减轻自然灾害和促进社会进步两方面的作用。效益计算需要事先收集有关的科研成果和实践资料，经过综合分析，确定合理的计算定额。

(5) 提出保证规划实施的措施。包括加强组织领导与经济管理，落实水土保持责任制，搞好科技推广、技术服务与技术培训等。

水土保持的主要措施有工程措施、生物措施和蓄水保土耕作措施。

(1) 工程措施是指防治水土流失危害、保护和合理利用水土资源而修筑的各项工程设施，包括治坡工程（各类水平梯田、山坡截流工程、涝池、台地、水窖、挡土墙、鱼鳞坑等）、治沟工程（如淤地坝、拦沙坝、谷坊、沟头防护、排洪沟、导流堤等）和小型水利工程（如水池、水窖、排水系统和灌溉系统等），这些工程措施可以改变小地形、蓄水保土、排涝防洪、储水灌溉、除害兴利，为发展农林牧渔业生产创造条件。

(2) 生物措施是指为防治水土流失，保护和合理利用水土资源，通过造林种草及管护，增加植被覆盖率，维护和提高土地生产力的水土保持措施，又称植物措施。主要包括造林、种草和封山育林育草；保土蓄水，改良土壤，增强土壤有机质抗蚀力等方法。生物措施可以防风、防浪、防冲，起着保护堤防的作用，使之减少或免受暴雨洪水、风沙、冰凌、潮汐、海浪等自然力的侵蚀破坏，同时在提供抢险用料，美化堤防工程，改善生态环境，增加管理单位的经济收入等方面也有不可替代的重要价值。

(3) 蓄水保土耕作措施是指以改变坡面微小地形，增加植被覆盖或增强土壤有机质抗蚀力等方法，保土蓄水，改良土壤，提高农业生产的技术措施，如等高耕作、等高带状间作、沟垄耕作、少耕、免耕等。

我国各地水土流失形式多样，一般情况下人口密度比较大，土地利用状况十分复杂，产生水土流失的原因各不相同，因此需要采用多种措施，构成综合防治体系，才能有效地制止水土流失。

## 5.3 治涝规划

### 5.3.1 治涝标准

治理雨涝成灾的排涝工程设计标准称为治涝标准，一般有3种表示方法：暴雨重现期、排涝保证率和典型年。我国采用第一种方法，即根据暴雨重现期，并结合降雨历时和排除时间确定治涝标准。其中，治涝标准的设计暴雨重现期应根据年系列暴雨与淹涝面积或成灾损失等因素，经综合分析论证后确定。设计暴雨历时和排出时间应根据排涝面积、地面坡度、植被条件、暴雨特性和暴雨量、河网和湖泊的调蓄能力，以及城镇受涝损失、农作物耐淹水深和耐淹历时等因素，经论证后确定。

根据治涝防护对象的不同，治涝标准分为城市治涝标准、乡镇治涝标准和农区治涝标准。

(1) 城市治涝标准。指承泄区接纳市政排水系统排出涝水的标准。城市市政排水系统的排水标准按市政相关规范的规定确定。城市治涝标准的设计重现期见表 5.5，设计暴雨历时和排除时间原则上均采用 24h。鉴于我国南北方、东西部的差别较大，各地区的水文气象条件也存在差异，在确定具体城市的治涝标准时，可根据城市所处的地理位置、地形地势、河流水系、调蓄能力、经济发展水平及费用效益等因素，适当调整降雨历时和外排时间。涝水排除程度可按在排除时间内排至地面或设计水位以下，一般情况下可排至城区 90%～95%的地面高程以下。

(2) 乡镇治涝标准。根据市政排水系统完善程度分两种情况：①市政排水系统较为完善的乡镇治涝标准指承泄区接纳市政排水系统排出涝水的标准，可参照城市治涝标准的确定；②市政排水系统不完善的乡镇治涝标准的重现期按表 5.6 确定。乡镇设计暴雨历时可采用 24h。各地区也可根据当地的水文气象、地形地理特征作适当调整。排除时间原则上按 24h 降雨 24h 排除，无市政排水系统的乡镇应在排除时间内排至地面无积水，有市政排水系统的乡镇排至承泄区设计水位以下。对于排水条件较差的地区，排水时间可适当延长。

**表 5.5　城市设计暴雨重现期**

| 重要性 | 常住人口/万人 | 当量经济规模/万人 | 设计暴雨重现期/年 |
|---|---|---|---|
| 特别重要 | ≥150 | ≥300 | ≥20 |
| 重要 | <150，≥50 | <300，≥100 | 20～10 |
| 比较重要 | <50，≥20 | <100，≥40 | 20～10 |
| 一般 | <20 | <40 | 10～5 |

**表 5.6　乡镇设计暴雨重现期**

| 重要性 | 常住人口/万人 | 当量经济规模/万人 | 设计暴雨重现期/年 |
|---|---|---|---|
| 比较重要 | ≥20 | ≥40 | 20～10 |
| 一般 | <20 | <40 | 5～10 |

(3) 农区治涝标准。分为农区明涝治涝标准和农作物渍涝排水标准。

1) 农区明涝治涝标准。一般村庄的治涝标准按农田统一考虑，有特殊保护要求的重要村庄的治涝标准可参照乡镇治涝标准确定。农区设计暴雨重现期应根据涝区耕地面积和作物种类确定，见表 5.7。对于作物经济价值较高、遭受涝灾后损失较大或有特殊要求的涝区，经技术经济论证后，其设计暴雨重现期可适当提高，但不宜高于 20 年一遇；遭受涝灾后损失较小的农区设计暴雨重现期可适当降低。降雨历时、排除时间和排除程度主要与农作物的种类及其耐淹水深和耐淹历时有关。表 5.8 为农作物的耐淹水深和耐淹历时，

表 5.9 为农区设计暴雨历时、涝水排除时间及排除程度。同时，还应综合考虑作物种植结构、易涝区的地理位置、地形地势、河流水系、调蓄能力、经济发展水平等因素合理确定降雨历时和排除时间。

2）农作物渍涝排水标准。农作物排渍标准包括设计排渍深度、耐渍深度和耐渍时间。其中，设计排渍深度是指控制农作物不受渍害的农田地下水排降深度，耐渍深度是指农作物不同生育阶段要求保持一定的地下水埋藏深度，耐渍时间是指在作物生长期间，允许地下水有短期升至耐渍深度以上，不危害作物正常生长的持续时间。农作物的耐渍深度和耐渍时间应根据当地或邻近地区农作物种类、生育阶段、土壤性质、气候条件及采取的农业技术措施等因素，经实地调查或试验分析确定。在排渍设计中，通常以主要作物生长关键期内的排渍要求作为设计排渍标准。表 5.10 为几种主要农作物的排渍标准。

在确定排涝区治涝标准时，还应考虑以下要求：

（1）如果排涝区内的某个防护对象，其要求的治理标准高于整个排涝区的治理标准且能够进行单独防护的，该防护对象的治涝标准应单独确定，并采取单独的防护措施。

（2）当排涝区内有两种以上的防护对象，又不能分别进行防护时，该排涝区的治涝标准，应按主要防护对象中要求较高者确定。

（3）治涝标准应以流域或区域的综合规划、防洪规划、治涝规划等为依据，统筹考虑防洪与治涝的关系，及与邻近区域的协调，通过综合分析论证确定。

### 5.3.2　农区治涝工程规划

农区治涝工程规划主要包括排水区划分、排水沟道系统布置规划、排水沟道系统设计、排涝泵站规划和承泄区规划等内容。

**表 5.7　农区设计暴雨重现期**

| 耕地面积/万亩 | 作物种类 | 设计暴雨重现期/年 |
|---|---|---|
| ≥50 | 经济作物 | 10 |
| | 水稻 | 10 |
| | 旱作 | 10 |
| <50 | 经济作物 | 10 |
| | 水田 | 5～10 |
| | 旱作 | 5～10 |

**表 5.8　几种主要农作物的耐淹水深和耐淹历时**

| 作物种类 | 生育阶段 | 耐淹水深/cm | 耐淹历时/d |
|---|---|---|---|
| 小麦 | 分蘖～成熟 | 5～10 | 1～2 |
| 棉花 | 开花、结铃 | 5～10 | 1～2 |
| 玉米 | 苗期～拔节期 | 2～5 | 1～1.5 |
| | 抽穗 | 8～12 | 1～1.5 |
| | 灌浆 | 8～12 | 1.5～2 |
| | 成熟 | 10～15 | 2～3 |

续表

| 作物种类 | 生育阶段 | 耐淹水深/cm | 耐淹历时/d |
|---|---|---|---|
| 甘薯 | 全生育期 | 7～10 | 2～3 |
| 春谷 | 苗期～拔节期 | 3～5 | 1～2 |
| | 孕穗 | 5～10 | 1～2 |
| | 成熟 | 10～15 | 2～3 |
| 大豆 | 苗期 | 3～5 | 2～3 |
| | 开花 | 7～10 | 2～3 |
| 高粱 | 苗期 | 3～5 | 2～3 |
| | 孕穗 | 10～15 | 5～7 |
| | 灌浆 | 15～20 | 6～10 |
| | 成熟 | 15～20 | 10～20 |
| 水稻 | 返青 | 3～5 | 1～2 |
| | 分蘖 | 6～10 | 2～3 |
| | 拔节 | 15～25 | 4～6 |
| | 孕穗 | 20～25 | 4～6 |
| | 乳熟 | 30～35 | 4～6 |

**表 5.9　　农区设计暴雨历时、涝水排除时间及排除程度**

| 作物种类 | 暴雨历时 | 排除时间 | 排除程度 |
|---|---|---|---|
| 经济作物 | 24h | 24h | 田面无积水 |
| 旱作 | 1～2d | 1～3d | |
| 水稻 | 3d | 3～5d | 耐淹水深 |

**表 5.10　　几种主要农作物的排渍标准**

| 农作物 | 生育阶段 | 设计排渍深度/m | 耐渍深度/m | 耐渍时间/d |
|---|---|---|---|---|
| 棉花 | 开花、结铃 | 1.0～1.2 | 0.4～0.5 | 3～4 |
| 玉米 | 抽穗、灌浆 | 1.0～1.2 | 0.4～0.5 | 3～4 |
| 甘薯 | — | 0.9～1.1 | 0.5～0.6 | 7～8 |
| 小麦 | 生长前期、后期 | 0.8～1.0 | 0.5～0.6 | 3～4 |
| 大豆 | 开花 | 0.8～1.0 | 0.3～0.4 | 10～12 |
| 高粱 | 开花 | 0.8～1.0 | 0.3～0.4 | 12～15 |
| 水稻 | 晒田 | 0.4～0.6 | — | — |

#### 5.3.2.1 排水区划分

农区治涝系统规划首先要确定和划分排水区：①当整个涝区或灌区不分区时，只需布置一个独立的排水系统，设置一个出水口，集中排入承泄区；②当涝区或灌区划分为多个排水分区，须分别布置各分区的排水系统，每个分区独自设置排水口，分别排入承泄区。

集中排水和分散排水在排水流量大小、沟道和排涝涵闸及排涝泵站规模、投资和运行管理等方面存在明显差异。因此，应根据涝区地理位置、地形、汇水面积、水系、承泄区、原有排水设施和行政区划等具体条件，经比较分析确定采用何种形式，并按以下原则进行排水区划分：

(1) 等高截流，高低水分开。根据地势高低与自排条件，将涝区划分为：①高排区，地势较高、有自排条件的地区；②低排区，地势较低、排涝期间外河水位长期高于田面的地区；③自排和抽排相结合区，介于上述两者之间的地区。这样可避免高处的水向低处汇集，从而降低排水泵站的流量和扬程，减少排涝时间和泵站装机容量。

(2) 排蓄结合，洪涝水分开。治涝需先防洪，根据区内河、湖、田三者在排洪蓄涝方面的关系，通过设闸将不同的功能区互相分离和控制，防止外部的洪水进入排涝区。另外，要充分利用区内河、湖、沟、渠等对径流的调蓄作用，削减排涝流量的峰值，以减轻排水泵站的负担，在不降低排涝标准的情况下，延续排涝时间和减少装机容量。

(3) 就近排水，主客水分开。为了避免相邻区域的排水矛盾，应使上、下游各排水沟渠的涝水都能畅排入河，防止上游客水流往下游，给下游农田造成洪灾。按照就近排水的原则，可将排水区划分为畅排区、半畅排区和非畅排区，根据承泄区设计水位高程就近设排水口或排水泵站，以缩短排水流程，提高排水效果。在规划安排上，可考虑对畅排区以自排为主，非畅排区以抽排为主，半畅排区则自排和抽排兼顾。

**5.3.2.2** 排水沟道系统布置

排水沟道的规划布置直接影响工程投资、排水效益、工程安全和管理养护等。对规划布置方案应全面分析比较，慎重确定，力求做到经济合理、效益显著，安全可靠、管理方便。在规划布置时，应紧密结合排水区的具体条件考虑以下原则：

(1) 排水沟应布置在排水区低洼处，以便采用自排方式排除排水区多余水量。同时也要考虑承泄区的水位，适当提高排水沟位置，使大部分地区能自流排水，少部分低洼地可抽排或作为临时蓄水区。

(2) 尽量利用原有排水工程和天然沟道排水。骨干排水沟道应尽可能利用天然排水河沟，这对节省工程投资、减少工程占地、排水安全等方面均有好处。对于不符合排水要求的河段，可根据情况进行必要的改造，如截弯取直、拓宽加深、加固堤防、部分改造等。

(3) 排水承泄区为河流时，干沟出口应选在河床稳定且水位较低的地点，以便排水通畅、安全可靠。

(4) 骨干排水沟道除满足排涝、排渍、控制地下水位、改良土壤和淡化地下水的要求外，还要考虑承担蓄存外水进行灌溉的任务。但一般沿海平原的排水系统应排灌分开，不宜灌排合一，以便加速土壤的脱盐和改善灌溉水质。沿江滨湖地势较低、河湖水位接近地面、自流排水条件较差的地区，为避免引水灌溉时占用排水沟的滞蓄容积，增加排水困难，也不宜灌排合一，应将排灌两套系统分开。

(5) 平原坡地的排水要因地制宜，采取高低分片、高水高排、低水低排，防止高水低流，加重低地排水负担，增加排水困难。

(6) 排水沟道规划应与灌溉渠道规划、道路规划、土地利用规划等同时进行，全面考虑，保证重点需要，照顾一般要求，力求彼此协调，各得其所，少占耕地，减少交叉建筑物，方便管理，节省投资。

在排水沟道的实际规划布置中，上述规划布置原则往往难以全部得到满足，应根据具体情况分清主次，使主要方面满足要求，次要方面尽量兼顾。

#### 5.3.2.3 排水沟道系统设计

1. 设计排涝流量

排水流量是确定各级排水沟道断面、沟道上建筑物规模以及分析现有排水设施排水能力的主要依据。设计排水流量分设计排涝流量和设计排渍流量两种。前者为满足一定除涝标准的地面水排水流量，又称最大设计流量，用以确定排水沟道的断面尺寸；后者为满足控制地下水位要求的地下水排水流量，又称日常排水流量，以此确定排水沟的沟底高程和排渍水位，并校核排水沟的允许最小流速。

排涝模数是单位面积的最大排涝流量。排涝模数主要与设计暴雨、排涝面积的大小和形状、地形坡度、植被条件和作物组成、土壤性质、地下水埋深、排水沟网的密度和比降以及湖塘调蓄能力等诸多因素有关，应通过当地或邻近类似地区的实测分析确定。无实测资料时，一般采用经验公式法和平均排除法来确定，也可根据排水区的自然条件和生产发展水平选用所在流域机构认可的公式计算。

（1）经验公式法。平原地区设计排涝模数的经验公式为

$$q=KR^{m}A^{n} \tag{5.3}$$

式中：$q$ 为设计排涝模数，$m^3/(s\cdot km^2)$；$K$ 为综合系数（反映降雨历时、流域形状、排水沟网密度、沟底比降等因素）；$R$ 为设计暴雨产生的径流水深，mm；$A$ 为设计控制的排涝面积，$km^2$；$m$ 为峰量指数（反映暴雨径流洪峰与洪量关系）；$n$ 为递减指数（反映排涝模数与面积关系）。

式（5.3）考虑了形成最大流量的主要因素。首先反映了随着排涝面积（或流域）的增大及其自然调蓄作用的增加而排涝模数减少的情况；其次还考虑了一次径流过程的峰量关系等，适用于大型涝区。

（2）平均排除法。平原地区旱地设计排涝模数计算公式为

$$q_d=\frac{R}{86.4T} \tag{5.4}$$

式中：$q_d$ 为旱地设计排涝模数，$m^3/(s\cdot km^2)$；$T$ 为排涝历时，d。

平原地区水田设计排涝模数的计算公式为

$$q_w=\frac{P_T-h_1-E'_T-F_T}{86.4T} \tag{5.5}$$

式中：$q_w$ 为水田设计排涝模数，$m^3/(s\cdot km^2)$；$P_T$ 为历时为 $T$ 的设计暴雨量，mm；$h_1$ 为水田滞蓄水深，mm；$E'_T$ 为历时为 $T$ 的水田蒸发量，mm；$F_T$ 为历时为 $T$ 的水田渗透量，mm。

平均排除法是以排水面积上的设计净雨在规定的排水时间内排除的平均排涝流量或平均排涝模数作为设计排涝流量或排涝模数的方法。此法的优点是计算简便，其设计排涝模数可以不考虑暴雨因汇流而形成的最大峰量及其过程的形状，而按设计暴雨所产生的径流

水深在作物允许的耐淹历时内排出而进行计算。

如排水区既有旱地又有水田时，则首先按式（5.4）和式（5.5）分别计算水田和旱地的排涝模数，然后按旱地和水田的面积比例加权平均，即得综合排涝模数。

2. 设计排渍流量

地下水排水流量，自降雨开始至雨后同样也有一个变化过程和一个流量高峰。地下水位达到一定控制要求时的地下水排水流量称为日常流量，它不是流量高峰，而是一个比较稳定的较小数值。单位面积上的排渍流量称为设计地下水排水模数或排渍模数，其大小取决于地区降雨、蒸发、土质、水文地质和排水系统密度等因素。对于排渍模数，难以进行理论分析后给出计算公式，一般根据实测资料分析确定。

无实测资料时，可以采用式（5.6）计算：

$$q_h=\frac{10^3\mu H}{86.4T} \tag{5.6}$$

式中：$q_h$ 为设计排渍模数，$m^3/(s\cdot km^2)$；$\mu$ 为土壤给水度（释放水量与土壤体积的比值）；$H$ 为地下水位设计降低深度，m；$T$ 为排渍时间，d。

改良盐碱土或土壤次生盐碱化的地区，其排水标准除满足排渍相关规定外，还应在返盐季节前将地下水控制在临界深度以下，地下水临界深度应根据各地区试验或调查资料确定。无试验或调查资料时，按表5.11所列数据选用。

**表5.11　地下水临界深度**　单位：m

| 土质 | 地下水矿化度/(g/L) | | | |
|---|---|---|---|---|
| | <2 | 2～5 | 5～10 | >10 |
| 砂壤土、轻壤土 | 1.8～2.1 | 2.1～2.3 | 2.3～2.6 | 2.6～2.8 |
| 中壤土 | 1.5～1.7 | 1.7～1.9 | 1.9～2.0 | 2.0～2.2 |
| 重壤土、黏土 | 1.0～1.2 | 1.2～1.3 | 1.3～1.4 | 1.4～1.5 |

3. 排水沟设计水位

排水沟主要功能是满足排涝和控制地下水位要求，其设计水位相应的分为排涝水位和排渍水位。确定设计水位是排水沟设计的重要内容和依据，需要在确定沟道断面尺寸之前经分析拟定。

排渍水位是排水沟经常需要维持的水位，也称日常水位，在平原地区主要根据防渍或防土壤盐碱化对地下水位的要求确定。为控制地下水位，排水农沟的排渍水位应当低于农田要求的地下水埋藏深度，离地面一般为0.9～1.2m；有盐碱化威胁的地区临界深度黏土为1～1.2m，轻质土为2～2.4m，如图5.3所示。考虑各级沟道的水面坡降和局部水头损失，斗、支、干沟的排渍水位应低于农沟排渍水位。对于经常受外水位顶托的平原水网圩区，则应利用抽水站在地面涝水排完以后，再将沟道或河网中蓄积的涝水排至承泄区，使各级沟道经常维持排渍水位，以便控制农田地下水位和预留河网容积，准备下次暴雨后滞蓄涝水。

排涝水位是排水沟宣泄排涝设计流量（或满足渍涝要求）时的水位。由于各地区承泄区水位条件不同，确定排涝水位的方法也不同，但基本上分为下述两种情况。

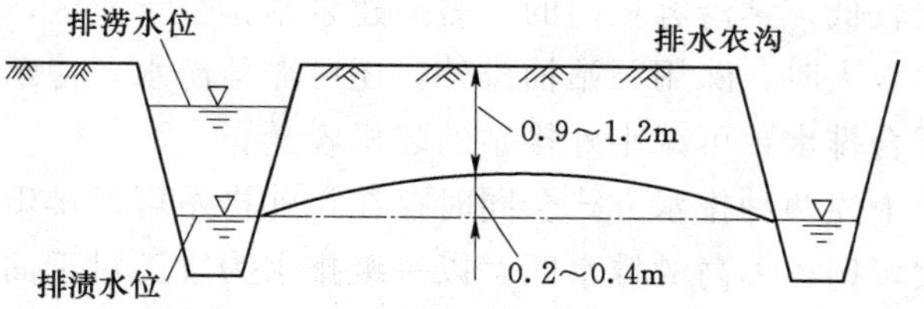


图 5.3 排渍水位与地下水位的控制关系

(1) 当承泄区水位通常较低，如汛期干沟出口处排涝设计水位始终高于承泄区水位，此时干沟排涝水位可按排涝设计流量确定，其余支、斗、沟的排涝水位可由干沟排涝水位按比降逐级推得；但有时干沟出口处排涝水位比承泄区水位稍低，此时如果仍争取自排，势必产生壅水现象，于是干沟（甚至包括支沟）的最高水位就应按壅水水位线设计，其两岸常需筑堤束水，形成半填半挖断面。

(2) 承泄区水位很高、长期顶托无法自流外排的情况。此时沟道最高水位分两种情况考虑：①没有内排站的情况，这时最高水位一般不超出地面，以离地面 0.2～0.3m 为宜，最高可与地面齐平；②有内排站的情况，沟道水位可以超出地面一定高度（如内排站采用圬工泵时，超出地面的高度就不应大于 3m），相应沟道两岸亦需筑堤。

4. 排水沟断面设计

当排水沟的设计流量和设计水位确定后，便可确定沟道的断面尺寸，包括水深和底宽。具体设计步骤如下：

(1) 根据排涝设计流量计算沟道的断面尺寸。排水沟通常按均匀流公式计算断面，但在承泄区水位顶托发生壅水现象的情况下，往往需要按恒定非均匀流公式推算沟道水面线，从而确定沟道的断面以及两岸堤顶高程等。

(2) 根据通航、养殖、蓄涝和灌溉要求校核排水沟的水深与底宽。按排涝设计流量确定的排水沟水深和底宽，往往还不一定是最后采用的数值。考虑到干、支沟在有些地区需要同时满足通航、养殖等要求，因此必须根据这些要求对沟道的水深和底宽进行校核。

#### 5.3.2.4 排水泵站规划

在进行排水泵站规划时，应正确处理好集中建站和分散建站、一级排水和二级排水，以及排水泵站综合利用等问题。

(1) 集中建站与分散建站。对于地形起伏不大，且呈单向倾斜，蓄涝容积大而集中，排水出路单一的地区，适宜集中建站。对于水网密集，排水口分散，或地形高差变化明显，甚至高地要灌溉、低地要排水的地区，适宜分散建站。

集中建站的优点是泵站单位装机容量造价低，输电线路短，便于集中管理。但集中建站需要有完善的排水系统，需开挖的排水沟渠的工程量大，占用耕地较多。分散建站的优点是工程量及占地面积小，便于地方自办自管，及时排灌。由于涝区的情况复杂，故应根据具体情况，因地制宜，采用不同方式或集中与分散建站相结合的方式。

(2) 一级排水与二级排水。一级排水就是由泵站将涝水直接排入承泄区；或由泵站将涝水先排入蓄涝容积，待承泄区水位降低后再开闸自排。

二级排水是在低洼地带建小泵站，将涝水排入蓄涝容积，这种小泵站称为二级站或内排站，其扬程一般比较低。蓄涝容积内的水需另建泵站排至承泄区，这种站称为一级站或外排站。若蓄涝容积很大时，除用泵站抽排外，还可滞蓄涝水，待承泄区水位降低后再开闸自排。这种闸站配合排水，可减小外排站的装机容量。

在有些情况下，上述两种排水方式会同时存在，外排站可以排田和排蓄相结合。一般来说，对于面积不大，扬程不高的排水区，以一级排水为宜。对于面积较大，地形比较复杂，扬程较高的排水区，宜采用二级排水方式。否则，不仅使洼地排水不及时，还会增大排水沟渠的深度和泵站扬程。

(3) 泵站综合利用。在对一个排水区的泵站进行规划设计时，应综合考虑排水、灌溉、农副产品加工、调相发电等方面的要求，充分利用泵站的机电设备和构筑物，以减少工程投资、提高设备利用率，扩大工程效益。由于这种多功能的综合性工程的设计和施工难度大，须处理好各方面的关系，经充分论证，有时还要进行模型试验，以确定最佳方案。

**5.3.2.5** 承泄区规划

排水系统的承泄区是指位于排水区域以外，承纳排水系统排出水量的河流、湖泊或海洋等。承泄区一般应满足下列要求：

(1) 在排水地区排除日常流量时，承泄区的水位应不使排水系统产生壅水，保证正常排渍。

(2) 在汛期，承泄区应具有足够的输水能力或容蓄能力，能及时排泄或容纳由排水区排出的全部水量。此时，不能因承泄区水位高而淹没农田，或者虽然局部产生浸没或淹没，但淹水深度和淹水历时不得超过耐淹标准。

(3) 具有稳定的河槽和安全的堤防。承泄区规划一般包括排水系统排水口位置的选择和承泄区的整治。

1. 排水口位置的选择

排水口的位置主要根据排水区内部地形和承泄区水文条件决定，即排水口应选在排水区的最低处或其附近，以便涝水易于集中；同时还要使排水口靠近承泄区水位低的位置，争取自排。由于平时和汛期排水区的内、外水位差呈现出各种情况，所以排水口的位置可以选择多处，排水口也可以有多个，以便于排泄和符合经济要求为准。另外，在确定排水口的位置时，还应考虑以下因素：排水口是否会发生泥沙淤积，阻碍排水；排水口基础是否适于筑闸建站；抽排时排水口附近是否设置调蓄池等。

由于承泄区水位和排水区之间往往存在矛盾，一般可采取以下措施处理：

(1) 当外河洪水历时较短或排涝设计流量与洪水并不相遇时，可在出口建闸，防止洪水侵入排水区，洪水过后再开闸排水。

(2) 洪水顶托时间较长，影响的排水面积较大时，除在出口建闸控制洪水倒灌外，还须建泵站排水，待洪水过后再开闸排水。

(3) 当洪水顶托、干沟回水影响不远时，可在出口修建回水堤，使上游大部分排水区仍可自流排水，沟口附近低地则建站抽排。

(4) 如地形条件许可，将干沟排水口沿承泄区下游移动，争取自排。

当采取上述措施仍不能满足排水区要求或者虽然能满足排水要求但在经济上不合理

时，就需要对承泄区进行整治。

2. 承泄区整治

降低承泄区的水位，以改善排水区的排水条件，这是整治承泄区的主要目的，而整治承泄区的主要措施一般有以下几点：

(1) 在上游修建水库。在条件允许的情况下，可在承泄区修建水库，以消减排入承泄区的洪峰流量，降低承泄区水位，为干沟排水创造良好的条件。

(2) 疏浚河道。通过疏浚，可以扩大泄洪断面，降低水位。但疏浚时，必须在河道内保留一定宽度的滩地，以保护河堤的安全。

(3) 退堤扩宽。当疏浚不能降低足够的水位以满足排水系统的排水要求时，可采取退堤措施，扩大河道过水断面。退建堤段应尽量减少挖压农田和拆迁房屋，退堤一般以一侧退建为宜，另一侧利用旧堤，以节省工程量。

(4) 截弯取直，整治河道。当以江河水道为承泄区时，如果河道过于弯曲，泄水不畅，可以采取截弯取直措施，以短直河段取代原来的弯曲河段。由于河道流程缩短，相应底坡变陡，流速加大，这样就能使本河段及上游河段一定范围内的水位降低。截弯取直所组成的新河槽，在整体上应形成一条平顺曲线。截弯取直通常只应用于流速较小的中、小河流。对于水流分散、断面形状不规则的河段，应进行各种河道整治工程，如修建必要的丁坝、顺堤等，以改善河段断面，稳定河床，降低水位，增加泄量，给排水创造有利条件。

(5) 治理湖泊、改善蓄泄条件。如调蓄能力不足，可整治湖泊的出流河道，改善泄流条件，降低湖泊水位。在湖泊过度围垦的地区，则应考虑退耕还湖，恢复湖泊蓄水容积。

(6) 修建减流、分流河道。减流是在作为承泄区的河段上游，开挖一条新河，将上游来水直接分泄到江、湖和海洋中，以降低用作排水承泄区的河段水位。这种新开挖的河段常称为减河。分流也是用来降低承泄区的河段水位的。这一措施一般用在河段的上游。新开一条新的河渠，分泄上游一部分来水，但分泄的来水绕过作为承泄区的河段后仍汇入原河。有些地区，为了提高承泄区排涝能力，还另辟泄洪河道，使洪涝分排。

(7) 清除河道阻碍。临时拦河坝、捕鱼栅、孔径过小的桥涵等，往往造成壅水，应予清除或加以扩建，以满足排水要求。

以上列举了一些承泄区的整治措施，但各种措施都有其适用条件，必须上下游统一规划治理，不能只顾局部，造成其他河段的不良水文情况，应该通过多方案比较，综合论证，择优选用。

### 5.3.3 城市治涝工程规划

城市治涝工程规划主要包括排水体制确定、排水区划分、排水管渠系统布置、排水管渠系统设计、排涝泵站规划、排涝河道规划及承泄区规划等内容，其中，排水区划分和承泄区规划原则与农区治涝工程规划大致相同，但使用的标准和规范不同。这里简要介绍城市治涝工程排水体制、排水管渠系统和调蓄区布置、排水管渠系统设计、排涝河道规划与排涝泵站规划。

#### 5.3.3.1 排水体制

城市生活污水、工业废水和雨水既可采用一个管渠系统收集排除，也可采用两个或两个以上各自独立的管渠系统收集排除。污水的这种不同排除方式所形成的排水系统，称为排水系统的体制，简称排水体制，一般分为分流制和合流制两种类型。

分流制排水系统是将生活污水、工业废水和雨水分别用两个或两个以上各自独立的管渠系统排除的系统。其中汇集生活污水和工业废水中生产污水统称为污水排水系统，汇集和排泄城市径流的系统称为雨水系统，汇集和排除不需处理的生产废水系统称为工业废水排水系统。根据雨水排除方式的不同，分流制排水系统又分为完全分流制和不完全分流制。完全分流制排水系统具有独立的污水排水系统和雨水排水系统，不完全分流制只有污水排水系统，而雨水沿天然地面、街道边沟、防洪渠等原有渠道系统排泄，或者为了弥补原有渠道系统输水能力的不足而修建部分雨水渠道，待城市进一步发展再修建雨水排水系统。

合流制排水系统是将生活污水、工业废水和雨水用一个管渠系统汇集输送的排水系统。根据对汇集后污水的处理方式不同，可分为以下几类：

(1) 直排式合流制。管渠系统的布置就近坡向水体，分若干排水口，混合的污水未经处理直接排入自然水体，使受纳水体遭受严重污染，我国已禁止采用。

(2) 截流式合流制。合流的生活污水、工业废水和雨水一起排向截留干管，晴天时全部送到污水处理厂；雨天时，当生活污水、工业废水和雨水的混合水量超过截留管的设计输水能力时，其超出部分通过溢流井排入水体。

(3) 完全合流制。采用同一管渠将混合污水全部送往污水处理厂处理后再排放。

排水体制的合理选择是城市排水系统规划设计中十分重要的问题，不仅关系到整个排水系统是否实用、能否满足环境保护要求，而且也决定着排水工程的投资与运行管理费用，对城市规划和环境保护具有深远的影响。应根据城市总体规划，结合当地的地形特点、水文条件、水体状况、气候特征、原有排水设施、污水处理程度和处理后出水利用等因素，从环境保护、工程造价、建设施工和维护管理等方面进行综合比较分析，合理选择城市排水体制。

同一城镇的不同地区可采用不同的排水体制。除降雨量少的干旱地区外，新建地区的排水系统应采用分流制。现有合流制排水系统，有条件的应按照城镇排水规划的要求，实施雨污分流改造；暂时不具备雨污分流条件的，应采取截流、调蓄和处理相结合的措施。

#### 5.3.3.2 排水管渠系统和调蓄区布置

1. 排水管渠系统布置

城市排涝渠系由城市排水管（沟）网、主干排（洪）涝渠和坡面组成。主干排（洪）涝渠按水利工程相关规范设计，主要负责城区雨洪的排泄，并有一定的调蓄作用，特别是河网密布的地区排涝渠的调蓄作用不容忽视。城市排水管（沟）网是按室外排水设计规范设计建造的排水体系，其设计标准不同于主干排（洪）涝渠。城市排涝渠系布置应遵循以下原则。

(1) 城市排水管（沟）网布置原则。

1) 充分利用地形，就近排入水体。根据分散和直接的原则，雨水管渠应尽量利用自然地形坡度布置，以最短的距离靠重力流将雨水排入附近的池塘、河流、湖泊等水体中。一般采用正交式布置，保证以最短路线、较小管径把雨水就近排入水体。

2）尽量避免设置雨水泵站。雨水泵站投资大，但运行时间少、利用率低。因此，应尽可能利用地形，使雨水靠重力流排入水体，不设置泵站。但在某些地形平坦、地面平均标高低于河流的洪水位标高或受潮汐影响的城市，必须设置雨水泵站时，应尽可能使通过雨水泵站的流量减到最小，以节省泵站的投资和年运行费。

3）结合街区及道路规划布置。根据建筑物分布、道路布置及街坊或小区地形、出水口位置等布置雨水管道，使街坊或小区内大部分雨水以最短距离排入街道低侧的雨水管道。雨水管渠应平行于道路敷设，雨水干管应设在排水区的低处道路下，但干管不宜设在交通量大的干道下，以免积水时影响交通，一般设置在规划道路的慢车道下，最好设置在人行道下，以便检修。

4）采用明渠或暗管应结合具体条件确定。在城市市区或厂区内，由于建筑密度高，交通量大，一般采用暗管。暗管造价高，但卫生情况好，养护方便，不影响交通。在城市郊区，由于建筑密度较低，交通量较小，可考虑采用明渠，以节省工程费用，降低造价。但明渠容易淤积，孳生蚊蝇，影响环境卫生，且明渠占地大，使道路的竖向规划和横断面设计受限，桥涵费用也增加。在地形平坦、埋设深度或出水口深度受限制的地区，可采用暗渠（盖板渠）。

（2）主干排涝渠系布置原则。城市主干排（洪）涝渠的布局一般均已形成，大多是由自然河道演变而成的，由于城市的快速发展，加上城区土地资源的匮乏，这就局限了主干排（洪）涝渠的布局。因此，应根据现有条件和实际情况，尽量改造主干排（洪）涝渠，以保证其排（洪）涝能力，发掘其调蓄潜力，按水生态和水环境建设要求，治理城区主干排（洪）涝渠系，为城市建设一条生态、休闲的亲水长廊。

（3）坡面汇流布置原则。城市地面的硬底化，使得地面产流特性有很大的改变。因此，城市路面、广场等坡面汇流区，由于其雨水汇流速度快、时间短，很容易造成雨水淹浸现象。目前，城市地面排水没有比较合理的技术规范，对坡面汇流面积没有相应的控制标准。因此，应重视城市排水问题，要利用排水管网有效控制地面汇流面积，减少地面雨水淹浸现象。

2. 调蓄区布置

城市湿地、湖泊、水塘等水域具有重要的雨水调蓄和水质净化作用，对周边城区的生态环境也有一定的改善功能。因此，应注意保护和合理规划湿地、湖泊、水塘等水域，疏通进出水通道，保证其排水畅通，以充分发挥其调蓄、改善生态环境的作用。

**5.3.3.3** 排水管渠系统设计

1. 设计暴雨强度

在设计雨水排水管渠系统时，为了确定雨水管渠的断面尺寸，必须先求出管渠的设计流量。应假定降雨在汇水面上均匀分布，选择符合设计标准的降雨强度作为设计依据。因此，需要对降雨资料进行统计分析，找出表示暴雨特征的降雨强度、降雨历时与降雨重现期之间的关系，作为雨水管渠设计依据。

设计暴雨强度应按式（5.7）计算。在具有 20 年以上自动雨量记录的地区，排水系统设计暴雨强度公式应采用年最大值法，并按现行《室外排水设计规范》（GB 50014—2006）（2014 年版）有关规定编制。

$$q=\frac{167A_1(1+C\lg P)}{(t+b)^n} \tag{5.7}$$

式中：$q$ 为设计暴雨强度，$L/(s\cdot hm^2)$；$t$ 为降雨历时，min；$P$ 为设计重现期，年；$A_1$、$C$、$b$、$n$ 为参数，根据统计方法进行计算确定。

降雨历时和设计重现期确定如下：

（1）降雨历时 $t=t_1+t_2$，其中，$t_1$ 为地面集水时间，min，根据汇水距离、地形坡度和地面种类通过计算确定，一般采用 5～15 min；$t_2$ 为管渠内雨水流行时间，min。

（2）雨水管渠设计重现期，应根据汇水地区性质、城镇类型、地形特点和气候特征等因素，经技术经济比较后按表 5.12 的规定取值，并应符合下列规定：

1）经济条件较好、人口密集、内涝易发的城镇，宜采用规定的上限。

2）新建地区应按本规定执行，既有地区应结合地区改建、道路建设等更新排水系统，并按本规定执行。

3）同一排水系统可采用不同的设计重现期。

**表 5.12　　雨水管渠设计重现期**　　单位：年

| 城镇类型 \ 城区类型 | 中心城区 | 非中心城区 | 中心城区的重要地区 | 中心城区地下通道和下沉式广场 |
|---|---|---|---|---|
| 特大城市 | 3～5 | 2～3 | 5～10 | 30～50 |
| 大城市 | 2～5 | 2～3 | 5～10 | 20～30 |
| 中等城市和小城市 | 2～3 | 2～3 | 3～5 | 10～20 |

注 1. 按表中所列重现期设计暴雨强度公式时，均采用年最大值法。
2. 雨水管渠应按重力流、满管流计算。
3. 特大城市指市区人口在 500 万以上的城市；大城市指市区人口在 100 万～500 万的城市；中等城市和小城市指市区人口在 100 万以下的城市。

2. 设计流量

我国目前采用恒定均匀流推理公式计算雨水设计流量：

$$Q_s=q\psi F \tag{5.8}$$

式中：$Q_s$ 为雨水设计流量，L/s；$q$ 为设计暴雨强度，$L/(s\cdot hm^2)$；$\psi$ 为径流系数，按地面种类加权平均计算求出，城镇建筑密集区为 0.6～0.7，城镇建筑较密集区 0.45～0.6，城镇建筑稀疏区 0.20～0.45；$F$ 为汇水面积，$km^2$。

当有允许排入雨水管道的生产废水排入雨水管道时，应将其水量计算在内。

以上推理公式基于以下假设：降雨在整个汇水面积上的分布是均匀的；降雨强度在选定的降雨时段内均匀不变；汇水面积随集流时间增长的速度为常数，因此推理公式适用于较小规模排水系统的计算，当应用于较大规模排水系统的计算时会产生较大误差。所以，当汇水面积超过 $2km^2$ 时，宜考虑降雨时空分布不均匀性和管网汇流过程，采用数学模型法计算雨水设计流量。

3. 雨水管渠设计

（1）一般规定。雨水管道一般采用圆形断面，但当直径超过 2m 时，也可采用矩形、半椭圆形或马蹄形。明渠一般采用矩形或梯形。为保证雨水管渠正常工作，避免发生淤积、冲刷等情况，雨水管渠设计应满足以下规定：

1）雨水管道按满流计算，最小设计流速为0.75m/s，非金属管道最大设计流速为5m/s，金属管道最大设计流速为10m/s。最小管径为300mm，塑料管相应最小设计坡度0.002，其他管0.003。管道连接一般采用管顶平接，必须保证进水管底不得低于出水管底，覆土厚度不小于0.7m。

2）雨水明渠超高不得小于0.2m，最小设计流速为0.4m/s，最大流速根据明渠类别确定。

（2）计算管段与汇水面积划分。根据管道的具体位置，在管道转弯处、管径或坡度改变处，有支管接入处或两条以上管道交汇处以及超过一定距离的直线管段上都应设置计算节点，计算节点之间流量、管径、坡度不变的管段定为计算管段。设计管段的汇水面积应结合地形坡度、街坊或小区布置、汇水面积大小以及雨水管道布置情况进行划分。地形较平坦时，可按就近排入附近雨水管道的原则划分；地形坡度较大时，应按地面雨水径流的水流方向划分。

（3）水力计算。雨水干管的水力计算可通过列表或计算机进行，求得各管段的设计流量，并求得各管段的管径、坡度、流速、管底标高及管道埋深等值。

#### 5.3.3.4 排涝河道规划

（1）排涝河道设计标准。排涝河道将市政雨水管网的排水及时排至下游承泄区，其设计暴雨标准与河道本身的调蓄能力及下游承泄区水位变动情况有关。当河道调蓄能力较小时，应采用短历时、与市政雨水管网排水标准相当的设计暴雨标准，以便能及时排除市政管网下排的雨水，保证市政管网下口的通畅，维持其排水能力；或是考虑到遇超标准短历时暴雨市政管网产生压力流时也能及时排水，也可采用略高于市政管网的标准。当河道有一定的调蓄能力，下游承泄区水位变动较大且对河道有顶托作用的条件下，可采用低于市政管网设计暴雨标准，但应满足排除一定标准某种历时暴雨所形成涝水的要求，并使河道最高水位控制在一定的标高以下，以保证城市的正常运行。具体视河道调蓄能力、城市环境容许等因素而定。

由于市政部门与水利部门在暴雨样本选样上采用不同的取样方法，计算出的市政排水管网设计重现期与排涝河道设计重现期有较大差别。为保证市政排水管网雨洪流量与排涝河道雨洪流量相容，必须解决这两种设计重现期之间的衔接关系。对于具体的城市而言，可以通过市政排水管网与排涝河道设计雨洪流量计算结果的比较和统计，建立这两种重现期的对应关系。福建省水利规划院等单位的研究结果表明，市政部门与水利部门采用的重现期存在的大致对应关系见表5.13。由于市政部门是进行较短历时较小区域排水设计，水利部门是进行较长历时较大区域排涝设计，大小流域雨洪特性不同，因此不必要也不可能建立严格的市政部门与水利部门所用重现期之间的对应关系。

**表5.13　市政部门与水利部门设计暴雨重现期之间的大致对应关系**

| | | | | |
|---|---|---|---|---|
| 市政部门重现期/年 | 0.5 | 1 | 2 | 5 |
| 水利部门重现期/年 | 3 | 5 | 10 | 20 |

（2）排涝河道布置。排涝河道的布置应根据地形、地质条件、河网与排水管网分布及承泄区位置，结合施工条件、征地拆迁、环境保护与改善等因素，经过技术经济比较，综

合分析确定。新建排涝河道宜布置在低洼地带，并尽量利用天然河沟。开挖、改建、拓浚城市排涝河道，应排水通畅，流态平稳，各级排涝河道应平顺连接。如果受条件限制，排涝河道不宜明挖时，可用管（涵）进行衔接。

（3）排涝河道生态护岸。城市主城区的排涝河道，可根据排涝及生态城市建设要求进行防护；非主城区且无特殊要求的排涝河道，可保持原河床形态或采用生态护坡。城市排涝河道整治应强调生态治河理念，要与改善河流生态环境、美化景观、挖掘历史文化底蕴等有机结合，增强河道的自然风貌及亲水性。

（4）排涝河道设计参数

排涝河道设计参数主要包括设计排涝流量、控制点设计水位、横断面、纵坡等，应根据排涝要求并通过经济技术比较确定。兼有多种功能的排涝河道，设计参数应根据各方面的要求，综合分析确定。河道设计水位既要考虑城市排水管网出水顺畅，又要考虑下游承泄区水位影响，尽量考虑直接排放。当下游承泄区水位产生顶托，需要设置排涝水闸和排涝泵站时，应综合考虑两者之间的关系，使泵站耗能最少。河道横断面形式应根据设计排涝流量和设计水位，并结合地质地形条件、原有河道断面形式等确定。城区河道横断面应考虑城市用地紧张状况，可采用减少河宽的断面形式。如排涝河道是城市景观的重要组成部分，可适当拓宽并采用多种断面形式以达到较好的效果。排涝河道的纵坡应根据河道土质情况、交叉构筑物的过水条件及护砌材料综合考虑，合理确定河道流速，做到不冲刷不淤积。

排涝河道承泄区设计水位应根据其与涝水遭遇情况、排涝系统和承泄区的连接形式，按以下原则确定：

1）涝区典型年设计暴雨承泄区相应水位。分析涝区暴雨与承泄区的遭遇水位关系，如涝区暴雨和承泄区高水位遭遇可能性较大，采用排涝期间与治涝同标准承泄区的水位；如遭遇的可能性较小，可采用历年排涝期间的承泄区的多年平均高水位。

2）承泄区为海洋或感潮河道时，宜采用相应于治涝标准的高潮位或多年平均潮位。

**5.3.3.5**　排涝泵站规划

（1）排涝泵站分类

城市排涝泵站有以下 3 种分类方式：①按泵站性质不同，可分为雨水泵站、立交排水泵站和合流泵站 3 类；②按泵站高程布置形式和操作方式不同，可分为半地下泵站、全地下式泵站两类；③按使用情况不同，可分为临时性泵站和永久性泵站；④按水泵设备类型不同，可分为轴（混）流泵站和潜水泵站两类。

（2）泵站等级。排涝泵站等别应根据设计流量与装机功率按表 5.14 确定。

**表 5.14**　　排涝泵站等别标准

| 泵站等别 | 泵站规模 | 分等指标 | |
|---|---|---|---|
| | | 设计流量/($m^3$/s) | 装机功率/万 kW |
| Ⅰ | 大（1）型 | ≥200 | ≥30 |
| Ⅱ | 大（2）型 | 200～50 | 30～10 |
| Ⅲ | 中型 | 50～10 | 10～1 |
| Ⅳ | 小（1）型 | 10～2 | 1～0.1 |
| Ⅴ | 小（2） | <2 | <0.1 |

（3）泵站规模。城市排涝泵站设计规模应根据城市排涝要求，按照近期与远期、自排与抽排、排涝与引水相结合的原则，并考虑有效调蓄容积因素，经综合分析确定。泵站近期设计流量按上游排水管道系统末端的最大设计流量计算，并考虑远期增加流量的可能，远期设计流量应根据城镇排水规划计算确定。泵站建设规模在满足近期的前提下，要考虑远期发展，征地应按远期完成，土建工程根据远期规模考虑采用一次性建成或分期建设，泵站设备应按近期安装，并考虑远期水泵或增加水泵。

（4）站址选择。城市排涝泵站的站址，应根据排涝规划、泵站规模、运行特点和综合利用要求，选择在利于排水区涝水汇集、靠近承泄区、地质条件好、占地少、有利施工、方便管理的地段。泵站与周围房屋和公共建筑的距离，应满足城市规划、消防和环保部门的要求。

# 5.4 水库调洪计算

## 5.4.1 水库的调洪作用与任务

利用水库蓄洪或滞洪是防洪工程主要措施之一。通常，洪水波在河槽中经过一段距离时，由于槽蓄作用，洪水过程线要逐步变形。随着洪水波沿河向下游推进，洪峰流量逐渐减小，而洪水历时逐渐加长。水库容积比一段河槽要大得多，对洪水的调蓄作用也比河槽要强得多。特别是当水库有泄洪闸门控制的情况，洪水过程线的变形更为显著。

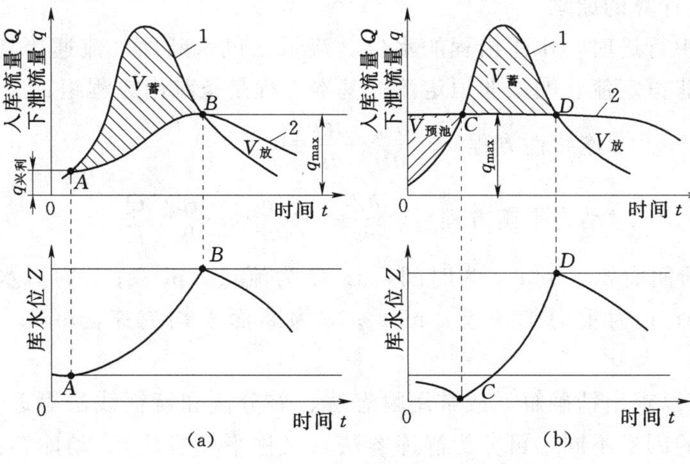


图 5.4 水库调蓄后洪水过程线的变形示例

（a）无闸门控制时；（b）有闸门控制时

1—入库洪水过程线；2—下泄洪水过程线

当水库有下游防洪任务时，它的作用主要是削减下泄洪水流量，使其不超过下游河床的安全泄量。水库的任务如下：

（1）滞洪。在一次洪峰到来时，将超过下游安全泄量的那部分洪水暂时拦蓄在水库中，待洪峰过去后，再将拦蓄的洪水下泄掉，腾出库容以迎接下一次洪水（图 5.4）。

（2）错峰。当水库下泄的洪水与下游区间洪水或支流洪水相遇、叠加后，其总流量超过下游的安全泄量时，要求水库起“错峰”的作用，使下泄洪水不与下游洪水同时到达防护地区。

(3) 蓄洪。对防洪与兴利相结合的综合利用水库，除了滞洪作用外还起蓄洪作用。根据洪水预报和水库调节性能等情况，通过合理调度，将全部或一部分洪水拦蓄起来，供枯水期兴利部门使用。蓄洪既能削减下泄洪峰流量，又能减少下游洪量，而滞洪只能削减下泄洪峰流量，基本上不减少下游洪量。

在多数情况下，水库对下游承担的防洪任务常常主要是滞洪。湖泊、洼地也能对洪水起调蓄作用，与水库滞洪类似。考虑到洪水资源化，应结合水文预报，做好水库汛期调度，尽可能地拦蓄一部分洪水，供枯水期使用。

若水库不需承担下游防洪任务，则洪水期下泄流量可不受限制。但由于水库本身自然地对洪水有调蓄作用，洪水流量过程经过水库时仍然要变形，客观上起着滞洪的作用。当然，对兴利部门来说，更重要的是蓄洪。

洪水流量过程线经过水库时的具体变化情况，与水库的容积特性、泄洪建筑物的型式和尺寸以及水库运行方式等有关。特别是，泄洪建筑物是否有闸门控制，对下泄洪水流量过程线的形状有不同的影响（图5.4）。在水库调蓄洪水的过程中，入库洪水、下泄洪水、拦蓄洪水的库容、水库水位的变化以及泄洪建筑物型式和尺寸等之间存在着密切的关系。水库调洪计算的目的，正是为了定量地找出它们之间的关系，以便为决定水库的有关参数和泄洪建筑物型式、尺寸等提供依据。

### 5.4.2 水库调洪计算的原理

洪水在水库中行进时，水库沿程的水位、流量、过水断面、流速等均随时间而变化，其流态属于明渠非恒定流。明渠非恒定流的基本方程是圣维南方程组：

$$\left.\begin{aligned}&\text{连续性方程}\qquad \frac{\partial \omega}{\partial t}+\frac{\partial Q}{\partial s}=0\\&\text{动力平衡方程}\qquad -\frac{\partial Z}{\partial s}=\frac{1}{g}\frac{\partial v}{\partial t}+\frac{v}{g}\frac{\partial v}{\partial s}+\frac{Q^2}{K^2}\end{aligned}\right\}\tag{5.9}$$

式中：$\omega$ 为过水断面面积，$m^2$；$t$ 为时间，s；$Q$ 为流量，$m^3/s$；$s$ 为沿水流方向的距离，m；$Z$ 为水位，m；$g$ 为重力加速度，$m/s^2$；$v$ 为断面平均流速，m/s；$K$ 为流量模数，$m^3/s$。

式（5.9）难以求出精确解，故常用瞬态法、差分法和特征线法等近似解法求解。根据求解时所考虑的因素不同，可分为静库容法（又称平库容法）、动库容法（又称斜库容法或全库容法）和非恒定流法。这里介绍静库容法和动库容法，非恒定流法请参阅水力学书籍。

静态库容法仅考虑坝前水位水平面以下的库容对洪水进行调节，连续性方程可写成有限差形式的水量平衡方程：

$$\overline{Q}\Delta t-\overline{q}\Delta t=\frac{1}{2}(Q_1+Q_2)\Delta t-\frac{1}{2}(q_1+q_2)\Delta t=\Delta V=V_2-V_1\tag{5.10}$$

式中：$Q_1$、$Q_2$ 分别为计算时段初、末的入库流量，$m^3/s$；$\overline{Q}$ 为计算时段中的平均入库流量，$m^3/s$；$q_1$、$q_2$ 分别为计算时段初、末的下泄流量，$m^3/s$；$\overline{q}$ 为计算时段中的平均下泄流量，$m^3/s$；$V_1$、$V_2$ 分别为计算时段初、末水库的蓄水量，$m^3$；$\Delta V$ 为 $V_2$ 和 $V_1$ 之差；

$\Delta t$ 为计算时段，一般取 1～6h，s。

式（5.10）实际上是水量平衡方程，表明一个计算时段的入库水量与下泄水量之差即为该时段水库蓄水量的变化。显然，公式未计及洪水入库处至泄洪建筑物间的行进时间，以及沿程流速变化和动库容等的影响。这些因素均是其近似性的一个方面。

当已知水库入库洪水过程线时，式（5.10）中的 $Q_1$、$Q_2$、$\overline{Q}$ 均为已知；$V_1$、$q_1$ 则是计算时段 $\Delta t$ 开始时的初始条件，未知数有 2 个（$V_2$ 和 $q_2$），须增加一个方程才能求解。假定暂不考虑自水库取水的兴利部门泄向下游的流量，则 q 应是泄洪建筑物泄流水头 $H$ 的函数。当泄洪建筑物的型式、尺寸等已定时，有

$$q=f(H)=AH^B \tag{5.11}$$

式中：$A$ 为随建筑物型式和尺寸、闸孔开度以及淹没系数等而变化的系数，可查阅水力学书籍；$B$ 为指数，对于堰流，$B$ 一般等于 3/2；对于闸孔出流，一般等于 1/2。

式（5.11）常用泄流水头 $H$ 与下泄流量 $q$ 的关系曲线来表示。根据水力学公式，可以求出 $H$ 与 $q$ 的关系曲线。若是堰流，$H$ 即为库水位 $Z$ 与堰顶高程之差；若是闸孔出流，$H$ 即为库水位 $Z$ 与闸孔中心高程之差。因此，可由 $H$ 与 $q$ 的关系曲线求出 $Z$ 与 $q$ 的关系曲线 $q=f(Z)$。再由水库水位 $Z$，并借助于水库容积特性 $V=f(Z)$，求出相应的水库蓄水容积（蓄存水量）$V$。于是，式（5.11）最终可用下泄流量 $q$ 与库容 $V$ 的关系曲线来代替，即

$$q=f(V) \tag{5.12}$$

式（5.10）与式（5.12）组成一个方程组，可求出未知数 $q_2$ 与 $V_2$，然后以此作为下一时段初的数值继续进行计算。式（5.12）是用关系曲线的形式来表示的，当已知初始条件 $V_1$ 时，也可利用式（5.12）来求出 $q_1$；或者相反地由 $q_1$ 求 $V_1$。

不论水库是否承担下游防洪任务，也不论是否有闸门控制，调洪计算的基本公式都是上述两式。但在有闸门控制的情况下，式（5.12）不是一条曲线，而是以不同的闸门开度为参数的一组曲线，因而计算要繁杂一些。在承担下游防洪任务的情况下，当要求保持 $q$ 不大于下游允许的最大安全泄量 $q_{max}$ 时，就要利用闸门控制 $q$，当然计算也要麻烦一些。有时，泄洪建筑物虽设有闸门，但泄洪时将闸门全开，此时实际上与无闸门控制的情况相同。也有时在一次洪水过程中，一部分时间用闸门控制 $q$，而另一部分时间将闸门全开而不加控制。这种有闸门控制与无闸门控制分时段进行，自然也要繁琐一些。但不论是什么情况，所用的基本公式与方法都是一致的。

利用式（5.10）和式（5.12）进行调洪计算的具体方法有很多种，目前我国常用列表试算法和半图解法。下面将分别介绍这两种方法。由于有闸门控制的情况千变万化，计算步骤也比较麻烦，本节将以比较简单的情况为例来介绍这两种方法。掌握基本方法以后，必然对比较复杂的情况可以触类旁通。

### 5.4.3 水库调洪计算的列表试算法

在水利规划中，常需根据水工建筑物的设计标准或下游防洪标准，按工程水文中介绍的方法，推求设计洪水流量过程线。因此，对调洪计算来说，入库洪水过程及下游允许水库下泄的最大流量均为已知。在规划阶段，还要对水库汛期防洪限制水位以及泄洪建筑物的型式和尺寸拟定几个比较方案，因此对每一方案来说，它们也都是已知的。于是，调洪计算就是在这些初始的已知条件下，推求下泄洪水过程线、拦蓄洪水的库容和水库水位的

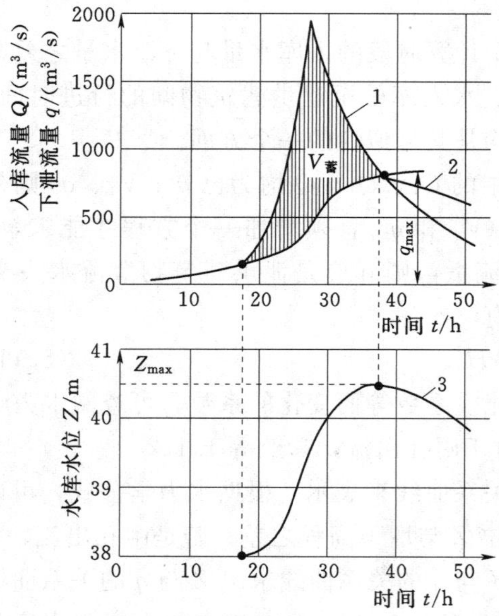


图 5.5　某水库调洪设计计算结果
1—入库洪水过程线；2—下泄洪水过程线；
3—水库水位过程线

变化。在水库运行中，调洪计算的已知条件和要求的结果，基本上也与上述类似。

列表试算法的步骤如下：

(1) 根据已知的水库水位容积关系曲线 $V=f(Z)$ 和泄洪建筑物方案，用式 (5.11) 求出下泄流量与库容的关系曲线 $q=f(V)$。

(2) 选取合适的计算时段，以秒为计算单位。

(3) 决定开始计算的时刻和此时刻的 $V_1$、$q_1$ 值，然后列表计算，计算过程中，对每一计算时段的 $V_2$、$q_2$ 值都要进行试算。

(4) 将计算结果绘成曲线（图 5.5），供查阅。

在计算过程中，每一时段的 $Q_1$、$Q_2$、$q_1$、$V_1$ 均为已知。先假定一个 $q_2$ 值，代入式 (5.10)，求出 $V_2$ 值。然后按此 $V_2$ 值在曲线 $q=f(V)$ 上查出 $q_2$ 值，将其与假定的 $q_2$ 值相比较。若两 $q_2$ 值不相等，则要重新假定一个 $q_2$ 值，重复上述试算过程，直至两者相等或很接近为止。这样多次演算求得的 $q_2$、$V_2$ 值就是下一时段的 $V_1$、$q_1$ 值，可依据此值进行下一时段的试算。逐时段依次试算的结果即为调洪计算的成果。现举例说明。

**【例 5.1】** 某水库的泄洪建筑物型式和尺寸已定，设有闸门。水库的运用方式是：在洪水来临时，先用闸门控制 $q$ 使其等于 $Q$，水库保持汛期防洪限制水位（38.0m）不变；当 $Q$ 继续加大，使闸门达到全开，以后就不用闸门控制，$q$ 随 $Z$ 的升高而加大，流态为自由泄流，$q_{max}$ 也不限制，情况与无闸门控制一样。

已知水库容积特性 $V=f(Z)$，并根据泄洪建筑物型式和尺寸，算出水位和下泄流量关系曲线 $q=f(Z)$，如表 5.15 和图 5.6 所示。堰顶高程为 36.0m。

**表 5.15　　某水库 $V=f(Z)$、$q=f(Z)$ 曲线（闸门全开）**

| 水位 $Z$/m | 36.0 | 36.5 | 37.0 | 37.5 | 38.0 | 38.5 | 39.0 | 39.5 | 40.0 | 40.5 | 41.0 |
|---|---|---|---|---|---|---|---|---|---|---|---|
| 库容 $V$/万 m³ | 4330 | 4800 | 5300 | 5870 | 6450 | 7080 | 7760 | 8540 | 9420 | 10250 | 11200 |
| 下泄流量 $q$/(m³/s) | 0 | 22.5 | 55.0 | 105.0 | 173.9 | 267.2 | 378.3 | 501.9 | 638.9 | 786.1 | 946.0 |

**解：** 将已知入库洪水流量过程线列入表 5.16 中的第 (1)、(2) 栏，并绘于图 5.5 中（曲线 1）；选取计算时段 $\Delta t=3h=10800s$；起始库水位为 $Z_{限}=38.0m$；按 $Z_{限}=38.0m$，在表 5.15 中可查出闸门全开时相应的 $q=173.9m^3/s$。

在第 18h 以前，$q=Q$，且均小于 173.9 m³/s。水库不蓄水，无需进行调洪计算。从第 18h 起，$Q$ 开始大于 173.9m³/s，水库开始有蓄水过程。因此，以第 18h 为开始调洪计算的时刻，此时初始的 $q_1$ 即为 173.9m³/s，而初始的 $V_1$ 为 6450 万 m³。然后，按式

(5.10) 进行计算，计算过程列入表 5.16。

**表 5.16　调洪计算列表试算法**

| 时间 $t$/h | 入库洪水流量 $Q$/(m³/s) | 时段平均入库流量 $\overline{Q}$/(m³/s) | 下泄流量 $q$/(m³/s) | 时段平均下泄流量 $\overline{q}$/(m³/s) | 时段内水库存水量变化 $\Delta V$①/万 m³ | 水库存水量 $V$/万 m³ | 水库水位 $Z$/m |
|---|---|---|---|---|---|---|---|
| (1) | (2) | (3) | (4) | (5) | (6) | (7) | (8) |
| 18 | 174 | 257 | 173.9 | 180.5 | 83 | 6450 | 38.0 |
| 21 | 340 | | 187 | | | 6533 | 38.1 |
| 24 | 850 | 595 | 262 | 224.5 | 400 | 6933 | 38.4 |
| 27 | 1920 | 1385 | 425 | 343.5 | 1125 | 8058 | 39.2 |
| 30 | 1450 | 1685 | 620 | 522.5 | 1256 | 9314 | 39.9 |
| 33 | 1110 | 1280 | 734 | 677.0 | 651 | 9965 | 40.3 |
| 36 | 900 | 1005 | 781 | 757.5 | 267 | 10232 | 40.5 |
| 39 | 760 | 830 | 790 | 785.5 | 48 | 10280 | 40.51 |
| 42 | 610 | 685 | 772 | 781.0 | −104 | 10176 | 40.4 |
| 45 | 460 | 535 | 731 | 751.5 | −234 | 9942 | 40.3 |
| 48 | 360 | 410 | 674 | 702.5 | −316 | 9626 | 40.1 |
| 51 | 290 | 325 | 617 | 645.5 | −346 | 9280 | 39.9 |

**注**　表中带下划线的数字为初始已知值。

①　$\Delta V=(\overline{Q}-\overline{q})\Delta t$，且 $\Delta t=3h$ (10800s)。

第 1 个计算时段为第 18～21h，$q_1=173.9\text{m}^3/\text{s}$，$V_1=6450$ 万 m³，$Q_1=174\text{m}^3/\text{s}$（接近于 $q_1$），$Q_2=340\text{m}^3/\text{s}$。对 $q_2$、$V_2$ 进行试算，过程见表 5.17。表中数字下有横线的为已知值，有括号的为试算过程中的中间值，无括号的是试算的最后结果。

试算开始时，先假定 $Z_2=38.4\text{m}$，从图 5.6 的 $V=f(Z)$ 和 $q=f(Z)$ 两曲线上，查得相应的 $V_2=6950$ 万 m³、$q_2=248\text{m}^3/\text{s}$。将这些数字填入表 5.17 的 (3)、(4)、(5) 栏中。于是 $\overline{q}=(q_1+q_2)/2=(173.9+248)/2=211(\text{m}^3/\text{s})$，并可求出相应的 $\Delta V=(\overline{Q}-\overline{q})\Delta t=50$ 万 m³。所以，$V_2=V_1+\Delta V=6450+50=6500$（万 m³），填入表 5.17 第 (9) 栏，因此值与第 (4) 栏中假定的 $V_2$ 值不符，故用符号 $V_2'$ 表示，以示区别。由 $V_2'$ 值查图 5.6，得相应的 $q_2'=180\text{m}^3/\text{s}$、$Z_2'=38.04\text{m}$，与原假定的 $V_2$、$q_2$、$Z_2$ 相差较大，说明假定值不合适，$Z_2$ 假定的偏高。重新假定 $Z_2=38.2\text{m}$，重复以上试算，结果仍不合适。第 3 次，假定 $Z_2=38.1\text{m}$，结果 $V'_2$ 与 $V_2$ 值很接近，其差值可视为计算与查曲线的误差。至此，第 1 时段的试算即告结束，最后结果是：$q_2=187\text{m}^3/\text{s}$、

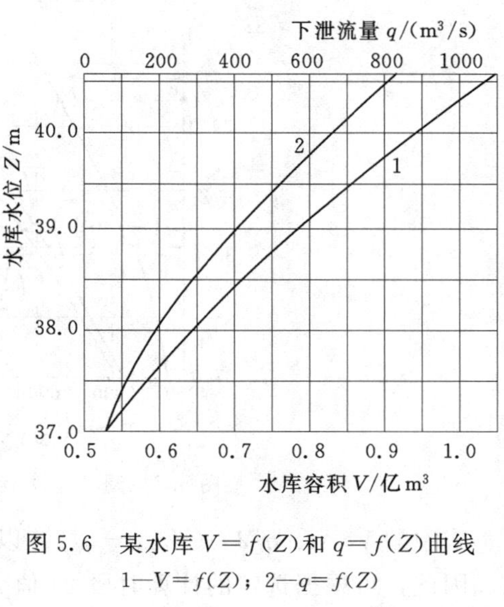


图 5.6　某水库 $V=f(Z)$ 和 $q=f(Z)$ 曲线

1—$V=f(Z)$；2—$q=f(Z)$

$V_2$=6533 万 $m^3$ 和 $Z_2$=38.1m。

将表 5.17 中试算的最后结果 $q_2$、$V_2$、$Z_2$，分别填入表 5.16 中第 21h 的第（4）、（7）、（8）栏中。按上述方法继续逐时段试算，结果均填入表 5.16，并绘制图 5.5。

由表 5.16 可见：在第 36h，$Q=900m^3/s>q=781m^3/s$；而在第 39h，$Q=760m^3/s<q=790m^3/s$。按水库调洪原理，当 $q_{max}$ 出现时，一定是 $q=Q$，此时 $Z$、$V$ 均达最大值。显然，$q_{max}$ 将出现在第 36h 与第 39h 之间，在表 5.16 中并未算出。通过进一步试算，在第 38h16min 处，可得出 $q_{max}=Q=795m^3/s$，$Z_{max}=40.52m$，$V_{max}$=10290 万 $m^3$。

**表 5.17　　第一时段（第 18～21h）的试算过程**

| 时间 $t$/h | $Q$ /($m^3$/s) | $Z$ /m | $V$ /万 $m^3$ | $q$ /($m^3$/s) | $\overline{Q}$ /($m^3$/s) | $\overline{q}$ /($m^3$/s) | $\Delta V$ /万 $m^3$ | $V_2'$ /万 $m^3$ | $q_2'$ /($m^3$/s) | $Z_2'$ /m |
|---|---|---|---|---|---|---|---|---|---|---|
| (1) | (2) | (3) | (4) | (5) | (6) | (7) | (8) | (9) | (10) | (11) |
| 18 | 174 | 38.0 | 6450 | 173.9 | 257 | 211 | (50) | | | |
| 21 | 340 | (38.4) | (6950) | (248) | | | | (6500) | (180) | (38.04) |
| | | (38.2) | (6690) | (211) | | 192.6 | (70) | (6520) | (182) | (38.06) |
| | | 38.1 | 6530 | 187 | | 180.5 | 83 | 6533 | 187 | 38.10 |

### 5.4.4　水库调洪计算的半图解法

除上述列表试算法，还可用半图解法。半图解法又可分为若干种，这里介绍比较常用的双辅助曲线法。它要求将式（5.10）改写为

$$\overline{Q}+\frac{V_1}{\Delta t}-\frac{q_1}{2}=\frac{V_2}{\Delta t}+\frac{q_2}{2} \tag{5.13}$$

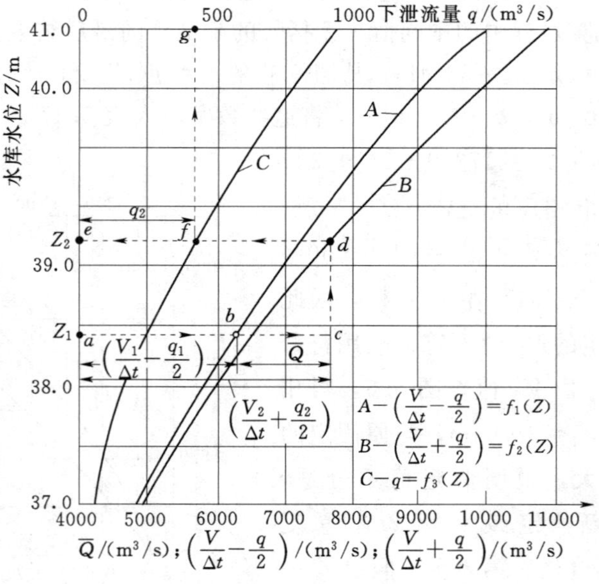


图 5.7　调洪计算半图解法示例（双辅助曲线法）

式中的 $V/\Delta t$、$q/2$、$(V/\Delta t-q/2)$ 以及 $(V/\Delta t+q/2)$ 均可与水库水位 $Z$ 建立函数关系。因此，可根据选定的计算时段 $\Delta t$ 值、已知的水库水位容积关系曲线，以及根据水力

学公式算出的水位下泄流量关系曲线（表 5.15 及图 5.5），事先计算并绘制曲线组：$(V/\Delta t-q/2)=f_1(Z)$、$(V/\Delta t+q/2)=f_2(Z)$ 和 $q=f_3(Z)$，如表 5.18 和图 5.7 所示。其中，$q=f_3(Z)$ 是水位下泄流量关系曲线，其余两曲线是所介绍的半图解法中必需的两根辅助曲线，故此方法在半图解法中又称为双辅助曲线法，以与单辅助曲线法相区别。

当作好图 5.7 中的辅助曲线后，就可进行图解计算。计算步骤为：

(1) 根据已知的入库洪水流量过程线、水库水位容积关系曲线、汛期防洪限制水位、计算时段 $\Delta t$ 等，确定调洪计算的起始时段，并划分各计算时段。算出各时段的平均入库流量 $\overline{Q}$，并定出第 1 时段初始的 $Z_1$、$q_1$、$V_1$ 各值。

(2) 在图 5.7 的水位坐标轴上量取第一时段的 $Z_1$，得 $a$ 点。作水平线 $ac$ 交曲线 $A$ 于 $b$ 点，并使 $bc=\overline{Q}$，显然，$ac=\overline{Q}+(V_1/\Delta t-q_1/2)$。

(3) 从 $c$ 点作垂线交曲线 $B$ 于 $d$ 点。过 $d$ 点作水平线 $de$ 交水位坐标轴于 $e$，$de=ac=(V_2/\Delta t+q_2/2)$，由 $e$ 点读出 $Z_2$ 值。

(4) $de$ 交曲线 $C$ 于 $f$ 点，过 $f$ 点作垂线交 $q$ 坐标轴于 $g$ 点，从 $g$ 点可以读出 $q_2$ 的值。

(5) 根据 $Z_2$ 值，利用水库水位容积关系曲线就可求出 $V_2$ 值。

(6) 将 $e$ 点代表的 $Z_2$ 值作为第 2 时段 $Z_1$，按上述同样方法进行图解计算，又可求出第 2 时段的 $Z_2$、$q_2$、$V_2$ 等值。按此逐时段进行计算，将结果列成表格，即可完成全部计算。

**表 5.18　曲线 $(V/\Delta t-q/2)=f_1(Z)$ 和 $(V/\Delta t+q/2)=f_2(Z)$ 的计算**

| 库水位 $Z$ /m | 库容 $V$ /万 $m^3$ | 下泄流量 $q$ /($m^3$/s) | $q/2$ /($m^3$/s) | $V/\Delta t$ /($m^3$/s) | $V/\Delta t-q/2$ /($m^3$/s) | $V/\Delta t+q/2$ /($m^3$/s) |
|---|---|---|---|---|---|---|
| (1) | (2) | (3) | (4) | (5) | (6) | (7) |
| 37.0 | 5300 | 56.7 | 28.35 | 4907 | 4879 | 4936 |
| 37.5 | 5870 | 100.3 | 50.15 | 5435 | 5385 | 5485 |
| 38.0 | 6450 | 173.9 | 86.95 | 5972 | 5885 | 6059 |
| 38.5 | 7080 | 267.2 | 133.60 | 6556 | 6422 | 6689 |
| 39.0 | 7760 | 378.3 | 189.15 | 7185 | 6996 | 7374 |
| 39.5 | 8540 | 501.9 | 250.95 | 7907 | 7656 | 8158 |
| 40.0 | 9420 | 638.9 | 319.45 | 8722 | 8403 | 9042 |
| 40.5 | 10250 | 786.1 | 393.05 | 9491 | 9098 | 9884 |
| 41.0 | 11200 | 946.0 | 473.00 | 10370 | 9897 | 10843 |

**【例 5.2】** 某水库及原始资料均与［例 5.1］相同，用半图解法进行调洪计算。

**解**：调洪计算步骤如下：

(1) 取 $\Delta t=3h=10800s$，列表计算$(\overline{V}/\Delta t-q/2)=f_1(Z)$ 与 $(V/\Delta t+q/2)=f_2(Z)$两关系曲线，见表 5.18。将此两曲线连同曲线 $q=f_3(Z)$ 绘在图 5.7 上。

(2) 调洪计算从第 18h 开始。此时水库初始水位 $Z_1=38.0m$，相应的下泄流量为 $q_1=173.9m^3/s$，列于表 5.19 中第 18h 之第 (4)、(7) 栏。由各时刻的入库流量 $Q$ 计算各时段的平均入库流量 $\overline{Q}$，将各 $Q$ 及 $\overline{Q}$ 值列于表 5.19 中第（2）、（3）两栏。

（3）从图 5.7 上 $Z$=38.0m 处作水平线，交曲线 $A$ 于（$V/\Delta t-q/2$）=5885$m^3/s$ 处，将此数字填入表 5.19 第 18h 的第（5）栏。已知时段平均流量 $\overline{Q}$=257$m^3/s$。于是（$V_2/\Delta t+q_2/2$）=$\overline{Q}$+（$V_1/\Delta t-q_1/2$）=257+5885=6142（$m^3/s$），这一步也可在图上直接作图查出（$V_2/\Delta t+q_2/2$）值。将此值列入表 5.19 第 21h 的第（6）栏。

（4）在图 5.7 上从曲线 $B$ 查出（$V/\Delta t+q/2$）=6142$m^3/s$ 处的 $Z$ 值为 38.1m，此即时段第 18～21h（即第一时段）之 $Z_2$，或第 21h 的 $Z_1$ 值，将其填入表 5.19 第 18h 的第（8）栏和第 21h 的第（4）栏。

（5）按上述 $Z_2$=38.1m，在图 5.7 上从曲线 $C$ 查出 $q_2$ 应为 188$m^3/s$，这也是第 21h 的 $q_1$ 值，填入表 5.19 第 21h 的第（7）栏。至此，第 1 时段的计算结束。

（6）按照上述步骤进行第 2 时段（第 21～24h）的计算，将结果列入表 5.19 相应各栏。

以下依此类推。

（7）由表 5.19 可见，$q_{max}$ 发生在第 36h 与第 39h 之间，而且更近于第 39h 些，确切说应为第 38h 与第 39h 之间。由于 $\Delta t$ 要改变，并且还不能预先知道，故不能用半图解法找出此点的确切数值，只能像［例 5.1］那样用内插法求得。

**表 5.19　调洪计算半图解法（双辅助曲线法）**

| 时间 $t$/h | 入库流量 $Q$ /($m^3$/s) | 平均入库流量 $\overline{Q}$ /($m^3$/s) | 水库水位 $Z_1$ /m | $V_1/\Delta t-q_1/2$ /($m^3$/s) | $V_2/\Delta t+q_2/2$ /($m^3$/s) | 下泄流量 $q$ /($m^3$/s) | 水库水位 $Z$ /m |
|---|---|---|---|---|---|---|---|
| (1) | (2) | (3) | (4) | (5) | (6) | (7) | (8) |
| 18 | 174 | 257 | 38.0 | 5885 | | 173.9 | 38.1 |
| 21 | 340 | 595 | 38.1 | 5965 | 6142 | 188 | 38.4 |
| 24 | 850 | 1385 | 38.4 | 6320 | 6560 | 248 | 39.2 |
| 27 | 1920 | 1685 | 39.2 | 7260 | 7705 | 430 | 40.0 |
| 30 | 1450 | 1280 | 40.0 | 8280 | 8945 | 620 | 40.3 |
| 33 | 1110 | 1005 | 40.3 | 8800 | 9560 | 725 | 40.4 |
| 36 | 900 | 830 | 40.4 | 9000 | 9805 | 770 | 40.5 |
| 39 | 760 | 685 | 40.5 | 9040 | 9830 | 776 | 40.4 |
| 42 | 610 | 535 | 40.4 | 8920 | 9725 | 758 | 40.2 |
| 45 | 460 | 410 | 40.2 | 8720 | 9455 | 708 | 40.1 |
| 48 | 360 | 325 | 40.1 | 8460 | 9130 | 656 | 39.9 |
| 51 | 290 | | 39.9 | | 8785 | 596 | |

注　表中数字下有横线者为初始已知值。

比较表 5.16 与表 5.19 可见，上述半图解法与列表试算法的结果非常相近，但半图解法的计算手续简便、迅速，因此为人们所乐于采用。其缺点是作双辅助曲线较麻烦，其精度影响最终计算结果。

### 5.4.5　其他情况下的水库调洪计算

前面介绍的是不用闸门控制下泄流量 $q$ 时的调洪计算步骤，虽设有闸门而闸门全开时的计算情况和无闸门控制时一样。这是调洪计算中最为基本的情况，工程实际中遇到的情况常常要复杂些。下面扼要地介绍几种较为复杂的情况。

利用闸门控制下泄流量 $q$ 时，调洪计算的基本原理和方法与不用闸门控制 $q$ 时类似，所不同的是因为水库运行方式有多种多样，要按需要随时调整闸门的开度（包括开启的闸孔数目和每个闸孔的开启高度）。在不同的闸门开度、水库水位、下游淹没等情况下，式(5.11) 中的系数 $A$ 和 $B$ 也会不同。例如，溢流堰的下泄流量利用闸门控制时，若闸门开启高度为 $e$、堰前水头为 $H$，则 $e/H \leqslant 0.75$ 时为闸孔出流，$B=1/2$；$e/H>0.75$ 时为堰流，$B=3/2$。也就是说，尽管闸门开启高度 $e$ 不变，而库水位升降时，$B$ 也可能有时为 1/2、有时为 3/2，反之亦然。影响系数 $A$ 值的因素就更多，变化更复杂。所以，利用闸门控制 $q$ 时的调洪计算手续要麻烦得多。在这种情况下，若用半图解法进行调洪计算，则需要针对不同的泄流情况作出若干不同的辅助曲线，使计算变得很麻烦，失去了半图解法简便迅速的优越性。因此，利用闸门控制 $q$ 时的调洪计算，以采用列表试算法较为方便。

不同的水库运用方式，要求闸门有不同的启闭过程。水库运用方式变化很多，不可能一一列举。下面举出几种常见的情况，说明利用闸门控制 $q$ 时水库的调洪过程，如图 5.8 所示，以供参考。

图 5.8 (a) 的情况是，当下游有防洪要求时，最大下泄流量 $q_{max}$ 不能超过下游允许的安全泄量 $q_{安}$。在 $t_1$ 时刻以前，$Q$ 较小，但闸门全开时的下泄流量较大，故闸门不应全开，而应以闸门控制，使 $q=Q$。闸门随着 $Q$ 的加大而逐渐开大，直到 $t_1$ 时闸门才全部打开。因为从 $t_1$ 时刻开始，$Q$ 已大于闸门全开自由溢流的 $q$ 值，即来水流量大于可能下泄的流量值，因而库水位逐渐上升。至 $t_2$ 时刻，$q$ 达到 $q_{安}$，于是用闸门控制，使 $q \leqslant q_{安}$，水库水位继续上升，闸门逐渐关小。至 $t_3$ 时刻，$Q$ 降落到重新等于 $q$，水库水位达到最高，闸门也不再关小。$t_3$ 以后是水库泄水过程，水库水位逐渐回降。

图 5.8 (b) 的情况是下游有防洪要求，但防洪标准小于水工建筑物的设计标准。在 $t_3$ 时刻以前，情况和图 5.8 (a) 类似，即在 $t_2 \sim t_3$ 间用闸门控制 $q$ 使不大于 $q_{安}$，以满足下游防洪要求。至 $t_3$ 时，为下游防洪而设的库容（图中竖阴影线表明的部分）已经蓄满，而入库洪水仍然较大，这说明入库洪水已超过了下游防洪标准。为了保证水工建筑物的安全和下游广大地区的根本利益，不再控制 $q$，而是将闸门全部打开自由溢流。至 $t_4$ 时刻，库水位达到最高，$q$ 达到最大值。

图 5.8 (c) 的情况是下游要求错峰，以免水库下泄洪水与下游区间洪水遭遇，危及下游安全。因此在 $t_2 \sim t_3$ 时刻之间用闸门控制下泄流量 $q$，使它与下游区间洪水叠加后仍不大于下游允许的 $q_{安}$ 值。

图 5.8 (d) 的情况是有短期洪水预报的情况。在 $t_1$ 时刻以前根据预报信息预泄洪水，随着库水位的下降而逐渐开大闸门。在 $t_1 \sim t_3$ 之间，为了不使 $q>q_{安}$，随着库水位的上升而适当关小闸门，以控制 $q$ 值。在 $t_1 \sim t_2$ 时刻水库仅将预泄的库容回蓄满，$t_2$ 时刻以后，水库才从汛期防洪限制水位起蓄洪。

总之，针对不同的闸门启闭过程，调洪计算的具体方法会有所不同，要根据具体情况灵活运用前述计算方法。［例 5.3］为一种有闸门控制的水库调洪方式，可有助于读者了解这一特点。

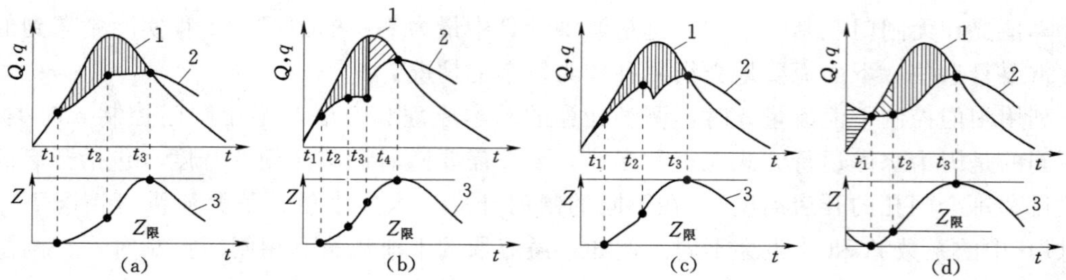


图 5.8　利用闸门控制下泄流量时，水库调洪的几种情况

(a) 下游有防洪要求的情况；(b) 水工建筑物的设计标准大于下游防洪标准的情况；

(c) 水库下泄洪水要与下游区间洪水错峰的情况；(d) 根据预报预泄洪水的情况

1—入库洪水过程线；2—下泄洪水过程线；3—水库水位过程线

**【例 5.3】** 水库及有关资料同［例 5.1］，但水库防洪任务与运用方式和［例 5.1］不同，详见下述。

水库容积特性 $V=f(Z)$ 和水位下泄流量关系曲线 $q=f(Z)$ 均与表 5.15 和图 5.6 相同。溢洪道设有闸门，堰顶高程为 36.0m，汛期防洪限制水位为 38.0m。水库承担下游防洪任务，如图 5.9 所示。水库下泄流量 $q$ 从坝址下游侧 $A$ 点流达防洪防护区上游侧 $B$ 点需历时 6h。遇设计洪水时，入库流量 $Q$ 过程线和区间流量 $Q_区$ 过程线如表 5.20 所示。要求水库进行错峰调节，以保证 $B$ 点流量最大值不超过 600$m^3$/s($Q_B=q+Q_区$)。此外，水库有短期水文预报，在洪水来临前 36h，可全开溢洪道闸门，以预降水库水位。至于 $A$、$B$ 之间的河槽调蓄作用可暂忽略不计。

**解：** 选取计算时段 $\Delta t=3h=10800s$。分 3 种时段进行调洪计算。

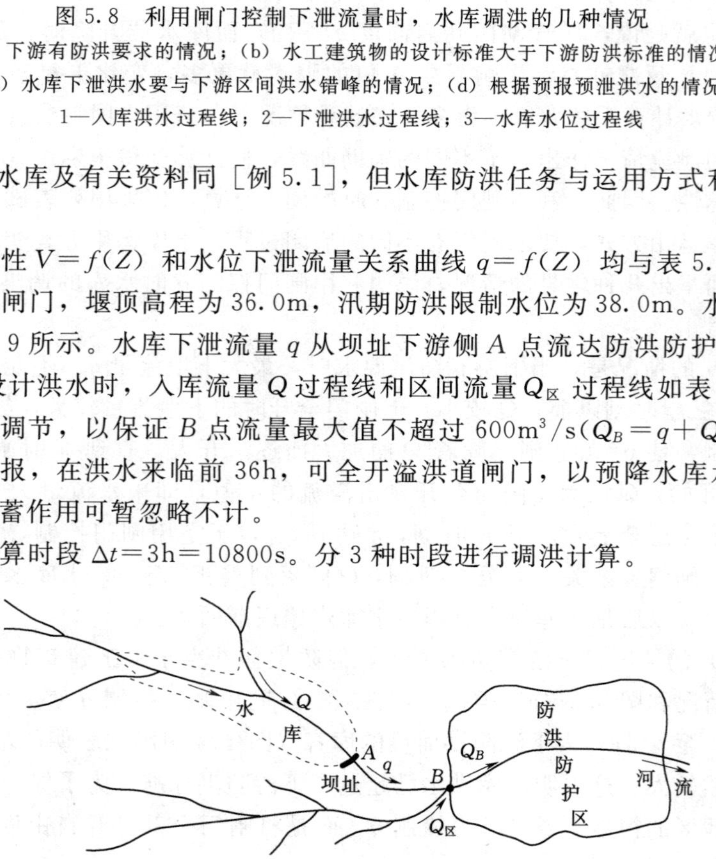


图 5.9　水库平面位置示意图

(1) 提前 36h 开始的预降水库水位计算。水库初始水位为 $Z=38.0m$，相应的库容为 $V=6450$ 万 $m^3$，相应的下泄流量（闸门全开）为 $q=173.9m^3/s$。此阶段洪水尚未来临，入库流量 $Q$ 保持为 36$m^3$/s 不变，计算结果列于表 5.21 中。计算过程也类似于［例 5.1］中表 5.16 那样，要经过一定的试算。为了说明这一情况，将洪水来临前 36h（即 −36h）至洪水来临前 30h（即 −30h）的两个时段试算列见表 5.22。先假设第 −33h 的水库水位 $Z_2=37.83m$，而相应的下泄流量 $q_2=150.0m^3/s$。此时，$Z_1=38.0m$，$V_1=6450$ 万 $m^3$，$q_1=173.9m^3/s$。于是，$\overline{q}=(q_1+q_2)/2=162.0m^3/s$，$\Delta V=10800\ (\overline{Q}-\overline{q})=-134.0$ 万 $m^3$，$V_2=V_1+\Delta V=6316$ 万 $m^3$。根据 $V_2$ 值查图 5.6 中的曲线，得出 $Z_2$ 值为 37.89m［表 5.22 中第（10）栏的 $Z'$ 值］，与原假设的 37.83m 不符，故需重新试算。重新假设 $Z_2=$

37.88m，再重复以上计算步骤，最后得 $V_2=6311$ 万 $m^3$，查曲线得相应的 $Z_2=37.88m$，与假设值相符，结果正确。于是，第一时段的 $Z_2$、$q_2$、$V_2$ 值就成为第 2 时段的初始值 $Z_1$、$q_1$、$V_1$ 值（第-33h），据此可进行下一时段的试算。依此类推。计算结果列入表 5.21。从该表可知，在洪水来临时，即第 0h，水库水位可从 38.0m 降低至 37.19m。应以它为起点，开始洪水来临后的前半阶段——自由泄流阶段的调洪计算。

**表 5.20　洪水流量过程线**

| 时间 $t$ /h | 入库洪水流量 $Q$ /($m^3$/s) | 区间洪水流量 $Q_{区}$ /($m^3$/s) | 时间 $t$ /h | 入库洪水流量 $Q$ /($m^3$/s) | 区间洪水流量 $Q_{区}$ /($m^3$/s) | 时间 $t$ /h | 入库洪水流量 $Q$ /($m^3$/s) | 区间洪水流量 $Q_{区}$ /($m^3$/s) |
|---|---|---|---|---|---|---|---|---|
| (1) | (2) | (3) | (1) | (2) | (3) | (1) | (2) | (3) |
| 0 | 36 | 9 | 24 | 850 | 213 | 48 | 360 | 90 |
| 3 | 40 | 10 | 27 | 1920 | 480 | 51 | 290 | 73 |
| 6 | 47 | 12 | 30 | 1450 | 363 | 54 | 240 | 60 |
| 9 | 57 | 14 | 33 | 1110 | 278 | 57 | 200 | 50 |
| 12 | 72 | 18 | 36 | 900 | 225 | 60 | 160 | 40 |
| 15 | 102 | 26 | 39 | 760 | 190 | 63 | 130 | 33 |
| 18 | 174 | 44 | 42 | 610 | 153 | 66 | 100 | 25 |
| 21 | 340 | 85 | 45 | 460 | 115 | 69 | 70 | 18 |

**表 5.21　预降水位阶段的计算**

| 时间 $t$ /h | 入库流量 $Q$ /($m^3$/s) | 时段平均入库流量 $\overline{Q}$ /($m^3$/s) | 下泄流量 $q$ /($m^3$/s) | 时段平均下泄流量 $\overline{q}$ /($m^3$/s) | 时段内水库存水量的变化 $\Delta V$ /万 $m^3$ | 水库存水量 $V$ /万 $m^3$ | 水库水位 $Z$ /m |
|---|---|---|---|---|---|---|---|
| (1) | (2) | (3) | (4) | (5) | (6) | (7) | (8) |
| −36 | 36.0 | | 173.9 | | | 6450 | 38.00 |
| | | 36.0 | | 164.5 | −139 | | |
| −33 | 36.0 | | 155.0 | | | 6311 | 37.88 |
| | | 36.0 | | 147.5 | −120 | | |
| −30 | 36.0 | | 140.0 | | | 6191 | 37.79 |
| | | 36.0 | | 135.0 | −107 | | |
| −27 | 36.0 | | 130.0 | | | 6084 | 37.71 |
| | | 36.0 | | 125.0 | −96 | | |
| −24 | 36.0 | | 120.0 | | | 5988 | 37.63 |
| | | 36.0 | | 115.0 | −85 | | |
| −21 | 36.0 | | 110.0 | | | 5903 | 37.56 |
| | | 36.0 | | 105.0 | −75 | | |
| −18 | 36.0 | | 100.0 | | | 5828 | 37.47 |
| | | 36.0 | | 97.0 | −66 | | |
| −15 | 36.0 | | 94.0 | | | 5762 | 37.43 |
| | | 36.0 | | 91.0 | −59 | | |
| −12 | 36.0 | | 88.0 | | | 5703 | 37.37 |
| | | 36.0 | | 85.5 | −53 | | |
| −9 | 36.0 | | 83.0 | | | 5650 | 37.32 |
| | | 36.0 | | 81.0 | −49 | | |
| −6 | 36.0 | | 79.0 | | | 5601 | 37.27 |
| | | 36.0 | | 77.0 | −44 | | |
| −3 | 36.0 | | 75.0 | | | 5557 | 37.23 |
| | | 36.0 | | 73.5 | −41 | | |
| 0 | 36.0 | | 72.0 | | | 5516 | 37.19 |

**注**　时间 $t$ 的负值表示比洪水来临时间提前 $t$ 小时。

**表 5.22　　　表 5.21 中的试算过程示例**

| 时段序号 | 时间 $t$/h | $Q$ /(m³/s) | $\overline{Q}$ /(m³/s) | $q$ /(m³/s) | $Z$ /m | $\overline{q}$ /(m³/s) | $\overline{Q}-\overline{q}$ /(m³/s) | $\Delta V$ /万 m³ | $V$ /万 m³ | $Z'$ /m | 备注 |
|---|---|---|---|---|---|---|---|---|---|---|---|
| | (1) | (2) | (3) | (4) | (5) | (6) | (7) | (8) | (9) | (10) | (11) |
| 1 | −36 | 36.0 | 36.0 | 173.9 | 38.0 | (162.0) | (−124.0) | (−134.0) | 6450 | 38.00 | 初始值 |
| | −33 | 36.0 | | (150.0) | (37.83) | | | | (6316) | (37.89) | $Z \neq Z'$ |
| | | | | 155.0 | 37.88 | 164.5 | −128.5 | −138.8 | 6311 | 37.88 | $Z = Z'$ |
| 2 | −33 | 36.0 | 36.0 | 155.0 | 37.88 | (137.5) | (−101.5) | (−109.6) | 6311 | 37.88 | 初始值 |
| | −30 | 36.0 | | (135.0) | (37.74) | | | | (6201) | (37.80) | $Z \neq Z'$ |
| | | | | 140.0 | 37.79 | 147.5 | −111.5 | −120.4 | 6191 | 37.79 | $Z = Z'$ |

注　表中括号中的数字是试算过程中的中间数；数字下有横线者是已知数值。

(2) 自由泄流阶段的调洪计算。在进行自由泄流阶段的调洪计算前，应先根据错峰要求计算出各时段允许水库下泄的流量 $q$ 的上限值，以便根据它来判断必须用闸门控制水库下泄流量的阶段起讫时间。计算结果列于表 5.23 中。计算这个上限值时，可先按 $Q_B=600\text{m}^3/\text{s}$，求出各时段的（$Q_B-Q_区$）值，然后，将（$Q_B-Q_区$）值移前 6h，即得相应的 $q_{上限}$ 值。以第 27h 为例，$Q_区=480\text{m}^3/\text{s}$，因此（$Q_B-Q_区$）$=120\text{m}^3/\text{s}$。移前 6h，则为第 21h，故第 21h 允许水库下泄流量的上限值 $q_{上限}=120\text{m}^3/\text{s}$。依此类推。

**表 5.23　　　各时刻允许水库下泄流量的上限**

| 时间 $t$/h | $Q_区$ /(m³/s) | $Q_B-Q_区$ /(m³/s) | 允许的 $q_{上限}$ /(m³/s) | 时间 $t$/h | $Q_区$ /(m³/s) | $Q_B-Q_区$ /(m³/s) | 允许的 $q_{上限}$ /(m³/s) | 时间 $t$/h | $Q_区$ /(m³/s) | $Q_B-Q_区$ /(m³/s) | 允许的 $q_{上限}$ /(m³/s) |
|---|---|---|---|---|---|---|---|---|---|---|---|
| (1) | (2) | (3) | (4) | (1) | (2) | (3) | (4) | (1) | (2) | (3) | (4) |
| 21 | | | 120 | 39 | 190 | 410 | 485 | 57 | 50 | 550 | 567 |
| 24 | | | 237 | 42 | 153 | 447 | 510 | 60 | 40 | 560 | 575 |
| 27 | 480 | 120 | 322 | 45 | 115 | 485 | 527 | 63 | 33 | 567 | 582 |
| 30 | 363 | 237 | 375 | 48 | 90 | 510 | 540 | 66 | 25 | 575 | |
| 33 | 278 | 322 | 410 | 51 | 73 | 527 | 550 | 69 | 18 | 582 | |
| 36 | 225 | 375 | 447 | 54 | 60 | 540 | 560 | 72 | | | |

根据预降水位阶段的计算结果，在第 0h 的初始值应是 $Z_1=37.19\text{m}$、$V_1=5516$ 万 m³、$q_1=72.0\text{m}^3/\text{s}$，按此开始进行调洪计算。计算也需进行试算，试算步骤与表 5.14 和表 5.21 中的类似，结果列入表 5.24，解释从略。由于一开始洪水流量较小，而 $q$ 却较大，因而水库水位继续有所下降，直至第 12h 以后才重新开始蓄水使库水位上升。至第 27h，按闸门全开自由泄流方式，$q=330.0\text{m}^3/\text{s}$。但按表 5.23，该时刻允许下泄流量的上限值为 $q_{上限}=322\text{m}^3/\text{s}$。这说明从第 27h 起，要按错峰要求，用闸门控制使 $q$ 不大于 $q_{上限}$。因此，自由泄流阶段到第 24h 结束。

(3) 错峰阶段的调洪计算。以表 5.24 中第 24h 的计算结果为第 27h 的初始值，即 $Z_1=37.84\text{m}$、$V_1=6241$ 万 m³、$q_1=150.0\text{m}^3/\text{s}$。计算结果列入表 5.25。这阶段的调洪计算不

需试算。因为各时刻的 $q_2$ 均为已知（取用表 5.23 中的 $q_{上限}$值），可以直接计算出 $\overline{q}=(q_1+q_2)/2$、$\Delta V=10800(\overline{Q}-\overline{q})$、$V_2=(V_1+\Delta V)$ 各值。然后查图 5.6 中的 $V=f(Z)$ 曲线，以求 $Z_2$。应该注意，在此阶段，不能应用图 5.6 中的 $q=f(Z)$ 曲线，因为该曲线是自由泄流曲线。本阶段不是自由泄流，而是有闸门控制的泄流，基本上是孔口出流（闸下出流）。详细的计算还应包括各时刻闸门开度的计算在内。但那样的计算，应针对某一定的闸孔数、闸门尺寸和型式、各闸门的启闭方式和先后次序等参数，按水力学公式来进行，这些参数可能有多个组合方案，因此计算将非常麻烦，这里从略。

**表 5.24　　自由泄流阶段的调洪计算**

| 时间 $t$/h | 入库洪水量 $Q/(m^3/s)$ | 时段平均入库洪水流量 $\overline{Q}/(m^3/s)$ | 下泄流量 $q/(m^3/s)$ | 时段平均下泄流量 $\overline{q}/(m^3/s)$ | 时段中水库存水量的变化 $\Delta V$/万 $m^3$ | 水库存水量 $V$/万 $m^3$ | 水库水位 $Z$/m |
|---|---|---|---|---|---|---|---|
| (1) | (2) | (3) | (4) | (5) | (6) | (7) | (8) |
| 0 | 36.0 | | 72.0 | | | 5516 | 37.19 |
| | | 38.0 | | 70.5 | −35.0 | | |
| 3 | 40.0 | | 69.0 | | | 5481 | 37.16 |
| | | 43.5 | | 67.5 | −26.0 | | |
| 6 | 47.0 | | 66.0 | | | 5455 | 37.12 |
| | | 52.0 | | 65.0 | −14.0 | | |
| 9 | 57.0 | | 64.0 | | | 5441 | 37.11 |
| | | 64.5 | | 64.0 | 1.0 | | |
| 12 | 72.0 | | 64.0 | | | 5442 | 37.11 |
| | | 87.0 | | 65.5 | 23.0 | | |
| 15 | 102.0 | | 67.0 | | | 5465 | 37.14 |
| | | 138.0 | | 70.0 | 73.0 | | |
| 18 | 174.0 | | 73.0 | | | 5538 | 37.21 |
| | | 257.0 | | 81.5 | 190.0 | | |
| 21 | 340.0 | | 90.0 | | | 5728 | 37.38 |
| | | 595.0 | | 120.0 | 513.0 | | |
| 24 | 850.0 | | 150.0 | | | 6241 | 37.84 |
| | | 1385.0 | | (240.0) | (1237.0) | | |
| 27 | 1920.0 | | (330.0) | | | (7478.0) | (38.80) |

注　27h 处括号中的数据是不用的数，因这时已进入错峰调洪阶段。

从表 5.25 中的计算结果可见，到第 45h，水库水位达到 $Z_{max}=40.95$m，相应的水库总蓄水量 $V_{max}=11121$ 万 $m^3$。但最大下泄流量 $q_{max}$ 却未发生在第 45h，这是因为有闸门控制，使下泄流量远小于自由泄流流量的缘故。从第 48h 起，虽然 $q$ 继续加大，但 $Z$、$V$ 均逐步下降，洪水流量也减至很小，不再有任何威胁。第 63h 以后的计算略去。此外，从第 48h 起，也可以用闸门控制，使 $q=527m^3/s$，即保持第 45h 的 $q$ 值不变，虽然 $Z$、$V$ 的下降会慢一些，但也能满足错峰要求，也是一种可取的泄流方案。

### 5.4.6　考虑动库容的调洪计算

上述静库容法假定调洪时水库水面为水平，但实际上水库水面并非水平，且有时水面坡度变化还相当大。因此严格说来，调洪计算应采用动库容曲法，以考虑库区实际水面线与坝前水位水平面之间的楔形库容，此时水库的实际蓄水量可表示为坝前水位 $Z$ 和入库流量 $Q$ 的函数：

$$V=f(Z,Q) \tag{5.14}$$

由上式，可绘制成以 $Q$ 为参数的水库动库容曲线（图 5.10）。

**表 5.25　　　　　　　　　　错峰阶段的调洪计算**

| 时间 $t$/h | 入库洪水流量 $Q$ /(m³/s) | 时段平均入库洪水流量 $\overline{Q}$/(m³/s) | 下泄流量 $q$/(m³/s) | 时段平均下泄流量 $\overline{q}$/(m³/s) | 时段中水库存水量的变化 $\Delta V$/万 m³ | 水库存水量 $V$/万 m³ | 水库水位 $Z$/m |
|---|---|---|---|---|---|---|---|
| (1) | (2) | (3) | (4) | (5) | (6) | (7) | (8) |
| 24 | 850.0 | | 150.0 | | | 6241 | 37.84 |
| | | 1385.0 | | 236.0 | 1241 | | |
| 27 | 1920.0 | | 322.0 | | | 7482 | 38.81 |
| | | 1685.0 | | 348.5 | 1443 | | |
| 30 | 1450.0 | | 375.0 | | | 8925 | 39.73 |
| | | 1280.0 | | 392.5 | 959 | | |
| 33 | 1110.0 | | 410.0 | | | 9884 | 40.28 |
| | | 1005.0 | | 428.5 | 623 | | |
| 36 | 900.0 | | 447.0 | | | 10507 | 40.63 |
| | | 830.0 | | 466.0 | 399 | | |
| 39 | 760.0 | | 485.0 | | | 10900 | 40.83 |
| | | 685.0 | | 497.5 | 203 | | |
| 42 | 610.0 | | 510.0 | | | 11103 | 40.94 |
| | | 535.0 | | 518.5 | 18 | | |
| 45 | 460.0 | | 527.0 | | | 11121 | 40.95 |
| | | 410.0 | | 533.5 | −133 | | |
| 48 | 360.0 | | 540.0 | | | 10988 | 40.88 |
| | | 325.0 | | 545.0 | −238 | | |
| 51 | 290.0 | | 550.0 | | | 10750 | 40.75 |
| | | 265.0 | | 555.0 | −313 | | |
| 54 | 240.0 | | 560.0 | | | 10437 | 40.60 |
| | | 220.0 | | 563.5 | −371 | | |
| 57 | 200.0 | | 567.0 | | | 10066 | 40.37 |
| | | 180.0 | | 571.0 | −422 | | |
| 60 | 160.0 | | 575.0 | | | 9644 | 40.15 |
| | | 145.0 | | 578.5 | −468 | | |
| 63 | 130.0 | | 582.0 | | | 9176 | 39.87 |

**注**　至 63h，本阶段计算尚未结束，但以下计算从略。

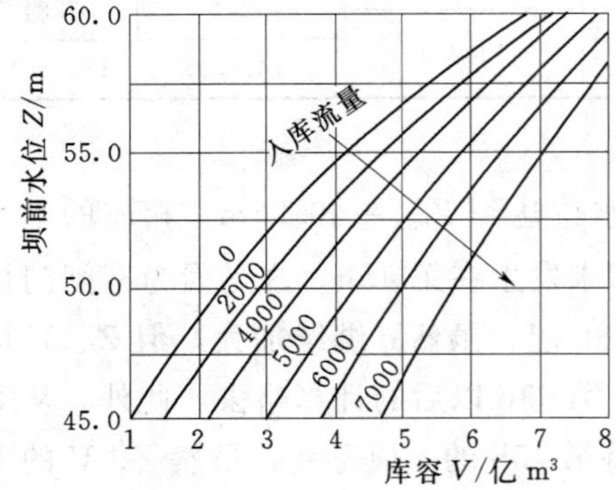


图 5.10　水库动库容曲线

当洪水入库断面一定时，水库蓄水量 $V$ 由与坝前水位 $Z$ 相应的静库容 $V_S$ 和与水面坡度有关的楔形库容 $V_d$ 组成。根据水力学，在坝前水位一定的条件下，入库流量愈大则动库容愈大；在入库流量一定的条件下，坝前水位愈高，入库断面以下的天然河道槽蓄容积被淹没后变成静库容的愈多，则动库容愈小。所以，动库容的大小由坝前水位和入库流量所决定，在调洪计算中动库容的变化可表示为

$$\mathrm{d}V_d=\frac{\partial V_d}{\partial Q}\mathrm{d}Q+\frac{\partial V_d}{\partial Z}\mathrm{d}Z \tag{5.15}$$

式中：$\dfrac{\partial V_d}{\partial Q}>0$；$\dfrac{\partial V_d}{\partial Z}<0$。

在规划设计中，是否按动库容进行洪水调节计算，主要取决于用动库容曲线进行调洪与用静库容曲线进行调洪所得到的坝前最高洪水位（或最大下泄流量）的差别程度。

对于不受闸门控制的自由泄流情况，在入流开始大于出流至水库最高洪水位出现的调节时期内，水库水面曲线要经历许多变化。从调节计算开始到结束，入库流量增大使动库容增加，但水库水位升高却使动库容减小。动库容最终的增减情况，取决于入库流量、水

库水位的增幅及入库段水库地形的综合影响。由于通常都按静库容曲线作调洪计算，如果动库容在调洪计算期内没有变化，则考虑与不考虑动库容作用的结果是一样的；如果动库容增加，则不考虑动库容作用计算得到的水库最高洪水位比实际出现的高，偏于安全；如果动库容减少，则不考虑动库容作用计算得到的水库最高洪水位比实际出现的低，则偏于不安全。对于后一种情况，应有足够的认识和估计，在调洪计算时应考虑动库容的作用。

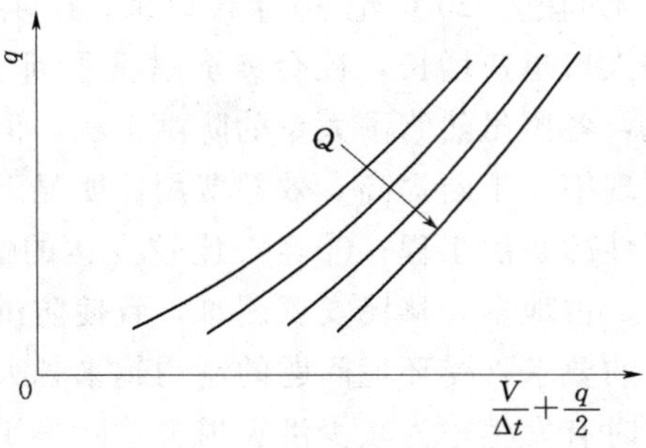

图 5.11 动库容调洪演算辅助曲线

考虑动库容的调洪计算，可用类似于前述静库容法中建立辅助线的方法，由动库容曲线绘制一簇以入库流量为参数的 $q=f\left(\frac{V}{\Delta t}+\frac{q}{2},\ Q\right)$ 曲线（图 5.11）后进行。计算时，根据各计算时段初、末入库流量选用相应曲线，由时段末 $\frac{V}{\Delta t}+\frac{q}{2}$ 值可确定其下泄流量。逐时段进行计算，可求得水库下泄流量过程和坝前水位过程。

对于受闸门控制的泄流情况，由于水库水量平衡计算是按一定的防洪调度规则受人为控制，实际洪水调节过程中动库容变化的影响可在实时运行中得到修正，故不考虑动库容调洪作用的计算结果，对水库防洪安全的不利影响将比自由泄流情况小得多。

在实际问题中，由于水库地形复杂，入流断面也分布在各干支流上，因此动库容的变化也将是复杂的，故必须有较多的精度较高的资料，才能使按动态库容曲线进行的调洪计算得到正确的结果。

考虑到动库容经常对调洪产生的影响，它与有时难于推求的入库设计洪水问题联系在一起后，会使问题更加复杂。因此，对重要的水库，尤其是平原和浅丘地区河道入库段很长的水库，应深入分析入库洪水和动库容对调洪的影响，以便当采用静库容调洪时，在应用计算成果上留有余地。

严格地考虑洪水波通过水库时水库沿程的水位、流量等水力要素变化，按不稳定流运动进行调洪演算，将涉及更多的水力学问题，对资料的要求高，计算工作量大。所以，当无特殊要求时，按上述方法进行调洪计算可以满足应用。

## 5.5 防洪减灾非工程措施

### 5.5.1 防洪非工程措施

防洪非工程措施是指通过法令、政策、行政管理、经济和防洪工程以外的技术手段等，以减少洪泛区洪水灾害损失的措施。防洪非工程措施的特点主要是考虑洪灾程度和风险程度，被保护对象重要程度不同，实行保护程度也不同，采用法令、行政、经济、技术等手段和通过国家、地方和集体、个人之间的合作，预先进行安排，以达到减少洪灾损失的目的。防洪工程措施是以修建工程的手段，达到控制洪水、减少洪灾损失，多属于工程技术问题。20世纪50年代以来，防洪非工程措施的研究日益增多，主要由于：①洪泛区的人口迅速增长，社会经济财富不断发展，特别是第二次世界大战后，洪泛区无限制开发，各国虽然修了大量的防洪工程，但洪灾损失仍有增无减；②大型防洪工程投资大，而贴现率又不断提高，效益费用比明显下降。经济比较贫困的国家或地区在短期难以建起控制性的防洪工程；③经济比较发达的国家，条件好的防洪工程已基本建完。再新修工程时，占地多，移民安置困难，致使防洪工程经济指标日趋下降；④由于社会经济可持续发展的要求，受环境问题的制约越来越大；⑤现有防洪工程大多防御标准不高，超标准的洪水时有发生，为减少洪灾损失，除采用相应的工程措施外，广泛采用防洪非工程措施。

防洪非工程措施一般包括防洪法规、洪水预报、洪水调度、洪水警报、洪泛区管理、河道清障、超标准洪水防御措施、洪水保险与防洪基金、洪灾救济与灾后重建等。

(1) 搞好防洪法制建设，包括法规建设和防洪防灾教育。防洪治水必须有法可依，依法治水是社会主义法制建设的重要组成部分。我国现已颁布《中华人民共和国水法》《中华人民共和国防洪法》《中华人民共和国防汛条例》《中华人民共和国河道堤防管理条例》《中华人民共和国水土保持法》等重要法律，各地、各部门也有相应的法规条例，标志着我国的防洪工作已初步走上法制化的道路。防洪是人命关天的大事。只有居安思危，防患于未然，方能遇危不惊。我国大部分江河防洪工程标准低，洪水灾害频繁不断，严重威胁着广大人民群众的生产、生活和社会经济的可持续发展。而在不少地方，人们水患意识与防洪观念淡薄，防洪法律和政策意识不强，防灾抗灾与避险保安知识欠缺。因此，必须对全民进行防洪防灾教育。

(2) 建立洪水预报、洪水调度和警报系统。在洪水到达之前，应用卫星、雷达，把天空的气象和实测的水文气象数据通过采集、传输并进行数据处理，作出雨量、洪峰、洪量、洪水位、流速、到达时间、洪水历时等洪水特征值的预报，密切配合防洪工程，进行洪水调度；及时对洪泛区发出警报，组织抢救和居民撤离，以减少洪灾损失。一般来说，洪水预报精度愈高，预见期愈长，减少洪水灾害的作用就愈大。为做好洪水调度，应建立防洪决策支持系统。防洪决策支持系统是用于防洪决策支持的交互式计算机信息系统，包括信息采集、信息服务、汛情监视、洪水预报、防洪调度、灾情评估、会商决策等子系统，可为防洪决策者提供分析问题、建立模型、模拟决策过程和方案的环境，调用各种信息资源和分析工具，协助防洪决策者利用防洪数据、模型、知识分析问题，接受决策者直观判断和干预，进行防洪决策方案的评价、预测和优选。防洪决策支持系统为应用系统科学的理论和方法的有效性提供了重要手段，保证防洪决策的正确性和实施过程中的有效性。

(3) 利用常规监测手段和遥感等现代技术，及时对洪水进行监测，以便采取措施，减少灾害。如美国利用资源卫星遥感在防洪中取得了良好效果；中国利用遥感和自动测报系统进行水情监测也获得较好效果，在黄河下游、长江荆江河段、淮河中下游、洞庭湖区以及永定河等河流实现了洪水监测，为防洪决策提供了信息支持。

(4) 通过政府颁布法令或条例，对洪泛区进行管理。一方面，对洪泛区利用的不合理现状进行限制或调整，如有的国家采用调整税率的政策，对不合理开发洪泛区采用较高税率，给予限制；对进行迁移，防水或其他减少洪灾损失的措施，予以贷款或减免税收甚至进行补助。另一方面，对洪泛区土地未来的利用进行规划，实现洪泛区的合理开发，防止无限侵占洪泛区，以减少洪灾损失。对保护区内的建筑物，采取避洪措施，如把住房等建筑在土台上，使基础高于洪水位；修建多层建筑，高层避洪；在建筑物周围修筑围墙或围堤保护等。

（5）清除河道中影响行洪的障碍物。排洪河道多为复式断面，河滩部分是季节性或不定期地行洪，有的是每年汛期上水漫滩，有的是几年才漫滩一次。尤其是在上游修建水库以后，由于洪水得到调节，下游河道洪水漫滩的机遇相应减少。这种不常上水的滩地，使人们对洪水的认识淡薄，往往成为盲目垦殖占用的对象。在人口不断增长和工业、交通事业不断发展的情况下，有些河道由于管理不善，在河道内人为设障，任意垦殖河滩或占用河槽等。因此，必须加强河道管理，严格执行河道管理法规或条例，清除河道中影响行洪的障碍物，以保证河道顺利行洪。

（6）实行洪水保险与防洪基金，对洪水灾害引起的经济损失由社会或集体进行赔偿。实行洪水保险首先要根据洪水发生机遇大小，编制洪水风险图，确定防洪保险费率和制定政策、法规等，并由主管部门颁布施行。有自愿参加保险和强制保险两种。通过调整费率的办法，可以制约洪泛区的不合理开发。其特点是：洪泛区内的机关、工矿、企业和居民参加保险者（投保的单位或个人）按保险合同或契约，向保险机构交纳保险费；保险机构将保险费集中起来，建立保险基金，当投保单位或个人的财产遭受洪灾损失后，保险机构就用这项基金按照保险合同，依法履行赔偿。洪水保险具有社会互助互济的性质，洪灾损失在较大范围内由众多参加保险者分担。我国的洪涝灾害发生频率高、范围广、损失重，开展洪水保险，需要根据洪泛区的人口、经济等具体情况和洪水灾害的特点，制定相应的洪水保险办法，再逐步全面推广。推行洪水保险制度，是完善社会化保障体系的重要组成部分，有助于减轻国家在灾后救济和恢复重建工作中的财政负担，有利于发动全社会力量，分散洪水灾害风险，提高救助力度，有利于提高受洪水威胁地区群众的水患意识。

防洪基金是指各级政府专拨的防洪经费，以及向防洪受益区内从事生产经营活动的集体与个人征收的由特定机构或组织管理的专用资金。它主要用于防洪系统的运行管理和维修加固，救灾善后，以及新建防洪工程、实施新的防护措施等方面。防洪基金的征收原则是：“谁受益，谁出资；多收益，多出资”。其征收范围有两种做法：①按受益与非受益分，如以某河流某堤段所保护的受益地区为征收范围；②按行政区域进行征收，即不论受益与否，均需缴纳防洪基金。防洪基金的使用应立足于长远。除了主要用于防洪工程的维修加固和发展防洪事业以外，随着基金的滚动增加，还可根据防洪救灾发展需要适量参与洪水保险，即将部分防洪基金用于支付防洪保险金，使防洪抗洪与灾后救济、工程措施与非工程措施实现互补。

（7）对洪水风险进行分析与管理。为把洪水灾害损失控制在最低程度，必须分析发生洪水灾害风险程度的大小，并采取相应的对策措施，对受洪水威胁地区的社会经济活动进行全面的管理。这是防洪非工程措施的重要组成部分。洪水风险分析与管理包括洪水灾害风险评估、洪水灾害风险分析和洪水灾害风险管理。洪水灾害风险评估一般系采用相当于某一概率的洪水灾害风险图对某一设计洪水发生时，可能造成的经济损失来评估，该图标明了相应洪水的淹没范围和水深分布。洪水灾害风险图的绘制方法有历史洪水调查、洪水模型试验和洪水数值模拟等3种方法。目前，洪水数值模拟的方法被日益广泛采用，并具有较高的精度。洪水灾害风险分析是要寻取风险幅度方面的信息，确定一旦洪水灾害风险成为现实将会造成的后果以及可采取的应对办法。洪水灾害风险是由多方面因素构成的，因而洪水灾害的风险管理也应当对暴雨、洪水、工程、洪水调度、保护区管理、防洪投入等风险因素进行全方位的管理。洪水灾害风险管理是，识别各类风险因素，对其进行监视和评估，并采用工程和非工程措施降低其风险，用最小的成本将洪水灾害风险控制在可以接受的范围之内。洪水灾害风险管理是一个动态的循环过程，包括确定风险管理目标，风险分析、风险决策、风险处理等过程。

（8）提出超标准洪水防御措施。防洪工程的设计只能以一定的洪水量级为标准。因此，发生超过设计标准的洪水在所难免。当洪水超过防洪工程的设计标准或超过防洪体系的设计防御能力时，为确保防洪保护区内城市、重要工矿企业、重要交通铁路干线等重点保护对象或大部分地区的防洪安全，必须采取超常规的应急对策。为避免或减轻遭遇超标准洪水时所造成的重大灾害，往往采取紧急加高加固堤防、运用蓄滞洪区或紧急保坝等措施，力争堤防不决口、水库不垮坝；一旦堤防决口或水库垮坝，要紧急抢筑临时防线，限制洪水淹没范围并转移洪水威胁区的居民和重要财产，以最大限度地减轻灾害损失。

（9）做好洪灾救济与灾后重建工作。我国的救灾工作，汲取了历代救灾办法的经验教训，充分发挥社会主义制度的优越性，以人为本，从实际出发，采取多种救灾措施，积极抢救和保护灾民的生命安全，帮助群众克服洪水灾害所造成的困难，尽力做到有灾无荒。我国的救灾工作由国家民政部门主管。多年来的救灾工作总方针是“依靠群众，依靠集体，生产自救，互助互济，辅之以国家必要的救济与扶持”。这个救灾方针的基本精神是，坚持生产自救，通过恢复和发展灾区的生产，克服自然灾害带来的困难。善后救灾工作的主要任务是，转移安置灾民和安排好灾民的生活，帮助灾民恢复生产、重建家园，修复水毁工程设施。

### 5.5.2 治涝非工程措施

通过法令、政策、经济和治涝工程以外的技术手段，以减轻涝灾损失的措施，统称为治涝非工程措施。治涝非工程措施一般包括低洼地人口外迁、农作物种植结构调整、退耕还湖、退耕还林、预警预报、指挥系统建设、法规制度建设、宣传、排涝预案等方面的内容。非工程措施是治涝体系的重要组成部分，具有很能好的预防作用，可以收到事半功倍的效果，在注重治涝工程措施的同时，也要重视治涝非工程措施。

（1）人口外迁、种植结构调整、退耕还湖。对于一些涝灾频繁且淹没水深大的易涝低洼地，当地群众面临较大的生命财产安全风险，而治涝工程措施往往投入大、效益低，因此，有条件时可研究人口外迁至高地的非工程措施，妥善解决群众受涝问题。同时，为与当地自然条件相适应，这些地区的农作物种植结构可进行适当调整，以减少涝灾损失。

对于侵占原有河道、湖泊开垦的低洼地，应研究退耕还湖方案和措施，提高当地涝水调蓄能力，减轻洪涝几率和涝灾损失。

（2）信息采集系统。涝情的信息采集是治涝非工程措施的基础。我国多为雨洪涝区，为了减轻涝水灾害，必须及时采集降雨、水情、工情等方面的信息。目前许多地区已建设了洪水信息采集系统，可在此基础上，针对涝水的一些具体特点，适当补充有关站点和监测项目，建立涝水信息采集系统，包括水雨情自动测报系统、闸泵等工程监控系统和视频监控系统等。

(3) 预警预报。根据气象预报，做好涝区及影响区域的雨情、水情预报，提高预报水平，在暴雨到来前，通过水闸、泵站等进行预排，腾出区域内的蓄涝容积，为涝水的消纳提供空间，减轻排涝负担。采取相应的预警措施，及时发布暴雨公告，减少人员外出；及时封闭交通道路，减轻涝灾损失等。涝灾的突发性、不重复性、影响经济社会的复杂性及严重性决定了排涝决策难度大、时效性强、风险度高。因此科学的排涝决策要求有充分的信息资源、准确的预测预报和客观合理的可行性调度方案来支持，事前预警预报显得尤为重要。

(4) 除涝指挥调度系统。

1) 数据库。排涝调度系统正确的调度决策，是建立在完善的排涝数据库的基础上的。应针对排涝的具体特点，将与排涝有关的历史涝水信息和工程信息，建立涝水数据库。涝水数据库应包括历史暴雨、涝水资料、天气形势、闸站等工程运用资料、涝灾资料、防涝物资等方面的信息。

2) 除涝预案。根据《中华人民共和国防汛条例》第三章第十一条对涝区制定涝水防御方案。除涝预案应对涝灾等级进行界定，并提出对应的应急响应机制，包括排涝设施启用原则、人员组织安排、通信物料准备、治安工作与卫生防御、灾后处理等。对于超标准涝水还应编制除涝应急预案，研究居民紧急撤离计划和对策，以降低涝灾损失风险。

3) 指挥调度。根据降雨和涝水预报，按照除涝预案的安排，科学合理地研究各种除涝方案，统筹考虑各方面的因素，高效地发挥排涝系统的整体效益，把涝灾的损失减到最小，经综合分析比较确定除涝方案，进行除涝调度。

(5) 完善立法、强化管理。完善除涝立法，依法除涝和救灾，加强水患意识，逐步实行除涝保险。加强排水设施管理和宣传，严禁占用河道、填沟造地、堵塞河床，严禁向河道任意倾倒垃圾，严格限制地下水超采，合理建设雨水利用设施，及时做好超标雨洪水的防范措施，保证排水顺畅。

# 第6章 水能利用规划

## 6.1 水能资源估算及水电站开发布置

### 6.1.1 水能资源与水力发电的基本原理

天然情况下，河川径流相对于海平面而言（或相对于某基准面）具有一定的势能。因径流有一定流速，就具有一定的动能。这种势能和动能组合成一定的水能——水体所含的机械能。

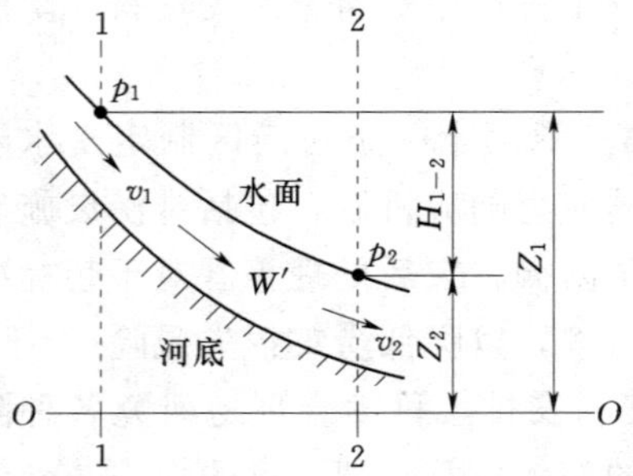


图 6.1 水能与落差

在地球引力（重力）作用下，河水不断向下游流动。在流动过程中，河水因克服流动阻力、冲蚀河床、挟带泥沙等，使所含水能分散地消耗掉了。水力发电的任务，就是要利用这些被无益消耗掉的水能来生产电能。如图 6.1 所示为一任意河段，其首尾断面分别为断面 1-1 和断面 2-2。若取 $O-O$ 为基准面，则按伯努利方程，流经首尾两断面的单位重量水体所消耗掉的水能应为

$$H=(Z_1-Z_2)+\frac{p_1-p_2}{\rho g}+\frac{\alpha_1 v_1^2-\alpha_2 v_2^2}{2g} \tag{6.1}$$

但是，大气压强 $p_1$ 与 $p_2$ 近似地相等，流速水头$\frac{\alpha_1 v_1^2}{2g}$与$\frac{\alpha_2 v_2^2}{2g}$的差值也相对地微小而可忽略不计。于是，这一单位重量水体所消耗的水能就可近似地用首尾两断面间的水位差（落差）$H_{1-2}$表示，即 $H_{1-2}=Z_1-Z_2$。

设 $Q$ 表示 $t$ 秒内流经此河段的平均流量（$m^3/s$），则在 $t$ 秒内流经此河段的水体的体积 $W=Qt$（$m^3$），其重量为 $\gamma W=\gamma Qt$，这里，$\gamma$ 表示单位体积的水体重量，且 $\gamma=\rho g=9807N/m^3$（其中，水的密度 $\rho=1000kg/m^3$；重力加速度 $g=9.807m/s^2$）。于是，在 $t$（s）内流经此河段的水体重量为 $\gamma W=9807Qt$（N），其所消耗掉的水能为

$$E_{1-2}=9807QtH_{1-2}(\mathrm{J})$$

但是，在电力工业中，习惯于用“kW·h”（或称“度”）为能量的单位，1kW·h=$3.6\times10^6$J。于是，在 $T$ 小时内此河段上消耗掉的水能

$$E_{1-2}=\frac{1}{367.1}H_{1-2}Qt(\mathrm{kW\cdot h})=9.81H_{1-2}QT(\mathrm{kW\cdot h}) \tag{6.2}$$

式（6.2）即代表该河段所蕴藏的水能资源，它分散在河段的各微小长度上。由于天然河道中的水流可通过降水而陆续得到补给，这就使水能资源成为不会枯竭的再生性能源。

河川水能资源也可用水流出力来表示。水流出力是单位时间内的水能。如图 6.1 所示河段上的水流出力为

$$N_{1-2}=\frac{E_{1-2}}{T}=9.81QH_{1-2}(\text{kW}) \tag{6.3}$$

式（6.3）常被用来计算河流的水能资源蕴藏量。

水力发电是利用天然水能资源生产电能的部门，为此，需要修建水电站工程。就水电站的工作原理而言，它是先通过有关工程设施将分散在开发河段上的水能资源集中起来，并尽量减少其无益消耗；然后，引取集中了水能的水流去转动水轮发电机组，在机组转动的过程中，将水能转变为电能。这里，发生变化的只是水能，而水流本身并没有消耗，仍能为水电站下游的用水部门利用。

应当指出，由于水电站集中水能过程中的落差损失和水量损失以及电站生产过程中机电设备的能量损失等，所以水电站的出力要小于按式（6.3）计算得到的相应开发河段的水流出力。初步估算时，可用下式求出水电站出力 $N_{水}$，即

$$N_{水}=9.81\eta QH=KQH \quad (\text{kW}) \tag{6.4}$$

式中：$Q$ 为水电站引用流量，$\text{m}^3/\text{s}$；$H$ 为水电站水头，m；$K$ 为出力系数，且 $K=9.81\eta$，其中，$\eta$ 为水电站效率。一般取 $K=6.5\sim8.5$，大型水电站取较大值，小型取较小值。具体参见 6.2 节。

通常，称式（6.4）为水电站出力方程。

### 6.1.2 河川水能资源蕴藏量的估算

由式（6.3）可见，落差和流量是决定水能资源蕴藏量的两项要素。因为单位长度河段的落差（即河流纵比降）和流量都是沿河长而变化的，所以在实际估算河流水能资源蕴藏量时，常沿河长分段计算水流出力，然后逐段累加以求全河总水流出力。

在分段时，应注意将支流汇入等流量有较大变化处以及河流纵比降有较大变化处（特别是局部的急滩和瀑布等），取为计算河段的分界断面。此外，在具备优良坝址条件亟待开发的位置以及有重要城镇或需要重点保护对象的位置，一般也取为河段划分的分界处。而式（6.3）中的流量取首尾断面流量的平均值。根据多年平均流量 $Q_0$ 计算所得的水流出力 $N_0$，称为水能资源蕴藏量。

为估算河流蕴藏的水能资源，应对河流水文、地形和流域面积等进行勘测和调查，然后按式（6.3）进行计算（表 6.1），并将计算结果绘成如图 6.2 所示的水能资源蕴藏图。表 6.1 和图 6.2 乃是掌握河流水能资源分布情况并研究合理开发的重要资料。

**表 6.1　某河水能资源蕴藏量计算示例**

| 断面序号 | 高程 $Z$ /m | 落差 $H$ /m | 间距 $L$ /km | 断面处流量 $Q_i$ /(m³/s) | 河段平均流量 $Q_0$ /(m³/s) | 河段水流出力 $N_0$ /kW | 单位长度水流出力 $N_0/L$ /(kW/km) | 水流出力累积 $\sum N_0$ /kW |
|---|---|---|---|---|---|---|---|---|
| 1 | 350 | 35 | 129 | 0 | 8 | 2750 | 21 | 2750 |
| 2 | 315 | | | 16 | | | | |
| 3 | 288 | 27 | 34 | 21 | 18.5 | 5000 | 147 | 7750 |
| 4 | 278 | 10 | 19 | 25 | 23 | 2250 | 118 | 10000 |
| 5 | 252 | 26 | 60 | 34 | 29.5 | 7650 | 128 | 17650 |
| 6 | 213 | 39 | 100 | 46 | 40 | 15300 | 153 | 32950 |

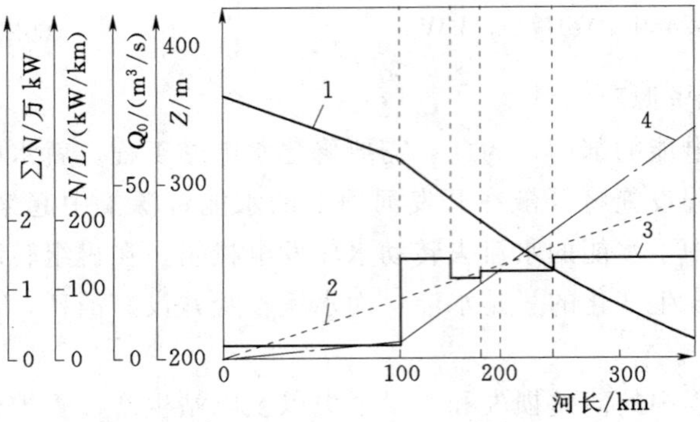


图 6.2　水能资源蕴藏量示意图

1—河底高程 $Z$；2—流量 $Q_0$；3—单位长度出力 $N/L$；4—累积出力 $\sum N$

需要指出，上面估算的河流水能资源蕴藏量是根据各河段天然落差及多年平均流量计算得到的理论值，称为水能资源理论蕴藏量。实际上，由于技术和经济条件的限制，有些落差和流量不能用来发电或有一部分损失，通过水轮机和发电机将水能转换为电能时也有一定效率，因此，往往需要计算水能资源技术可开发量和水能资源经济可开发量。

水能资源技术可开发量，是在当前技术水平条件下可开发利用的水能资源量，并以河流规划及以前阶段确定的电站的年发电量及装机容量表示。其中，年发电量为河流规划梯级联合运转情况下各梯级电站年发电量之和，装机容量为各梯级电站装机容量之和。

水能资源经济可开发量，是在当前技术经济条件下，技术可开发量中具有经济开发价值的水能资源量，并以年发电量及装机容量表示。这里的年发电量及装机容量是指与其他能源相比具有竞争力，在水库淹没处理、水生态与环境保护等方面无制约性因素的梯级水电站的合计量。

水能资源的普查和估算，由国家专门机构统一组织进行，并正式公布。我国曾经于1980 年进行了全国水能资源普查，2003 年又完成了水能资源复查。根据复查结果统计，我国水能资源理论蕴藏量为 6.94 亿 kW，年电量为 6.08 万亿 kW·h；技术可开发装机容量为 5.42 亿 kW，年发电量为 2.47 万亿 kW·h；经济可开发装机容量为 4.02 亿 kW，年发电量为 1.75 万亿 kW·h，见表 6.2。

我国的水能资源具有 3 个重要特点：

(1) 资源总量十分丰富，但人均资源量并不富裕。我国水能资源总量，包括理论蕴藏量、技术可开发量和经济可开发量均居世界首位。以电量计，我国可开发的水能资源约占世界总量的 15%。但是，我国人均水能资源量只有世界均值的 70%左右，并不富裕。

(2) 水能资源分布不均衡，与经济发展的现状极不匹配。我国水能资源主要集中在经济发展相对滞后的西部地区。根据全国水能资源复查成果，以年发电量计，西部地区经济可开发水能资源占全国的 81%，而经济相对发达、人口相对集中的东部沿海地区仅占 4.5%。改革开放以来，沿海地区经济高速发展，电力负荷增长很快，目前东部沿海 11 省、市的用电量已占全国的 51%。这一态势在相当长的时间内难以逆转。为满足东部经济发展和加快西部开发的需要，近年来，国家加大西部水电开发力度，制定并实施“西电东送”的电力发展战略，以促进东、西部地区经济、社会的可持续发展。

(3) 江、河来水量的年内和年际变化大，导致水能资源在时间上的分配不均。中国是世界上季风最显著的国家之一。受季风影响，降水时间和降水量在年内高度集中，一般雨季 2～4 个月的降水量可达到全年的 60%～80%。降水量年际间的变化也很大，年径流最大与最小比值，长江、珠江、松花江为2～3倍，淮河达15倍，海河更达20倍之多。这些不利的自然条件，要求我们在水电规划和建设中必须考虑年内和年际的水量调节，根据情况优先建设具有年调节和多年调节水库的水电站，以提高水电的供电质量，保证系统的整体效益。

**表6.2　　全国各地区水能资源蕴藏量及可能开发量统计表**

| 地区 | 理论蕴藏量/MW | 占全国比重/% | 技术可能开发量/MW | 占全国比重/% | 经济可能开发量/MW | 占全国比重/% |
|---|---|---|---|---|---|---|
| 西南 | 490309.6 | 70.61 | 361279.8 | 72.86 | 236748.1 | 65.32 |
| 西北 | 89811.3 | 12.93 | 58412.9 | 9.50 | 48118.6 | 10.75 |
| 中南 | 59733.4 | 8.60 | 75517.8 | 12.12 | 73596.3 | 16.67 |
| 东北 | 13052.8 | 1.88 | 15044.7 | 1.68 | 13998.1 | 2.20 |
| 华东 | 27767.1 | 4.00 | 22982.5 | 2.91 | 21542.0 | 3.84 |
| 华北 | 13721.6 | 1.98 | 8396.2 | 0.93 | 7793.6 | 1.23 |
| 合计 | 694400 | 100.0 | 541640 | 100.0 | 401795 | 100.0 |

注　表中数值统计范围不含港澳台地区；"占全国比重"栏内数据为按相应发电量值计算。

### 6.1.3　水电站开发布置

要开发利用河川水能资源，首先要将分散的天然河川水能集中起来。由于落差是单位重量水体的势能，而河段中流过的水体重量又与河段平均流量成正比，参见式（6.2）和式（6.3），所以集中水能的方法就表现为集中落差和引取流量的方式。根据开发河段的自然条件之不同，通常采用的集中水能的方式主要有坝式、引水式及混合式。而具体的水电站开发布置方式，还须考虑水电站站址的实际条件加以确定。

#### 6.1.3.1　坝式

坝式开发方式是通过拦河筑坝或闸来抬高开发河段$AB$的水位，使原河段的落差$H_{AB}$集中到坝址$B$处，从而获得水电站的水头$H$（图6.3）。所引取的平均流量为坝址$B$处的平均流量$Q_B$即河段末的平均流量。显然，$Q_B$要比河段上断面$A$处的平均流量$Q_A$要大些。由于筑坝抬高水位而在$A$处形成回水段，因而有落差损失$\Delta H = H_{AB} - H$。

采用坝式开发方式，一般需要具备较好的筑坝建库条件，且坝址上游$A$、$B$之间常因形成水库而发生淹没。坝式开发方式有时可以形成比较大的水库，因而使水电站能进行径流调节，成为蓄水式水电站。若不能形成供径流调节用的水库，则水电站只能引取天然流量发电，成为径流式水电站。

坝式开发的水电站，按其建筑物布置特点，又分为坝后式、河床式、坝内式、坝旁式等。

1. 坝后式水电站

若筑坝建库所引起的淹没损失相对不大，有可能筑中、高坝抬水，来获得较大的水头，这时因水电站厂房本身不能挡水，就应将其布置在坝下游侧，与挡水坝分开，用压力引水管连接坝和厂房，如图6.3所示。这种水电站称为坝后式水电站。这是最通常的坝式开发形式。我国黄河上的刘家峡水电站、长江上的三峡水电站等均是这种布置形式。

2. 河床式水电站

采用坝式开发时，若地形、地质等条件不允许筑高坝，也可筑低坝或水闸来获得较低水头，此时常利用水电站厂房作为挡水建筑物的一部分，使厂房承受坝上游侧的水压力，如图6.4所示。这种水电站称为河床式水电站。我国已建的浙江富春江和长江葛洲坝水电站等，就是这种布置形式。

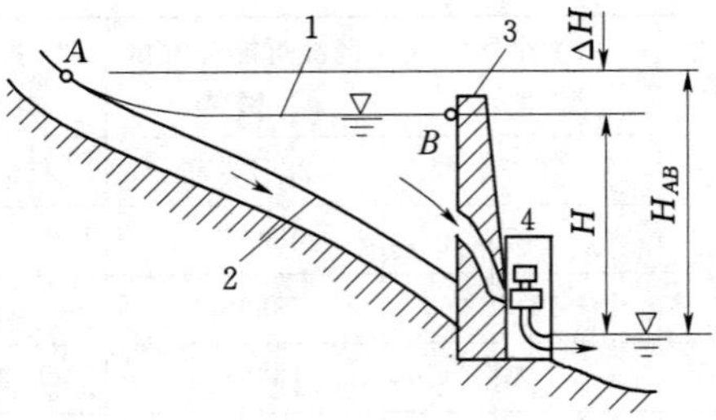


图6.3　坝后式水电站布置形式

1—抬高后的水面；2—原河；3—坝；4—电站厂房

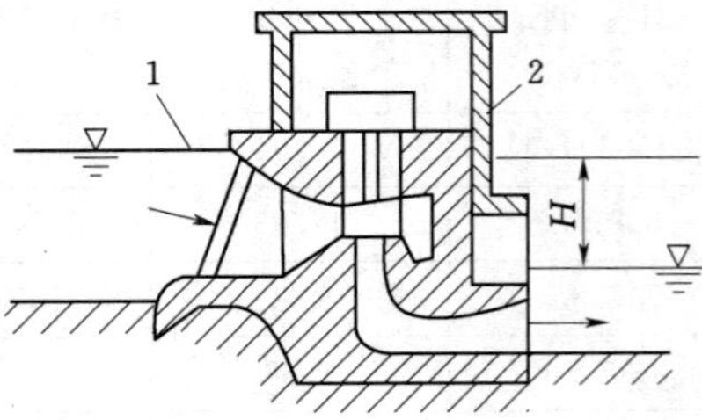


图6.4　河床式水电站布置形式

1—抬高后的水面；2—电站厂房

3. 坝内式水电站

如果坝址河道很窄，也可将发电厂房设在坝体内部。这种水电站称为坝内式水电站。如图6.5所示。我国已建的湖南凤滩水电站等就是这种布置形式。

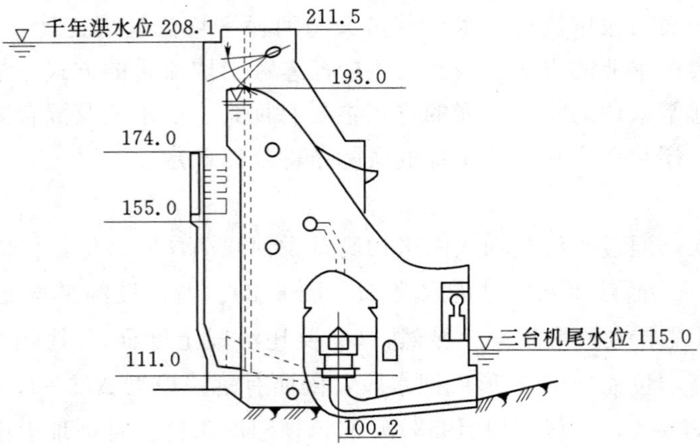


图6.5　坝内式水电站布置形式（单位：m）

4. 坝旁式水电站

在河道内建土石坝或拱坝，难以安排发电厂房时，常在坝旁设进水口和隧洞引水，至坝下游设发电厂房；也可将发电厂房设在坝旁的地下，再经尾水隧洞与坝下游河道连接。这种水电站称为坝旁式水电站。如图6.6所示。我国东北松花江上游的白山水电站就是这种布置形式。

**6.1.3.2**　引水式

引水式开发方式是通过沿河修建引水道，使原河段$AB$的落差$H_{AB}$集中到引水道末端厂房处，从而获得水电站的水头$H$（图6.7）。引水道水头损失$\Delta H = H_{AB} - H$，即为引水

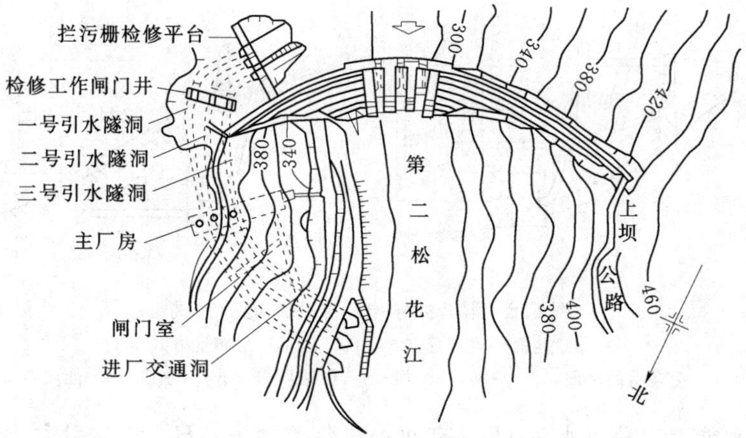


图 6.6 坝旁式水电站布置形式（单位：m）

道集中水能时的落差损失。所引取的平均流量为河段上断面 $A$ 处（引水道进口前）的平均流量 $Q_A$，$AB$ 段区间流量（$Q_B-Q_A$）则无法引取。

当地形、地质等条件不允许筑高坝，而河段坡度较陡或河段有较大的弯曲段处，建造较短的引水道即能获得较大水头时，常可采用引水式集中水能。引水式开发方式利用引水道集中水能，不会形成水库，因而也不会在河段 $AB$ 处造成淹没。引水式水电站通常都是径流式开发，且根据引水道中的水流条件，又分为无压引水式和有压引水式两大类。

1. 无压引水式水电站

若引水式水电站通过沿河岸修筑坡度平缓的明渠（或无压隧洞等）来集中落差 $H_{AB}$，则称为无压引水式水电站。如图 6.7（a）所示。我国四川龙溪河回龙寨水电站等采用的就是这种布置形式。

2. 有压引水式水电站

若引水式水电站是用有压隧洞或管道来集中落差 $H_{AB}$，则称为有压引水式水电站。如图 6.7（b）所示。我国四川岷江支流渔子溪二级和一级水电站都是这种形式。

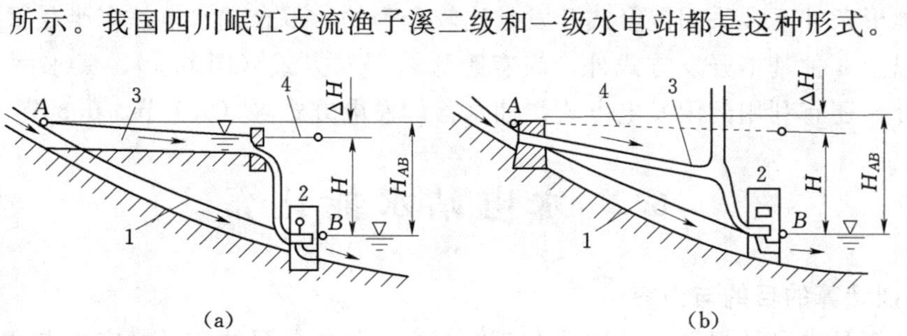


图 6.7 引水式水电站布置形式

（a）无压引水式水电站；（b）有压引水式水电站

1—原河；2—电站厂房；3—引水道；4—能坡线

#### 6.1.3.3 混合式

在开发河段 $AC$ 上，有落差 $H_{AC}$（图 6.8）。其中，$BC$ 段上不宜筑坝，但有落差 $H_{BC}$ 可利用。同时，可以允许在 $B$ 处筑坝抬水，以集中 $AB$ 段的落差 $H_{AB}$。此时，就可在 $B$

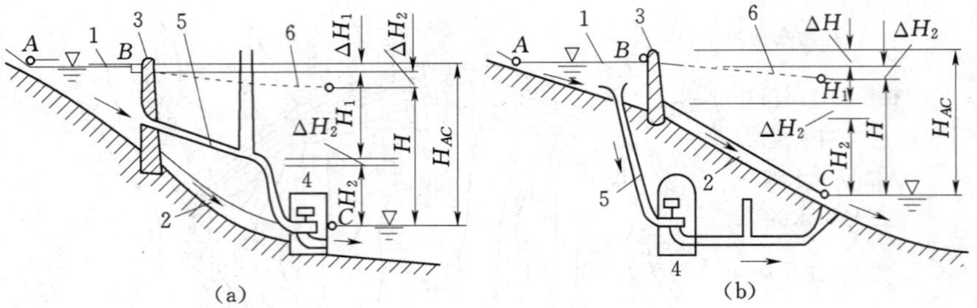


图 6.8　混合式水电站集中水能的方式

(a) 地面厂房布置方式；(b) 地下厂房布置方式

1—抬高后的水面；2—原河；3—坝；4—电站厂房；5—引水道；6—能坡线

处用坝式集中水能，以获得水头 $H_1$（有回水段落差损失 $\Delta H_1$），并引取 $B$ 处的平均流量 $Q_B$；再从 $B$ 处开始，筑引水道（常为有压的）至 $C$ 处，用引水道集中 $BC$ 段水能；获得水头 $H_2$（有引水道落差损失 $\Delta H_2$），但 $BC$ 段的区间流量无法引取。所开发的河段总落差为 $H_{AC}=H_{AB}+H_{BC}$，所获得的水电站水头为 $H=H_1+H_2$。两者之差即为落差损失。这种水电站称为混合式水电站。我国福建古田溪水电站就是这种形式。

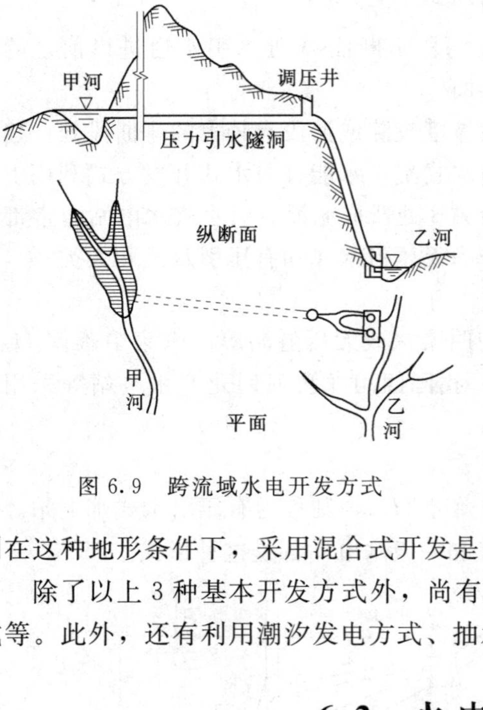


图 6.9　跨流域水电开发方式

采用混合式开发方式，既能形成可以调节径流的水库，又可获得较大的落差，而坝及引水道的工程量均不很大。如果开发河段的上游部分有一较平坦的地形适宜于筑坝建库，同时其下游河段坡降较陡，可采用引水道集中落差，则在这种地形条件下，采用混合式开发是比较合理的。混合式水电站多半是蓄水式的。

除了以上 3 种基本开发方式外，尚有跨流域开发方式（图 6.9）、集水网道式开发方式等。此外，还有利用潮汐发电方式、抽水蓄能发电方式等（6.7 节、6.8 节）。

## 6.2　水电站水能计算

### 6.2.1　水能计算的目的与内容

水能计算是水电站规划设计的重要工作内容，其主要目的在于确定水电站的出力、发电量及其随时间的变化情况，分析水电站出力、发电量及其变化特性与水电站主要参数及其在电力系统中运行方式之间的关系，为选择水电站水库的正常蓄水位、死水位和水电站装机容量等主要工程特性参数及确定水电站在电力系统中的运行方式提供依据。

水电站的出力是指电站全部发电机组出线端的送出功率之和，通常以千瓦（kW）作为计算单位。水电站发电量则为一定时段内水电站全部发电机组发出的电量之和，其值等于电站出力与相应时间的乘积，一般以千瓦时（kW·h）作为计算单位。由水电站出力方程知，水电站在任一时刻 t 的出力决定于电站在该时刻的发电流量和水头，且与电站机电设备的能量损失有关，而该能量损失大小主要取决于水轮发电机组的效率。于是，实际进行水能计算时，按以下公式计算水电站出力：

$$\left.\begin{aligned}N&=9.81\eta QH=KQH\\K&=9.81\eta\\\eta&=\eta_{机}\ \eta_{电}\ \eta_{传}\\H&=Z_{上}-Z_{下}-\Delta H\end{aligned}\right\}\tag{6.5}$$

式中：$Q$ 为通过水电站水轮机的流量，$m^3/s$；$H$ 为水电站的净水头，m；$Z_{上}$、$Z_{下}$ 分别为水电站坝前水位和尾水管出口断面水位，m；$\Delta H$ 为水电站发电引用水流通过拦污栅、进水口、引水管道流至水轮机，并经尾水管排至下游河道的流动过程中产生的各种水头损失，可由水力学公式计算，实际运行阶段应根据现场效率试验求得，工程应用中常可先绘制出水电站引用流量与相应水头损失关系曲线，以备计算时查用；$K$ 为水电站出力系数；$\eta$ 为水电站效率；$\eta_{机}$、$\eta_{电}$、$\eta_{传}$ 分别为水轮机效率，发电机效率及机组传动效率。

实际上，水电站水轮发电机组的效率并非常数，而与水电站机组机型及其工况等因素有关。但在规划设计阶段进行水能计算时，可根据水电站规模大小取用 $K$ 值。一般对大型水电站，取 $K=8.5$；对中型水电站，取 $K=8.0\sim8.5$；对小型水电站，取 $K=6.0\sim8.0$。待进行机组选型时，再根据机组的技术特性等予以修正。

由于电力系统负荷的变化、国民经济各部门用水量的变化以及河流天然来水流量的变化等因素，水电站出力实际上是随时间而变化的，因此，水电站在任一时段（$t_1\sim t_2$）内的发电量应按下式计算：

$$E=\int_{t_1}^{t_2}N\mathrm{d}t\tag{6.6}$$

在实际工作中，常将 $t_1\sim t_2$ 划分为若干计算时段 $\Delta t_i$（$i=1，2，\cdots，n$），并用下式计算水电站的发电量：

$$E=\sum_{i=1}^{n}\overline{N}_i\Delta t_i\tag{6.7}$$

其中

$$\overline{N}_i=K\,\overline{Q}_i\,\overline{H}_i$$

式中：$\overline{N}_i$ 为水电站在计算时段 $\Delta t_i$ 内的平均出力；$\overline{Q}_i$ 为水电站在 $\Delta t_i$ 时段的平均发电流量；$\overline{H}_i$ 为水电站在 $\Delta t_i$ 时段的平均水头。

这里，计算时段 $\Delta t_i$ 的长短，主要根据水电站出力变化情况及计算精度要求而定，通常可取为常数 $\Delta t$，对于无调节或日调节水电站，$\Delta t$ 可以取为一日甚至更短，即 $\Delta t\leqslant24h$；对于季调节或年调节水库，$\Delta t$ 可以取为一旬或一个月，即 $\Delta t=243h$ 或 730h；对于多年调节水库，$\Delta t$ 可以取为一个月甚至更长，即 $\Delta t\geqslant730h$。

实际工作中，水电站水能计算的目的可能会有所不同。在规划设计阶段，为了选择水电站及水库的主要参数，需假定若干个水库正常蓄水位方案，通过水能计算，求得各方案的水电站动能指标，为最终确定电站规模提供依据；在运行阶段，由于水电站及水库的主要参数（正常蓄水位、死水位和装机容量等）已定，则需根据水电站及水库的实际运行情况，通过水能计算求得水电站在各时段的出力和发电量，以便确定电力系统中各电站的合理运行方式。

在具体进行水能计算工作之前，必须首先收集分析所需的基本资料，包括水电站入库径流资料 $Q-t$、水库库容特性曲线 $Z-V$、下游水位流量关系曲线 $Z_{下}-Q$、水库特征水位及特征库容（如 $Z_{正}$、$V_{正}$、$Z_{死}$、$V_{死}$ 等）、水库水量损失资料 $W_{损}-t$ 以及下游综合利用流量需求资料 $Q_{综}-t$，等等，并分析取定水电站出力系数 $K$（或水电站效率 $\eta$）。

水能计算的具体方法有列表法、图解法及电算法等。其中，列表法概念清晰，应用广泛，尤其适合于有复杂综合利用任务的水库的水能计算，且在各种水能计算方法中，列表法是基础。这里具体介绍列表法。其大致步骤如下：根据电站的调节方式（如等流量调节、定出力调节等）计算确定各时段的发电流量 $Q_{电}$；根据水能计算的边界条件（水库蓄水位、蓄水量）等，进一步分析计算各时段水库蓄水量的变化量 $\Delta W$、时段平均水库水位 $\overline{Z}_{上}$、时段平均下游水位 $\overline{Z}_{下}$ 及电站的时段平均水头 $\overline{H}$；根据式（6.5）、式（6.7）计算水电站的时段平均出力 $\overline{N}$ 和时段发电量 $E$。

**【例 6.1】** 某水电站的正常蓄水位为 180m，某年各月平均的天然来水流量 $Q_{天}$、各种流量损失 $Q_{损}$，下游各部门用水流量 $Q_{用}$ 和发电需要流量 $Q_{电}$，分别见表 6.3 第（2）～（5）行。此外，水库水位与库容的关系，见表 6.4；水库下游水位与流量的关系，见表 6.5。假设水电站水头损失 $\Delta H$ 为定值，并取 $\Delta H=1.0$m。试求水电站各月平均出力及发电量。

**表 6.3　　水电站出力及发电量计算**

| (1) | 时段 $t$ | 9月 | 10月 | 11月 | 12月 | …… |
|---|---|---|---|---|---|---|
| (2) | 天然来水流量 $Q_{天}$/(m$^3$/s) | 115 | 85 | 70 | 62 | …… |
| (3) | 各种损失流量及船闸用水等 $Q_{损}+Q_{灌、船}$/(m$^3$/s) | 20 | 12 | 10 | 9 | …… |
| (4) | 下游综合利用需要流量 $Q_{用}$/(m$^3$/s) | 100 | 92 | 125 | 60 | …… |
| (5) | 发电需要流量 $Q_{电}$/(m$^3$/s) | 150 | 150 | 154 | 159 | …… |
| (6) | 水库供水流量 $-\Delta Q$/(m$^3$/s) | −55 | −77 | −94 | −106 | …… |
| (7) | 水库蓄水流量 $+\Delta Q$/(m$^3$/s) | — | — | — | — | …… |
| (8) | 水库供水量 $-\Delta W$/亿 m$^3$ | −1.445 | −2.023 | −2.469 | −2.784 | …… |
| (9) | 水库蓄水量 $+\Delta W$/亿 m$^3$ | — | — | — | — | …… |
| (10) | 弃水量 $W_{弃}$/亿 m$^3$ | 0 | 0 | 0 | 0 | …… |
| (11) | 时段初水库蓄水量 $V_{初}$/亿 m$^3$ | 25.200 | 23.755 | 21.732 | 19.263 | …… |
| (12) | 时段末水库蓄水量 $V_{末}$/亿 m$^3$ | 23.755 | 21.732 | 19.263 | 16.479 | …… |
| (13) | 时段初上游水位 $Z_{初}$/m | 180.00 | 179.56 | 178.78 | 177.72 | …… |
| (14) | 时段末上游水位 $Z_{末}$/m | 179.56 | 178.78 | 177.72 | 176.32 | …… |
| (15) | 月平均上游水位 $\overline{Z}_{上}$/m | 179.78 | 179.17 | 178.25 | 177.02 | …… |
| (16) | 月平均下游水位 $\overline{Z}_{下}$/m | 117.00 | 117.00 | 117.25 | 117.50 | …… |
| (17) | 水电站平均水头 $\overline{H}$/m | 61.78 | 61.17 | 60.00 | 58.52 | …… |
| (18) | 月平均出力 $\overline{N}$/万 kW | 7.69 | 7.62 | 7.67 | 7.72 | …… |
| (19) | 月发电量 $E$/(万 kW·h) | 5615 | 5559 | 5599 | 5638 | …… |

**表 6.4　　水库水位与库容的关系**

| 水库水位/m | 168 | 170 | 172 | 174 | 176 | 178 | 180 |
|---|---|---|---|---|---|---|---|
| 库容/亿 m$^3$ | 3.71 | 6.34 | 9.14 | 12.20 | 15.83 | 19.92 | 25.20 |

表 6.5 水电站下游水位与流量的关系

| 流量/($m^3$/s) | 130 | 140 | 150 | 160 | 170 | 180 |
|---|---|---|---|---|---|---|
| 下游水位/m | 115.28 | 116.22 | 117.00 | 117.55 | 118.06 | 118.50 |

**解**：本算例采用列表法计算水电站各月平均出力及发电量，计算过程见表 6.3，且计算中取水电站出力系数 $K=8.3$。表 6.3 中：

第（1）行为计算时段 $t$，以月为计算时段。若为汛期，其来水流量往往变化很大，则应以旬或日为计算时段；第（2）行为月平均天然来水流量 $Q_天$，本算例中 9 月份已进入水库供水期；第（3）行为各种流量损失 $Q_损$（包括水库水面蒸发和库区渗漏损失）以及上游灌溉引水和船闸用水等项 $Q_{灌、船}$；第（4）行为下游各综合利用部门所需的总用水流量 $Q_用$；第（5）行为水电站发电需要从水库引取的流量 $Q_电$，若 $Q_电 \geqslant Q_用$，则下游综合利用部门的用水要求可充分得到满足；若 $Q_电 < Q_用$，则应根据各部门在各时期的主次关系进行调整，有时水电站发电流量尚须服从下游各部门的用水要求；第（6）、（7）行分别为需要水库供水及蓄水的流量 $\Delta Q$，且 $\Delta Q = Q_天 - (Q_损 + Q_{灌、船}) - Q_电$，若为负值，填入第（6）行；若为正值，填入第（7）行；第（8）、（9）行分别为水库供水量及蓄水量 $\Delta W$，即 $\Delta W = \Delta Q \times 30.4 \times 24 \times 3600$，若为负值，填入第（8）行；若为正值，填入第（9）行；第（10）行为汛期可能发生的弃水量 $W_弃$，对供水期，则无弃水；第（11）行为时段初的水库蓄水量 $V_初$，本例题中 9 月初（即 8 月底）为汛期末，其水库蓄到正常蓄水位 180.00m，其相应蓄水量为 25.20 亿 $m^3$；第（12）行为时段末水库蓄水量，即 $V_末 = V_初 + \Delta W$；第（13）行为相应于时段初水库蓄水量的水位 $Z_初$，可根据表 6.4 中水库水位库容关系曲线查得；第（14）行为相应于时段末水库蓄水量的水位 $Z_末$，它亦为下一个时段初的水库水位；第（15）行为月平均上游库水位，一般可采用 $\overline{Z}_上 = (Z_初 + Z_末)/2$，或采用相应于时段库容平均值 $\overline{V}$ 的水位；第（16）行为月平均下游水位 $\overline{Z}_下$，可根据表 6.5 中的水电站下游水位流量关系曲线求得；第（17）行为水电站的平均水头 $\overline{H}$，即 $\overline{H} = \overline{Z}_上 - \overline{Z}_下 - \Delta H$；第（18）行即为所求的水电站月平均出力 $\overline{N}$，$\overline{N} = KQ_电\overline{H}$（kW）；第（19）行即为所求的水电站月发电量 $E$，$E = 730\,\overline{N}$（kW·h）。

一般说来，水电站的出力和发电量是随时变化的。实际工作中，往往需要通过水能计算确定若干个用以反映水电站动能效益大小的特征指标。一般地，常用的水电站动能指标主要有两个，即保证出力 $N_保$ 和多年平均年发电量 $\overline{E}_年$，现将其计算方法分述如下。

### 6.2.2 水电站保证出力计算

所谓水电站保证出力，是指水电站在长期工作中符合设计保证率要求的一定计算期的平均出力。它是反映水电站在设计枯水条件下的动能效益的指标。保证出力是水电站规划设计阶段确定其装机容量的重要依据，也是水电站在运行阶段的一项重要效益指标。水电站的调节性能不同，其保证出力采用的计算期亦不同，因此水电站保证出力的具体计算方法与其调节性能密切相关。

1. 无调节水电站保证出力计算

无调节水电站由于无法对天然径流进行重新分配，其发电引用流量就是河道中的天然流量，只有在汛期天然流量超过水电站最大过流能力时，水电站才按最大过流能力工作，并将多余水量作为弃水泄往下游。一般情况下，电站上游水位基本上维持在正常蓄水位，只有在汛期宣泄洪水时才出现临时超高。无调节水电站保证出力一般应以日为计算期，计算时可根据实测日平均流量值及其相应水头，算出各日平均出力值，然后按其大小次序排列，绘制其保证率曲线，相应于设计保证率的日平均出力，即为所求的保证出力值 $N_{保}$。但是考虑到以日为时段计算时工作量太大，水电站规划设计中常按以下步骤进行简化计算：

（1）根据实际径流资料（$n$ 天）的日平均流量变动范围，将流量划分为若干个流量等级，统计各级流量出现的次数。

（2）计算各级流量的平均值 $Q$，查电站下游水位流量关系曲线，求得相应的下游水位，据以计算各级流量相应的水电站净水头 $H$。

（3）根据实际情况取合适的电站出力系数 $K$ 值，按公式 $N=KQH$ 计算各级流量相应的电站出力 $N$。

（4）以各级流量相应的出力 $N$ 为统计对象，将 $N$ 由大到小排序，并用经验频率公式 $P=m/(n+1)\times100\%$（其中，$m$ 为大于等于该出力值的天数，$n$ 为总天数）计算其相应的频率，据此绘制水电站日平均出力保证率曲线 $N-P$。

（5）根据水电站选定的设计保证率 $P_{设}$，在 $N-P$ 曲线上查取水电站保证出力 $N_{保}$。

2. 日调节水电站保证出力计算

日调节水电站由于其水库库容一般较小，只能调节一日之内的天然来水量，以适应日负荷变化的要求，而不能对相邻日之间的来水量起调节作用，因此，日调节水电站的日平均出力仍然取决于日平均流量。日调节水电站保证出力一般也应以日为计算期。其水库兴利库容在计算期内要充满和放空一次，水库水位是在正常蓄水位和死水位之间变化的，故水电站出力计算时的上游水位应取其平均水位。在丰水期日平均入库流量可能会超过水电站最大过流能力，这时上游水位为正常蓄水位。计算日调节水电站出力时，其下游水位一般也按日平均流量由下游水位流量关系曲线查得。有关日调节水电站保证出力计算的具体步骤、方法，与无调节水电站相同，不再赘述。

3. 年调节水电站保证出力计算

由于年调节水电站能否保证正常供电一般由枯水期控制，因此对于年调节水电站，通常采用枯水期作为保证出力的计算期，计算时应根据各年水文资料，在已知或假定的水库正常蓄水位和死水位的条件下，通过径流调节和水能计算，求出每年供水期的平均出力，然后将这些供水期平均出力值按其大小次序排列，并按经验频率公式进行统计计算，绘制其保证率曲线，如图 6.10 所示。该曲线中相应于设计保证率 $P_{设}$ 的供水期平均出力值，即作为年调节水电站的保证出力 $N_{保}$。该法称为水电站保证出力的长系列计算法。

在规划设计阶段需要进行大量方案比较时，为了节省计算工作量，也可以采用设计枯水年法，即先以实测径流系列为依据选出设计枯水年，再对设计枯水年供水期进行径流调节及水能计算，取该供水期的平均出力作为年调节水电站的保证出力。进一步地，有时还可按下式简化估算年调节水电站的保证出力。

$$N_{保}=KQ_{调}\overline{H_{供}} \tag{6.8}$$

这里，$Q_{调}$ 为设计枯水年供水期调节流量；$\overline{H_{供}}=\overline{Z_{上}}-\overline{Z_{下}}-\Delta H$ 为设计枯水年供水期

平均水头，其中，$\overline{Z_{上}}$、$\overline{Z_{下}}$分别为供水期上、下游平均水位，$\overline{Z_{上}}$可取与供水期水库平均蓄水量$\overline{V}$对应的水库水位，且$\overline{V}$可按式$\overline{V}=V_{死}+\frac{1}{2}V_{兴}$估算；$\overline{Z_{下}}$可按$Q_{调}$由下游水位流量关系曲线查得；$\Delta H$为水电站水头损失，可根据实际情况分析取值。

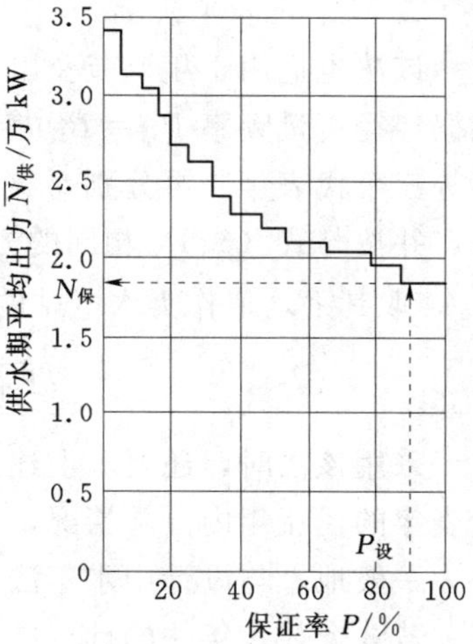

图 6.10 供水期平均出力保证率曲线

4. 多年调节水电站保证出力计算

对于多年调节水电站，其保证出力的计算方法与上述年调节水电站保证出力的计算基本相同，可对实测长系列水文资料进行径流调节与水能计算求得。简化计算时，也可以采用设计枯水系列法，即对设计枯水系列进行径流调节及水能计算，取该枯水系列的平均出力作为保证出力值 $N_{保}$。

### 6.2.3 水电站多年平均年发电量估算

多年平均年发电量是指水电站在多年工作时期内，平均每年所能生产的电能量。它反映水电站的多年平均动能效益，也是水电站一个重要的动能指标。根据定义，水电站多年平均年发电量，应通过对整个水文资料系列逐时段进行径流调节和水能计算才能求得。实际工作中，常根据不同设计阶段的具体情况及对计算精度的不同要求，采用比较简化的方法估算多年平均年发电量。现将常用的几种水电站多年平均年发电量的估算方法分述于下。

1. 设计中水年法

对年调节及以下调节性能的水电站，根据一个设计中水年，即可大致定出水电站的多年平均年发电量。具体计算步骤如下：

(1) 按年径流量频率 $P_{中}=50\%$及径流的年内分配接近于多年平均情况的原则，选择设计中水年。

(2) 根据逐时段净入库流量及综合利用部门的用水流量，对年调节水电站，按月进行径流调节计算；对季调节或日调节、无调节水电站，按旬（日）进行径流调节计算，求出相应各时段的水电站平均水头$\overline{H}_i$及其平均出力$\overline{N}_i$。如某些时段的平均出力大于水电站装机容量时，则应以装机容量值作为其平均出力值。

(3) 将各时段的平均出力$\overline{N}_i$乘以时段的小时数 $t$，得到各时段的发电量 $E_i$。再将各时段发电量相加，所得设计中水年的年发电量 $E_{中}$，即可作为水电站多年平均年发电量$\overline{E}_{年}$的估算结果，亦即

$$\overline{E}_{年}=E_{中}=t\left(\sum_{i=1}^{n}\overline{N}_i+mN_{装}\right)\text{(kW·h)} \tag{6.9}$$

式中：$n$ 为时段平均出力小于装机容量 $N_{装}$ 的时段数；$m$ 为平均出力大于等于装机容量 $N_{装}$ 的时段数。

当以月为时段单位进行计算时，则 $m+n=12$，$t=730\text{h}$；若以日为时段单位，则 $m+n=365$，$t=24\text{h}$。

2. 三个代表年法

该法也适用于年调节及以下调节性能水电站的多年平均年发电量的计算。这时，应先根据年径流量频率 $P_{枯}=P_{设}$、$P_{中}=50\%$、$P_{丰}=1-P_{设}$，选择设计枯水年、中水年、丰水年等三个代表年。再分别对这三个代表年进行径流调节和水能计算，求得各时段平均出力，并按与式（6.9）相同的方法求得设计枯水年、中水年、丰水年的年发电量 $E_{枯}$、$E_{中}$、$E_{丰}$，取其平均值作为水电站的多年平均年发电量$\overline{E_{年}}$，即

$$\overline{E_{年}}=\frac{1}{3}(E_{枯}+E_{中}+E_{丰})\ (\mathrm{kW \cdot h}) \tag{6.10}$$

采用该法时，还要求上述三个代表年的平均径流量与多年平均年径流量接近，且各个代表年的径流年内分配情况，要符合各自典型年的特点。

一般地，与设计中水年法相比，采用三个代表年法可提高多年平均年发电量的计算精度。若3个代表年法的计算结果精度仍不满意，也可以选择枯水年、中枯水年、中水年、中丰水年和丰水年等五个代表年，并根据这些代表年估算多年平均年发电量。

3. 设计中水系列法

对于多年调节水电站，由于其径流调节周期一般要超过一年，因此不宜采用一个中水年或几个代表年计算其多年平均年发电量，而可采用设计中水系列法进行计算。所谓设计中水系列，系指某一水文年段（一般由十几年的水文系列组成），该水文年段的平均年径流量约等于根据全部水文系列计算得到的多年平均年径流量，其径流分布符合一般水文规律。对该中水系列进行径流调节和水能计算，可求得水电站在该系列中各年的发电量，其平均值即为多年平均年发电量。

4. 全部水文系列法

无论水电站的调节性能如何，当其水库正常蓄水位、死水位及装机容量等都经过方案比较和综合分析确定后，为了精确地求得水电站在长期运行中的多年平均年发电量，有必要对全部水文系列按照水库调度图进行径流调节和水能计算，求得水电站逐年的发电量，最后计算其多年平均值。有关水库调度及调度图的知识将在第8章介绍。

## 6.3 电力系统负荷及装机容量

### 6.3.1 电力系统及其用户特性

电力系统是指由发电厂（站）、变电站、输电线路及电力用户等部分组成的进行电能生产、输送和利用的有机整体。现代电力系统可能包含各种不同类型的发电站，如水电站、火电站、核电站及抽水蓄能电站等，所有这些电站协同向广大电力用户联合供电，使各类电站相互取长补短，改善各电站的工作条件，提高供电可靠性，节省电力系统投资与运行费用。从发展观点看，现代电力系统的规模及其供电范围日益扩大。电力系统规模愈大，可以使各种能源得到更加充分合理的利用，电力供应更加安全、可靠、经济。

电力系统往往包含数量众多的电力用户，其对电能的利用方式也不尽相同。在电力规划及电力工业统计中，通常按电力用户的生产特点和用电要求，将其划分为工业用电、农业用电、市政用电及交通运输用电等4大类。现将其用电特点分述于下。

1. 工业用电

工业用电主要指有关工矿企业中的各种电动设备、电炉、电化学设备及车间照明等生产用电。工业用电有两大特点：①用电量大；②年内用电过程比较均匀，但在一昼夜内则随着生产班制和产品种类的不同而有较大的变化。通常，一班制生产企业的用电变化较大，三班制和连续性生产企业（例如化学电解工业等）的用电变化比较均匀；炼钢厂中的轧钢车间用电是有间歇性的，所需电力在短时间内常有剧烈的变动。

2. 农业用电

农业用电主要指电力排灌、乡镇企业及农副产品加工用电、畜牧业及农村生活与公共事业用电等。农业用电在全社会电力消耗中的比重不大。由于排灌用电及农产品的收获用电在农业用电中所占比重大，因此，农业用电的突出特点就是季节性很强。排灌用电各年不同，干旱年份灌溉用电与多雨年份排涝用电较多，但在用电时期内负荷相对稳定，而在一年不同时期内则很不均匀。

3. 市政生活用电

市政用电主要指城市交通、给排水、通讯、各种照明及家用电器等方面的用电，其占全社会用电量的比重目前还不大。这类用户的用电特点是一年内及一昼夜内变化都比较大。以照明为例，夏天夜短用电少，冬天夜长用电多；随着城市建设的发展与居民生活方面电气化程度的提高，近年来城市用电量迅速增长。南方城市由于空调设备猛增，夏季变为电力系统年负荷最高季节；北方城市由于集中供热增多，冬季为电力系统年负荷最高季节。

4. 交通运输用电

交通运输用电主要指电气化铁路运输的用电，其占全社会用电量的比重较小。由于铁路行车总是按一定的时间表运行，因此交通运输用电的特点是其在一年内及一昼夜间的用电都是比较稳定的，只是在电气列车启动时会产生负荷突然跳动的现象。

按目前我国的用电构成分析，上述四类电力用户中，工业用电占电力系统负荷的比重最大，可达总负荷的50%以上。而市政生活用电目前所占比重虽还不大，但随着居民生活水平的提高，居住条件的改善，我国的居民生活用电将保持较快的增长势头，其年增长速度要高于其他用电部门的增长速度，在电力规划中应给予极大的关注。在推算电力系统总负荷时，还应计入输变电工程的损失和发电站本身的厂用电。

此外，电力用户还可按其重要性分为一级、二级和三级三类。一级用户最为重要，例如冶炼、煤矿通风和照明、医院照明及重要的军政机关等，如果对它停止供电，将会引起严重后果。对这类用户供电必须保证高度的供电可靠性。二级用户在国民经济中的地位不如一级用户重要，对其停电造成的经济损失虽然也不小，但还不是无可挽回的。对这类用户的供电，电力系统至少要有中等程度的供电可靠性。不属于一、二级的电力用户均归属于三级用户，它在国民经济中的地位更低，与人民的生命财产安全关系不大，中断对这类用户供电带来的损失最少，当电力系统由于容量不足，或出现事故需要限制用电时，首先被拉闸的是这类用户，因此，这类用户的供电可靠性是比较低的。

### 6.3.2 电力负荷图

电力生产的一个显著特点，就是其电能产品难以大规模储存，电力的发、供、用是同时进行的。在任何时间内，电力系统中各电站的出力过程和发电量必须与用电户对出力的要求和用电量相适应，这种用电户对电力系统提出的出力要求，常被称为电力负荷。如果把电力系统内工业、农业、市政生活及交通运输等用电户在同一时间对系统要求的出力叠加起来，就可以得到电力系统的负荷。一般说来，电力系统在不同时间的负荷是不相等的，电力负荷图就是描述负荷随时间变化过程的图形。

1. 日负荷图

电力系统负荷在一昼夜内的变化过程线称为日负荷图，如图 6.11 所示。该图是按瞬时负荷绘制的，实际工作中常采用每小时的负荷平均值来绘制，这时负荷图呈阶梯状。由图可见，日负荷变化是有一定规律性的。一般上、下午各有一个高峰，晚上因增加大量照明负荷形成尖峰，午休期间及夜间各有一个低谷，后者比前者低得多。虽然各小时的负荷均不相同，但对分析计算有重要意义的有 3 个特征值，即最大负荷 $N''$、平均负荷 $\overline{N}$ 和最小负荷 $N'$。其中日平均负荷 $\overline{N}$ 由式（6.11）求得，即

$$\overline{N} = \frac{\sum_{i=1}^{24} N_i}{24} = \frac{E_{日}}{24}\ (\mathrm{kW}) \tag{6.11}$$

式中：$E_{日}$ 为一昼夜内系统所供应的电能，亦即用电户的日用电量，kW・h，相当于日负荷曲线下所包括的面积。

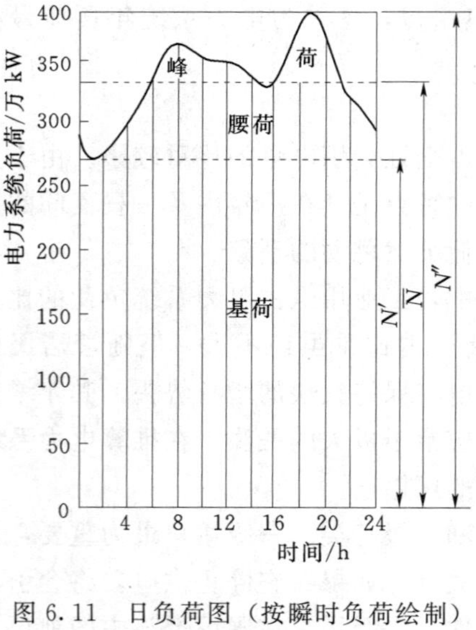


图 6.11　日负荷图（按瞬时负荷绘制）

上述最大负荷、平均负荷和最小负荷等 3 个特征值把日负荷图划分为 3 个区域，即日平均负荷以上的峰荷区、日平均负荷与最小负荷之间的腰荷区以及日最小负荷以下的基荷区。峰荷随时间的变动最大，基荷在一昼夜 24h 内都不变，腰荷介于峰荷与基荷之间，在一昼夜内的某些时段内变动，在另一些时段内不变，如图 6.11 所示。

在理论分析和实际工作中，常采用下列 3 个指标值反映日负荷图的特征：

（1）基荷指数 $\alpha$，$\alpha = N'/\overline{N}$，$\alpha$ 值越大，基荷占负荷图的比重越大，这表示系统的用电情况比较平稳。

（2）日最小负荷率 $\beta$，$\beta = N'/N''$，$\beta$ 值越小，表示日高峰负荷与日低谷负荷的差别越大，日负荷越不均匀。

（3）日平均负荷率 $\gamma$，$\gamma = \overline{N}/N''$，$\gamma$ 值越大，表示日负荷变化越小。

我国电力系统的工业用电比重较大，日平均负荷率 $\gamma$ 值一般在 0.8 左右，日最小负荷率 $\beta$ 值一般在 0.6 左右。随着我国经济、社会的发展和人民生活水平的提高，市政生活用电比重将逐渐上升，$\gamma$、$\beta$ 值将逐渐降低。在国外，由于市政生活用电比重较大，电力系统的日最小负荷率 $\beta$ 值都比较小，一般在 0.5 以下。

此外，常将系统日最高负荷与最低负荷之差称为峰谷差 $D$，即 $D = N'' - N'$，$D$ 值越

大，表示日高峰负荷与日低谷负荷的差别越大，日负荷越不均匀。

为了便于利用日负荷图进行动能计算，常须事先绘制日电能累积曲线。该曲线是日负荷图的负荷值（kW）与其相应的电量（kW·h）之间的关系曲线，其绘制方法如图 6.12 所示。可将日负荷曲线以下的面积自下至上加以分段，便得 $\Delta E_1$、$\Delta E_2$ 等分段电能量，令图右边的横坐标代表分段电能量 $\Delta E$ 的累积值，由此定出相应的 $a$ 点和 $b$ 点。按此方法，向上逐段累积电能量到负荷的最高点，各交点的连线 $gabcd$ 便是日电能累积曲线。该曲线有以下 3 个特点：①在最小负荷 $N'$ 以下，负荷无变化，故 $gc$ 为一直线段；②在最小负荷 $N'$ 以上，负荷有变化，故 $cd$ 为上凹曲线段，$d$ 点的横坐标即为一昼夜的电量 $E_{全日}$；③延长直线段 $gc$，与过 $d$ 点的垂线 $df$ 相交于 $e$ 点，则 $e$ 点的纵坐标就表示平均负荷 $\overline{N}$。

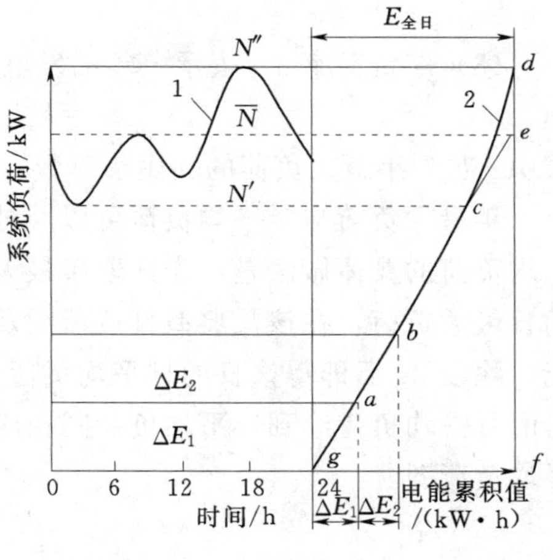


图 6.12 日电能累积曲线的绘制
1—日负荷曲线；2—日电能累积曲线

2. 年负荷图

年负荷图表示一年内电力系统负荷的变化过程。通常利用以下两种年负荷图来分析研究电力系统负荷的年内变化情况。

（1）年最大负荷图。它是一年内各日的最大负荷值所连成的曲线，所以又称为日最大负荷年变化图，如图 6.13（a）所示。年最大负荷图表示电力系统在一年内各日所需要的最大电力。这种年负荷图的形状有两个特性：①在北方地区，冬季的负荷最高，夏季则低落 10%～20%，在南方地区则恰好相反；②由于一年内随着生产的发展，电力负荷不断有所增长，因而实际上年末最大负荷总比年初大，这种考虑年内负荷增长的曲线，称为动态负荷曲线。在实际工作中，为简化计算，一般不考虑年内负荷增长的因素，则称为静态负荷曲线。

（2）年平均负荷图。它是一年内各日的平均负荷值所连成的曲线，又称为日平均负荷年变化图，如图 6.13（b）所示。该曲线下面所包围的面积，就是电力系统各发电站在全年内所生产的电能量。

实际工作中，常以月为时段绘制上述两种年负荷图，这时，纵坐标分别为月最大负荷和月平均负荷，因而年最大负荷图和年平均负荷图均具有阶梯形状，如图 6.13（a）、（b）所示。

对于电力系统负荷月内、季内和年内的不均衡特性，可通过下列 3 个指标值反映：

（1）月负荷率 $\sigma$，表示在一个月内负荷变化的不均衡性，用该月的平均负荷 $\overline{N_{月}}$ 与最大负荷日的平均负荷 $\overline{N_{日}}$ 的比值表示，即

$$\sigma=\overline{N_{月}}/\overline{N_{日}} \tag{6.12}$$

（2）季负荷率 $\xi$，表示一年内月最大负荷变化的不均衡性，用全年各月的最大负荷 $N''_i$ 的平均值与年最大负荷值 $N''_{年}$ 的比值表示。

$$\xi = \sum_{i=1}^{12} N''_i / (12 N''_{年}) \tag{6.13}$$

(3) 年负荷率 $\delta$，表示一年的发电量 $E_{年}$ 与最大负荷 $N''_{年}$ 相应的年发电量的比值，即

$$\delta = E_{年} / (8760 N''_{年}) = h / 8760 \tag{6.14}$$

式中：$h$ 为年最大负荷的利用小时数。

年最大负荷与年平均负荷可以通过日电能累积曲线进行转换。由年最大负荷转换到年平均负荷的具体做法是：先选取年最大负荷图中某一月的负荷值，该值为该月最大负荷日的日最大负荷，在该月典型日负荷图及其日电能累积曲线上可以得到该负荷所对应的日电能，除以 24 后即得该日的日平均负荷，乘以该月的月负荷率得该月的月平均负荷，将所得的月平均负荷绘到年平均负荷图相应的月份处。对每个月均进行这样的转换，即可得年平均负荷图。

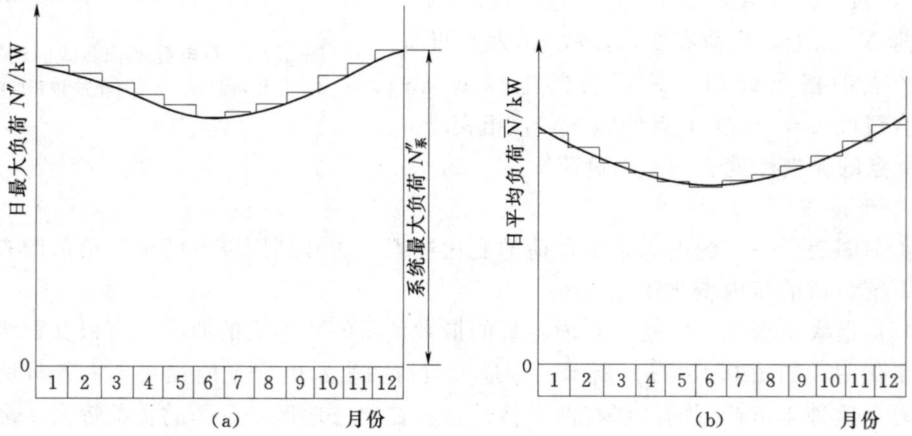


图 6.13　年负荷图

### 6.3.3　设计水平年

电力系统的负荷，总是随着国民经济的发展而逐年增长的，在进行电站规划设计时，必须考虑远景电力系统负荷的发展水平，与此负荷发展水平相适应的年份，称为设计负荷水平年。因此，电站的规划设计必须以设计负荷水平年的电力系统负荷图为依据。为此，首先考虑供电范围，电力系统的供电范围总是逐步扩大的；其次选择设计负荷水平年，如果所选择的设计水平年过近，则据此确定的水电站规模可能偏小，使水能资源得不到充分利用；反之，如选得过远，则设计电站的规模可能偏大，进而造成资金的积压。因此应通过技术经济分析、论证选择设计水平年。在进行具体工作时，应根据有关部门的规定加以确定。例如，《水利水电工程动能设计规范》（DL/T 5015—1996）规定："水电站的设计水平年，应根据电力系统的能源资源、水火电比重与设计水电站的具体情况论证确定。可采用第一台机组投入后的 5～10 年，也可经过逐年电力、电量平衡，通过经济比较，在选择装机容量的同时，一并选择。"

### 6.3.4　电力系统装机容量

电力系统中电力用户的负荷需求，是由系统中从事电能生产的各类发电站（厂）共同

满足的。为此，必须在各电站上装置若干台发电机组。每台发电机组都有一个额定容量，此即发电机的铭牌出力。电站的装机容量是指该电站上所有机组的额定容量（铭牌出力）之和。电力系统的装机容量便是所有电站的装机容量的总和，即

$$N_{系,装}=\sum N_{i,装} \tag{6.15}$$

式中：$N_{系,装}$为电力系统的装机容量；$N_{i,装}$为第$i$电站的装机容量，电站$i$可以是指电力系统中的水电站、火电站、核电站、抽水蓄能电站、风电场、潮汐电站等。

对电力系统总装机容量，在设计阶段可按机组所担负任务的不同进行分析。在系统总的装机容量$N_{系,装}$中，为了满足系统最大负荷要求而设置的容量，称为最大工作容量$N''_{系,工}$。此外，为了确保系统供电的可靠性和供电质量，电力系统还需设置另一部分容量，当系统在最大负荷时发生负荷跳动因而短时间超过了设计最大负荷时，或者机组发生偶然停机事故时，或者机组检修计划无法安排时，都需要准备额外的容量，分别称为负荷备用容量$N_{系,负}$、事故备用容量$N_{系,事}$和检修备用容量$N_{系,检}$，且统称为系统的备用容量$N_{系,备}$。由此可见，为保证系统的正常工作，需要最大工作容量和备用容量两大部分，合称为必需容量$N_{系,必}$。应该指出，系统必需容量等于系统中所有各电站的必需容量之和，而水电站的必需容量（水电站最大工作容量与备用容量之和）是以设计枯水年（或段）的来水情况作为计算依据的，遇到丰水年或者中水年，其汛期水量往往会有富余水量，若仅以必需容量工作，常会产生大量弃水。为此，可考虑在不增加水库、大坝等水工建筑物的投资前提下，在水电站必需容量基础上额外增加一部分容量，以便利用部分弃水，额外增发季节性电能，增加发电效益。同时，还可减少系统中火电站的发电量，节省系统的燃料消耗费用。由于水电站额外增设的这部分容量并非保证电力系统正常工作所必需，其在枯水季节并不能替代火电站工作，故称为重复容量$N_{系,重}$。由此可见，水电站的装机容量应由最大工作容量、备用容量和重复容量等三部分组成。相应地，在设置有重复容量的电力系统中，系统的装机容量等于必需容量与重复容量之和，即

$$\begin{aligned}N_{系,装}&=N_{系,必}+N_{系,重}=N''_{系,工}+N_{系,备}+N_{系,重}\\&=N''_{系,工}+N_{系,负}+N_{系,事}+N_{系,检}+N_{系,重}\end{aligned} \tag{6.16}$$

对于电源结构中只有水、火电站的电力系统而言，上述系统装机容量组成情况如图6.14所示。

从电力系统运行的角度看，上述电力系统总装机容量并不是任何时刻都全部处于工作状态。实际运行中，某些电站可能由于某种原因（如某些机组事故或检修停机，水电站水头不足或缺水，火电站燃料不足等）而部分容量不能参加工作。这种在运行中因故不能参加工作的容量称为受阻容量$N_{系,阻}$。系统总装机容量中除受阻容量外的其余部分称为可用容量$N_{系,可}$。可用容量中为承担电力负荷而投入工作的容量称为工作容量$N_{系,工}$，其余暂时闲置的称为待用容量。待用容量包括性质不同的两部分：一是备用容量$N_{系,备}$，这部分容量虽未承担电力负荷，但是承担着系统的备用任务；另一部分是空闲容量$N_{系,空}$，既未承担负荷，又未担任备用，但它可以根据系统需要随时投入运行。由此可见，从运行观点分析，有

$$N_{系,装}=N_{系,可}+N_{系,阻}=N_{系,工}+N_{系,备}+N_{系,空}+N_{系,阻} \tag{6.17}$$

必须指出，系统中上述各部分容量值的大小是随时间和条件而不断发生变化的，而且

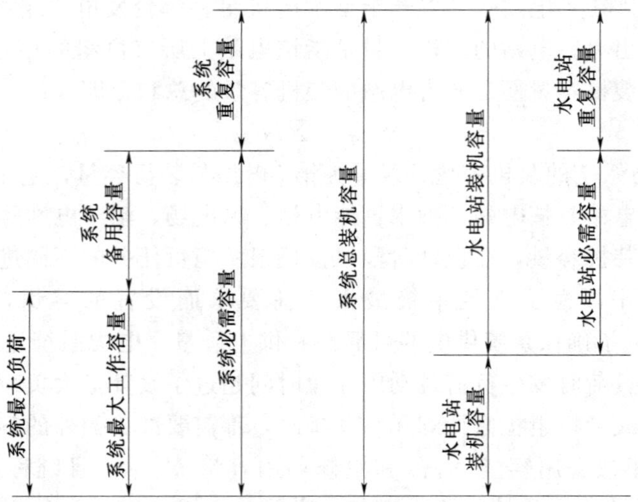


图6.14 电力系统容量组成示意图

有可能在不同的电站、不同的机组上相互转换，但系统装机容量的基本组成是不变的。

## 6.4 电力系统中各类电站的特性及水电站的运行方式

### 6.4.1 各类电站的特性

目前，我国各地区的电力系统电源构成中，大多是以水电站和火电站为主。在水能资源丰富的地区，应以水电为主；在煤炭资源丰富而水能资源相对贫乏的地区，则应以火电为主。有些地区上述两大能源均较缺乏，则可考虑发展核电站。在火电、核电为主的电力系统中，当缺乏填谷调峰容量时，则可考虑发展抽水蓄能电站。此外，在风能资源丰富的地区，可考虑建设风力发电场；在沿海潮汐能资源丰富地区，还可考虑建设潮汐电站。为了使各类发电站合理地分担电力系统的负荷，应分析研究各类电站的技术特性。本节主要介绍水电站、火电站、核电站及风电场的特性，抽水蓄能电站和潮汐电站的特性将在6.7、6.8中阐述。

1. 水电站的技术特性

(1) 水电站是利用天然水能生产电能的，这与火电站发电需要消耗煤、石油、天然气等燃料的情况很不相同。因为水能是可再生性能源，而煤、石油、天然气等一般被认为属于非再生性资源，因此，水电站多发电，就可减少电力系统中火电站的发电量，从而节省系统的燃料消耗，减少非再生性资源的消耗。由于水电站发电不需消耗燃料，故其单位电能成本比火电站的低。

(2) 水电站的电能生产情况受天然径流的随机性和水库调节性能的制约。一般而言，水电站在丰水年份的发电量较多，在枯水年份的发电量较少，遇到特殊枯水年份，则可能由于天然来水量过小导致水电站的正常工作遭到破坏。由于天然径流时间分配上的不均匀性，调节性能差的水电站往往会在汛期因天然来水量过大及电站装机容量限制而产生大量弃水及季节性电能的损失，调节性能好的水电站则可通过水库调节减少汛期弃水及季节性电能的损失。此外，低水头径流式水电站，在洪水期内往往由于天然流量过大引起下游水位猛涨，而使工作水头减小，水轮机不能发足额定出力。具有调节水库的中水头水电站，当库水位较低时，也有可能使水电站出力不足。

（3）具有综合利用任务的水电站，其发电过程还受到其他部门用水的影响。兼有防洪与灌溉任务的水电站，汛期及灌溉期内水电站发电量较多，非灌溉期及枯水季节其发电则可能受到限制。下游有航运任务的水电站，有时需承担电力系统的基荷，以便向下游经常泄放均匀的流量。

（4）水电站机组启停迅速，调控灵便，机组出力可变幅度大。机组从停机状态到满负荷运行仅需 1～2min，并可迅速改变出力值，以适应负荷的剧烈变化，从而保证系统周波的稳定，因此，水电站适宜担任系统的调峰、调频和事故备用等任务，还可作为调相机运行，为系统提供无功功率，改善系统的功率因数。

2. 火电站的特点

火电站是利用煤、石油、天然气等化石燃料燃烧所释放的能量进行电力生产的单位。图 6.15 为燃煤式火电站设备系统示意图，其主要设备为锅炉、汽轮机和发电机等，按其生产性质，又可分为凝汽式电站和供热式电站等类型。

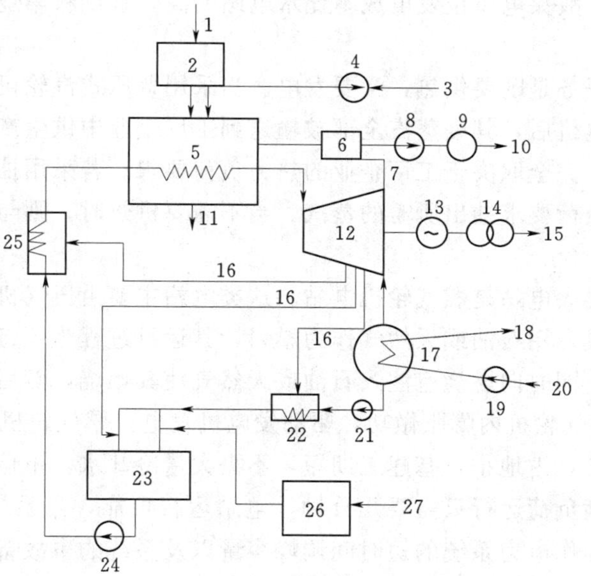


图 6.15 燃煤式火电站设备系统示意图

1—原煤；2—制粉设备；3—空气；4—放风机；5—锅炉；6—除尘器；7—出灰；8—引风机；9—烟囱；10—排烟；11—出渣；12—汽轮机；13—发电机；14—主变压器；15—电能输出；16—抽汽；17—冷凝器；18—冷却水出口；19—循环水泵；20—冷却水进口；21—冷凝水泵；22—低压给水加热器；23—除氧器；24—给水泵；25—高压给水加热器；26—水处理设备；27—补给水

凝汽式电站的任务就是发电。锅炉生产的蒸汽直接送到汽轮机内，按一定顺序在转轮内膨胀做功，带动发电机发电。蒸汽在膨胀做功过程中，压力和温度逐级降低，废蒸汽经冷却后凝结为水。最后用泵把水抽回到锅炉中去再生产蒸汽，如此循环不已。

凝汽式火电站主要有以下工作特点：

(1) 火电站工作时输入的一次能源不像水电站那样受自然条件的影响，只要备足燃料，电站就可以全年按额定出力工作，而不会因能源不足使其正常工作遭到破坏。因此，火电站比水电站的工作保证率高。

(2) 火电站机组启动比较费时，锅炉先要生火，机组由冷状态过渡到热状态，即蒸汽要达到规定的初参数，然后再逐渐对机组加载直至满负荷发电。在此过程中，机组出力值不能增加过快，大约每隔 10min 增加额定出力的 10%～20%，这样，机组从冷状态启动到满负荷运行共需 2～3h。因此，火电站不宜频繁启停。

(3) 火电站高温高压机组（蒸汽初压力为 135～165 个绝对大气压，初温为 535～550℃）的技术最小出力约为额定出力的 75%，如果连续不断地在接近满负荷的情况下运行，则可以获得最高的热效率和最小的煤耗。中温中压机组（蒸汽初压力为 35 个绝对大气压，初温为 435℃），可以担任变动负荷，即可以在系统负荷图上的腰荷和峰荷部分工作，但单位电能的煤耗要增加较多。因此，从技术和经济角度出发，火电站适宜担任电力系统的基荷。

(4) 火力发电必须消耗大量燃料（单位千瓦装机容量每年约需原煤 3t 左右），且厂用电及管理人员较多，故火电单位发电成本比水电站的高，且燃料燃烧时排放的烟尘及废气会对环境造成污染。

供热式电站的任务是既要供热，又要发电。当采用背压式汽轮机时，则蒸汽在汽轮机内膨胀做功驱动发电机后，其废蒸汽全部被输送到工厂企业中供生产用或者取暖用。背压式机组的发电出力，完全取决于工厂企业的热力负荷要求。若采用抽汽式汽轮机，则可在转轮中间根据热力负荷要求抽出所需的蒸汽。当不需要供热时，则与凝汽式火电站的工作过程相同。

此外，还有一类火电站是燃气轮机电站。这类电站主要由压气机、燃烧室、燃气轮机和发电机等部分组成，用石油或天然气作为燃料，其运行过程为：将空气吸入压气机，经压缩后送进燃烧室，同时向燃烧室注入石油或天然气使其燃烧，然后把燃烧后的高温热气（达 1000℃）送入燃气轮机内膨胀做功，驱动发电机发电。燃气轮机电站的主要优点是设备的结构简单而紧凑，占地小，基建工期短，不需大量冷却水，单位千瓦投资较低；机组起动快，由起动至满负荷运行只需要几分钟，电站运行可靠，当系统内缺乏水电容量时，可以把燃气轮机组当作电力系统的短时间调峰容量以及系统的事故备用容量。燃气轮机电站的缺点是热效率低，耗油量大，年运行费高，发电成本贵。

3. 核电站

自 20 世纪 50 年代中期第一座商业核电站投产以来，核电发展已历经 60 年。根据世界核能协会的有关资料，到 2015 年年底，全世界正在运行的核电反应堆共有 439 台，总装机容量为 3.825 亿 kW，2014 年全球核能发电量占世界发电总量的 11.5%。

核电站主要由核反应堆、蒸汽发生器、汽轮机及发电机等部分组成，如图 6.16 所示。电站运行时，核反应堆堆芯内的铀发生裂变反应，而每次反应所产生的新中子，能连续不断地使铀发生核裂变；在这种链式裂变反应不断进行的同时，大量热能被释放出来，使冷却剂吸热增温，并通过一次回路流到蒸汽发生器，然后把热量传递给从二次回路管道中流来的水，使其在高压情况下产生蒸汽；冷却剂最后又被用泵抽回到反应堆内。蒸汽从二次回路流进汽轮机的汽缸内膨胀做功，驱动发电机发电。应该说明的是，一次回路中的冷却剂由于流经堆芯，因此是含有放射性物质的；而二次回路内的水和蒸汽，在蒸汽发生器内是和冷却剂隔开的，因此不含有放射性物质。上述情况表明，核电站运行过程中，蒸汽在汽轮机内膨胀做功，除初参数和火电站的蒸汽参数不同外，其他情况与火电站差别不大。

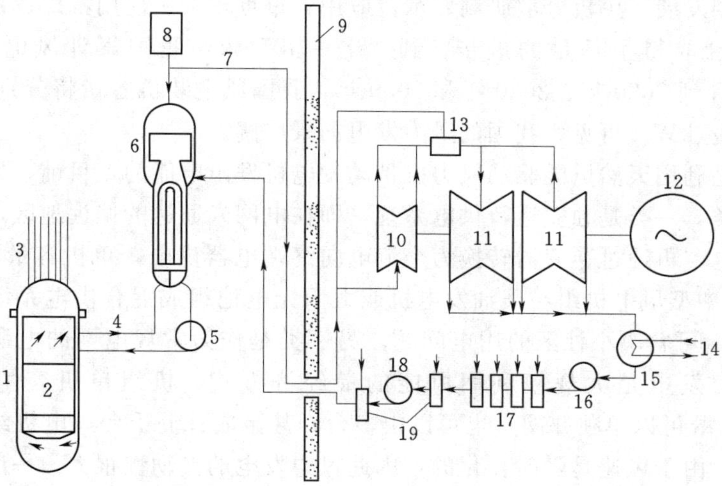


图 6.16　核电站总体布置示例（压水堆型）

1—压水反应堆；2—堆芯；3—控制棒传动装置；4——次回路；5—冷却剂泵；6—蒸汽发生器；7—二次回路；8—加压器；9—反应堆安全壳；10—高压气缸；11—低压气缸；12—发电机；13—脱水器；14—冷却水；15—冷凝器；16—凝结水泵；17、19—给水加热器；18—给水泵

核电站的特点是需要持续不断地以额定出力工作。所以在电力系统中核电站总是承担基荷。由于其设备比较复杂、建设质量标准和安全措施要求日益提高，因此核电站的单位千瓦造价一般比燃煤火电站高，但其单位发电量所需的燃料费用则较低，因此核电站的单位发电成本有可能比火电站低一些或相差不多。

4. 风力发电场

风能是一种储量丰富的、洁净的、可再生能源。自从19世纪末，丹麦首先开始探索风力发电，最早研制出风电机组以来，世界范围内利用风力发电的历史已超过100年。但是，直到20世纪70年代以前，只有小型充电风力机达到实用阶段。1973年的石油危机发生后，各国对风能等可再生能源的开发利用才日益重视起来。由于煤炭、石油等矿物燃料能源的储量将随着利用时间的增长而日趋减少，而且矿物燃料在利用过程中会带来严重的环境污染问题，如大量排放的$CO_2$、$SO_2$、$NO_x$、CO等气体不仅污染大气，而且引起温室效应，破坏生态平衡。随着世界各国对环境保护、能源短缺等问题的关注，大规模利用风力发电被认为是减少空气污染、减少温室气体排放量的有效措施之一。欧美发达国家投入大量人力物力，利用现代高新技术开发利用风能，研制出新型风力发电机并进行商业化生产；兴建风力发电场，并与常规电网并网运行；同时，许多国家还制定了一整套有关风力发电场的规划方法、运行管理与维护方式、投融资方式、国家扶持的优惠政策及规范、法规等，大大促进了风力发电的快速发展。根据全球风能理事会GWEC（Global Wind Energy Council）的统计，到2011年，全球75个国家有商业运营的风电装机，其中22个国家的风电装机容量超过1GW，而全球累计风电装机达到238000MW。

我国风能资源丰富。据估算，全国陆上可开发风能资源2.97亿kW，5～25m水深线以内近海区域的海平面以上50m高度处可装机2亿kW。自20世纪70年代以来，我国风电技术经过初期发展、单机分散研制、示范应用、重点攻关、使用推广、系列化和标准化等阶段，至今已取得了长足的进步。到“十一五”末，我国累计风电装机容量已达44.73GW。预计到2020年、2030年和2050年，我国风电装机容量将分别达到2亿kW、4亿kW和10亿kW。可见，我国的风力发电前景广阔。

风力发电是利用天然风能驱动风力机带动发电机发出电能的。目前，风力发电的运行方式主要有两类，一类是独立运行供电系统，即在电网未通达的偏远地区，用小型风电机组为蓄电池充电，再通过逆变器转换为交流电向终端电器供电，单机容量一般为100W～10kW；或采用中型风电机组与柴油发电机或太阳光电池组成混合供电系统，系统的容量约10～200kW，可解决小社区的用电问题。另一类是作为常规电网的电源，与电网并联运行，联网风力发电是大规模利用风能的最经济方式。机组单机容量范围在200～2500kW之间，既可以单独并网，也可以由多台，甚至成百上千台风电机组组成风力发电场，并网运行。由于风速是随时变化的，因此风力发电的波动性很大。一般而言，风电场的出力值随风速的变化而变化，其出力变化过程与电力用户的负荷需求变化不一致。因此，当风电场并网运行时，一般不能承担电力系统的调峰任务。风电的不稳定性会给电网运行带来一定影响，目前许多电网内都建有抽水蓄能电站，使风电不稳定性对电网影响的问题得到了有效的缓解。此外，虽然目前单机容量2500kW以下的风电机组技术已经成熟，但机组成本还比较高，这已成为影响风电发展的因素之一。随着技术进步的加快和生产批量的增大，风电机组的成本将不断下降，并使机组可靠性进一步提高，从而促进风力发电的更快发展。

风力发电的突出优点是环境效益好，不排放任何有害气体和废弃物。风电场虽占了大片土地，但风电机组基础使用的面积很小，对农田和牧场的正常生产影响并不大。同时，很多风电场是在荒滩或山地建设的，建成后可以形成很好的景观，发展旅游。

### 6.4.2 水电站在电力系统的运行方式

水电站在电力系统中的运行方式不仅影响电站本身的规模和效益，同时也是影响整个电力系统供电可靠性和经济性的重要因素。一般说来，由于水库的调节性能不同，以及天然径流随时间的不断变化，水电站在不同水文年份及同一年份内不同时期的运行方式也必须不断调整，使水能资源能够得到充分利用，并实现系统供电的可靠性和经济性。

#### 6.4.2.1 无调节水电站的运行方式

1. 无调节水电站的一般工作特性

无调节水电站由于缺乏调节库容，或者为了保证下游航运及其他综合利用要求，水库不能对天然径流进行重新分配，其发电流量完全由天然径流决定。因此，这类水电站的运行特征是：任何时刻的出力主要决定于河流中天然流量的大小，电站一般不承担电力系统的变动负荷。

通常，在枯水期，天然流量较小，其在一天内甚至在整个枯水期内的变化也不大。因此，无调节水电站在枯水期仅担任系统日负荷图的基荷。到了丰水期，天然流量增大，无调节水电站仍只担任系统的基荷。只有当天然流量经过电站所产生的出力大于系统的最小负荷$N'$时，水电站才担任系统的基荷和一部分腰荷，这时甚至还会发生弃水，如图6.17所示。图中有竖阴影线的面积1，表示由于弃水所损失的能量。

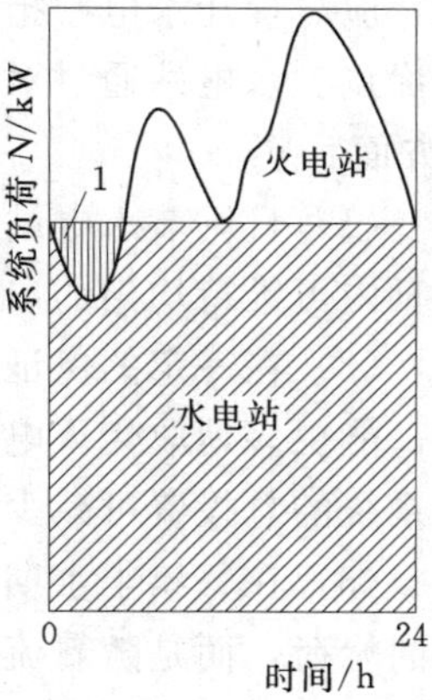


图6.17　无调节水电站丰水期在日负荷图上的工作位置

1—弃水损失电能

2. 无调节水电站在不同水文条件下的运行方式

在无调节水电站的装机容量组成中，最大工作容量$N''_{水工}$一般是按相应于设计保证率的日平均流量定出的。因此，无调节水电站在设计枯水年的枯水期，通常是以最大工作容量或大于最大工作容量的某个出力运行，并和其他电站联合供电，以满足系统最大负荷的要求。但在丰水期内无调节水电站即使以其全部装机容量运行，有时仍不免有弃水，如图6.18所示。

在丰水年，可能出现全年内天然水流出力均大于无调节水电站装机容量的情形，因而水电站可能全年均需要用全部装机容量在负荷图的基荷部分运行，如图6.19所示。即使这样运行，仍可能全年均有弃水，丰水期内弃水尤多。

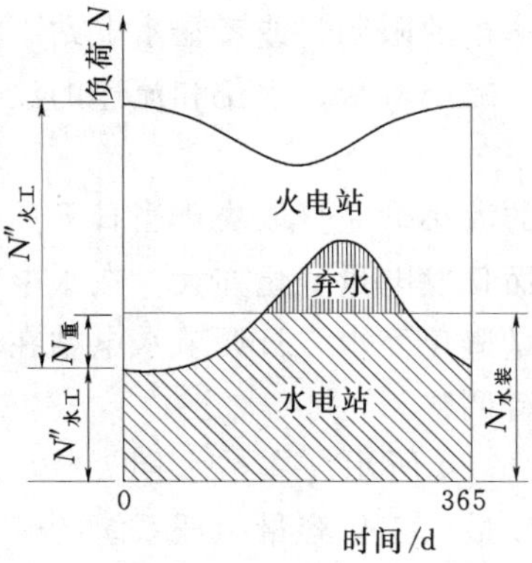


图6.18　无调节水电站设计枯水年在系统中的工作情况

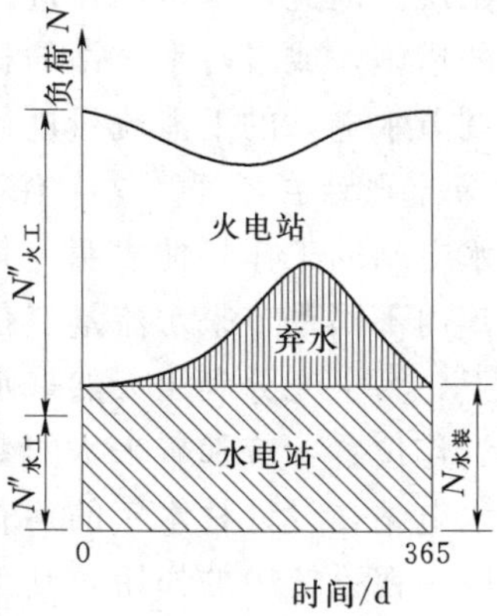


图6.19　无调节水电站设计丰水年在系统中的工作情况

### 6.4.2.2　日调节水电站的运行方式

1. 日调节水电站的一般工作特性

一般情况下，日调节水电站可以利用兴利库容对一天内的天然径流量进行调节，并可按照负荷需求情况放水发电。此类水电站的工作特征是：除弃水期外，在任何一日内所能生产的电能量，与该日天然来水量扣除水库水量损失及其他用水部门从水库取水后的净来水量所能发出的电能量相等。在水、火电站混合电力系统中，为了使系统中的火电站能在日负荷图上的基荷部分工作，以降低单位电能的燃料消耗量，原则上在不发生弃水的情况下，应尽量让水电站担任系统的峰荷，以充分发挥水轮发电机组能迅速灵活适应负荷变化的优点。水电站通过对天然径流进行日调节，其在电力系统中所发挥的作用可归纳为以下3方面：

(1) 日调节水电站在枯水期一般总是担任峰荷，让火电站担任基荷。这样，火电站在一日内可维持均匀的出力，使汽轮机组效率提高，从而节省煤耗，降低系统的运行费用。

(2) 在一定的保证出力情况下，日调节水电站比无调节水电站的工作容量可更大一些，能更多地取代火电站的容量。由于水力发电机组比同容量的火力发电机组投资小，因而系统的总投资可减少。

(3) 在每年丰水期，为了充分发挥日调节水电站装机容量的作用，就不再使其担任系统的峰荷，而是随着流量的增加，全部装机容量逐步由系统负荷图的峰荷位置下移，直至转到基荷运行。这样，可增加水电站的发电量，相应减少火电站的发电量与总煤耗，从而降低系统的运行费用。

虽然水电站进行日调节能够获得上述效益，但是大型水电站进行日调节担任峰荷时，在一昼夜内通过水轮机的流量变化是十分剧烈的，因而下游河道的水位和流速变化也是剧烈的，进而可能对下游综合利用部门造成一定影响。当河道有频繁的航运时，这种急剧的水位和流速变化，可能使航运受到严重影响，甚至在某一段时间必须停航。此外，当水电站下游有灌溉或给水渠道进水口时，剧烈的水位变动会使渠道进水受到干扰和使引水流量的控制发生困难。因此，水电站在进行日调节时，应设法满足综合利用各部门的要求。解决上述矛盾的措施，或者对水电站的日调节进行适当的限制，或者在水电站下游修建反调节水库对日调节水电站的下泄流量进行再调节，以减小流量、水位和流速的波动幅度。

2. 日调节水电站在不同水文条件下的运行方式

日调节水电站的工作特性表明，其日发电量的大小，完全取决于当日天然来水量的多少。由于1年内不同季节来水流量变化很大，因而日发电量变化亦大。在水电站装机容量已定的条件下，为了充分利用天然来水流量，尽量避免弃水，日调节水电站在电力系统年负荷图上的工作位置，应随着来水的变动适时进行调整。

日调节水电站在设计枯水年的运行方式如图6.20所示。在枯水期 $t_0 \sim t_1$，为充分发挥日调节水电站在系统中的作用，其工作位置是以最大工作容量担任系统的峰荷。丰水期开始后，在 $t_1 \sim t_2$ 初汛期内，河流来水量逐渐增加，水电站所能生产的日电能量也不断增加，这时日调节水电站若仍担任峰荷，可能出现即使水电站以全部装机容量投入工作，仍不免有弃水的情形。为使水电站能够充分利用天然来水多发电量，以减少系统内火电站的发电量和节省系统的发电燃料消耗，水电站的工作位置应逐渐由峰荷区下降到腰荷区及基荷区。在 $t_2 \sim t_3$ 汛期内，天然来水量最为丰沛，日调节水电站便应以全部装机容量在基荷运行，尽量减少弃水。汛期结束后（$t_3 \sim t_4$ 期间），随着天然来水量逐渐减少，水电站的工作位置又将逐渐上移，使其担任系统的腰荷及部分峰荷。直至进入枯水期（$t_4 \sim t_5$ 期间），水电站重新以最大工作容量担任系统的峰荷。

当丰水年来临时，河中来水量较多，即使在枯水期，日调节水电站也要担任负荷图中的峰荷与部分腰荷。在初汛后期，可能已有弃水，日调节水电站就应以全部装机容量担任基荷。在汛后的初期，可能来水仍较多，如继续有弃水，此时水电站仍应担任基荷，直至进入枯水期后，日调节水电站的工作位置便可恢复到腰荷，并逐渐上升到峰荷位置。

在以上分析中，日调节水电站在电力系统负荷图上的具体工作位置，必须通过电力电量平衡分析，应用如图 6.21 所示的“双辅助曲线法”确定。为此，首先根据日来水量通过水能计算求得水电站日电量 $E_{水日}$；其次在电力系统日负荷图上作日电能累积曲线，并按 $E_{水日}$ 及已知的水电站在当日的可用容量 $N_{可用}$ 作出双辅助线，在日电能累积曲线左侧作 $E$ 辅助曲线，使该曲线与日电能累积曲线的水平距离等于 $E_{水日}$；在日电能累积曲线上方作 $N$ 辅助曲线，使该曲线与日电能累积曲线的纵向距离等于 $N_{可用}$。$E$ 辅助曲线与 $N$ 辅助曲线相交于 $a$ 点，再从 $a$ 点作铅垂线交日电能累积曲线于 $b$ 点，并分别由 $a$、$b$ 点作水平线与日负荷图相交，即可定出水电站的工作位置，如图 6.21 中阴影线部分面积所示。从上述作图方法可以看出，该阴影线部分的高度等于水电站可用容量 $N_{可用}$，阴影线部分的面积等于水电站所能生产的日电量 $E_{水日}$。

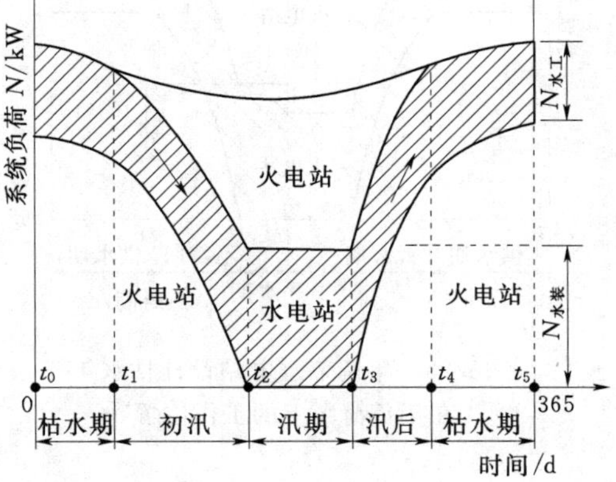


图 6.20　日调节水电站在设计枯水年的运行方式

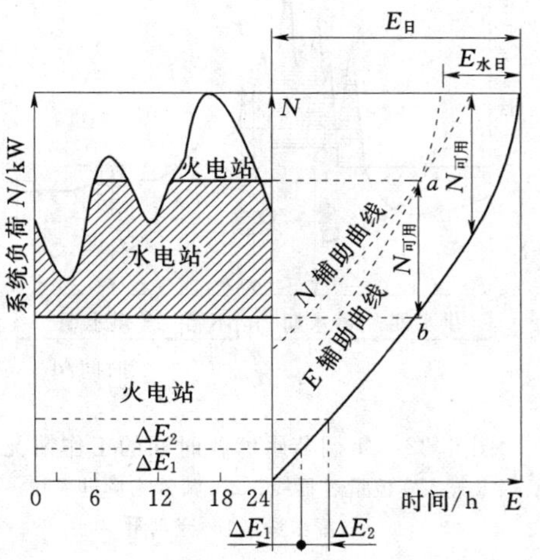


图 6.21　日调节水电站工作位置的决定

根据上述方法，当水电站可用容量一定时，天然来水量越大，水电站所能生产的日电能量越大，图 6.21 中的 $E$ 辅助线向左平移的距离也就越大，其与 $N$ 辅助曲线的交点位置越低，从而日调节水电站在负荷图上的工作位置也越下移，直至以全部可用容量承担基荷。反之，来水量越小，水电站所能生产的日电能量越小，$E$ 辅助线向左平移的距离也就越小，其与 $N$ 辅助曲线的交点位置越高，从而日调节水电站在负荷图上的工作位置也越上移，直至以全部日电量承担最尖峰负荷。

#### 6.4.2.3　年调节水电站的运行方式

1. 年调节水电站的一般工作特性

与日调节水电站相比，年调节水电站水库的调节性能更强，它不仅可以调节日内径流，而且可以重新分配年内径流，将丰水季的一部分水量蓄存起来，用以提高枯水季的供水量和电站发电量。以不完全年调节水电站为例，根据天然来水的变化情况，其在一年内的工作过程一般可划分为供水期、蓄水期、弃水期和不蓄不供期（也称按天然流量工作期）4 个阶段，如图 6.22 所示。

2. 设计枯水年的运行方式

(1) 供水期。河道中天然流量往往小于水电站为发出保证出力所需要的调节流量或综合利用其他用水部门所需要的调节流量。对于综合利用水库，水库供水期内调节流量并非常数，有时大些，有时小些。例如，某水库在冬季的主要用水部门是发电，所需调节流量为图 6.22 中的 $Q_{调1}$。入春后天气转暖，灌溉及航运需水增大，便要求较大的调节流量 $Q_{调2}$。在以灌溉为主的综合利用水库中，发电需要服从灌溉用水的要求，因此入春后发电量也随之增加。在水库供水期内，水电站在系统负荷图上的工作位置，有时担任峰荷，有时担任部分峰荷、部分腰荷，有时则担任腰荷，视综合利用各部门用水量大小而定。若供水期内水电站发电用水不受其他用水部门的限制，则可全部担任负荷图上的峰荷，如图 6.23 所示。

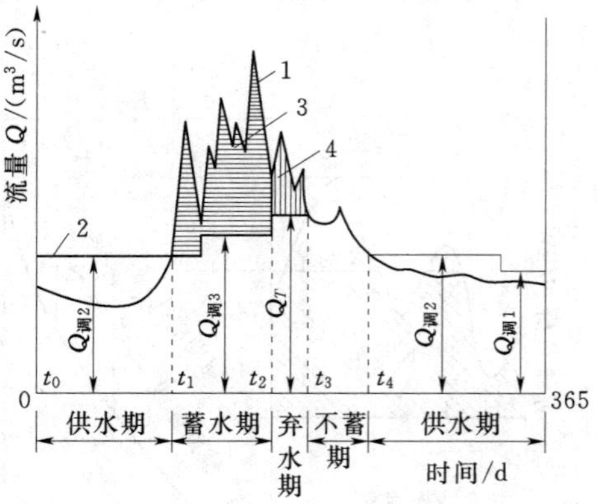


图 6.22　年调节水库各时期的工作情况

1—入库流量过程线；2—调节流量过程线；3—蓄水量；4—弃水量

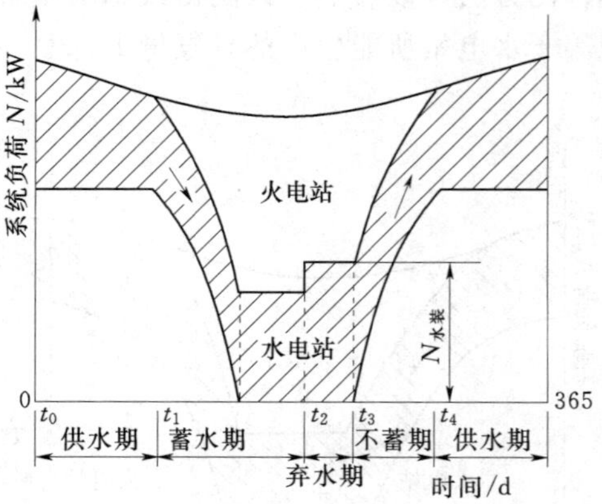


图 6.23　年调节水电站设计枯水年在年负荷图上的工作位置

(2) 蓄水期。从丰水期开始时刻 $t_1$ 起，河流中的流量增大，但在该时期内综合利用各部门需水量并不随之增加，有时反而减小些。例如，汛期开始后降雨量较多，灌溉用水量减小了；而此时可能正值春末夏初，系统负荷一般可能也会降低些。但是，为了避免以后可能发生较大的弃水量，水电站在蓄水期应在保证水库蓄满的条件下尽量充分利用丰水期水量发电。因此，在蓄水期开始时，水电站即可担任峰、腰负荷。当水库蓄水至相当程度，如天然来水量仍然增加，则水电站可以加大引用流量至如图 6.22 中所示的 $Q_{调3}$，工作位置亦可由腰荷移至基荷，以增加水电站发电量，而使火电站燃料消耗量减少。在此时期内，应把超过调节流量 $Q_{调3}$ 的多余流量全部蓄入水库，至 $t_2$ 时刻水库全部蓄满。

(3) 弃水期。这一时期在大部分地区是夏、秋汛期，此时水库虽已蓄满，但河中天然来水量仍可能超过综合利用各部门所需的流量。由于不完全年调节水库的容积较小，故弃水现象无法避免。但为了减少弃水量，此时水电站应将全部装机容量 $N_{水装}$ 在系统负荷图的基荷运行，即水电站的引用流量等于水电站最大过水能力 $Q_T$。在图 6.22 中，只有当天然流量超过 $Q_T$ 的部分才被弃掉。$t_3$ 是天然流量值等于 $Q_T$ 的时刻，至此弃水期即告结束。

(4) 不蓄不供期。丰水期过后，从 $t_3$ 时刻起，虽然河道中天然流量减少至小于 $Q_T$，但仍大于水电站为发出保证出力所需的调节流量 $Q_{调1}$ 或综合利用其他部门的需水流量

$Q_{调2}$。由于此时水库已蓄满，为了充分利用水能，水电站可引用全部天然流量发电，水库既不蓄水也不供水，所以这个时期称为不蓄不供期。这时水电站在电力系统中的工作位置，随着河中天然流量的逐渐减少，应使其由系统负荷图的基荷位置逐渐上升，直至峰荷位置为止。

3. 丰水年的运行方式

年调节水电站在丰水年的运行方式如图 6.24 所示。由于丰水年水量较多，即使在水库供水期，年调节水电站也可担任系统负荷图的部分基荷和腰荷，以增加发电量，并避免在供水期末因用不完水库蓄水量而使汛期内弃水增加。但应注意，在供水期前期，不能过分使用水库中的蓄水量，而要考虑到如果后期来水较少，所存水量仍能保证水电站及综合利用各部门正常工作的需要。

丰水期开始后，水库进入蓄水期，由于丰水年的来水量较大，一般水库在较短时间内即可蓄满，因而蓄水期较短。在此期间，水电站可尽早将其运行位置移至基荷部分。在弃水期，水电站则应以全部装机容量在基荷位置工作。

**6.4.2.4** 多年调节水电站的运行方式

多年调节水电站利用水库兴利库容将丰水年多余水量蓄存起来，用以提高枯水年份的供水量及发电量。多年调节水库一般总是同时进行年调节和日调节。因此，其径流调节程度和水量利用率都比年调节水库的大。在确定多年调节水电站的运行方式时，要充分考虑这个特点。

多年调节水库在一般年份内只有供水期与蓄水期，水库水位在正常蓄水位与死水位之间变化。只有遇到连续丰水年的情况下，水库才会蓄满，并可能发生弃水。当出现连续枯水年时，水库的多年库容才会全部放空，发挥其应有的作用。

由于多年调节水库的库容相对较大，水电站运行方式受一年内来水变化的影响较小。在一般来水年份，多年调节水电站在电力系统负荷图上将全年担任峰荷（或峰、腰负荷），而让火电站经常担任腰荷、基荷。其间，为了使火电站机组能够轮流在丰水期或在电力系统负荷较低的时期内进行计划检修，水电站在这一时期需适当增加出力以减小火电站出力，如图 6.25 所示。

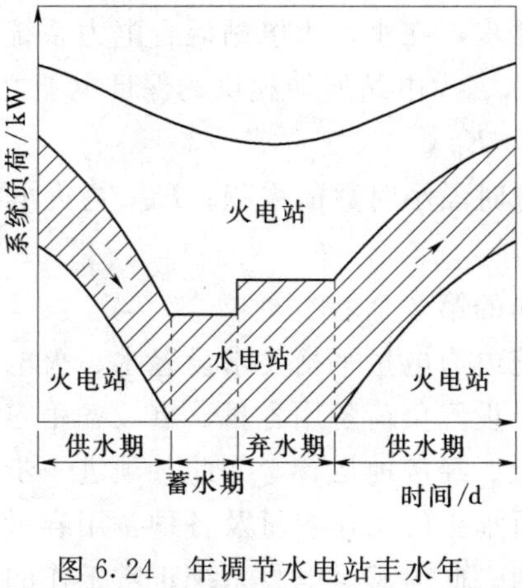


图 6.24 年调节水电站丰水年在年负荷图上的工作位置

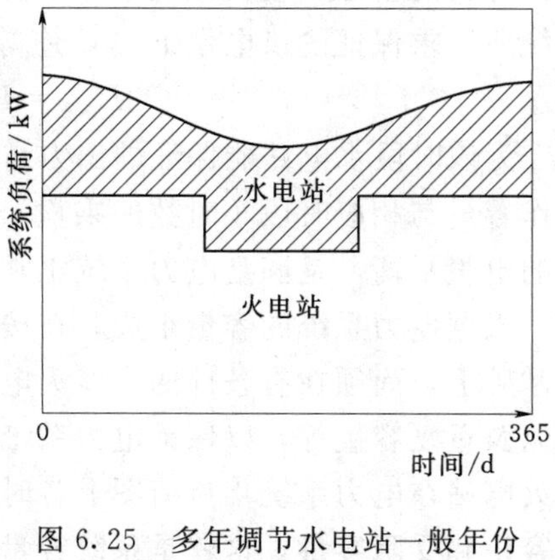


图 6.25 多年调节水电站一般年份在电力系统中的运行方式

## 6.5　水电站装机容量选择

作为水电站的主要工程特性参数，装机容量大小直接关系到电站的规模和效益，关系到水能资源的利用程度，也关系到电力系统供电的可靠性、经济性和供电质量。水电站装机容量选择是水能设计的一项重要任务。

水电站装机容量是指水电站所有机组额定容量的总和，它是由水电站最大工作容量、备用容量和重复容量所组成的。

所谓水电站最大工作容量，是指设计水平年电力系统负荷最高（一般出现在冬季枯水季节）时水电站能担负的最大发电容量。在确定水电站的最大工作容量时，须进行电力系统的电力平衡和电量平衡。所谓系统电力平衡，就是系统内所有各电站的出力之和必须随时满足系统的负荷要求。因此，在目前我国大多数电力系统的电源主要是由水电站与火电站组成的情形下，系统中水、火电站的最大工作容量之和，必须等于电力系统的最大负荷，两者必须保持平衡。这是满足电力系统正常工作的第 1 个基本要求，即

$$N''_{水工}+N''_{火工}=p''_{系} \tag{6.18}$$

式中：$N''_{水工}$、$N''_{火工}$分别为系统内所有水、火电站的最大工作容量，kW；$p''_{系}$为系统设计水平年的最大负荷，kW。

对于设计水平年而言，系统中水电站包括规划拟建的水电站与已建成的水电站两大部分。因此，规划拟建水电站的最大工作容量 $N''_{水工,拟}$等于系统中所有水电站的总最大工作容量 $N''_{水工}$减去已建成的水电站的最大工作容量 $N''_{水工,已}$，即

$$N''_{水工,拟}=N''_{水工}-N''_{水工,已} \tag{6.19}$$

系统电量平衡是指系统内所有电站在任一时段内的发电量之和必须与系统在该时段内的电量需求相平衡。由于水电站的发电量与水文条件密切相关，而未来的设计水平年可能遇到丰水年、中（平）水年或枯水年等各种水文条件，因此，为了保证设计水平年电力系统的正常工作，一般选择符合设计保证率要求的设计枯水年的来水过程，作为电力系统进行电量平衡分析的基础。根据系统电量平衡的要求，在水、火电站混合电力系统中，任何时段内系统所要求保证的供电量 $E_{保系}$，应等于水、火电站所能提供的保证电能之和，即

$$E_{保系}=E_{保水}+E_{保火} \tag{6.20}$$

式中：$E_{保水}$为该时段水电站能保证的出力与相应时段小时数的乘积；$E_{保火}$为火电站有燃料保证的工作容量与相应时段小时数的乘积。

系统的电量平衡，是满足电力系统正常工作的第 2 个基本要求。

此外，根据电力系统的容量组成，在按系统电力电量平衡要求设置水、火电站最大工作容量的基础上，尚须在有条件的水、火电站上设置负荷备用容量、事故备用容量、检修备用容量以及重复容量等，以保证电力系统安全、经济地运行。为此，须进一步分析确定所有水、火电站在电力系统年负荷图上各时段所承担的工作容量及各种备用容量，并检查有无空闲容量和受阻容量，这就是系统容量平衡。此为满足电力系统正常工作的第 3 个基本要求。

总之，系统中的各种电站，必须共同满足电力系统在设计水平年对容量和电量的要求。因此，水电站装机容量的选择，不仅与其本身的工程特性及其他技术经济因素有关，还与系统中火电站和其他电站装机容量的确定有着十分密切的关系。下面将分别介绍如何根据电力系统的上述基本要求，确定水电站的最大工作容量、备用容量、重复容量以及水电站的装机容量。

### 6.5.1　水电站最大工作容量的确定

为了保证电力系统正常工作的可靠性，水电站最大工作容量的确定，必须以水电站的保证电能为依据。所谓水电站的保证电能是指水电站在与其保证出力相对应的某一计算期内能够提供的电能值。为此，在水电站规划设计时，应先根据水库坝址断面的径流资料，以及所拟定的水库正常蓄水位与死水位方案，通过径流调节和水能计算确定水电站的保证出力，并求出其在相应计算期的保证电能。由于水电站的保证出力及其相应的保证电能是符合设计保证率要求的，因此，以保证电能为控制所定出的水电站最大工作容量，即可满足电力系统正常工作可靠性的要求。

在确定水电站最大工作容量时，还应考虑系统经济性的要求。在水电站保证电能一定的前提下，水电站的最大工作容量与其在电力系统日负荷图上的工作位置有关。若水电站担任电力系统的基荷，则其最大工作容量即等于其保证出力，即 $N''_{水工}=N_{保水}$；如果让水电站担任系统的腰荷或峰荷，则其最大工作容量将大于其保证出力，即 $N''_{水工}>N_{保水}$。而由式（6.18）可知，当设计水平年电力系统的最大负荷 $p''_{系}$ 确定后，让水电站担任系统峰荷，增加水电站的最大工作容量 $N''_{水工}$，即可相应减少火电站的最大工作容量 $N''_{火工}$，两者是可以相互替代的。正因如此，同时，考虑我国目前的电源结构情况，常把火电站称为水电站的替代电站。一般来说，对于给定的水电站水库正常蓄水位和死水位方案以及库、坝工程规模，若通过改变水电站在系统负荷图上的工作位置，使其尽量担任系统的峰荷，从而使水电站的最大工作容量增大，只需适当增加水电站引水系统、发电厂房及其机电设备的投资，而其库、坝投资基本不变，于是，增加水电站的最大工作容量，其所对应的水电站补充单位千瓦投资较小。但是，若在替代火电站增加容量，其相应增加的补充单位千瓦投资要比水电站增加的补充单位千瓦投资大。这是因为，一方面，火电站及其附属设备的投资与其装机容量关系密切，另一方面，火电站增加容量还要额外增加与燃料开采、运输有关的投资。因此，一般说来，在进行水能设计时，尽可能使拟建水电站担任电力系统的峰荷，尽量增加水电站的最大工作容量，从而相应减少火电站的工作容量，就节省系统对水、火电站装机容量的总投资而言是有利的。此外，水电站承担系统峰荷所增加的那部分最大工作容量，还将使电站在丰水期减少水库的弃水量，增发季节性电能，从而节省系统内火电站的煤耗量，提高系统的经济性。

基于以上分析，从系统运行的可靠性和经济性考虑，对于有调节水库的水电站，在保证电能一定的前提下，使其在设计枯水期担任系统的峰荷，从而尽量增大最大工作容量是有利的。现将各类调节性能水电站的最大工作容量确定方法分述于下。

1. 无调节水电站最大工作容量的确定

无调节水电站的水库几乎没有任何径流调节能力，水电站任何时刻的出力变化，只决定于河流中天然流量的大小。因此，这种电站被称为径流式水电站，一般只能担任电力系统的基荷。根据上述系统可靠性和经济性要求，无调节水电站的最大工作容量 $N''_{水工}$ 应等于按历时设计保证率所求出的保证出力，即

$$N''_{水工}=N_{保无} \tag{6.21}$$

式中：$N_{保}$ 为无调节水电站的保证出力。

2. 日调节水电站最大工作容量的确定

日调节水电站具备日调节水库，可以调节日内径流的分配，使水电站出力适应日内负荷变化的要求。因此，在确定日调节水电站最大工作容量时，考虑可靠性和经济性原则，应以保证电能为控制条件，让水电站承担系统峰荷，使水电站最大工作容量尽可能大。为此，须先按本章6.2节所介绍的水能计算方法求出日调节水电站的保证出力 $N_{保日}$，并据此求得水电站的日保证电能 $E_{保日}$：

$$E_{保日}=24N_{保日} \tag{6.22}$$

然后，按如图6.26所示图解法确定日调节水电站的最大工作容量：

(1) 根据电力系统设计水平年冬季典型日最大负荷图，绘出其日电能累积曲线。

(2) 在日电能累积曲线的上端点 $a$ 向左量取 $ab$，使其值等于 $E_{保日}$，再由 $b$ 点向下作铅垂线交日电能累积曲线于 $c$ 点，$bc$ 即表示日调节水电站的最大工作容量 $N''_{水工}$。

(3) 由 $c$ 点作水平线与日负荷图相交，即可求出日调节水电站在系统中日负荷图上所担任的峰荷位置，如图6.26中阴影部分所示。

如果水电站下游河道有航运要求或供水等综合利用任务，水电站必须有一部分工作容量担任系统的基荷，以保证在一昼夜内下游河道具有一定的航运水深或供水流量。在此情况下，应先根据下游航运或供水等部门对水电站在一昼夜内泄出均匀流量 $Q_{基}$ 的要求，按下式确定水电站必须担任的基荷工作容量：

$$N_{基}=9.81\eta Q_{基}\overline{H}_{设} \tag{6.23}$$

然后，求出水电站可在峰荷部分工作的日平均出力为：$\overline{N}_{峰}=N_{保日}-N_{基}$，则参加峰荷工作的日电能为 $E_{峰}=24\overline{N}_{峰}$，相应的峰荷工作容量 $N_{峰}$ 可采用前述方法确定（图6.27）。

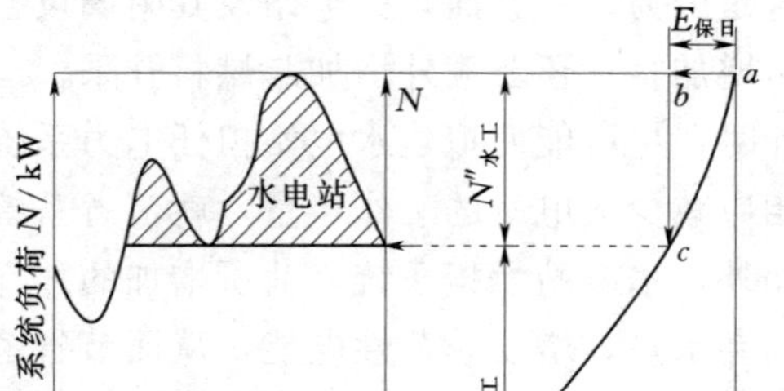


图6.26 日调节水电站最大工作容量的确定

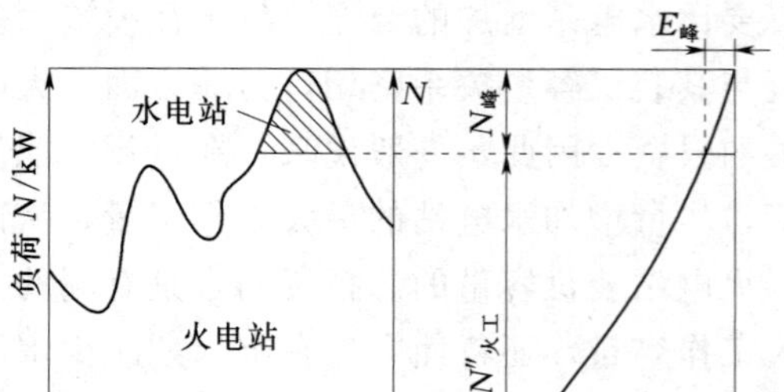


图6.27 具有综合利用要求时日调节水电站最大工作容量的确定

于是，日调节水电站的最大工作容量 $N''_{水工}$ 等于基荷工作容量与峰荷工作容量两部分之和，即

$$N''_{水工}=N_{基}+N_{峰} \tag{6.24}$$

3. 年调节水电站最大工作容量的确定

年调节水电站水库的调节性能更强，它可以将丰水季的一部分水量蓄存起来，用以提高枯水季的供水量和电站发电量，并可对水电站供水期的电能进行合理分配，使水电站的出力过程与水、火电站负荷划分的方式相适应。因此，在确定年调节水电站最大工作容量时，考虑可靠性和经济性原则，应以其保证电能为控制条件，让水电站在整个供水期承担系统峰荷，使水电站最大工作容量尽可能大。为此，须先按本章 6.2 节介绍的方法，计算年调节水电站的保证出力，并据此求得其所对应的水电站在设计枯水年供水期所能提供的保证电能 $E_{保供}$。

$$E_{保供}=N_{保年}\ T_{供} \tag{6.25}$$

式中：$T_{供}$ 为设计枯水年供水期的小时数。

在此基础上，采用电力电量平衡法，并按以下步骤，确定年调节水电站最大工作容量。

(1) 在系统年最大负荷图上假设若干个水电站最大工作容量方案（至少 3 个方案），如图 6.28 中的 $N''_{水工1}$、$N''_{水工2}$、$N''_{水工3}$ 所示。为使水、火电站最大工作容量之和最小，且等于系统的最大负荷，应让水电站承担电力系统的峰荷，且对每个方案，以相应的水平线作为供水期水、火电站在系统年负荷图上工作位置的分界线，如图 6.28 中的①、②、③线所示。

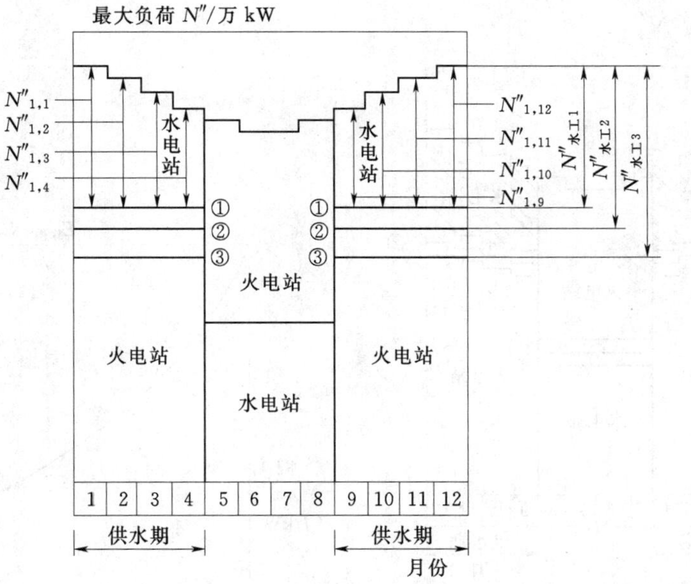


图 6.28 年调节水电站最大工作容量的拟定方案

(2) 对方案一，即 $N''_{水工1}$，由水平线①确定该方案所对应的水电站在供水期各个月份的峰荷出力，如图 6.28 所示的 $N''_{1,9}$、$N''_{1,10}$、$N''_{1,11}$、$N''_{1,12}$、$N''_{1,1}$、$N''_{1,2}$、$N''_{1,3}$、$N''_{1,4}$；将

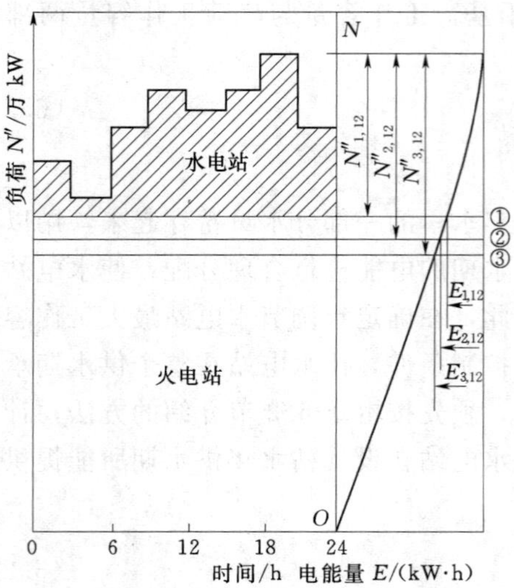


图 6.29　根据最大工作容量方案求日电能（12 月）

水电站工作位置绘在相应月份的典型日负荷图上，并根据各月的峰荷出力在日电能累积曲线上定出相应的水电站日发电量 $E_{1,i}$（$i=1,2,3,4,9,10,11,12$）。例如，对于 $i=12$，即对 12 月份，$E_{1,12}$的确定如图 6.29 所示。

（3）将供水期各个月份的水电站日发电量 $E_{1,i}$除以 24h，即得各个月份水电站的日平均出力$\overline{N}_{1,i}$值，并可在设计水平年电力系统日平均负荷年变化图上示出，如图 6.30 所示。图中斜影线部分，就是由方案一确定的供水期各月水电站的平均出力，其总面积代表方案一所要求的供水期保证电能 $E_{保供1}$，即

$$E_{保供1} = 730 \sum_{i \in 供水期} \overline{N}_{1,i} \qquad (6.26)$$

式中：$\overline{N}_{1,i}$为方案一第 $i$ 月份的平均出力；730 为月平均小时数。

（4）对其他方案（如 $N''_{水工2}$、$N''_{水工3}$等），重复步骤（2）、（3），即可定出各方案所要求的供水期保证电能（$E_{保供2}$、$E_{保供3}$等）。

（5）作出水电站各个最大工作容量 $N''_{水工}$方案与其相应的供水期保证电能 $E_{保供}$的关系曲线，如图 6.31 中所示的①、②、③3 点所连成的曲线。然后根据前面所求出的水电站在设计枯水年供水期内的保证电能 $E_{保供}$，即可从图 6.31 上的关系曲线求出年调节水电站的最大工作容量 $N''_{水工0}$。

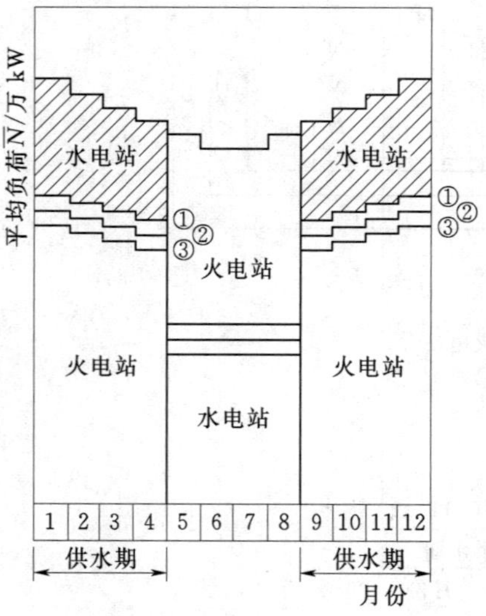


图 6.30　年调节水电站各 $N''_{水工}$方案的供水期电能

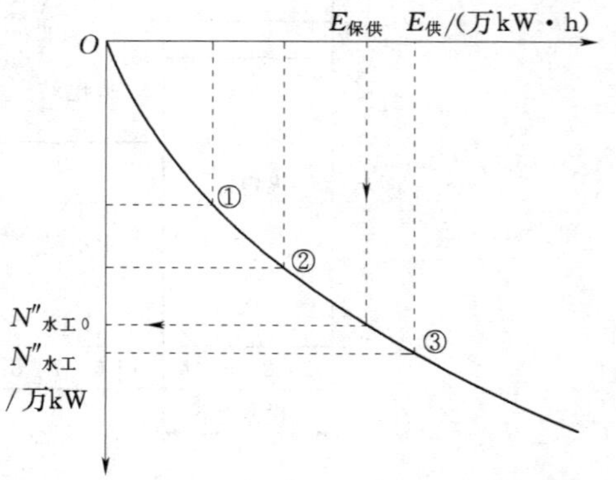


图 6.31　年调节水电站最大工作容量的确定

（6）最后，根据所求出的年调节水电站最大工作容量 $N''_{水工0}$在电力系统年最大负荷图

(图 6.32) 上定出水电站、火电站的工作位置。相应地，水、火电站工作位置的分界线亦应是一根水平线，由此作出系统电力平衡图，在该图上示出了水、火电站各月份的工作容量。

(7) 在电力系统年平均负荷图（图 6.33）上，按照前述方法亦可定出水、火电站的工作位置［步骤（3）及图 6.29、图 6.30］，图上示出了水、火电站在各个月份的平均出力和供电量。由于水电站的最大工作容量 $N''_{水工}$ 与发电量之间并非线性关系，所以该图上水、火电站之间的分界线并非一根直线。图 6.33 一般称为系统电量平衡图，其中竖影线部分称为年调节水电站在供水期的保证出力图。

至于供水期以外的其他月份，尤其在汛期弃水期间，水电站应尽量担任系统的基荷，以求多发电量减少无益弃水。此时火电站除一部分机组进行计划检修外，应尽量担任系统的峰荷或腰荷，满足电力系统的电力平衡和电量平衡。如图 6.32 和图 6.33 所示。

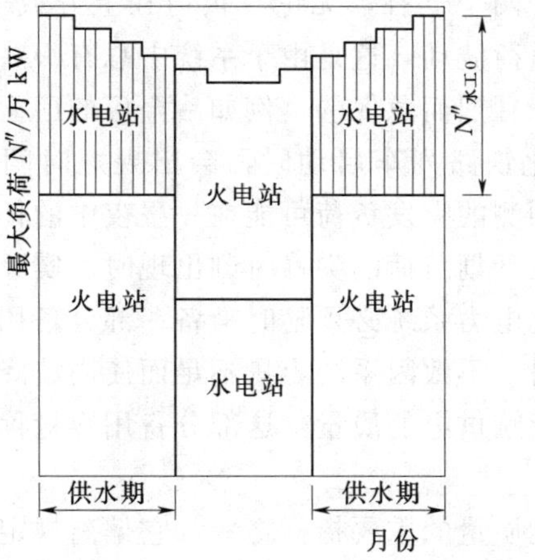

图 6.32　系统出力平衡图

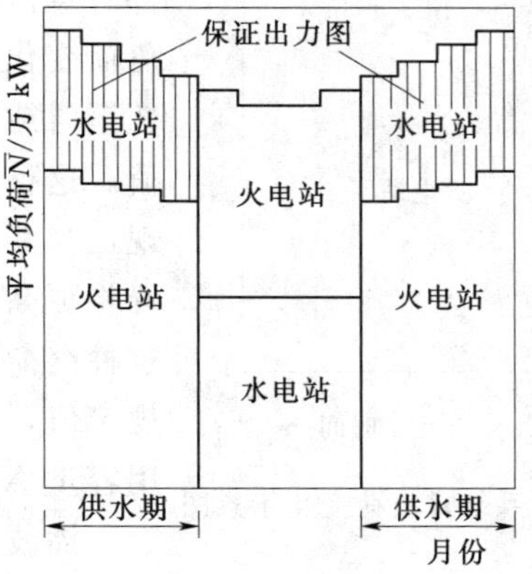

图 6.33　系统电能平衡图

需要指出的是，有些情况下，电力系统年负荷图中夏季负荷要高于冬季，年最大负荷出现在丰水期。此时，年调节水电站最大工作容量应在针对设计枯水年供水期、蓄水期等各调节时期分别进行电力电量平衡的基础上确定。

4. 多年调节水电站最大工作容量的确定

多年调节水电站调节周期长达若干年，只有当遇到连续丰水年时，水库蓄满后才有可能出现弃水；当遇到连续枯水年时，库水位才会降到死水位。因此，多年调节水电站在一般年份可全年担任电力系统的峰荷。确定多年调节水电站最大工作容量的原则和方法，基本上与年调节水电站的情况相同。不同之处在于，年调节水电站只计算设计枯水年供水期的平均出力（保证出力）及保证电能，按水电站在枯水年供水期担任系统峰荷的要求，求出所需的最大工作容量；多年调节水电站则需计算设计枯水系列年的平均出力（保证出力）及其年保证电能，然后按水电站在枯水年全年担任系统峰荷的要求，将年保证电能量在全年内加以合理分配，使设计水平年系统内拟建水电站的最大工作容量 $N''_{水工}$ 尽可能大，而火电站工作容量尽可能小，尽量节省系统对水、火电站的总投资。按此原则参考与年调节水电站相似的电力电量平衡方法，不难确定多年调节水电站的最大工作容量。

### 6.5.2 水电站备用容量的确定

为了使电力系统正常地进行工作，并保证其具有足够的供电可靠性，系统中各电站除最大工作容量外，尚须具有一定的备用容量。一般而言，电力系统所需设置的备用容量大小，与系统规模、负荷特性、电源组成等因素有关，而水电站备用容量的确定，还要考虑其自身的规模大小、调节性能等技术经济特性。现将水电站各种备用容量的确定分述于下。

1. 负荷备用容量

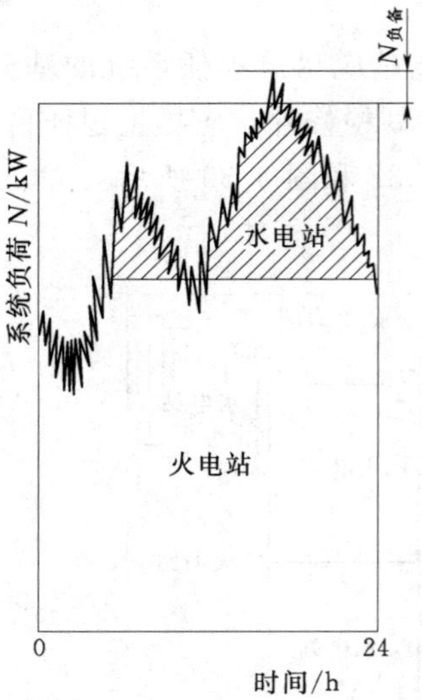


图 6.34 系统日负荷变化示意图

在实际运行状态下，电力系统的日负荷是经常处在不断的变动之中，如图 6.34 所示，而不是如图 6.29 所示的按小时平均负荷值所绘制成的呈阶梯状变化，后者只是为了节省计算工作量而采用的一种简化方法。通常，电力系统日负荷图有两个高峰和两个低谷，无论日负荷在上升或下降阶段，都有锯齿状的负荷波动，这是由于系统中总有一些用电户的负荷变化是十分猛烈而急促的，例如冶金厂的巨型轧钢机在轧钢时或电气化铁路列车启动时，会出现短时间的突发负荷。这种不能预测的突发负荷可能在一昼夜中的任何时刻出现，当其恰好在计划负荷的尖峰时刻出现时，实际负荷的尖峰将更高，因此电力系统必须随时准备一部分备用容量，当这种突荷出现时，不致因系统容量不足而使周波降低到小于规定值，从而影响供电的质量，这部分备用容量称为负荷备用容量 $N_{系负}$。

周波是电能质量的重要指标之一，它偏离规定正常值会导致许多用电部门的产品质量降低。根据《水利水电工程动能设计规范》（DL/T 5015—1996）的规定，调整周波所需要的系统负荷备用容量，可采用系统最大负荷的 2%～5%左右，大系统用较小比例值，小系统用较大比例值。

担任电力系统负荷备用容量的电站，通常被称为调频电站。调频电站的选择，应以保证电力系统周波稳定、运行性能经济为原则。所以靠近负荷中心、具有大水库、大机组的坝后式水电站，应优先选作调频电站。对于引水式水电站，应选择引水道较短的水电站作为调频电站。对于电站下游有通航等综合利用要求的水电站，在选作调频电站时，应考虑由于下游流量和水位发生剧烈变化对航运等引起的不利影响。当系统负荷波动的变幅不大时，可由某一电站担任调频任务，而当负荷波动的变幅较大时，尤其电力系统范围较广、输电距离较远时，应由分布在不同地区的若干电站分别担任该地区的调频任务。此外，若需安排日调节或无压引水式水电站承担负荷备用时，则水库应具有相应备用容量可连续工作 2h 的备用容积。当系统内缺乏水电站担任调频任务时，亦可由火电站担任，只是由于火电机组技术特性的限制，担任系统的调频任务往往比较困难，且单位电能的煤耗率增加，因而常常是不经济的。

基于以上分析，经对有关因素的综合考虑，即可分析选定水电站所应承担的负荷备用容量 $N_{水负}$。

需要指出，实际运行中，在年内不同时期负荷备用可在不同电站间互相转移，但必须由正在运转的机组承担。例如在丰水期，蓄水式水电站以全部装机容量在负荷图的基荷工作，这时可由正在运转的火电站担任负荷备用。当蓄水式水电站承担系统峰荷时，亦只能由正在运转的机组担任周波调整任务；在非峰荷时间内，尤其当水电站不运行时，应由正在运转的火电站调整周波。

2. 事故备用容量

系统中任何一座电站的机组都有可能发生事故，如果由于事故停机导致系统内缺乏足够的工作容量，常会使电力用户遭受损失。因此，在电力系统中尚需另装设一部分容量作为备用容量，当有机组发生事故时它们能够立刻投入系统替代事故机组工作，这种备用容量常称为事故备用容量 $N_{系事}$。一般说来，系统所需事故备用容量的大小，与机组容量、机组台数及其事故率有关。设电力系统发电机组的总台数为 $n$（折算为标准容量的台数），一台机组的平均事故率为 $p$（可由统计资料求出），则 $n$ 台机组中有 $m$ 台同时发生事故的概率为 $P_m$，即

$$P_m=\frac{n!}{m!\ (n-m)!}p^m(1-p)^{n-m} \tag{6.27}$$

如规定 $P_m<0.01\%$，则可由式（6.27）求出所需事故备用容量的机组台数 $m$。但是由于大型系统内各种规格的机组情况十分复杂，机组发生事故对国民经济的影响亦难以准确估计，因此，一般根据实际运行经验确定系统所需的事故备用容量。根据《水利水电工程动能设计规范》（DL/T 5015—1996）规定，电力系统事故备用容量采用系统最大负荷的10%左右，且不得小于系统中最大一台机组的容量。

电力系统中的事故备用容量，应分布在各主要电站上，并尽可能安排在正在运转的机组上。至于如何在水电站与火电站之间合理分配，可作下列技术经济分析。

（1）火电站的高温高压汽轮机组，当其出力为额定容量的90%左右时，一般可以得到较高的热效率，即此时火电站单位发电量的煤耗率较低，由此，这类火电机组一般在运行时就带有10%左右的额定容量可作为事故备用容量，由于其机组正处在运转状态，当系统内其他电站（包括本电站其他机组）发生事故停机时，这种热备用容量可以立即投入工作，所以在这种火电站上设置一部分事故备用容量是可行的、合理的。

（2）水电机组（包括抽水蓄能机组）启动十分灵活，在几分钟内甚至数十秒钟内就可以从停机状态达到满负荷状态，至于正在运转的水电站机组，当其出力小于额定容量时，如有紧急需求，几乎可以立刻到达满负荷状态，因此在水电站上设置事故备用容量也是十分理想的。与其他电站比较，水电站在电力系统中最适合于担任系统的调峰、调频和事故备用等任务。

考虑到事故备用容量的使用时间可能比较长，承担系统事故备用的各类电源，均应具有相应的能量或燃料储备。根据规范规定，承担事故备用的水电站，应在水库内预留所承担事故备用容量 $N_{水事}$ 在基荷连续运行 3～10d（$T$=72～240h）的备用容积（水量）$V_{事备}$，即

$$V_{事备}=\frac{TN_{水事}}{0.00272\eta H_{min}} \tag{6.28}$$

当算出的 $V_{事备}$ 小于水库兴利库容的5%时，则可不专设事故备用库容。

(3) 火电站也可以冷备用方式担任系统的事故备用容量，即当电力系统中有机组突然发生事故时，先让某蓄水式水电站紧急启动机组临时供电，同时要求火电站的冷备用机组立即升火，准备投入系统工作。等到火电站冷备用容量投入系统供电后，再让上述紧急投入的水电站机组停止运行，此时水电站“额外”消耗的水量，可由以后火电站增加发电量来补偿，以便水电站蓄回这部分多消耗的水量。采取这种措施，可以不在水电站上留有专门的事故备用库容，又可节省火电站因长期担任热备用容量而可能额外多消耗的燃料。

(4) 系统事故备用容量如何在水、火电站之间进行分配，除考虑上述技术条件外，尚应使系统尽可能节省投资与年运行费。在一般情况下，在蓄水式（主要指季调节以上水库）水电站上多设置一些事故备用容量是有利的，因为它的补充千瓦投资比火电站的小，此外在丰水年尤其在汛期内，事故备用容量可以充分利用多余的水量增发季节性电能，以节省火电站的燃料费用。

综上所述，系统事故备用容量在水、火电站之间的分配，应根据各电站容量的比重、电站机组可利用的情况、系统负荷在各地区的分布等因素确定。初步分析时，可按水、火电站最大工作容量的比例分配，进而得到水电站的事故备用容量 $N_{水事}$，即

$$N_{水事}=\frac{N''_{水工}}{N''_{水工}+N''_{火工}}N_{系事} \tag{6.29}$$

对于调节性能良好和靠近负荷中心的大型水电站，可以多设置一些事故备用容量。

3. 检修备用容量

系统中的各种机组设备，都要进行有计划的检修。对短期检修，主要利用负荷低落的时间内进行养护性检查和预防性小修理；对长期停机进行有计划的大修理，则须安排在系统年负荷比较低落的时期，以便进行全面的检查和更换、整修机组的大部件。图 6.35 表示系统日最大负荷年变化曲线，图中 $N''_{系}$ 水平线与负荷曲线之间的面积（用斜影线表示），表示在此时期内未被利用的空闲容量，可以用来安排机组进行大修理，因而图 6.35 中的这部分面积称为检修面积 $F_{检}$。

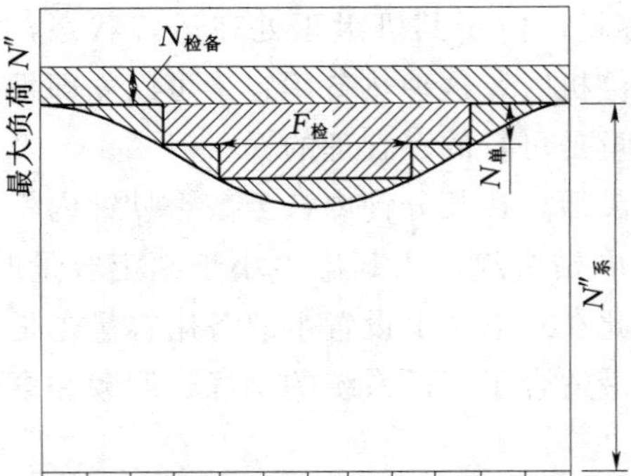


图 6.35　电力系统检修面积示意

在规划设计阶段，编制系统电力、电量平衡和容量平衡时，常按各类电站机组的大修周期及每台机组检修所需要的平均时间进行安排。《水利水电工程动能设计规范》(DL/T 5015—1996) 规定，常规水电站和抽水蓄能电站机组大修周期 2～3 年，每台机组检修时间 30d，但对多沙河流上的水电机组，可适当增加；火电机组大修周期 1～1.5 年，检修时间为 45d；核电站每台机组为 60d。

图 6.35 上的检修面积 $F_{检}$ 应该足够大，使系统内所有机组在规定时间内都可以按计划安排检修。如果检修面积不够大，则须另外设置检修备用容量 $N_{检备}$，如图 6.35 所示。系统检修备用容量的设置，应根据电站的实际情况通过技术经济论证确定。由于火电站有燃料保证，故一般将检修备用容量设置在火电站上。

### 6.5.3　水电站重复容量的选定

1. 水电站重复容量选择的动能经济分析

由于河流水文情况的多变性，汛期流量往往比枯水期流量大许多倍。而水电站最大工作容量是根据设计枯水年确定的，这就可能使水电站尤其是无调节水电站及调节性能较差的水电站，在汛期内产生大量弃水。为了减少无益弃水，提高水量利用系数，可考虑额外加大水电站的容量，使它在丰水期内多发电。这部分加大的容量，在设计枯水期内，由于河流来水少而不能当作电力系统的工作容量以替代火电站容量工作，因而被称为重复容量。它在系统中的作用，主要是增发季节性电能，以节省火电站的燃料费用。

在水电站上设置重复容量，就要额外增加水电站的投资和年运行费。随着重复容量的逐步加大，水库可能发生的无益弃水量逐渐减少，因此，水电站所能增发的季节性电能以及为系统带来的节煤效益并不是与重复容量呈正比例增加。当重复容量加大到一定程度后，如再继续增加重复容量就显得不经济了。因此，需要进行动能经济分析，才能合理地选定所应装置的重复容量。

假设额外设置的重复容量为 $\Delta N_{重}$，平均每年经济合理的工作小时数为 $h_{经济}$，则相应生产的电能量为 $\Delta E_{季}=\Delta N_{重}\ h_{经济}$，因此可节省火电站燃料年费用为

$$B=\alpha\Delta N_{重}\ h_{经济} f \tag{6.30}$$

而额外设置 $\Delta N_{重}$ 需增加的年费用为

$$C=\Delta N_{重}\ k_{水}\left[\frac{i_s(1+i_s)^n}{(1+i_s)^n-1}+p_{水}\right] \tag{6.31}$$

显然，从经济上考虑，只有当 $B\geqslant C$ 成立时，额外设置 $\Delta N_{重}$ 才是有利的。考虑 $B=C$ 的临界情况，有

$$\alpha\Delta N_{重}\ h_{经济} f=\Delta N_{重}\ k_{水}\left[\frac{i_s(1+i_s)^n}{(1+i_s)^n-1}+p_{水}\right]$$

即

$$h_{经济}=k_{水}\left[\frac{i_s(1+i_s)^n}{(1+i_s)^n-1}+p_{水}\right]/(\alpha f) \tag{6.32}$$

式中：$k_{水}$ 为水电站补充千瓦造价，元/kW；$i_s$ 为额定资金年收益率（当进行国民经济评价时，可采用社会折现率）；$n$ 为重复容量设备的经济寿命，$n=25$ 年；$p_{水}$ 为水电站补充千瓦容量的年运行费用率，$p_{水}=2\%\sim3\%$；$\alpha$ 为系数，因水电站发 1kW·h 电量，可替代火电厂 1.05 kW·h，故 $\alpha=1.05$；$f$ 为火电厂单位发电量所需的燃料费，元/(kW·h)，且 $f=db$，其中，$d$ 表示单位重量燃料的到厂价格，元/kg，$b$ 表示火电厂单位电能消耗的燃料重量，kg/(kW·h)。

式（6.32）表明，若要额外设置重复容量为 $\Delta N_{重}$，其平均每年经济合理的工作小时数应不小于按该式求得的 $h_{经济}$。

2. 无调节水电站重复容量的选定

为选定无调节水电站的重复容量，首先，根据水电站径流系列资料，计算绘制其多年的日平均流量持续曲线 $\overline{Q}=f(h)$；再利用水电站出力公式 $N=9.81\eta\overline{Q}H$，换算得日平均出力持续曲线 $N=f(h)$（图 6.36 及图 6.37）。然后，利用式（6.32）求出 $h_{经济}$，从而可

确定应设置的重复容量 $N_{重}$，如图 6.37 所示。

图 6.37 中水电站最大工作容量 $N''_{水工}$ 水平线以上与出力持续曲线以下所包围的面积，表示当水电站仅设置最大工作容量 $N''_{水工}$ 时，将会出现的不能被利用的弃水能量。如果在 $N''_{水工}$ 以上额外设置重复容量 $\Delta N_{重}$，则其平均每年可利用时间为 $h_{设}$ (h)。在此基础上，再逐渐增加重复容量，其所增加的单位重复容量对应的年利用小时数 $h$ 逐渐减少。当最后增加的单位重复容量年利用小时数 $h$ 与按式 (6.32) 求出的 $h_{经济}$ 相等时，若再增设重复容量，在动能经济上已被认为不合理。相应地，水电站装机容量也就不应再增大了。因此，可在图 6.37 中由 $h_{经济}$ 查得水电站装机容量 $N_{装}$，据此即可定出水电站重复容量 $N_{重}=N_{装}-N''_{水工}$。需要注意的是，在如图 6.37 所示的出力持续曲线上 $a$ 点的左侧，由于流量较大，水电站下游水位较高，因而水头减小，水电站出力明显下降。

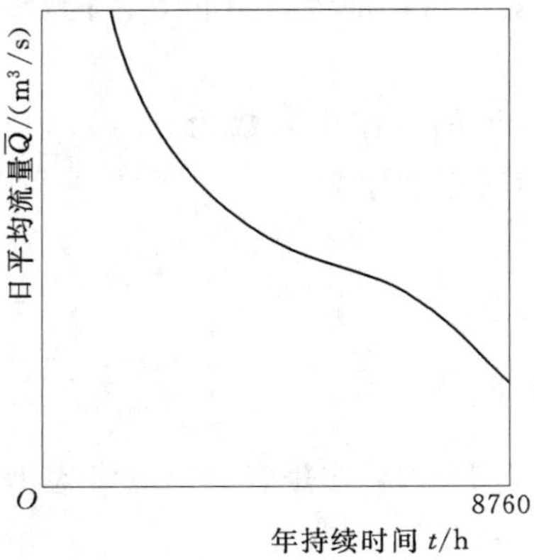


图 6.36 无调节水电站日平均流量持续曲线

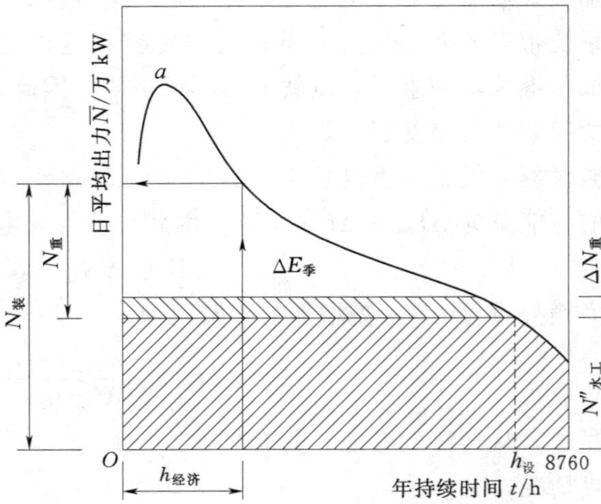


图 6.37 无调节水电站重复容量的确定

3. 日调节水电站重复容量的选定

选定日调节水电站重复容量的原则和方法，与无调节水电站的基本相同。所不同的是日调节水电站在枯水期内一般总是担任电力系统的峰荷，在汛期内当必需容量 $N_{必}$（最大工作容量与备用容量之和）全部担任基荷后还有弃水时才考虑设置重复容量。图 6.38 为日调节水电站的日平均出力持续曲线，其中，$h_{必}$ 表示相应于必需容量的补充单位千瓦年利用小时数。利用该曲线，根据按式 (6.32) 计算得到的 $h_{经济}$，即可查得日调节水电站的装机容量 $N_{装}$，进而可求得其重复容量 $N_{重}=N_{装}-N_{必}$。

4. 年调节水电站重复容量的选定

年调节水电站，尤其是不完全年调节水电站（有时称季调节水电站），汛期有时也有较多的弃水。此时，通过动能经济分析，设置一定的重复容量可能也是合理的。年调节水电站重复容量的选定一般按以下步骤进行：

(1) 对全部径流系列进行调节计算和水能计算，确定水电站在充分利用必需容量 $N_{必}$ 发电的前提下，历年可能产生的弃水流量和相应的弃水出力过程。

(2) 统计各种弃水出力的多年平均年持续时间，绘制水电站弃水出力年持续曲线（图6.39）。

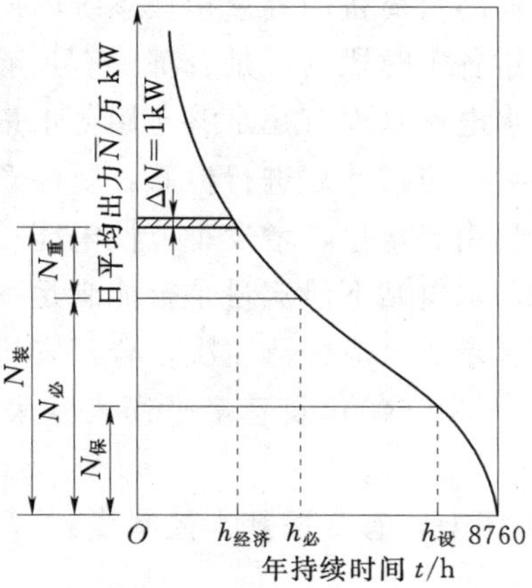


图 6-38 日调节水电站重复容量的确定

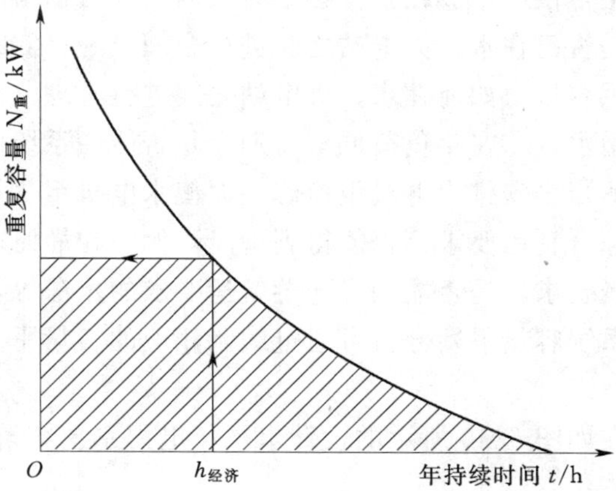


图 6.39 弃水出力持续曲线

(3) 根据按式（6.32）求得的 $h_{经济}$，在水电站弃水出力年持续曲线上查得应设置的重复容量 $N_{重}$。

### 6.5.4 水电站装机容量的选择及分析

根据以上步骤和方法，分别求得水电站最大工作容量 $N''_{水工}$、备用容量 $N_{水备}$ 和重复容量 $N_{重}$ 后，即可得到水电站装机容量的初选值，即 $N_{装}=N''_{水工}+N_{水备}+N_{重}$。实际工作中，一般应以该初选值为基础，在电站装机容量初选值附近的一定范围内，结合机组型号、台数、转速、直径的选择，拟定几个装机容量方案；然后，对每一方案，通过电力系统电力（容量）平衡和电量平衡分析，以及其他相关因素的综合分析，检查其是否满足相关的要求；再通过经济计算，求出个方案的投资和运行费用，并对各方案进行综合的技术经济比较，最终选出最优的水电站装机容量方案。

1. 机组选择与装机容量选择的关系

最终选定的水电站装机容量应该是指电站装设的所有机组的铭牌出力之和，由单机容量和机组台数所决定。而上面求得的装机容量初选值是确定电站机组台数、单机容量的最基本依据。机组台数和单机容量的确定涉及水轮发电机组型号、台数、转速和直径的选择，这些机组参数不仅直接影响到水电站工作效率高低、容量大小，有时还影响到电站主接线方式、机电设备的布置和厂房尺寸的大小，从而影响到电站的投资和运行费用，所以其本身是一个动能经济问题，应通过多方案比较才能最终选定。一般地，在给定水电站装机容量方案的前提下，单机容量小，机组台数就多，相对而言，电站运行的灵活性较好，但往往会加大厂房尺寸，增加布置难度，增加电站投资。相反，单机容量大，台数就少，相对而言，机组效率较高，电站的水工及电气布置较方便，造价较低，发电成本也较小，但单机容量过大，事故停机影响大，检修安排较不便。

2. 系统容量平衡分析

最终选定的水电站装机容量，必须满足设计水平年电力系统电力（容量）平衡和电量平衡的要求，为此需进行系统容量平衡分析。通过容量平衡分析，主要检查下列问题：①系统负荷是否能被各种电站所承担，在哪些时间内由于何种原因使电站容量受阻而影响系统正常供电；②在全年各个时段内，是否都留有足够的负荷备用容量担任系统的调频任务，是否已在水、火电站之间进行合理分配；③在全年各个时段内，是否都留有足够的事故备用容量，如何在水、火电站之间进行合理分配，水电站水库有无足够备用蓄水量保证事故用水；④在年负荷低落时期，是否能使系统内所有机组按计划进行检修，要注意在汛期内适当多安排火电机组检修，而使水电机组尽量多利用弃水量，增发季节性电能；⑤水库的综合利用要求是否能得到满足，例如在灌溉季节，水电站下泄流量是否能满足下游地区灌溉要求，是否能满足下游航运要求的水深等，如有矛盾，应分清主次，合理安排。

系统容量平衡分析可通过编制相应的容量平衡图（图6.40）及容量平衡表（表6.6）来进行。

在如图6.40所示的设计水平年电力系统容量平衡图上，有3条基本控制线：

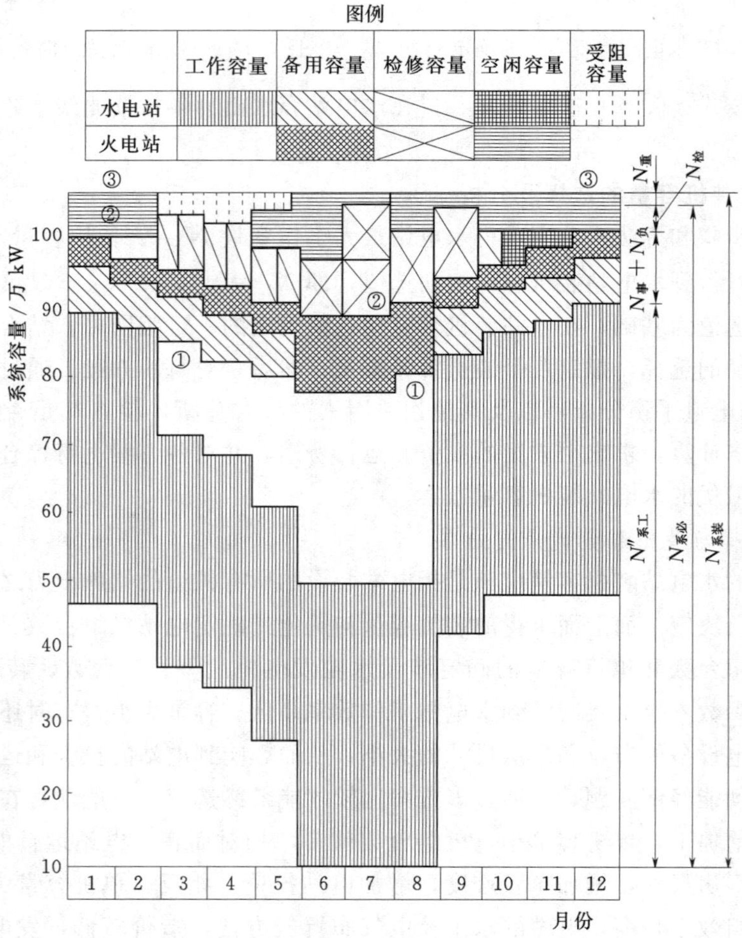


图6.40 电力系统容量平衡图

(1) 系统最大负荷年变化线①，在此控制线以下，各类电站安排最大工作容量 $N''_{系工}$，要能满足系统最大负荷要求。

（2）系统要求的可用容量控制线②，在此控制线以下，各类电站安排必需容量 $N''_{系必}$，其中包括最大工作容量 $N''_{系工}$、负荷备用容量 $N_{负}$ 和事故备用容量 $N_{事}$，均要求能满足系统要求。

（3）系统装机容量控制线，即图 6.40 最上面的水平线③。在此水平线以下，系统装机容量 $N_{系装}$ 包括水、火电站全部装机容量，要求能达到电力系统的安全、经济、可靠的要求。在水平线③与阶梯线②之间，表示系统各月的空闲容量和处在计划检修中的容量，以及由于各种原因而无法投入运行的受阻容量。

系统容量平衡情况亦可由表 6.6 所列的电力系统容量平衡表反映，通过该表所列数据，可更清楚地看出系统总体的容量平衡要求是否得到满足，包括：各月的系统工作容量是否与所有电站工作容量之和相等；系统备用容量是否已全部由各电站所承担；各电站所有机组是否已按计划安排检修等。此外，容量平衡表还反映了系统中各电站的容量平衡情况，如各电站每一时段的工作容量、备用容量、空闲容量、检修容量和受阻容量等各部分容量之和是否等于其装机容量。

上述系统容量平衡分析是针对设计水平年进行的，该设计水平年一般取拟建水电站第一台机组投入系统运行后的第 5 年至第 10 年。由于不能超长期预报河道中的来水量，所有水电站的出力变化无法预知，因此规划阶段在进行设计水平年的电力系统容量平衡分析时，至少应研究两个典型年度，即设计枯水年和设计中水年。设计枯水年反映在较不利的水文条件下，拟建水电站的装机容量与其他电站是否能保证电力系统的正常运行要求。设计中水年反映水电站在一般水文条件下的运行情况，是一种比较常见的系统容量平衡状态。对低水头水电站尚须进行丰水年的容量平衡分析，以检查机组在汛期由于下游水位上涨造成水头不足而发生容量受阻的情况。必要时对大型水电站尚须对设计保证率以外的特枯年份进行容量平衡分析，以检查在水电站出力不足情况下电力系统正常工作遭受破坏的程度，同时研究相应补救的措施。

需要指出，近年来，许多电力系统存在调峰能力不足和弃水调峰问题，因此，现行规范将“调峰容量平衡”作为水电站动能设计的重要内容。所谓调峰容量平衡是指日平衡，它是在电力系统电力电量平衡成果的基础上，检验调峰容量的盈亏，进一步阐明设计电站在电力系统中的地位和作用。即在电力系统电力电量平衡成果的基础上，进行各月最大负荷日的调峰容量平衡，检验设计电站对电力系统调峰容量盈亏的改变。

电力系统调峰容量的盈亏可依据以下条件加以判别：

（1）当各电站总的调峰能力等于（或大于）当日系统负荷图最大负荷减去最小负荷加上旋转备用容量时，则系统的调峰能力达到平衡（或有盈余），否则为调峰能力不足。其中，旋转备用容量一般取负荷备用容量加上事故备用容量的一半。

（2）当各电站开机容量的允许最小出力等于（或小于）当日负荷图最小负荷时，系统调峰容量达到平衡（或有盈余），否则为调峰容量不足。

这两个判别条件应同时满足，即统计调峰容量不足的额度时，以两判别条件中不足缺额较大者为依据；统计调峰容量盈余额度时，以两条件中盈余额度较小者为依据。动能设计时，应对有、无设计电站两种情况分别进行系统调峰容量平衡计算，以阐明设计电站对电力系统调峰能力的影响和改善程度。

**表 6.6** **电力系统容量平衡表** 单位：万 kW

| 系统或电站 | | 1 月 | 2 月 | … | 11 月 | 12 月 |
|---|---|---|---|---|---|---|
| | $N_{系工}$ | $N_{系工1}$ | $N_{系工2}$ | | $N_{系工11}$ | $N_{系工12}$ |
| | $N_{系负}$ | $N_{系负1}$ | $N_{系负2}$ | | $N_{系负11}$ | $N_{系负12}$ |
| | $N_{系事}$ | $N_{系事1}$ | $N_{系事2}$ | | $N_{系事11}$ | $N_{系事12}$ |
| 系统 | $N_{系检}$ | $N_{系检1}$ | $N_{系检2}$ | … | $N_{系检11}$ | $N_{系检12}$ |
| | $N_{系空}$ | $N_{系空1}$ | $N_{系空2}$ | | $N_{系空11}$ | $N_{系空12}$ |
| | $N_{系阻}$ | $N_{系阻1}$ | $N_{系阻2}$ | | $N_{系阻11}$ | $N_{系阻12}$ |
| | $N_{系装}$ | $N_{系装}$ | $N_{系装}$ | | $N_{系装}$ | $N_{系装}$ |
| | $N_{其水工}$ | $N_{其水工1}$ | $N_{其水工2}$ | | $N_{其水工11}$ | $N_{其水工12}$ |
| | $N_{其水负}$ | $N_{其水负1}$ | $N_{其水负2}$ | | $N_{其水负11}$ | $N_{其水负12}$ |
| | $N_{其水事}$ | $N_{其水事1}$ | $N_{其水事2}$ | | $N_{其水事11}$ | $N_{其水事12}$ |
| 其他水电站 | $N_{其水检}$ | $N_{其水检1}$ | $N_{其水检2}$ | … | $N_{其水检11}$ | $N_{其水检12}$ |
| | $N_{其水空}$ | $N_{其水空1}$ | $N_{其水空2}$ | | $N_{其水空11}$ | $N_{其水空12}$ |
| | $N_{其水阻}$ | $N_{其水阻1}$ | $N_{其水阻2}$ | | $N_{其水阻11}$ | $N_{其水阻12}$ |
| | $N_{其水装}$ | $N_{其水装}$ | $N_{其水装}$ | | $N_{其水装}$ | $N_{其水装}$ |
| | $N_{设水工}$ | $N_{设水工1}$ | $N_{设水工2}$ | | $N_{设水工11}$ | $N_{设水工12}$ |
| | $N_{设水负}$ | $N_{设水负1}$ | $N_{设水负2}$ | | $N_{设水负11}$ | $N_{设水负12}$ |
| | $N_{设水事}$ | $N_{设水事1}$ | $N_{设水事2}$ | | $N_{设水事11}$ | $N_{设水事12}$ |
| 设计水电站 | $N_{设水检}$ | $N_{设水检1}$ | $N_{设水检2}$ | … | $N_{设水检11}$ | $N_{设水检12}$ |
| | $N_{设水空}$ | $N_{设水空1}$ | $N_{设水空2}$ | | $N_{设水空11}$ | $N_{设水空12}$ |
| | $N_{设水阻}$ | $N_{设水阻1}$ | $N_{设水阻2}$ | | $N_{设水阻11}$ | $N_{设水阻12}$ |
| | $N_{设水装}$ | $N_{设水装}$ | $N_{设水装}$ | | $N_{设水装}$ | $N_{设水装}$ |
| | $N_{火工}$ | $N_{火工1}$ | $N_{火工2}$ | | $N_{火工11}$ | $N_{火工12}$ |
| | $N_{火负}$ | $N_{火负1}$ | $N_{火负2}$ | | $N_{火负11}$ | $N_{火负12}$ |
| | $N_{火事}$ | $N_{火事1}$ | $N_{火事2}$ | | $N_{火事11}$ | $N_{火事12}$ |
| 火电站 | $N_{火检}$ | $N_{火检1}$ | $N_{火检2}$ | … | $N_{火检11}$ | $N_{火检12}$ |
| | $N_{火空}$ | $N_{火空1}$ | $N_{火空2}$ | | $N_{火空11}$ | $N_{火空12}$ |
| | $N_{火装}$ | $N_{火装}$ | $N_{火装}$ | | $N_{火装}$ | $N_{火装}$ |

根据上述电力系统的容量平衡结果，可以最后定出水电站的装机容量。但在下列情况下尚须进行动能经济比较，研究预留机组的合理性：

(1) 在水能资源缺乏而系统负荷增长较快的地区，要求本水电站承担远景更多的尖峰负荷。

(2) 远景在河道上游将有调节性能较好的水库投入工作，可以增加本电站保证出力等动能效益。

(3) 在设计水平年的供电范围内，如水电站的径流利用程度不高，估计远景电力系统的供电范围扩大后，可以提高本电站的水量利用率。

水电站预留机组，只是预留发电厂房内机组的位置、预留进水口及引水系统的位置，尽可能减少投资积压损失，但采取预留机组措施，可以为远景扩大装机容量创造极为有利的条件。

3. 其他因素

在进行水电站装机容量选择时，还应考虑装机容量年利用小时数、水能资源利用程度、梯级水电站之间的过水能力协调、水电站经济指标以及综合利用要求等因素。

装机容量年利用小时数是反映电站装机容量利用程度的一个指标，其值等于电站多年平均年发电量$\overline{E}_{年}$与相应装机容量$N_{装}$的比值，即

$$h_{年}=\frac{\overline{E_{年}}}{N_{装}} \tag{6.33}$$

该值越大，则电站的机组设备利用率越高。但亦须注意，有些情况下，可能由于装机容量偏小，使水电站不能充分发挥作用，且水能资源利用程度也较低。合理的装机容量年利用小时数，应根据每个电站具体情况而定。表6.7、表6.8给出了通过水电站装机容量年利用小时数进行装机容量合理性分析时的参考值。

**表6.7　　不同调节性能的水电站装机容量年利用小时数参考值表**

| 水电站调节性能 | 装机容量年利用小时数/h | 水电站调节性能 | 装机容量年利用小时数/h |
|---|---|---|---|
| 多年调节 | 2500～3500 | 日调节 | 4500～5500 |
| 年调节 | 3500～4500 | 无调节 | 5500～7000 |

**表6.8　　工作位置不同的水电站装机容量年利用小时数参考值表**

| 水电站工作位置 | 装机容量年利用小时数/h | 水电站工作位置 | 装机容量年利用小时数/h |
|---|---|---|---|
| 峰荷 | 2000～3000 | 基荷 | 5000～6000 |
| 腰荷 | 3000～5000 | | |

在坝高一定的情况下，水能资源的利用程度主要表现在水量的利用方面，因此，常用径流利用系数$\eta$来反映。所谓径流利用系数可按下式计算：

$$\eta=\frac{W_0-W_{弃}}{W_0} \tag{6.34}$$

式中：$W_0$为坝址处多年平均年径流量；$W_{弃}$为年弃水量的多年平均值，应根据水电站装机容量，由径流调节和水能计算得出。

径流利用系数与水库调节性能和水电站过水能力（取决于装机容量大小）有关。具有长期调节水库的水电站，一般径流利用率较高；对于调节性能差的水电站，因其可通过设置一部分重复容量而增大电站装机容量，从而也可提高径流利用系数。实际工作中，如果发现径流利用系数过低，水能资源利用程度很差，应考虑适当增加水电站装机容量的合理性。

水电站过水能力是指设计水头下全部装机容量工作时通过的流量。而梯级水电站之间过水能力的协调是水电站装机容量的选择是否适当的检验因素之一。一般地说，下级电站的过水能力应比上一级略大些。当然，还要结合区间流域面积和来水大小等因素分析确

定。如果区间不大，而下级水电站的过水能力与上级相比相差过大，则必须检查其装机容量是否偏大或偏小。此外，某些水电站下游有灌溉用水要求，还应考虑水电站的过水能力与灌溉要求的放水流量尽可能相协调。

水电站的经济指标，也是装机容量合理性分析时应当考虑的因素。例如，对于单位千瓦投资和单位电能投资指标优越的水电站，应该考虑其多装机的有利性，尤其是对那些调节性能好，不设重复容量的水电站。为此要研究适当延长设计负荷水平或扩大供电范围的可能性和合理性。即使装机容量的设计规模不变，也要考虑为将来预留机组扩大最终装机规模的合理性。水电站投资回收期是指以电能售价扣除成本后的年净效益回收总投资的年限。如果因当地电力较缺，电价较高，则投资回收期可能很短，应考虑多装机多发电的合理性。

各综合利用用水部门的要求和特点直接影响水电站所利用的水量和水电站的工作位置，从而影响装机容量的大小。例如，上游引水使水电站可用水量相应减少，下游灌溉期用水增大，将减少非灌溉期发电用水，可能使水电站保证出力下降。此外，如下游有供水和航运等要求，则水电站必须保持一定的基荷出力，这样水电站最大工作容量为两部分工作容量之和，其值比全部保证出力在峰荷工作时要小，从而装机容量也可能减少。

综上所述，水电站装机容量选择是一项涉及众多技术经济因素的十分复杂的工作，只有通过全面、综合的技术经济分析论证，才能最终选出较为满意的装机容量方案。

## 6.6　以发电为主的水库特征水位选择

### 6.6.1　水库正常蓄水位选择

水库正常蓄水位（或称正常高水位）是指水库在正常运用情况下，为满足设计兴利要求在开始供水前应蓄到的高水位。一般来说，无调节（径流式）水电站在任何时候水库水位原则上应保持在正常蓄水位不变；日调节水库每天在水电站调节峰荷以前应维持在正常蓄水位，只是在汛期有排沙要求等特殊情况下，才须降低水库水位运行；年（季）调节水库一般在每年供水期前可蓄到正常蓄水位；多年调节水库往往要在连续发生若干个丰水年后才能蓄到正常蓄水位。

正常蓄水位是水库及水电站的重要工程特征参数，它直接影响整个工程的规模以及有效库容、调节流量、装机容量、综合利用效益等指标，且直接关系到工程投资、水库淹没损失、移民安置规划以及地区经济发展等重大问题。现就有关正常蓄水位与综合利用各水利部门效益之间的关系以及有关的工程技术和经济问题，作如下分析。

#### 6.6.1.1　正常蓄水位与各水利部门效益之间的关系

1. 防洪

在水电站及水库工程的规划设计中，对于汛后入库来水量仍大于兴利设计用水量的情形，可采取防洪库容与兴利库容完全结合或部分结合的方式。在此情况下，随着正常蓄水位的提高，可直接增加水库调蓄库容，同时有利于在汛期内拦蓄洪水量，减少下泄洪峰流量，提高下游地区的防洪标准。但是，也应考虑到随着水库正常蓄水位的提高，可能对上游水库周边地区的防洪产生不利影响。

2. 发电

一般情况下，随着水库正常蓄水位的增高，水电站的保证出力、多年平均年发电量、装机容量等动能指标也将随之增加。当正常蓄水位较低时，这些动能指标随正常蓄水位方案提高而增加幅度较大，当正常蓄水位达到一定高程时，动能指标随正常蓄水位方案提高而增加的幅度逐渐减小。这是因为当正常蓄水位较低时，扣除死库容后水电站调节库容不大，因而水电站保证出力较小，水量利用程度不高，年发电量也不多；当正常蓄水位提高至使水库具备日调节能力时，水电站的最大工作容量及装机容量均大大增加，年发电量也相应增加；随着正常蓄水位的继续提高，水库调节性能由季调节逐渐变成年调节，弃水量越来越少，水量利用程度越来越高，随着调节流量与水头的增加，各动能指标还是继续增加的；当正常蓄水位提高到能使水库进行多年调节后，由于库区面积较大，水库蒸发及渗漏损失增加，因此如再提高正常蓄水位，往往只增加水头而调节水量增加较少，因而上述各动能指标值的增加相应逐渐减缓。

3. 灌溉和城镇供水

就灌溉和城镇供水部门考虑，随着水库正常蓄水位的增高，一方面可以加大水库的兴利库容，增加调节水量，扩大下游地区的灌溉面积及城镇供水量；另一方面，增高水库的正常蓄水位，也有利于上游地区从水库引水自流灌溉或对水库周边高地进行扬水灌溉及进行城镇供水。

4. 航运

水库的正常蓄水位不同，对航运部门的效益也会产生一定的影响。一般情况下，随着正常蓄水位的增高，水库对天然径流的调节作用随之增大，从而可加大枯水期的下游航运流量，增加航运水深，提高航运能力；另一方面，由于水库洄水向上游河道延伸，通航里程及水深均有较大的增加，从而可大大改善上游河道的航运条件。但是，也应考虑到随着正常蓄水位的增高，上、下游水位差加大，船闸结构及过坝通航设备均将复杂化。

**6.6.1.2** 正常蓄水位与有关的经济和工程技术问题

（1）随着正常蓄水位的增高，水库的大坝高度 $H_{坝}$ 可能会随之增加，进而水利枢纽的投资和年运行费也是递增的。在水利枢纽的建设总投资中，有很大一部分是大坝的投资 $K_{坝}$，其与坝高 $H_{坝}$ 的关系可表示为 $K_{坝}=aH_{坝}^{b}$，其中 $a$、$b$ 的取值与具体工程条件和特性有关，由于一般情况下有 $b\geqslant2$，因此随着正常蓄水位的增高，水利枢纽尤其拦河大坝的投资和年运行费是迅速递增的。

（2）随着正常蓄水位的增高，水库淹没范围必然会随之增大，相应的水库淹没损失必然相应增加，这不仅是一个经济问题，同时也是影响广大群众生产和生活的社会问题，并且往往涉及生态环境保护的问题。考虑到我国人多地少的实际和保持社会稳定的要求，一般情况下，要尽量避免淹没大片农田，以免对农业生产造成很大影响；要尽量避免重要城镇和较大城市的淹没。对待历史文物古迹的淹没，要考虑其文化价值及其重要性，必须对重点保护对象采取迁移或防护措施。对待矿藏和铁路的淹没问题，一般应考虑不淹没开采价值大、质量好、储量大的矿藏；铁路工程投资大，应尽量避免淹没，但经有关部门同意也可采取改线措施。总之，水库淹没是一个事关经济、社会和环境的重大问题，必须慎重处理。

(3) 随着正常蓄水位的增高，工程建设受坝址地质及库区岩性的制约因素愈多。因此，选择正常蓄水位时，要注意坝基岩石强度问题、坝肩稳定和渗漏问题、水库建成后泥沙淤积问题以及蓄水量是否发生外漏等问题。

综上所述，在进行水库正常蓄水位选择时，既要看到正常蓄水位的抬高对综合利用各水利部门效益的有利影响，也要看到它将受到投资、水库淹没、工程地质等问题的制约；既要看到抬高正常蓄水位对下游地区防洪的有利影响，也要看到水库形成后对上游地区防洪的不利影响；既要看到它对下游地区灌溉的效益，也要看到库区耕地的淹没与浸没问题；既要看到它对上下游航运的效益，也要看到河流筑坝后船筏过坝的不方便。在一般情况下，随着正常蓄水位的不断抬高，各水利部门效益的增加是逐渐减慢的，而水工建筑物的工程量和投资的增加却是加快的。因此，一般应通过方案比较，才能选出技术方面可行，经济、社会和环境方面合理的正常蓄水位方案。这里应强调的是，在选择正常蓄水位时，只要深入调查研究国民经济和社会发展的实际需求以及水库淹没损失等重大问题，认真贯彻国家有关方针政策，反复进行技术经济比较，及时与有关部门协商讨论，选择水库正常蓄水位这个重要问题是可以解决好的。

#### 6.6.1.3　正常蓄水位比较方案的拟定

首先根据河流梯级开发规划方案及有关工程具体条件，经过初步分析，定出正常蓄水位的上限值与下限值，然后在此范围内拟定若干个比较方案，以便进行深入的分析与比较。

关于正常蓄水位的上限方案，主要考虑下列因素：

(1) 库区的淹没、浸没损失。如果库区有大片耕地、重要城镇、工矿企业和名胜古迹等将要受到淹没，则须限制正常蓄水位的抬高。

(2) 坝址及库区的地形地质条件。当坝高达到某一定高度后，可能由于地形突然开阔和河谷过宽，使坝身太长；或者坝肩出现垭口和单薄分水岭；坝址地质条件不良，可能使两岸及坝基处理工程量很大，且可能引起水库的大量渗漏，上述情形可能限制正常蓄水位的抬高。

(3) 梯级开发的关系。拟定梯级水库的正常蓄水位时，应注意河流梯级开发规划方案，不应淹没上一个梯级水库的坝址或其电站位置，尽可能使梯级水库群的上下游水位相互衔接。

(4) 蒸发、渗漏损失。当正常蓄水位达到某一高程后，调节库容已较大，因而弃水量较少，水量利用率很高，如再抬高蓄水位，可能使水库蒸发损失及渗漏损失增加较多，最终得不偿失。

(5) 人力、物力、财力及工期的限制。修建大型水库及水电站，一般需要大量投资，建设期也相当长。因此，资金的筹措、建筑材料及设备的供应，施工组织和施工条件等因素，都有可能限制正常蓄水位的增高。

正常蓄水位的下限方案，主要根据各水利部门的最低兴利要求拟定。例如以发电为主的水库，应尽可能满足电力系统对拟建水电站所提出的最低发电容量与电量要求；以灌溉或城镇供水为主的水库，应尽可能满足地区发展规划及最必需的工农业供水量。此外，对在多泥沙河流上修建的某些水库，还要考虑泥沙淤积的影响，保证水库有一定的使用寿命。

正常蓄水位的上下限值选定以后，就可以在此范围内拟定若干个比较方案。一般地，在地形地质条件和淹没情况发生显著变化的高程处，应拟定供比较分析的中间方案；如在该范围内并无特殊变化，则各方案高程之间可等间距取值。通常，可拟定 4～6 个方案供比较选择。

**6.6.1.4** 选择正常蓄水位的步骤和方法

在拟定正常蓄水位的比较方案后，即可按以下步骤进行方案比选。

（1）拟定水库的消落深度。在正常蓄水位方案比较阶段，一般采用较简化的方法拟定各个方案的水库消落深度。对于以发电为主的水库，根据经验统计，可用水电站最大水头 $H''$ 的某一百分比初步拟定水库的消落深度 $h_{消}$，从而定出各个方案的调节库容。

坝式年调节水电站，$h_{消}=(25\%\sim30\%)H''$；坝式多年调节水电站，$h_{消}=(30\%\sim35\%)H''$；混合式水电站，$h_{消}=40\%H''$，其中 $H''$ 为坝所集中的最大水头。

对于以灌溉、供水为主的水库，其消落深度可适当增加些，尽可能增加兴利库容，减少弃水，增加调节流量。

（2）径流调节和水能计算。对各个方案进行径流调节和水能计算，求出各方案水电站的保证出力、多年平均年发电量、必需容量、装机容量以及灌溉面积、城镇供水量等水利动能指标。径流调节和水能计算一般采用等流量调节方法；但当下游水位变化对水头影响较大（如低水头水电站）或水头损失较大（如引水式水电站）或设计枯水段较长（如多年调节水库）时，宜采用等出力调节方法。如水库有补偿调节任务时，尚应根据补偿要求进行调节计算。

（3）枢纽投资及淹没指标计算。对各个方案计算水利枢纽各部分的工程量、各种建筑材料的消耗量、所需的机电设备以及整个工程的投资和年运行费。对综合利用水利枢纽而言，应该对共用工程（例如坝和溢洪建筑物等）分别计算投资和年运行费，以便在各部门间进行投资费用分摊。同时，对各个方案计算水库的淹没和浸没的实物指标和移民人数。首先根据不同防洪标准的洄水资料，估算各个方案的淹没耕地亩数、房屋间数和必须迁移的人口数以及铁路、公路改线里程等指标。再根据移民安置规划方案，求出所需的开发补偿费、工矿企业和城镇的迁移费和防护费用等。为防止库区耕地浸没和盐碱化，也须逐项估算相关措施的所需费用。

（4）替代措施选择及其相关经济指标计算。根据各方案径流调节和水能计算结果，求出各个方案之间的水利动能指标的差值。为了保证各个方案对国民经济作出同等的贡献，并使各方案可在同等基础上进行比选，上述各个方案之间的差值，应以恰当的替代措施补充。例如水电站可选凝汽式火电站作为替代电站，水库自流灌溉可根据当地条件选择提水灌溉或井灌作为替代措施，工业及城市供水可选择开采地下水作为替代措施等。对各正常蓄水位方案对应的替代措施，分别计算其投资、年运行费等经济指标。

（5）进行方案比较并选定正常蓄水位。根据各水利部门的效益指标及其应分摊的投资费用，对各方案进行系统的水利动能经济计算和比较，选定正常蓄水位。对于以发电为主的水库，如果其他综合利用要求相对不大，或者其效益在各正常蓄水位方案之间差别不大，则在方案比较阶段可以只计算水电站的动能经济指标，并对各方案之间的水电站必需容量与年发电量的差额，以替代火电站来补充，计算替代火电站的造价、年运行费和燃料费。在此基础上，计算各方案水电站的年费用 $AC_h$、替代火电站的补充年费用 $AC_t$ 和电力系统的年费用 $AC_s=AC_h+AC_t$。最后，可根据各方案电力系统年费用的大小，选出经济上最有利的正常蓄水位。

应该说明：

1）以上方案比选过程中，在进行国民经济评价时，所有经济指标均应按影子价格计算。

2）对各个方案进行国民经济评价时，除采用上述系统年费用 $AC_s$ 最小准则外，尚可采用差额投资经济内部收益率法，并进行不确定性分析。

3）对国民经济评价优选出来的正常蓄水位方案，尚须进行财务评价，计算财务内部收益率、财务净现值、贷款偿还年限等评价指标，以便论证该方案在财务上的可行性。在进行财务评价时，所有财务指标均按现行财务价格计算。

4）在上述国民经济评价和财务评价的基础上，最后须从技术、经济、社会、环境等方面进行全面的综合评价，保证所选出的水库规模符合地区经济、社会、环境可持续发展的要求，而且是技术上正确的、经济上合理的、财务上可行的方案。

#### 6.6.1.5 以发电为主的水库正常蓄水位选择举例

N水电站是S江上游干流梯级开发的第一级水电站，工程以发电为主，兼顾下游城镇防洪需要。N水电站水库坝址断面控制流域面积为564km²，多年平均年径流量 $W_{年}=7.29$ 亿 m³，经分析计算，该工程设计洪水（$P=1\%$）洪峰流量为3380m³/s，设计24h洪量为1.17亿 m³。

该水电站工程枢纽包括挡水坝、泄流坝、发电厂房、开关站等组成建筑物。工程所在河段为V字形河谷，两岸山体雄厚，地形对称，河谷宽高比为2.30。同时，该河段两岸岩石坚硬，岩体风化程度较浅。综合考虑地形地质条件及其他相关因素，最后选定该工程拦河坝坝型为抛物线双曲变厚拱坝，坝底高程135.00m，坝顶高程243.00m，最大坝高108.00m。现按给定的基本资料条件选择水库正常蓄水位。

1. 方案拟定

根据设计要求，综合分析水库库区的淹没、浸没损失，以及坝址和库区的地形、地质条件等因素，将N水电站水库正常蓄水位上限值定为249m。根据电力系统及各水利部门的最低兴利要求等因素，确定正常蓄水位不宜低于237m。在正常蓄水位上下限范围内拟定237m、240m、243m、246m、249m等5个方案供比选。

2. 方案比较

（1）对所拟定的每个比较方案，拟定水库的消落深度。然后，对设计代表年进行径流调节和水能计算，求出各方案的水电站保证出力、多年平均年发电量、水电站的最大工作容量、必需容量以及其他水利动能指标。

（2）根据施工进度计划及工程概算定出水电站的施工期限 $m=4$ 年和各年投资分配。计算水电站造价原值 $K_1'$ 及折现至施工期末的折算造价 $K_1$。

（3）计算水电站折算造价的本利年摊还值 $R_{P1}=K_1\dfrac{r_0(1+r_0)^{n_1}}{(1+r_0)^{n_1}-1}$。按《建设项目经济

评价方法与参数》（第三版）及《水利建设项目经济评价规范》（SL 72—94）的规定，取水电站投资收益率 $r_0=8\%$，经济寿命 $n_1=50$ 年。

（4）按式 $U_0=0.0175\ K_1'$ 计算水电站正常运行期的年运行费 $U_0$（年运行费率一般为造价原值的1.5%～2%，不包括折旧费率）。

（5）计算各方案的水电站年费用 $AC_h=K_1\dfrac{r_0(1+r_0)^{n_1}}{(1+r_0)^{n_1}-1}+U_0$。

（6）为使各方案同等程度地满足电力系统对电力、电量的要求，正常蓄水位较低的方案，应以替代电站（凝汽式火电站）的电力、电量补充，为简化计算，以第5方案为基准，计算各个方案的差额，最后可求得替代电站补充年费用 $AC_t$。其中，替代电站的经济寿命取为 $n_2=25$ 年。

（7）计算各方案电力系统的年费用 $AC_s=AC_t+AC_h$。

以上各项计算成果列于表6.9。

3. 计算成果分析

（1）对以上计算成果进行分析，各正常蓄水位方案在技术上都是可行的。从系统年费用看，以237m方案较为有利。

（2）根据径流调节计算成果分析，各方案的防洪功能相同，各方案的电站发电量及装机容量随正常蓄水位升高而增加，各方案的水量利用系数均已较高。但正常蓄水位237m方案相应的调节库容作为年调节水库较为勉强，而正常蓄水位大于240m方案后，基本上均可进行年调节。从本地区国民经济发展规划看，本电站建成后，将主要作为系统的调峰电源，适当增大电站规模是很需要的。

（3）从水库淹没损失来看，当正常蓄水位从237m提高到249m，淹没耕地和迁移人口数相差不大，考虑到移民环境容量有限及尽量降低水库淹没处理投资等因素，正常蓄水位以不高于240m为宜。

（4）从工程规模分析，当正常蓄水位由240m再进一步提高时，工程等别由三等升为二等，其大坝投资增加也相对较大，故从工程技术条件考虑，以正常蓄水位240m方案较简单。

4. 结论

从技术、经济、社会、环境等方面进行综合考虑，最后选择N水电站水库正常蓄水位240m方案。

**表6.9　N水电站水库正常蓄水位方案比较表**

| 序号 | 项　目 | 单位 | 方案1 | 方案2 | 方案3 | 方案4 | 方案5 |
|---|---|---|---|---|---|---|---|
| 1 | 正常蓄水位 $Z_n$ | m | 237 | 240 | 243 | 246 | 249 |
| 2 | 迁移人口 | 人 | 1271 | 1583 | 1733 | 1882 | 1909 |
| 3 | 淹没耕地 | 亩 | 680 | 754 | 829 | 903 | 978 |
| 4 | 水电站必需容量 $N_1$ | MW | 95 | 100 | 105 | 110 | 115 |
| 5 | $\Delta N_1$ | MW | 20 | 15 | 10 | 5 | 0 |
| 6 | 水电站多年平均年电能 $E_{aa}$ | 万MW·h | 32.28 | 32.75 | 33.23 | 33.69 | 34.08 |

续表

| 序号 | 项目 | 单位 | 方案1 | 方案2 | 方案3 | 方案4 | 方案5 |
|---|---|---|---|---|---|---|---|
| 7 | $\Delta E_1$ | 万MW·h | 1.80 | 1.33 | 0.85 | 0.39 | 0 |
| 8 | 水电站造价原值 $K_1$ | 万元 | 52241.12 | 56484.00 | 60968.62 | 65445.61 | 69747.55 |
| 9 | 水电站折算造价 $K_1$ | 万元 | 60032.53 | 64908.21 | 70061.68 | 75206.38 | 80149.92 |
| 10 | 水电站本利年摊还值 $R_{P1}$ | 万元 | 4907.23 | 5305.78 | 5727.04 | 6147.58 | 6551.68 |
| 11 | 水电站正常年运行费 $U_0$ | 万元 | 914.22 | 988.47 | 1066.95 | 1145.30 | 1220.58 |
| 12 | 水电站年费用 $AC_h$ | 万元 | 5821.45 | 6294.25 | 6793.99 | 7292.88 | 7772.27 |
| 13 | 替代电站补充装机容量 $\Delta N_2$ | MW | 21.0 | 15.75 | 10.5 | 5.25 | 0 |
| 14 | 替代电站补充年电量 $\Delta E_2$ | 万MW·h | 1.890 | 1.397 | 0.892 | 0.410 | 0 |
| 15 | 替代电站补充造价原值 $\Delta K_2'$ | 万元 | 9450.00 | 7087.50 | 4725.00 | 2362.50 | 0 |
| 16 | 替代电站补充折算造价 $\Delta K_2$ | 万元 | 10224.14 | 7668.11 | 5112.07 | 2556.04 | 0 |
| 17 | 替代电站补充补充造价本利年摊还值 $\Delta R_{P2}$ | 万元 | 957.79 | 718.34 | 478.89 | 239.45 | 0 |
| 18 | 替代电站补充年运行费 $\Delta U_2$ | 万元 | 425.25 | 318.94 | 212.63 | 106.31 | 0 |
| 19 | 替代电站补充年燃料费 | 万元 | 264.60 | 195.58 | 124.88 | 57.40 | 0 |
| 20 | 替代电站补充年费用 $AC_t$ | 万元 | 1647.64 | 1232.86 | 816.40 | 403.16 | 0 |
| 21 | 系统年费用 $AC_s$ | 万元 | 7469.09 | 7527.11 | 7610.39 | 7696.04 | 7772.27 |

### 6.6.2 设计死水位的选择

#### 6.6.2.1 概述

设计死水位（以下简称死水位），是指水库在正常运行情况下允许消落的最低水位。在一般情况下，水库水位将在正常蓄水位与死水位之间变动，其变幅即为水库消落深度。对于多年调节水库而言，当遇到设计枯水年系列时，才由正常蓄水位降至死水位。对于年调节水库而言，当遇到设计枯水年时才由正常蓄水位降至死水位；当遇到来水大于设计枯水年的年份时，水电站为了取得较大的平均水头和较多的电能，水库年消落深度可以小一些；当遇到特别枯水年份或者发生特殊情况（例如水库清底检修、战备、地震等）时，水库运行水位允许降至比设计死水位还要低一些的极限死水位。在确定极限死水位时，尚须考虑水库泥沙淤积高程、冲沙水位、灌溉引水高程等要求。在此水位高程，水电站部分容量受阻，但仍应能发出部分出力，这在选择水轮机时应加以考虑。在正常蓄水位与设计死水位之间的库容，即为兴利调节库容。在设计死水位与极限死水位之间的库容，则可称为备用库容。如图6.41所示。

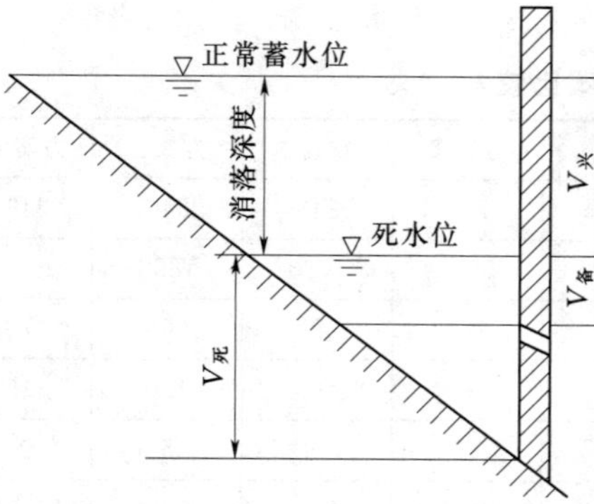


图6.41 水库死水位与备用库容位置

随着河流的不断开发，上下游梯级水库相继建成，设计水电站的死水位选择应考虑对梯级电站发电效益的影响。如果设计电站是梯级开发中的下级电站，其入库径流包括两部分，一部分是上级水库的出库径流，另一部分是区间径流。若设计电站的水库死水位定得比较高，则上级水库的出库径流经过本电站时利用的平均水头也就比较高，进而可增加这部分径流的发电量；反之，若设计电站的水库死水位定得比较低，则这部分径流的发电量相对就要低一些。可见，此时设计水电站的水库死水位适当高一些是有利的。

如果设计电站是梯级开发中的上级电站，其水库死水位定得低一些，则其兴利库容就比较大，枯水期的调节流量也比较大，从而可增大下级电站枯水期的入库流量及调节流量，并提高其保证出力；反之，若设计电站的水库死水位定得高一些，相应的下级电站保证出力相对就要低一些。可见，此时设计水电站的水库死水位适当低一些是有利的。

总之，随着河流梯级水电站的建成，各个水库死水位的确定应注意协调上下游梯级电站效益之间的关系，力求使梯级水电站群的总保证出力或总发电量最大，从而实现河流梯级开发总效益最大的目标。

#### 6.6.2.2 各水利部门对死水位的要求

1. 发电的要求

首先分析水电站在枯水年供水期的发电情况。其供水期电能 $E_{供}$ 取决于水库兴利库容 $V_{兴}$ 的大小及电站平均水头 $\overline{H}_{供}$ 的高低。由于在正常蓄水位给定的条件下，随着水库死水位的降低和消落深度的加大，其兴利库容 $V_{兴}$ 及调节流量 $Q_{调}$ 均随之增加，而相应的水电站供水期内的平均水头 $\overline{H}_{供}$ 却随之减小，因此，必然存在一个比较有利的消落深度，使水电站的供水期电能 $E_{供}$ 达到最大值 $E''_{供}$。为便于分析，可以把水电站供水期的电能 $E_{供}$ 划分为两部分，一部分为水库的蓄水库容电能（亦称水库电能）$E_{库}$，另一部分为供水期天然来水量 $W_{供}$ 产生的不蓄电能 $E_{不蓄}$，即

$$E_{供}=E_{库}+E_{不蓄} \tag{6.35}$$

其中

$$E_{库}=0.00272\eta V_{兴}\overline{H}_{供} \tag{6.36}$$

$$E_{不蓄}=0.00272\eta W_{供}\overline{H}_{供} \tag{6.37}$$

对于水库电能 $E_{库}$，死水位 $Z_{死}$ 愈低，$V_{兴}$ 愈大，虽供水期平均水头 $\overline{H}_{供}$ 稍小些，但其减小的影响一般小于 $V_{兴}$ 增加的影响，所以水库消落深度愈大，$E_{库}$ 亦愈大，只是增量愈来愈小，如图 6.42 上的①线所示。

对于不蓄电能 $E_{不蓄}$，情况恰好相反，由于供水期天然来水量 $W_{供}$ 是一定的，因而死水位 $Z_{死}$ 愈低，$\overline{H}_{供}$ 愈小，$E_{不蓄}$ 也愈来愈小，如图 6.42 上的②线所示。

由于供水期电能 $E_{供}$ 是这两部分电能之和，因此，当水库消落深度为某一值时，供水期电能可能出现最大值 $E''_{供}$，如图 6.42 上的③线所示。

对于蓄水期发电情况的类似分析表明，水库亦存在某一消落深度，使水电站蓄水期内的电能 $E_{蓄}$ 达到最大值 $E''_{蓄}$。但因蓄水期电能 $E_{蓄}$ 中的不蓄电能一般占主要部分，因此蓄水期 $E''_{蓄}$ 比供水期 $E''_{供}$ 所要求的水库消落深度小一些，相应的死水位高一些，如图 6.42 上的④线所示。

水电站在枯水年全年内所发的总电能 $E_{枯年}=E_{枯供}+E_{枯蓄}$，因此，将图 6.42 中的曲线

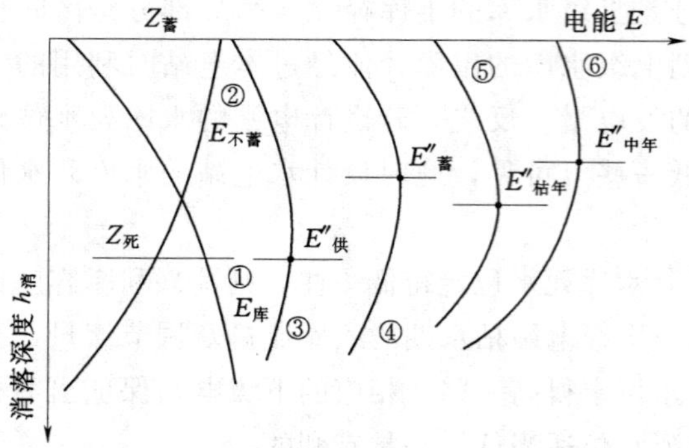


图 6.42 水库消落深度与电能关系曲线

③和④迭加，即得枯水年电能 $E_{枯年}$ 与水库消落深度 $h_{消}$ 的关系曲线⑤，进而可求得按枯水年电能考虑的比较有利的水库消落深度及其相应的枯水年电能的最大值 $E''_{枯年}$，与该消落深度对应的死水位即为按枯水年电能考虑所要求的较为有利的死水位。

同理，可以求出与中水年最大年电能 $E''_{中年}$ 对应的水库消落深度，如图 6.42 上的⑥线所示。比较这几根曲线可以看出，与中水年 $E''_{中年}$ 对应的水库消落深度比对应于枯水年 $E''_{枯年}$ 的水库消落深度小一些，即中水年要求的死水位高一些（图 6.42）。

类似地，也可求出与丰水年最大年电能 $E''_{丰年}$ 对应的水库消落深度，且丰水年要求的死水位更高一些。

由于水电站只有遇到设计枯水年（年调节水库）或设计枯水年系列（多年调节水库）时，供水期末水库水位才消落至设计死水位，因此在水电站建成后的正常运行时期，为了获得更多的年电能，水电站各年的消落深度应该是不同的，而水电站规划设计时所定的设计死水位主要是为确定水电站进水口的位置。在将来正常运行期内，根据入库天然来水等情况，可以适当调整死水位，即在运行期内水库死水位并不是固定不变的。

需要指出，上述动能效益最优的消落深度未计及水轮机运行效率特性的影响。实际上，由于水头过低可能引发机组效率骤降、汽蚀和机组振动以及机组受阻出力加大等问题，因此水轮机特性对最小水头的限制，有时可能成为选择水库消落深度及死水位的决定性条件。此外，死水位高低还将决定电站进水口闸门的位置，而过深的闸门，会带来制造上的困难和启闭运用上的不便。

2. 其他综合利用要求

当下游地区要求水库提供一定量的工业用水或灌溉水量，或要求下游河道满足一定的航运水深时，则应根据径流调节所需的兴利库容选择死水位。如果综合利用各用水部门所要求的死水位比按发电要求的死水位高，则可按发电要求选择设计死水位；如果情况相反，综合利用各用水部门所要求的死水位比按发电要求的死水位低，此时应根据主次要求选择水库死水位：当水库主要任务为发电时，则在尽量满足综合利用要求的情况下，按发电要求选择设计死水位；当水库主要任务为灌溉或城市供水时，则在适当照顾发电要求的情况下，按综合利用要求选择设计死水位。在一般情况下，发电与其他综合利用部门在用水量及用水时间上往往有一些矛盾，尤其是当水电站要担任电力系统的调峰等任务时，下泄流量很不均匀，而供水与航运部门则要求水库均匀地下泄流量，此时应在水电站下游修建反调节池或通过其他措施加以解决。

当上游地区要求从水库引水自流灌溉，在选择死水位时，应考虑总干渠进水口引水高程的要求，尽可能扩大自流灌溉的控制面积。当上游河道尚有航运要求时，选择死水位时应考虑上游港口、码头、过坝船闸的使用以及泥沙淤积高程等约束条件。此外，死水位的选择还应考虑库区水产养殖、水利卫生及水环境等方面的要求。

**6.6.2.3** 选择死水位的步骤与方法

基于以上分析，对于以发电为主的水库死水位的选择，应主要考虑发电要求，同时考虑各水利部门的综合利用要求以及对上下游梯级水电站的影响，合理地拟定若干死水位方案，然后对各方案进行技术经济比较，结合社会、环境等因素进行综合分析，选择比较有利的死水位。其步骤与计算方法大致如下。

1. 方案拟定

在已定的正常蓄水位条件下，根据水库消落深度的能量特性，考虑电站机组的工作条件、泥沙淤积及综合利用要求等因素，估计水库消落可能变化的范围，分析确定死水位的上、下限。

选择水库死水位的上限，一般应考虑下列因素：①通常为获得最大多年平均年电能所应选择的死水位，比为获得最大保证出力所应选择的死水位高。因此水电站水库的上限方案，应稍高于具有最大多年平均年电能对应的死水位；②对于调节性能不高的水库，应尽可能保证能进行日调节所需的库容；③对于调节性能较高的水库，尽可能保持具有多年调节性能。

选择水库死水位的下限，一般应考虑下列因素：①如水库具有综合利用要求，死水位的下限不应高于灌溉、城市供水及发电等引水所要求的高程；②考虑水库泥沙淤积对进水口高程的影响；③死水位也不能过低，要考虑进水口闸门制造及启闭机的能力或水轮机制造厂家所保证的最低水头；④水产养殖及水环境对水库水体及水面的最低要求。

此外，根据对以发电为主的28座水库资料的统计，最有利的消落深度均在水电站最大水头的20%～40%范围内变动，其平均值约为最大水头的30%。对于综合利用水库，或对下游梯级水电站有较大影响的龙头水库，或者完全多年调节水库，其消落深度一般为最大水头的40%～50%左右。上述统计数据可供选择死水位的上、下限方案时参考。

当水库死水位上、下限确定后，在该上、下限之间拟定若干个中间方案，求出相应的兴利库容和水库消落深度。

2. 水利动能计算

对各个死水位方案进行径流调节和水能计算，得出各个方案的调节流量 $Q_{调}$、保证出力 $N_{保}$ 和多年平均年发电量$\overline{E}_{水}$。并通过系统电力电量平衡，求出各方案的水电站最大工作容量 $N''_{水工}$、必需容量 $N_{水必}$与装机容量 $N_{装}$。

3. 经济计算

对各个死水位方案，计算水工建筑物和机电设备的投资、年运行费和相应的年费用 $AC_h$。为使各个死水位方案能同等程度地满足系统对电力、电量的要求，尚须计算各个方案相应的替代电站的补充必需容量与补充年电量，从而求出不同死水位方案相应的替代电站的补充年费用 $AC_t$。

在此基础上，进一步计算各方案的系统年费用 $AC_s = AC_h + AC_t$。

4. 选定死水位方案

根据系统年费用最小准则，并考虑综合利用要求以及其他因素，最终选择合理的死水位方案。

#### 6.6.2.4　以发电为主的水库死水位选择举例

已知某大型水库的正常蓄水位为 110m 高程。现拟应用方案比较法选择该水库的设计死水位。

1. 方案拟定

已知水电站的最大水头 $H''=80$m，水库为不完全多年调节。经分析，拟定水库消落深度为最大水头的 30%、35%及 40%等 3 个方案，其死水位分别为 78m、82m 及 86m。

2. 水利、动能、经济计算

为便于进行方案比较，对各死水位方案进行有关水利、动能、经济计算，成果列于表 6.10。

3. 方案选定

从本工程的实际情况出发，为最终确定水库死水位，在表 6.10 所列计算成果的基础上，尚需考虑以下几点：

(1) 各死水位方案在技术上都是可行的。从系统年费用看，以死水位 78m 方案较为有利。

(2) 水库设计死水位较低，调节库容较大，相应调节流量也较大，易于满足综合利用用水量要求，且实际运行过程中水库调度比较灵活。

(3) 若水库设计死水位低于 78m 高程，则灌溉引水高程不能满足扩大自流灌溉面积等要求。

综合以上分析，本工程以选择水库设计死水位 78m 方案较好。

**表 6.10　某水电站水库死水位方案比较**

| 序号 | 项　目 | 单位 | 方案 1 | 方案 2 | 方案 3 | 备　注 |
|---|---|---|---|---|---|---|
| 1 | 死水位 $Z_{死}$ | m | 78 | 82 | 86 | 假设 |
| 2 | 保证出力 $N_{保}$ | MW | 198 | 190 | 180 | |
| 3 | 多年平均年电能 $E_{aa}$ | 万 MW·h | 220 | 230 | 240 | |
| 4 | 水电站年电能增量 $\Delta E_1$ | 万 MW·h | 20 | 10 | 0 | 以方案 3 为基准 |
| 5 | 水电站必需容量 $N_1$ | MW | 625 | 600 | 570 | |
| 6 | 水电站必需容量增量 $\Delta N_1$ | MW | 0 | 25 | 55 | 以方案 1 为基准 |
| 7 | 水电站引水系统造价 $I_h$ | 万元 | 62500 | 58000 | 54000 | |
| 8 | 水电站引水系统造价年摊还值 $R_h$ | 万元 | 5241.3 | 4863.9 | 4528.4 | $R_h=I_h[A/P,i_s,n=40]$ |
| 9 | 水电站引水系统年运行费 $U_h$ | 万元 | 1562.5 | 1450.0 | 1350.0 | $U_h=I_h\times 2.5\%$ |
| 10 | 水电站引水系统年费用 $AC_h$ | 万元 | 6803.8 | 6313.9 | 5878.4 | $AC_h=R_h+U_h$ |
| 11 | 替代电站补充必需容量 $\Delta N_2$ | MW | 0 | 27.5 | 60.5 | $\Delta N_2=1.1\Delta N_1$ |
| 12 | 替代电站补充年电量 $\overline{E}_2$ | 万 MW·h | 21.0 | 10.5 | 0 | $\overline{E}_2=1.05\Delta \overline{E}_1$ |
| 13 | 替代电站补充造价 $\Delta I_t$ | 万元 | 0 | 12375 | 27225 | $\Delta I_t=4500\Delta N_2$ |
| 14 | 替代电站补充造价本利年摊还值 $\Delta R_t$ | 万元 | 0 | 1159.3 | 2550.4 | $\Delta R_t=\Delta I_t[A/P,i_s,n=25]$ |

续表

| 序号 | 项　目 | 单位 | 方案1 | 方案2 | 方案3 | 备　注 |
| --- | --- | --- | --- | --- | --- | --- |
| 15 | 替代电站补充年运行费 $\Delta U_t$ | 万元 | 0 | 618.8 | 1361.3 | $\Delta U_t=\Delta I_t\times 5\%$ |
| 16 | 替代电站补充燃料费 $\Delta U_t'$ | 万元 | 1050 | 525 | 0 | $\Delta U_t'=0.05\overline{E}_t$ |
| 17 | 替代电站补充年费用 $AC_t$ | 万元 | 1050 | 2303.1 | 3911.7 | $AC_t=\Delta R_t+\Delta U_t+\Delta U_t'$ |
| 18 | 系统年费用 $AC_s$ | 万元 | 7853.8 | 8617.0 | 9790.1 | $AC_s=AC_h+AC_t$ |

### 6.6.3 水库防洪特征水位的选择

水库防洪特征水位主要有防洪限制水位、防洪高水位、设计洪水位、校核洪水位等。对于综合利用水库而言，确定防洪特征水位时，必须根据水库的兴利任务（如灌溉、城镇和工业供水、水力发电等引用水）、防洪任务以及水工建筑物的安全标准，对河流的径流变化规律及兴利库容与防洪库容可能结合的程度进行分析；还必须结合水利枢纽建筑物布置中对泄洪建筑物型式、尺寸及有关高程的选择，拟定水库的调洪运用方式，进行洪水调节计算；最后，还要进行综合的技术经济比较。

1. 防洪限制水位的选择

前已指出，防洪限制水位是指水库在汛期允许兴利蓄水的上限水位。它是水库汛期防洪运用时的起调水位。在水库运行阶段，汛期未出现洪水时，应严格控制水库蓄水不超过防洪限制水位。当出现洪水时，入库洪水流量大于水库的出库流量时，水库开始调蓄洪水，水位超出防洪限制水位，水库利用防洪限制水位以上部分的容积拦蓄洪水，起到滞蓄洪水和削减洪峰流量的作用。在水库对洪水进行调节并出现调洪最高水位后，水库即应按合理的泄洪流量，尽快消落至防洪限制水位，以便拦蓄可能出现的下一次洪水。在综合利用水库规划设计中，选择防洪限制水位，不仅要考虑防洪要求，还应考虑其对水库兴利效益可能产生的影响，因此，为选择防洪限制水位，必须研究防洪限制水位 $Z_{限}$ 与防洪高水位 $Z_{防}$ 和正常蓄水位 $Z_{蓄}$ 之间的相互关系，实际上可以归结为防洪库容的位置问题。现分3种情况进行讨论。

(1) 防洪限制水位与正常蓄水位重合。这是防洪库容与兴利库容完全不结合的情况[图 6.43 (a)]。如果在整个汛期内，大洪水随时都可能出现，任何时刻都应预留一定防洪库容；而汛期一结束，即出现入库水量小于出库水量，水库进入供水期，水位开始消落，这时，汛末的防洪限制水位，就是汛后的正常蓄水位。

(2) 防洪高水位与正常蓄水位重合。若在汛期初，水库只允许蓄到防洪限制水位，到汛末水库再继续蓄到正常蓄水位，这是最理想的情况。因为这时防洪库容能够与兴利库容完全结合，水库的这部分容积，将得到充分的综合利用[图 6.43 (b)]。这种情况可能出现在汛期洪水变化规律较为稳定的河流，或者洪水出现时期虽不稳定，但所需防洪库容较小的工程。

(3) 介于上述两种情况之间的情况。显然，这是防洪库容与兴利库容部分结合的情况，也是一般综合利用水库常遇到的情况[图 6.43 (c)]。大多数河流洪水都是在汛期发生的，为了保证防洪安全，在整个汛期内水库应预留一定防洪库容，只有在对所出现的洪水进行调蓄时，才允许水位超出防洪限制水位，甚至超出正常蓄水位，洪水过后水库应立即将所拦蓄的水量泄放出去，使水位降回到防洪限制水位，以腾出库容，准备调蓄后来的洪水。而在汛期结束后的一段时间内天然来水仍可能较大，超过用水需求，这时水库可将多余水量蓄存起来，直至蓄到正常蓄水位，以满足供水期的用水需要。

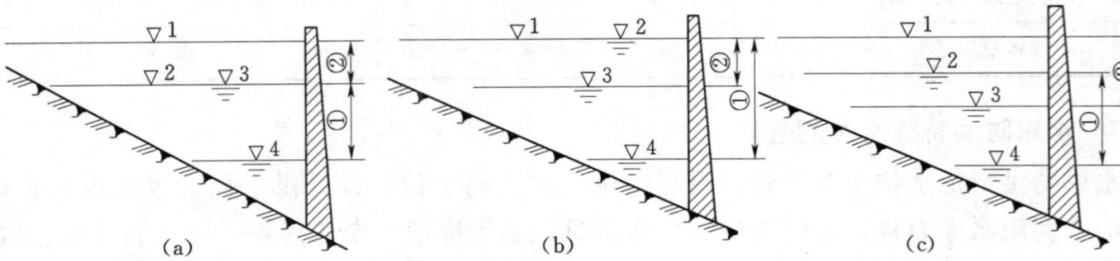


图 6.43　防洪库容位置图

1—防洪高水位；2—正常蓄水位；3—防洪限制水位；4—死水位；
①—兴利库容；②—防洪库容

应该指出，我国各地区河流汛期的出现时间与历时长短不同，但一般说来，河流在整个汛期内往往仅有一段时间可能发生大洪水，其他时间仅会发生较小洪水。因此为兼顾防洪和兴利要求，水库在汛期内的防洪限制水位就应该不同，即可采用分期防洪限制水位方案。例如，在可能发生大洪水的伏汛期内，其防洪限制水位应该低些，使预留的防洪库容足以满足调蓄大洪水的要求。在秋汛期内，由于一般仅发生较小洪水，其所需防洪库容较小，这时防洪限制水位就可适当抬高，进而可相应增加兴利库容中的蓄水量，使防洪库容与兴利库容尽可能多地结合起来，如图 6.44 所示。当然，并不是所有河流的洪水都有这样明显的规律性，有些河流在整个汛期内都可能发生大洪水，那么防洪限制水位就不再分期了。

此外，研究防洪库容与兴利库容结合使用的程度，需要分析洪水变化规律及水库来水和用水直接的关系。若汛期结束后，入库径流除满足正常供水之外仍有多余水量蓄水，那么汛后水库充蓄的容积，即为防洪与兴利结合库容。现以下例说明。

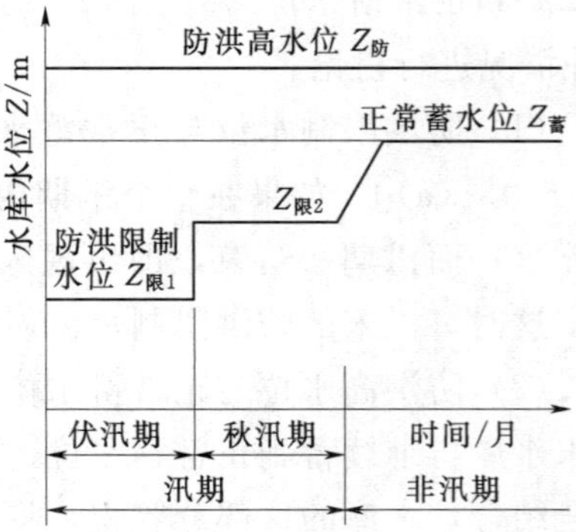


图 6.44　分期防汛限制水位位置图

设某水库的正常蓄水位已定为 710.0m，相应库容为 178.0 亿 $m^3$，已知该水库在设计枯水年 11 月下旬初开始供水，故水库应于 11 月中旬末蓄至正常蓄水位。因该水库汛期在 9 月底结束，则其汛后蓄水的时期为 10 月上旬至 11 月中旬，相应地，根据各旬的入库水量、水库供水量，逆时序进行调节计算，得到 9 月下旬末水库蓄水量为 151.8 亿 $m^3$，相应水位 708.00m 即为防洪限制水位；汛后蓄水期增蓄水量 178.0－151.8＝26.2（亿 $m^3$），即为防洪与兴利结合库容。见表 6.11。

**表 6.11　　某水库汛期末（9月底）防洪限制水位的计算**

| 序号 | 项　目 | 汛　期 | 汛后蓄水时期 | | | | |
|---|---|---|---|---|---|---|---|
| 1 | 月、旬 | 9月下旬 | 10月上旬 | 10月中旬 | 10月下旬 | 11月上旬 | 11月中旬 |
| 2 | 旬来水量/亿 $m^3$ | | 21.00 | 18.30 | 15.40 | 13.10 | 11.30 |
| 3 | 旬供水量/亿 $m^3$ | | 10.00 | 10.30 | 10.60 | 10.90 | 11.10 |
| 4 | 旬蓄水量/亿 $m^3$ | | 11.00 | 8.00 | 4.80 | 2.20 | 0.20 |
| 5 | 旬末水库蓄水总量/亿 $m^3$ | 151.80 | 162.80 | 170.80 | 175.60 | 177.80 | 178.00 |
| 6 | 旬末水库水位高程/m | 708.00 | | | | | 710.00 |

2. 防洪高水位与水库下游安全泄量的选择

防洪高水位是指出现与下游防洪保护对象防洪标准相应的设计洪水时，为确保下游防洪安全，水库对洪水进行调节的过程中出现的坝前最高水位。水库在汛期控制运行中，必须将防洪高水位作为一个重要的控制水位。当出现的洪水不超过下游防洪标准洪水时，应控制水库最高蓄水位不超过此水位，同时应确保下游的防洪安全。当出现超过下游防洪标准的大洪水时，水库蓄水将超出防洪高水位。一旦出现这种情况，应尽快改变水库运用方式，不再以满足下游防洪要求为目的，而应转变为从水库的安全角度出发，合理加大水库的泄洪流量。亦即当出现超过下游防洪标准的大洪水时，则确保水库安全成为首要任务，下游发生洪水灾害损失已在所难免。

选择防洪高水位时，首先应研究下游防护对象的防洪标准。各类防护对象的防洪标准，应根据防洪安全的要求，并考虑经济、政治、社会、环境等因素，综合论证确定。有条件时，应根据不同防洪标准所可能减免的洪灾经济损失与所需的防洪费用进行对比分析，合理确定防洪标准。例如，当出现防洪保护对象防洪标准相应的设计洪水时，为确保防护对象的安全，可考虑修建防洪水库及在下游修建堤防工程等措施。此时，需要考虑水库防洪库容及下游堤防工程规模的多种组合方案。通常，若多留些防洪库容，则下游河道堤防可修建得低一些；反之，若防洪库容较小，则下游堤防须修建得高一些。规划设计时，应通过方案比较选出最为有利的组合方案。由于正常蓄水位已确定，防洪高水位的高低，不影响水电站的动能效益及其他部门的兴利效益。因此，可以简化经济计算。先假设若干个下游安全泄流量 $Q_{安}$ 方案，通过水库调洪计算，求出各方案所需的防洪库容 $V_{防}$ 及相应的防洪高水位 $Z_{高}$（图 6.45）。然后分别计算各方案由于设置防洪库容 $V_{防}$ 所需增加的坝体和泄洪工程的投资、年运行费和年费用 $AC_{库}$，再计算各方案的堤防工程年费用 $AC_{堤}$，求出总年费用 $AC=AC_{库}+AC_{堤}$，作出防洪高水位 $Z_{高}$ 与总年费用 $AC$ 的关系曲线（图 6.46）。根据总年费用 $AC$ 较小的原则，再征求有关部门对堤防工程等方面的意见，经分析比较后即可定出合理的防洪高水位 $Z_{高}$ 及相应的下泄安全泄流量值 $Q_{安}$。根据定出的 $Q_{安}$ 及相应的河道水位，可以进一步确定水库下游的堤防高程。

3. 设计洪水位及校核洪水位的选择

设计洪水位是指水库遇大坝设计洪水时，在调洪过程中坝前达到的最高水位。它是正常运用情况下允许达到的最高库水位，也是挡水建筑物稳定计算的主要依据。校核洪水位则是指水库遇大坝校核洪水时，在调洪过程中出现的坝前最高水位。它是水库非常运用情况下允许临时达到的最高调洪水位，是确定坝顶高程及进行大坝安全校核的主要依据。在水利枢纽总体布置中，若已确定溢洪道的型式，则在定出水库下游的安全泄流量后，即应决定溢洪道的经济尺寸及相应的设计洪水位和校核洪水位。

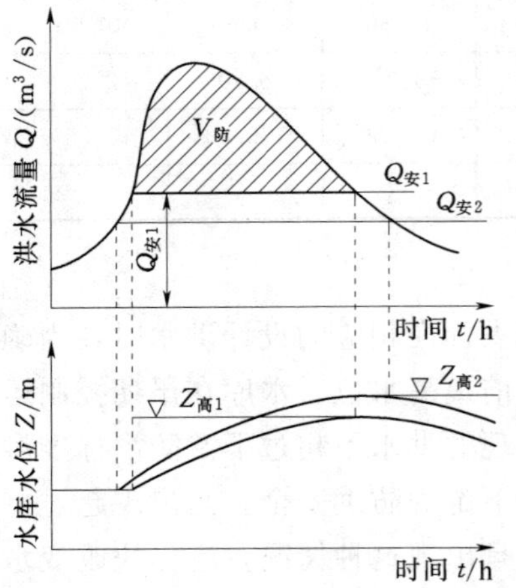


图 6.45　防洪高水位与下游安全泄量关系

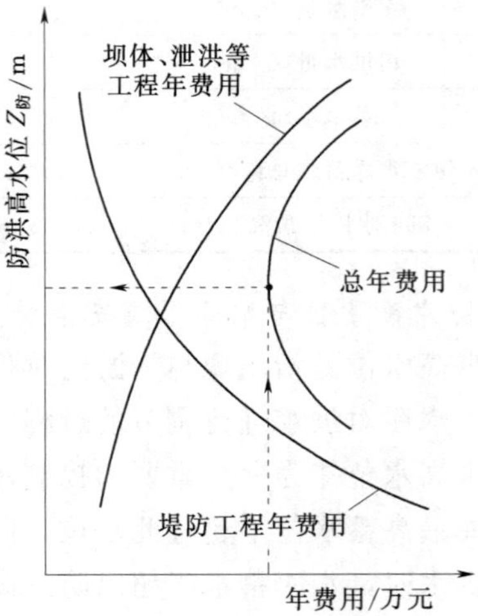


图 6.46　防洪高水位与总年费用的关系

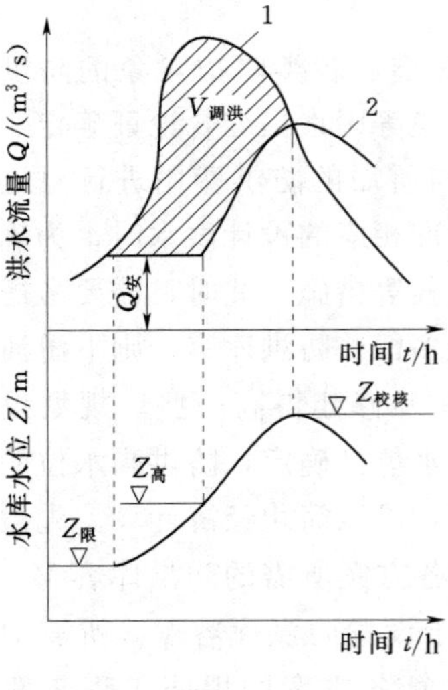


图 6.47　水库校核洪水位的推求

1—校核洪水过程线；2—水库下泄流量过程线

以某水电站为例，其下游地区的防洪标准为 $P=2\%$。关于设计永久性水工建筑物所采用的洪水标准，应根据工程规模及重要性和基本资料等情况而定。根据《水利水电工程等级划分及洪水标准》（SL 252—2000）的规定，结合本水电站的具体条件，大坝、溢洪道等主要水工建筑物应按千年一遇洪水设计，并对万年一遇洪水进行校核。

在汛期内，当水库蓄水至规定的防洪限制水位后，如果入库洪水小于或等于下游地区的防洪标准（$P=2\%$）洪水，则要求来多少流量，泄多少流量，但最大下泄流量不超过规定的下游安全泄流量 $Q_{安}$。水库水位超过防洪高水位后，如入库洪水仍继续上涨，除非有特殊的规定，一般不限制水库的下泄流量，以保证水库大坝安全。当入库洪水为大坝的设计标准（$P=0.1\%$）洪水，经水库拦蓄后坝前达到设计洪水位。当入库洪水为校核洪水（$P=0.01\%$）时，经水库调蓄后坝前达到校核洪水位，如图 6.47 所示。

显然，对一定的防洪限制水位及下游安全泄流量而言，溢洪道尺寸较大的方案，水库最大下泄流量较大，相应的水库设计洪水位和校核洪水位较低，所需的拦洪库容和调洪库容较小，因而坝体工程的投资和年运行费用较少，但溢洪道及闸门等投资和年运行费用较大；溢洪道尺寸较小的方案，则情况相反。实际工程规划设计中，可根据具体情况拟定几个溢洪道尺寸方案，经调洪计算求出相应的设计洪水位及校核洪水位，并计算各个方案的坝体、溢洪道等工程的总年费用。在此基础上，结合工期、淹没损失等条件，经综合分析比较，选择合理的溢洪道尺寸，以及相应的设计洪水位、校核洪水位。

必须说明，防洪限制水位、下游安全泄流量、溢洪道尺寸及设计洪水位、校核洪水位之间都有着密切的关系，有时需要反复调整，反复修改，直至符合各方面要求为止。

此外，水库特征水位的选择，涉及众多的技术经济因素和复杂的环境、社会等方面的问题，方针政策性很强，往往要先粗后细，反复进行，不断修改，最后才能合理确定。

## 6.7 抽水蓄能电站

### 6.7.1 抽水蓄能电站的工作原理

抽水蓄能电站是以一定水量作为能量载体，通过能量转换向电力系统提供电能的一种特殊形式的水力发电站。为此，其上、下游均需设有用以容蓄能量转换所需水体的水库，且需兼备抽水和发电两类设施。

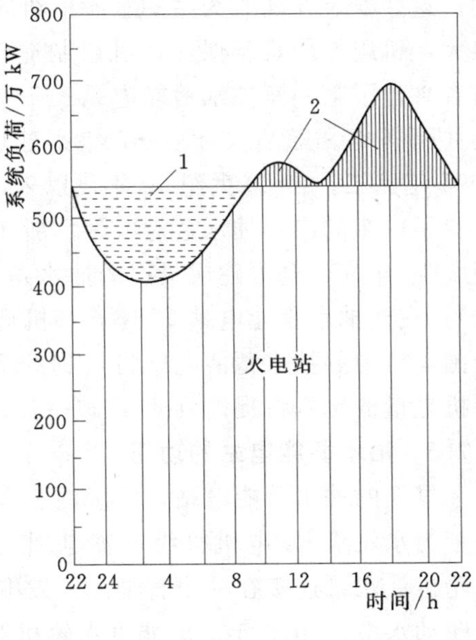


图 6.48 抽水蓄能电站工作示意图

1—蓄能电站抽水；2—蓄能电站发电

抽水蓄能电站是电力系统发展到一定阶段的产物。由于电力系统的用电户包括工业、农业、市政公用事业及交通运输等众多部门，而不同用电户的用电特点也不相同，往往造成电力系统在一昼夜内的负荷很不均衡，上、下午及晚上各有一个高峰，中午及午夜后各有一个低谷。在以火电为主的电力系统中，常常缺乏调峰容量；午夜后系统负荷大幅度下降，但由于火电站受最小技术出力的限制，不易压低其出力，迫使电力系统超周波运行，降低了供电质量。抽水蓄能电站就是利用系统午夜后多余的电能，从电站下水库抽水到上水库中，以位能形式储存起来；待到系统高峰负荷时，则与一般水电站一样发电，将上水库所蓄水量放下，驱动水轮发电机组发出电能，并将电能送往电力系统，这时用以发电的水体又回到下水库。可见，抽水蓄能电站既是一个吸收低谷电能的电力用户（抽水工况），又是一个提供峰荷电力的水电站（发电工况），每昼夜如此工况交替，循环不已，如图 6.48 所示。

当电站上水库较大时，则可将汛期一部分多余水量从河流中抽到上水库中蓄存起来，等到枯水期水量不足时再补充来水供发电之用。

### 6.7.2 抽水蓄能电站的发展简况

最早的抽水蓄能电站于 1882 年在瑞士苏黎世兴建，功率仅 515kW，抽水扬程 153m，将汛期多余水量从河流或下水库抽蓄到上水库中，供枯水期放水发电之用。此后，抽水蓄能电站逐渐增多，到 1930 年，全世界抽水蓄能电站达 42 座，大多数在瑞士和当时的德国境内，其中有四分之一电站的抽水扬程在 300m 以上。这一时期，抽水蓄能电站最大的单机容量为 3.3 万 kW，最大的电站装机容量为 13.2 万 kW。20 世纪 60 年代，全世界抽水蓄能电站平均每年装机 125 万 kW，70 年代为 299 万 kW，80 年代 561 万 kW。自 1960 年至 1990 年的 30 年间，全世界抽水蓄能电站总装机容量增加了 28 倍。到 2005 年，全世界抽水蓄能电站总装机容量已经达到 1.2 亿 kW。不少水电比重大的国家的抽水蓄能电站比重已超过 10%。如常规水电占全国发电总装机容量比例接近 50%的奥地利，其抽水蓄能占总装机容量的比例达 16%；常规水电占全国发电总装机容量比例超过 60%的瑞士，其抽水蓄能占总装机容量的比例达到 12%。

我国的抽水蓄能电站起步较晚。1968 年，河北省石家庄附近的岗南水电站安装了一台由日本引进的抽水蓄能机组，容量为 1.1 万 kW。1972 年，北京郊区的密云水电站又安装了两台国产的类似机组，但由于水库调度和试制机组的质量问题，没有很好地发挥作用。这些安装在灌溉为主的水库枢纽的抽水蓄能机组，水头不高，容量又小，水头变幅却很大，机组性能难于保证，机组制造较复杂，成本很高，故以后没有再建。1979 年，台湾省兴建了第一座抽水蓄能电站——明湖电站，装机容量为 4×25 万 kW，于 1985 年建成并网送电。随后又于 1987 年兴建明潭抽水蓄能电站，装机容量为 6×26.7 万 kW，1995 年完工。自 20 世纪 90 年代以来，我国抽水蓄能电站进入相对发展较快时期，先后兴建了广东的广州抽水蓄能电站、浙江的天荒坪抽水蓄能电站等一批大型抽水蓄能电站。到 2014 年底，全国建成投产的抽水蓄能电站共 24 座，装机容量 2181 万 kW（不含台湾省）；在建抽水蓄能电站 17 座，装机规模为 2114 万 kW（不含台湾省）。预计到 2020 年，全国运行中的抽水蓄能电站将达到约 7000 万 kW，届时，我国抽水蓄能电站占全国发电装机总量的比例将提高到 4.4%左右。

### 6.7.3　抽水蓄能电站的功用

早期的抽水蓄能电站，厂房内装有两套机组，一套为电动机-水泵机组（抽水用），另一套为水轮机-发电机机组（发电用）。1927 年，开始使用一套直联式机组，将发电机、水轮机、水泵连接在一个直轴上。发电时由水轮机转动发电机，抽水时则发电机用作电动机驱动水泵。1940 年，已能将水轮机制成兼作水泵用。这种机组，称为可逆式机组。近代的抽水蓄能电站，一般均采用可逆式机组。

目前工作水头在 600m 以下的抽水蓄能电站，几乎全部采用可逆式机组，这种机组的制造技术发展迅速，其运行灵活性有的已超过常规水力发电机组。由于水泵-水轮机的转轮可在空气中以额定转速空转，所以目前最先进的可逆式机组（例如单机容量为 30 万 kW 和工作水头为 530m），从开始担任负荷到满负荷运行仅需 11s（一般约 1～3min），运行可靠性也大为增加。正是由于抽水蓄能电站的这些技术特点，抽水蓄能电站在电力系统中发挥着十分重要的作用。

1. 调峰

抽水蓄能电站白天与常规水电站配合，担任电力系统峰荷中的尖峰部分。峰荷的上升与下降变动比较剧烈，蓄能机组适应负荷变动的能力很强，能够跟踪负荷的变化。例如英国狄诺威克（Dinorwic）抽水蓄能电站，可在 10s 内由零出力达到 130 万 kW，而且在此出力下维持运行 8h，不需抽水。

2. 填谷

抽水蓄能电站夜间或周末利用电力系统富余电能抽水，使火电机组不必降低出力或停机，保持在热效率较高的区间运行，从而节省燃料，并提高系统运行的安全、稳定性。填谷作用是抽水蓄能电站独具的优点，常规水电站即使是调峰性能再好，也不具备填谷作用。

当机组处于水泵工况而遇系统供电量减少的情况，机组可立即停止，或快速转为发电工况。

3. 备用

抽水蓄能电站启动灵活、迅速，从停机状态启动至带满负荷仅需 1～3min，由抽水工况转换到发电工况也只需 3～4min，因此适于担任电力系统的事故备用容量。

4. 调频

抽水蓄能电站承卸负荷迅速灵活，负荷跟踪性能好。当电力系统周波偏离正常值时，它能立即调整周波，使之维持在正常范围内，而火电机组远远适应不了负荷陡升陡降。例如，30 万 kW 火电机组的爬峰速度每分钟仅为容量的 1%，而抽水蓄能机组就快得多，如美国勒丁顿（Ludington）抽水蓄能电站单机容量 34.3 万 kW，机组全部投入仅需 160s，卢森堡菲安登（Vianden）抽水蓄能电站，2min 可投入 110 万 kW 容量。

5. 调相

抽水蓄能电站的同步发电机，在没有发电和抽水任务时，可用来调相。抽水蓄能电站一般距离电力系统负荷中心较近，控制操作方便，可以多带系统的无功负荷，对改善系统电压质量十分有利。

此外，抽水蓄能电站在提高水电效益方面也起着重要作用。例如，对于具有调峰能力的常规水电站，到了汛期，为了避免或减少弃水，一般都发满出力，在电力系统中实际担任了基荷或腰荷，在此期间，系统的调峰能力大为减小。特别是库容较小的常规水电站，在电网负荷低谷时，必须减负荷甚至完全停机而弃水。抽水蓄能电站此时恰可利用这些水电站的弃水负荷来抽水蓄能，并用于系统峰荷时发电，从而达到充分利用水能的目的。对于具有农田灌溉等综合利用任务的水电站，其发电常受到其他任务的限制，在灌溉季节，水电站需要连续发电，实际上成为基荷电站；在非灌溉季节，又常因天然来水不足而使电站不能发电，根本起不了应有的调峰作用。若在这样的水电站装设一定的抽水蓄能机组，则每日仍可发电担任峰荷，夜间再从下水库抽水回到上水库，从而避免了发电与灌溉争水，使水电机组得以发挥其调峰作用。实际上这类电站装设抽水蓄能机组后，其他常规水电机组也可以多发电，因而提高了全厂的调峰能力。为充分开发利用西部地区丰富的水能资源，实现能源资源的优化配置，我国正在实施“西电东送”的电力发展战略。由于长距离输电系统投资巨大，因而需要连续满容量输电，实际上大部分输送的是基荷电力，而东部受电地区的负荷每日都是不均衡的，峰谷负荷相差很大。抽水蓄能电站可以通过其抽水、发电工况的循环交替，对所输送的基荷电力进行调节和转换，使之满足受电地区负荷变化的需要。

### 6.7.4 抽水蓄能电站的分类

#### 6.7.4.1 按厂房内机组组成与作用分类

按抽水蓄能电站厂房内机组的组成与作用，可将其分为以下几类。

1. 纯抽水蓄能电站

这类抽水蓄能电站的厂房内机组全部是抽水蓄能机组。其主要特点是，电站水头较高，水泵和水轮机的毛水头相等，水工建筑物及水库容积和机组尺寸较小。上水库无水源或天然径流量很小，上、下水库的容积近似相等，同等体积的水量在上、下水库间循环使用，往往靠下水库入流补充蒸发和渗漏损失。我国广州抽水蓄能电站、前苏联札戈尔（Zagorsk）电站、卢森堡菲安登（Vianden）电站、英国菲斯廷约格（Ffestiniog）电站和美国托姆索克（Taum Sauk）电站等，都是典型的纯抽水蓄能电站。

2. 混合式抽水蓄能电站

这类电站的厂房内装有常规水电机组和蓄能机组，前者利用天然径流发电，后者则按下水库的调蓄能力和电网的需要调峰运行。其上水库或建在河川上，或利用天然湖泊，因而径流量是有保证的，丰水期可多发电，流过水轮机的总水量大于通过水泵的总水量。我国潘家口电站（1×15 万 kW 常规机组，3×9 万 kW 蓄能机组）、意大利布康瓦尔格兰德（Roncovalgrande）电站、英国克鲁阿肯（Cruachan）电站和加拿大尼亚加拉瀑布（Niagara Falls）电站等都是典型的混合式抽水蓄能电站。

#### 6.7.4.2 按运行周期分类

抽水蓄能电站按其运行周期，可分为以下几类。

1. 日调节抽水蓄能电站

这种电站以一日为运行周期，夜间负荷低谷时进行一次抽水约 6～7h（中午低荷时也可短时抽水），日间峰荷时发电约 5～6h，所需调节库容根据一日内的峰荷出力确定。纯抽水蓄能电站（特别是大中型）多为日调节，英国克鲁阿肯（Cruachan）电站即属于此类。

2. 周调节抽水蓄能电站

此类电站的运行周期为一周，在每日抽水与发电各一次的情况下，在周末系统负荷较低时，多利用剩余电能延长抽水时间，使下一周的星期一至星期五能够多发电力担任峰荷，或延长担任峰荷的时间。这类电站所需库容较日调节电站为大，应满足电力系统一周内调峰的要求。

3. 季调节抽水蓄能电站

这是一种以季为调节周期的抽水蓄能电站。这种电站在汛期将多余水量抽蓄到上水库，供枯水期增加发电量用。季调节所需库容比日调节、周调节的大得多。这种电站多为混合式抽水蓄能电站。

4. 年调节抽水蓄能电站

这类电站绝大多数为混合式抽水蓄能电站。它通过丰水期（如夏季）连续抽水蓄能，于高峰负荷的枯水期（如冬季）连续发电。电站上水库为能满足数月蓄水要求的年调节水库，下水库容积可根据电网调峰要求和地形条件确定，一般能蓄存几个小时的入流量即可，但其来水量应能满足连续抽水的需要。如澳大利亚吕纳斯电站上水库库容为 76×

$10^6 m^3$，对应的下水库容积仅 $9.6\times10^5 m^3$。

此外，抽水蓄能电站还可有其他的分类方式，如按机组型式分为分置式（四机式）、串联式（三机式）及可逆式（两机式）等3类，如前所述，近代的抽水蓄能电站一般均采用可逆式机组，因此，可逆式抽水蓄能电站是最常见的一类；按水头高低分为低水头（水头在100m以下）、中水头（水头在100～700m之间）及高水头（水头700m以上）3种类型，目前抽水蓄能电站正在向高水头方向发展，如奥地利赖斯采克（Reiszeck）电站的最高发电水头达1773m；按厂房布置形式分为地面式、地下式和半地下式等3种类型；按水库座数及其位置分为两库式、三库式、地下下池式和水下抽水蓄能电站等4种类型。

### 6.7.5 抽水蓄能电站站址选择

抽水蓄能电站选址的范围远比常规水电站广泛得多。由于站址选择适当与否，对抽水蓄能电站的经济性和安全性有决定性的影响，因此，必须周密考虑，从各方面进行细致的分析和比较。

1. 地理位置

通常，抽水蓄能电站的地理位置应尽量接近负荷中心及供电电源，以减少输电线路投资和往返输电的电能损失，并更好地发挥电站运行灵活的优势。

2. 地形条件

抽水蓄能电站的站址选择要考虑有建造上下水库的合适地形，上、下水库的坝址高程差（$H$）大而水平距离（$L$）短，以实现较好的经济性。据国外资料，对于纯抽水蓄能电站，$L/H$ 比率在4～12之间较合适，通常，高水头电站 $L/H=10\sim12$；中水头电站 $L/H=4\sim5$。与常规水电站相比，上水库需要的蓄水库容要小得多，可供选择的位置也多得多。

3. 地质条件

抽水蓄能电站的地下工程较多，对抗震要求较高，站址选择时，应尽量避开区域地质稳定条件较差的地区。水库库区工程地质条件方面，应注意查明库区地层岩性和构造，沿岸岩石风化破碎情况及是否有大坍滑体存在等库区工程地质条件，在库水位频繁地大幅度升降的过程中岸坡应能保持稳定，对不能保持稳定的部分应预先加以清除。库区地质要比较完整，无大的集中渗漏通道，有相对隔水层，水库蓄水后不会引起严重渗漏，这对上水库尤其重要。枢纽建筑物工程地质条件方面，要查明坝址覆盖层厚度及组成，岩石风化深度、岩石强度和完善性程度，主要断层破碎带具体位置、产状、性质及宽度，地层岩性构造，缓倾角节理和夹层，要避免重大构造断层通过坝区。

4. 水源条件

抽水蓄能电站的运行过程虽然一般不受天然径流量的影响，但其站址仍需有一定的水源条件。抽水蓄能电站的上、下水库应接近天然水域，至少要保证上水库的初期蓄水和运行中的补水水源，以满足对电站运行中蒸发、渗漏损失水量补充的要求。

5. 其他因素

抽水蓄能电站的站址选择时，要考虑充分利用天然湖泊及已成水库作为电站的上水库或下水库，以节省工程投资，加快建设速度。此外，站址选择时还应考虑对外交通条件、水库淹没情况以及环境保护要求等因素。

### 6.7.6　抽水蓄能电站主要参数选择的特点

1. 水库主要参数选择的特点

抽水蓄能电站本身不消耗水量，但需要一定的水量作为能量载体以便进行能量转换，其上、下游均需有水库以容蓄能量转换所需的水体。上、下水库的主要参数包括死水位、正常蓄水位等特征水位以及相应的死库容、调节库容等特征库容。死水位是指水库的最低工作水位，一般根据进出口水深要求、机组特征值和电站在电力系统中的任务确定。死水位以下的库容即为死库容。正常蓄水位是指死水位以上，存蓄电力系统需要的蓄能量的等价水体时的相应库水位，正常蓄水位与死水位之间的库容称为调节库容。正常蓄水位是根据库容曲线、死水位、调节库容来确定的，同时，结合工程地形、地质条件研究其适应性，并分析电站工作水头的变化幅度，考虑机组运行要求，一般应减小消落深度，上、下水库消落深度以最大水头的10%左右为宜。

抽水蓄能电站上、下水库的调节库容包括发电调节库容与备用库容。调节库容的大小与电站在电力系统中的作用及水库的调节性能有关，一般根据电站装机容量拟定满发利用时间来确定。调节库容应满足电站一日作调峰运行所需要的容积，上、下水库应配套，且下水库调节库容应稍大于上水库。上水库调节库容可按下式进行初步估算：

$$V_a = 3600\alpha h Q_y \tag{6.38}$$

式中：$V_a$ 为调节库容；$Q_y$ 为水轮机组最大过水能力，且 $Q_y=\frac{N_{装}}{KH_{额}}$，其中，$N_{装}$ 为电站装机容量，$H_{额}$ 为电站额定水头，$K$ 为发电工况出力系数；$\alpha$ 为大于1的系数，考虑事故备用库容和库面蒸发、水库渗漏损失以及负荷水平及特性不确定因素等确定；$h$ 为发电小时数，根据工程实例分析，对于主要负担日调节的抽水蓄能电站，其调节库容的机组满发利用小时数一般为4～6h；对于周调节的抽水蓄能电站一般应在10h以上。

在可行性研究阶段，抽水蓄能电站的发电调节库容具体应根据系统典型负荷图上电力电量平衡及抽水发电两种工况下的水量平衡要求，经径流调节和水能计算确定。

抽水蓄能电站承担备用容量应配置相应的备用库容作保证，有条件时尽可能预留大一些的备用库容，对提高电站运行灵活性与可靠性是有益的。对于大型骨干电站，可按不小于系统最大容量机组发电1h的电量预留相应的事故备用库容；对于中小型抽水蓄能电站，可根据其库容条件经比较论证后确定。对于有担负系统调频任务的抽水蓄能电站，要求电站具有更大的调节库容，一般日调节抽水蓄能电站由于受库容条件的限制，常改变设计条件下的调峰发电运行方式，而以系统调频为主，即以负荷备用及事故备用方式参与系统运行，原调峰发电库容将改变为负荷调整备用库容。

在其他备用库容中，水损备用库容可根据枯水期或连续枯水年来水情况及水库蒸发渗漏损失，通过水量平衡分析确定。在寒冷地区考虑到结冰的影响会侵占部分调节库容，可根据可能冰厚与水库面积设置一定的冰冻备用库容，以保证电站的正常发电运行。对于有的抽水蓄能电站建设，当其他部门有相应供水要求时，还应根据需求在上水库或下水库调节库容中设置相应的综合利用库容。

对于利用现有已建水库作为抽水蓄能电站上水库或下水库时，根据一些综合利用水库的运行实践，要设置专用发电调节库容，以保证抽水蓄能电站的正常发电运行。同时，根据抽水蓄能电站的设计要求，对原水库设计参数进行复核。利用天然湖泊作为抽水蓄能电站的上、下水库时，一般湖泊水位变化对抽水蓄能电站运行有着直接影响，应重点研究水位的变化规律，合理拟定抽水蓄能电站的正常运用水位，并认真研究由于湖泊水位变化所引起的环境问题。

抽水蓄能电站上、下水库的防洪特征水位的确定，应研究电站发电流量与入库设计洪峰流量的叠加影响，特别当抽水蓄能电站的下水库集水面积及库容都比较小、而电站的发电流量相对比较大时，为防止在电站运行时出现人造洪水及对下游造成的不利影响，水库的防洪库容应留有余地，并对水库泄流建筑物的设计与调度运用提出相应措施。

2. 装机容量选择的特点

抽水蓄能电站的装机容量是指发电工况下电站上各机组铭牌出力的总和，包括工作容量、负荷备用容量和事故备用容量。由于抽水蓄能电站上、下水库调节库容与装机容量密切相关，因此选择抽水蓄能电站装机容量方案时应与上下水库特征水位方案选择同时（配套）进行。

抽水蓄能电站主要功能是承担电力系统的调峰任务，满足或缓解系统调峰能力的不足，因此，抽水蓄能电站装机容量与电力系统调峰容量不足程度有关。进行抽水蓄能电站装机容量选择时，应在电力系统设计负荷水平电力电量平衡成果的基础上，根据负荷特性和系统电源组成，进行调峰容量平衡，确定系统在设计负荷水平调峰容量是否不足，以及为达到调峰容量平衡，需要设置（可容纳）的抽水蓄能电站的规模。这是抽水蓄能电站装机容量选择时从电力系统需要方面考虑的主要依据。

同时，抽水蓄能电站装机容量还与电站调节库容的大小有关。当电力系统设计水平年的调峰容量不足额度相对于电站的库容所能提供的动能指标明显偏大，即系统对调峰容量的需求不成为控制条件时，应以库容所能提供的动能指标为控制条件，拟定工作容量比较方案的范围。通常，作为日调节的抽水蓄能电站，可按库容方案所能提供的日平均出力的4～6倍确定抽水蓄能电站的工作容量范围。若电力系统设计水平年的调峰容量不足额度相对于抽水蓄能电站的库容所能提供的动能指标较小或相近，则应以系统对调峰容量的需求为控制条件，拟定工作容量比较方案的范围。

由于抽水蓄能电站的机组性能好，调节灵活，能适应负荷瞬时变化的要求，单机容量一般也较大，是承担系统调频的理想电源，可承担一定的负荷备用容量。但是，抽水蓄能电站上、下水库的库容有限，而且获得库容的代价较大，往往成为其装设事故备用容量及其投入方式的制约条件。当电力系统出现事故时，可首先将担负系统调峰运行的电源或机组的工作位置下移，并同时启动系统设置的事故备用容量，而尖峰负荷的不足部分由抽水蓄能电站担负，且时间较短。为此，抽水蓄能电站在一般情况下，可担任日内峰荷时期短时间的事故备用，若承担紧急备用容量应在库容上作出安排。

根据拟定的抽水蓄能电站工作容量范围，考虑设置一定的负荷备用和事故备用容量，即可拟定抽水蓄能电站的装机容量比较方案，一般应不少于3个方案。在此基础上，即可通过经济比较和综合分析，选择有利的电站装机容量方案。其中，经济比较与常规电站参数比较的方法类似，即根据各方案的投资和效益，计算各方案的年费用或费用现值；以高方案为基准，求得各方案与高方案的电力电量差值；据此考虑替代工程补充，并计算替代工程的年费用或总费用现值；计算设计工程与相应补充的替代工程的年费用之和或总费用现值之和；在电力电量等效的原则下，取年费用之和或总费用现值之和最小的方案为经济上最有利方案。综合分析则是指从系统发展规划、本电站的技术经济指标、其他规划调峰电源特性、电网规划及送电距离、水源条件和供电（抽水）电源的可靠性等方面进行综合分析，并推荐设计方案。

# 6.8 潮汐电站

## 6.8.1 潮汐与潮汐能

太阳、地球和月球，是3个紧密联系的天体。地球是太阳系中的一颗卫星，月球又是地球的一颗卫星。月球在自转的同时也环绕地球作公转，而地球除本身绕地轴自转外，还带着月球不停地绕太阳公转。这3个天体的不断运转，其相对位置便随时改变，但其变化有一定循环周期。天体运动中，由于太阳和月球的引潮力作用，使地球上海洋水面发生周期性的涨落。通常将白天的一次涨落称为潮，夜间的一次称为汐，合称潮汐。

在潮汐升降的一个周期中，海面升到最高位置时称为高潮（或满潮），海面降到最低位置时称为低潮（或干潮），当水位达到高潮或低潮时，海面有短时间不涨也不落，称为平潮或停潮。平潮的中间时刻称为高潮期，停潮的中间时刻称为低潮期。从低潮到高潮的过程中，海面不断上涨，称为涨潮，从高潮到低潮的过程中，海面逐渐下降，称为落潮。两相邻高低潮水位之差称为潮差。潮差各日不等，其平均值称为平均潮差。高潮水位或低潮水位与平均水位之差称为潮幅。

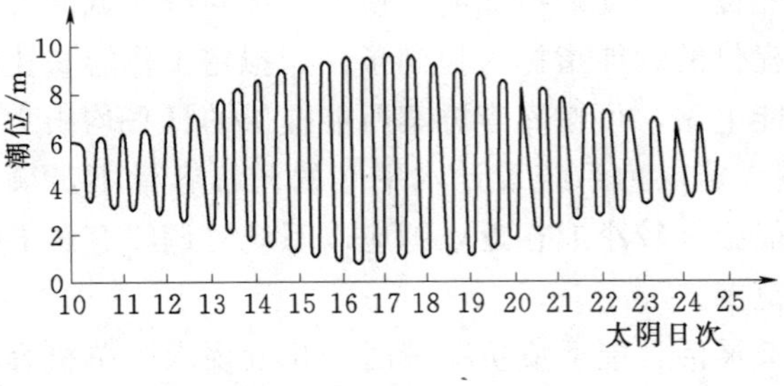


图6.49　半日潮及月周期示例
（每太阴日有两次涨潮及落潮）

大部分地区海水每日涨落两次，共历时24h50min，称为1个太阴日，即这种潮汐涨落一次的周期是半个太阴日，即12h25min，称为半日潮，如图6.49所示，如我国青岛、大沽等地的潮汐。也有一些地区，潮汐周期是一个太阴日，此称全日潮，如北海、八所等地的潮汐。还有一些地区，两种周期的潮汐同时存在，且两种周期分量相当，则称为混合潮，如榆林港的潮汐。

潮汐除了有半日或全日的变化外，还有较长周期的变化，其中最明显的周期是半个太阴月，即14.7d。在此期间潮差在最大值和最小值之间变化1周。对半日潮，在新月和满月时出现最大潮差，称为朔望潮或大潮，在半月时出现最小潮差，称为弦潮或小潮。对全日潮，大潮发生在南北月赤纬最大时，又称回归潮；小潮发生在月亮位于赤道附近时，又称为赤道潮。对混合潮，在朔望潮与回归潮重合时，易出现最大潮差。此外，潮汐还有以年为周期的变化以及8.85年和18.16年的长周期的变化。

潮汐能是一种丰富的海洋水能资源。它是由引潮力做功形成的，并通过摩擦发散即通过与地壳、大气能量交换取得平衡。潮汐能以位能和动能形式存在，并会互相转换。同时，全球海洋中存在着潮波系统，故潮汐能亦在海洋中移动。对河川径流来说，在天然状态下，能量消耗在摩擦、漩涡和河床演变上。但是对潮汐来说，能量体现在一年中每个潮汐周期内水面的升高和降低。

假设在涨、落潮时海域内没有水面坡度，即整个海域水面是同时升降的，潮汐在涨、落潮周期内完成的功 $E$ 应是提升和下降的水量和重心的提升高度的乘积。对于某一面积为 $F(km^2)$ 的海域而言，1 个半周期潮汐中提升或降低的水量可表示为 $HF\rho g\times10^6$(N)，其中，$H$ 为潮差 (m)；$\rho$ 为海水密度 (kg/m$^3$)，而提升或降低的高度为潮差 $H$ 的一半，因此，1 个半周期潮汐功 $E$ 由下式确定：

$$E=\frac{H}{2}HF\rho g\times10^6(\mathrm{J}) \tag{6.39}$$

令海水容重 $\gamma=\rho g 10.25\mathrm{kN/m^3}$，并考虑正规半日潮的情形，即 1 天内有 3.87 个半周期，故 1 天内的潮汐功为 3.87$E$，再将其除以 1 天的秒数，即得潮汐理论出力为

$$N=225H^2F(\mathrm{kW}) \tag{6.40}$$

于是，该海域的潮汐能年蕴藏量为

$$E_a=1.97H^2F\times10^6(\mathrm{kW\cdot h}) \tag{6.41}$$

由此可见，单位面积海域的潮汐能蕴藏量与潮差的平方成正比。因此，潮差大的地区就是潮汐能丰富的地区。

潮汐能与一般水能资源相同，是一种可再生能源。同时，随月球与地球的相对天体位置产生一定的潮差，其规律性恒定，进而便于作出较准确的潮差预报。与河川径流不同的是，潮汐现象不存在丰、枯水年的差别，因此，潮汐能的年发电量比较稳定。

### 6.8.2 潮汐能利用历史简介

人类利用潮汐能的历史可以追溯到距今约 1000 年前。当时，人们通过潮汐磨这种装置利用潮汐能进行粮食加工。近代潮汐电站的研究和兴建始于 20 世纪初，最早的潮汐电站是在 1912 年建于德国荷尔斯泰因州的胡苏姆潮汐电站，接着在法国布列塔尼半岛兴建了一座 1865kW 的潮汐电站。世界上第一座规模较大的潮汐电站——位于法国西北部朗斯 (LaRance) 河口的潮汐电站于 1967 年投入商业运行，该电站装机容量 240MW (24×10MW)。1968 年，苏联建成基斯洛湾 (Кислая Губа) 潮汐电站，装机 0.8MW (2×0.4MW)。1984 年，加拿大建成安纳波利斯 (Annapolis) 潮汐电站，装机 20MW (1×20MW)。与此同时，各国还对潮差较大的海湾进行了许多可行性研究，提出了开发方案。此外，还有一些容量很小的潮汐电站陆续建成并投入运行。

我国利用潮汐发电的历史是从上世纪 50 年代末 60 年代初开始的。1964 年以后，沿海各地结合围海造田或防潮排涝并为附近地区提供电力，修建了一些潮汐电站，但一般规模均较小。其中，规模最小的有浙江乐清湾的沙山潮汐电站 (1964 年投产)、江苏苏州的浏河电站 (1976 年投产) 以及广西钦州的果子山电站 (1977 年投产)，装机均只有 40kW，规模较大的如广东顺德的甘竹溪电站装机 2000kW (1971 年投产)、山东乳山的白沙口电站装机 960kW (1978 年投产)、福建平潭的幸福洋电站装机 1280kW (1989 年投产)。而规模最大的是浙江温岭的江厦潮汐试验电站，其装机 3200kW (1×0.5MW，1×0.6MW，3×0.7MW)。电站选址在乐清湾北端，为封闭的半日潮海港，最大潮差

8.39m，平均潮差5.08m。该电站以发电为主，兼有海涂围垦、水产养殖及通航等效益，于1972年被列为原国家计划委员会科研项目，1980年开始规划修建，1985年建成投产。随着经济社会发展进程的加快，我国沿海地区对能源的需求增长很快，而沿海地区属于煤炭资源及常规水电资源比较缺乏的地区，因此，潮汐能的开发利用对沿海地区经济社会的快速发展具有重要的意义。

### 6.8.3 潮汐电站的站址选择

当潮汐电站建站地区的电力供需条件确认后，站址选择主要应考虑潮汐条件、地形与地质条件、综合利用条件等自然条件和社会经济方面的因素。

1. 潮汐条件

在潮汐电站规划阶段，只需一般了解当地潮汐情况，主要是高、低潮位和潮差等统计特征值，在设计和建设阶段，则需系统了解当地的潮汐变化过程。

潮汐变化过程及其特性可以通过高低潮位、涨落潮差及涨落潮历时等特征值加以分析和研究。由于在一般情况下，潮汐电站所利用的水头是取潮差的部分值；另一方面，潮汐电站的发电流量也与潮差有关，因为电站水库的消落深度一般是取潮差的部分值，而消落深度的大小决定了水库在一个潮汐周期内的蓄、放水量，进而也就决定了电站的发电流量。因此，在众多的潮汐特征值中，潮差对潮汐电站有着特别重要的意义。

潮汐电站的选址一般总是优先考虑潮差较大的地区，世界上潮差大的地点大多成为建设潮汐电站的研究对象。如加拿大和美国交界的芬迪湾，最大潮差达19.6m，1919年起两国就开始研究在此兴建潮汐电站的问题；英国塞文河口的潮差仅次于芬迪湾，最大潮差为15.6m，第二次世界大战后，英国即着手研究开发并提出过多种规划设计方案；1967年投入商业运行的世界上第一座规模较大的潮汐电站——法国西北部的朗斯潮汐电站所在的朗斯河口最大潮差为13.5m；而我国规模最大的浙江温岭江厦潮汐试验电站所在的江厦港最大潮差达8.39m。

在有关潮差的特征值中，多年平均潮差是电站规划中反映潮汐条件的代表性指标，它体现了潮汐能利用的平均效果，而潮差的极值和短时平均值在选址方案作初步比较时意义不大。

需要指出，潮汐电站的大坝修建后，当地自然环境可能发生变化，潮汐情况也会产生或大或小的变化。因此，对于大型潮汐电站，需要预计电站建设对潮差的影响，进而对电站出力和发电量所受的影响做出预估。

2. 地形与地质条件

在潮汐电站选址时，必须充分利用天然地形，根据安全与经济的原则加以考虑。近期有开发价值的潮汐电站除选在潮差较大的地区以外，还要寻找有利的库区和坝址地形。在我国潮汐能资源普查中选定的站址均在河口或港湾，且具备库区大、坝线短的优势，从而可节省土建费用，降低电站单位电能投资。此外，在海湾、河口、湾中湾、泻湖和围塘（滩涂）等处修建潮汐电站，特别是以湾中湾作为发电水库最为理想，因其不直接受外海波浪的作用，厂房、大坝和水闸等建筑物受到较好的掩护，波浪掀沙较弱，使库区淤积缓慢。浙江江厦潮汐电站的水库因系乐清湾支港，库内水质较清，淤积不显著，就是一个成功实例。

潮汐电站站址要求具备稳定的地质基础条件。一般要求站址地震烈度小于6度，新构造运动不活跃；水工建筑物要避开断层、滑坡和岩石破碎带等不稳定地段；库区要避开严重漏水的地质构造。大坝和水闸两端最好固定在岩基上，中间部分坝基尽可能选择软黏土层较薄而下面为不易压缩层或岩基为好。

3. 综合利用条件

潮汐电站可以水库、大坝及滩涂为依托，进行综合开发。除发电以外的综合利用条件主要有水产养殖、围涂造田、改善交通及发展旅游业等。在电站规划选点过程中，应将不同坝的综合利用条件和电站的发电效益联系起来，通过综合分析比较加以选定。

### 6.8.4 潮汐电站的布置方式

根据潮汐电站枢纽中水库数目及电站运行方式、站址的地形条件以及综合利用目标等因素，其枢纽布置可采用单水库布置、双水库布置等方式，它们的特点如下：

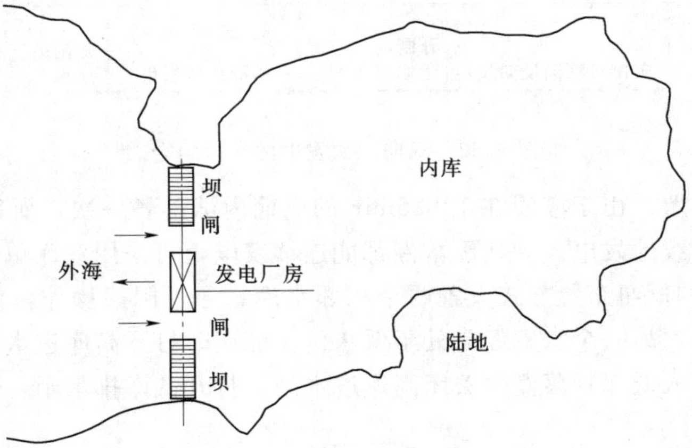


图 6.50 单水库单向发电

(1) 单水库布置 采用这种布置方式的电站，只有一座水库，坝、水闸和厂房等建筑物一字排开，将海湾与外海隔开，发电厂房两侧为泄水闸。涨潮时开闸纳潮蓄水，落潮时关闸发电，即这类潮汐电站只能在落潮时单向发电，如图 6.50 所示。加拿大芬迪湾(Fundy Gulf) 安纳波利斯 (Annapolis) 试验潮汐电站、苏联基斯洛湾 (Кислая Губа) 潮汐电站及我国山东省乳山县白沙口海湾的白沙口潮汐电站等就采用了这种布置方式。这类潮汐电站的水库、外海间的各种水工建筑物，主要只在落潮时承受单向水压，水工结构较简单；机组单向运行，特别是贯流式机组的采用，有利于简化电站厂房的下部块体结构；电站工况切换与运行操作次数少，也降低了对闸门启闭灵活性的要求。

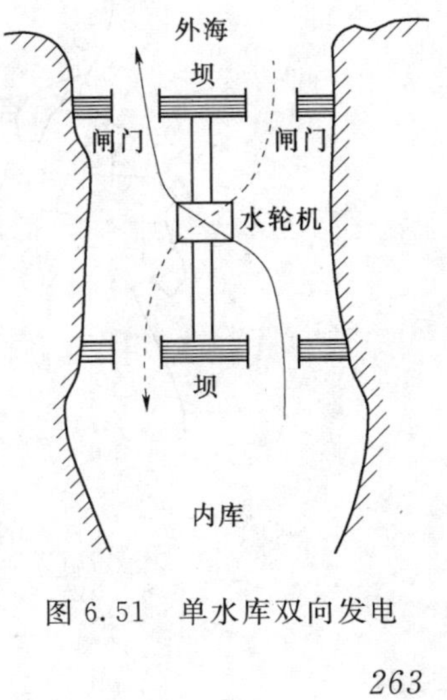


图 6.51 单水库双向发电

为使电站在涨潮和落潮时都能发电，可将单水库枢纽的布置调整为如图 6.51 所示的 H 形布置方式。经过水轮机的水流，不论从内库至外海，或从外海到内库，在该图上都是从右方流至左方。自上世纪60年代中期开始采用可逆式机组后，如图 6.50 所示的单水库布置方式也可实现双向发电（图 6.52）。因此，这种 H 形布置方式在大型潮汐电站已不采用。但在小型潮汐电站，因不易得到可逆式机组，仍较多使用这种方式。

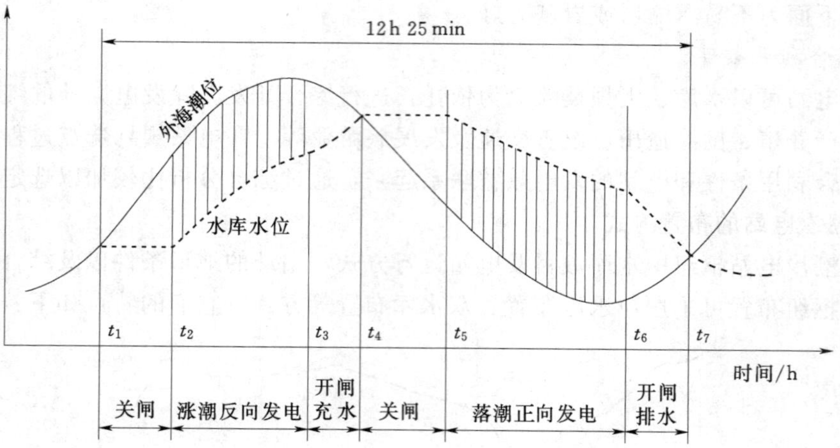


图 6.52　双向二次发电的运行组合

（2）双水库布置。由于潮汐在 12h25min 的周期内涨落各一次，所以上述两种单水库布置方式都只能断续地发电。为使涨落潮都能连续发电，可采用双库单向型布置方式，如图 6.53 所示。这种枢纽布置方式设置两个相邻水库，通过闸门操作，使其中一个水库经常处于高水位状态，另一个水库经常处于低水位。涨潮时打开高库进水闸纳潮，与此同时电站发电，尾水存入低库；落潮时关闭高库进水闸，打开低库排水闸，电站利用高库内的

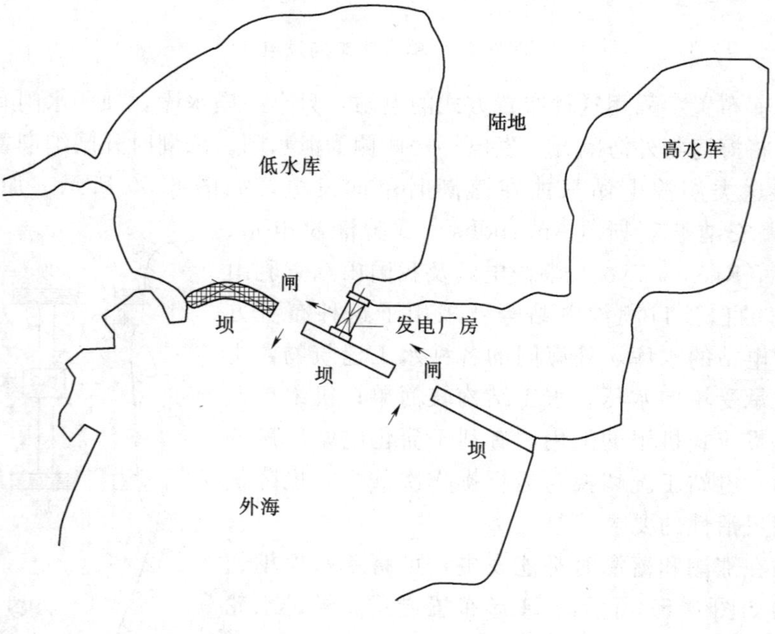


图 6.53　双水库布置示例

蓄水连续发电，发电尾水及低库存水泄入外海。这样可以利用单向运行机组昼夜连续发电，但发电水头较小，且数值上仍不断变化（图6.54）。我国福建连江县大官坂潮汐电站东（低）西（高）库单向连续发电（比较）方案即属这种类型。这类电站枢纽布置较复杂，水工建筑物前沿较长，投资较大；高低库之间及库海之间的水工建筑物承受的水压力方向不变，但各不相同；水闸操作频繁，运行管理和维护较困难。

### 6.8.5 潮汐电站主要参数确定

#### 6.8.5.1 潮汐电站装机容量选择

装机容量是潮汐电站规划设计中最重要的参数。由于潮汐电站发电的时间及水头服从潮汐周期的变动规律，出力不均匀，发电时间也时断时续，因此一般只能在电力系统负荷图中的基荷或腰荷位置工作，以减少系统中的火电站燃料消耗。潮汐电站的工作容量也不能替代火电站的工作容量，只能看作是重复容量。因此，选择潮汐电站装机容量，既要考虑电站站址的潮汐能资源蕴藏量及潮汐变化特性，又要从电力系统容量大小、负荷特性及其他电站的并网、解列速度等方面考虑电力系统的吸收能力，并需进行综合的技术经济分析论证。具体方法有近似算法和水能计算分析法两种。下面介绍潮汐电站装机容量确定的近似算法。

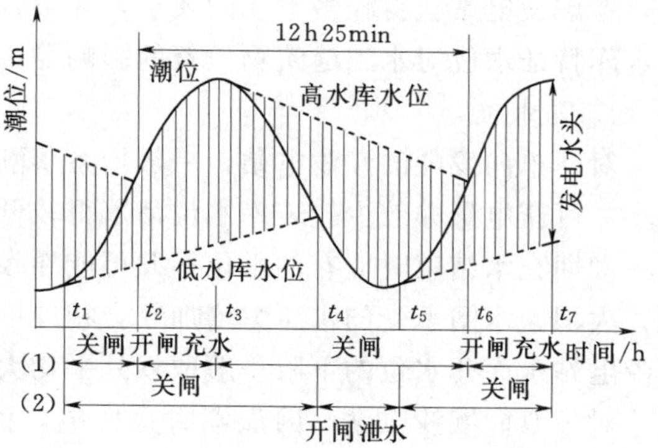


图6.54 双水库连续发电操作程序

(1)—高水库闸门操作；(2)—低水库闸门操作

该法适用于小型潮汐电站或规划开始阶段的大中型潮汐电站的装机容量选择。前已述及，潮汐能资源蕴藏量与海域面积及平均潮差的平方两者的乘积成正比，而潮汐电站是利用潮汐能资源的一种设施，其规模大小应与站址位置的资源量相适应。因此，潮汐电站的装机容量应可通过类似的比例关系近似估算，即

$$N_{潮装}=KH^2F \tag{6.42}$$

式中：$N_{潮装}$为潮汐电站装机容量；$H$为平均潮差，m；$F$为平均水库面积，km$^2$；$K$为经验系数。

严格地讲，上式中的比例系数$K$并非常数，其值随水库地形特征、潮汐特征、机组型式、运行方式、电站效率等因素的不同而变化。但工程规划设计的经验表明，$K$值的变化范围不大。在我国第二次全国潮汐能资源普查工作中，推荐可开发潮汐能资源的装机容量估算公式为

$$N_{潮装}=200H^2F(\text{kW}) \tag{6.43}$$

目前，潮汐电站装机容量即可按此公式近似估算。

当应用水能计算分析法选择潮汐电站装机容量时，一般先根据潮汐资料，分析选定典型潮位过程线；以此为依据，结合潮汐电站运行工况，进行水量调节计算和水能计算，确定电站在一个潮汐周期的发电量和年发电量；最后经过动能经济比较，即可选定潮汐电站的装机容量。具体内容可参阅有关文献。

#### 6.8.5.2　潮汐电站的水库特征水位

潮汐电站的水库特征水位主要是指死水位和最高发电水位。水库特征水位的高低决定着电站发电出力和发电量的多少。正常情况下，潮汐电站水库的最高、最低水位由坝外的潮汐特征值所限定。具有抽水蓄能工况的潮汐电站虽有可能使库内高、低水位超出这种限值，但其幅度很有限。潮汐电站的水库特征水位，应在电站站址处潮汐特征值分析的基础上，考虑使电站获得较多电能的要求，并结合库区航运、渔业和滩涂围垦等方面的要求以及水库特征水位对水工建筑物投资的影响等因素，经综合分析比较后确定。

1. 死水位

对于单向发电的潮汐电站，一般均系落潮时发电，在蓄水接近死水位时，坝内外落差甚小，可获电量亦较少。若库水位消落得较低，虽可增加前一潮期的发电时间，但将影响后一潮期充水结束时应有的水位，并可能导致平均发电水头减小。此外，若死水位定得较低，大坝、水闸承受的水压力增加，会相应增加基础处理费用。综合以上考虑，单向发电潮汐电站水库死水位的下限一般取坝外平均大潮低潮位加最小发电水头。

对于双向潮汐电站，因涨潮时也发电，死水位取得较低，有助于增加涨潮发电的水头。在不影响库区航运和渔业，且对大坝、水闸投资影响也不大的前提下，死水位可适当低一些，但不应低于坝外平均大潮低潮位。

2. 最高发电水位

一般情况下，潮汐电站最高发电水位的上限取坝外平均大潮高水位。因潮汐电站建库常和滩涂围垦相结合，为了围垦库边高程较高的海涂，势必要控制水库最高蓄水位（库内另筑围堤的除外）。对于建库前库区已有围涂垦种，建库后将使蓄水时间延长，影响排涝的情况，也应适当降低最高发电水位，而水位降低的合理幅度应通过经济比较来确定。若提高最高发电水位经济价值较大，则可采用修筑内堤解决淹没及采用机电排灌解决内涝等措施。

# 第7章　河流综合利用规划

## 7.1　概　　述

河流是自然界水文循环的一条主要途径。它是由降落到地面的雨水，经过下渗、蒸发等损失，产生的地面径流长期侵蚀地面，冲成沟壑，形成溪流，最终汇集而成的。在地球上的各种水体中，河流与人类的关系最为密切。一方面，河川径流是人类所能利用的水资源的主要组成部分，另一方面，河川水流的泛滥又会给河流两岸地区的人们造成生命财产的损失。人们在与河流长期相处中积累的经验，特别是近、现代水利建设的实践经验表明，为了综合治理河流，综合利用河流的水资源，首先必须掌握河流及其水资源的特点和变化规律，并根据经济社会发展对治理和开发河流的要求，做好河流综合利用规划，提出有关治理和开发河流的工程措施和非工程措施，使河流流域内的水、土资源得到综合、高效的利用。通过编制河流综合利用规划，可以协调国民经济各部门对治理和开发河流的具体要求，妥善处理上下游、左右岸以及相邻地区间与河流治理和开发相关的利益关系，促进经济、社会、环境的协调和可持续发展。

### 7.1.1　河流综合利用规划的基本原则

编制河流综合利用规划，应根据经济、社会可持续发展的需要，针对流域特性、治理开发现状及存在问题，按照全面规划、综合协调、因地制宜、突出重点等原则，从经济、社会、环境等各个方面，提出治理、开发、保护与管理的方针、任务和规划目标，选定治理、开发、保护与管理的总体方案及主要工程布局与实施程序。

编制河流综合利用规划，必须贯彻《中华人民共和国水法》等水利法规及国家有关方针政策，正确处理水利建设与经济发展、兴利与除害、治理开发与生态环境保护等之间的关系，与国家主体功能区规划、国家以及地区的国民经济和社会发展规划、国土规划、城市总体规划、生态环境保护规划等相协调，兼顾各地区、各行业的需要，为经济社会可持续发展提供支撑和保障。

河流综合利用规划应体现在保护中开发、在开发中保护的原则。正确处理经济发展与环境保护的关系，流域治理开发应在保护水资源和生态环境的基础上有序进行。水资源的开发利用应当坚持兴利与除害相结合，在服从防洪总体安排的前提下，统筹考虑供水、灌溉、水力发电、航运等需要，并优先满足社会对生活、生态用水安全的要求。

河流综合利用规划必须正确处理各项专业规划之间的关系，上下游、左右岸、干支流的关系，整体与局部、需要与可能、近期与远景、河流治理与区域发展的关系，主体工程与配套工程、工程措施与非工程措施、水利措施与其他措施的关系。

编制河流综合利用规划，应遵守国家和有关部门颁布的相关规程、规范、标准等的规定，重视采用新技术、新方法，充分利用有关科研成果；重视有关分析计算和方案比较，使规划方案更合理、更科学。

编制河流综合利用规划，必须坚持实事求是的科学态度，加强调查研究，重视流域基本情况、基本资料和有关规划的搜集、整理、分析；重视公众参与，广泛听取各方面的意见和要求，使规划方案符合自然规律和经济社会发展规律。

### 7.1.2 河流综合利用规划的步骤与方法

河流综合利用规划一般按以下步骤与方法进行。

1. 准备阶段

(1) 明确规划目的、任务、范围和类型，制定工作计划和技术大纲。

(2) 基本资料分析。

1) 水文气象资料。包括能反映本流域气象、水文特征的有关特征数据，还应视需要具备降水、水位、流量、泥沙、潮汐等实测、调查资料，其系列年限应基本符合有关专业规范的要求。

2) 地形资料。包括流域图和主要灌区、涝区、分蓄（滞）洪区、水库区、主要枢纽建筑物、主要河道的地形图及主要河道的纵横断面图等。地形图可尽量利用国家已经测绘出版的成果，必要时应专门测绘。

3) 地质资料。包括区域地质图、区域地震资料和主要水库坝区、库区、主要建筑物、骨干灌排河道等的有关地质图、剖面图与文字说明，以及一定比例尺的水文地质图。地下水重点开发地区还应具有较详细的地下水资源量和可开采水量、补给与排泄条件等资料，必要时应具备动态观测资料。

4) 土壤资料。主要为土壤普查资料。对于盐碱化倾向明显的灌区和涝区，还应具备本区或类似地区盐碱土改良等试验资料。

5) 资源资料。包括水资源、水力资源、水运资源、土地资源、矿藏资源、物产资源、旅游及重点文物资源、渔业及其他生物资源等的数量及其分布等资料。

6) 生态与环境资料。除以上有关环境的资料外，还应搜集水、土地、生态环境等方面的环境指标及重点污染源情况，各类自然文化资源保护区、国家重点生态功能区和重点风景名胜区等分布及状况等相关资料。

7) 社会经济资料。主要包括人口、城镇化水平、工农业发展水平、国内生产总值、产业布局、主要产品产量等经济统计和自然灾害统计等资料。

8) 各类水利资料。包括有关水利工程设施、水资源开发利用、水土保持、水资源保护及水生态保护与修复、流域综合管理等方面的资料。

9) 其他相关资料。应注意搜集流域内历代治水与主要水系历史演变概况、流域治理开发现状、以往规划成果与实施概况，以及本流域、区域和相关地区国民经济发展总体规划、有关科研成果及有关部门的发展规划资料。

(3) 查勘前的准备。根据地形图，选出所有可能兴建工程的地点，分别量算其所控制的流域面积，粗估年水量，绘制库容曲线，估算工程规模，量算不同高程灌区的耕地面积，提出各种可能的灌区及渠系布置方案，初步形成不同方案或轮廓设想。

(4) 制定查勘计划。根据初步规划方案和设想，制定详细的查勘计划，包括分组、路线、进度要求与质量控制等方面。

（5）径流分析与计算。

2. 外业查勘阶段

外业查勘的主要任务和内容如下：

（1）对流域基本情况补充调查。根据已收集到的资料完缺程度进行。

（2）河流概况及水库查勘。河流概况包括地形地质、河道水系情况、植被、水土流失情况等。根据地形图上所选的工程地点，有目的、有重点地自上向下或自下向上地对水库坝址、引水路线、抽水站、水电站等重要建筑物进行查勘，查勘项目如下：

1）工程地形和地质条件。

2）水工布置条件及可能的方案比较。

3）建筑材料及交通条件。

4）施工场地布置、导流措施与导流方案及施工供水、供电条件等。

5）库区淹没及工程占地等情况。

（3）灌区查勘。核对有关面积。查勘引水渠线地形、地质条件与可能的渠线方案比较，以及粗估有关建筑物类型和规模。

（4）洪水与河道调查。历史洪水及洪痕的调查，河道现有堤防布设情况，宣泄能力，洪水对两岸的危害情况，中下游河道的变迁情况等。

在查勘过程中随时施测、查勘所取得的资料，最后应进行汇总整理，并编写正式查勘报告。

3. 规划研究阶段

（1）确定流域治理、开发、保护与管理的原则、方针和任务。应紧密结合本流域实际，按照近期和远期社会经济发展要求，研究确定流域治理、开发、保护与管理的原则、方针和任务。下一层次规划的治理、开发、保护与管理的原则、方针和任务应符合上一层次规划的精神。流域治理、开发、保护与管理的任务应分清主次，突出重点。流域上中下游、干支流的特点不同，治理、开发、保护与管理的任务可各有侧重。在安排河流治理、开发、保护与管理的任务时，应优先安排解决民生问题的任务，例如，在总体布局中，当在本河段附近具有重要的灌溉供水对象，而本河段又有布置调节性水库或适宜的引水条件时，应将灌溉供水任务放在重要位置。

（2）拟定规划方案。应按照河流的治理、开发、保护与管理任务，提出流域治理、开发、保护与管理的目标和总体规划方案。同时，河流综合利用规划涉及面广，从范围来看，包括全流域各部位、各河段、各控制点的除害兴利各种措施的规划，从专业来看，包括防洪、治涝、灌溉、城乡生活及工业供水、水力发电、航运、河道与河口整治、水土保持、水资源保护及水生态环境保护规划等等。应根据流域的客观情况和经济社会发展的实际需要，拟定近期和远景的河流综合利用规划方案。

（3）水利水能计算。对各方案进行水量平衡和水利水能计算，为方案比较提供基础。水量平衡应遵循先用后耗，一水多用，高水高用，尽量减少水量和能量损失等基本原则。平衡中要充分考虑到所有可能利用的水量，如灌溉回归水和工业废水的处理利用等，同时要论证有无向外流域调水或从外流域调入水量的必要。通过水量平衡和水利水能计算，具体协调解决各用水部门在用水量、用水时间以及对水位的要求等方面的矛盾，以及因设计标准不同而造成的矛盾，以期取得较大的综合效益。

(4) 经济计算及方案比较。对规划方案中的主要工程项目和近期建设工程项目，估算其工程投资、运行费以及工程效益。综合利用工程应考虑费用分摊。应根据方案经济比较结果及社会、环境等因素综合分析，选择技术上合理，经济、社会、环境综合效益最优的开发方案。

(5) 选定近期工程。规划方案中，综合效益大且近期资金、技术条件许可，并可以为流域进一步开发创造有利条件的项目可作为近期工程。

## 7.2　河流综合利用规划的内容

编制河流综合利用规划，是一项十分重要的技术工作，它涉及面广、技术要求高、综合性强。规划范围一般要涵盖整个流域，但亦应突出重点，明确重点规划的河流，或者经批准的规划任务书指定的范围。规划应研究确定近期和远期两个规划水平年，并以近期为重点。规划水平年应根据经济社会不同发展阶段对水利的需求，结合国家流域开发利用、治理、保护与管理的总体要求合理确定，一般应与国民经济和社会发展五年规划及长远规划的水平年相一致。

本节主要以《江河流域规划编制规范》(SL 201—2015) 为依据，对河流综合利用规划的基本内容，作简要介绍。

### 7.2.1　经济社会发展预测

河流综合利用规划应对规划流域和有关地区在不同水平年的社会经济发展与生产力布局情况进行分析预测，明确各方面发展对流域治理开发的要求，以此作为确定河流综合利用规划方针和规划任务的基本依据。

不同水平年的社会经济发展预测应在国家和地区国土规划、国民经济发展规划和有关行业中长期发展规划的基础上进行。缺乏中长期规划资料时，可根据规划地区历史情况结合近期社会经济发展趋势进行合理估计。

预测的规划地区社会经济发展水平，应符合地区实际情况，并与国家对规划地区的治理开发要求和政策相适应。

### 7.2.2　流域总体规划

流域总体规划主要是针对流域特点与治理、开发、保护与管理现状，在分析和总结经验教训和存在问题的基础上，研究确定流域治理、开发、保护和管理的指导思想与基本原则，提出流域治理、开发、保护与管理的总体目标和控制性指标，以防洪抗旱减灾体系、水资源合理配置和高效利用体系、水资源保护和河流健康保障体系，以及水利科学发展的体制机制和制度体系构建为重点，明确主要任务和总体布局。

流域治理、开发、保护与管理的总体目标应按不同规划水平年，根据治理开发保护任务的轻重缓急，综合考虑各方面的条件，分析论证拟定。控制性指标应符合流域开发利用、治理、保护与管理的总体目标，满足严格河湖及水资源、水生态环境管控，保障流域和区域防洪安全、供水安全和水生态安全的要求。控制性指标一般包括防灾减灾、水资源开发利用、水资源保护等 3 个方面。根据不同流域实际情况和需要，亦可设立水生态保护和水土保持等方面的控制性指标。

流域治理、开发、保护与管理的主要任务应考虑主体功能区规划、土地利用规划、河流河段功能定位等确定。其中河流河段的功能，总体而言，包括生态功能与服务功能，具体包括洪水宣泄与调蓄、供水与灌溉、水力发电、航运、生物多样性维持、水生物质生产、水的自净化和休闲娱乐等。流域总体规划一般要根据流域治理、开发、保护与管理的总体目标要求，对河流进行功能分区。河流的功能区划单位是河段，例如对河流开发功能，可采取保护区、规划保留区、调整修复区和开发利用区等四类功能区划分。此外，对防洪、水资源、水环境与水生态保护、水土保持防治及生态建设、河道治理等，也应按国家有关法律法规和现行规划编制要求进行分区。在此基础上，总体规划要明确各河段开发利用、治理保护任务和流域综合管理总体要求，以及影响流域全局的重大水工程定位。要根据流域开发利用、治理、保护与管理的任务，在统筹协调防洪减灾、水资源开发利用、水生态保护以及地区间关系的基础上，重点研究干流和主要支流的控制性枢纽、重要综合利用工程、跨流域水资源调配工程、重大河湖水系联通工程等影响流域整体的重大水工程布局方案。

### 7.2.3 防洪规划

防洪规划应坚持以人为本、人水和谐、标本兼治、综合治理的原则，在研究流域气象与洪水特性、历史洪灾及成因的基础上，合理划定防洪区划，分析干支流现有防洪能力，论证选定河系和防护对象的防洪标准，研究洪涝水蓄、滞、泄的关系和防洪总体布局，选定整体防洪方案，确定防洪工程措施和主要非工程措施。有凌汛灾害的河流，应研究冰凌特性，选定防凌方案。沿海地区应研究天文大潮、风暴潮的特点及其与洪水的遭遇关系，研究确定相应的防护措施。

防洪区划应在综合考虑暴雨、洪水、地形、河流水系等自然因素，以及人口分布、城镇及工矿企业分布等社会经济因素，深入分析历史洪水及其灾害发生情况，以及对经济社会发展的影响及程度等的基础上合理划定，主要是确定防洪保护区、蓄滞洪区和洪泛区的区域范围，必要时可设置防洪规划保留区。

江河流域内各防洪保护对象的防洪标准，应根据其重要性及受灾后影响严重程度区别对待，在国家《防洪标准》规定的范围内，从政治、经济、社会、环境、技术等多方面综合论证选定。所要求的防洪标准一时难以达到的，可制定分阶段标准。

整体防洪方案，应在重点防洪地区洪涝水来量与泄量平衡分析的基础上，研究和处理拦蓄、滞蓄和宣泄的关系，综合研究各项防洪措施的可行性以及不同水工程措施的组合方案，从地区之间的关系、防洪可靠性、投资、效益等方面以及方案可能带来的经济社会、生态环境影响等方面，进行综合比较选择。对特殊重要的、防洪标准要求很高的防洪保护对象，还应在考虑本流域整体防洪方案的基础上，研究采取自保措施。

防洪规划应复核现有河道的泄洪能力和防洪标准，分析存在的主要问题，研究提高河道泄洪能力的措施。对于河道堤防工程措施，其防洪标准、设计洪水位或河道设计泄量，应根据防洪体系构建和防洪保护区、防护对象的要求，分析研究确定。上下游、干支流河道堤防和分洪区、蓄滞洪区堤防，应根据其任务与等级确定相应的设计标准。多沙河流堤防的设计洪水位，应根据预测的河道冲淤变化规律，按不同水平年分别拟定。感潮河段堤防的设计洪水位，应研究洪、潮遭遇规律，合理确定。

当采取扩大行洪断面、裁弯取直等整治河道措施提高行洪能力时，应根据沿河土质、河势和水沙特性等因素，分析整治后河道的稳定性及可能在防洪、排涝、通航、引水、泥沙冲淤、岸坡稳定、水生态环境等方面对上下游、左右岸的影响，研究采取妥善的处理措施。

采用分（蓄、滞）洪工程时，应根据整体防洪方案，研究工程可能引起的上下游及邻近河流河势和洪水位的变化，分析其对当地生态与环境的影响，结合分（蓄、滞）洪区条件及当地经济社会情况，通过综合分析比较，选定工程方案。对蓄滞洪区，综合考虑其启用几率及其在流域防洪中的重要性等因素，常将其划分为3类，即重要蓄滞洪区、一般蓄滞洪区和蓄滞洪保留区，并应根据不同类型蓄滞洪区的特点分别拟定工程设施、安全设施建设和管理建设方案。采用分洪道分泄本流域洪水至其他流域时，其泄洪能力的核算应考虑两地洪水较不利的遭遇情况。

对于防洪水库和综合利用水库，其所承担的防洪任务，应根据整体防洪方案，结合水库条件，经方案比较综合研究确定。防洪方案中有两个以上承担防洪任务的水库时，应研究各自分担的防洪任务和联合运用原则。综合利用水库承担防洪任务时，应研究防洪与兴利相结合，提高水库的综合利用效益。

防洪规划应初步研究整体防洪方案中主要工程的运用方式。对重要的防洪水库、控制性枢纽、重要的分洪区及蓄滞洪区，应初步制定调度方案，并应针对流域特点提出洪水调度管理、洪水预报预警、洪水风险管理等防洪非工程措施。对沿岸有重要城市和洪水灾害特别严重的河流（或河段），还应研究超标准洪水的应对对策。

对重要城镇，应在流域整体防洪安排和城镇规划的基础上进行专门的城镇防洪规划，包括城镇内河、外河防洪，城镇区排涝、蓄涝等内容。城市防洪规划与建设应与城市交通、市政、环境规划与建设相协调，控制城市盲目向高风险区发展。城镇内河防洪标准及区内排涝、排水标准应根据相关标准合理分析确定，外河防洪标准应与流域水系防洪标准相协调。

对山洪灾害威胁严重的山地和丘陵地区，应根据灾害及成因和分布，以非工程措施为主要内容提出防治方向、原则和措施方案，包括山洪灾害监测预警体系建设方案，必要时提出应采取的主要工程和避灾措施。对存在较严重泥石流、滑坡和岩崩等灾害的河流、河段，也应认真进行地质普查，查清成因和具体分布，提出建立监测、预报预警的措施意见，并提出应采取的主要工程和避灾措施。

### 7.2.4 涝区治理规划

进行涝区治理规划，应分析易涝区自然特点、历史受涝成灾情况及成因和规律，研究确定现有河道、湖泊和排水系统的滞蓄和排水能力，初步确定治涝分区，提出分区治理任务，研究分区治理方式，选定整体治理方案。

涝区治理规划应根据不同对象的排涝要求，结合流域区域防洪总体安排，综合考虑涝水滞、蓄能力和作物类别、生长期和耐淹程度等因素，提出治涝原则，并根据涝区受灾情况和社会经济发展需要，通过经济、社会、环境等方面的综合论证，合理确定涝区治涝标准。当所要求的治涝标准一时难以达到时，可提出分期实施意见。确定治涝标准时，应协调局部与整体、干流与支流、上游与下游的治涝标准间的关系。一般而言，下游的治涝标准不宜低于上游的标准。确定支流治涝标准时，应根据干、支流来水特点，进行涝水遭遇分析。若支流来水面积较小，来水遭遇概率也较小，则支流治涝标准可略高于干流的标准。确定治涝标准时，还应考虑对承泄区防洪的影响，统筹兼顾承泄区防洪标准，对重要防洪保护区的防洪安全造成较大影响时，应与重要防洪保护区的防洪标准相协调。

涝区治理规划应根据涝区地形、水系、承泄区条件，结合城市规划、综合农业区划、区域开发及农田基本建设等方面的要求，合理划定治涝分区，并根据不同分区的治理要求，按照因地制宜、综合治理的原则，拟定总体布局和分区治理方案。

涝区治理总体布局应考虑蓄滞结合、水系连通，并统筹考虑水资源综合利用要求，协调上下游、相邻区域以及干支流的排水关系，尽可能减少对其他地区的影响，对相邻地区排水造成影响的，应采取相应补偿措施。拟定分区治理方案时，应根据排涝能力复核、排涝装机需求分析等成果，坚持排、滞、蓄、截相结合，提出排涝泵站、排水沟渠、截（撇）洪沟、蓄涝区等切实可行、经济合理的治涝工程措施。

涝区排水除按治涝标准排除地面涝水外，还应考虑为保证作物正常生长对降低地下水位的要求，做到治涝与改碱、防渍相结合。对于易碱地区，应研究合理的地下水埋深，采取农、林、水综合治理措施改良土壤。需大面积采用井排或井灌井排结合降低地下水位时，应就排水效能、工程建设、管理运行等方面进行技术经济论证；采取井排或引水洗盐压碱时，应妥善安排排水出路。对于易渍地区，其改造措施主要是兴建田间地下排水工程，调整改造田间排水渠系，做到灌排分开。可根据土壤和水文地质特点，采取有效的能及时排除土壤耕作层内过多水分的排水措施。

对于半山半圩区的排水分区，为减少进入圩区的山水，可通过在高低分界处修建截流沟及撇洪渠工程对山水进行拦截并撇走，实现圩区内外水分开排和高低水分开排，减轻圩垸涝灾，减少垸内电排装机。一般可根据涝区的地形条件和实际需要，按规划标准，新开或对现有沟渠采取扩大断面、疏浚沟道、渠堤加高加固等措施进行改造。

为削减规划圩区的排水流量，减少抽排装机，降低排涝成本，可利用圩区内的湖泊、洼地、河道、沟渠、坑塘等蓄水体，合理安排蓄涝区，对涝水进行调蓄。蓄涝容积大小应根据集水面积、积水量、排涝站规模以及地形土壤等条件合理确定，尽量与灌溉相结合，同时兼顾渔业、卫生及环境等方面的要求。

承泄区是承泄涝水的地方，其位置应尽可能与涝区中心接近，且应与排水系统布置相协调。选择承泄区位置时，应考虑有稳定的河槽，具备排泄或容纳全部涝水的能力，一般尽可能选择水位较低的地方，以争取有较大的自排面积及较小的电排扬程。治涝规划中，承泄区治理的主要内容包括，采取疏浚河槽和浅滩，清除河道上的阻水工程设施，扩大原有河道或开挖新河，以增加排水流量；有条件时，可在承泄区上游修建水库，通过水库的调蓄作用，适时减少泄量，降低排涝期下游河道水位。

进行涝区治理规划，还应重视非工程措施的作用，包括加强治涝工程管理，制定并实施排涝区优化调度方案，制定超标准涝水防御对策，以及与农业生产相结合的有关措施等。

### 7.2.5　水资源规划

水资源规划应在分析流域水资源特性的基础上，结合流域社会经济发展计划，预测不同水平年和不同保证率相对应的流域水资源供、需水量，并进行供需分析。流域可供水量应在现状实际供水量的基础上，结合考虑现有工程供水能力可能的增减变化和规划新建、配套、扩建工程项目可能增供的水量，并应充分注意水质与水资源的重复利用。需水量预测时应注意在核实现状实际用水的基础上，研究节水措施和科技进步对未来用水的影响以及水资源紧缺对社会经济发展的制约作用，力求使预测成果能较好地符合实际发展情况。缺水严重地区还应从宏观上对区域经济增长的总趋势、速度及产业结构等的合理性进行必要的论证。预测的需水量，应包括维护河道、河口稳定和维持改善生态与环境的水量。

在进行水资源供需分析时，应以分区供需水量的预测为基础，按照水资源优化配置原则，以水资源分区套行政单元，分别对不同水平年和来水年型相对应的水资源进行综合平衡。对缺水地区，应针对缺水性质与程度，提出缓解缺水矛盾的对策和措施。当流域水资源不足，且缺水量难以在本流域调剂解决时，可根据邻近河流的水资源情况和引水条件，研究跨流域调水。跨流域调水量，应根据调出流域可调水量和调入流域缺水量，结合调水工程的技术、经济特性，综合分析确定。当流域水资源有一定余裕时，可研究向邻近缺水地区实施调水的可能性。

### 7.2.6　节约用水规划

节约用水规划应在对流域、区域节约用水现状进行调查分析的基础上，结合国家和区域有关节水定额指标、用水控制目标和相关规划，以及流域现状节水程度和经济发展水平，分析计算农业灌溉、工业和城乡生活用水的节水潜力，拟定流域、区域节约用水规划方案。应在节水潜力分析的基础上，根据流域水资源配置方案，按照近远结合、以近为主的原则，研究流域、区域节水方案，提出近远期的节水目标、节水发展方向、主要任务和节水措施方案，提出节水型社会建设的配套制度建设、水价政策建议等内容，有条件时应对节水措施方案进行技术经济分析。农业节水工程措施包括渠道衬砌、泵站改造、田间工程配套以及高效灌溉节水技术应用等，工业和城乡生活用水的节水工程措施包括供水管网改造、工业用水工艺和设备改进、生活节水器具应用以及水的循环利用等。

### 7.2.7　城乡供水规划

城乡供水规划应在调查规划区内城乡生活、工业供水现状和城乡发展对供水要求的基础上，分析预测不同水平年，不同供水对象对水量、水质和供水保证程度的要求，结合水源条件拟定供水方案，分析供水目标、主要任务和工程布局等。

在不同供水对象的用水要求和需水量进行分析与预测时，应根据规划区内水资源条件和社会经济发展指标，考虑其经济增长速度、产业结构变化、都市化程度、人民生活水平提高，以及现状用水和不同水平年可能达到的供水能力、节水水平等因素，参照相似地区的经验，确定城乡生活人均用水量、单位工业增加值用水量等。

城乡供水规划方案的合理拟定，应在水资源供需平衡分析与配置的基础上进行，内容包括供水范围、供水水源、供水方式、供水数量、供水过程、供水保证率以及水源工程、输水线路与调蓄措施等。对不同水源类型和开发方案，应区别情况进行相应的水量平衡调节计算，并据此拟定主要工程规模。采用地下水源的，要注意采补平衡，必要时辅以相应的补源措施；从多沙河流引水的，应采取切实可行的泥沙处理措施。

对拟定的供水规划方案，应分析对不同供水对象的保证程度。应对特殊枯水年和连续枯水年及突发污染事故情况下的供水提出应急调配方案和相应的措施。对于重要城市的供水，应尽量采取多水源联合供水方案，以提高其供水保证程度，并规划建设应急备用和战略储备水源。对饮水困难的乡村地区，应视水源条件和水质情况，按照饮用水标准，研究提出解决途径。

进行城乡供水规划，应注意供水水源必须符合规定的水质标准。对划定的水源保护区必须提出相应的保护措施和监控措施，防止污染。还应重视城市废污水的处理和回用，制定废污水处理回用措施，规划废污水处理回用管网建设。

### 7.2.8 灌溉规划

灌溉规划应在调查流域区域的水资源状况、灌区和灌溉范围的灌溉现状和农业生产对灌溉要求的基础上，结合综合农业区划、可供水量和水资源配置方案，根据农业生产的特点、种植结构与布局，进行水土资源平衡分析，研究不同水源配合运用的合理方式，在充分考虑节水灌溉要求的前提下，拟定灌区总面积和总体布置方案。应结合水土资源条件，拟定新建灌区范围、规模与适宜采用喷灌、微灌等节水灌溉方式的面积，选定灌溉设计标准、灌溉制度、引水规模和骨干灌排渠系建设方案，提出对现有灌区进行节水改造和工程整修配套的方案。

灌溉设计标准应根据水源条件、农业生产要求与相应作物组成和经济发展水平等因素，合理选定。灌溉制度应按照节水灌溉技术要求，根据灌区的水源、土壤、地形、降雨等条件，以及作物组成、农业技术措施等因素，参照本地节水灌溉经验及有关试验资料，分析拟定。灌溉水利用系数应按照相关规范规定，经技术经济论证后合理确定。

对于规划渠灌区，应因地制宜选择引水地点、取水方式、引水数量以及必要的蓄引提等主要工程措施。规划设置的大型水库、提水站及其他大型建筑物，应对其工程规模及特征值进行方案比较。对高扬程提水及远距离输水灌溉，应进行专门的技术经济论证和环境影响评价。在多泥沙河流上引水灌溉，应针对泥沙的利用和处理提出切实可行的措施。对于规划大面积井灌区，应分析预测长期开采后的地下水动态变化，在地下水资源评价和供需分析的基础上，合理确定井灌发展规模与布局。必要时，研究提出实施地上水、地下水联合调度运用的方案，防止过量开采地下水可能对生态和环境造成的不利影响。对于具有多水源或兼有其他开发利用任务的灌区，应研究多种可行的方案，经技术经济论证选择最优开发方案。对于已建灌区的配套改造，规划应根据经济社会发展要求，在实施节水灌溉基础上，提出渠系及建筑物加固改建配套方案和灌溉面积控制规模，必要时可对供水水源进行适当调整。对于涝渍、盐碱、沙丘、荒滩及各类低产田，规划应提出改造措施。

此外，灌溉规划中，要注意灌溉水源的水质应符合灌溉水标准，不能直接引用未经处理、不符合灌溉水标准的城市工业污水，防止污染土壤和地下水。

### 7.2.9 水力发电规划

水力发电规划应在水能资源及开发现状分析的基础上，统筹考虑经济社会发展、防洪防凌、水资源配置、生态环境保护和水能资源开发等综合利用需求，拟定河流水电开发方案和梯级布设方案，初步拟定枢纽特征水位与水电站装机规模，提出供电方向，并阐明发电效益。

河流（河段）梯级开发方案应根据水力发电在治理开发任务中的主次地位，依据流域总体规划的要求，综合考虑社会经济发展对电力的需求、水能资源分布特点、综合利用要求、地形地质条件、水库淹没影响、动能经济指标和环境影响等因素，经方案比选，提出推荐方案。其中，对于引水式开发或跨流域引水开发的水电站，应充分考虑引水地点以下河段水量减少对供水、灌溉、航运、漂木以及生态环境可能产生的影响，并采取相应对策措施。在火电比重大又缺少调峰水电站的地区，有条件时应对抽水蓄能电站的开发进行研究论证。

对于规划水电站，应根据电力系统用电发展要求、水电站枢纽任务要求与重要性、下游防洪与综合利用水资源要求，结合地形地质条件、水库淹没与移民、水库防淤、技术经济指标以及上下游梯级衔接等因素和对生态环境影响的分析，经综合分析后，初步拟定规划水电站水库的正常蓄水位和其他特征水位。对于规划的重要水电站枢纽，应拟定若干比较方案，进行经济分析和综合论证。规划水电站的装机容量，可根据水库调节性能、供电区的动力资源储量与结构、电力系统负荷特性与电源组成，以及单独和联合运用时水能指标等因素进行综合分析，按适当的简化方法初步拟定。对规划近期建设的大型水电站装机容量，应初步分析确定供电范围，在初步进行电力电量平衡分析的基础上，通过技术经济比较和综合分析拟定。此外，在进行梯级水电站装机容量选择时，应注意各级电站引用流量的合理协调。

水力发电规划中，对于水库调节性能较好的大型水电站，应综合考虑防洪、水资源利用以及生态环境保护等要求，初步拟定水库调度运用原则，发电调度应服从防洪和水资源调度。对于拟在多沙河流上近期兴建的大型水电站，若泥沙影响严重，应初步拟定防止、减少泥沙淤积的水库调度运用方式。严寒地区的水电规划还应考虑冰冻对水工建筑物和水电站运行的影响，以及对库尾河段、下游河道防洪防凌的影响，并拟定防止冻害的对策措施。

此外，水力发电规划还应研究小水电资源的开发利用方式，明确山区、丘陵与平原区的小水电发展方向，并提出发展小水电的原则意见和促进小水电发展的政策建议。小水电发展规划应与新农村电气化县建设规划相协调。

### 7.2.10　航运规划

航运规划应在调查分析河流及航运潜力和现状的基础上，预测不同水平年的客货运量，提出航运发展目标，选择通航标准和通航保证率，拟定航运规划方案，并阐明航运效益。

进行航运规划时，应调查分析河流的航运状况，包括：河流的水文、泥沙和河势特点，航道、港口和通航建筑物，通航期和运输量，以及船舶和营运组织等现状与历史情况等，在此基础上，对河流航运潜力和现状情况作出全面评价，提出存在的航运问题与改善航运条件的方向。对航运运输量，应按近期和远期两个规划水平年，在相关综合运输规划的基础上，采用定量与定性相结合的方法进行预测，经综合分析论证拟定。航运发展目标和开发任务的确定，则要综合考虑经济社会发展航运的要求，并与其他相关水资源综合利用规划相衔接。对于航道等级和通航标准，除已按国家规定程序划定等级的航道外，应根据预测的客货运量要求和河流（河段）通航条件，经技术经济论证拟定，并做到干支流、上下游协调。

航运规划方案包括通航规模以及河道渠化、整治、疏浚等措施，应根据流域治理开发要求和治理开发后河流（河段）的通航条件，经方案比较后确定，并应妥善协调航运与其他综合利用任务以及其他运输方式、产业布局和城市规划的关系。在河道上安排航道渠化或航道整治工程，应结合考虑防洪、排涝、发电、灌溉与供水及生态保护等方面的要求。在通航河流上安排非航运为主的闸、坝工程，应同时设置必要的过船通航设施。在多沙河流上还应研究工程修建后引起的泥沙冲淤变化对航运的影响，提出防治河道淤堵的措施。当近、远期客货运量相差悬殊时，应研究分期建设过船设施方案。通航河流上已建的闸、坝工程，如无过船通航设施，应研究论证复航措施。在拟开辟成航道的河流上安排闸、坝工程，应预留过船设施位置。航运用水应与其他综合利用用水统筹考虑，区别情况，合理确定。对渠化河流（河段），应考虑闸、坝工程过船设施用水及其上下游航道用水要求。通航河流（河段）或人工运河的航运用水，应统筹考虑河流来水情况和生态环境、灌溉、供水等综合利用用水要求，并根据航运在综合利用中的地位，经供需平衡分析，合理分配确定。

**7.2.11　地表水资源保护规划**

水资源保护规划应在河流水文情势分析和水域水功能区水质现状调查与评价的基础上，根据《水功能区划分标准》(GB/T 50594) 的规定，进行水功能区划分与调整；核算水域纳污能力，制定污染物入河量控制方案；提出入河排污口布局与整治、水源涵养及水源地保护、面源控制与内源治理、水资源保护监测等规划方案及措施。

对于规划范围内国家和地方政府未划分的河流（河段）、湖泊等水域，应根据实际管理需求，并结合现状调查，提出水功能区补充划分方案。补充划分应在国家确定的重要江河湖泊水功能区划、跨省（自治区、直辖市）的其他江河湖泊的水功能区划以及各级地方政府批准的水功能区划等成果的基础上进行。对于国家和地方政府已经批准的水功能区划，由于经济社会发展需求提高、水资源开发利用条件的重大改变、水功能区管理工作存在矛盾等原因，确实需要调整水功能区的水域，应依据相关规划提出水功能区调整方案，调整时应遵循的基本要求包括：新增或调整为自然保护区和城市集中供水水源地等的水域，应划分为保护区；划分为缓冲区的省际行政边界水域，当其规划水平年水质不能满足水质管理目标要求时，应调整缓冲区长度；水资源开发利用程度较高的水域、发展需求确实较大的，可调整为开发利用区，且在进行二级区划时应充分考虑区内各水质目标的衔接；应根据保护区、缓冲区或开发利用区的调整，相应调整保留区范围。

水域纳污能力计算和核定应以水功能区为单元，结合行政区范围，分河流及行政区进行，计算方法和要求应符合《水域纳污能力计算规程》(GB/T 25173—2010) 和《全国水资源综合规划地表水资源保护补充技术细则》的规定。水域纳污能力计算的污染物项目应包括化学需氧量和氨氮等主要污染物；对湖泊和水库还应包括总磷和总氮；对存在其他特殊污染的水域，还要补充分析计算该类污染物的纳污能力。污染物入河量控制方案应依据水域纳污能力和水资源保护目标，结合通过调查和预测确定的现状水平年和规划水平年的污染物入河量制定。污染物入河控制量应按水功能区和行政区分别进行统计，对于跨行政区的水功能区，其污染物入河控制量应根据污染分布及排放情况进行分配。

入河排污口的布局与整治方案及措施，应在入河排污口现状调查与评价的基础上制定，应符合水功能区管理和污染物入河控制要求，并与饮用水水源地保护规划、水污染防治规划、产业布局规划及城市发展总体规划等相关规划相协调。应根据河段水功能区要求，按行政区域、水资源分区提出入河排污口布局的总体安排和新建、扩建排污口的原则、限制条件等。在此基础上，结合水功能区水质达标状况、现状入河排污口设置及入河排污量状况等，确定需进行入河排污口调整和整治的水域，以及需整治的入河排污口，并进一步确定搬迁、归并、入管网集中处理、调整入河方式，以及入河排污口计量监控设施建设和生态治理与管理等措施方案。

水源涵养及水源地保护规划方案，应重点针对江河源头和以水源涵养为主要功能的保护区，提出涵养保护及水土流失防治等水源涵养要求与措施。应根据水功能区划关于水源地水功能区目标的要求确定饮用水水源地保护目标，进一步明确饮用水水源地水源保护区及准保护区范围，并在现状调查的基础上，根据水质评价、污染调查、饮用水水源地周边卫生状况等，复核饮用水水源保护区划分的合理性，分析水源保护区的划分能否满足饮用水水源保护的要求，对明显不满足要求的保护区，应按照《饮用水水源保护区划分技术规范》（HJ/T 338—2007）等技术标准，结合实际情况提出饮用水水源保护区调整方案。对于尚未划分饮用水水源保护区的水源地，应根据其安全现状评价制定饮用水水源保护区划分方案，明确保护区及准保护区范围，提出饮用水安全保障要求和相应的管理措施，以及在保护区内应采取的隔离防护、污染综合整治和生态修复等工程措施。

面源控制和内源治理的措施方案，应重点针对面源和内源污染严重的水源地、河段、湖泊、水库等水域，根据面源和内源污染现状调查与评价、地表水资源保护规划目标和保护要求进行制定。针对灌溉退水、农村生活污水及垃圾、畜禽粪便、农村和城镇地表径流等，提出生态沟渠、缓冲带、坡耕地径流污染拦截、等高植物篱工程、城镇初期雨水汇集处理等面源污染控制与治理的措施要求；针对内源污染，提出水生植物修复、底泥疏浚等治理措施和要求。

水资源保护监测主要包括水功能区水质监测、入河排污口监测、饮用水水源地安全监测和对省界水质的监测核定等，且应与已有水文、水资源监控体系和建设规划相衔接。

### 7.2.12 地下水保护规划

地下水保护规划应在流域地下水及其开发利用调查的基础上，划定规划分区，并对分区地下水及其开发利用现状进行评价；在此基础上，确定规划目标和任务、地下水保护总体规划方案和布局；提出地下水管控总体方案、地下水超采区治理与修复方案、地下水开发方案、地下水保护方案；按照地下水保护的目标、任务和措施，以及规划的近期目标，提出工程措施、非工程措施近期实施意见。

地下水保护规划分区包括浅层地下水保护规划分区和深层地下水保护规划分区，必要时可进行地下水功能区划。浅层地下水保护规划分区以地下水主导功能为基础，根据区域地下水补给条件、含水层富水性及开采条件、地下水水质状况、生态环境系统类型及其保护的目标要求、地下水开发利用现状、区域水资源配置对地下水开发利用的需求等进行划分。深层地下水保护规划分区以存在深层承压水的流域水资源分区套地级行政区作为深层承压水保护规划分区。原则上深层承压水只作为战略储备水源。地下水功能区划包括以保护地下水资源、维护自然生态系统和预防环境地质灾害为主导功能的保护区，以给城乡生活、工农业生产等供水为主导功能的开发区，以及不适宜开采或在可预见期内不开采的保留区。规划分区及地下水功能区不应跨水资源二级区和地级行政区。

地下水保护规划的目标和任务包括规划水平年流域地下水开采量和水位控制目标以及地下水水质保护目标和任务，应以地下水规划分区现状评价成果为基础，根据地下水主导功能定位，流域水资源配置方案，以及地下水保护要求和管理需要，按照地下水取用水总量控制和水位控制要求合理确定。地下水保护规划方案及布局应根据规划目标和任务，在综合考虑生态保护、地质灾害防治、水资源调配、水源应急储备等方面的需求和地下水保护要求的基础上合理制定，并应统筹考虑水量、水质、水生态要求，协调水量与水位、浅层地下水与深层地下水的关系。

地下水管控总体方案和超采区治理与修复方案应根据不同规划分区的地下水及其开发利用现状、超采治理需求和替代水源条件等因素合理确定。治理修复方案的制定，应遵循先治理城区超采、后治理非城区超采，先治理深层承压水超采、后治理浅层地下水超采，先治理严重超采区、后治理一般超采区的原则。分析地下水超采治理替代水源时，应以强化节水为前提，统筹考虑当地地表水、外流域调水和其他水源的利用。

地下水开发方案的制定应遵循开发中保护、保护中开发的原则，合理发挥地下水蓄水和供水功能，确保地下水超采区得到治理与修复，不再出现新超采区。应按照提高城市应急和农业抗旱水源储备能力的要求，重点安排农村饮水安全工程和城市应急储备水源工程建设。

地下水保护方案主要包括分区地下水水位控制和水质保护方案，应明确地下水保护的工程措施和非工程措施。应重点制定集中式地下水饮用水水源地保护方案和保护措施，应划定集中式地下水饮用水水源地保护区，明确清除保护区内各类污染源，治理排污口，清理渗坑、渗井等措施。地下水保护措施中要注意加强地下水水位、水质的动态监测和地下水取水计量设施建设，并根据实现地下水保护规划目标的技术支持要求，提出不同规划水平年的建设任务和方案，以及运行管护机制建设内容。

### 7.2.13 水生态保护与修复规划

水生态保护与修复规划主要涉及生态需水保障、重要生境保护与修复、重要湿地和生态敏感区保护以及水生态监测体系等方面的规划内容。

生态需水保障包括基本生态环境需水保障、目标生态环境需水保障和生态敏感区的敏感生态需水保障等。规划应参照相关河湖生态环境需水计算标准的有关规定，在水生态现状调查与评价、水资源平衡分析的基础上，进行河湖生态需水计算；按照与流域用水总量、水资源开发利用率等指标相互协调的要求，确定主要河湖及其控制节点的生态需水量指标，并作为流域开发保护的控制性指标之一。对于基本生态环境需水和目标生态环境需水，其保障措施主要包括闸坝优化调度、设置必要的生态泄流和流量监控设施等；对于敏感生态需水，其保障措施主要包括闸坝优化调度及生态补水等。

重要生境保护与修复应坚持以“保护天然生境、维持自然生态过程为主，近自然恢复等人工生态控制为辅”为原则，以保护水生生物多样性和水域生态的完整性为目标，对水生生物资源和水域生境进行整体性保护。主要包括自然栖息地维护、河湖联通性维护与恢复、河湖生境形态多样性维护与修复、生境条件调控等对策措施。规划应在水生态现状调查与评价的基础上，分析河湖的水生态系统现状，识别关键水生态问题和主要生态胁迫因子，明确主要生态保护目标和区域，提出各类对策措施实施的范围、目标及方案。自然栖息地维护主要是对作为珍稀、濒危、特有物种栖息地及拥有重要渔业资源的河段，应进行特殊保护，划为限制或禁止开发河段。此外，对于依法设立的各类自然文化资源保护区、世界文化与自然遗产、国家重点风景名胜区、国家森林公园、国家地质公园等区域，应实行强制性保护，划分为禁止开发区域。而对于现状开发已达到水资源及水环境承载能力上限的河段，也应划分为限制开发河段，并制定相应的退减措施。河湖联通性维护与恢复可分为纵向、横向、垂向连通性维护与恢复。主要措施包括：优化河流流域的梯级开发方案，对于阻隔重要水生生物洄游通道的工程，提出适宜的过鱼设施或方案；优化河流堤防布置，优化闸坝调度运用方式，保持河道的合理宽度，保护和恢复滩地湿地系统，维护和恢复河湖之间的生态联系，防止介水传染病传播与扩散；在有条件的河段建设生态堤岸，选用透水或多孔材料与结构，以利于地表水与地下水交换和水生生物栖息繁殖等。河湖生境形态多样性维护与修复主要是按照维护和恢复河流蜿蜒性和河流地貌形态多样性要求进行河道综合整治，遵从仿自然河道生境的原则，提出生物栖息地多样化措施和要求；结合防洪、供水、航运和景观营造等功能要求，提出建设河湖滨带生态缓冲带及生态景观廊道措施；对采砂等活动提出管理措施，规范河道疏浚工程建设行为，提出维护河道稳定、保护河道自然栖息地的措施，推广采用淤泥无害化处理技术。生境条件调控主要是针对低温水下泄等的影响，对控制性枢纽工程采取优化调度及相应措施等。

重要湿地和生态敏感区保护包括重要湿地保护，针对江河源头区和重要饮用水源区建立的水源保护区的保护，以及涉水自然保护区和国家重点风景名胜区的保护。规划对重要湿地的保护，可采取生态补水、河湖水系连通、河湖滨带联通、围垦湿地退还、污染排放控制、适度限制湿地范围内的生产生活等综合管理措施，并选择开展湿地生态系统与功能恢复、关键物种栖息地恢复和有害生物防控、加强湿地自然保护区的管理设施与管理能力建设等措施。对于水源保护区的保护，主要措施包括加强水源涵养能力建设、保护自然植被、控制点源和面源污染等方面。对于涉水自然保护区和国家重点风景名胜区的保护，主要是加强管理能力建设。

水生态监测体系主要包括生态水量监测、水质和水温监测、水生生物监测、重要生境和湿地监测等内容。规划应根据流域水生态保护目标和要求，研究建立水生态监测体系，并与已有的水文、水资源监控体系和建设规划相衔接。

**7.2.14　水土保持规划**

水土保持规划应在与国家水土保持规划以及农业、林业、国土整治、环境保护等相关规划协调的基础上，按照保护、治理和开发利用相结合，生态效益、经济效益与社会效益相结合的原则，根据流域水土流失状况以及流域生态保护、防洪安全、社会经济发展的要求，提出规划的目标、任务及总体布局，制定水土流失防治措施方案。

水土保持规划应以全国水土保持区划三级区的水土保持功能定位为基本依据，充分考虑省级水土保持区划，开展必要的再分区，即根据规划范围内不同地区的自然条件、社会经济情况和水土流失特点，划分若干个不同的类型区。在此基础上，按不同类型区分别提出不同的土地利用规划和水土保持综合治理措施的总体布局，其中的土地利用规划应提出各区农、林、牧、副、渔业用地和其他用地的位置和面积比例，总体布局则应确定水土流失综合治理措施平面布置以及实施顺序安排。

水土保持规划应根据水土保持的目标与任务，以及不同类型区的实际情况，合理确定水土流失防治面积，提出水土流失防治方向、途径和技术体系，确定水土流失预防、治理、监督和检测等主要内容。其中，水土流失预防主要针对生态脆弱区、水源涵养区和水源地保护区等，主要内容包括：提出水土流失预防的原则与目标；确定预防的位置、范围与面积；提出预防模式和措施配置，包括以封禁管护为主的生态修复和以建设清洁小流域为主的水源地治理等。水土流失治理主要针对水土流失严重、多沙输沙区域、山洪灾害易发区域等，规划应以江河流域支流为骨干，以小流域为单元，确定治理范围、对象和面积，提出综合治理措施和典型治理模式。水土保持监督主要针对山区、丘陵区、风沙区和水土流失严重的生态脆弱区域、滑坡泥石流易发区域以及容易发生水土流失的其他区域的生产建设活动，提出监督能力建设内容。应将保护现有植被和巩固已有治理成果作为监督的重要内容。水土保持监测应根据全国水土保持监测站网规划，结合流域实际情况，提出水土流失定位监测、动态监测、生态保持项目与水土保持工程建设项目监测等方面的建设内容，并与流域水文监测站点规划相协调。

### 7.2.15 河道与河口整治规划

河道与河口整治规划，应在综合分析河流水沙动力特性、演变规律及主要问题的基础上，统筹考虑上下游、左右岸及防洪、航运、排涝、引水、防潮、防盐、土地利用及沿岸工矿企业与城市发展等方面的要求，研究提出近远期整治目标及不同水平年的河势控制格局，并通过方案比较，确定近远期整治方案，提出分期实施意见。

对于水库上游河道，应注意防治库尾泥沙淤积；对于库区河段，应分析研究水库回水变动区的影响；对于水库下游河道，应注意防治河床冲刷带来的影响，满足综合利用要求。对于河口区域，应满足防洪、防潮、排涝、供水和航运的要求，重视保护河口生态与环境。对于河床易于改变的河道，应根据河道演变趋势及河势控制、防洪（潮）、排涝、和生态环境保护等要求，确定洪水治导线、中水治导线、枯水治导线，在此基础上，制定河道整治方案，并针对不同类型的河段，提出具体的整治措施。对河势变化急骤的河段，或河势难于保持稳定的河段，应选择合适地点规划增设人工控制节点。规划的河道整治建筑物，应保证河道有足够的行洪断面并考虑航运要求，避免束窄河道或占用行洪滩地，必须束窄河床或占用行洪滩地时，应对防洪安全、河势稳定、生态环境的影响进行综合论证，对在排涝、取水及航运等方面造成的影响提出相应的补偿措施。

### 7.2.16 其他规划

河道采砂管理控制规划主要是在符合河流域综合规划和区域水利综合规划的总体要求，并与相关专业规划相协调的前提下，根据河势稳定、防洪安全、供水安全、通航安全、生态与环境保护以及跨、穿、临河建筑物及设施正常运行的要求，明确采砂控制总量、禁采区范围、可采区范围和可采区控制开采高程、禁采期等，并应对采砂作业条件等加以限制。

岸线利用管理规划应根据国民经济布局、水功能区划、港口规划，结合河道整治规划，提出可资利用的岸线和相应的利用条件，确定岸线控制线，包括位于河道内的临水控制线和河道外的外缘控制线；并在岸线控制线的带状区域内划定岸线功能分区，包括保护区、保留区、控制利用区、开发利用区，进而提出岸线开发利用条件、方向、限制条件等管理意见，以及岸线保护的意见。

滩涂控制利用管理规划主要是按照与防洪（潮）规划、河道（段）综合整治规划、生态环境保护规划及其他相关规划相协调的要求，遵循治理、合理开发利用与保护相结合的原则，进行滩涂功能分区，并分别针对保护区、保留区、控制利用区、开发利用区等 4 类功能分区，提出滩涂控制利用管理意见，以及河口滩涂不同规划水平年的开发规模、布局及管理意见。

此外，编制江河流域规划，还应根据河流流域的实际情况，对水利血防、水利风景区、水文监测、水利信息化等方面作出专门规划，或提出规划意见。

**7.2.17　重大水工程规划**

江河流域规划中的重大水工程规划是指对拟在近期兴建、影响流域全局的关键性水工程进行的专门规划。重大水工程包括重大河流水系联通工程、防洪骨干控制工程、重大水资源配置工程、重大水资源综合利用工程、重大生态环境治理工程等。应根据总体规划提出的要求明确工程的建设任务和目标，初步确定工程规模及主要特征参数，初步拟定工程总体布置方案和主要建筑物型式及轮廓尺寸，初步确定主体工程量，初估工程投资，初步调查主要淹没实物指标、动迁人口和设施数量，初步分析本工程与上、下游其他工程的相互影响及工程对环境的影响，分析工程建设的主要制约因素，论证工程的可行性。

**7.2.18　流域综合管理规划**

流域综合管理主要包括水利规划管理、水文服务与管理、防洪管理、水资源管理、水资源保护管理、河湖管理、水工程建设与运行管理、水土保持监督管理等方面。流域综合管理规划应针对流域特点，在流域管理与行政区域管理相结合的水管理体制框架下，研究提出适合流域特点的管理体制与机制建议、流域涉水法律法规建议和流域综合管理制度建议，以及满足流域综合管理要求的流域综合管理能力建设方案。

**7.2.19　实施意见与实施效果评价**

江河流域规划应在满足实现规划目标要求的前提下，统筹考虑防灾减灾、水资源开发利用、生态环境保护的要求，提出规划实施意见。并应在做好调查研究的基础上，以国家产业政策和经济社会发展规划为指导，采用定量分析和定性分析相结合的方法进行规划实施效果评价，就规划实施对国家、流域（或地区）带来的社会、经济、生态与环境效益和影响进行分析评价，主要包括社会效果评价、经济效益评价、综合分析与评价。

**7.2.20　环境影响评价**

江河流域规划的环境影响评价主要是分析规划总体布局、主要规划方案、重要枢纽选址及规模等与国家和地区资源环境保护法律法规和政策、国家主体功能区规划、生态功能区划、水功能区划等相关功能区划的符合性，与同层位相关规划的协调性。主要内容包括环境现状调查与分析、环境影响预测与评价、减缓措施、环境监测及跟踪评价。

**7.2.21　保障措施制定**

江河流域规划还应为实现规划目标、完成规划任务、保障规划顺利实施，研究制定具体的保障措施，包括组织保障、法制保障、投入保障、前期工作保障、监督管理保障以及科技保障等方面的内容。

## 7.3　河流梯级开发方案拟定与选择

河流梯级开发方案的拟定与选择是河流综合利用规划的重要任务之一。应根据河流治理、开发与保护的要求，制定治理、开发与保护的任务，在此基础上，对流域干流及主要支流的开发方案进行规划，包括拟定梯级开发方案及各梯级开发任务，通过综合比较，选择代表开发方案。

**7.3.1　梯级开发方案拟定**

梯级开发方案拟定，主要是研究确定河流梯级布局（选择代表坝址），以及合理确定各梯级正常蓄水位。对于河流较长、河段经济社会和自然条件差异较大的河流，可分段拟定开发方案，而河段划分应考虑的原则主要有：①有利于避开对重要对象的淹没影响；②有利于避免对环境敏感对象的影响；③有利于梯级布置，保持规划河流开发方案的整体性；④有利于资源合理分配。

在布置梯级前，一般应收集五万分之一或万分之一地形图，有条件时，可实测河流纵剖面图。根据地形图及剖面图，并按现场查勘获得的地形地质资料，在总体规划中安排的开发利用区进行梯级布局。规划阶段在规划保留区一般不布置梯级，或布置梯级后说明需要进一步论证的内容。

在梯级布局中，首先安排控制性枢纽工程。控制性枢纽工程，一般是解决本流域主要水问题的关键工程，例如，长江干流三峡工程是解决长江中下游防洪问题的关键工程；黄河小浪底是解决黄河中下游调水调沙的关键工程。然后，根据地形地质条件和淹没情况布置重要枢纽工程。最后，再根据实际情况，安排其他梯级工程，梯级工程布局应有利于实现河流综合治理开发任务。

一般来说，各梯级的正常蓄水位应考虑其开发任务要求，根据地形地质条件，以及淹没、生态与环境影响等方面的因素，合理确定。在通航河流（河段）上，拟定梯级正常蓄水位时，应根据航道规划确定的通航等级，满足有关规范规定的通航水深要求，并适当安排上、下游梯级的水位衔接，处理好上、下游水力发电的关系。一般可以取上游梯级全部机组 1/3 引用流量相应的下游水位作为下游梯级与上游梯级衔接最低水位。当通航要求较高时，在设计阶段处理好上、下游梯级关系的基础上，可适当抬高衔接水位。对防洪水库，还应通过调节计算，确定防洪限制水位。对其他有调节能力的水库，还应初拟水库死水位。

**7.3.2　各梯级开发任务拟定**

梯级开发方案中各梯级的开发任务，应根据梯级所在河流（河段）的开发任务进行拟定。对于综合利用的梯级枢纽工程，应在分析综合规划中各专业规划对本梯级开发利用要求的基础上，考虑本梯级的实际条件和能力（如水库的调节能力、控制的水资源量、装机容量等），确定其开发任务的排序。

**7.3.3 梯级开发方案比选**

在根据综合利用要求拟定多组梯级开发方案后，一般应通过综合比较，选定梯级开发方案。通常，梯级开发方案比选应从以下几个方面着手：

（1）水库淹没影响。对于梯级开发方案的水库淹没影响，应分析开发方案中单个水库影响及全部水库的累积影响。有些情况下，某些单个水库淹没影响太大，可能会造成该水库方案难以建设，而使得整个梯级开发方案不能成立。如果单个水库的淹没影响不是很大，但是全部水库的累积影响太大，则也不能作为推荐方案。在判断影响大小时，应重点对少数民族区域淹没和特有民族文化的影响进行分析，以及对当地或异地移民条件等进行分析。

（2）对水生态与环境的影响。在规划阶段的梯级开发方案比选时，对水生态与环境的影响分析，应着重分析本河流是否有特有珍稀鱼类保护和敏感的生态问题，并选择能调节改善水生态生境的方案。

（3）综合利用效益。对于梯级开发方案比选的综合利用效益分析，应考虑优先解决防洪和灌溉与供水、航运等水资源利用问题。对有防洪要求的河流，应选择防洪效益大的方案。对有灌溉供水要求的河流，应选择解决灌溉供水问题较好的方案。

（4）经济分析。在规划阶段的梯级开发方案比选中，可采用功能等效费用现值最小法进行经济分析。在其他条件相同的情况下，应选择经济指标较优的方案。

（5）综合分析比选。一般而言，应先对上述（1）～（3）项进行分析比较，优先选择不利影响较小、综合利用效益较好的方案。当对（1）～（3）项分析后，各方案无太大差别时，则主要考虑各方案的经济指标，按费用现值最小选择经济指标较优的方案。

## 7.4 水库群的水利水能计算

为了实现河流治理开发的目标与任务，在拟定的河流综合利用规划方案中，往往要安排一系列水库工程。因此，编制河流综合利用规划时，常要涉及水库群的水利水能计算工作。本节主要介绍有关水库群水利水能计算的基本概念和方法。

**7.4.1 水库群及其相互补偿的概念**

根据水库群中各水库的位置关系及相互之间的联系情况，一般可将其划分为以下3种类型：

（1）布置在同一条河流上的串联水库群，如图7.1（a）所示。这类水库群中，水库间有密切的水力联系。

（2）布置在干流中、上游和主要支流上的并联水库群，如图7.1（b）所示。这类水库群中，水库之间没有直接的水力联系，但共同的防洪、发电任务把它们联系在一起。

（3）兼有以上两种关系和联系的复杂水库群，如图7.1（c）所示。

串联水库群的布局是根据河流的梯级开发方案确定的。河流梯级开发方案是指根据国

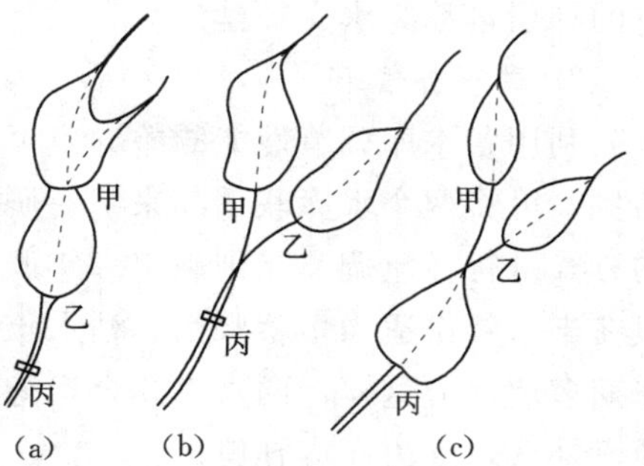

图 7-1 水电站群示意图

民经济各部门的发展需要和流域内各种资源的自然特征，以及技术、经济、环境等方面的可能条件，针对开发整条河流所确定的一系列水利枢纽布局。其中的关键性工程常为具有相当库容的水库，从而形成了串联水库群。制订梯级开发方案的主要目的，在于通过全面规划来合理安排河流上的梯级枢纽布局，然后由近期工程和选定的开发程序，逐步实现整个流域规划中各种专业性规划所承担的任务。当然，全河流的各梯级枢纽都必须根据所在河段的具体情况，综合地承担上述任务中的一部分。制定出河流梯级开发方案，不仅使全河的开发治理明确了方向，并且为各种专业性规划及具体的工程规划提供了可靠的依据。

在研究确定河流梯级开发方案时，一定要认真贯彻综合利用原则，满足综合效益尽可能大的要求。以往研究河流梯级开发方案时，往往比较多地考虑水力发电的要求，强调尽可能多地利用河流的天然落差，尽可能充分地利用河流的天然径流，使河流的发电效益尽可能地好。随着国民经济和社会的不断发展，人们认识到，开发利用河流的水资源和水能资源时，必须统筹考虑各除害、兴利部门的要求，注意协调水资源和水能资源开发与生态环境保护的关系，使河流开发的综合效益尽可能地大。

当然，对于以发电为主的河流，在制定综合利用规划方案时，有些好的经验还是应该吸取的。例如，梯级开发方案中，应尽可能使各梯级电站“首、尾衔接”，以便充分利用落差；遇到不允许淹没的河段，尽可能插入引水式或径流式电站来利用该处落差，但对于引水式开发电站，应注意考虑河流生态需求，尽量避免出现“脱流”河段。此外，梯级水电站的运行经验还证明，上游具有较大水库的梯级方案比较理想，这样可以做到“一库建成，多站受益”。

在制定以防洪、治涝、灌溉为主要任务的河流综合利用规划时，往往采取在干流上游以及各支流上兴建水库群的布置方式。这种方式不但能减轻下游洪水威胁，而且对山洪有截蓄作用；它既能解决中、下游两岸带状冲积平原的灌溉问题，又能解决上游丘陵区的灌溉问题。分散修建的水库群淹没损失小，移民安置问题容易解决，而且易于施工，节省投资，可更好地满足需要，更快地收益。应该指出，为充分发挥大、中型水库在综合治理和开发方面的巨大作用，其位置要合理选择。

需要指出，在拟定河流综合利用规划方案时，应注意水库群中各水库的特点及相互之间的关系，考虑水库群中各水库相互之间的径流补偿作用，以更好地发挥水库群的综合效益。一般说来，水库群的径流补偿作用主要通过以下两种方式实现。

1. 水文补偿

根据水文特性，不同河流间或同一河流各支流间的水文情况有同步和不同步两种。在水文不同步情况下，可以利用两河（或两支流）丰、枯水期的起讫时间不完全一致、最枯水时间相互错开的特点，把它们联系起来，共同满足用水或用电的需要，这样就可以相互补充水量，提高两河的保证流量。这种补偿作用称为径流补偿。利用水文条件的差别来进行的补偿，称为水文补偿。

2. 库容补偿

利用各水库调节性能的差异也可以进行补偿。以年调节水库和多年调节水库联合工作为例，可将两个水库联系起来统一研究调节方案。设年调节水库工作情况按其自身较有利的方式进行径流调节，则确定多年调节水库调节方案时要考虑年调节水库的工作情况，一般在丰水年份适当多蓄些水，枯水年份多放些水；在一年之内，丰水期尽可能多蓄水，枯水期多放水。这样，两水库联合运行就可提高总的枯水流量。这种利用库容差异所进行的径流补偿，称为库容补偿。

径流补偿是进行径流调节时根据水库群的特点及其中各水库相互之间关系而采取的一种调节方式，通过补偿调节，可以提高整个水库群的总保证流量及水电站群的总保证出力，从而使河流水资源得到更合理的利用，产生更大的效益。

在拟定河流综合利用规划方案时，水库群可能有若干个组合方案同样能满足规划要求，这时要对每个水库群方案进行水利水能计算，求出各方案的有关水利动能指标等特征值，以供方案比较。而对于联合运行的水库群，在决定水库群的最优蓄放水次序时，进行水库群的水利水能计算，也是一项极为重要的工作。但因水库群水利水能计算涉及的水库数目较多，关系复杂，需要考虑的因素也比较多，计算时往往涉及水资源综合利用各部门的要求，所以解决此类问题比较繁杂。本节主要介绍水库群水利水能计算的基本概念和基本方法，作为今后进一步研究水库群水利水能计算的基础。

### 7.4.2　串联水库的水利水能计算

#### 7.4.2.1　串联水库的径流调节

1. 串联水库的洪水调节与防洪库容

这里，以如图7.1（a）所示情形为例，讨论甲、乙两串联水库共同承担下游防洪任务的问题。为保证丙处的防洪安全，在确定甲、乙水库的防洪库容时，应充分考虑各水库的水文特性、水库特性以及综合利用要求等，使各水库分担的防洪库容，既能满足下游丙处防洪要求，又能符合经济原则，获得尽可能大的综合效益。如果自水库乙到防洪控制点丙处，相应于防洪标准的区间设计洪峰流量不大于丙处的安全泄量 $q_{丙,安}$，则可根据丙处的设计洪水过程线及丙处的安全泄量，按单库情况考虑，通过计算求出所需总防洪库容 $V_{总}$。该 $V_{总}$ 是在理想调度情况下求出的，因而是防洪库容的一个下限值，实际上各水库分担的防洪库容总数一般要大于该值。

需要指出，由于乙库以上来的洪水可以为乙库再调节，而甲库则无法控制甲-丙之间的区间洪水，因此，如果甲库坝址以下至乙库坝址间河段本身无防洪要求，则根据甲-乙及乙-丙区间的同频率洪水，按丙处下泄安全泄流量 $q_{丙,安}$ 的要求，经调洪计算可求得乙水库必须承担的“必需”防洪库容 $V_{乙,必}$。如果乙水库的实际防洪库容 $V_{乙}<V_{乙,必}$，则遇甲-丙间出现符合防洪标准的洪水时，即使甲水库不放水也不能满足丙处的防洪要求。由于甲库下泄水量可由乙库控制，故甲库并无“必需”防洪库容。

总防洪库容 $V_{总}$ 减去必需防洪库容，得两库应共同分担的防洪库容。具体分配防洪库容时，根据生产实践经验，一般让本身防洪要求高的水库、库容较大的水库、水头较低的水库及梯级的下一级、距防护区较近的水库，多承担一些防洪库容。

2. 串联水库的兴利调节

如图 7.1（a）所示的串联水库主要承担下游灌溉用水任务，在进行径流调节时，首先要根据乙库处设计代表年的天然来水过程和灌区需水过程，求得所需的总灌溉库容（图 7.2 上的两块阴影面积）。然后，在甲、乙两库间分配该总灌溉库容，为此，可先拟定若干个可行的分配方案，并对各方案求出工程量、投资等有关指标，再通过综合比较分析，选择较优的库容分配方案。需要指出，在拟定方案时，要考虑乙库的“必需”灌溉库容问题。当灌区比较大，灌溉需水量多，或者在来水与需水间存在较大矛盾时，考虑这个问题尤为必要。因为甲、乙两库坝址间的区间来水只能靠乙库调节，其必需灌溉库容就是用来蓄存设计枯水年非灌溉期的区间天然来水量的（年调节情况），或者是蓄存设计枯水段非灌溉期的区间天然来水量的（多年调节情况），具体数值要根据区间来水、灌溉需水，并考虑甲库供水情况分析计算求得。

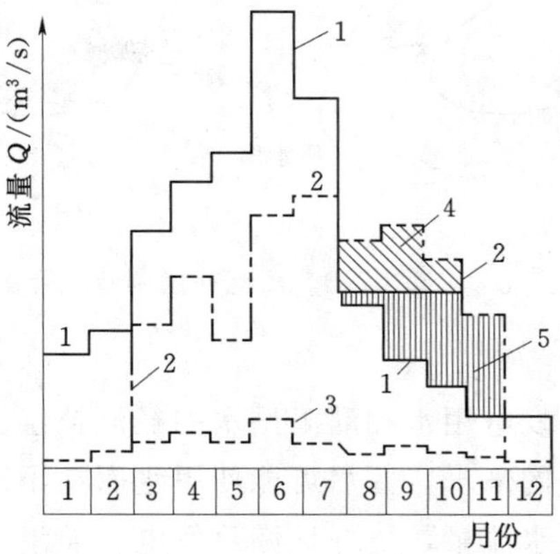


图 7.2　灌溉库容分配示意图
1—乙坝址处天然来水过程线；2—灌溉需水图；3—甲、乙坝址间区间来水；4—乙库供水；5—甲库供水

若如图 7.1（a）所示的串联水库的主要任务是发电，且甲、乙水库处均建有水电站，现说明串联水电站径流调节计算的特点。

串联水电站径流调节计算是从上面一级开始的。对第一级水库即甲水库，当其兴利库容 $V_{甲}$ 和水电站最大过水能力 $Q_{T1}$ 已知时，可按单库径流调节计算方法，由甲库的天然入库流量资料，通过径流调节计算，求得甲库逐时段的下泄流量及相应的水库蓄水量和水位变化过程。

对于下一级水库的径流年调节，首先将上一级甲水库经调节后的下泄流量过程，与甲-乙区间的天然流量过程叠加，得到乙水库的入库流量过程。当乙水库的兴利库容 $V_{乙}$ 和电站最大过水能力 $Q_{T2}$ 为已知时，其调节计算方法亦与单库情形相同，且通过径流调节计算，可求得乙库逐时段的下泄流量及相应的水库蓄水量和水位变化过程。当有更多级的串联水库时，可按上述方法从上到下逐级进行调节计算。

在径流调节计算的基础上，按单一电站的水能计算方法，即可计算出每一级的水电站出力过程。将各级水电站同时段出力相加，即得梯级水电站总出力过程，据此绘制梯级水电站总出力保证率曲线，在该曲线上，根据设计保证率可以很方便地求出梯级水库的总保证出力值。

对于具有多种用途的综合利用水库，其水利水能计算要复杂一些，但解决问题的思路及基本原则是一致的，关键问题是在各部门间合理分配水量。解决此类比较复杂的问题，一般要采用系统分析的方法。为此，应正确选定目标函数和明确各种约束条件，从而建立起适当的数学模型，再利用合适的优化方法进行求解。

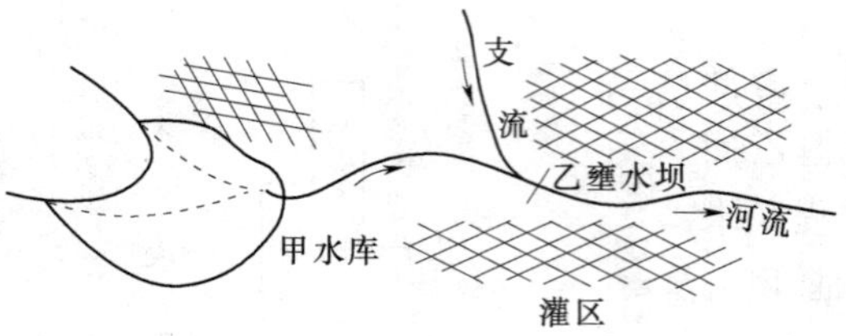


图 7.3　径流补偿调节示意图

#### 7.4.2.2　串联水库的补偿调节

下面以如图 7.3 所示的某河流梯级开发方案为例，说明串联水库径流补偿的概念和补偿调节计算的特点。图中甲水库为年调节水库，乙处仅建一壅水坝而无调节水库，甲、乙间有支流汇入。乙处建壅水坝是为了引水灌溉或发电。为了充分利用水资源，甲水库的蓄放水量必须考虑对乙处发电用水和灌溉用水的径流补偿。调节计算的原则是要充分利用甲、乙坝址间支流和区间的来水，并尽可能使甲水库在汛末蓄满，以便利用其调节库容来最大限度地提高乙处的枯水流量，更好地满足发电、灌溉要求。

已知甲水库的兴利库容为 180（$m^3/s$）·月。设计枯水年枯水期（10 月至次年 3 月）甲水库的天然来水流量 $Q_{天,甲}$ 和区间来水流量（包括支流的）$Q_{天,区}$ 资料如图 7.4（a）、（b）所示。为说明串联水库径流补偿的实际效果，现讨论以下两种情况：

（1）不考虑径流补偿情况。这时，甲水库按其自身有利的方式进行调节，使枯水期调节流量尽可能均衡。根据甲水库的来水资料及兴利库容，利用单一水库等流量调节计算的方法，可求得其设计枯水年枯水期调节流量 $Q_{调、甲}=180m^3/s$，如图 7.4（c）所示，图中竖线阴影面积表示该枯水期甲水库由兴利库容补充的供水量，水平直线 3 表示甲水库枯水期的放水过程，它加上支流和区间的来水过程，即为乙坝址处的引用流量过程，如图 7.4（e）上的 4 线所示。可见乙坝址处的保证流量仅为 $190m^3/s$（枯水期各月流量中最小者）。

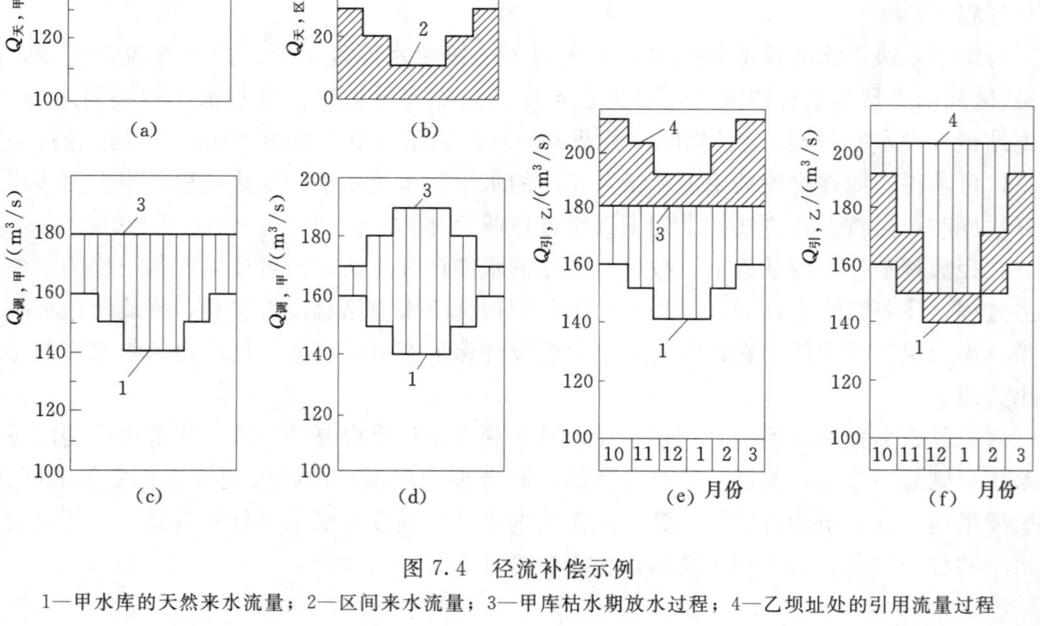


图 7.4　径流补偿示例

1—甲水库的天然来水流量；2—区间来水流量；3—甲库枯水期放水过程；4—乙坝址处的引用流量过程

(2) 考虑径流补偿情况。此时甲水库应按使乙坝址处枯水期引用流量尽可能均衡的原则进行径流调节，水库放水时要充分考虑区间来水的不均衡情况。为此，须先求出乙坝址处的天然流量过程线，即图 7.4 (a) 和 (b) 中 1、2 两过程线叠加（同时间的纵坐标值相加）。然后根据该来水资料及甲水库的兴利库容，求得乙坝址处的保证流量 $Q_{调,乙}=200m^3/s$ [图 7.4 (f)]。它减去各月份的支流和区间来水流量，即为甲水库相应月份的放水流量 [图 7.4 (d)]。

以上情况表明，若不考虑径流补偿，按照串联水库自上而下逐级进行径流调节的方式进行调节计算，乙坝址处的保证流量仅为 $190m^3/s$，而考虑径流补偿时，保证流量可提高至 $200m^3/s$，约提高 5.3%。可见串联水库径流补偿是有效果的。比较图 7.4 (c) 和 (d) 以及 (e) 和 (f)，可以清楚地看出在不考虑径流补偿和考虑补偿两种情况下，甲水库和乙坝址处放水流量过程的区别。如果乙坝址处要求的放水流量不是常数，则水库甲的放水流量要根据被补偿对象乙坝址处各时段所要求的流量以及甲-乙区间天然流量的大小确定。

需要说明，若甲水库距乙坝址较远，而且乙电站担负经常变化的负荷时，调节计算工作要复杂些，因为这时要计及水由甲水库流到乙电站所需的时间。由于甲水库放出的水量很难在数量上随时满足乙电站担负变动负荷时的要求，故这时甲水库的供水不当之处需由乙电站处的水库进行修正。这些属于修正性质的比较精确的调节，称为缓冲调节。这种调节在一定程度上也有补偿的作用，故可以把它当作补偿调节的一种辅助性调节。

上面以简化的例子说明了串联水库径流补偿的概念，如果在甲水库处也修建了水电站，则这时不仅要考虑两电站所利用流量的变化，还应考虑它们水头的不同；因此，应该考虑两水电站间的电力补偿问题。

#### 7.4.2.3　串联水电站水库的蓄放水次序

水电站群联合运行时，考虑水库群的蓄放水次序是一个很重要的问题。合理确定水电站水库群的蓄放水次序，可以使它们在联合运行中总的发电量最大。

首先，对水库群供水期放水次序问题进行讨论。对于具有年调节及多年调节性能的蓄水式水电站来说，在供水期内用来生产电能的水量由两部分组成：①水库兴利库容补充的供水量，其所生产的电能称为蓄水电能 $E_{库}$；②经过水库的不蓄水量，即供水期天然径流量，它生产的电能称为不蓄电能 $E_{不蓄}$。其中 $E_{库}$ 的大小由水库兴利库容大小决定，它是一个较稳定的数值；而 $E_{不蓄}$ 的数值大小往往变化较大，在不蓄水量值一定的情况下，它还与水库调蓄过程中的水头变化情况有很密切的关系。当同一电力系统中有两个这样的电站联合运行时，就供水期内某一时段而言，在电力系统负荷需求给定的情况下，由于两电站的水库特性不同，其为生产同样数量的电能而引起的水头变化也不同，而电站在任一时段的水头变化又会进一步对其供水期内后续时期的不蓄水量所能利用的水头发生影响，从而引起后续时期出力和发电量的变化。这就需要研究解决在该时段应由哪一个电站放水发电更为有利的问题，以使水电站的不蓄水量在尽可能大的水头下发电，从而使水电站群在联合运行中总发电量尽可能大。

设有两个串联的年调节水电站甲、乙在电力系统中联合运行，它们的来水资料和系统负荷资料均为已知，水库特性资料也已具备。在某一供水时段，根据该时段内水电站的不蓄流量和水头，两电站所能生产的不蓄出力分别为 $N_{不蓄,甲i}$ 和 $N_{不蓄,乙i}$，总不蓄出力

$\Sigma_{N不蓄i}$为

$$\sum N_{不蓄i}=N_{不蓄,甲i}+N_{不蓄,乙i} \tag{7.1}$$

如果该值不能满足当时系统负荷 $N_{系i}$的需要，即$\sum N_{不蓄i}<N_{系i}$，则根据系统电力电量平衡要求，需要水电站水库放水补充的出力 $N_{库i}$为

$$N_{库i}=N_{系i}-\sum N_{不蓄i} \tag{7.2}$$

设该补充出力由水电站甲承担，则需水库甲放出的流量 $Q_{甲i}$为

$$Q_{甲i}=\frac{\mathrm{d}V_{甲i}}{\mathrm{d}t}=\frac{F_{甲i}\mathrm{d}H_{甲i}}{\mathrm{d}t}=\frac{N_{库i}}{A(H_{甲i}+H_{乙i})} \tag{7.3}$$

式中：$\mathrm{d}V_{甲i}$为某时段 $\mathrm{d}t$ 内水库甲消落的库容；$F_{甲i}$为某时段内水库甲的平均库面积；$H_{甲i}$、$H_{乙i}$分别为某时段内甲、乙水电站的平均水头，该式中计及 $H_{乙i}$是因为上游水库甲放出的水量还可通过下一级电站乙发电；$\mathrm{d}H_{甲i}$为某时段内水库甲消落的深度；$A$ 为出力系数，设两电站采用的数值相同。

如果补充出力由水电站乙承担，则需水库乙放出的流量 $Q_{乙i}$为

$$Q_{乙i}=F_{乙i}\mathrm{d}H_{乙i}/\mathrm{d}t=N_{库i}/AH_{乙i} \tag{7.4}$$

式中：$F_{乙i}$为某时段内水库乙的平均库面积；$\mathrm{d}H_{乙i}$为某时段内水库乙消落的深度。

根据式（7.3）和式（7.4）可得

$$\mathrm{d}H_{乙i}=\frac{F_{甲i}(H_{甲i}+H_{乙i})}{F_{乙i}H_{乙i}}\mathrm{d}H_{甲i} \tag{7.5}$$

该式表示两水库在第 $i$ 时段内的水库面积、水头和水库消落水层深度 3 者之间的关系。应该注意，该时段的水库消落水层深度不同会影响以后时段的发电水头，从而使两水库的不蓄电能损失不同。

对于水库甲来说，若其第 $i$ 时段以后的不蓄水量为 $W_{不蓄,甲}$，则由该时段水库放水消落水深 $\mathrm{d}H_{甲i}$引起的不蓄电能损失为

$$\mathrm{d}E_{不蓄,甲}=0.00272\eta_{甲}W_{不蓄,甲}\mathrm{d}H_{甲i} \tag{7.6}$$

式中：$\eta_{甲}$ 为水电站甲的发电效率。

而对水库乙来说，因其第 $i$ 时段以后的不蓄水量由 3 部分组成，即上游甲水库第 $i$ 时段末兴利库容中尚存蓄的水量 $V_{甲}$、甲水库坝址处第 $i$ 时段以后的不蓄水量 $W_{不蓄,甲}$以及两电站区间第 $i$ 时段以后的不蓄水量 $W_{不蓄,区}$，因此，乙水库放水消落水深 $\mathrm{d}H_{乙i}$引起的不蓄电能损失由下式确定：

$$\mathrm{d}E_{不蓄,乙}=0.00272\eta_{乙}(W_{不蓄,甲}+V_{甲}+W_{不蓄,区})\mathrm{d}H_{乙i} \tag{7.7}$$

式中：$\eta_{乙}$ 为水电站乙的发电效率。

一般情况下，对于在同一电力系统中联合运行的甲、乙水电站而言，其供水期总的不蓄电能损失越小越有利。因此，可根据式（7.6）、式（7.7）中的计算结果来判别确定甲、乙水电站水库的放水次序。设 $\eta_{甲}=\eta_{乙}$，若 $\mathrm{d}E_{不蓄,甲}<\mathrm{d}E_{不蓄,乙}$，则有

$$W_{不蓄,甲}\mathrm{d}H_{甲i}<(W_{不蓄,甲}+V_{甲}+W_{不蓄,区})\mathrm{d}H_{乙i} \tag{7.8}$$

此时，上游甲水库先供水发出补充出力以满足系统需要较为有利；反之，则应由电站乙先供水。

将式（7.5）代入式（7.8），可得甲库先供水有利的条件为

$$\frac{W_{不蓄,甲}}{F_{甲i}(H_{甲i}+H_{乙i})}<\frac{(W_{不蓄,甲}+V_{甲}+W_{不蓄,区})}{F_{乙i}H_{乙i}} \tag{7.9}$$

令 $W_{不蓄,总}/F\sum H=K$，式中分子 $W_{不蓄,总}$ 表示流经电站的总不蓄水量，分母中的 $\sum H$ 表示从该电站到最后一级水电站的各电站水头值之和，则串联水电站水库的放水次序可据此 $K$ 值来判别，且 $K$ 值较小的水电站水库先供水较为有利。

在水库供水期初，可根据各库的水库面积、电站水头和供水期天然来水量计算出各库的 $K$ 值，哪个水库的 $K$ 值小，该水库就先供水。应该注意，由于水库供水而使库面下降，改变 $F$、$H$ 值，各计算时段以后（算到供水期末）的 $W_{不蓄}$ 值也不同，所以 $K$ 值是变的，应该逐时段判别调整。当两水库的 $K$ 值相等时，它们应同时供水发电。至于两电站间如何合理分配要求的年 $N_{库}$ 值，则要进行试算决定。

对于水库群蓄水期的蓄水次序问题，主要是考虑水库蓄水使水位抬高，从而可使不蓄电能增加，因此，需要研究当水电站群天然径流所能发出的总出力超出电力系统负荷需求时，哪个水库先蓄水可使水电站群总不蓄电能尽可能大的问题。按与上述决定放水次序的相同的方法进行分析，可导出蓄水期内水库先蓄水有利的判别条件。其具体判别式为 $K'=W'_{不蓄,总}/F\sum H$（其中，$W'_{不蓄,总}$ 为水库坝址处某时段以后蓄水期内天然来水量中的总不蓄水量，即该时段到蓄水期末的天然来水量减去水库待蓄的水量，其余符号意义同前），根据 $K'$ 值的大小进行判别，$K'$ 值较大的水电站水库先蓄水较为有利。但须指出，这里是按水库群蓄水期不会发生弃水的情况考虑的。当蓄水期可能出现弃水时，应根据天然来水资料，并分析水库群中各水库的调节性能及当时的蓄水状况，综合考虑水量和水头两个因素，合理安排其蓄水次序，以使水电站群蓄水期的总发电量尽量大一些，而不应机械地用判别式来决定水库群的蓄水次序。

### 7.4.3 并联水库的水利水能计算

#### 7.4.3.1 并联水库的径流补偿

1. 并联水库的洪水补偿调节与防洪库容

对如图 7.1（b）所示的并联水库来说，若甲、乙两水库共同承担下游丙处的防洪任务，在水库甲、乙到防洪控制点丙的区间对应于防洪标准的设计洪峰流量不大于丙处的安全泄量 $q_{安,丙}$ 的情况下，可根据丙处的设计洪水过程线及 $q_{安,丙}$，按单库情况考虑，通过计算求出所需总防洪库容 $V_{总}$。

在并联水库甲、乙间分配防洪库容时，仍先要确定各库的“必需”防洪库容。先看甲水库，如果丙处发生符合设计标准的大洪水，乙丙区间（指丙以上流域面积减去乙坝址以上流域面积）也发生同频率洪水，设乙库相当大，可以完全拦截乙坝址以上的相应洪水，此时甲库所需要的防洪库容就是它的“必需”防洪库容 $V_{甲,必}$。它应根据乙丙区间同频率洪水按丙处以安全泄量泄洪的情况计算求出。同理，乙库的必需防洪库容 $V_{乙,必}$，应根据甲丙区间（指丙处以上流域面积减去甲水库以上流域面积）发生符合设计标准的洪水，按丙处以安全泄量泄洪情况计算求出。

甲、乙两水库的必需防洪库容确定后，由总防洪库容 $V_{总}$ 减去两水库的必需防洪库容之和 $V_{甲,必}+V_{乙,必}$，即为可以由两水库分担的防洪库容，同样可根据一定的原则和两库具体情况进行分配。例如，干流水库较支流水库，距防护点近的水库较距防护点远的水库，洪水比重大的水库较比重小的水库，应多分担一些共同承担的防洪库容。有时求出的并联水库的必需防洪库容之和超过所需的总防洪库容，这种情况往往发生在某些洪水分布情况变化较剧烈的河流。这时，甲、乙两库的必需防洪库容就是它们的防洪库容。

当上游水库群共同承担下游丙处防洪任务时，一般需考虑补偿问题，但由于洪水的地区分布、水库特性等情况不同，防洪补偿调节方式是比较复杂的，在设计阶段一般只能概略考虑。当甲、乙两水库处洪水具有一定的同步性，但两水库特性不同时，一般选调洪能力大、控制洪水比重也大的水库，作为防洪补偿调节水库（设为乙库），另外的水库（设为甲库）为被补偿水库。这种情况下，甲库可按其本身防洪及综合利用要求放水，求得下泄流量过程线 $q_{甲}-t$，将此过程线（计及洪水流量传播时间和河槽调蓄作用）和甲乙丙区间洪水过程线 $Q_{丙}-t$ 同时间相加，得出 $q_{甲}+Q_{丙}$ 的过程线。

在乙库处符合防洪标准的洪水过程线上，先作丙处安全泄量 $q_{安,丙}$ 的水平线，然后将上述 $q_{甲}+Q_{丙}$ 线倒置于 $q_{安,丙}$ 线下面（图7.5），这条倒置线与乙库洪水过程线所包围的面积，即代表乙库的防洪库容值，在图上以斜阴影线表示。当乙库处的洪水流量较大时（图7.5上 $AB$ 之间），为了保证丙处流量不超过 $q_{安,丙}$，乙库下泄流量应为 $q_{乙}=q_{安,丙}-(q_{甲}+Q_{丙})$。$A$ 点以前和 $B$ 点以后，乙库洪水流量较小，即使全部下泄，丙处流量也不会超过 $q_{安,丙}$ 值。一般地，$A$ 点以前和 $B$ 点以后的乙库下泄流量具体数值要视防洪需要而定。有时为了预先腾空水库以迎接下一次洪峰，$B$ 点以后的泄流量要大于这时的来水流量。

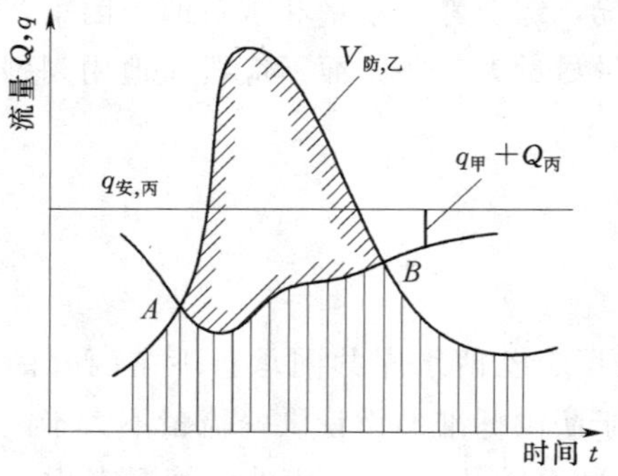

图7.5　考虑补偿作用确定防洪库容

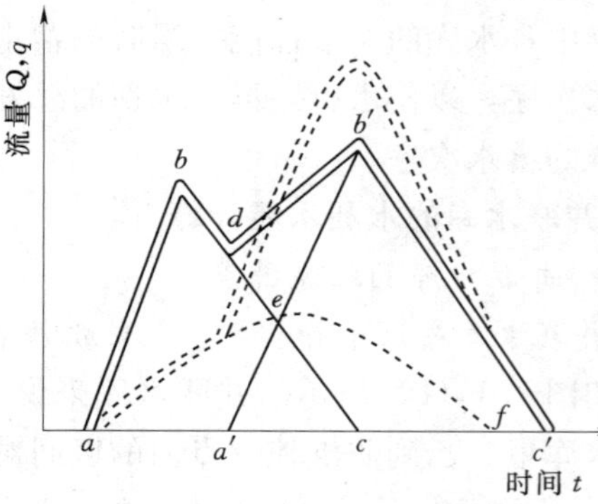

图7.6　洪水组合示意图

在甲、乙两水库处的洪水相差不大，但同步性较差的情况下，采用补偿调节方式时要持慎重态度，务必将两洪峰尽可能错开，不要使它们组合出现更不利的情况。关于这一点，看一看示意图7.6可以理解得更深刻。图上用 $abc$ 和 $a'b'c'$ 分别表示甲、乙两支流处的洪水过程线，$ab-db'c'$（双实线）表示建库前的洪水累加线；$aef$（虚线）表示甲水库调洪后的放水过程线，双虚线表示甲库放水过程线和乙支流洪水过程线的累加线。显然，修建甲水库后由于调节不恰当，反而使组合洪水更大了。由此可见，选择正确的调节方式是十分重要的。

2. 并联水库的兴利补偿调节

在并联水库甲、乙主要为保证下游丙处灌溉和其他农业用水的情况下，进行水利计算

时，首先要作出丙处设计枯水年份的总需水图。从该图中逐月减去设计枯水年份的区间来水流量，就可得出甲、乙两水库的需水流量过程线，如图7.7（a）上之1线所示。其次，要确定补偿水库和被补偿水库。一般以库容较大、调节性能较好、对放水没有特殊限制的水库作为补偿水库，其余的则为被补偿水库。被补偿水库按照自身的有利方式进行调节。设甲、乙两水库中的乙库是被补偿水库，按其自身的有利方式进行径流调节，设计枯水年仅有两个时期，即蓄水期和供水期，其调节流量过程线如图7.7（a）上2线所示。从甲、乙两水库的需水流量过程线（1线）中减去乙水库的调节流量过程线（2线），即得出补偿水库甲的需放水流量过程线，如图7.7（b）上3线所示。

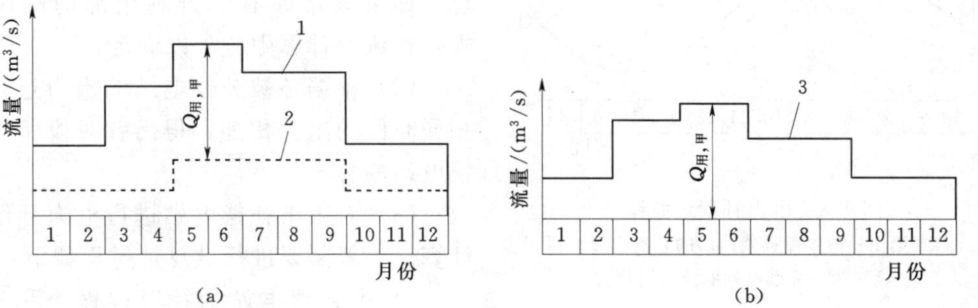


图7.7　推求甲水库的需放水流量过程线

1—需水流量过程线；2—乙库调节流量过程线；3—甲水库需防水流量过程线

如果甲水库处的设计枯水年总来水量大于总需水量，则说明进行径流年调节即可满足用水部门的要求，否则要进行多年调节。根据甲水库来水过程线和需水流量过程线进行调节时，调节计算方法与单一水库的情况是相同的，这里不重复。应该说明，如果乙水库也是规划中的水库，则应对甲、乙水库的规模和工程特征值进行统一研究，以寻求较有利的组合方案，一般应先对乙水库的规模拟定几个方案进行水利计算，然后通过经济计算和综合分析加以确定。

**7.4.3.2　并联水库水电站的电力补偿**

如果在如图7.1（b）所示甲、乙水库处均修建水电站，则因两电站间没有直接径流联系，它们之间的关系就和其他跨流域水电站群一样。当这些电站投入电力系统共同供电时，如果水文不同步，也就自然地起到水文补偿的作用，可以取长补短，达到提高总保证出力的目的。倘若调节性能有差异，则可通过电力系统的联系进行电力补偿，以增加水电站群的总保证出力。而水电站群间的电力补偿是和径流补偿密切联系着的。现将应用时历法进行水电站水库群电力补偿调节计算的步骤介绍于下。

1．划分补偿电站和被补偿电站

划分的原则：库容系数大、多年平均流量大、电站容量大、综合利用要求比较简单的，作为第1类补偿电站；库容、水量、电站容量次大的作为第2类补偿电站；库容小的日调节和无调节水电站，作为被补偿电站。补偿能力较弱的电站先进行补偿，补偿能力最大的放在最后补偿。

2．确定各水电站统一的设计枯水段，供补偿调节计算之用

为了反映补偿调节后总保证出力的增加，应根据水文历史资料进行统计分析，选择统

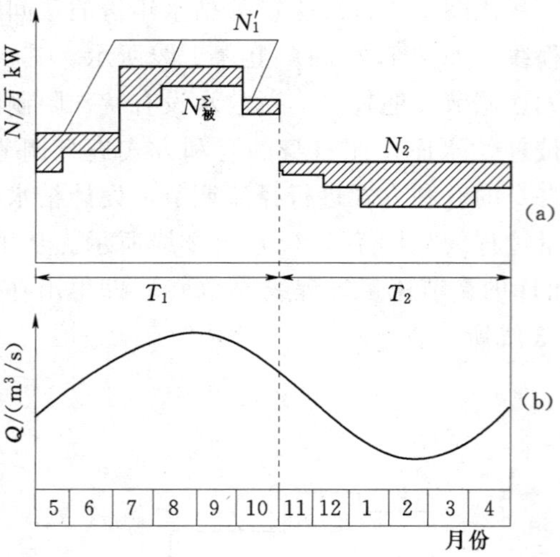


图 7.8　电力补偿示意图
(a) 第 1 补偿电站补偿前后的总出力过程；
(b) 第 2 补偿电站的流量过程

一的设计枯水段。一般可采用出力大的几个主要补偿电站的设计枯水段，当作全系统统一的设计枯水段。当统一的设计枯水段不易确定时，亦可采用长系列进行计算。

3. 进行补偿调节计算

(1) 根据水电站水库的入库径流资料和已知的兴利库容，对各被补偿电站按单库进行等流量调节和水能计算，求得其出力过程。如果该水库有综合利用部门的用水要求，在调节计算中应予以满足。

(2) 根据各被补偿电站的出力过程，将相同时段的出力相加，得出各时段所有被补偿电站的总出力 $N_{被}^{\Sigma}$。

(3) 对第 1 补偿电站进行电力补偿调节计算。一般需要进行试算，过程如下：

1) 由补偿电站的径流过程，可大致确定补偿电站水库的蓄水段（$T_1$）和放水段（$T_2$）。针对放水段 $T_2$，拟定一个总出力 $N_2'$（参见图 7.8），并据此确定需要该补偿电站逐时段发出的出力值 $N_2 = N_2' - N_{被}^{\Sigma}$。

2) 根据补偿电站水库的兴利库容及 $T_2$ 期间的天然来水量，进行定出力调节计算，直至该 $T_2$ 期末。若所拟定的出力 $N_2'$ 及相应的需要该补偿电站逐时段发出的出力值 $N_2$ 使其兴利库容在 $T_2$ 期间能从蓄满状态恰好放空，则转步骤 3)。否则，如果拟定的 $N_2'$ 太大，则可能出现水库兴利库容中的水量尚未到 $T_2$ 期末就提前放空的情况；如果 $N_2'$ 偏小，则又可能出现到 $T_2$ 期末兴利库容仍未放空。在这两种情况下，均需重新拟定 $N_2'$，并按上述方法重新进行调节计算，使补偿电站水库在 $T_2$ 期末刚好放空。

3) 以同样的试算法，进行蓄水段 $T_1$ 期间的补偿调节计算。若所拟定的出力 $N_1'$ 恰好使水库从放空到正好蓄满，则试算结束。

用上面求出的第 1 补偿电站的出力过程，"填平"被补偿电站总出力过程线的最低凹处，得到经第 1 补偿电站补偿后的总出力过程线，如图 7.9 所示。

(4) 以第 1 补偿电站补偿后的总出力过程线为基础，按上述方法，依次对所有其他补偿电站作电力补偿调节计算。这种补偿方式称为逐次填平的工作方式。若经过最后一个补偿电站的补偿调节，仍不能完全填平，则统一设计枯水段内最低的总出力值，即为水电站群补偿后的总保证出力，如图 7.9 所示。

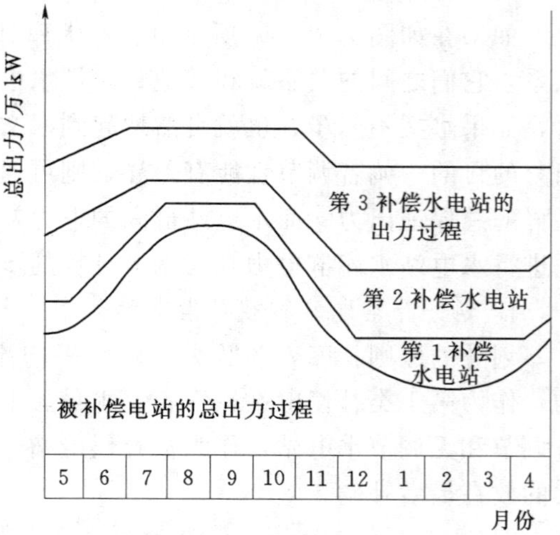


图 7.9　逐次填平补偿调节示意图

若采用长系列进行计算，则可按上述方法求得经水电站群补偿后的总平均出力系列，对之进行频率分析，即可由设计保证率确定水电站群补偿后的总保证出力。

**7.4.3.3** 并联水电站水库群蓄放水次序

设有两个并联的年调节水电站甲、乙在电力系统中联合运行，在某一供水时段 $i$，根据该时段内水电站的不蓄流量和水头，两电站能生产的总不蓄出力为 $\sum N_{不蓄i}$，而该值不能满足当时系统负荷 $N_{系i}$ 的要求，需要水电站水库放水补充出力 $N_{库i}$。若该补充出力由水电站甲承担，则需水库甲放出的流量 $Q_{甲i}$ 为

$$Q_{甲i}=\frac{\mathrm{d}V_{甲i}}{\mathrm{d}t}=\frac{F_{甲i}\mathrm{d}H_{甲i}}{\mathrm{d}t}=\frac{N_{库i}}{AH_{甲i}} \tag{7.10}$$

式中：$\mathrm{d}V_{甲i}$ 为某时段 $\mathrm{d}t$ 内水库甲消落的库容；$F_{甲i}$ 为某时段内水库甲的库面积；$\mathrm{d}H_{甲i}$ 为某时段内水库甲消落的深度；$A$ 为出力系数，设两电站采用的数值相同。

如果补充出力由水电站乙承担，则需水库乙放出的流量

$$Q_{乙i}=F_{乙i}\mathrm{d}H_{乙i}/\mathrm{d}t=N_{库i}/AH_{乙i} \tag{7.11}$$

式中符号的意义同前，下标乙表示水电站乙。根据式（7.10）和式（7.11）可得

$$\mathrm{d}H_{乙i}=\frac{F_{甲i}H_{甲i}}{F_{乙i}H_{乙i}}\mathrm{d}H_{甲i} \tag{7.12}$$

相应地，两水库的不蓄电能损失值可按下式确定

$$\begin{aligned}\mathrm{d}E_{不蓄,甲}&=0.00272\eta_{甲}\ W_{不蓄,甲}\mathrm{d}H_{甲i}\\ \mathrm{d}E_{不蓄,乙}&=0.00272\eta_{乙}\ W_{不蓄,乙}\mathrm{d}H_{乙i}\end{aligned} \tag{7.13}$$

式中：$W_{不蓄、甲}$、$W_{不蓄,乙}$ 分别为甲、乙水库在第 $i$ 时段以后供水期的不蓄水量；$\eta_{甲}$、$\eta_{乙}$ 分别为水电站甲、乙的发电效率。

根据式（7.13）中两式的计算结果，即可判别确定并联水电站水库甲、乙的放水次序。设 $\eta_{甲}=\eta_{乙}$，若 $\mathrm{d}E_{不蓄,甲}<\mathrm{d}E_{不蓄,乙}$，则有

$$W_{不蓄,甲}\mathrm{d}H_{甲i}<W_{不蓄,乙}\mathrm{d}H_{乙i} \tag{7.14}$$

此时，水电站甲先放水发出补充出力以满足系统需要较为有利；反之，则应由电站乙先放水。

将式（7.12）中的关系代入式（7.14），可得水电站甲先放水为有利的条件是

$$\frac{W_{不蓄,甲}}{F_{甲i}H_{甲i}}<\frac{W_{不蓄,乙}}{F_{乙i}H_{乙i}} \tag{7.15}$$

类似地，令 $W_{不蓄}/FH=K$，则水电站水库的放水次序可据此 $K$ 值来判别，$K$ 值小的水库先供水。

对于蓄水期，亦应考虑并联水电站水库群联合运行时的蓄水次序问题。在蓄水期由于水库蓄水使库水位抬高进而可以增加水电站不蓄电能，因此，需要研究当水电站群天然径流所能发出的总出力超出电力系统负荷需求时，哪个水库先蓄水可使水电站群总不蓄电能尽可能大的问题。为此，可按照上述决定水电站水库放水次序的原理，找出蓄水期蓄水次序的判别式：

$$K'=W'_{不蓄}/FH \tag{7.16}$$

式中：$W'_{不蓄}$ 为自该计算时段到汛末的天然来水量，减去水库在汛期尚待存蓄的库容。

该判别式的用法与供水期情况正好相反，即应以 $K'$ 值大的先蓄有利。应该说明，为

了尽量避免弃水，在考虑并联水库群的蓄水次序时，要结合水库调度进行。对库容相对较小，有较多弃水的水库，要尽早充分利用装机容量满载发电，以减少弃水数量。

需要指出，对于综合利用水库，在决定水库蓄放水次序时，一定要认真考虑各水利部门的要求，不能仅凭一个系数 $K$ 或 $K'$ 值来决定各水电站水库的蓄放水次序。

# 7.5　河流综合利用规划实例

## 7.5.1　长江流域综合利用规划概述

### 7.5.1.1　长江流域概况

长江是我国第一大河，发源于青藏高原唐古拉山脉主峰格拉丹东雪山西南侧，全长 6300 余 km，横跨中国西南、华中、华东三大经济区。干流流经青、藏、川、滇、渝、鄂、湘、赣、皖、苏、沪等十一个省（自治区、直辖市）注入东海，支流延展于甘、陕、黔、豫、桂、粤、闽、浙等八个省（自治区）。流域总面积 180 万 $km^2$，约占全国总面积的 18.75%。长江干流从江源至宜昌为上游，除四川盆地外，多为高山峡谷，落差大。干流从宜昌起往下进入中下游平原，河道蜿蜒曲折，两岸地势低凹。全流域集水面积 80000$km^2$ 以上的一级支流有雅砻江、岷江、嘉陵江、乌江、湘江、沅江、汉江、赣江等 8 条，中下游通江重要湖泊有洞庭湖、鄱阳湖、巢湖、太湖四大淡水湖泊。如图 7.10 所示。

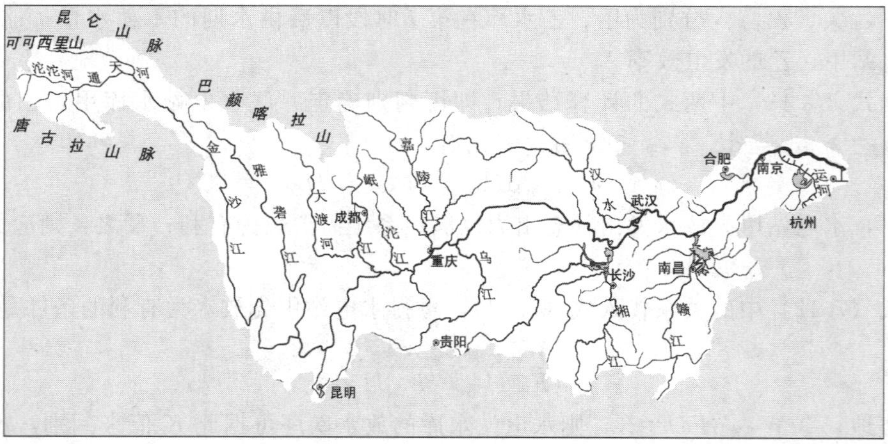


图 7.10　长江流域示意图

流域内气候分别属于青藏高寒区、西南热带季风区和华中亚热带季风气候区，其中属于亚热带季风气候区的面积约占流域的 2/3。流域内降水大都以降雨为主，多年平均年降雨量约 1100mm，降雨空间分布呈现由西北向东南递增趋势；时间分布多集中在 5—10 月，约占全年 70%～90%。据长江下游控制站大通 1950—2000 年实测资料统计，多年平均年径流量为 9960 亿 $m^3$，径流年内分配不均，其中汛期 5—10 月径流占全年的 71%。大通站多年平均输沙量 4.33 亿 t。由于长江的输沙量与降水和径流有直接关系，因此输沙量的年际年内变化特征与径流量的年际年内变化特征相应。据大通径流泥沙同步资料系列分析，流量和输沙在水文年内的变化过程基本同步，全年的水量和沙量主要集中在汛期，汛期5—10月输沙量约占年输沙量的89%，比水量更集中。近年来，由于上游兴建了大量的水利工程，大通站输沙量有减小趋势。

长江流域的主要自然灾害有洪涝、旱、山洪、泥石流、滑坡、地震等。1931年、1935年大洪水分别造成14.2万和14.5万人死亡，1954年和1998年大洪水虽经广大军民的努力最终取得了抗洪斗争的胜利，也还是给国家和广大人民群众生命财产造成了重大损失。长江中下游地区地面高程低，汛期较大范围长时间低于外江水位，极易形成涝灾。流域内旱灾也频繁发生，2006年川渝大旱，大量人畜饮水困难，农业大幅减产，直接经济损失上百亿元。

流域洪水主要由暴雨形成。上游直门达以上，年平均气温在0℃以下，7—8月有少量降雨，径流主要由融冰化雪形成。直门达至宜宾为金沙江，洪水由暴雨和融冰化雪共同形成。上游宜宾至宜昌河段，有川西暴雨区和大巴山暴雨区，暴雨频繁。宜昌至螺山河段的洪水，主要来自长江上游，清江、洞庭湖水系中有湘西北、鄂西南暴雨区，暴雨主要出现在6—7月和5—6月，相应清江和洞庭湖水系的洪水也出现在6—7月间。螺山至汉口河段洪水，主要来自螺山以上，汉江洪水亦为其重要组成部分。汉口站的大洪水是由长江中、上游多次暴雨过程形成。汉口以下流域有大别山和江西两个暴雨区，暴雨出现时间较早。大通以下为感潮河段，受到上游来水和潮汐的双重影响，江阴以下河段高水位受潮汐影响很大，长江口水位的急剧变化主要受台风引起的风暴潮影响。

流域由河源至河口，地势西高东低，形成3级阶梯。第1级阶梯由青南、川西高原和横断山脉高山峡谷组成；第2级阶梯为秦巴山地、四川盆地和鄂黔山地组成；第3级阶梯由淮阳山地、江南丘陵和长江中下游平原组成。流域地跨几个大构造单元，地层自上太古界至第四系均有出露，并有不同时期的岩浆岩分布。岩石建造类型齐全。工程地质岩组众多，各岩组间工程地质特征差异明显。新构造运动和地震活动西强东弱，区域地壳稳定性不均一。地质灾害种类众多且比较严重，诸如地震、崩塌、滑坡、泥石流、喀斯特塌陷、水土流失、河湖水库淤积和塌岸，以及土体变形、地面沉降等均有分布。

长江流域资源十分丰富。多年平均年水资源总量9960亿$m^3$，占全国的35.1%；水能资源理论蕴藏量27781万kW，年电量24336亿kW·h，均为全国的40%，其中技术可开发量装机容量25627万kW，年发电量11879亿kW·h，分别占全国的47.3%和48%，经济可开发量装机容量22832万kW，年发电量10498亿kW·h，分别占全国的56.3%和60%；全流域通航河流3600多条，总计通航里程66386km，占全国内河通航里程的49.1%，其中一级航道1194km，占全国内河一级航道的88.6%；流域内矿产资源品种较多，其中，钒、钛、汞、铷、铯、磷、芒硝、硅石等的储量占全国80%以上，铜、钨、锑、铋、锰、铊等的储量占全国50%以上，而储量占全国30%以上的有铁、铝、硫、金、银等；流域内森林资源也很丰富，全流域活立木总蓄积量25.8亿$m^3$，是我国重要林区之一。此外，流域内还有丰富的水生生物、旅游等资源。

长江流域是我国重要的经济区。长江流域约占国土面积1/5、生产了全国1/3的粮食，创造了全国1/3的GDP，养育了全国1/3的人口。流域内现已形成了以上海、南京为中心的长江下游经济区，以武汉为中心的长江中游经济区，以重庆、成都为中心的长江上游经济区。流域工农业发展迅速，交通发达，水运贯穿我国西南腹地与东南沿海。整个流域在我国经济社会发展中占有极其重要的地位。因此，从长江流域的自然条件和经济、社会发展的实际情况出发，制定和不断完善河流综合利用规划，并逐步加以实施，对促进整个国家的经济、社会、环境的健康、协调和可持续发展，具有十分重要的意义。

#### 7.5.1.2　长江流域综合利用规划沿革

长江流域综合利用规划最早始于 1955 年，当时根据党中央、国务院关于全面开展长江流域规划工作的决定，成立了长江流域规划办公室（简称“长办”），到 1957 年基本完成规划工作，并于 1959 年正式提出《长江流域综合利用规划要点报告》上报。根据长江流域开发治理情况的变化，以及整个国家经济建设和社会发展形势的要求，1982 年 12 月，国务院将长江水资源的综合开发和利用规划定为国家长远规划内容之一。1983 年 12 月，国家计委批复了《长江流域综合利用规划要点报告修订补充任务书》。1988 年 3 月，长办提出《长江流域综合利用规划要点修订补充报告纲要》（讨论稿）。经有关部门审议，又提出了《长江流域综合利用规划要点报告》（1988 年修订）。1990 年 5 月，有关部门对该报告进行了审查，并原则同意。根据会议意见，最后编制成《长江流域综合利用规划简要报告（1990 年修订）》（以下简称“90 版规划”），并报国务院批准。

近年来，我国的经济、社会发展正在进入新的历史时期，水利在国民经济和社会发展中的地位愈来愈重要，长江治理开发又进入一个新的阶段。1994 年我国政府制定了《中国 21 世纪议程》，将实施可持续发展战略作为基本国策；1999 年中央作出了西部大开发的战略决策；2001 年我国加入 WTO；2002 年新修订颁布施行的《中华人民共和国水法》，将制定水资源规划提高到一个新的高度。此外，至 20 世纪末，长江流域已经建成了一大批水利工程，作为综合治理开发长江的关键性控制工程——举世瞩目的三峡工程也于 2009 年全面建成，长江的防洪、水能开发、航运等形势均发生了重大变化。总之，原有的长江流域综合利用规划已不完全符合长江流域的现实状况，也不能完全适应 21 世纪长江流域乃至全国经济社会可持续发展的要求。根据水利部的统一部署，目前，正在进行新一轮的长江流域规划修编工作。

下面将主要就 90 版规划中提出的治理开发长江的总体规划方案和近期治理开发工程以及新一轮长江流域综合利用规划编制的有关问题作简要介绍。

#### 7.5.1.3　90 版规划中长江治理开发的总体规划方案及近期治理开发工程

1. 长江治理开发的总体规划方案

90 版规划提出，根治长江水旱灾害，综合开发利用长江水资源，是一项长期而艰巨的任务。河流的开发治理与有关地区的社会经济条件有密切的关系，长江干流沿岸地区是我国国土规划纲要中生产力布局的重要轴线之一，利用横贯东西的长江“黄金水道”，建设沿江经济走廊，建成以大运量、大耗水工业为主体的工业生产体系，及洞庭湖、鄱阳湖和江汉平原等重要的商品粮基地，并逐步充分开发利用西部丰富的水能及矿藏资源，必将促进东部沿海地带和长江流域经济的发展。

结合流域自然特点，社会经济条件，水资源开发利用现状，按照中央“统一规划，全面发展，适当分工，分期进行”的方针，长江流域规划要解决的主要问题及总体方案有以下几个方面。

(1) 继续提高长江干支流防洪能力，消除洪水灾害。新中国成立以来，国家十分重视长江的防洪治理。通过加高加固堤防，建设分蓄洪区和综合利用水库等一系列措施，防洪能力有所提高。但是由于长江巨大的洪水来量往往远大于河道的泄洪能力，而长江防洪标准仍比较低，因而长江干支流防洪能力不能适应经济社会发展和保障广大人民生命财产安全的需要。长江上游、中下游都存在防洪问题，但以中下游广大平原地区受洪水威胁最严重，尤以荆江河段防洪形势更为严峻。该处地面高程低于汛期水位 10m 左右，主要靠两岸堤防保护，堤身平均高度已达 12m，且堤基地质条件差。在紧张防汛抢险条件下，仅能防御 10 年一遇的洪水。考虑对南岸堤防薄弱环节加高加固，配合荆江分蓄洪工程的运用，临时动迁约 50 万居民，也只能防御 40 年一遇的洪水，对应流量约 $80000m^3/s$。一旦遭遇特大洪水年，发生干堤漫溃，将导致极其严重的灾害，造成经济社会的巨大损失。长江一些主要支流，如上游的岷江、沱江、嘉陵江及中下游汉江、澧水、赣江、青弋江、水阳江、滁河、太湖等洪灾也很严重。因此继续提高长江干支流的防洪能力，消除洪水威胁是治理开发长江的首要任务。

90 版规划提出，长江防洪规划的长远奋斗目标是彻底消除洪水灾害，近期目标是干流的荆江河段能防御百年一遇洪水，其他河段能防御 1954 年洪水；主要支流能抵御 20～50 年一遇洪水，少数支流达到防御百年一遇洪水的标准，遇特大洪水有应急对策，力争减少损失。其基本方案是：加高、加固堤防系统，扩大洪水下泄能力；建设好已有的蓄洪区，实行有计划的分蓄洪；以及在干支流上修建综合利用的水利枢纽，利用水库的部分库容拦蓄洪水。同时要进行河道清障，禁止湖泊围垦，加强分蓄洪区安全区及安全台等的建设，建立防洪保险，加强防汛预报等非工程措施工作。为此，规划提出以下实施步骤：首先是加强干支流堤防系统及分蓄洪区建设，使长江中下游堤防的防御水位标准达到：沙市 45.0m，城陵矶 34.4m，汉口 29.73m，湖口 22.5m，南京 10.6m（有台风影响时 11.1m），吴淞口 6.27m。进一步提高干支流的防洪标准，主要依靠在干支流上兴建综合利用水利枢纽进行调蓄。其中支流水库的防洪作用主要是解决支流本身的防洪问题，对调节干流中下游洪水的作用不大。因此进一步提高长江干流中下游防洪标准，保障荆江行洪安全，比较有效的措施是兴建三峡水利枢纽。远景时，随着干支流水库的陆续兴建，堤防等防洪系统工程更加完善，再通过统一优化调度和联合运用，长江防洪问题将得到较好的解决。

(2) 大力开发长江水能资源，促进水资源的综合利用。能源是制约我国国民经济发展的重要因素之一，长江流域能源紧张，缺电严重，煤炭石油资源贫乏，但水能资源丰富。1985 年西南、华中、华东 3 大区的电站总装机容量已达 3500 万 kW，年发电量 1752 亿 kW·h。90 版规划预计 2000 年需电 5330 亿～6159 亿 kW·h，到 2030 年需电可达 18000 亿～21300 亿 kW·h。为此，规划提出，扬长避短，因地制宜，贯彻“水火电并举，核电为补充”的方针，长江流域应充分利用水能资源优势，大力发展水电，减轻煤炭生产和交通运输的压力，减少环境污染。规划提出 2000 年长江 3 大区投产水电约 4400 万 kW，开发范围主要集中在宜宾以东的长江干支流河段。2030 年累计水电开发约 1.07 亿 kW，主要开发金沙江、雅砻江、大渡河等长江上游干支流河段。同时，发展水电，要正确处理防洪、发电、灌溉与航运的关系，通过兴建综合利用水利枢纽，承担合理的防洪任务，改善工农业供水，逐步渠化河道，创造或改善通航条件，从而促进并实现水资源的综合利用。

(3) 充分开发利用长江水系水运的潜在优势，积极发展航运。长江是我国联系西南腹地和东南沿海的大动脉，是我国内河航运的主体。1984年完成货运量2.7亿t，90版规划提出2000年货运量将增加到6亿t。长江干流重庆以下是国家国土规划工业布局的主轴线之一，但长江水系航道多数尚处于天然状态，不能适应发展的要求。因此，规划提出通过河道整治、疏浚，稳定河势，增加航深，及兴建水利枢纽渠化河道，改善长江干流和31条支流的航道条件，使干流水富以下，及主要支流嘉陵江、湘江、汉江、赣江、信江中下游部分河段，雨沙运河、江淮运河达到4～3级航道标准，其他支流大多数达到5级以上。到2030年，结合湘江和赣江梯级水利枢纽建设，珠江治理开发，以及南水北调引汉总干渠的开通，逐步建成东以京杭运河-赣粤运河，西以引汉总干渠-湘桂运河沟通的两条从北京到广州的京广大运河，形成以长江干线为主体，干支流畅通，江海直达，水陆联运，联系东西，沟通南北，四通八达的水运网络。

(4) 继续发展灌溉事业，加强水土保持。长江流域1983年总人口3.58亿，耕地3.63亿亩。由于人口不断增加，耕地有所减少，人多地少的矛盾日益突出。除了要坚决实行计划生育，控制人口增长，切实保护耕地，严格禁止随意占用耕地，适当开垦可以利用的荒地，增加土地利用面积外，要扩大和改善灌溉系统，防止干旱威胁，保障农业稳产高产，持续发展。90版规划提出到2000年增加有效灌溉面积3000万亩，达到2.6亿亩，使灌溉面积从占耕地的62%提高到72%左右。为此，首先应整顿好已有灌溉工程，抓好续建配套、挖潜，充分发挥已有工程作用；同时通过蓄、引、提相结合，重点发展大面积干旱缺水、生产潜力较大地区的灌溉，以及改善和提高老商品粮及经济作物基地的灌溉条件。到2030年，进一步增加有效灌溉面积达3亿亩以上，使85%以上的耕地得到灌溉。

长江流域山地和丘陵占全流域面积的85%以上。由于降水强度大，软弱破碎岩石和易于流失的土壤分布范围广，加之人多耕地少，导致陡坡耕种，滥砍滥伐，植被破坏，造成水土流失日趋严重。长江流域山丘区土层很薄，任其流失最终会冲至母质层而丧失农业利用价值，同时加速水库、河道的淤积，对河流的开发带来不利影响。加强水土保持，防止水土流失是改变山丘区面貌，发展山丘区农林牧生产，提高人民生活水平，建立良好生态环境，促进长治久安的重要措施。90版规划提出到2000年，治理流失面积27万$km^2$，占总流失面积的48%，改造坡耕地75%，增加森林覆盖率18.6%，到2030年，力争水土流失基本得到控制。

(5) 南水北调实现跨流域引水。我国水资源的重要特点之一是地区分布不均。其中黄、淮、海3大流域总径流量仅占全国的6.6%，导致这些地区工农业、城镇生活用水都很紧张，水资源短缺已成为制约社会经济发展的重要因素。而长江流域水资源总量、人均占有水量及亩均水量分别约为黄、淮、海流域的6倍、5倍及8倍。从长江调水到黄、淮、海流域没有不可克服的自然地理障碍，有条件北调一部分水量。90版规划研究了从长江经四条路线调水，解决华北平原及西北地区缺水问题，即从江都引水的东线，从丹江口水库引水的中线，从通天河引水的西线，以及从安徽调水的引江济淮线。规划方案初定调水量680亿$m^3$，约占长江年入海水量的6.8%。

(6) 水资源保护、城市和工矿企业供水、沿江城镇布局、发展水产、发展旅游。由于工农业的发展，长江水资源已受到不同程度的污染，其中干流已出现城市岸边污染带。90版规划要求到2000年，基本消除岸边污染带，生活水源洁净，满足国民经济各部门对水质的要求。

90版规划还研究了改善沿江城市工矿企业供水条件；充分利用长江水运、水资源和水电的优越条件建设沿江经济走廊，形成以上海、南京、武汉、重庆为中心的大中城市布局；以及充分运用长江江河、湖泊、水库、塘堰发展水产养殖；利用丰富多彩、历史悠久的文化古迹、名山大川以及水利资源发展旅游等规划问题。

2. 长江流域近期治理开发工程

90版规划还对长江流域近期治理开发工程进行了研究，指出近期长江中下游需要解决的问题是洪涝灾害，能源不足，进一步发挥长江干流及主要支流的流通作用，改善和提高老商品粮和经济作物基地的生产。上游地区要着重加强水电开发的前期工作，开发已成熟的电源点，改善通航条件，增加灌溉面积，解决大面积的干旱缺水问题，加强水土保持，并注意解决山洪、泥石流及四川盆地的洪水问题，为农业稳产高产创造条件。根据长江总体规划，按照大型为骨干，大中小相结合的原则，依据实际情况，分别轻重缓急和先后次序进行具体安排，提出的近期开发工程主要如下：

(1) 干支流综合利用水利枢纽工程。三峡水利枢纽地理位置优越，能有效地控制长江洪水的主要来源，特别是对上游各主要支流控制性水利枢纽的下游至宜昌区间所产生的强大而集中的洪水的控制作用，更是其他支流或河段的水利枢纽所不能代替的。三峡水利枢纽紧邻荆江河段，是保证荆江行洪安全，防止特大洪水发生毁灭性灾害的最有效措施。三峡水利枢纽电站装机容量大、电量多、指标优越，与上游干支流其他水利枢纽相比，与华中、华东的距离较近，输电距离较短，三峡工程兴建后，能有效地减轻华中、华东能源紧张局面，并在促进全国联合电力系统中起重要作用。重庆至宜昌是长江航运发展最困难的河段，运输周期长，拖带能力低，运输成本高。三峡水利枢纽兴建后，滩险全部被淹没，航道得到根本改善，并可提高下游枯水航深约0.6m。总之，三峡水利枢纽综合作用大，经济效益显著，是长江干流近期开发的重要工程。

长江上游金沙江近期规划的重要水利枢纽有向家坝、溪落渡。两枢纽位于金沙江下游四川盆地的边缘，分别控制金沙江流域面积的97%和96%。金沙江水能资源丰富，两水库位于峡谷，淹没耕地和迁移人口较少。开发任务以发电为主，水库总库容175亿$m^3$，发电装机约1800多万kW，结合防洪和拦沙，同时改善和创造金沙江下游通航条件。

上游主要支流上规划的水利枢纽还有雅砻江的二滩、桐子林、锦屏，大渡河的铜街子、瀑布沟，乌江的东风、彭水、构皮滩、洪家渡等水利枢纽，开发任务是发电，改善和创造航运条件，并尽可能发挥控制洪水的作用。岷江紫坪铺，嘉陵江亭子口、宝珠寺、武都等水利枢纽的主要任务也是防洪，结合发电，改善航运，以及解决川西平原、四川腹地及成都、重庆等重要城市的工农业供水。

中下游支流上的重要水利枢纽还有清江的隔河岩、高坝洲、水布垭，洞庭湖水系的凌津滩、东江、敷溪口、江垭，汉江堵河的潘口，赣江的泰和、峡江等，通过这些工程，分别开发各支流的水能资源，综合解决防洪、发电、航运、灌溉等问题。

(2) 防洪除涝。堤防是防洪的基本措施，加强堤防系统是长江防洪的重要任务之一。

规划近期长江中下游干流堤防按1980年防洪会议确定的标准加强，重要工程有荆江大堤、荆江分洪区南线大堤、武汉市堤等，及洞庭湖、鄱阳湖重点堤垸等工程。各主要支流堤防，如上海市防洪墙、汉江遥堤、赣东大堤等，均按支流规划加强。分蓄洪设施分担长江防洪任务，在相当长时期是必不可少的，规划要求加强各分蓄洪区安全建设，加强气象和洪水预报、警报等非工程措施，以保证大洪水年运用。

面上的防洪除涝工程，重要的有太湖、鄱阳湖、洞庭湖、巢湖、江汉平原、青弋江、水阳江等区域。

(3) 航运。总体上要充分利用水系天然河道，采取整治疏浚和结合水资源综合利用开发渠化河道措施，因地制宜地改善航运条件及开挖人工运河。近期的重点是长江干流水富至宜昌及岷江、嘉陵江、汉江、湘江、赣江、信江中下游和太湖流域等主要河流以及江淮运河、两沙运河、京杭运河等。长江干流的开发以港口和航道为重点，通过新建、扩建、疏浚、改造、整治、增加港口和航道通过能力，使船舶和支持系统协调发展，以充分发挥干流主通道的作用。支流的开发以航道为重点，对重要航道的碍航闸坝分期治理，使其恢复通航。

(4) 灌溉与水土保持。灌溉方面近期重要的是发展四川腹地、南阳盆地、吉泰盆地、滇中高原、湘南区等大面积干旱缺水的灌区，洞庭湖、江汉平原、鄱阳湖区、太湖流域等老商品粮和经济作物基地区的改善和提高，以及山丘区小型水利的发展，完成后可净增有效灌溉面积3000万亩。

水土保持方面近期重点是控制长江流域水土流失最严重的地区和河流，并以金沙江下游及毕节地区、陇南地区、嘉陵江中下游、三峡库区及兴国县为治理的重点片。

(5) 南水北调。南水北调是解决华北平原、豫鲁地区及西北地区不可缺少的战略措施。南水北调东线、中线及引江济淮线（江淮运河）近期要有计划地逐步实施，西线要做好前期准备工作。

(6) 河道整治及岸线利用。结合防洪、航运、工业布局与城市发展，有计划地分期进行河道整治，重点有上荆江、下荆江、界牌、武汉、九江、安庆、铜陵、芜湖、马鞍山、南京、扬中、镇（江）扬（州）、澄（江阴）通（南通）等13个重点河段及长江河口段。

(7) 水源保护与水产。水资源保护近期重点是控制攀枝花、重庆、武汉、南京、上海等沿江污染源集中的各城市，结合水利建设继续消灭钉螺。

水产方面主要是根据江河湖泊水库的特点，分区发展养殖。

**7.5.1.4** 新一轮长江流域综合利用规划的若干问题

如前所述，随着我国经济社会发展进入新的历史时期，原有的长江流域综合利用规划已不完全符合长江流域的现实状况，也不能完全适应21世纪长江流域乃至全国经济社会可持续发展的要求。目前，正在根据水利部的统一部署，进行长江流域规划的修编工作。有关专家提出，在新一轮长江流域规划的修编工作中，必须抓住长江治理开发中出现的重点、难点问题，对新发现需要研究解决的课题进行深入研究。

1. 防洪减灾体系

《长江流域综合利用规划简要报告》（1990年修订）实施以来，特别是1998年大洪水以后，国家投入巨额资金加高加固了长江堤防；三峡工程投入运用后，将逐步形成以堤防为基础，以三峡工程为骨干，干支流水库、蓄滞洪区、河道整治相配合，结合水土保持等措施以及其他防洪非工程措施组成的综合防洪体系，长江整体防洪能力将大大加强。但是，也出现一些新的变化和可能引发新的防洪要求，需要在新一轮规划中认真研究，统筹考虑。

(1) 由于三峡水库运行初期主要是清水下泄，在本世纪相当长的时间内，大坝下游河床将发生冲刷。尤其是荆江河段一带的河床下切，加强对岸壁崩塌的预测和防护，稳定河势河床的任务任重道远。

(2) 无论过去、现在和将来，蓄滞洪区都是长江综合防洪体系的重要组成部分，但随着经济社会发展和蓄滞洪区人民脱贫致富的要求日益增加，如何合理解决蓄滞洪区人民脱贫致富和在大洪水时能顺利分洪的矛盾，也是长江防洪需要进一步研究解决的重大问题。

(3) 在前两次流域规划和防洪专业规划中尚未解决的难点问题，如荆江河段的松滋、太平、藕池、调弦（已堵塞）四口建闸控制、簰洲裁弯、鄱阳湖口控制以及洞庭湖区、鄱阳湖区的综合治理等，需要进一步深入研究，做到江湖两利，以不断完善长江综合防洪体系。

(4) 长江流域有75%以上的城市位于长江干支流两岸，2002年完成的《长江流域防洪规划报告》中已对16座城市作出了防洪规划，基于城市在国民经济和社会发展中的重要地位，仍需继续加强城市防洪规划与管理，除根据实施情况进一步完善已有的城市防洪规划外，对其他受洪水威胁的大中小城市，亦应做出符合其地位和特点的城市防洪规划。

2. 水资源优化配置与合理利用

随着经济高速发展和人口不断增加，我国水资源供需矛盾愈来愈突出，新一轮长江流域综合利用规划需要进一步研究长江流域水资源优化配置和合理利用问题。

(1) 城市化是我国社会经济发展的必然进程，根据我国城市化的发展战略，到21世纪中叶我国的城市化水平将达到60%，预计长江流域可能要高于这个水平，城市用水量将会大量增加，需要科学预测城市化所需的生活、生产和环境用水及相应的措施，保证供水安全，这在前两次综合规划中由于当时的历史条件所限，研究不够，是个薄弱环节。

(2) 灌溉是长江流域用水大户，20世纪末占总用水量的2/3，需结合长江流域水土资源特点研究灌溉节水措施和进一步发展灌溉问题，保障长江流域粮食生产安全；尤其是几个土地光热资源丰富，人口密集，而水资源不足的地区，如四川盆地、湖南衡邵丘陵区、滇中高原区、江西吉泰盆地等，要重点解决水资源的配置，包括地下水开发利用、跨地区调水等措施。

(3) 关系全国水资源战略配置的南水北调，已完成东、中、西3线的总体规划，东线、中线已开工建设，需要进一步研究远景西部大开发扩大调水规模以及如何扩大的问题。

(4) 长江流域虽然水资源丰富，20世纪下半叶已修建了不少水库，由于水资源时空分布不均，水的利用率仍不高，需要研究和建设一批具有综合利用功能、调节性能好的大型控制性水库，以满足经济社会可持续发展对长江水资源利用的要求。

3. 生态环境保护

生态环境保护是可持续发展和西部大开发的重要内容，新一轮长江流域规划和治理开发中，应将生态环境保护摆在突出位置，重点是搞好水质保护和水土保持。

(1) 长江流域水质，从总体上来说是好的和比较好的，但随着城市、工业的快速发展和化肥、农药的大量使用，流域内城市河段、支流和湖泊污染日益严重，其污染程度是：下游重于中游，中游重于上游，湖泊水域重于江河水域，上游有些支流污染也很严重，特别是城市岸边污染严重，影响人民健康和经济建设。随着西部大开发和长江经济带的进一步发展，必将增加污染物的排放量。因此，必须进一步做好水资源保护规划，确定流域江河、湖泊的水功能区划，按照水功能区对水质的要求和水体的自然净化能力核定不同水域的纳污能力，向环保部门提出该水域的限制排污总量的意见，严格控制污染物排入量，并加强水质监测，保持长江永远是一条清洁的河流。

(2) 水土流失是长江上中游地区严重的生态环境问题，前两次流域综合规划中的水土保持规划，对水土流失治理起到了重要的推动和指导作用，但随着实施后出现的新情况及新要求，原规划已不能完全适应新的情况和要求。要以1998年国务院批复的《全国生态环境建设规划》为依据，参照《长江上游重点水土保持工程可行性研究报告》等有关文件，修订全流域主要一级支流并分配到省的规划。要加强山地泥石流、滑坡、地震等自然灾害防治的研究，根据不同情况采取不同的防范避险策略，包括少数灾害严重地区，实施移民（迁人不迁地）政策。强化预防监督管理，消除人为因素，经过若干年努力，解决山地灾害与贫穷的双重困扰，实现山川秀美。

4. 水能开发与西电东送

长江流域水能资源丰富，其中89%集中在长江上游地区。长江水电除了具有一般水电特点外，大多具有地形地质条件较好，利用的落差大，水量丰沛而稳定，综合利用效益较好，技术经济指标较优的特点。在前一轮规划的指导下，为适应经济发展需要，分布在本流域西南、华中、华东3大区，包括装机规模2240万kW的三峡工程在内，一大批大中型水电站现已相继建成（或即将建成），这些电站为3大区增加电力供应能力、改善电源结构、保证供电可靠性、提高供电质量发挥了重要作用。

为了适应西部大开发的需要，21世纪应大力开发长江上游水能资源，特别是金沙江、雅砻江、大渡河等长江干支流上游河段，是今后流域水电开发的重点。同时，考虑3大区及全国能源分布特点和经济、社会发展的实际情况，必须实施"西电东送"。因此，在编制新一轮长江流域综合利用规划时，需要加强研究长江水能资源开发特别是长江上游水能开发与西电东送问题，具体如下：

(1) 根据水能资源复查结果和实际开发情况，修订干支流梯级开发方案。

(2) 研究上游水能开发速度与满足当地用电需要及西电东送的关系。

(3) 研究西电东送的规模、性质（送电量与送容量的情况）、可送电的时期（随当地用电负荷增加而可能变化的情况），西电东送的政策措施。

(4) 长江流域水能资源丰富，水电比重相对较大，特别是在长江上中游地区更是如此，要及时研究发展抽水蓄能电站的必要性及相应规划。

(5) 长江流域水电比重较大，随着水能的大量开发，水电比重将进一步提高，长江水电性能和合理利用已成为人们所关心的问题，要加强改善长江水电性能及其合理利用措施的研究。

5. 振兴长江水运

长江航运作为一种重要的运输方式，自古以来对长江流域经济与文化的发展起了重要的作用。但是，自20世纪90年代以来，随着铁路、公路、航空、管道等交通运输的快速发展，长江航运有萎缩之势。因此，如何振兴长江水运，是新一轮长江流域综合利用规划必须认真研究的重要课题。

(1) 水运作为综合运输系统的组成部分，与其他运输方式相比，具有运能大、能耗小、成本低、占地少、对环境污染轻等特点；水运、铁路、公路、航空、管道五种运输形式各有其独自的优势和劣势，互补性很强，从全国或某一个地区来说，只有综合运输才是最经济的，特别是长距离货运；与发达国家水运比较，长江水运的发展潜力还很大。如与美国密西西比河比较，长江水运条件优于密西西比河，但1980年货运量仅为密西西比河的46%，货运周转量仅为密西西比河的15%。因此，长江水运今后仍需大力发展，但需调整发展的思路和途径。如随着生活和工作节奏的加快和人们生活水平的提高，内河航运作为输送旅客的客运功能将进一步下降，而根据休闲旅游的要求，游览、观光式的客运将会逐步增加，因此21世纪内河航运发展中，应调整内河航运服务对象，向多功能服务方向发展。在货运方面，随着集装箱等整体运输方式的不断扩大，船闸和码头建设亦应作相应的调整，以适应发展的需要。

(2) 除长江干流和主要通航支流航运需要大力发展水运外，对上游山区河流水运应如何发展，需要进一步分析研究。一方面这些地区资源丰富，河流梯级渠化后有发展水运的条件；另一方面在这些地区建通航建筑物耗资巨大，已建通航建筑物利用率很低，对此问题应有一个正确的认识。

(3) 在现代化铁路、公路、航运、管运等运输方式发达的情况下，前两次流域规划提出的南北运河、湘桂运河、赣粤运河计划，也需要重新进行认识和规划。

6. 湿地保护与合理利用

湿地一般是指受地下水湿润和受地表水全年或季节性浸没的土地，是一种特殊的土地资源和生态环境，具有调节径流、削减洪峰、补充地下水、改善水质、调节气候和保护生物多样化等方面的特殊作用，有巨大的环境功能和环境效益，甚至被称为“地球之肾”。鉴于世界范围内的湿地遭到严重破坏，1971年通过了作为政府间国际条约的《湿地公约》，旨在通过国际行动和国际合作来保护和合理利用湿地。我国于1992年成为“湿地公约”签字国，并将“湿地保护与合理利用”列入《中国21世纪议程》。长江流域的湿地主要集中在长江中下游平原地区，长期以来，由于大规模围湖，开垦滩地和沼泽地，虽在增产粮食等农产品方面起到了一定的作用，但其负面作用也日益显现。新一轮长江流域综合利用规划和治理开发中，必须高度重视湿地保护与合理利用：

(1) 搞好长江流域湿地调整。

(2) 加强对现有天然湿地的保护。

(3) 强化湿地综合管理，使湿地开发利用与保护规范有序。

(4) 积极开展科学研究，促进长江湿地可持续利用，并有计划的退田还湖。

(5) 开展湿地生态监测，为科学管理湿地提供依据。

7. 河口治理

长江是一条通江达海的河流，随着对外开放的发展，位于长江河口的上海市将建成国际大都市，形成世界航运、贸易、经济、金融中心，搞好长江河口的治理，对扩大上海市和“长三角地区”作为对外开放的前哨阵地，促进上海市和“长三角地区”乃至全国的经济社会发展都具有十分重要的作用。新一轮的长江流域综合利用规划，应将长江口的治理开发作为重要组成部分，包括淡水资源保护与开发利用，解决水质型缺水重大问题；航运港口建设以适应建成国际航运中心的需要；湿地保护与滩涂开发利用规划；岸线规划；防洪（潮）及排灌规划；重中之重的环境保护与生态建设规划以及河势控制规划等。河势控制的主要内容为徐六泾以下河道整治，长江口南、北支整治，疏浚河口拦门沙以增加通航水深，避开拦门沙在长江口外建设深水港的方案等。

8. 已建工程的作用

新中国成立后，为抗御水旱灾害，开发利用水资源，在长江流域修建了大量水利工程，发挥了巨大的社会、经济、环境效益，有效地促进了国民经济的发展和社会进步。现有的水利工程是21世纪以水利支撑经济社会发展的主要物质基础。但由于种种原因，许多20世纪50—60年代修建的工程，至今还没有能充分发挥应有的效益，不仅配套差，尾工大，而且设备老化、失修，巩固改造任务十分繁重。目前，我国水利发展正在由原来以工程建设为主，转向为建设与管理并重，由粗放型水利向集约型水利转变，由传统水利向现代水利转变，进行新一轮长江流域规划时，应对已建工程的改造和完善，充分发挥其作用的问题进行研究，并作为流域规划的组成部分。

9. 流域管理

长江流域涉及19个省（自治区、直辖市），流域的综合利用规划及治理开发不仅是水利部门的重要任务，还与国土、农业、电力、交通、环保等众多部门有关，因此流域管理是一个十分复杂的问题。新一轮长江流域综合利用规划应在认真总结50余年来长江流域管理的经验教训和存在问题的基础上，根据《中华人民共和国水法》等法律法规的原则，研究提出加强流域管理的意见，主要包括管理体制和法律政策等方面。

（1）管理体制。

1）流域机构在流域水管理工作中的地位、职责、作用和权限。

2）流域管理与分区管理、流域机构与省（自治区、直辖市）水行政主管部门的关系（如分工、配合、联系等）。

3）作为水利部派出机构的长江水利委员会与流域内电力、交通、环保等用水、治水部门之间的关系。

4）如何建立一个强有力的、综合性的流域管理机构及其权限和工作方式。

5）流域滚动规划和流域规划的法律地位的规定，以及流域水利建设和水利工程运行管理的原则和管理体制。

（2）法律政策。

1）流域管理法是流域管理的基本法，应配合有关部门加快立法工作。尽管这一工作涉及面广，也不是在流域规划中可以完成的，但在新一轮流域规划时，应根据治理开发的需要，研究提出长江流域管理的原则和要点，作为长江流域管理的依据，并促进流域管理法的立法进程。

2）防洪是长江治理开发和管理中的首要问题，流域规划中应根据《防洪法》的规定，提出长江防洪的指挥、调度原则，分蓄洪区的管理原则和分蓄洪区运用补偿办法，《洪水影响评价制度》和《规划同意书》制度，河滩地和沿江岸线的利用政策，洪灾损失核查制度（办法）。

3）搞好长江水资源保护是长江水资源可持续利用的核心和关键，要加强研究，提出有关保护长江水资源的政策意见。

4）研究提出长江采砂管理政策意见。

5）研究提出长江治理开发中的有关经济政策意见，如投资渠道和投资政策，投资分摊政策、利益分配政策、公益性支出的补偿政策、水价电价政策等的意见。

6）长江治理开发和管理是一项长期艰巨的任务，丰富可靠的基本资料是搞好长江治理开发和管理的基础，新一轮流域规划中，要研究提出有关流域内自然和社会经济基本资料的搜集、积累、整理、保存和交流制度（规定或办法），为流域管理和流域滚动规划打好基础。当前要特别重视西部大开发范围内长江流域和西南诸河的水文站网的布设观测、资料搜集整理。

### 7.5.2 哥伦比亚河综合利用规划概述

#### 7.5.2.1 哥伦比亚河流域概况

哥伦比亚河（Columbia River）是一条国际河流，发源于加拿大不列颠哥伦比亚省落基山脉西坡海拔820m的哥伦比亚湖，干流全长2000km，落差808m，流域面积66.9万$km^2$。上游在加拿大，长800km，落差415m，流域面积10.2万$km^2$，占全流域15%。中下游在美国，长1200km，落差393m，流域面积56.7万$km^2$，占85%。流域水系复杂，支流众多，主要支流有库特内河（Kootenay）、斯内克（Snake）河、邦多雷叶（Pend Oreille）河等。如图7.11所示。

哥伦比亚河的天然径流主要来自降雪，水量丰沛，多年平均流入太平洋的年总水量约2340亿$m^3$（加拿大境内占40%，美国境内占60%），仅次于密西西比河，居美国第2位。径流的主要特点是丰枯差别相当大，流域内各支流冬季水量通常较少，春季水量较大。但在沿海盆地，水文条件不同，冬季雨量集中，常引起骤发洪水。夏季几个月，水量显著减少，河水降到最低水位。

#### 7.5.2.2 规划及实施情况

1. 河流综合开发利用规划过程

由于哥伦比亚河流域涉及加拿大西南部和美国西北部，因此，只有通过合作与协调才能充分合理地开发利用该流域的水资源。

1920年美国通过了联邦水力发电法，多目标开发第一次受到重视。该法要求非联邦实体在建设水电工程之前必须获得许可证。要获得许可证，建设者必须证实其方案对改善通航条件、开发水力资源以及其他有益于公共事业资源是最优综合方案。并明确规定，其方案应保证不因发电而影响航运、防洪、旅游和河流的其他用途。在20世纪20年代，一家公用电力公司根据联邦水力发电法兴建了石岛水电站。

1927年，美国国会授权陆军工程师团进行河流普查，以编制最有效地利用河流满足

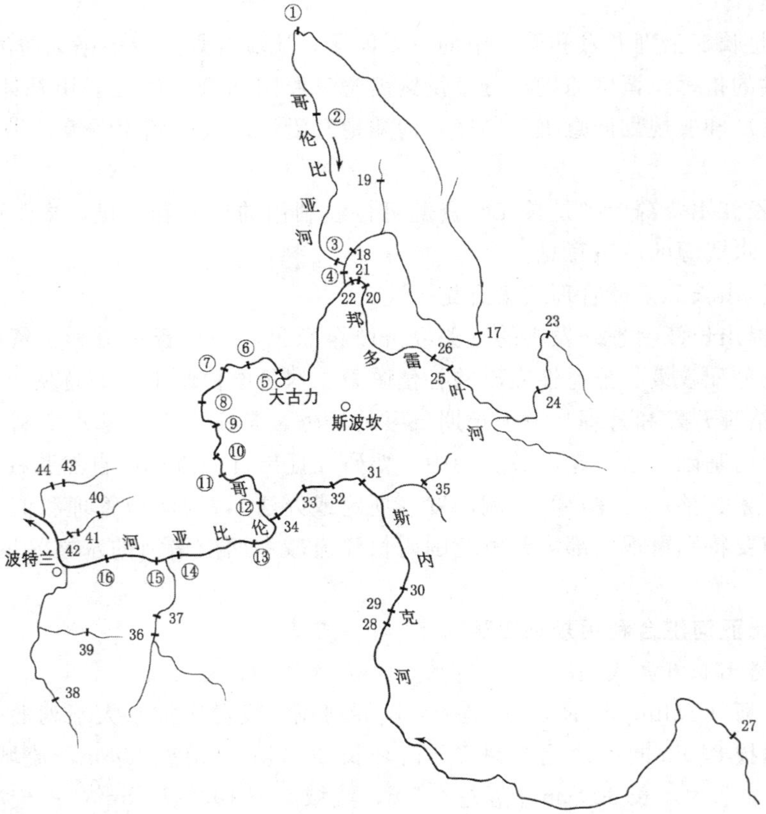


图 7.11　哥伦比亚河干支流大水电站位置图

航运、发电、防洪和灌溉等目标的总体规划。1931 年完成了哥伦比亚河干流规划报告。建议在大古力建高坝蓄水灌溉，解决灌溉中部华盛顿高原肥沃而干旱的土地问题。当时认为防洪是一个次要的问题，可以通过在局部河段修建防洪堤求得解决。

1934 年，成立了西北太平洋区域规划委员会，这是联邦、州和地方政府协调规划的首次尝试。第二次世界大战期间，该委员会停止了活动。

1938 年，陆军工程师团根据地区经济发展的需要对 1931 年的流域水资源开发规划报告进行了重新审查，提出了修订报告。报告建议在斯内克河下游增加一系列通航梯级。报告为 1945 年国会授权兴建麦克纳里水电站和斯内克河下游工程提供了依据。

1946 年成立了哥伦比亚统一委员会，以协调联邦、州和其他公共事业单位对该区水资源开发工程的规划、建设和管理。但它只是一个咨询与协调机构，而不是规划组织。

1948 年，陆军工程师团受命重新审查哥伦比亚河水资源开发规划报告，并于 1948 年完成了研究工作。规划报告包括了所有的支流，其成果被称为控制性规划总报告。报告将发电放在首位，其次是灌溉，再次是防洪。同年 5 月，即该报告编制工作安排后不久，哥伦比亚河遭受了一次洪水袭击，波特兰及其相邻地区洪灾尤为严重。这次洪灾使防洪问题得到重视，于是，将发电与防洪的一致性列为规划原则。

在陆军工程师团完成规划报告的同时，美国垦务局也完成了对哥伦比亚河流域的第一次综合规划报告。在规划一系列大型蓄水水库的问题上，两份报告见解不同。后在两机构对各自规划进行协调的基础上，向国会递交了一份统一的规划报告。

此后，随着该流域大古力电站等一系列水电工程的兴建及整个流域开发情况的变化，陆军工程师团又对哥伦比亚河流域资源开发规划报告进行研究修订，并于 1958 年完成。此次修订对蓄水库方案进行了比较，规划修订报告中建议将位于清水河下游已建的德沃夏克水电站作为上游蓄水库群的一个组成部分。

1961 年，哥伦比亚河的第三个规划经美国第 87 届国会通过。该规划提出兴建有调节特大洪水能力的水力发电工程，以适应日益增长的电力需求，改善哥伦比亚－斯内克河航运系统，提高灌溉供水量，并与加拿大政府谈判兴建加拿大境内的哥伦比亚河诸水库。

1965 年，美国国会通过了水资源规划法（PL 89—80），自此，美国的河流规划与管理进入了一个新时期。1967 年成立了西北太平洋流域规划委员会，作为哥伦比亚统一委员会的替代机构。该委员会肩负着对该区水资源及相关土地资源的开发、管理和保护的规划协调工作。与哥伦比亚统一委员会不同的是，该委员会在为联邦、州、州际、地方和私人企业对哥伦比亚河水资源及其相关的土地资源开发、管理和制定综合协调计划时具有法律效能。

70 年代末，美国国会又一次指示陆军工程师团重新审查哥伦比亚河流域的水资源开发规划报告。这一次主要是针对已建的一系列工程，研究其运行方式的改进以及对这些工程应增建的附属工程。1983 年完成了修改后的系统规划报告。

2. 干支流梯级开发方案

根据美国陆军工程师团 1931 年完成的美国境内哥伦比亚河干流开发规划，1933 年开工兴建大古力和邦纳维尔两座大水电站。在 1948 年哥伦比亚河遭遇洪水袭击后编制并经其后多次修改补充的包括防洪在内的流域综合利用规划中，提出美国境内的哥伦比亚河干流分 12 级开发，主要在大古力建高坝，回水至加拿大边境。其余各梯级坝都不高，水库不大，基本上为中、低水头径流电站。另外，在支流上布置了一系列水库，共计有效库容 301 亿 $m^3$，以便共同调节径流，这样，干支流大小水库合计总库容 633 亿 $m^3$，相当于年径流总量的 27%，对防洪和发电所需的调节库容还是不够的。

后经美、加两国多年的研究协商，加拿大在干流上游修建了 3 座水库，共提供有效库容 191 亿 $m^3$，对其下游美国一系列水电站可增加平均出力 280 万 kW，还有防洪作用。这些效益由两国平分。

3. 河流综合开发利用现状

哥伦比亚河流域水资源的开发利用，经过近 80 年的努力，已取得了相当大的经济效益，下面从防洪、水力发电、航运、灌溉、河口整治和统一调度等方面分别叙述。

（1）防洪。哥伦比亚河的洪水历时较长，而且比较有规律，一般都在 5 月、6 月、7 月 3 个月，而以 6 月最大。综合利用水库在汛前留出防洪库容，汛末蓄满，可将防洪和兴利较好地结合。哥伦比亚河的防洪标准，按 1894 年发生的历史最大洪水考虑。上游干支流水库拦洪调节后，下游约翰迪水库又专留防洪库容 24.7 亿 $m^3$，再配合下游地区的堤防，足以满足防洪要求。

以 1972 年发生的一次大洪水为例，由于干支流水库发挥拦洪作用，下游范库佛市的洪水位比天然情况降低了3m，避免了2.5亿美元洪灾损失。其中，各主要水库的拦洪作用大致为，加拿大在上游修建的两水库占28%，大古力水库29%，约翰迪水库3%，几座支流水库22%。

（2）水力发电。哥伦比亚河的水能资源极为丰富，全流域可开发水电站装机容量6380万kW，年发电量达2485亿kW·h，其中加拿大境内可开发装机容量871万kW，年发电量347亿kW·h；美国境内可开发装机容量5509万kW，年发电量2138亿kW·h。至1991年底，全流域已装机3600万kW，年发电量1606亿kW·h，分别占可开发水能资源的65%和75%，其中加拿大境内已装机540万kW，年发电量232亿kW·h，美国境内3060万kW，年发电量1374亿kW·h。

加、美两国在哥伦比亚河干流上共分16级开发，加拿大已建3级，美国已建11级，共14级，现有总装机2284万kW，年发电量1061亿kW·h。其中100万kW以上的水电站有8座，最大为大古力水电站，现有装机649万kW。哥伦比亚河干支流上已建10万kW以上水电站分布如图7.14所示，干支流梯级水电站的主要指标见表7.1。

**表7.1　　哥伦比亚河干支流梯级水电站主要指标**

| 干支流名称 | 水电站座数 | 图7.14中编号 | 有效库容/亿 $m^3$ | 装机容量/万kW | 年发电量/(万kW·h) | 开始投入年份 |
|---|---|---|---|---|---|---|
| 哥伦比亚河 | 16 | 1-16 | 327 | 2284 | 1061 | 1938—1968 |
| 库特内河 | 3 | 17-19 | 86.6 | 136.6 | 50.6 | 1967—1965 |
| 邦多雷叶河 | 7 | 20-26 | 55.7 | 277.6 | 141.8 | 1952—1980 |
| 斯内克河 | 9 | 27-35 | 53.5 | 524.4 | 193.8 | 1959—1975 |
| 德休特河 | 2 | 36-37 | 3.4 | 42 | 12.9 | 1957—1964 |
| 韦拉梅脱河 | 2 | 38-39 | 8.2 | 22 | 7.1 | 1953—1954 |
| 路易斯河 | 3 | 40-42 | 10.0 | 44.7 | 17.1 | 1931—1958 |
| 亨利茨河 | 2 | 43-44 | 16.3 | 42.2 | 17.0 | 1963—1968 |
| 合计 | 44 |  | 561 | 337.4 | 1501 |  |

加、美两国在全流域大小支流上规划兴建的大、中、小型水电站1053座，总有效库容426.4亿 $m^3$，装机容量2934万kW，年发电量1088亿kW·h。现已有装机容量1289万kW，年发电量558亿kW·h，开发利用率分别为44%和51%。其中加拿大规划可开发装机容量270万kW，年发电量127亿kW·h，已建电站装机182万kW，年发电量96亿kW·h，分别为可开发数的67%和76%。美国境内可开发装机容量2664万kW，年发电量961亿kW·h，已建电站总装机1107万kW，年发电量462亿kW·h，分别为可开发数的42%和48%。两国在各支流上已建258座大、中、小型水电站，其中单站装机25万kW以上的大水电站16座。2.5万～25万kW的中型水电站40座，2.5万kW以下的小水电站202座。

（3）航运。哥伦比亚河口至波特兰市和范库佛市河道长185km，开辟水深12.2m、宽183m的航道，可通过2.6万t海轮。在范库佛市以上，沿哥伦比亚河干流上溯到支流斯内克河的刘伊斯顿市，河道长500km，落差210m，现已在干流和斯内克河上建成8级共9座船闸。

(4) 灌溉。哥伦比亚河流域可灌农田60万$hm^2$，1984年该流域所在3个州的灌溉面积已发展到325.4万$hm^2$，占全美灌溉面积的13%，其中喷灌面积186.7万$hm^2$，为该区灌溉面积的57%。

(5) 河口整治。河口区潮汐作用通常比径流对水位的影响大。主航道在逐渐变宽的岸线沿弯曲河道摆动，经过许多岛屿和浅滩，最后在失望角和亚当斯角之间进入太平洋。由于太平洋潮汐的影响，哥伦比亚河的下游河口有逆向流动，受海潮影响的河段，深入内地约234km。由于河口段海洋动力与河流动力之间的相互作用及其综合影响，河口整治十分复杂。自1885年以来，先后采取了修建南、北导堤以及进行航道疏浚、清淤等一系列工程措施。而在这些努力改善通航条件的过程中，口门状况也呈现出很多不同的情况。

根据潮汐水力学委员会的提议，建造了哥伦比亚河下游河口区综合水力模型。根据模型试验结果，提出了新的整治规划设想，即在亚当斯角现南导流堤正南方向的深水区开挖一条人工运河，用以连接口门上游河道和太平洋。为了消除或减小盐水通过运河入侵河口地区，有必要在运河进口处的亚当斯角修建一个挡潮闸。同时，建造一条新的、较短的南石堤，用以稳定新堤与南导流堤之间的进口新航道。这样，就可以放弃现在的口门，封闭航道任其自然淤积。当淤积后的控制水深减小到1885年以前的状态时，河口的盐水入侵作用将不再是河口形态变化的控制因素。随着老航道水深变浅，即使在最小调节流量（约4245$m^3/s$）下，河流的淡水也将充满整个河槽，且原来入侵河口的明显的异重流将不再出现。同时，在哥伦比亚河上一系列水库群对年径流进行调节的作用下，河口的水流形态将会大大改变，而枯水流量增大可使河流冲刷能力增加，将底沙带往深海区，从而使哥伦比亚河口的战略价值得到更充分发挥。

#### 7.5.2.3　流域规划与综合利用的特点

长期以来，美国对哥伦比亚河流域开发与综合利用方面，有如下几个特点：

1. 规划先行

把规划作为一项经常性的重要工作。以陆军工程师团为主，编制过1931年、1938年、1948年、1961年、1972年的规划报告，1983年又提出了新的规划报告。每次规划都有新的内容和要求，并不断补充完善，使开发利用水平逐步提高。每一规划报告上交国会，一经审批，就成为一项指令性文件，作为兴建具体工程的依据，使执行时有章可循。

2. 注重综合利用

将综合利用作为流域规划的一个基本原则，强调对水资源进行有效和充分利用。在重视发电、防洪、灌溉、航运等开发对象的同时，对于渔业、旅游、生态环境等问题也作了认真的研究和相应的安排。各部门以国会通过的法律为根据，要求合理、讲究实效。流域规划必须从全局利益出发，尽可能满足各部门的需要，取得合理的经济效益，同时考虑国家和地方共同的利益，又能为公众接受，并按照分期分步骤实施的方针进行流域的开发和治理。

3. 逐步在上游干支流上修建水库调节径流

为了使发电同航运、过鱼等部门取得协调，并减少淹没损失，对哥伦比亚河和斯内克河中下游，主要采取中低水头径流式梯级开发，逐步将调节径流的水库建在上游干支流上。现在已建水库（包括加拿大境内3座大水库在内）共17座，总的有效库容为535亿$m^3$，可根据要求对径流进行多年调节。

4. 强调经济分析

对各项规划，经济论证工作都作得比较细，国家审查规划报告，首先注重的是经济上合理，对联邦所属工程，规定采用效益一费用比法进行经济比较，被选用方案的效益一费用比必须大于1。实际上，陆军工程师团常按净效益最大这一原则选择方案。

对于各部门年效益的计算，均有具体的规定。例如，水电的年效益等于其可能作为替代电量和容量的经济价值；防洪的年效益等于减除的洪灾年平均损失；航运的年效益等于同替代方案相比的年费用节约。各部门的年费用则包括每年偿还建设投资的本息和运行维修费等。

联邦所属工程，均由国会批准拨款兴建，并规定防洪、航运、渔业、野生动物保护、游乐设施等部门的投资，均不偿还；灌溉工程要偿还投资，但不计利息；发电和供水工程的投资要计息偿还，投资偿还的期限，大体上按各工程的使用年限确定，如水力发电工程为50～100年，灌溉工程为50年。

对于综合利用工程的总投资，规定要求进行投资分摊。通过分摊，将总投资划分为上述要偿还和不要偿还两部分，各部门必须按各自的分摊投资进行各自的经济分析，分摊方法规定采用“可分费用-剩余效益法”。

# 第 8 章　水库调度与水资源管理

## 8.1　概　　述

水资源是社会经济发展必不可少的战略资源。为保障社会经济的可持续发展，必须从我国新时期的国情和水情出发，在继续搞好水资源治理、开发利用与保护的具体工作的同时，加强水资源管理。为此，应当根据我国实行最严格水资源管理制度的要求，对水资源管理方面的相关问题进行研究。

水资源管理的内涵非常丰富，但其最终目的是要提高水资源的有效利用率，保护水资源的持续开发利用，充分发挥水资源工程的经济效益，并在满足用水户对水量和水质要求的前提下，使水资源发挥最大的社会、环境、经济效益。为了实现水资源管理的最终目的，特别是在一个流域或一个供水系统内，往往由于存在许多水利工程和用水单位，经常发生一些水资源供需矛盾和水利纠纷，为了协调和处理这些矛盾和纠纷，就必须按照上下游兼顾和综合利用的原则，搞好水资源调度，即要制定合理的水量分配计划和调度方案，并通过调度方案的具体实施，将水量分配计划落实配置到具体用水户。由此可见，水资源调度既是实现水资源管理目的的重要手段，也是水资源管理的重要工作内容。

关于水资源调度的概念，一般可以理解为在保证系统内水利工程安全的前提下，依据水利工程的运用规划，以尽可能满足用水需求为目标，制定水利工程对各用户的供水策略的一种控制运用技术。可见，水资源调度的实质主要是围绕水利工程（主要指水库）和水量两个要素进行的调度。因此，水资源调度有时可以用水量调度来代替，或者也可以用水库调度来代替。但是，实际上水资源调度是一个宏观概念，其涵盖的内容很广，而水量调度、水库调度则应属于水资源调度的范畴之内。其中，水量调度主要是指水资源调度的具体调度内容，水库调度则主要是指水资源调度目标得以实现的途径。

基于以上分析，同时，从水利水电工程专业的专业特点和人才培养要求出发，本章先对水库调度的基本理论和方法进行介绍，然后，再进一步介绍水资源管理的相关基本知识。

## 8.2　水　库　调　度

### 8.2.1　水库调度的基本知识

#### 8.2.1.1　水库调度的意义

人们修建水库的基本目的是通过水库的蓄泄作用，合理调节径流，改变天然径流的时间分配过程，使水库泄放的水量更好地适应人们的需求。因此，加强水库运行管理，搞好水库运行调度，是对水资源进行合理配置的重要手段之一。

在天然条件下，降雨、气温等气象因素的多变性，决定了水资源特别是河川径流的年与年、季与季之间水量不同，各地水量也不相同。而水库的工作情况与所在河流的水文情势密切相关。在难以确切掌握天然来水的情况下，水库的运行管理可能出现各种问题。例如，在担负有防洪任务的综合利用水利枢纽上，仅从防洪安全的角度出发，在整个汛期内都要留出全部的防洪库容，等待洪水的来临，这样在一般的水文年份中，水库到汛期后可能蓄不到正常蓄水位，因此减小了充分利用兴利库容来获利的可能性，得不到最大的综合效益。反之，若单纯从提高兴利效益的角度出发，过早将防洪库容蓄满，则汛末再出现较大洪水时，就会措手不及，甚至造成损失严重的洪灾。从供水期水电站的工作来看，也可能出现类似的问题。在供水期初如水电站过分地增加了出力，则水库很早放空，当后来的天然来水量不能满足要求水电站保证的出力时，则系统的正常工作将遭受破坏；反之，如供水期初水电站发的出力过小，到枯水期末还不能腾空水库，而后来的天然来水量又可能很快蓄满水库并开始弃水，这样就不能充分利用水能资源，白白浪费了大量能源。显然，也是很不经济的。

为了避免上述因水库管理不当而造成的损失，或将这种损失减少到最低限度，就应当对水库的运行进行合理的控制，即要提出合理的水库调节方法进行水库调度。水库调度就是指，根据水库承担任务的主次及规定的调度规则，运用水库的调蓄能力，在保证大坝安全的前提下，有计划地对入库的天然径流进行蓄泄，达到除害兴利，综合利用水资源，最大限度地满足国民经济各部门需要的目的。

我国的大中型水库，一般都具有防洪、发电、航运、灌溉、工农业生产及人民生活用水等综合利用任务。自 20 世纪 70 年代起，我国的水资源逐渐受到污染，生态系统逐渐受到破坏，因此以保护环境为目的水库生态调度也变得非常重要，成为多目标水库调度的重要组成部分。水库多功能特征决定了水库调度作为水库运行管理的中心环节，是实现水库安全运行、充分发挥水库综合效益的重要保障。水库调度的好坏不仅直接关系到上、下游人民群众生命财产的安全，而且也关系到相关行业系统、地方部门乃至整个国家的经济效益。实施合理科学的水库调度，对于确保水库安全，充分发挥防洪和兴利、生态等综合效益，实现水资源的合理配置和可持续利用，促进经济社会可持续发展及人与自然和谐相处，具有十分重要的意义。

#### 8.2.1.2　水库调度的特点

作为水库运行管理的技术手段，水库调度具有以下特点。

1. 多目标性

水库工程多功能的特性，决定了水库调度时要综合考虑各部门、各地区、上下游、左右岸各方面的安全和利益，按照多目标综合治理、利用和保护的原则，妥善处理各方面的矛盾，协调相互的利害关系，进行统一调度。这也就决定了水库调度的复杂性和多学科性的特点。水库调度不仅是水利问题，还涉及气象、生态、工业、农业、管理、经济、电力、机电设备以及自动化等多学科的知识。

2. 风险性

河川径流、电力负荷、气候条件、其他用水信息等因素可视为随机变量，由确定性的变化和随机性变化两部分组成。而这些因素的随机性直接决定了水电站及其水库的运行调度方式具有一定的风险性。例如对防洪来说，虽然水库调洪能够减少洪水灾害，但是出现始料未及的特大洪水时，也难以避免洪灾。水库调度的目的之一就是要把这种风险限制在规定的范围内。

3. 经济性

以水电站水库调度为例，由于水电站利用的水能资源是可再生的清洁能源，其运行费用相对较低，且与发电量大小关系不大，而通过水电站水库的合理调度，可以在保证工程安全的前提下，提高天然径流的利用效率，增加发电效益。可见，水库调度具有明显的经济性。

4. 灵活性

仍以水电站水库调度为例，一方面，水电站可以针对河川径流来水、电力负荷、其他用水信息的随机性，灵活机动地调节水库的蓄泄水，尽可能地利用水资源；另一方面，水电站中的工程设备，如水轮机等动力设备、闸门及启闭设备等具有启闭迅速、工作灵活的特点，从而保证了水库调度的灵活性。

鉴于水库调度的以上特点，水库调度应遵守的基本原则是，在确保工程本身安全的前提下，分清发电与防洪及其他综合利用任务之间的主次关系，统一调度，使水库综合效益尽可能大。其工作内容主要包括：拟定各项水利任务的调度方式；编制水库调度规程、调度方案和年调度计划；确定面临时段（月、旬）水库蓄泄计划；确定日常实时操作规则。

#### 8.2.1.3 水库调度的分类

通常，可对水库调度作如下分类。

1. 按调度目标分类

根据水库调度的主要目标，可将水库调度分为防洪调度、兴利调度、综合利用调度等。防洪调度是指根据河流上、下游及水库自身的防洪要求、自然条件、洪水特性、工程情况等，拟定合理的运行方式，控制水库蓄泄洪水的过程；兴利调度是指为满足发电、灌溉、供水、航运等兴利部门的需要，拟定合理的水库运行方式，一般包括发电调度、灌溉调度、供水调度和航运对水库调度的要求等；综合利用调度则是指对综合利用水库，根据综合利用原则，拟定合理的水库运行方式，使国民经济各部门的要求得到较好的协调，获得较好的综合利用效益。

2. 按调度周期分类

根据水库调度的周期，水库调度包括长期调度、短期调度及厂内经济运行。其中，长期调度是指对于具有年调节以上性能的水库，制定合理的运行方式和蓄水、供水方案，将较长时期（季、年、多年）内的水量（能量）合理分配到较短的时段（月、旬、周、日）；短期调度则是将水库长期调度分配给当前时段的水量（能量）在更短的时段间进行合理分配；厂内经济运行是指根据水电站设备的动力特性和动力指标，将水电站的总负荷在机组间进行合理分配，并合理确定运行机组台数、组合和启动、停用计划。

3. 按水库数目分类

根据进行调度的水库数目，水库调度又可分为单一水库调度和水库群（梯级、并联、混联）的联合调度。

4. 按调度方法分类

根据水库调度的方法，水库调度可分为常规调度和优化调度。常规调度是指根据已有的实测水文资料，计算和编制水库调度图，并以此为依据进行水库控制运用的调度方法。优化调度是指遵循优化调度准则，运用最优化技术，寻求较理想的调度方案，使发电、防洪、灌溉、供水等各部门在整个分析期内总体效益最大的调度方法。根据水库数目，水库优化调度可分为单一水库优化调度和水库群优化调度。根据对入库径流的描述和处理方法，水库优化调度又分为确定型优化调度和随机型优化调度。

**8.2.1.4**　水库调度所需的基本资料

水库调度的基础资料主要可以分为以下 3 类：

(1) 水库运用调度的政策法规及标准。如水利水电工程设计及运行管理方面的现行规程、规范等技术标准，《中华人民共和国水法》《中华人民共和国电力法》《中华人民共和国防洪法》等有关法律规定及有关政策文件。这些文件是指导水库运行调度的依据。

(2) 水库调度运用的主要参数及水利动能指标。例如，设计洪水位、校核洪水位、防洪高水位、防洪限制水位、正常蓄水位、综合利用部门要求的运用下限水位和死水位等参数，市政及工业供水量、农业供水量，水电站保证出力及相应的保证率等指标及保证出力图，其他综合利用要求。这些指标都是进行水库调度运用的依据，应根据规划设计文件、上级决定和有关协议文件的规定给予明确。

(3) 其他基本资料。例如实测径流资料，包括径流时历特性资料和统计特性资料以及洪水资料；水库特性资料和下游水位-流量关系资料；水电站水轮机运行综合特性曲线和有压引水系统水头损失特性资料；有关水工建筑物的技术资料；下游河道资料及其他自然地理、社会经济、水文气象资料。

**8.2.1.5**　水库调度的工作内容

一般说来，水库调度的工作内容主要包括以下几个方面。

1. 拟定各项水利任务的调度方式

水库调度方式是为满足既定的防洪、兴利任务和要求而拟定的具体蓄泄规划。它是使水库能安全地、经济地运行的关键。一般包括防洪调度方式、兴利调度方式以及综合利用调度方式等。

2. 编制水库年度调度计划

水库调度计划由水库管理部门在每年初根据本水库的控制运用指标、水库调度方式及当年各方面的要求制定，主要内容包括：当年的入库径流量及过程的预测，各运行期的运行方式及各种控制水位，遭遇各种洪水的调度规则，兴利计划供水过程和计划效益指标（如灌溉面积及计划供水过程、计划发电出力过程及年发电量、工业及城市供水计划与供水量等），以及在调度中应注意的事项等。

3. 确定面临时段（月、旬）水库蓄泄计划

主要是在水库年度调度计划的基础上，根据面临时段初的水库蓄水状态，面临时段的防洪、兴利的具体要求及入库径流资料等，研究确定水库在面临时段的蓄水、泄水计划。

4. 确定日常实时操作规则

主要是根据实时的防洪、兴利需求以及水库来水情况，对水库实时的蓄水、泄水计划

和调度操作方式，做出具体、细化的安排。

### 8.2.2 水库常规调度

水库常规调度是根据水库调度图进行水库控制运用的调度方法。水库调度图是根据实测径流时历特性资料和枢纽的综合利用任务编制而成的，由若干具有控制性意义的水库蓄水量（或水位）变化过程线（称为调度线）组成。有了这种图后，即可根据水利枢纽在某一时刻的水库蓄水情况及其在调度图中相应的工作区域，决定该时刻的水库操作方法，进而决定有关防洪、兴利等综合利用部门的工作情况。水库调度图不仅可用以指导水库的运行调度，增加编制各部门生产任务的预见性和计划性，提高各水利部门的工作可靠性和水量利用率，更好地发挥水库的综合利用作用；同时也可用来合理决定和校核水电站的主要参数（正常蓄水位、死水位及装机容量等）以及水电站的动能指标（出力和发电量）。大型水利枢纽在规划设计阶段也常用调度图来全面反映综合利用要求，以及它们内在的矛盾，以便寻求解决矛盾的途径。

#### 8.2.2.1 水库常规兴利调度

兴利调度包括发电、灌溉、供水、航运等兴利部门的用水调度，其主要任务是：依据规划设计的开发目标、运用参数和兴利部门间的主、次关系及要求，合理调配水量、水能，改善水质，充分发挥水库综合利用效益。为了完成这一任务，进行水库兴利调度时，既要遵循兴利调度的原则，又要服从水库调度的总原则。在制定计划时，既要保重点任务，又要兼顾其他方面的要求，最有效地综合利用水资源；在核定各用水部门的用水要求时，要强调节约用水，计划用水，贯彻“一水多用”的原则；要根据水库调节性能和各用水部门的用水特点，来拟定水库供水原则和调度方式，在设计枯水年份保证正常供水，在丰水年份尽可能增大兴利部门的效益，在特枯年份尽量使各用水部门因供水不足而引起的损失减至最小；库内引水也应纳入水库水量统一分配和统一调度，以保障水资源的综合利用；在制定调度运用计划时，还应注意水环境保护；在实施调度计划时，应参照中、长期水文气象预报成果，适时修正计划以提高水库调度的科学性和合理性。

1. 基本调度线的绘制

作为常规兴利调度中水库控制运用主要依据的兴利调度图是由一组基本调度线及由这些基本调度线和水库特征水位划分的若干调度区所组成的。下面以年调节水电站为例，介绍水库兴利调度图中基本调度线的绘制方法。

基本调度线是在各种设计枯水年（具有不同年内分配）的来水条件下，水电站按保证出力工作时，水库在年内各时刻的最高和最低蓄水指示线，它是决定水电站及水库合理运行调度方式的基本依据。绘制步骤如下：

首先选择符合设计保证率的几个典型年，并对之进行必要的修正，使它满足两个条件，一是典型年供水期的平均出力等于或接近保证出力，二是供水期的终止时刻与设计保证率范围内多数年份一致；然后均按保证出力图自供水期末死水位开始，逆时序进行水能计算至供水期初，又接着算至蓄水期初回到死水位，得到各典型年水电站按保证出力图工作所需的水库蓄水指示线；最后取各典型年水库蓄水指示线的上、下包线，即可得到上、下基本调度线。如图 8-1 所示。

上基本调度线（又称防破坏线）表示水电站按保证出力图工作时，各时刻所需的最高

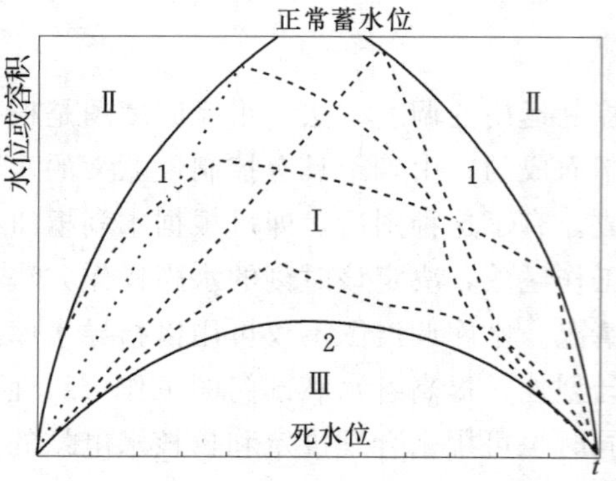


图 8.1　年调节水电站水库调度上、下基本调度线
1—上基本调度线；2—下基本调度线
Ⅰ—保证出力区；Ⅱ—加大出力区；Ⅲ—降低出力区

库水位，利用它就使水库管理人员在任何年供水期中（特枯年例外）有可能知道水库中何时有多余水量，可以使水电站加大出力工作，以充分利用水资源。下基本调度线（也称限制出力线）表示水电站按保证出力图工作所需的最低库水位，当某时刻库水位低于该线所表示的库水位时，水电站就要降低出力工作了。

由于供水期末下基本调度线的末端点往往与上基本调度线的末端点不重合，因此当下一年汛期到来较迟时，可能引起正常工作的集中破坏。因此，需要作出修正，即将下基本调度线水平移动至其末端点与上基本调度线末端点重合的位置，或将下基本调度线的上端点与上基本调度线的下端点连接起来，如图 8.2 所示。另外，有时在蓄水期初下基本调度线的始端点与上基本调度线始端点非常接近，导致在蓄水期刚开始就要求水电站降低出力，这显然不合常理。此时，常将下调度线的起点 $h'$ 向后移至洪水开始最迟的时刻 $h$ 点，并作 $gh$ 光滑曲线，如图 8.3 所示。

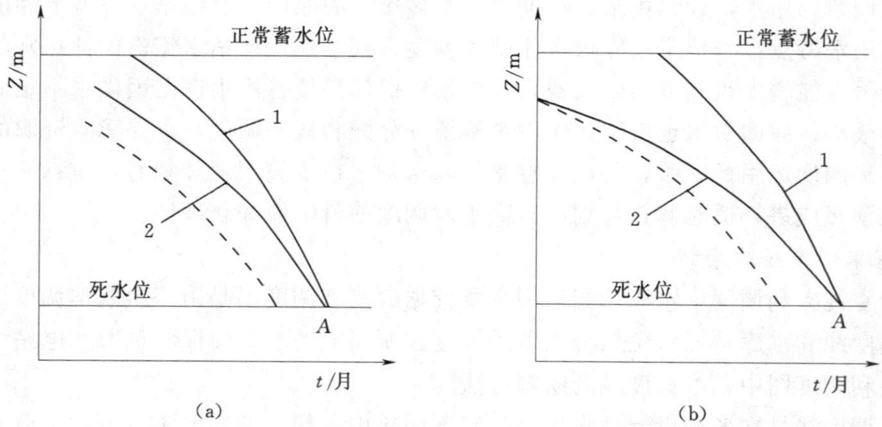


图 8.2　供水期基本调度线的修正
1—上调度线；2—修正后的下调度线

由图 8.1 可见，上、下基本调度线将水库调度图划分为 3 个主要区域：Ⅰ区——保证出力区，即上、下基本调度线之间的区域，当水库水位在此区域时，水电站可按保证出力图工作，以保证电力系统正常运行；Ⅱ区——加大出力区，即上基本调度线以上的区域，当水库水位在此区域内时，水电站可以加大出力（大于保证出力图规定的出力）工作，以充分利用水能资源；Ⅲ区——降低出力区，即下基本调度线以下区域，当水库水位在此区域内时，水电站应降低出力（小于保证出力图所规定的出力）工作，以减小正常工作破坏的程度。可见，水库调度图可以对水库的合理运行起到指导作用。

2. 加大出力线的绘制

当年调节水电站在运行中遇到天然来水较丰的情况时，在 $t_i$ 时刻水库实际水位比该时刻水库上基本调度线高出 $\Delta Z'$（图 8.4），则水电站应加大出力以充分利用多蓄的水量。但是具体采取何种方式利用多余水量，则应视实际情况而定，一般而言可有如下 3 种方式：

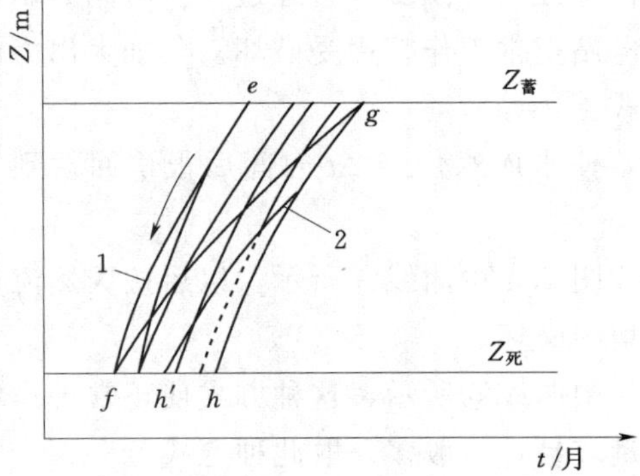


图 8.3 蓄水期基本调度线的修正

1—上基本调度线；2—下基本调度线

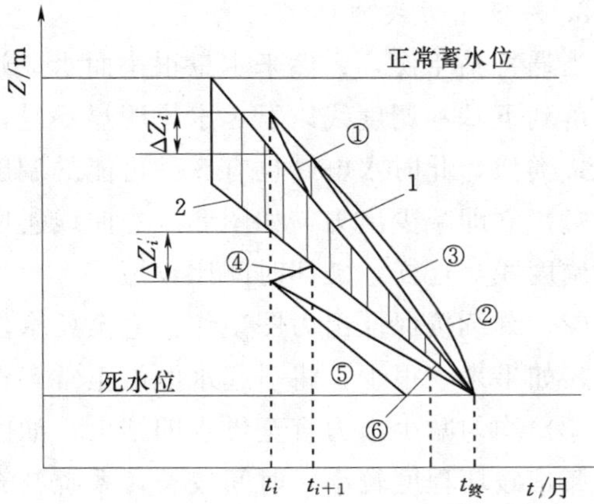


图 8.4 加大出力和降低出力的调度方式

1—上基本调度线；2—下基本调度线

(1) 立即加大出力，使多余水量很快用掉，经过时段 $\Delta t$（旬或月），水库水位又落到上基本调度线上，如图 8.4 中的曲线①所示，这种方式使出力过程不均匀。但当水电站容量占电力系统比重较小，水库相对库容较小时，则能更充分利用多余水量多发电，这是比较有利的方式。特别是在河流天然流量变化较大，汛期中小洪水次数较多、时间很不稳定的情况下，采用这种方式更为有利。

(2) 后期集中加大出力，如图 8.4 中的曲线②所示。这种方式的出力过程也不均匀，但可使水电站在较长时期保持较高水头运行，使不蓄电能增大，较第一种方式多增加发电量。另一方面，如汛期提前来临，有可能增加弃水，损失发电量。故多适用于弃水几率较小的较大水库。

(3) 均匀加大出力，如图 8.4 中的曲线③所示。这种方式增加出力均匀，时间较长，对水、火电站运行都有利，也能充分利用多余水量，一般多采用此种方式。

当确定了加大出力的方式后，即可以上基本调度线为出发点，利用分级列表法计算绘出加大出力线。具体步骤为：

(1) 根据上基本调度线和保证出力图用列表计算方法推求出相应各时段的发电用水量，由水量平衡公式推求水库的来水过程，作为推求各加大出力线的计算典型年径流过程。

(2) 对以上推求的计算典型年径流过程分别按不同等级的加大出力值，即取大于保证出力 $N_p$，但不超过预想出力 $N_预$（水电站机组在一定水头下所能发出的最大出力）的若干出力值，如：$1.2N_p$，$1.5N_p$，$1.8N_p$，…，$N_预$，从供水期末上基本调度线相应的指示水位（年调节水库为死水位）起，对整个调节年逆时序逐时段试算，直至蓄水期初水库水位落至相应水位为止，求得相应各加大出力的各时段初的蓄水指示水位。

(3) 将计算得到的各加大出力值对应各时段初的蓄水指示水位点绘于调度图中，除去正常蓄水位及防洪限制水位以上的部分，即得到一组加大出力线，其中按预想出力 $N_{预}$ 工作的水库指示线称为防弃水线，也称为预想出力线，并将预想出力线以上的区域称为预想出力区。

3. 降低出力线的绘制

当遇特枯年份，天然来水量很小而水电站仍按保证出力图工作，经过一段时间，水库水位落到下基本调度线以下，水量明显不足，水电站正常工作将遭受破坏。与加大出力调度方式类似，此时水电站也有 3 种可能的调度方式：

(1) 立即减少出力，如图 8.4 中曲线④所示，使水库水位经 $\Delta t$ 时间后很快回蓄到下基本调度线，这样，破坏时间比较短。

(2) 继续按保证出力图工作，直至死水位，如图 8.4 中曲线⑤所示，以后按天然流量工作，如果来水很少，将引起水电站正常工作的集中破坏。

(3) 均匀减少出力直至供水期结束，如图 8.4 中曲线⑥所示，这种方式使正常工作均匀破坏，破坏程度较小，时间较长，系统补充容量较易，一般多采取此种方式。

在确定了降低出力方式后，同样也可以采用与计算加大出力线类似的分级列表法计算、绘制降低出力调度线，所不同的是此时以下基本调度线为出发点绘制。具体过程不再重复。

将上述的水库基本调度线、加大出力线、降低出力线绘制于同一张图上，即得到以发电为目的的水库调度全图，根据该图可以比较有效地指导水电站的运行。

对于多年调节水电站，其水库调度图绘制的原则与年调节水库类似，但是考虑到多年调节水电站的调节周期长，所能获取的水文资料有限，在实际工作中，一般采用简化方法，只研究枯水年组的第一年和最后一年的情况。

多年调节水库的兴利库容可看作由多年库容 $V_{多年}$ 和年库容 $V_{年}$ 两部分组成，多年库容是为了蓄存丰水年的余水量以补充枯水年组的不足水量，使枯水年组的各年都能得到正常供水。当水库的多年库容未蓄满前，不应加大供水，也即只有在多年库容蓄满后才可能加大供水，这与枯水年组的第一年的工作情况有关，假设该年年末多年库容保证蓄满，而且该年来水正好满足该年供水的需要，则对这一年份求出的水库蓄水过程点绘的水库蓄水指示线即为上基本调度线。同样，当多年库容未放空前不应限制供水，也即只有在多年库容放空后才可能限制供水。这与枯水年组的最后一年的工作情况有关，假定该年年初多年库容已经放空，且该年来水正好满足该年供水的需要，则由此绘出的该年水库蓄水指示线为下基本调度线。

对于年调节水库灌溉调度图，与上述的发电调度图类似，首先选择来水量大于或略大于相应设计保证率的灌溉需水量的典型年，然后对该典型年，按照灌溉需水过程线要求自供水期末的死水位开始，逆时序进行调节计算至供水期初。对若干典型年重复此过程并将结果绘于同一图中，取上、下包线，则上、下包线间为正常供水区；上包线以上为加大供水区，下包线以下为降低供水区。其他兴利调度图的绘制方法亦类似，这里不再重复。

**8.2.2.2** 水库常规防洪调度

防洪调度是指运用防洪工程及非工程措施，对汛期发生的洪水，有计划地进行控制调节的工作。水库常规防洪调度是指以防洪调度图为依据，指导水库防洪运行调度。

1. 防洪调度图

防洪调度是水电站水库调度的重要内容，防洪调度图由防洪调度线、防洪限制水位等汛期各个时刻蓄水指示线及由这些指示线所划分的汛期各级调洪区构成，调度图中的校核洪水位、设计洪水位、防洪高水位都是以防洪限制水位为起调水位，分别对水库的校核洪水、设计洪水及相应于下游洪水标准的洪水进行调洪计算推求而来的。可见，防洪限制水位的推求对调度图的确定起着重要的作用。图 8.5 为某水库兴利调度和防洪调度图。其中，1、2 线分别为兴利调度中的上、下基本调度线。水库的防洪调度区也就是汛期为防洪调度预留的水库蓄水区域，其下边界是防洪限制水位 $Z_{限}$，右边界是防洪调度线，上边界是对应各标准设计洪水的防洪特征水位（$Z_{防}$、$Z_{设}$、$Z_{校}$）。

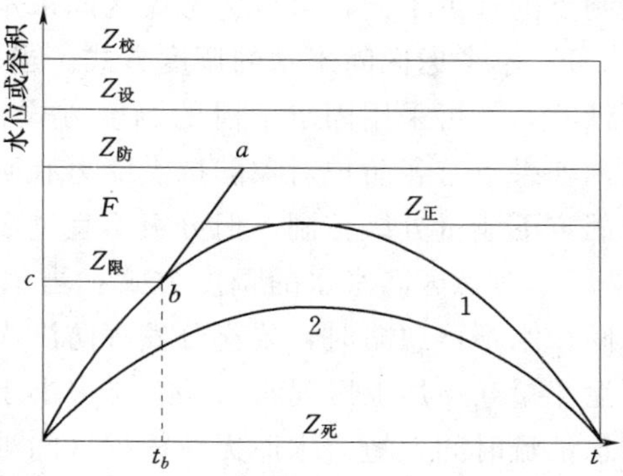

图 8.5 某水库防洪、发电调度图

防洪调度线的绘制方法是，先根据设计洪水可能出现的最迟日期 $t_b$ 在兴利调度图的上基本调度线上定出 $b$ 点，该点相应水位即为汛期防洪限制水位，其与防洪高水位之间的水库容积即为防洪库容值。根据防洪库容值及下游防洪标准的洪水过程线，经水库调洪演算得出水库蓄水量变化过程线（对一定的溢洪道方案）。然后将该线移到水库兴利调度图上，使其起点与上基本调度线上的 $b$ 点重合，由此得出的 $abc$ 线以上的区域 $F$ 即为防洪限制区，$c$ 点相应的时间为汛期开始时间。在整个汛期内，水库蓄水量一超过此线，水库即应以安全下泄量或闸门全开进行泄洪。实际工作中，为了确保防洪安全，应选择几个不同的典型洪水过程线，分别绘制其蓄水过程，然后取其下包线，即为防洪调度线。

2. 水库调洪方式

水库防洪调度的任务有：①在发生设计洪水或校核洪水时确保水利枢纽的安全；②在发生下游防洪标准洪水时，确保下游防洪安全。防洪调度线及相应的防洪调度图，仅仅能对防洪调度进行大致的指导，具体的每次洪水期间水库如何运行，还需要拟定出合适的调度方式。水库调洪方式是指根据水库防洪要求（包括大坝安全和下游防洪要求），对一场洪水进行防洪调度时，利用泄洪设施泄放流量的时程变化的基本形式。所采用的水库调洪方式，应该根据泄洪建筑物的形式，是否担负下游防洪任务，以及下游防护地点洪水组成情况等因素来考虑和区分。一般分为水库对下游无防洪任务的自由敞泄方式和对下游有防洪任务的控制泄流方式，其中后者又可分为固定泄流、补偿调节与错峰调节等。

（1）下游无防洪任务的水库调洪方式。对于不承担下游防洪任务的水库，可以采用自由泄流或敞开泄洪的调度方式，即在调度时，只需考虑水库工程本身的防洪安全，下泄流量不受限制。当水库溢洪道上不设闸门，其泄流方式最为简单，当库水位到达堰顶高程以后，水库即开始泄流，下泄流量大小取决于当时库水位的高低。若某些水库虽无下游防洪任务，但是为了抬高蓄水位增加兴利库容及增加水库泄洪时的初始流量，在溢洪道上也可设闸门，使防洪限制水位高于溢洪道的堰顶。

(2) 下游有防洪任务的水库调度方式。在这种情况下，水库不但要分别拟定出水库本身及下游防洪各自的调度方式，而且要考虑两者如何统一调度问题。根据水库距下游防洪控制点的远近不同，可分为考虑区间来水及不考虑区间来水两种情况。

1) 不考虑区间来水的调度方式。当水库距下游控制点较近，区间来水较小，可忽略不计时，就可采用固定下泄的调度方式。泄流量视下游保护对象的重要性及抗洪能力而定，如果下游各防护对象的抗洪能力有明显差别，且灾后的损失也轻重不同，就宜分为几个固定下泄量分级控制。但分级不宜过多，以免造成调度上的困难。

2) 考虑区间来水的调度方式。当水库距下游防洪控制点较远，区间集水面积较大，区间来水不可忽略时，要充分发挥防洪库容的作用，采用补偿调节的调度方式，即水库的下泄流量 $q_{库泄}$ 加上区间来水 $Q_{区}$ 要求小于或等于下游控制点允许的安全泄量 $q_{安}$。若区间洪水汇流时间太短，水库无法根据区间洪水过程逐时段放水时，为了使水库泄流量与区间来水之和不超过允许的安全泄量，只能根据预报区间出现的洪峰，水库在一定时间内关闸控制，错开洪峰，以满足下游防洪的要求。

在确定水库调度方式后，每个水库仍要按照自身具体情况来拟定各自的调洪规则。水库调洪规则是根据水库防洪调度原则和实际情况进行水库调洪，决定水库调洪方式的有关具体要求和规定，一般包括判别洪水大小的具体条件、控制流量的等级与数值、各种调洪库容与其他防洪措施的使用方式与程序等。几种常用判别方法及其相应的调洪方式如下：

1) 最高水位判别法。这是以各种频率洪水的水库最高调洪水位为判别条件的方法。在洪水调度时，根据实际库水位达到何种频率洪水的最高调洪水位来判别入库洪水的级别，由此决定水库以相应级别洪水的调洪规则控制泄流。此法比较可靠，一般不会出现未达标准而加大泄量或敞泄的情况，但在泄洪时机的掌握上，就显得滞后一些，因此，该法一般用于调洪库容较大且下游防洪任务重的水库。

2) 最大流量判别法。这是以各种频率洪水的洪峰流量为判别条件的方法。在洪水调度时根据预报入库流量达到何种频率洪水的洪峰流量来判别入库洪水的级别，由此决定水库以相应级别洪水的调度规则控制泄流。该法与库水位判别法相比，泄水较早，但若判别失误，则损失较大。因此该法一般适用于调洪库容较小，以及调洪最高水位主要受到洪峰流量决定的水库，或者洪水峰量关系较好的水库。

3) 综合判别法。即结合使用以上两个判别条件的各种方法。如在洪水调度时，按库水位和入库流量中哪一项先满足各自的最大值来判别洪水的级别，由此决定水库以相应级别洪水的调洪规则控制泄流。此外，还有综合考虑入库流量、水库前期蓄水量、及后期最陡退水曲线等进行判别和控制泄流的方法（洪水判别图法）。

#### 8.2.2.3　综合利用水库的常规调度方法

对于以发电为主兼顾防洪、灌溉、航运等综合利用要求的水库，其调度图的绘制必须贯彻综合利用的原则，以取得最大综合效益。

1. 具有防洪任务的发电水库调度图

当分别绘制了防洪和兴利调度线后，需要将两者结合起来，由于防洪和兴利的水库调度方式是不同的，其间的矛盾是由于不能准确预知径流而引起的。解决矛盾的办法是掌握径流（特别是洪水径流）的特性，分析洪水的规律，合理地确定各个时期的防洪限制水位和调洪方式。对各种频率的洪水进行调洪演算，确定相应的防洪库容及其库水位，在调度图中将各时期防洪限制水位以上的区域作为调洪区，尽可能使同一水库既能用于防洪，又能用于兴利。

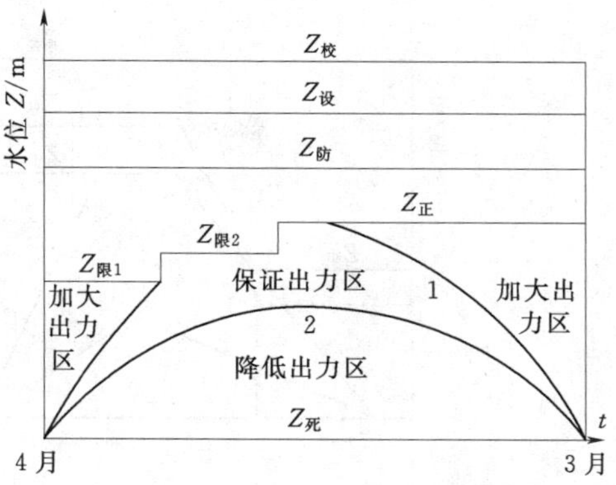

图 8.6　具有防洪任务的发电水库调度图

在防洪调度区（实际上主要是各时期防洪限制水位）已经确定的前提下，可将兴利调度线和防洪调度线绘于同一调度图上，如图 8.6 所示，图中，整个汛期防洪限制水位分为 $Z_{限1}$、$Z_{限2}$两级，防洪限制水位约束了发电蓄水高程，而发电调度图同样仍可分为保证出力区、加大出力区与降低出力区 3 部分。

若所绘制的防洪调度线和兴利调度线不相交或仅交于一点，说明该图即为满足防洪和兴利要求的调度图。在这种情况下，汛期因防洪要求而限制兴利蓄水位，并不影响兴利的保证运行方式，仅影响发电水库的季节性电能。若防洪调度线和兴利的防破坏线相交，则表示汛期按兴利要求的蓄水位将超过防洪限制水位，即不能保证满足下游的防洪要求；若汛期控制兴利蓄水位不超过防洪限制水位，汛后将不能保证设计保证率以内年份的正常供水，将影响兴利效益的发挥。此时需要作如下处理：

若水库以兴利为主，兴利正常运行方式必须予以保证，此时可适当降低防洪要求，则不需变动原设计的防破坏线位置。根据水库防洪限制蓄水的截止时间 $t_b$，在防破坏线上求得相应时间的点 $b$ [图 8.7 (a)]，$b$ 点所对应的水位即为水库降低了防洪要求的防洪限制水位，显然防洪库容比原设计减少。若正常兴利要求和防洪要求都要满足，则可将防洪高水位作相应抬高，使修改后的防洪库容等于原设计的防洪库容 [图 8.7 (b)]。显然，能否实现上述调度，还要看水库的条件是否允许。要考虑此时水库的设计洪水位和校核洪水位可能也会有所抬高，进而需要增加坝高。

若水库以防洪为主，则应保持防洪调度线不变，修正兴利调度线，即将防破坏线下移，正常蓄水位降低。修正计算条件为：入库径流采用设计枯水年的资料，供水量降低，控制 b 点进行调节计算，所求的最高蓄水位即为正常蓄水位。显然，修正后的调度图，为了满足防洪要求，降低了兴利效益。

经过上述修正处理，得到年调节水电站水库防洪兴利联合调度全图，该调度图可用于设计阶段的水能指标复核，也可用于指导水库的实际运行调度。

需要指出，为了充分发挥水库的效益，使防洪与兴利尽可能地结合起来，实际工作中，应利用水文预报进行防洪预报调度。对水库规划设计而言，考虑预报进行预泄，从而减少防洪库容，或者考虑预报提前判别洪水是否超过标准，从而减少防洪库容、调洪库容，以降低设计洪水位、校核洪水位；对已建成的水库防洪控制运用而言，考虑预报进行预泄，可以腾空部分防洪库容，增加水库的抗洪能力，或更大程度地削减洪峰，保证下游

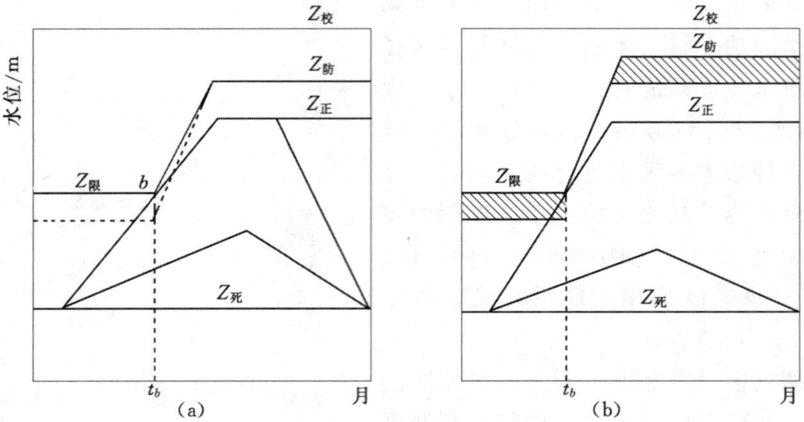


图 8.7　防洪与兴利调度线组合图

防洪安全；当水库建有电站时，可以减少洪水弃水量，增加发电量，并可以利用洪水预报适时地超蓄或抓住“洪水尾巴”，增加兴利蓄水量等。

预报的方法按照预见期的长短可以分为短期水文预报和中期水文预报，大多是在不同的水文模型的基础上，通过如最小二乘法、卡尔曼滤波法等数学手段及系统理论方法进行实时校正。改善预报估计值或模型中的参数，使以后阶段的预报误差尽可能减小，预报结果更接近实测值。具体模型及方法在此不作详述。在常规调度图的基础上，通过洪水预报指导实际水库调度，将大大增加对洪水资源利用与管理的效益。

2. 具有发电和灌溉任务的水库调度

(1) 水电站上游库区引水灌溉时的水库调度。当水库上游灌区有灌溉用水时，自水库上游库区引水灌溉后，将使发电用水量和水头减小，从而影响水电站的发电量；灌溉正常工作保证率和发电正常工作保证率（即设计保证率）的不同，将影响到水电站的运行调度方式。但是水库调度中最重要的是：在灌溉设计保证率范围内，灌溉需水期间，保证水库水位不低于上游自流灌溉的引水高程，满足正常灌溉用水。

灌溉用水一般多直接从水电站天然来水中扣除，扣除量一般以特征库水位作为控制标准。当水库水位高于或等于灌溉引水要求的最低控制高程$\nabla Z_{灌}$，按正常灌溉用水扣除；当库水位低于$\nabla Z_{灌}$而高于灌溉进水口堰顶高程$\nabla Z_{堰顶}$时，按渠道过水能力扣除；当库水位低于该引水堰顶高程时，因无法引水灌溉，则不考虑灌溉用水。但需注意，对于灌溉保证率范围以外的年份，确定扣除水量时应考虑在正常灌溉用水的基础上打一个折扣。

(2) 水电站下游有引水灌溉时的水库调度。水电站自下游引水灌溉时，灌溉引水可以先通过发电后引走，矛盾较上述情况为小。但是，同样由于灌溉设计保证率与发电设计保证率不相同，灌溉用水方式与发电用水方式还是存在矛盾。一般情况下，在灌溉设计保证率范围以内，其正常灌溉用水应予保证；对于灌溉保证率范围以外的年份，其灌溉用水要求应适当降低。

**8.2.2.4**　水库群联合调度

进行水库群或称一系列水库的联合调度、统一管理，目的是为了合理充分地利用水资源。根据水库群调度的主要目的，可以分为水电站库群和非发电库群两类，前者一般指水电站梯级，后者包括航运梯级、防洪梯级以及灌溉、排沙梯级水库群。

1. 水库群兴利调度

水电站群联合补偿的主要目的是提高总保证出力，通过采用合理的蓄、泄水方式增加年总发电量。因此，水电站水库群总调度图的基本要求是提出水电站群总保证出力工作区的界限。当采用最有利蓄、泄水方式时，还需提出总加大出力和总降低出力的工作区的界限。

2. 水库群防洪调度

水库群由于水库参数间密切联系、相互影响以及各水库上、下游的防洪要求，尽管水库群中各水库的洪水调节原则上可以采用与单一水库相同的方法进行，但其防洪调度远比单一水库复杂，在调度时，应考虑梯级之间蓄、泄洪量的相互影响。以对下游有防洪保护要求的调度方式为例，当水库下游区间流域面积不大，区间和入库洪水基本同步的条件下，可采用以库水位或入库流量为判别条件的固定泄量方式；当下游区间流域面积较大，区间和入库洪水组成多变，或各库入库洪水不同步，应按下游区间洪水特性以及水库入库洪水的组成情况，进行补偿调节。此外，由于是多库对同一防护对象防洪，还需要研究防洪库容的分配、蓄泄洪水的次序等问题。

对于这类问题，首先根据水库群的结构（并联或串联）确定水库群的总防洪库容以及各水库的必需防洪库容。接着对防洪库容进行分配，可采用的方法有各水库蓄洪抵偿系数分配法、各水库总兴利效益最大或总兴利损失最小法、总年费用最小分配法。在分配方案选定后，采用不同典型的设计洪水进行各水库调洪和下游泄流演算，校核是否满足下游防洪要求，否则进行适当调整，必要时还可加大总防洪库容。最后选定水库群的防洪调度方式（固定下泄量方式、补偿调度方式等），进行水库群调度。

### 8.2.3 水库优化调度

上述的水库常规调度方法，是在实测资料的基础上绘制调度图来指导水库的运用，具有简单直观和保证一定可靠性的特点。但是由于这样的调度图带有一定的经验性，因而调度成果一般不是最优解。同时，调度图的绘制过程中，往往不考虑短期或中长期预报，或者即使按某些判别式进行调度，又考虑本时段的预报来水量，所得的结果也只是局部最优解而非全局最优。此外，当要求满足各种约束，考虑不同的最优准则，进行水库群和水利系统的联合调度时，常规调度显然难以适应。因此，需要应用系统分析的方法，来研究水库和库群的优化调度。即将单一目标水库或综合利用水库，或整个库群看作一个系统，应用系统工程中的优化方法来研究水库优化调度的问题。

自上世纪60年代以来，国内外许多单位和专家学者开展了水库优化调度理论和实践的研究。根据对水库入库径流的处理方法可将水库优化调度分为确定型和随机型两大类。在确定型优化调度中，由于采用未来径流为已知的确定时序过程的假定，使得优化成果偏大，以致其成果在实际运行中无法实现，只有在规划阶段对十分庞大的计算方案进行简化计算时才有一定的价值，但它可以求解水库数目多达10个以上的规模；随机型优化调度则是用随机过程描述径流，它与实际比较吻合，理论上也比较完善，充分利用了已获得的长系列径流资料中所反映的信息，但存在“维数灾”的困难。特别是对水库群优化调度而言，“维数灾”的问题更为突出。

为了解决多于两库的库群随机优化调度问题，国内主要采用大系统分解技术及其他优化方法，同时对径流的时空相关适当简化来克服“维数灾”。近年来，对策论、存贮论、灰色理论、模糊数学、神经网络、遗传算法等方法在水库调度中得到了应用，丰富了水库优化理论。为适应实际需要，多种优化方法的组合模型也得到了较快的发展，并逐渐成为一种主流方向。

运用系统工程的观点和方法来研究水库调度，就是要在水库枢纽工程参变数已定的条件下，确定完成任务最多、或发挥作用最大而不利影响最小的优化操作。当把水库或库群看作一个系统，则水库及有关建筑物和设备就是系统的组成要素；入库径流就是输入；防洪、发电和灌溉等综合效益就是输出；库容大小、水位变幅、水电站装机容量和下游防洪要求等限制就是环境。当把水库或库群系统的各要素和输入输出等通过一定的简化或某些假定后，可用数学形式描述表达，就可以得到水库调度的数学模型，进而可以采用最优化方法对数学模型求解而求得最优调度方案。因此，研究水库的最优化调度，需要研究入库径流以便拟定输入；需要构建数学模型；需要探讨最优化的求解方法。

#### 8.2.3.1　径流描述

径流过程是一种连续的随机过程，在时程变化上存在明显的不重复性和随机性，但每年径流的洪枯变化又有周期性，在地区上还有一定的区域性规律。为了全面而准确地反映径流规律，常用以下 3 种方法进行描述：

(1) 确定型描述。即对应于某一确定时刻的径流是一个确定值，包括实测或人工生成的径流系列或某些典型过程。比如用于调节计算和调度运用的实测径流过程，按峰控制或按一定时段洪量控制、用同倍比方法或同频率方法放大得到的设计洪水过程，由降雨径流预报而得到的入库洪水过程等，都是确定型过程的描述。

(2) 概率型描述。即以径流相互独立的频率分布曲线或条件频率曲线的形式来描述，前者是将径流的实测系列看作是一维独立的随机变量序列，用频率分布曲线来表示分布规律。后者考虑年径流之间或月径流之间的相互关系，用一组条件概率曲线来表示其分布规律和相互关系。

(3) 随机序列模型。即利用概率理论与方法来揭示和描述径流的随机变化规律，这是基于随机过程理论基础的一种径流描述方法。一般考虑各时段径流间的自相关和各站间的互相关，常用的有自回归模型、滑动平均模型等。

#### 8.2.3.2　数学模型

水库优化调度的数学模型，通常是由最优化的目标函数和约束条件两部分组成。根据系统的输入输出特性，以及目标函数和约束条件的差异，水库优化调度数学模型可分为静态模型和动态模型、确定性模型和随机模型、线性模型和非线性模型。模型的目标函数，一般以效益或费用的形式表达，与最优化准则有关。约束条件则反映了各种设备能力和运行的各种限制要求。

1. 最优准则

最优准则是衡量水库运行方式是否达到最优的标准。对于单目标或以某一目标为主的水库，最优准则较为简单，如以发电为主的水库，可以是在合理满足其他部门用水要求的前提下，电力系统支出费用最小或电力系统总燃料消耗量最小或水电站发电量最多等。对于以防洪为主的水库，可以是在合理考虑其他综合利用要求下，削减洪峰后的下泄成灾流量最小或超过安全泄量的加权历时最短等。对于多目标水库或复杂的水利系统，则应以综合性指标最优为好，如以国民经济效益最大或国民经济费用最小等。

2. 目标函数

目标函数的一般表达式为

$$Z=opt\{f(x_i,s_j,p_k)\} \tag{8.1}$$

式中：$x_i$ 为决策变量；$s_j$ 为状态变量；$p_k$ 为系统参数。

水库优化调度目标函数的具体形式依所拟定的最优准则而定。例如，对于以防洪为单一目标的水库，为了减免下游防洪地区的洪水灾害，最优准则可归纳为3种形式：最大削峰准则；最短洪水淹没历时准则；最小洪灾损失或最小防洪费用准则。以最大削峰准则为例，在入库洪水、区间洪水、防洪库容、下游允许泄量和溢洪道泄洪能力等均为已知的情况下，按最大削峰准则操作，就是要在蓄满防洪库容的条件下尽量使下泄流量均匀。数学上可以证明，下泄流量尽量均匀等价于下泄流量的平方和最小。则水库优化调度的目标函数可写作：

无区间洪水时

$$\min\int_{t_0}^{t_D} q^2(t)\mathrm{d}t \tag{8.2}$$

有区间洪水时

$$\min\int_{t_0}^{t_D}[q(t)+q_{区}(t)]^2\mathrm{d}t \tag{8.3}$$

式中：$t_0$、$t_D$ 分别为超过下游安全泄量的洪水起止时间，或最优防洪操作时间；$q(t)$ 为待求的泄流过程；$q_{区}(t)$ 为区间洪水。

若水电系统以水电站群发电量最大为最优准则，则水库群优化调度的目标函数可写为

$$Z=\max\sum_i\sum_t E_t^i \tag{8.4}$$

式中：$E_t^i$ 为第 $t$ 时段第 $i$ 个水电站的发电量。

3. 约束条件

水库优化调度中的约束条件，一般包括水库运行过程中蓄水量（或蓄水位）的限制，水库泄水能力的限制，水电站装机容量的限制，水库及下游防洪要求限制和水量与电量平衡的限制，以及调度时必须考虑的边界条件等，包括等式约束及不等式约束，组合成约束条件组。

**8.2.3.3** 最优化方法

常用的优化模型的求解技术包括古典微分法、拉格朗日乘数法、变分法、数学规划法等。由于水库优化调度问题的求解实质上是一个多阶段决策过程，即它是这样一个过程，如将它划分为若干互相有联系的阶段，则在它的每一个阶段都需要作出决策，并且某一阶段的决策确定以后，常常不仅影响下一阶段的决策，而且影响整个过程的综合效果。各个阶段所确定的决策构成一个决策序列，通常称它为一个策略。由于各阶段可供选择的决策往往不止一个，因而就组合成了许多策略。因为不同的策略，其效果也不同，多阶段决策过程的优化问题，就是要在提供选择的那些策略中，选出效果最佳的最优策略。对于这样的多阶段决策过程，动态规划是一种常用的最优化技术。具体求解时，需将目标函数和约束条件组变换成递推公式，再逐阶段递推求得最优策略。动态规划没有固定的标准解法程

序，主要是重复使用递推公式逐段寻优，根据求解的顺序可分为逆序法和顺序法。参见 9.2 中的有关内容。

尽管动态规划法适用于求解各种各样的多阶段决策过程问题，但当变量个数较多时，需要冗长的计算时间和消耗大量的计算机内存，手算几乎不可能。因此需要降维的算法。目前的解法大体有：格点法、拉格朗日乘数法（函数近似法）、动态规划逐次逼近法（DPSA）、逐次优化算法（POA）、离散微分动态规划法（DDDP）和增量动态规划法（IDP）等。此外，应用多重建模、分解一协调、聚合一分解等方法来求解大系统、多层次、多阶段的复杂决策问题的大系统递阶分析方法，现已广泛地应用于水电站水库群优化调度、水资源开发利用、国民经济协调管理以及城市供水系统的调度等方面。限于篇幅，这里不再详述。

应该指出，国内外对于水库调度的研究和实践已经取得了很大的成绩，研究范围从单一水电站到梯级和跨流域水电站群，径流描述从确定型到随机型，各种优化理论和优化调度模型也在不断发展中，形成了一些较为成熟的方法，在生产中也得到了一定的应用。但是由于水电站水库调度系统涉及自然界、人类社会等各方面，具有高度不确定性、复杂性、多样性和综合性，调度过程中往往相对保守，不能充分利用水资源，因此，要提高水库调度可靠性、经济性，就要降低水库调度中的不确定性。而准确的水文气象预报为水电站水库调度提供了坚实的基础，保证安全且又经济的调度，更加充分地利用水资源。

此外，随着经济的发展和社会的进步，人们开始反思，长期以来水电站及水库在发挥发电、防洪、航运、灌溉等功能的同时，水利水电工程建设也对河流生态造成了一定的破坏。每一条河流在其特定的地质、气候、水文、水动力学与水质条件下，会形成与之相适应的生态系统，然而，由于水利水电工程的建设，经常会出现河流的天然连续性被大坝阻断的情形，而河道的渠化、河岸的混凝土化，尤其是以传统的防洪、兴利等水利功能极大化为目标的水库调度，改变了河流中水量变化的自然规律，直接影响了河流中鱼类及其他水生生物的栖息生存，以及河滨生物群落生境，进而也降低了水体自净能力。为了恢复河流的连续性，保证水库下游的生态需水，恢复生境的空间异质性，改善生物栖息地质量，同时也尽可能不影响水库原有兴利、防洪等功能，需要从管理的角度，对水库进行更加合理的调度。例如，通过合理的水库调度，削减过大的洪峰流量，避免对河流生态系统构成灾难性的影响；或根据需要人造满足生态系统修复需要的洪峰。总之，水利工作者必须在满足经济社会需求的前提下，兼顾河流的生态健康和可持续性需求，建立各个利益相关者的协调机制，协调防洪、发电、灌溉、供水、航运、渔业、旅游等部门的利益，以及河流上下游、梯级水库联合运行利益和生态利益，通过各种优化方法，对水库进行更加合理科学的调度。

## 8.3 水资源管理

### 8.3.1 水资源管理的涵义

关于水资源管理的涵义，《中国大百科全书·大气科学·海洋科学·水文科学》指出，水资源管理指水资源开发利用的组织、协调、监督和调度。运用行政、法律、经济、技术和教育等手段，组织各种社会力量开发水利和防治水害；协调社会经济发展与水资源开发利用之间的关系，处理各地区、各部门之间的用水矛盾；监督、限制不合理的开发水资源和危害水资源的行为；制定使水系统和水库工程的优化调度方案，科学分配水量。联合国教科文组织（UNESCO）国际水文计划工程组（1996 年）则将可持续水资源管理定义为：支撑从现在到未来社会及其福利而不破坏它们赖以生存的水文循环及生态系统完整性的水的管理与使用。

随着人们对水问题认识的不断深化，水资源管理不仅是一门专业技术，更多的是与社会、经济、生态等其他学科密切相关的综合学科，其内容十分丰富。在 1992 年 6 月召开的联合国环境与发展大会文件中，提出与水资源管理相关的详细内容包括：制定目标明确的有关水资源的国家实施计划和投资方案，并应进行成本核算；实施保护和养护潜在水资源的措施，包括查清水资源的情况，并辅之以制订土地利用规划，森林资源利用规划和山坡、河岸保护规划，以及其他有关的开发和养护活动；研制交互式数据库、水情预报模型和经济规划模型，制定水资源管理和规划的方法，包括环境影响评价方法；在自然、社会和经济的制约条件下，实行最适度的水资源分配；通过需求管理、价格机制和调控措施，实行对水资源合理分配的政策；加强水旱灾害的预防工作，包括对灾害的风险分析，以及对环境社会影响的分析；通过不断提高公众的觉悟，加强宣传教育，征收水费以及其他经济措施，推广合理用水的方法；实行跨流域调水，特别是向干旱和半干旱地区调水；推动开展淡水资源的国际合作；开发新的和替代的供水水源，如海水淡化、人工回灌、劣质水的利用、废水的回用等；对水的数量和质量进行综合管理，包括地表和地下水源；促进一切用水户提高用水效率，并最大限度地减少浪费水的现象，以推动节约用水；支持用水单位优化当地水资源管理的行为；制订使公众参与决策的方法，特别要提高妇女在水资源规划中的作用；根据具体情况，开展并加强各级有关部门之间的合作；加强有关水资源信息和业务准则的传播和交流，广泛开展对用水户的教育，并特别在联合国“世界水日（每年 3 月 22 日)”，加强这一活动。

水资源管理是在水资源开发利用与保护的实践中产生和逐渐发展起来的，它既是一个内涵丰富的理论概念，又是一类面广量大的实践活动。就其实践性而言，它涉及到水资源管理体制、法制管理、权属管理、技术管理等许多方面，是一项十分复杂的系统工程，也是关系水资源可持续利用目标能否实现的关键因素。下面主要从这几个方面分析我国水资源管理的现状及存在的主要问题，并对水资源管理改革与发展的相关问题进行初步探讨。

### 8.3.2 我国水资源管理现状

#### 8.3.2.1 水资源管理体制

依据 2002 年 10 月 1 日开始实施的《中华人民共和国水法》的规定，我国对水资源实行流域管理与行政区管理相结合的管理体制。国务院水行政主管部门（即水利部）负责全国水资源的统一管理和监督工作。国务院水行政主管部门在国家确定的重要江河、湖泊设立的流域管理机构，在所管辖的范围内行使法律、行政法规规定的和国务院水行政主管部门授予的水资源管理和监督职责。县级以上地方人民政府水行政主管部门按照规定的权限，负责本行政区域内水资源的统一管理和监督工作。

《中华人民共和国水法》确立了流域管理机构的法律地位，作为水利部的派出机构，流域机构代表水利部在本流域行使部分水行政管理职能，发挥“规划、管理、监督、协调、服务”作用。按照这种管理体制，理应是以流域统一管理为主，以区域行政管理为辅。然而，在我国近年来的水资源管理实践中，流域统一管理方面存在明显不足，跨行政区的流域管理权很容易受到不同地区政府的分割。流域机构虽然拥有一定的行政职能，但在流域水资源的综合管理中，流域机构实际上仅有有限的监控权和执行权，而控制流域水资源分配的实际权力很有限，很难直接介入地方水资源的治理、开发、利用与保护的管理问题，难以从水量的使用、污染物的排放量和流量的控制等方面在全流域范围内统筹协调水资源管理问题，也无法很好地实现流域水资源统一调度。而且，由于流域管理机构在涉及水资源统一管理方面的财政权很小，有关流域水资源管理的一些政策、决策的实施往往难以得到有效推进。由于行政区域与流域边界不一致，各行政区水资源利用取向均是最大限度地为本地区谋利，上下游缺乏一致的水质目标，而区域环境损害或污染以及由此导致的环境失调，却最大限度地扩散到全流域范围中。此外，在水资源行政区域管理方面，一些地区的水资源管理职能实际上并未完全归口到水行政主管部门，造成这些地区的水资源管理仍然存在多个部门职能交叉的情况，而各个部门在履行职责时往往只追求各自部门的物质或非物质的收益，进而导致水资源管理中政出多门的现象还时有发生。综上可见，就现状而言，我国流域管理与行政区管理相结合的水资源管理体制在实际运行方面还存在一些缺陷。为此，必须深化这方面的改革，进一步完善水资源管理体制，并使其运行更加顺畅、高效，以适应不断加强和改善水资源管理，实现水资源可持续利用的要求。

#### 8.3.2.2　水资源法制管理

自 20 世纪 80 年代以后，我国政府开始了依法治水、依法管水的努力，开始了水资源立法的尝试。迄今为止，全国人大及其常委会先后制定了《中华人民共和国水法》《中华人民共和国水土保持法》《中华人民共和国水污染防治法》《中华人民共和国环境保护法》《中华人民共和国防洪法》。国务院及其所属部门先后颁布了《中华人民共和国饮用水源保护区污染防治管理规定》《中华人民共和国河道管理条例》等一系列水行政法规和政府规章，各省、自治区、直辖市先后出台了相应的地方性法规和政府规章。以上情况表明，目前，我国水资源管理的法规体系和制度框架已基本建立，为实现水资源管理的法制化提供了很好的基础和条件。但是，从形势发展来看，这些法律还不尽完善，仍需进一步加以改善：

(1) 法律覆盖范围不全面。尽管我国与水有关的法律、法规和规范性文件在数量上已大大超过了其他自然资源立法，但现有法律仍不全面，尚不能调整所有水事关系。例如，目前尚没有一部综合性的资源环境基本法。同时，目前的法律规定过于简单，或法律效力等级不高，不能反映出问题的严重性。例如，现行法律侧重国家权力对水资源配置和管理的作用，带有浓厚的行政管理色彩，对水权只做了原则的、抽象的规定，缺乏对水权具体权项的划分、配置等规定。

(2) 不同部门、不同时期颁布的法律法规之间存在交叉、冲突和矛盾。由于我国长期以来在水资源管理方面处于多龙管水、政出多门的状况，不同部门和地区之间从自身利益出发，在制定相关法律法规时不可避免地会出现冲突和矛盾。例如，水质与水量在水资源可持续维持中是相互影响的。但是，按照《中华人民共和国水污染防治法》规定，县级以上人民政府环境保护主管部门对水污染防治实施统一监督管理；而按照《中华人民共和国水法》规定，各级水行政主管部门负责管辖区内水资源的统一监督和管理工作。根据这两部法律的规定，在我国水资源管理的实际工作中，水量、水质管理实际上分属于水利和环保两个部门。这种职能交叉使得水量与水质管理关系不明确，不仅造成两部门间决策的分歧，影响工作效率，而且从本质上看，这种不明确本身就违背了水资源“统一管理和监督”的法律规定。

(3) 管理机构同时拥有执法权、监督权，难以保证法律的效力。根据有关规定，环保部门负责对水污染防治实施统一监督管理，包括组织拟定和监督实施国家确定的重点区域、重点流域污染防治规划；拟定和组织实施水体污染的防治法规和规章；拟定并组织实施全国污染物排放总量控制计划。从其赋予的职能与权力上看，其拥有污染防治规划、法规和规章的制定、组织实施与监督的3个职能。水利部门具有“负责水资源统一管理和监督工作”“拟定水资源保护规划；控制向饮水区等水源排污；监测江河湖库的水量水质，审定水域纳污能力”等从制定法规、执法到监督的职能。任何一个部门同时拥有制定法规、执法、监督3项职能都是不合理的，容易助长部门利益与部门权力的扩大，削弱监督、控制能力和滋生部门内部的腐败。

此外，我国的水资源管理法律法规还存在部门倾向明显，影响法律效力；许多法律条文的规定过于原则，不便于操作等弊端，这些都直接影响了水资源管理的效果，需要不断完善。

#### 8.3.2.3 水资源权属管理

《中华人民共和国水法》规定：“水资源属于国家所有。水资源的所有权由国务院代表国家行使。”可见，我国目前选择实施的是共有水权形式，其中又以国有水权为主，中央政府是法定的水权代表。

在水权获得方面，《中华人民共和国水法》规定：“国家对水资源实行流域统一管理与行政区域管理相结合的管理制度”。地方政府和流域组织相应地成为一级水权所有人代表。同一流域的水源通常以直接的行政调配方式分到各个地区，再通过取水许可制度分配给不同用水者。取水许可制度是我国实施水资源权属管理的重要手段，自1993年国务院颁布《取水许可制度实施办法》以来，我国已逐步形成了一套比较完整的取水许可管理机制。《取水许可制度实施办法》规定，利用水工程或者机械提水设施直接从江河、湖泊或地下取水的一切取水单位和个人，都应该向水行政主管部门或者流域管理机构申请取水许可证，并缴纳水资源费，取得用水权。2006年，国务院颁布的《取水许可和水资源费征收管理条例》，使取水许可管理机制得到进一步完善。

但是，目前，我国的水权制度还存在不少问题。

(1)《中华人民共和国水法》虽然明确了国家是水资源所有权主体，但没有具体规定国家如何去行使其所有权。在全面实行取水许可制度，进而使水资源所有权和使用权相分离的情况下，如何保障国家作为所有权人的利益不被侵犯，没有具体的法律规定。实行水资源有偿使用，征收水资源费，虽可作为保障国家收益权的一种途径。但是，现行征收标准难以体现水权的真正价值。同时，从目前的取水制度实施过程看，事实上混淆了水资源国家所有权和各级政府行使的水资源管理权，无论是中央政府还是地方政府，实际上都承担着水权所有人和水资源管理者的双重身份。

(2) 目前我国法律对水资源使用权等概念还没有明确的规定，在水资源使用权、收益权的权利主体和权限范围、获取条件等方面缺乏可操作性的法律条文。在共有水权形式下，水资源使用权的模糊使得水权排他性和行使效率降低，造成各地区、各部门在水资源开发利用方面的冲突，也不利于水资源保护和可持续利用。

(3) 目前实施的取水许可制度还存在许多不确定性，例如没有规定取水的优先顺序，特别是在水资源短缺时缺乏灵活的调节机制，极易引起不同用水者之间的矛盾。同时，取水许可制度的实施过多依赖行政手段，水行政主管部门承担水资源分配、调度以及论证取水许可证合理性等诸多责任，常常会因技术、资金等客观条件的限制而难以保证用水权利在不同行业、不同申请者之间的高效配置。

(4) 在水权转让方面，我国的水权转让市场尚未真正建立起来。一般说来，国有水权形式下的水权转化可以分为两个层次：第一层次是中央或地方政府、流域组织以行政分配手段或取水许可形式将水资源使用权转让给用水单位或个人，实现水资源所有权和使用权的分离；第二层次则是取水许可证在不同用水单位和个人之间的转让，这一层次的转让应该最为活跃，对高效配置水资源的作用也最大。但是，在 1993 年颁布的《取水许可制度实施办法》中，却明确规定："取水许可证不得转让。取水期满，取水许可证自行失效。""转让许可证的，由水行政主管部门或者授权发放取水许可证的部门吊销取水许可证、没收非法所得。"这就极大地限制了水市场的发育。随着社会经济的发展和市场化改革的进行，水资源供需矛盾日益加剧，借助水权转让、以市场方式配置水资源的客观需求日趋强烈，但是由于相应的调节、规制手段尚未建立起来，从而给一些隐蔽的、变相的、非正式的水买卖、水权交易或水市场的发育提供了空间，极大削弱了国家对水资源的所有权，也不利于政府对水资源开发利用进行宏观调控。有鉴于此，2006 年国务院发布的《取水许可和水资源费征收管理条例》作出了不同的规定：依法获得取水权的单位或者个人，通过调整产品和产业结构、改革工艺、节水等措施节约水资源的，在取水许可的有效期和取水限额内，经原审批机关批准，可以依法有偿转让其节约的水资源，并到原审批机关办理取水权变更手续。但是，鉴于水权转让的复杂性，条例并未对有关取水权"有偿转让"的形式、程序、价格等如何规范管理的问题做出具体规定，尚待有关部门进一步研究和进行相关的制度设计。

#### 8.3.2.4　水资源技术管理

水资源技术管理包括供水和用水两个方面的管理。在供水方面，我国在水文观测站网基础设施建设以及各类供水工程勘测、规划、设计、施工等领域的技术管理方面做了大量的工作，现已建立了较为完整的技术标准体系，进而为供水工程建设提供了强有力的技术支撑，促进了全国总供水能力的快速提升，从而为人民生活和工农业生产及整个经济社会发展提供了有力的水资源保障。与此同时，我国在用水技术管理方面也取得了很大的成绩，特别是近年来，随着我国水资源的外部环境和内部条件的巨大变化，以节约用水、提高用水效率为核心的用水管理工作越来越受到重视，并在城市建设和工农业生产布局方面充分考虑水资源的承受能力，把节约用水放在首位，加大国家有关节水技术政策和技术标准的贯彻执行力度。2005 年，水利部又制定了《节水型社会建设评价指标体系（试行)》，明确提出建设节水型社会，重点是建立 3 大体系：①建立以水权管理为核心的水资源管理制度体系，这是节水型社会建设的核心；②建立与区域水资源承载能力相协调的经济结构体系；③建立与水资源优化配置相适应的节水工程和技术体系。

此外，各地积极开展水资源技术管理方面的基础性、前瞻性战略研究，取得了不少成果，并在水资源管理工作中发挥了重要作用。有关水资源评价、规划、论证，水功能区划，城市水系整治等一批技术标准相继颁布实施。编制完成了国家水资源管理信息化建设项目建议书，24 个试点城市的水资源实时监控与管理系统建设取得经验，各地积极开展水资源监控能力建设。水资源公报、地下水通报等水资源信息发布工作得到加强。

但是，也应该看到，我国在供水与用水的技术管理方面还存在诸多不足。在农业供用水管理方面，我国农业灌溉的灌水技术、灌溉制度及灌水方法相对还比较落后，灌溉水利用系数还不高，浪费现象还比较严重，灌溉水分生产率还比较低。一些地方无专业管理队伍，或者虽有管理组织，但第一线管理人员不足，尤其缺少技术人员，导致农业供用水管理技术水平总体上相对较低。在工业及城市供用水的技术管理方面，主要问题包括：一些地区由于供水水源不足以及供水工程布局不合理、供水网络不配套等原因，导致工业及城市供水能力不足；供水管网工程老化情况还比较普遍，跑冒滴漏严重，工业及城市供水利用系数较低；一些企业生产工艺相对还比较落后，水的重复利用率较低；生活用水器具技术落后，浪费严重；由于城市居民生活及工矿企业排放的污废水中，很大一部分未经处理就直接排入江河湖泊，污染了地表水，而受污染的地表水还会通过入渗方式影响到地下水，进而造成工业及城市供用水矛盾更加突出。

### 8.3.3 我国水资源管理改革

当前，我国经济、社会发展进入一个新的历史时期。新的形势为水利和水资源管理带来了良好的发展机遇，与此同时，水资源管理也正面临严峻的挑战。要在认真分析我国水资源管理的现状和存在问题的基础上，从水资源管理体制、法制管理、权属管理、技术管理以及公众参与管理和管理能力建设等方面，进一步深化水资源管理改革，探索建立和完善适合我国国情的水资源管理体系，不断提高水资源管理能力和水平，着力提高水资源利用效率和效益，以水资源的可持续利用保障和支撑经济社会的可持续发展。

#### 8.3.3.1 *改革管理体制*

纵观世界各国的水资源管理体制，主要有按行政分区设立水资源管理机构进行管理、按流域设立水资源管理机构进行统一管理以及行政分区管理与流域管理相结合等 3 种模式，而以流域为单元对水资源进行综合开发与统一管理，已成为许多国家和国际组织所接受和推荐的模式。根据我国实行流域管理与行政区管理相结合的水资源管理体制的实际情况，并针对这种水资源管理体制运行中存在的问题，改革的重点在于进一步明晰事权、加强沟通、创新管理手段和完善监督机制，以精简、高效的水资源行政管理体制，保障水资源的可持续利用，进而促进整个社会的可持续发展。为此，应重点关注以下两个方面。

(1) 要进一步强化流域统一管理。这是加强和改进水资源管理的客观要求。其核心是要普遍建立起政府宏观调控、流域民主协商、准市场运作、用水户参与管理的权威、高效、协调的管理运行模式。主要内容是：要充分发挥政府在流域管理中的宏观调控作用；建立流域内各省（区、市）之间的民主协商机制，流域内的一切涉水事务都要经过民主协商来确定；水权的转让、交易要按照准市场运作方式，即必须在一定的条件下才能进行；要充分调动广大用水户参与水资源管理的积极性。

(2) 要实行区域水资源统一管理。这是水资源管理体制改革的必然趋势。其重点是克服“多龙管水”的弊端，要从地区实际情况出发，建立健全各涉水部门间的协商机制，实行充分协商的协调一致的管理；有条件的地区，积极推行水务一体化管理模式。主要内容是：统筹城乡水资源评价、规划、配置、调度、节约、保护；统筹水源地建设、防洪、取水、供水、用水、节水、排水、污水处理与回用等工作；实现对水资源全方位、全领域、全过程的统一管理。

#### 8.3.3.2　完善法制保障

虽然世界各国的社会制度与水资源的实际情况不同，但是各国的水资源管理实践都表明，依法管水是实现水资源合理开发利用与保护、消除水害、保障社会经济可持续发展的十分重要的途径。

在我国水资源管理的法律制度体系已初步形成的条件下，应结合水资源管理领域出现的许多新情况、新问题，有针对性地加强立法，逐步完善水法规体系，如适时出台“水资源管理法”“水资源保护法”“流域管理法”“节约用水法”“水价法”等法律法规；在已经或即将实现水务一体化管理的地区，要尽快出台相关的地方性法规和政策，为水务统一管理提供法制保障，使所有水事行为都有法可依，有章可循。此外，要从改进执法和监督环节的要求出发，对现有法律中存在的可能导致一些部门在相关管理活动中“越位”“缺位”“错位”，以及造成一些部门集执法权与监督权于一体的条文进行必要的修订和完善，以便于实施真正的“水资源统一管理”，同时，切实保证法律的权威性和公正性。

在水资源管理法律制度体系不断完善的基础上，要进一步加强和改进水资源统一执法工作。相关部门要依法履职，规范行政行为；严格依据相关法律法规，规范各类涉水活动，特别是要全面落实取水许可和水资源费征收管理、节水管理、入河排污口审批等水资源管理法规制度，并对落实情况加强检查监督；严厉查处违法取用水、破坏水资源等行为，真正做到有法必依、执法必严和违法必究。

#### 8.3.3.3　健全水权制度

自 1976 年国际水法协会建议一切水都要公有，为社会所有，公共使用或直接归国家管理以来，水资源的公有性已为越来越多的国家所接受。完善我国的水权制度，应在坚持水资源国家所有的前提下，进一步明晰和落实水权主体。具体地，在国有水权制度下，水资源所有权主体只能是国家，并由中央政府代为行使权利，流域机构、地方政府和水行政主管部门，只能作为水资源管理者，拥有行政管理权利，即参与水权的界定、规制、统一协调管理等，而不能成为水权主体。否则，政府既是水权拥有者，又是水权管理者的双重身份，不利于保障水权制度的公平性，也容易造成地方政府削弱国家的权利。而水资源使用权主体则可以是企业法人、事业单位，也可以是自然人。水权主体的明晰化，有利于建立和落实水资源所有权和使用权分离的制度，便于水权的流转和水资源市场化配置。

(1) 要健全水资源所有权制度。必须坚持国家对水资源实行宏观调控的原则，突出国家的管理职责。国务院是水资源所有权的代表，代表国家对水资源行使占有、使用、收益和处分的权利。实施水资源宏观布局、省际水量分配、跨流域调水以及水污染防治等多方面工作，都涉及省际之间的利益分配，必须强化国家对水资源的宏观管理。地方各级人民政府水行政主管部门依法负责本行政区域内水资源的统一管理和监督，并服从国家对水资源的统一规划、统一管理和统一调配的宏观管理。国家对水资源进行区域分配，是在国家宏观管理的前提下依法赋予地方各级人民政府水行政主管部门对特定额度水资源和水域进行配置、管理和保护的行政权力和行政责任，而不是国家对水资源所有权的分割。健全水资源所有权制度具体可包括：水资源统一管理制度，如国家对水资源实行总量控制和定额管理的管理办法等；水资源规划制度，例如，全国水资源开发利用近期和中长期规划，流域综合规划和水资源规划、水中长期供求规划、水功能区划等；水量分配与调度管理制度，例如，流域水资源配置方案、河流水量分配方案、旱情紧急情况下的水量调度预案等；流域水资源分配的协商机制，包括中央政府调控，流域内各省（直辖市、自治区）政府参加的协商制度；以及区域用水矛盾的协调仲裁机制，跨流域调水项目的论证和管理制度，等等。

(2) 要健全水资源使用权制度。包括水权分配、取水管理、水资源及水环境保护等方面的制度。在水权分配方面，包括：建立流域水资源分配机制，制定分配原则，明确分配的条件、机制和程序，重点是水资源量的配置额度和水环境容量的配置额度；建立用水总量宏观控制指标体系，对各省级区域进行水量分配，进而再向下一级行政区域分配水量，流域机构和区域负责向用水户配置水资源，区域配置的水资源总量不超过区域宏观控制指标，流域内各区域配置的水资源总量不超过流域可配置总量；建立用水定额指标体系，制定各行政区域的行业生产用水和生活用水定额，并以各行各业的用水定额为主要依据核算用水总量，依据宏观控制指标，科学地进行水量分配；建立水权的登记及管理制度，对用水户的初始水权进行登记和确认，保证初始水权的基本稳定，并对初始水权的调整、流转和终止进行规范；建立利益相关者利益诉求表达（如听证等）机制，制定政府调控和用水户参与相结合的水权分配协商制度；建立对各类水使用权分配的规范，包括建立和完善水能、水温、水体、水面及水运使用权的配置制度，以及相关监管制度，规范利用市场机制进行配置的行为；完善大型用水户和公共取水权的配水机制，建立配水方案制定、调整以及相关用水户参与的相关制度；建立公共事业用水管理制度，保障救灾、医疗、公共安全以及涉及卫生、生态、环境等突发事件的公共用水；建立生态用水管理制度，强化生态用水的管理，充分考虑生态环境用水的需求；制定干旱期动态配水管理制度、紧急状态用水调度制度，规定特殊条件下的水量分配办法，对特殊条件和年份（如干旱年）各类用水的水量进行调整和分配。在取水许可方面，在《取水许可和水资源费征收管理条例》已经全面实施的基础上，针对实施中出现的问题，适时修订《取水许可制度实施办法》，制定《取水许可监督管理办法》，对取得取水许可的单位和个人进行监督管理，包括对水的使用目的、水质等方面的监督管理；制定取水权终止管理规定，明确规定取水权的使用期限和终止时间；建立健全水资源有偿使用制度，制定出台全国性的水资源费征收管理的法规，并据此修订地方水资源费的征收和管理实施办法，做到统一账户，统一票据，统一征管程序，加强监督管理，确保足额征收、足额上缴、规范使用，充分发挥水资源费在水资源配置中的经济调节作用；在经过试点并逐步完善的基础上，有序推进水资源费改税的工作。在水资源和水环境保护方面，制定全国节约用水管理法律法规，建立节水型社会指标体系；加强提高水环境承载能力的制度建设，完善环境影响评价制度、水功能区划管理及保护制度，建立并实施生态用水和河道基流保障制度以及区域水环境容量分配制度；完善控制排污的制度，依据有关法律法规，建立和完善排污浓度控制与总量控制相结合的制度、边界断面水质监测制度、入河排污口管理制度、污染事件责任追究制度、污染限期治理制度、排污行为现场检查制度以及其他各项排污管理制度；完善地下水水位和水质监测、开采总量控制、限采区和禁采区的划定及管理、超采区地下水回补等方面地下水管理及保护制度。

(3) 要建立健全水权流转制度。包括水权转让和水市场等方面的管理制度。在水权转让方面，要制定水权转让管理办法，对水权转让条件、审批程序、权益和责任转移以及对水权转让与其他市场行为关系进行规范，包括不同类别水权的范围、转让条件和程序、内容、方式、期限、水权计量方法、水权交易规则和交易价格、审批部门等方面，作出具体规定；规范水权转让合同文本，统一水权转让合同文本格式和内容；建立水权转让协商制度，水权转让是水权持有者之间的一种市场行为，需要建立政府主导下的民主协商机制。政府是水权转让的监管者；建立水权转让第三方利益补偿制度，明确水权转让对周边地区、其他用水户及环境等造成的影响进行评估、补偿的办法；实行水权转让公告制度，水权转让主体对自己拥有的多余水权进行公告，有利于水权转让的公开、公平和效率的提高，公告制度要规定公告的时间、水量水质、期限、公告方式、转让条件等内容。在水市场建设方面，为充分发挥市场机制对水资源优化配置的作用，国家要适时出台水市场建设指导意见，明确水市场建设、运行和管理的机构，建立水市场运行规则和相关管理、仲裁机制，以及包括价格监管等在内的交易行为监管机制；此外，还可借鉴国外经验，用银行机制对水权进行市场化配置，探索建立水银行，制定水银行试行办法，通过水银行对水权进行调蓄和流转。

#### 8.3.3.4　强化技术管理

面对我国新时期的水资源供需形势，为从源头上扭转水资源短缺、水污染严重、水生态恶化的趋势，党中央、国务院于 2011 年明确提出实行最严格水资源管理制度的战略部署，其总体思路是以水资源配置、节约和保护为重点，强化用水需求和用水过程管理，通过健全制度、落实责任、提高能力、强化监管，严格控制用水总量，全面提高用水效率，严格控制入河湖排污总量，加快节水型社会建设，促进水资源可持续利用和经济发展方式转变，推动经济社会发展与水资源、水环境承载能力相协调，保障经济社会长期平稳较快发展。实行最严格水资源管理制度的主要内容是确立水资源管理“三条红线”，即水资源开发利用控制红线、用水效率控制红线和水功能区限制纳污红线，实施“四项制度”，即用水总量控制制度、用水效率控制制度、水功能区限制纳污制度和水资源管理责任与考核制度，从水资源配置、节约、保护 3 大关键环节出发，对水资源开发利用全过程实施管控。为切实推进最严格水资源管理制度的落实，必须采取综合措施，强化技术管理，进而不断提升水资源管理水平。

明确水资源开发利用控制红线，严格实行用水总量控制。要以实现水资源可持续利用为目标，以需水管理为核心，抓紧全国、流域、区域水资源综合规划和节约、保护等专业规划的编制和修订，在此基础上，制定流域、区域水量分配方案和各水平年用水总量控制指标，建立覆盖流域和省、市、县 3 级行政区域的用水总量控制指标体系；根据总量控制指标制定年度用水计划，实行行政区域年度用水总量控制；严格执行建设项目水资源论证制度，切实加强水资源论证工作，把建设项目水资源论证作为项目审批、核准的刚性前置

条件，从源头上把好水资源开发利用关；严格取水许可审批和监督管理，从严科学核定许可水量，严格取水工程验收，加强取水计量监控和管理，特别是要全面加强农业用水取水许可管理。要强化水资源统一调度，优化各项调度方案，完善调度管理制度，健全调度机制和手段，保障城乡生活、生产和生态用水需求。

明确用水效率控制红线，坚决遏制用水浪费。要实行总量控制与定额管理相结合的用水管理制度，科学制定用水定额标准，明确用水定额红线。建立用水效率和效益评价与考核指标体系，健全节水责任制和绩效考核制，实行严格的问责制，严格考核监督。落实国家发改委、水利部等五部委联合制定的中国节水技术政策大纲，积极推广高效、节水、降耗和环保的新技术、新材料、新设备和新工艺，全面提高水资源节约、保护和管理的科技含量。要重视制定各行业节水标准与技术规范，推行节水产品认证与市场准入制度，加强用水计量管理和供用水统计管理。在农业用水方面，加强农业结构、农业技术和灌溉技术等3个层次的节约用水，搞好农业结构调整；提高农业技术，主要是提高植物本身光合作用的效率；大力推广节水灌溉，包括实施灌区更新改造，渠道防渗、管道输水等技术的应用，改进传统灌水技术，施行节水灌溉制度，推广先进灌水方法。在工业用水方面，着力提高冷却用水的重复利用率，将工艺水处理后回用，改良工艺设备（如用汽化冷却代替水冷），节约厂内其他用水（如职工生活用水、办公用水等），实施分质供水，促进海水和苦咸水、再生水、矿井水、雨水等非常规水源利用。在生活用水方面，加快城市供水管网改造，取消“包费制”，分户装表，计量收费，公共用水实行定量供水。

明确水功能区限制纳污红线，严格控制入河排污总量。要按照水法和国务院批准的全国城市饮用水安全保障规划（2006—2020年）要求，制定水源地保护的监管政策与标准，强化饮用水源保护监督管理，完善水源地水质监测和信息通报制度，建立和完善水污染事件快速反应机制。进一步完善水功能区管理的各项制度，科学核定水域纳污能力，根据国家节能减排总体目标，研究提出分阶段入河污染物排放总量控制计划，严格入河排污口的监督管理，加强水质监测，强化入河排污总量的监控。加强排污权的管理，以水权、水市场理论为基础，建立起宏观控制、微观定额两套指标，制定排污权的上市交易规则，实现排污权市场的规范有序运作。要加强水生态系统保护与修复，抓紧建立生态用水及河流健康指标体系，加强水利水电工程生态影响评估论证，对不符合生态用水指标要求的，一律不得审批取水许可。要加快制定完善地下水保护政策，建立地下水动态监测和监督管理体系，遏制地下水过度开发和超采，抓好地下水涵养与保护，强化深层地下水禁采和限采措施，促进可持续利用。

**8.3.3.5** 推进参与管理

参与管理是第二次世界大战以后西方发达国家很重视的一个管理原则，所谓“参与管理”就是让被管理对象参与对某一事务的管理，并视之为个人和社会集团的一项法律权利，成为计划制定的参与者和决定过程中的一项必要程序。这一管理原则符合现代管理科学的系统论原理，实施这一原则，可以充分发挥系统内各要素的主动性，使系统达到均衡。

推进水资源管理的公众参与，是水资源管理改革与发展的客观要求。一方面，公众是水资源管理执行人群中一个重要部分，只有绝大部分人群理解并参与水资源管理，才能保证水资源管理政策的实施，进而实现水资源可持续利用的目标；另一方面，公众参与能够使水资源管理决策者在做出决策前，充分考虑不同利益群体的利益诉求，使所做的决策更合理、更科学，从而使决策实施过程更顺畅。

针对我国目前水资源管理中公众参与的总体水平较低的实际情况，首先应加强参与机制有关法规问题的研究，修订和完善相关的法律法规，对水资源管理公众参与过程的组织、运行、决策等各个环节进行规范，为公众参与提供法律保障。在此基础上，通过各种形式的宣传教育，定期和不定期向社会发布各种水信息，组织建立用水户委员会（协会）及专家咨询委员会，建立健全听证制度、预警制度，以及其他适当的具体形式和措施，畅通公众参与的渠道，使所有利益相关者关心水资源管理，并参与到水量分配、水价制定、水权转让等水资源管理的决策、执行和监督等各个环节中，提高公众参与水资源管理水平，推进民主管理，促进和谐社会的建设。要充分运用报纸、广播电视、网络、张贴标语等传媒手段，向广大群众宣传关于水的法律法规、基本政策以及节约用水、保护水资源的观点和措施（或技术），引导和动员社会各界积极参与节水型社会建设，建设节水文化，倡导文明的生产和消费方式，逐步形成节约用水的行为规范和社会风尚，从而提高广大公众节约用水、保护水资源的意识和能力。

#### 8.3.3.6　加强能力建设

能力建设是改善水资源管理、更好实施最严格水资源管理制度的重要环节。从现阶段我国水资源管理能力的实际状况出发，应在进一步完善相关的政策、法律体系，建立、健全与水资源统一管理和综合管理职能相适应的管理体制以及公众广泛参与的管理机制，强化技术管理的同时，积极采取措施，加强水资源管理能力建设。要围绕全球气候变化、经济社会发展、水资源可持续利用和生态系统保护，开展水资源重大专题研究，加强实用技术研发和先进成果应用，特别是要重视“3S”、互联网、大数据、云计算等信息技术在水资源管理中的应用研究，构建自动化、全天候、多功能、高精度的水资源和水环境信息采集、管理以及数据共享的技术体系，建立水资源综合管理信息系统，及时掌握水资源变动情况，如水量与水质的变化、供水能力与需求变化、各行业用水与需水情况变化，提高水资源管理的信息化水平；加强水资源监控体系建设，建立与用水总量控制、用水效率提高、水功能区管理和水源地保护相适应的监控设施和管理平台，提升水资源预测、预报预警能力以及突发事件的应急处置能力。同时，要切实重视人力资源开发，通过人员培训等方式，提高水资源管理人员及利益相关者对水资源统一管理和综合管理的基本理念的认识，增强管理人员在水资源管理活动中掌握和应用信息技术等高新技术和管理技术的能力，全面提升管理人员的综合素质，促进水资源管理水平的不断提高。

# 第9章 水资源系统分析

## 9.1 水资源系统分析的基本概念

系统分析是从运筹学派生出来的一种实用的分析方法。它是用系统论的观点进行寻优决策，是运筹学在各个学科领域中的应用和发展。水资源系统分析就是用系统分析的方法去解决水资源系统的规划、设计、施工、运行和管理等问题，并提出经济合理的有效方案。

水资源系统通常是多目标、多层次的，由自然系统和人工系统组成的复合系统。例如，在研究水资源开发利用问题时，就要考虑经济效益、生态环境质量、社会福利等目标，涉及水子系统、人工的用户子系统和工程建设子系统等。这些子系统将共同组成水资源系统问题。各子系统也可有各自的目标。当子系统的目标与系统的总目标产生矛盾时，各子系统的目标应服从系统的总目标。水资源系统规模一般较大，模型结构复杂、变量较多，因此，常采用分解模型，进行多层次的多级优化。

水资源系统分析常用的数学方法主要有：①回归分析和时间序列分析方法，用于统计和预测系统的某些特征量；②投入产出分析方法，根据当地社会经济协调发展的需要，编制投入产出表，确定各部门发展的水平，提出相应的需水指标，为水资源规划提供决策依据；③最优化方法，在水资源规划和管理中通常用到线性规划、非线性规划、动态规划、网络理论、排队论、存储论和决策论等优化方法；④模拟分析方法，利用数学物理方法和统计技术对降雨、径流及各种需水等过程进行模拟计算。

水资源系统分析的步骤一般如下：

(1) 问题的确定。明确研究的对象和问题，建立系统，确定问题的目标、约束条件、可控变量，以及有关技术经济参数，搜集有关资料。

(2) 建立数学模型。把问题中的可控变量、参数和目标与约束之间的关系用数学模型表示出来。

(3) 求解数学模型。选择适当的方法求解数学模型，其解可以是最优解、次优解、满意解。

(4) 模型的验证。首先检查求解步骤和程序有无错误，然后检查解是否反映实际问题。

(5) 灵敏度分析。研究模型中所含参数的变化范围及其对解的影响。

(6) 系统可行方案的综合评价。利用模型计算结果和各种分析资料，对比各种可行方案的利弊，从系统的整体观点出发，进行综合分析，选出满意的方案。

(7) 研究结果的实施。将所选方案、有关文件和软件交付实施单位，与决策实施人员密切合作，对可能出现的问题，及时进行调整和修改，以适应变化了的情况。

在水利上应用系统分析方法起始于 20 世纪 60 年代，在水资源领域主要应用方面有：水资源政策与宏观决策、水资源开发利用规划、水资源工程的设计与施工以及水资源管理等。

## 9.2　水资源系统分析的模型与方法

在水资源系统分析中，经常用到线性规划、目标规划、整数规划、动态规划、非线性规划、随机规划和模糊规划等数学模型。本章介绍在水资源系统分析中用得较多的线性规划、目标规划、动态规划和随机规划数学模型及其在水资源中的应用。

### 9.2.1　线性规划

线性规划是 20 世纪 30 年代末期，由生产组织和经济管理部门开始应用的。目前在水资源开发利用规划、工程设计、施工及管理等领域得到了广泛的应用，是水资源系统分析中最常用的方法之一。

1. 线性规划数学模型

线性规划的特点是目标函数及约束条件的数学形式均为线性的。由于它有标准的求解方法，且计算程序很易得到，因此常把许多复杂的水资源规划问题构造成为线性规划模型。

线性规划的数学模型为

$$\max(\min)Z=C_1x_1+C_2x_2+\cdots+C_nx_n \tag{9.1}$$

$$\left.\begin{aligned}&a_{11}x_1+a_{12}x_2+\cdots a_{1n}x_n\leqslant b_1\\&a_{21}x_1+a_{22}x_2+\cdots a_{2n}x_n\leqslant b_2\\&\vdots\\&a_{m1}x_1+a_{m2}x_2+\cdots a_{mn}x_n\leqslant b_m\end{aligned}\right\} \tag{9.2}$$

$$x_j\geqslant 0, j=1,2,\cdots,n \tag{9.3}$$

以上线性规划具有 $n$ 个决策变量 $x_j(j=1,2,\cdots,n)$ 和 $m$ 个线性等式或不等式约束条件。其中，式（9.1）为线性目标函数，常表示为产值、利润最大或费用、成本最小等；式（9.2）为约束条件，如资源、环境、技术等条件的限制；式（9.3）为非负条件约束；$a_{ij}$、$b_i$、$c_j(i=1,2,\cdots,m,j=1,2,\cdots,n)$ 等为已知常数，其中，$a_{ij}$ 为技术系数，$b_i$ 为资源常数，$c_j$ 为价值系数。

在实际问题中，线性规划有各种不同的形式。目标函数有的要求 max，有的要求 min；约束条件可以是“≤”，也可以是“≥”形式的不等式，还可以是等式。决策变量一般是非负约束，但也允许在（$-\infty$，$+\infty$）范围内取值，即无约束。为讨论方便，将这种多种形式的数学模型统一变换为以下标准型式：

$$\max Z=C_1x_1+C_2x_2+\cdots+C_nx_n \tag{9.4}$$

$$\left.\begin{aligned}&a_{11}x_1+a_{12}x_2+\cdots a_{1n}x_n=b_1\\&a_{21}x_1+a_{22}x_2+\cdots a_{2n}x_n=b_2\\&\vdots\\&a_{m1}x_1+a_{m2}x_2+\cdots a_{mn}x_n=b_m\end{aligned}\right\} \tag{9.5}$$

$$x_j \geqslant 0, j=1,2,\cdots,n \tag{9.6}$$

各种线性规划问题的数学模型都应按以下方法化为标准型式后再求解。

(1) 目标函数为最小化，即 $\min Z=CX$。可令 $Z'=-Z$，于是得到 $\max Z'=-Z$，同标准型的目标函数的形式相一致。

(2) 约束方程为不等式。分两种情况：①约束方程为“$\leqslant$”不等式，则可在“$\leqslant$”不等式的左端加入非负松弛变量，把原“$\leqslant$”不等式变为等式；②约束方程为“$\geqslant$”不等式，则可在“$\geqslant$”不等式的左端减去一个非负剩余变量（也可称松弛变量），把不等式约束条件变为等式约束条件。

(3) 对取值无约束的变量 $x_k$，可令 $x_k=x_k'-x_k''$，其中，$x_k'$、$x_k''\geqslant 0$。

**【例 9.1】** 将下述线性规划问题化为标准型。

$$\min Z=x_1-x_2+x_3$$

$$\left.\begin{array}{l} x_1+x_2+x_3\leqslant 10 \\ x_1-x_2+x_3\geqslant 1 \\ -3x_1+x_2+2x_3=5 \\ x_1,x_2\geqslant 0, x_3\ \text{无约束} \end{array}\right\}$$

**解：** 用 $x_4-x_5$ 代替 $x_3$，其中 $x_4$、$x_5\geqslant 0$；

在第 1 个约束不等式$\leqslant$号的左端加入松弛变量 $x_6$；

在第 2 个约束不等式$\geqslant$号的左端减去剩余变量 $x_7$；

令 $Z'=-Z$，把求 $\min Z$ 改为求 $\max Z'$；即得该问题的标准型

$$\max Z=-x_1+x_2-x_4+x_5+0x_6+0x_7$$

$$\left.\begin{array}{l} x_1+x_2+(x_4-x_5)+x_6=10 \\ x_1-x_2+(x_4-x_5)-x_7=1 \\ -3x_1+x_2+2(x_4-x_5)=5 \\ x_1,x_2,x_4,x_5,x_6,x_7\geqslant 0 \end{array}\right\}$$

2. 线性规划的应用

**【例 9.2】** 生产计划问题。某工厂计划生产Ⅰ、Ⅱ两种产品，生产单位产品所需原材料消耗见表 9.1。该厂生产单位产品Ⅰ、Ⅱ可分别获利 2 元、3 元，问应如何安排生产使该厂获利最多？

**表 9.1　　单位产品的原材料消耗量表**

| 材料品种 | Ⅰ | Ⅱ | 资源限量/kg |
|---|---|---|---|
| 原材料 $A$ | 1 | 2 | 8 |
| 原材料 $B$ | 2 | 0 | 8 |
| 原材料 $C$ | 0 | 2 | 6 |

**解：** 设 $x_1$、$x_2$ 分别表示产品Ⅰ、Ⅱ计划产量，$Z$ 表示利润。则原问题成为，在满足原材料 $A$、$B$、$C$ 资源限量约束的条件下，确定产量 $x_1$、$x_2$ 以得到最大的利润。用数学模型可表示为

目标函数　　$\max Z=2x_1+3x_2$

约束条件

$$x_1+2x_2\leqslant 8$$
$$2x_1\leqslant 8$$
$$2x_2\leqslant 6$$
$$x_1,x_2\geqslant 0$$

**【例 9.3】** 水资源分配问题。有甲、乙两座水库同时向 $A$、$B$ 二城市供水，甲、乙水库的日供水量分别为 30 万 $m^3/d$、32 万 $m^3/d$，二城市的最小日需水量分别为 25 万 $m^3/d$ 和 27 万 $m^3/d$。由于水库与各城市的距离以及输水方式上的差别，因此单位输水费用也不同。各单位输水费用分别为 $C_{11}$、$C_{12}$、$C_{21}$、$C_{22}$。试作出在满足 $A$、$B$ 二城市供水需求的情况下，输水费用最小的方案。

**解：** 设甲、乙水库向 $A$、$B$ 二城市日供水量分别为 $x_{11}$、$x_{12}$、$x_{21}$、$x_{22}$，则最佳方案为，在满足城市需水量和甲、乙两水库供水量约束的情况下，使输水费用为最小，即

目标函数：
$$\min Z=c_{11}x_{11}+c_{12}x_{12}+c_{21}x_{21}+c_{22}x_{22}$$

约束条件：
$$x_{11}+x_{21}\geqslant 25$$
$$x_{12}+x_{22}\geqslant 27$$
$$x_{11}+x_{12}\leqslant 30$$
$$x_{21}+x_{22}\leqslant 32$$
$$x_{11},x_{12},x_{21},x_{22}\geqslant 0$$

3. 线性规划的解法

在线性规划标准型式中，满足约束条件式（9.5）、式（9.6）的解 $X=(x_1,x_2,\cdots,x_n)^T$，称为线性规划问题的可行解，而使目标函数达到最大值的可行解叫最优解。线性规划的基本解法有图解法和单纯形法两种。图解法只适用于解 2～3 个变量的问题，实用价值不大。单纯形法是线性规划问题的常用解法，变量少时可用手解，但实际问题中的变量一般较多，可编制程序上机求解。受篇幅限制，这里仅用图解法来阐明线性规划解题的基本原理。

现以［例 9.2］说明线性规划的图解法。首先给出约束条件的图形，如图 9.1 中的阴影部分所示，阴影区域中的每一个点（包括边界点）都是该线性规划问题的可行解，可行解的集合称为可行域。其次作目标函数 $Z=2x_1+3x_2$ 的图形，得出一组平行直线如图 9.2 中之虚线族所示，相应的 $Z$ 值从左到右递增，故 $z$ 的最大值在 $Q_2$ 点，$Q_2$ 点的坐标为（4，2），最优解 $Z=14$。

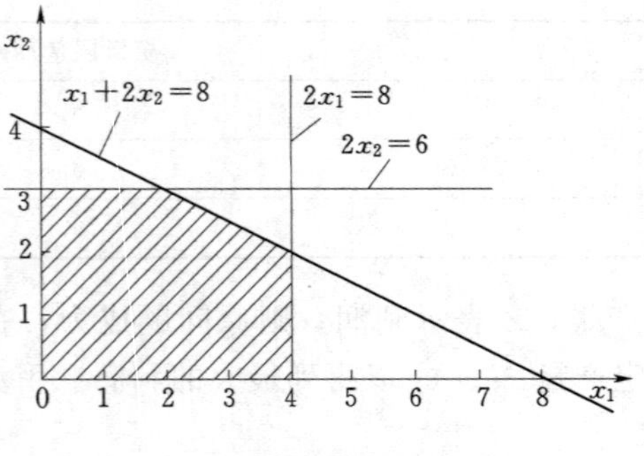


图 9.1　线性规划约束条件

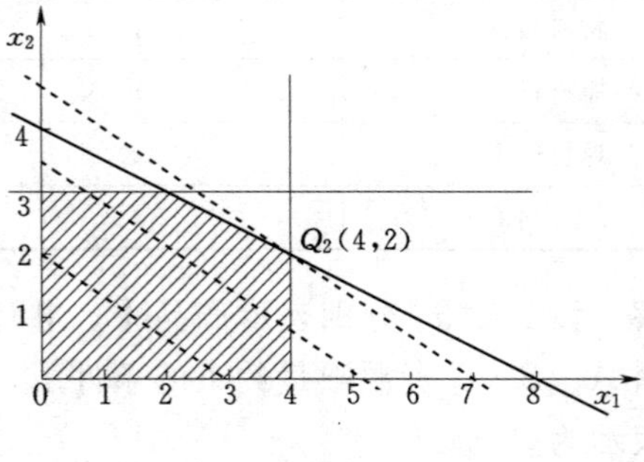


图 9.2　线性规划唯一最优解

以上求出的线性规划问题的最优解是唯一的，但对一般线性规划求解结果有可能出现以下几种情况：

(1) 无穷多最优解（多重解）。将［例 9.2］中目标函数变为 $\max Z=x_1+2x_2$。则表示目标函数中以参数 $Z$ 的这一族平行直线与约束条件 $x_1+2x_2\leqslant 8$ 的边界平行。当目标函数值由小到大增至 $Z=8$ 时，以 $Z$ 为参数的平行直线将与线段 $Q_2Q_3$ 重合（图 9.3）。线段 $Q_2Q_3$ 上任意一点都使 $Z$ 取得相同的最大值 8，该线性规划问题有无穷多最优解（多重解）。

(2) 无界解。对下述线性规划问题：

$$\max Z=2x_1+x_2$$
$$-2x_1+x_2\leqslant 6$$
$$x_1-x_2\leqslant 3$$
$$x_1,x_2\geqslant 0$$

用图解法求解，结果如图 9.4 所示。从图中可以看到，该问题可行域无界，目标函数可以增大到无穷大。称这种情况为无界解或无最优解。

(3) 无可行解。如果在［例 9.2］的数学模型中增加一个约束条件 $-x_1+x_2\geqslant 4$，该问题的可行域为空集，即无可行解，故也不存在最优解。

当出现 (2)、(3) 两种情况时，一般说明线性规划问题的数学模型有错误。前者缺乏必要的约束条件，后者是有矛盾的约束条件，建模时应注意。

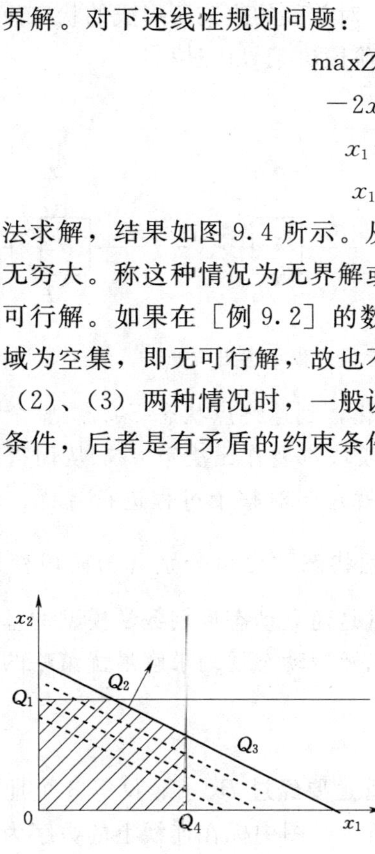


图 9.3 线性规划无穷多最优解

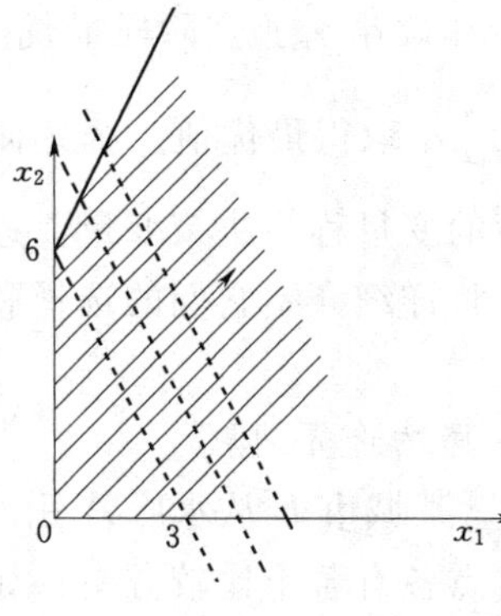


图 9.4 线性规划无界解

由图解法可见，当线性规划问题的可行域非空时，它是有界或无界凸多边形。若线性规划问题存在最优解，它一定在可行域的某个顶点得到；若在两个顶点同时得到最优解，则它们连线上的任意一点都是最优解，此时有无穷多最优解。

### 9.2.2 动态规划

动态规划是数学规划中的一个重要分支，可用于研究一类多阶段决策过程问题的最优策略。最优路线、资源最优分配、最优生产调度、设备更新等问题都常采用动态规划方法来选择最优策略。

动态规划是求解某些系统问题的一种方法，是考察问题的一种途径，而不是一种特殊算法。它不像线性规划那样有一个标准的数学表达式和明确定义的一组规则，因而必须对具体问题进行具体分析处理。读者在学习时，除了要正确理解基本概念和掌握计算方法外，还应以丰富的想象力去建立模型，用创造的技巧去求解。

根据多阶段决策过程的时间参量是离散的还是连续的变量，决策过程的演变是确定性的还是随机性的，动态规划模型可分为离散确定性、离散随机性、连续确定性、连续随机性四种决策过程模型。

1. 动态规划的基本概念

动态规划的基本原理是贝尔曼提出的最优化原理，即："作为整个过程的最优策略具有这样的性质：即无论过去的状态和决策如何，对前面的决策所形成的状态而言，余下的诸决策必须构成最优策略。"现用图 9.5 说明多阶段决策寻优过程：

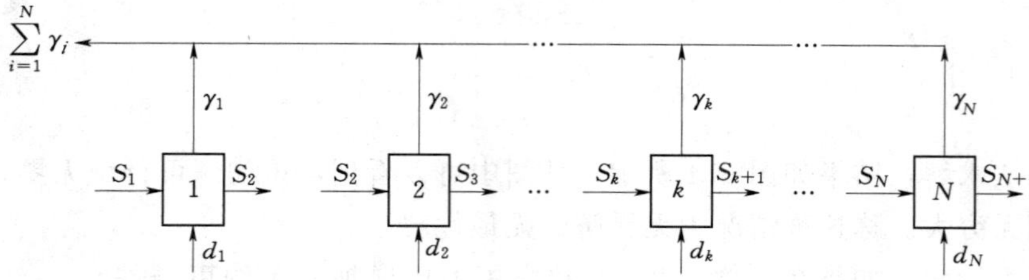


图 9.5　多阶段决策寻优过程示意图

系统从初始状态 $S_1$ 开始，经过一系列的变化，到达终点状态 $S_{N+1}$。整个系统状态变化过程可分为相互联系的 $N$ 个阶段，对每一个阶段都要作出决策 $d_k$，从而得到各阶段的终点状态 $S_{k+1}$ 和效益 $\gamma_k$。多阶段最优决策过程就是要对整个过程进行寻优，求出最优决策序列，使 $\sum_{k=1}^{N}\gamma_k$ 取得最优值。描述阶段和过程状态的变量分别称为阶段变量和状态变量，描述决策的变量称为决策变量。这 3 类变量是建立动态规划数学模型的基本变量，在下面的例子中将详细介绍它们的选择和作用，以及用动态规划求解最优策略的基本思路和方法。

2. 输水线路的选择问题

**【例 9.4】** 某城市 $E$ 从水库 $A$ 引水，输水管道要经过 $B$、$C$、$D$ 等 3 个地区。每个地区管线的通过点各有若干比较方案，如图 9.6 所示。图中标在连线上的数字为该段的建设费用。求总费用最小的输水方案。

**解：** 设 $N$ 为阶段变量，$N=\{1,2,3,4\}$。$S$ 为状态变量，$S=\{S_1,S_2,S_3,S_4,S_5\}$，其中，$S_1=\{A\}$；$S_2=\{B_1,B_2,B_3\}$；$S_3=\{C_1,C_2,C_3\}$；$S_4=\{D_1,D_2\}$；$S_5=\{E\}$。$d_N$ 为决策变量，即第 $N$ 阶段的管线方案；$f_N(S_N,d_N)$ 为第 $N$ 阶段初始状态为 $S_N$，在决策 $d_N$ 下，到第 4 阶段末状态 $E$ 的总费用。$\gamma_N(S_N,d_N)$ 为 $N$ 阶段处于状态 $S_N$，采用决策 $d_N$ 的建设费用。$d_N$（$S_N$）为第 $N$ 阶段在状态 $S_N$ 使 $f_N(S_N,d_N)$ 达到最小的决策。$f_N(S_N)$ 为第 $N$ 阶段初始状态为 $S_N$，与 $d_N(S_N)$ 对应的 $f_N(S_N,d_N)$ 的最小值，即 $f_N(S_N)=\min\limits_{d_N}[f_N(S_N,d_N)]$。采用逆序法求解。

(1) $N=4$ 时，由初状态 $D_1$ 或 $D_2$ 到终点 $E$，只有一条路线，故 $f_4(D_1)=8$，$f_4(D_2)=4$。相应地，$d_4(D_1)=E$，$d_4(D_2)=E$。

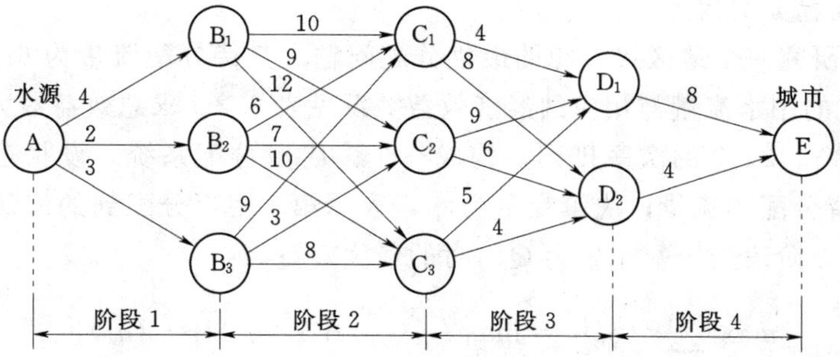


图 9.6 输水管线方案示意图

(2) $N=3$ 时，输水道可能通过的地点即初状态有 $C_1$、$C_2$、$C_3$。如为 $C_1$，则可由 $D_1$ 或 $D_2$ 到达 $E$。于是：

$$f_3(C_1)=\min\begin{Bmatrix}\gamma_3(C_1,D_1)+f_4(D_1)\\ \gamma_3(C_1,D_2)+f_4(D_2)\end{Bmatrix}=\min\begin{Bmatrix}4+8\\ 8+4\end{Bmatrix}=12$$

相应决策 $d_3(C_1)=D_1$ 或 $D_2$。

同理，从 $C_2$、$C_3$ 到 $E$ 的最优策略费用为

$$f_3(C_2)=\min\begin{Bmatrix}\gamma_3(C_2,D_1)+f_4(D_1)\\ \gamma_3(C_2,D_2)+f_4(D_2)\end{Bmatrix}=\min\begin{Bmatrix}9+8\\ 6+4\end{Bmatrix}=10$$

其相应决策为 $d_3(C_2)=D_2$。

$$f_3(C_3)=\min\begin{Bmatrix}\gamma_3(C_3,D_1)+f_4(D_1)\\ \gamma_3(C_3,D_2)+f_4(D_2)\end{Bmatrix}=\min\begin{Bmatrix}5+8\\ 4+4\end{Bmatrix}=8$$

其相应决策为 $d_3(C_3)=D_2$。

(3) $N=2$ 时，类似可得：$f_2(B_1)=19$，$d_2(B_1)=C_2$；$f_2(B_2)=17$，$d_2(B_2)=C_2$；$f_2(B_3)=13$，$d_2(B_3)=C_2$。

(4) $N=1$ 时，为水源处，只有起点 $A$，故：

$$f_1(A)=\min\begin{bmatrix}\gamma_1(A,B_1)+f_2(B_1)\\ \gamma_1(A,B_2)+f_2(B_2)\\ \gamma_1(A,B_3)+f_2(B_3)\end{bmatrix}=\min\begin{bmatrix}4+19\\ 2+17\\ 3+13\end{bmatrix}=16, d_1(A)=B_3$$

由此，可得从水源点 $A$ 到城市 $E$ 的最优输水路线是 $A\rightarrow B_3\rightarrow C_2\rightarrow D_2\rightarrow E$，最小费用为 16。

上述计算过程可表示为

第 4 阶段：
$$f_4(S_4)=\min_{d_4}[\gamma_4(S_4,d_4)] \tag{9.7}$$

第 $N$ 阶段：
$$f_N(S_N)=\min_{d_N}[\gamma_N(S_N,d_N)+f_{N+1}(S_{N+1})] \tag{9.8}$$

式 (9.8) 表示 $N$ 阶段与 $(N+1)$ 阶段的递推关系，称为递推方程，是动态规划的基本方程。通过递推方程，可将多阶段决策问题转化为简单的序列最优化问题，大大简化了计算。

除上述逆序法，还可采用顺序法，即从起点到终点，根据具体情况选用。逆序法和顺序法的递推方程形式不同，在使用时要注意。对于一般动态规划问题通常采用逆序法。

3. 水资源最优分配问题

**【例 9.5】** 研究一个地区水资源的最优分配问题。其待分配流量为 $6m^3/s$，共有 3 个用水户，各用户的用水流量与相应的经济效益关系见表 9.2。求总效益最大的配水方案。

**解：** 按用户 1、2、3 的次序排列，构成一个多阶段分配系统。设状态变量为 $Q_i$，表示第 $i+1$ 阶段待分配的流量；决策变量为 $q_i$，表示第 $i$ 用户分配到的流量，$f_i(Q_{i-1})$ 表示第 $i$ 阶段至第 3 阶段当分配流量为 $Q_{i-1}$ 时的最优效益。

目标函数：
$$\max\sum_{i=1}^{3}r_i(q_i)=\max_{q_1,q_2,q_3}\{r_1(q_1)+r_2(q_2)+r_3(q_3)\}$$

约束条件：
$$q_1+q_2+q_3\leqslant Q=6$$
$$q_i\geqslant 0, i=1,2,3$$

**表 9.2　各用户用水流量与相应经济效益关系**　单位：万元

| 用户 \ 引用流量 $q$ /($m^3/s$) | 1 | 2 | 3 | 4 | 5 | 6 |
|---|---|---|---|---|---|---|
| 1 | 3.0 | 6.0 | 8.0 | 9.5 | 10.5 | 11.0 |
| 2 | 4.0 | 6.5 | 8.5 | 9.0 | 9.0 | 9.0 |
| 3 | 3.5 | 6.0 | 7.5 | 8.5 | 9.0 | 9.0 |

采用逆序法求解，则动态规划的递推方程为
$$f_i(Q_{i-1})=\max_{q_i}\{r_i(q_i)+f_{i+1}(Q_i)\}, i=1,2,3$$

状态转移方程：
$$Q_i=Q_{i-1}-q_i, i=1,2,3$$

边界条件：$Q_0=6$；$Q_3=0$。

(1) 第 3 阶段计算。
$$f_3(Q_2)=\max_{q_3}\{r_3(q_3)+f_4(Q_3)\}$$

因为 $Q_3=0$，故 $f_4(Q_3)=0$。由状态转移方程
$$Q_3=Q_2-q_3$$
得 $q_3=Q_2$，即前面各用户引水后剩余的流量 $Q_2$ 就是最后一个用户的引用水量 $q_3$，故得
$$f_3(Q_2)=r_3(q_3)$$

再根据表 9.2 中所列资料，可得用户 3 在不同的可用流量 $Q_2$ 条件下的最优引水流量 $q_3$ 及最优效益 $f_3(Q_2)$，见表 9.3。

**表 9.3　用户 3 在不同的可用流量条件下的最优引水流量及最优效益**

| $Q_2$ | 0 | 1 | 2 | 3 | 4 | 5 | 6 |
|---|---|---|---|---|---|---|---|
| $q_2$ | 0 | 1 | 2 | 3 | 4 | 5 | 6 |
| $f_3(Q_2)=r_3(q_3)$ | 0.0 | 3.5 | 6.0 | 7.5 | 8.5 | 9.0 | 9.0 |

(2) 第 2 阶段计算。在用户 2、3 间分配，递推方程为
$$f_2(Q_1)=\max_{q_2}\{r_2(q_2)+f_3(Q_2)\}$$

现以 $Q_1=2$ 为例，说明计算方法。当 $Q_1=2$ 时，$q_2$ 有 0、1、2 等 3 种方案。

当 $q_2=0$ 时，$Q_2=Q_1-q_2=2$。此时用户 2 的效益 $r_2(q_2)=0$，用户 3 的效益 $f_3(Q_2)=6$。则用户 2、3 的总效益为：$r_2(q_2)+f_3(Q_2)=0+6=6$。

同理，可得当 $q_2=1$、2 时，用户 2、3 的总效益分别为 7.5 和 6.5。

对 $q_2=0$、1、2 等 3 种方案进行比较：

$$f_2(Q_1)=f_2(2)=\max_{q_2}\{r_2(q_2)+f_3(Q_2)\}=\max(6,7.5,6.5)=7.5$$

相应的最优决策 $q_2^*=1$。

当 $Q_1$ 取其他值时，同样计算，结果见表 9.4。

(3) 第 1 阶段计算。在用户 1 与 2、3 间分配，递推方程为

$$f_1(Q_0)=f_1(6)=\max_{q_1}\{r_1(q_1)+f_2(Q_1)\}$$

计算结果见表 9.5。用户 1 的最优配水量 $q_1^*=2$。$q_1^*=2$ 时，根据状态转移方程求出 $Q_1=Q_0-q_1^*=6-2=4$。由表 9.4 得，$Q_1=4$ 时，$q_2^*=2$。从而得到用户 3 的最优配水量 $q_3^*=Q_2=Q_1-q_2^*=2$。最优总效益为 18.5 万元。

**表 9.4　　第 2 阶段计算结果**

| $Q_1$ \ $q_2$ | $r_2(q_2)+f_3(Q_2)$ | | | | | | | $f_2(Q_1)$ | $q_2^*$ |
|---|---|---|---|---|---|---|---|---|---|
| | 0 | 1 | 2 | 3 | 4 | 5 | 6 | | |
| 0 | 0+0<br>=0 | | | | | | | 0 | |
| 1 | 0+3.5<br>=3.5 | 4+0<br>=4.0 | | | | | | 4 | 1 |
| 2 | 0+6.0<br>=6.0 | 4+3.5<br>=7.5 | 6.5+0<br>=6.5 | | | | | 7.5 | 1 |
| 3 | 0+7.5<br>=7.5 | 4+6.0<br>=10.0 | 6.5+3.5<br>=10.0 | 8.5+0<br>=8.5 | | | | 10.0 | 1,2 |
| 4 | 0+8.5<br>=8.5 | 4+7.5<br>=11.5 | 6.5+6.0<br>=12.5 | 8.5+3.5<br>=12.0 | 9+0<br>=9.0 | | | 12.5 | 2 |
| 5 | 0+9.0<br>=9.0 | 4+8.5<br>=12.5 | 6.5+7.5<br>=14.0 | 8.5+6.0<br>=14.5 | 9+3.5<br>=12.5 | 9+0<br>=9.0 | | 14.5 | 3 |
| 6 | 0+9.0<br>=9.0 | 4+9.0<br>=13.0 | 6.5+8.5<br>=15.0 | 8.5+7.5<br>=16.0 | 9+6<br>=15.0 | 9+3.5<br>=12.5 | 9+0<br>=9.0 | 16 | 3 |

**表 9.5　　第 1 阶段计算结果**

| $Q_0$ \ $q_1$ | $r_1(q_1)+f_2(Q_1)$ | | | | | | | $f_1(Q_0)$ | $q_1^*$ |
|---|---|---|---|---|---|---|---|---|---|
| | 0 | 1 | 2 | 3 | 4 | 5 | 6 | | |
| 6 | 0+16.0<br>=16.0 | 3+14.5<br>=17.5 | 6+12.5<br>=18.5 | 8+10<br>=18.0 | 9.5+7.5<br>=17.0 | 10.5+4<br>=14.5 | 11+0<br>=11.0 | 18.5 | 2 |

### 9.2.3　多目标规划

水资源是重要的战略资源和自然资源，其开发利用涉及国家社会经济发展、国家安

全、生态环境质量和社会福利等多个目标。因此，任何一个水资源系统的开发和利用都是多目标。在水资源多目标规划中必须反映：不同时期的目标；各个用水部门的利害关系；生态系统平衡状况和环境质量的变化；国家、区域和地方的需求关系；政策、体制、经济、环境的约束和控制等等。

同传统的单一目标规划问题相比，多目标规划问题要复杂得多，特别是涉及生态环境质量、社会福利的，还没有有效可行的方法可循。因此，多目标规划目前还处于发展阶段。这里介绍多目标规划的一些基本概念及在水资源系统分析中的一些常用方法。

**9.2.3.1 多目标规划数学模型及解的概念**

当水资源规划含有多个目标函数，为多目标规划时，其数学模型为

$$\max Z(x)=[Z_1(x),Z_2(x),\cdots,Z_P(x)] \tag{9.9}$$

$$g_i(x)\geqslant 0, i=1,2,\cdots,m \tag{9.10}$$

式中：$X=[X_1,X_2,\cdots,X_n]^T$ 为决策变量向量；$Z(x)$ 为 $P$ 个独立的目标 $Z_j(x)(j=1,2,\cdots,P)$ 组成的目标。

由于多目标中的目标函数有各种表达方式，有许多是互相矛盾的。因此，一个目标函数的改善往往牺牲其他目标函数的利益。通常多目标规划问题不能求出各个目标都为最优的解，只能在一定条件下得到各个目标的较优解，称为非劣解或有效解。

多目标规划问题的求解步骤为：

(1) 对目标进行量化，以便于目标和方案之间的比较，但不要求所有的目标都用相同的单位表示。

(2) 列出多目标规划数学模型，求出一组技术上有效、经济上可行的非劣规划方案。

(3) 由决策者和分析人员合作，对已求出的非劣规划方案进行比较和选择。

**9.2.3.2 多目标规划的求解**

常用权重法和约束法求解多目标规划模型，以得出有效方案。

1. 权重法

权重法又称参数法，它是根据每个目标在系统中的重要性，赋予一个相对的权重，将目标向量转换为标量，总目标是各个目标函数的加权总和，这样得到的多目标规划数学模型为

$$\max Z=W_1Z_1(x)+W_2Z_2(x)+\cdots+W_PZ_P(x) \tag{9.11}$$

$$\left.\begin{aligned} &g_i(x)\geqslant 0, i=1,2,\cdots,m \\ &\sum_{j=1}^{P}W_j=1 \\ &W_i\geqslant 0 \end{aligned}\right\} \tag{9.12}$$

该方法使用简单，但其缺点是：

(1) 难以确定加权系数 $W_j$。一般应根据决策者、受益者和受害者等各方面的意见，并详细地研究 $W_j$ 对经济、社会、环境等各有关方面的影响后合理确定。

(2) 不能给出有效方案的整个集合，除非效用边界是严格凸的，即目标函数的生成可能性边界点集为严格凸集。由于多数多目标规划通常都难以生成完整的非劣解，权重法因其形式简单，而得到广泛应用。

2. 约束法

在全部目标中，仅对一个最重要的目标 $Z_j(x)$ 进行优化，其他目标都作为约束条件，使其不低于某个允许的下限 $L_k$，数学模型为

$$\max Z=Z_j(x) \tag{9.13}$$

$$\left.\begin{array}{l} g_i(x)\geqslant 0, i=1,2,\cdots,m \\ Z_k(x)\geqslant L_k, k=1,2,\cdots,P, k\neq j \end{array}\right\} \tag{9.14}$$

通过参数 $L_k$ 的不断改变，重复求解上述线性规划问题，可生成多目标问题的非劣解集。

可以看出，在多目标规划求解过程中，分析者面临的问题是权重 $W_j$ 或下限 $L_k$ 的数值是未知的。所以，决策者和分析人员的经验以及对目标的价值判断就显得十分重要。

#### 9.2.3.3 多目标规划方案的选择

在应用权重法、约束法或其他方法，生成了多组规划方案后，还要对每一规划方案求出的各个目标值进行比较和评定，以选择决策者满意的方案。常用优势法、最小值筛选法和字典编辑法进行方案的选择。

1. 优势法

优势法又称控制法。一个方案 $X_{k'}$ 优于其他方案的条件是，其所有目标值均优于其他方案的目标值，且该方案至少有一个目标 $l$ 的值是严格的优于其他方案的目标值。设各个目标 $j$ 是被极大化的，则有

$$Z_j(X_{k'})\geqslant Z_j(X_k), j=1,2,\cdots,p \tag{9.15}$$

且对于每一个 $k'\neq k$，至少存在一个 $l$，使

$$Z_l(X_{k'})>Z_l(X_k) \tag{9.16}$$

则方案 $X_{k'}$ 优于 $X_k$，称为控制方案。一个方案优于所有其他方案并不常见。但某些方案劣于其他方案却是经常发生的。例如，两个比较方案 $k$ 与 $h$，对所有目标 $j$，有

$$Z_j(X_k)\geqslant Z_j(X_h) \tag{9.17}$$

且对某些非目标 $l$ 有

$$Z_l(X_k)>Z_l(X_h) \tag{9.18}$$

则方案 $X_k$ 控制了方案 $X_h$，进一步筛选时就可以淘汰方案 $X_h$。

2. 最小值筛选法

最小值筛选法又称饱和法，是进一步减少比较方案的方法。它要求决策者对每一个目标规定一个可接受的最小值。不符合这些最小值的方案将被淘汰。如果决策者加大一个或多个目标的最小值，则这些保留下来的某些方案可能再次被筛选掉。按此规则迭代下去，非劣方案的数目可能减少到一组方案，或一个简单的折中方案。和优势法相比，在筛选功能上它远为有效。但它要求决策者设定每个目标的最小值，有时会产生一定的困难。

3. 字典编辑法

该方法要求系统所有的目标都是可以排列的。决策者先排定每个目标的优先次序，然后根据优先次序排列所有非劣解的每一个目标值，选取最高优先级的目标最大值者，为选用方案。如果在最优先级有多个相同值的方案存在，则对该组方案进行次优先级的比较，直至选出较满意的方案为止。

上述 3 种方案选择方法比较简单。在多目标规划中，也有些方法将方案的生成与选择综合在一起，如折中规划法、目标规划法、步进法和代用价值权衡法等。

#### 9.2.3.4 目标规划法

目标规划的基本思路是要求决策者事先规定每个目标希望达到的目标值，其目标函数是按各目标约束的正、负偏差变量和赋予相应的优先因子而构造的。这里，正偏差变量 $d^+$ 表示决策值超过目标值的部分，负偏差变量 $d^-$ 表示决策值未达到目标值的部分。当每一目标值确定后，决策者的要求是尽可能缩小偏离目标值。目标函数的基本形式有 3 种：

（1）要求恰好达到目标值，即正、负偏差变量都要尽可能的小，此时

$$\min \mathbf{Z}=f(d^+ + d^-)$$

（2）要求不超过目标值，即允许达不到目标值，就是正偏差变量都要尽可能的小，此时

$$\min \mathbf{Z}=f(d^+)$$

（3）要求超过目标值，即超过量不限，但必须是负偏差变量都要尽可能的小，此时

$$\min \mathbf{Z}=f(d^-)$$

目标规划的约束条件分为绝对约束和目标约束。前者是指必须严格满足的等式约束和不等式约束，是硬约束。后者是目标规划特有的，可把约束右端项看作要追求的目标值，在达到此目标值时允许发生正或负偏差，因此在这些约束中加入正、负偏差变量，是软约束。

**【例 9.6】** 某农场有农田 1 万亩，生产Ⅰ、Ⅱ两种作物，有关数据见表 9.6。决策者在化肥供应受严格限制的基础上考虑：首先是作物Ⅱ的产量不低于作物Ⅰ的产量；其次是充分利用现有地下水资源，不超采；再次是总收益不小于 900 万元。试就该作物种植面积决策问题建立数学模型。

**表 9.6　两种作物单位面积所需化肥、地下水资源量及收益情况**

| 项　目 | Ⅰ | Ⅱ | 拥有量 |
|---|---|---|---|
| 化肥/kg | 100 | 110 | 105 万 |
| 地下水/$m^3$ | 150 | 200 | 170 万 |
| 收益/(元/亩) | 800 | 1000 | |

**解：** 设 $x_1$、$x_2$ 分别表示作物Ⅰ、Ⅱ种植亩数，根据决策者要求，分别赋予这 3 个目标 $P_1$、$P_2$、$P_3$ 优先因子，建立该问题的目标规划数学模型：

$$\min z = P_1 d_1^+ + P_2(d_2^- + d_2^+) + P_3 d_3^-$$

$$x_1 + x_2 \leqslant 1\times 10^4$$

$$100x_1 + 110x_2 \leqslant 105\times 10^4$$

$$x_1 - x_2 + d_1^- - d_1^+ = 0$$

$$150x_1 + 200x_2 + d_2^- - d_2^+ = 170\times 10^4$$

$$800x_1 + 1000x_2 + d_3^- - d_3^+ = 900\times 10^4$$

$$x_1, x_2, d_i^-, d_i^+ \geqslant 0, i=1,2,3$$

目标规划的一般模型为

$$\min z = \sum_{l=1}^{L} P_l \left( \sum_{k=1}^{K} w_{lk}^{-} d_k^{-} + w_{lk}^{+} d_k^{+} \right) \tag{9.19}$$

$$\left.\begin{aligned} &\sum_{j=1}^{n} c_{kj} x_j + d_k^{-} - d_k^{+} = g_k, k = 1, \cdots, K \\ &\sum_{j=1}^{n} a_{ij} x_j \leqslant (=, \geqslant) b_i, i = 1, \cdots, m \\ &x_j \geqslant 0, j = 1, \cdots, n \\ &d_k^{-}, d_k^{+} \geqslant 0, k = 1, \cdots, K \end{aligned}\right\} \tag{9.20}$$

建立目标规划的数学模型时，需要确定目标值、优先等级、权系数等，它都具有一定的主观性和模糊性，可以用专家评定法给以量化。目标规划的数学模型结构和线性规划的数学模型结构没有本质的区别，可以结合目标规划的数学模型的特点，采用单纯形法求解。

### 9.2.4 随机规划

上面讨论的是确定性的水资源最优化问题。在确定性的模型中，所有的系数都是确定的。实际上，水资源系统经常受到随机事件和随机因素的影响。如降雨、径流、用水量和生产费用等都具有不确定性。所以，水资源问题通常多是非确定性的，其中有些问题可用随机规划模型去解决，但更多的问题目前尚无合适解法。以下介绍随机动态规划和随机线性规划模型。

#### 9.2.4.1 随机动态规划

随机动态规划与确定性动态规划的不同点在于，随机动态规划的状态同系统输入的随机变量 $k_i$ 有关，所以其阶段效益和状态转移方程都是随机的，可分别表示为该阶段初始状态 $S_i$、所采取的决策 $d_i$ 以及输入的随机变量 $k_i$ 的函数：

$$r_i = r_i(S_i, d_i, k_i) \tag{9.21}$$

$$S_{i+1} = T_i(S_i, d_i, k_i) \tag{9.22}$$

设第 $i$ 阶段输入的随机变量 $k_i$ 的概率为 $p_i(k_i)$，则该阶段效益的期望值为

$$Er_i(S_i, d_i) = \sum_{k} p_i(k_i) r_i(S_i, d_i, k_i) \tag{9.23}$$

系统期望总效益等于各阶段期望效益之和，即

$$ER = \sum_{i=1}^{N} Er_i(S_i, d_i) \tag{9.24}$$

根据动态规划的最优性原理，应用逆序法可写出第 $i$ 阶段的递推方程：

$$Er_i^*(S_i) = \max_{d_i} \left\{ \sum_{k_i} p_i(k_i) [r_i(S_i, d_i, k_i) + Er_{i+1}^*(S_{i+1})] \right\}, i = 1, 2, \cdots, N \tag{9.25}$$

如果各随机变量是相互独立的，则上述随机动态规划具有独立概率分布，可用式(9.25)求解。如果各随机变量不是独立的，则问题将复杂一些。

#### 9.2.4.2 随机线性规划

随机线性规划可分为概率目标规划和概率约束规划，由于随机事件本身的多样性和复杂性，通常是将它们转化为确定性的线性规划问题，然后进行求解。

1. 概率目标规划

概率目标线性规划指其目标函数中的系数 $c_j$ 是随机的，且概率分布已知，但约束条件是确定的。可用 $c_j$ 的期望值 $E(c_j)$ 代替 $c_j$，其数学模型为

目标函数
$$\max E(Z) = \sum_{j=1}^{n} E(c_j)x_j \tag{9.26}$$

约束条件
$$\sum_{j=1}^{n} a_{ij}x_j = b_i, i = 1,2,\cdots,m \tag{9.27}$$
$$x_j \geqslant 0,\ j=1,2,\cdots,n$$

式中：$E(z)$ 为目标函数的期望值。

**【例 9.7】** 某水库向甲、乙、丙 3 个工厂供水，年可供水量为 1000 万 $m^3$。甲、乙、丙 3 个工厂分别生产Ⅰ、Ⅱ、Ⅲ产品，单位产品的净收益受市场等因数的影响，具有不确定性。有关数据见表 9.7。问应如何分配水资源，使 3 个工厂的总效益为最大。

**表 9.7　计划供水量及经济效益指标**

| 工厂 | 单位产品耗水量/$m^3$ | 单位产品净收益/元 | | |
|---|---|---|---|---|
| | | $p_1=0.25$ | $p_2=0.50$ | $p_3=0.25$ |
| 甲 | 220 | 120 | 100 | 80 |
| 乙 | 280 | 155 | 130 | 110 |
| 丙 | 260 | 142 | 125 | 103 |

**解**：设 $X_1$、$X_2$、$X_3$ 分别为甲、乙、丙 3 个工厂计划生产的产品Ⅰ、Ⅱ、Ⅲ的产量，于是可建立随机线性规划模型：

目标函数
$$\max E(Z)=(0.25\times120+0.50\times100+0.25\times80)X_1+(0.25\times155+0.50\times130+0.25\times110)X_2+(0.25\times142+0.50\times125+0.25\times103)X_3$$

约束条件
$$220X_1+280X_2+260X_3\leqslant1000\times10^4$$
$$X_1,X_2,X_3\geqslant0$$

上述模型为确定性模型，可用单纯形法求解。

2. 概率约束规划

如果线性随机规划问题的目标函数和约束条件都出现了随机性，则数学模型为

目标函数
$$\max E(Z) = \sum_{j=1}^{n} E(c_j)x_j \tag{9.28}$$

约束条件
$$P\left(\sum_{j=1}^{n} a_{ij}x_j \leqslant b_i\right)\geqslant P_i,\ i = 1,2,\cdots,m \tag{9.29}$$
$$x_j\geqslant0,\ j=1,2,\cdots,n$$

其中：式 (9.29) 表示 $\sum_{j=1}^{n} a_{ij}x_j \leqslant b_i$ 的概率大于或等于 $P_i(0\leqslant P_i\leqslant1)$，不满足约束条件，即 $\sum_{j=1}^{n} a_{ij}x_j > b_i$ 的概率为 $(1-P_i)$；$c_j$ 和 $b_i$ 均为随机数，分布已知且相互独立。假设随机

数 $b_i$ 的分布函数为 $\Phi_i$，其逆函数是 $\Phi_i^{-1}$，则可将上述随机规划问题等价地转换为确定性的线性规划，然后用单纯形法求解：

目标函数 $$\max E(Z)=\sum_{j=1}^{n}E(c_j)x_j \tag{9.30}$$

约束条件 $$\sum_{j=1}^{n}a_{ij}x_j \leqslant \Phi_i^{-1}(1-P_i),\ i=1,2,\cdots,m \tag{9.31}$$

$$x_j \geqslant 0,\ j=1,2,\cdots,n$$

除以上介绍的线性规划、动态规划、多目标规划和随机规划数学模型，在水资源系统分析中还经常用到模糊规划、神经网络理论、灰色系统、非线性规划、网络理论、排队论、决策论等优化方法和模拟退火方法、遗传算法等智能算法，有兴趣的读者可阅读有关书籍。

# 参 考 文 献


[1] 周之豪，沈曾源，施熙灿，等. 水利水能规划［M］. 北京：中国水利水电出版社，1997.
[2] 陈惠源，万俊. 水资源开发利用［M］. 武汉：武汉大学出版社，2001.
[3] 施嘉炀. 水资源综合利用［M］. 北京：中国水利水电出版社，1996.
[4] 武鹏林，等. 水利计算与水库调度［M］. 北京：地震出版社，2000.
[5] 陈家琦，王浩. 水资源学［M］. 北京：科学出版社，2002.
[6] 水利部水资源水文司. SL/T 238—1999 水资源评价导则. 北京：中国水利水电出版社，1999.
[7] 翁文斌，王忠静，赵建世. 现代水资源规划——理论、方法和技术［M］. 北京：清华大学出版社，2004.
[8]《中国水利百科全书》编辑委员会. 中国水利百科全书［M］. 2版. 中国水利水电出版社，2006.
[9] 钱正英，张光斗. 中国可持续发展水资源战略研究综合报告及各专题报告［R］. 北京：中国水利水电出版社，2001.
[10] United Nations, Mar del Plata Plan of Action, United Nations Water Conference; Mar del Plata, Argentina, 1977.
[11] Loucks, D. P., J. R. Stedinger and D. A. Haith, Water resource systems planning and analysis, Prentice - Hall, Inc. Englewood Cliffs, New Jersey, 1981.
[12] Yevjevich, V., Structure of daily hydrologic series, Water Resources Publications, Littleton, Colorado, USA, 1984.
[13] 中华人民共和国经济贸易委员会. DL/T 5105—1999 水电工程水利计算规范［S］. 北京：中国水利水电出版社，2000.
[14] 水利部国际合作与科技司. 水利技术标准汇编　防洪抗旱卷［G］. 北京：中国水利水电出版社，2002.
[15] 水利部国际合作与科技司. 水利技术标准汇编　综合卷（上、下册）［G］. 北京：中国水利水电出版社，2002.
[16] 水利部国际合作与科技司. 水利技术标准汇编　水利水电卷·规划［G］. 北京：中国水利水电出版社，2002.
[17] 中华人民共和国电力工业部. DL/T 5015—1996 水电工程动能设计规范［S］. 北京：中国电力出版社，1996.
[18] 李惕先，季云，刘启钊. 抽水蓄能电站［M］. 北京：中国水利水电出版社，1995.
[19] 陆佑楣，潘家铮. 抽水蓄能电站［M］. 北京：水利电力出版社，1992.
[20] 沈祖诒. 潮汐电站［M］. 北京：中国电力出版社，1998.
[21] 华东水利学院，天津大学，清华大学. 水文及水利水电规划（下册，水利水电规划）［M］. 北京：水利出版社，1981.
[22] 王承煦，张源. 风力发电［M］. 北京：中国电力出版社，2003.
[23] 水利部长江水利委员会. 长江流域综合利用规划简要报告（1990年修订）［R］. 长江水利网，http://www.cjw.gov.cn.
[24] 文伏波. 21世纪长江规划之我见［EB/OL］. http://www.cjw.gov.cn.
[25] 文伏波. 长江流域规划——治理开发长江的蓝图［EB/OL］. http://www.cjw.gov.cn.
[26] 郑守仁. 三峡工程建设与长江水资源综合利用及治理开发［EB/OL］. http://www.cjw.gov.cn.

[27] 水利部长江水利委员会．长江流域综合规划修编工作大纲［EB/OL］．http：//www.cjw.gov.cn.
[28] 中华人民共和国国家发展和改革委员会．DL/T 5208—2005 抽水蓄能电站设计导则［S］．北京：中国电力出版社，2005.
[29] 李广贺，刘兆昌，张旭．水资源利用工程与管理［M］．北京：清华大学出版社，1998.
[30] 李钰心．水电站经济运行［M］．北京：中国电力出版社，1999.
[31] 李钰心．水资源系统运行调度［M］．北京：中国水利水电出版社，1996.
[32] 吴季松．现代水资源管理概论［M］．北京：中国水利水电出版社，2002.
[33] 林洪孝，管恩宏，王国新，等．水资源管理理论与实践［M］．北京：中国水利水电出版社，2003.
[34] 阮本清，梁瑞驹，王浩，等．流域水资源管理［M］．北京：科学出版社，2001.
[35] 王浩，王建华，秦大庸，流域水资源合理配置的研究进展与发展方向［J］．水科学进展，2004，15（1）：123-128.
[36] 游进军，甘泓，王浩．水资源配置模型研究现状与展望［J］．水资源与水工程学报，2005，16（3）：1-5.
[37] 翁文斌，蔡喜明，史慧斌，等．宏观经济水资源规划多目标决策分析方法研究及应用［J］．水利学报，1995，（2）：1-11.
[38] 任树梅，杨培岭．水资源保护［M］．北京：中国水利水电出版社，2003．
[39] 高健磊，等．水资源保护规划理论方法与实践［M］．郑州：黄河水利出版社，2002.
[40] 华士乾．水资源系统分析指南［M］．北京：水利电力出版社，1988.
[41] 周学文．十一届全国人大常委会专题讲座第二十讲：我国水利建设现状、问题及对策［EB/OL］．http：//www.npc.gov.cn/npc/xinwen/2011-03/23/content_1648671.htm.
[42] 陈明忠，张续军，最严格水资源管理制度相关政策体系研究［J］．水利水电科技进展，2015，35（5）：130-135.
[43] 中华人民共和国水利部．SL 201—2015 江河流域规划编制规范［S］．北京：中国水利水电出版社，2015.
[44] 中华人民共和国住房和城乡建设部，中华人民共和国国家质量监督检验检疫总局．GB 50201—2014 防洪标准［S］．北京：中国计划出版社，2014.
[45] 姜弘道．水资源需求管理概论［M］．南京：河海大学出版社，2009.
[46] 中华人民共和国水利部，2014 年全国水利发展公报［M］．北京：中国水利水电出版社，2015.11.
[47] 国家质量技术监督局，中华人民共和国建设部．GB 50288—99 灌溉与排水工程设计规范．北京：中国计划出版社，1999.
[48] 中华人民共和国建设部，中华人民共和国国家质量监督检验检疫总局．GBT 50805—2012 城市防洪工程设计规范．北京：中国计划出版社，2012.
[49] 中华人民共和国建设部，中华人民共和国国家质量监督检验检疫总局．GBT 50014—2006 室外排水设计规范．北京：中国计划出版社，2014.
[50] 刘肇祎，朱树人，袁宏伟．中国水利百科全书灌溉与排水分册［M］．北京：中国水利水电出版社．2004.
[51] 史海滨，田军仓，刘庆华．灌溉排水工程学［M］．北京：中国水利水电出版社，2006.
[52] 赵绍华，等．防洪、排涝与抗旱技术［M］．北京：中央广播电视大学出版社，2011.
[53] 雷声隆，丘传忻．郭宗楼．排涝工程［M］．武汉：湖北科学技术出版社，2000.
[54] 中国市政工程东北设计研究院．城镇防洪技术与设计导则［M］．北京：中国建筑工业出版社，2014.
[55] 熊家晴，张荔，沈文．给水排水工程规划［M］．北京：中国建筑工业出版社，2010.

[56] 刘经强，赵兴忠，王爱福．城市洪水防治与排水［M］．北京：化学工业出版社，2014.
[57] 伊学农，刘彬，刘建胜．城市防洪规划设计与管理［M］．北京：化学工业出版社，2014.
[58] 宋东辉，徐晶．河道汇流调蓄分析与城市防洪治涝规划［M］．北京：中国水利水电出版社，2012.
[59] 王金亭．城市防洪［M］．郑州：黄河水利出版社，2008.
[60] 熊治平．江河防洪概论［M］．北京：中国水利水电出版社，2013.
[61] 顾圣平，李晓英，王社亮．风电场技术经济分析［M］．北京：中国水利水电出版社，2015.
[62] 王浩，仇亚琴，贾仰文．水资源评价的发展历程和趋势［J］．北京师范大学学报：自然科学版，2010，46（3）：274-277.